U0725341

离散数学

微课版 | 第2版

王庆先 顾小丰 王丽杰 编著

DISCRETE MATHEMATICS

人民邮电出版社

北京

图书在版编目（CIP）数据

离散数学：微课版 / 王庆先，顾小丰，王丽杰编著.
2 版. -- 北京：人民邮电出版社，2025. --（高等学校
计算机专业核心课名师精品系列教材）. -- ISBN 978-7
-115-67007-6

Ⅰ. O158

中国国家版本馆 CIP 数据核字第 2025619TU1 号

内 容 提 要

本书共 10 章，系统介绍了数理逻辑、集合与关系、图论，以及代数系统与布尔代数中的基本概念、算法、定理及其证明方法。本书不仅注重基本概念的描述，还特别注重阐述有关离散数学的证明方法及离散数学问题求解的算法，并且举出大量的应用实例，充分展示了离散数学在软件工程和计算机科学与技术中的基础作用与强大应用。

本书体系严谨，内容丰富，与软件工程和计算机科学与技术的理论与实践密切结合。本书配有微课视频、慕课视频、助学助教平台等教辅资源。

本书可作为高等学校计算机科学与技术、软件工程及其他相关专业，特别是以互联网和工业智能为核心的新工科专业（包括大数据、云计算、人工智能、区块链、虚拟现实、智能科学与技术等专业）的"离散数学"课程教材，也可供从事相关专业工作的科技人员参考使用。

◆ 编　　著　王庆先　顾小丰　王丽杰
　　责任编辑　韦雅雪
　　责任印制　胡　南
◆ 人民邮电出版社出版发行　　北京市丰台区成寿寺路 11 号
　　邮编　100164　　电子邮件　315@ptpress.com.cn
　　网址　https://www.ptpress.com.cn
　　三河市中晟雅豪印务有限公司印刷
◆ 开本：787×1092　1/16
　　印张：22　　　　　　　　　　2025 年 7 月第 2 版
　　字数：509 千字　　　　　　　2025 年 7 月河北第 1 次印刷

定价：69.80 元

读者服务热线：(010)81055256　印装质量热线：(010)81055316
反盗版热线：(010)81055315

　　根据《普通高等学校教材管理办法》的要求，高校教材应全面贯彻党的教育方针，落实立德树人根本任务。在编写和选用教材时，高校应坚持以人为本、德育优先、能力为重和全面发展的原则；在落实学生专业基础理论知识、专业技能、科学素养培育的同时，高校还应注重培养学生的公民意识、责任意识、服务意识和创新意识。"离散数学"作为计算机类专业的核心基础课程，具有落实立德树人根本任务的先天优势。电子科技大学离散数学教学团队编写的《离散数学（微课版）》教材，在这方面进行了大胆探索。例如，通过每章的历史人物简介，本书可帮助读者感受科学家孜孜以求、大胆创新、积极向上的崇高精神，这体现了立德树人的编写理念。

　　要培养专业人才，不仅要注重培养学生扎实的专业素养，更要注重培养学生有条理、明确和系统地描述问题、分析问题、解决问题并与实际应用相结合的能力。遵循这一要求，本书首先对理论知识进行系统化梳理，构建起离散数学知识体系；其次通过问题引入，按定义进行证明、推理，用"分析−求解−总结"的模式，给学生展示问题描述、分析和解决的范例；最后在每章末尾介绍应用相关内容，实现理论学习与应用实践的有机融合，体现了很好的应用性和 OBE 教育理念。

　　本书结构严谨，借助思维导图让学生理解每章的知识脉络，辅以解题小贴士帮助学生及时总结解题技巧，实用性强。此外，本书作者不局限于在书中对理论知识进行图文讲解，还将本书与"离散数学"MOOC 视频课程、"离散数学应用实践"实验课程、《离散数学学习指导与习题解析》、离散数学助学助教平台无缝衔接，实现了课堂讲授与课后学习、线上与线下的有机融合；通过重点、难点、经典例题、课后习题的微课，本书力求实现因材施教，进行个性化教学，提升学生的学习体验，帮助学生夯实离散数学的理论基础；通过离散数学助学助教平台提供的课后作业功能、课堂签到功能和个性化推荐功能，本书可突破离散数学课程作业多、及时反馈批改结果难、大班授课组织难和因材施教难的困局。

　　总的看来，这是一本知识体系完整、应用案例新颖、配套资源丰富的离散数学教材。我相信，这本书的出版将为高校计算机类教材在 OBE 教育理念实践、应用能力培养、建模能力培养和立德树人等多个方面，给师生带来新的体验和感受。

院士

2021 年 10 月

本书是在国家精品课程、双语教学示范课程、国家级精品资源共享课和国家级一流本科课程"离散数学"的基础上,结合卓越工程师计划、新工科建设以及教育部印发的《普通高等学校教材管理办法》,充分结合课程组 30 余年的离散数学教学经验编写而成的。

对于学生,我们的目标不仅是向他们展示离散数学的重要性、实用性,让他们掌握计算机相关学科需要的数学基础,更重要的是培养他们有条理、明确和系统地描述问题、分析问题、解决问题以及实际应用离散数学知识的能力。

对于教师,我们的目标是使用成熟的教育教学技术、计算机技术和人工智能技术设计一套灵活而全面的立体化教材,为教师提供个性化教学方案,从而帮助他们高效地讲授离散数学课程。

本书内容不仅适合数学类、计算机科学与技术、软件工程等相关专业的学生学习,还可供计算机科学工作者和科技人员阅读与参考。本书不仅是一本教材,还是学生在整个学习和职业生涯中可以参考的宝贵资源。

本书第 1 版于 2021 年 12 月出版,凭借可读性强、应用性强、算法思维清晰、教学资源丰富等特点,已被国内许多院校采用。本书第 2 版在第 1 版的基础上,广泛收集了用书院校师生的建议,主要做了以下改进。

(1)合并、拆分了部分章节,调整了部分章节的知识点。

(2)加入更多的"解题小贴士",强调解题思路的步骤化。

(3)更换一批更新、更有时代特色的例题和习题。

(4)补充"AI+"实践题,引导学生用 AI 工具来辅助解决问题,并学会甄别 AI 工具给出的答案的正确性、筛选出最佳答案。

(5)丰富德育相关元素,在例题、习题中融入中国奥运比赛成绩等背景知识,增强学生的民族自豪感;同时,在配套的教学大纲里也补充了立德树人相关内容。

(6)完善计算机应用相关章节的内容,将更多前沿科技知识融入教材。

(7)继续推进配套资源的建设,补充电子版实验指导手册,完善题库平台的建设。

● **本书特色**

可读性强　本书通过章首的思维导图,串联知识脉络,重点、难点一目了然;强调章节之间知识的连贯性,通过问题式引入法,新知识引入更自然;注重例题分析,规范解题过程,具有很强的示范性,学生易于学习与模仿。

体现算法思维　对可用算法说明的例题和结论,本书用算法规范求解,便于学生从算法和离散建模的角度去学习和领会知识,培养算法思维。

应用性强　离散数学几乎在每个研究领域(包括计算机科学、大数据、人工智能、物联网等)中都有应用,书中叙述的应用展示了离散数学在解决实际问题中的应用价值。

体现德育导向 党的二十大报告指出，育人的根本在于立德。为全面贯彻党的教育方针，本书在每章都安排了"历史人物"栏目，讲述科学家孜孜以求、大胆创新的探索故事，融入人文教育元素，彰显立德树人的编写理念。

适合混合式教学 作者针对全书各章节的重点、难点及习题录制了完整的高质量微课，读者可通过扫描对应的二维码进行自主学习，实现线上线下同步学习。

教学资源丰富 为了帮助高校一线教师更好地开展教学工作，本书配套了丰富的教学资源，如离散数学助学助教平台、PPT课件、教学大纲、教案、课后习题答案、源代码、试卷、题库、慕课等。

● 使用指南

本书共10章，授课教师可按模块化结构组织教学，同时可以根据所在学校关于本课程的学时安排，对本书中部分章节的内容进行灵活取舍。本书在"学时建议表"中给出了针对理论内容教学的学时建议。此外，授课教师还可以根据学生的具体情况结合本课程开展相应的实验教学。

学时建议表

章名	32学时	48学时	56学时	64学时
第1章 集合论	2	2	2	2
第2章 命题逻辑	10	10	10	10
第3章 谓词逻辑	8	8	8	8
第4章 二元关系	6	6	6	6
第5章 特殊关系	6	6	6	6
第6章 图	自学	8	8	8
第7章 特殊图	自学	8	8	8
第8章 代数系统	自学	自学	4	4
第9章 群、环、域	自学	自学	4	8
第10章 格与布尔代数	自学	自学	自学	4

选用本书的授课教师，可以通过人邮教育社区（www.ryjiaoyu.com）免费下载本书配套的丰富教学资源。

本书编写工作由王庆先、顾小丰、王丽杰合力完成。王庆先编写本书的第1~5章，顾小丰编写本书的第6、7章，王丽杰编写本书的第8~10章。作者团队由衷感谢在本书编写过程中在各次线上/线下评审会上提出宝贵修改建议的专家与院校老师。

限于作者水平，书中难免存在不足之处，请读者不吝斧正。

作 者
2025年2月于电子科技大学

目录

目录

目录

第1章
集合论

第 1 章导读

如果把整个数学比作一幢雄伟的大厦，那么集合论就是大厦底层的基石。集合论的起源可以追溯到 16 世纪末期，为了追寻微积分的坚实基础，人们对有关数集进行了研究。1879 年到 1884 年，康托尔(Cantor)发表了一系列有关集合论研究的文章，这些文章奠定了集合论的深厚基础。然而，康托尔提出的集合论首先假设任何一个性质都可以用来构建集合，这一假设导致了悖论，引发了数学史上的第三次危机。经过近 20 年的探索，策梅罗(Zermelo)于 1908 年提出公理化集合论思想，由此形成了无矛盾的第一个集合论公理系统，并逐步形成公理化集合论。为了体系上的严谨性，本书规定：对任何集合 A，都有 $A \notin A$。

集合论是所有科技领域中不可缺少的数学工具和表达语言，计算机科学及其应用研究也不例外。集合论在程序语言、数据结构、编译原理、数据库与知识库、形式语言和人工智能等领域都得到了广泛应用，并且得到了迅速发展。

本章主要介绍集合相关的基本概念及性质、集合上的各种运算及运算定律、几个特殊集合，对集合论本身及其公理化系统不做深入探讨。

本章思维导图

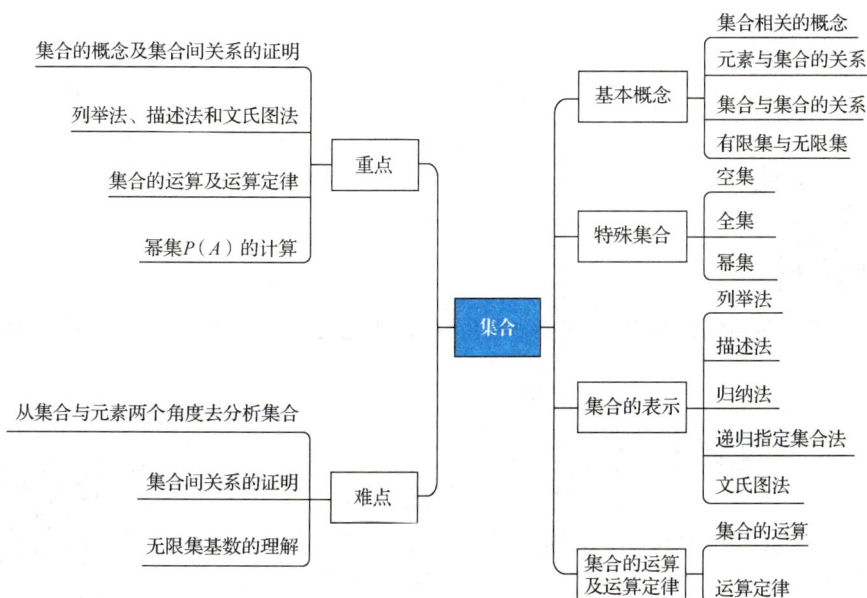

 历史人物

康托尔

个人成就

德国数学家，集合论的创始人，柏林数学学会第一任会长，创立德国数学家联合会并任首届主席。康托尔对数学的贡献是集合论和超穷数理论，在集合论领域的主要贡献是发现了实数集不可数的性质。

人物介绍

罗　素

个人成就

英国哲学家、数学家、逻辑学家、历史学家、文学家，分析哲学的主要创始人，世界和平运动的倡导者和组织者，诺贝尔文学奖获得者。罗素与怀特海共同完成了《数学原理》，提出了"罗素悖论"。

人物介绍

维　恩

个人成就

英国哲学家、数学家，英国皇家学会会员。维恩的贡献主要集中在概率论和逻辑学方面。他编著了《机会逻辑》和《符号逻辑》，系统解释并发展了几何表示的方法，即文氏图。

人物介绍

1.1　集合的基本概念

微课视频

集合（Set）是不能精确定义的基本数学概念。集合通常是由指定范围内满足给定条件的所有对象聚集在一起构成的。例如：

(1)C 语言所有标识符的聚集；

(2)0,1,2 这 3 个数的聚集；

(3)全体中国人的聚集；

(4)北京市所有路灯和树的聚集。

指定范围内的每一个对象被称为这个集合的元素(Element)。例如，C 语言的每一个标识符都是(1)中集合的元素。根据所给的属性，我们总能判断一个对象是否为某个集合中的元素。我们将语句"a 是集合 A 中的元素"或"a 属于 A"记为 $a \in A$，将语句"a 不是集合 A 中的元素"或"a 不属于 A"记为 $a \notin A$。

集合 A 中的元素个数被称为集合 A 的基数(Base Number)，记为 $|A|$。如果一个集合的基数是有限的，则称该集合为有限集(Finite Set)；如果一个集合的基数是无限的，则称该集合为无限集(Infinite Set)。

通常情况下，用带或不带下标的大写英文字母 $A, B, C, \cdots, A_1, B_1, C_1, \cdots$ 表示集合，而用带或不带下标的小写英文字母 $a, b, c, \cdots, a_1, b_1, c_1, \cdots$ 表示元素。

有一些集合后面常常要用到，它们可以用固定的符号表示，列举如下。

N 表示自然数集合：$0, 1, 2, \cdots$。

Z 表示整数集合：$\cdots, -2, -1, 0, 1, 2, \cdots$。

$\mathbf{Z}^+$ 表示正整数集合：$1, 2, \cdots$。

Q 表示有理数集合。

R 表示实数集合。

C 表示复数集合。

> **注意** 💡
>
> 计算机科学中的数据类型概念是建立在集合之上的。数据类型是集合的一个称号，它是由集合中的元素及对这些元素执行操作的运算组成的。例如，布尔类型就是由元素 0,1 和其上的运算(如"与""或""非"等)组成的。

1.1.1 集合的表示

集合是由它所包含的元素完全确定的，我们可以用多种方法来表示一个集合。下面具体介绍集合的各种表示方法。

1. 列举法

列出集合中全部元素，或者列出部分元素但能看出其他元素规律的方法，叫列举法(显式法)。一般来说，当一个集合仅含有限个元素或元素之间有明显关系时，采用列举法。

微课视频

例如，$A = \{0, 1, 2, 3\}$，$B = \{0, 1, 4, \cdots, n^2, \cdots\}$。

列举法是一种显式表示法，具有直观性。但是，对某些集合来说，元素间的规律是不容易发现的，或者根本没有规律。从计算机的角度看，显式法是一种"静态"表示方法，若将所有的元素都输入计算机，在元素较多时将占用大量内存。

2. 描述法

通过刻画集合中元素所具备的某种特性来表示集合的方法，称为描述法（隐式法）。用描述法表示的集合记为 $\{x \mid P(x)\}$，其中 x 是代表元，$P(x)$ 表示 x 具有性质 P。

例如，$A = \{x \mid x$ 是"discrete mathematics"中的所有字母$\}$，$B = \{x \mid 1 \leqslant x \leqslant 12$，$x$ 能被 2 整除，$x \in \mathbf{Z}\}$。

描述法是一种隐式表示法，能简洁地表示包含多个或无穷多个元素的集合。但是，有些集合中的元素不一定具有某种共同特性，或者其共同特性不易被发现。从计算机的角度看，描述法是一种"动态"表示方法，计算机在处理数据时，不会占用大量内存。

3. 归纳法

归纳法是通过归纳定义集合的方法，其定义主要由 3 部分组成。

第一部分：基础，指出某些最基本的元素属于某集合。

第二部分：归纳，指出由基本元素构造出新元素的方法。

第三部分：极小性，指出该集合的界限。

第一部分和第二部分指出一个集合至少要包含的元素，第三部分指出一个集合至多包含的元素。

例如，集合 A 按以下方式定义：

（1）0 和 1 都是 A 中的元素；

（2）如果 a, b 是 A 中的元素，则 ab, ba 也是 A 中的元素；

（3）有限次使用（1）、（2）后所得到的字符串都是 A 中的元素。

这种定义集合 A 的方法就是归纳法。显然，$0, 1, 00, 101$ 等都是 A 中的元素。

4. 递归指定集合法

递归指定集合法是通过计算规则定义集合中元素的方法。

例如，设 $a_0 = 1$，$a_{i+1} = 3a_i (i \geqslant 0)$。定义 $S = \{a_0, a_1, \cdots, a_n, \cdots\} = \{a_k \mid k \in \mathbf{N}\}$。

根据给定的计算规则，集合 $S = \{3^0, 3^1, 3^2, \cdots, 3^n, \cdots\}$。这种定义集合 S 的方法就称为递归指定集合法。

5. 文氏图法

文氏图法是一种利用平面上的点表示集合中元素的方法。一般用平面上的正方形或圆形表示一个集合，图 1.1 就是集合 A 的文氏图。

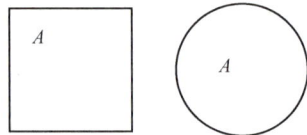

图 1.1

对任意给定的集合，我们可以根据具体要求来选择恰当的表示方法。

1.1.2　集合与集合的关系

由于集合是指定范围内所有对象的聚集，因此集合中的元素是确定的、无序的和互异的。例如，$\{1,2,3\}, \{2,3,1\}, \{3,1,2\}$ 等表示同一个集合；$\{1,2,3,3,2\}$ 与 $\{1,2,3\}$ 也是完全相同的集合。

例 1.1　设集合 $A = \{x \mid (x-1)(x-2) = 0, x \in \mathbf{R}\}$，$B = \{x \mid x \in \mathbf{Z}$ 且 $0 < x < 3\}$，试判断它们是否为相同的集合。

微课视频

分析　$(x-1)(x-2)=0$ 意味着 $x=1$ 或 $x=2$，即 $A=\{1,2\}$；满足 $0<x<3$ 的整数只有 1 和 2，即 $B=\{1,2\}$。显然，A 和 B 是相同的集合。

🔲 **解**　根据题意可得，集合 $A=\{1,2\}$，$B=\{1,2\}$，所以 A 和 B 是相同的集合。

把 A 和 B 这种元素完全相同的两个集合称为两个**集合相等**，记为 $A=B$。于是有下面的定理。

定理 1.1（外延性原理）　$A=B$ 当且仅当它们的元素完全相同，否则 $A\neq B$。

由例 1.1 可以发现，集合 B 中的每个元素都是集合 A 中的元素。此时，称集合 B 是集合 A 的**子集**，其具体定义如下。

定义 1.1　设 A,B 是任意两个集合，如果 B 中的每个元素都是 A 中的元素，则称 B 是 A 的子集合，简称**子集**（Subset），这时也称 B 被 A 包含，或 A 包含 B，记作 $B\subseteq A$ 或 $A\supseteq B$，称"$\subseteq$"和"$\supseteq$"分别为**被包含**和**包含关系**。如果 B 不被 A 包含，则记作 $B\not\subseteq A$。

由定义 1.1 可知：

（1）$B\subseteq A\Leftrightarrow\forall x$，如果 $x\in B$，则 $x\in A$[①]；

（2）对任意集合 A，都有 $A\subseteq A$。

事实上，根据定义 1.1，例 1.1 中的 A 是 B 的子集，B 也是 A 的子集，即有 $A\subseteq B$ 且 $B\subseteq A$。于是，可得下面的定理。

定理 1.2　设 A,B 是任意两个集合，$A\subseteq B,B\subseteq A\Leftrightarrow A=B$。

事实上，两个集合 A 和 B 之间还存在 $B\subseteq A$ 但 $A\neq B$ 的情形，此时称 B 是 A 的真子集。下面给出真子集的定义。

定义 1.2　设 A,B 是任意两个集合，如果

$$B\subseteq A \text{ 并且 } A\neq B,$$

则称 B 是 A 的**真子集**（Proper Subset），记作 $B\subset A$，称"$\subset$"为**真包含关系**（Properly Inclusion Relation），其文氏图如图 1.2 所示。

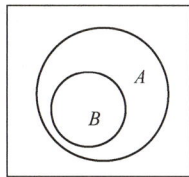

图 1.2

如果 B 不是 A 的真子集，则记作 $B\not\subset A$。

由定义 1.2 知，$B\subset A\Leftrightarrow\forall x$，若 $x\in B$，则 $x\in A$，且存在 $y\in A$，但 $y\notin B$。

解题小贴士

集合与集合关系的判定及证明方法

（1）$B\subseteq A\Leftrightarrow\forall x$，如果 $x\in B$，则 $x\in A$。

（2）$B\subset A\Leftrightarrow\forall x$，若 $x\in B$，则 $x\in A$，且 $\exists y\in A$，但 $y\notin B$[②]。

（3）$A=B\Leftrightarrow A\subseteq B$，$B\subseteq A$。

例 1.2　设 $A=\{1\}$，$B=\{1,\{1\}\}$，试判断 $A\in B$ 和 $A\subseteq B$ 是否同时成立。

分析　首先把 A 分别看成元素和集合，然后分别与集合 B 进行比较即可。

🔲 **解**　因为 $A=\{1\}$ 是集合 B 中的元素，所以有 $A\in B$。又因为 $1\in A$，$1\in B$，所以根据定义 1.2，有 $A\subseteq B$。

---

① $\forall$ 表示"对于任意给定的"或"对于每一个"。
② $\exists$ 表示"存在"。

综上所述，$A \in B$ 和 $A \subseteq B$ 同时成立。

注意 💡

一个集合可以是另一个集合的元素，所以有时我们需要从"集合"与"元素"两个角度去分析一个集合。

例 1.3 设 $A \subseteq B$，$B \subseteq C$，试证明 $A \subseteq C$。

分析 用"集合与集合包含关系的证明方法"直接证明即可。

证明 $\forall x$，如果 $x \in A$，则根据 $A \subseteq B$，有 $x \in B$。又根据 $B \subseteq C$，有 $x \in C$。从而有 $A \subseteq C$。

1.2 几个特殊集合

定义 1.3 不含任何元素的集合叫作**空集**（Empty Set），记作 $\varnothing$。空集可以表示为

$$\varnothing = \{x \mid x \neq x\}。$$

空集是客观存在的。例如，$A = \{x \mid x \in \mathbf{R}$ 且 $x^2 < 0\}$ 就是空集。

关于空集，有以下结论。

微课视频

定理 1.3 (1)空集是一切集合的子集。

(2)空集是绝对唯一的。

分析 对于(1)，可以根据定义 1.1，采用反证法证明。对于(2)，也采用反证法，即假设"空集不唯一"，得出矛盾，从而说明"空集绝对唯一"是正确的。

证明 (1)假设存在一个集合 A，有 $\varnothing \nsubseteq A$，则根据定义 1.1，存在元素 $x \in \varnothing$，但 $x \notin A$。这与空集不含任何元素矛盾，从而结论成立。

(2)假设有两个不同的空集 $\varnothing_1$ 和 $\varnothing_2$，由(1)可得 $\varnothing_1 \subseteq \varnothing_2$ 和 $\varnothing_2 \subseteq \varnothing_1$。根据定理 1.2，有 $\varnothing_1 = \varnothing_2$，与假设矛盾，从而结论成立。

定义 1.4 在一个相对固定的范围内，包含此范围内所有元素的集合，称为**全集**或**论集**（Universal Set），用 U 或 E 表示，其文氏图如图 1.3 所示。

全集是相对唯一的。例如，在实数范围内，实数集就是唯一的全集；在复数范围内，复数集就是唯一的全集。

定义 1.5 设 A 为任意集合，称 A 的所有子集构成的集合为 A 的**幂集**（Power Set），记作 $P(A)$ 或 2^A，即 $P(A) = \{x \mid x \subseteq A\}$。

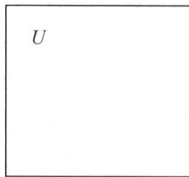

图 1.3

事实上，这种以集合为元素的集合被称为**集族**（Family of Set），幂集就是一个集族。

任给一个有限集，怎样求出它的幂集呢？

为了方便描述幂集的求解过程，做以下规定。

(1)称含有 n 个元素的集合为 n **元集**。

(2)若 A 为 n 元集，则称 A 的含有 m 个（$0 \leq m \leq n$）元素的子集为它的 m **元子集**。

因此，求集合 A 的幂集就是求 A 的所有 m 元子集构成的集合。

解题小贴士

$P(A)$ 的求解方法

(1)确定集合 A 的基数 $|A|$。

(2)计算 A 的 0 元子集,1 元子集,$\cdots$,$|A|$ 元子集。

(3)以 A 的 0 元子集,1 元子集,$\cdots$,$|A|$ 元子集为元素构成集合,即 $P(A)$。

例 1.4 求下列幂集:

$(1)P(\varnothing)$;　　　$(2)P(\{a,b,c\})$;　　　$(3)P(\{a,\{b,c\}\})$。

分析 按照"$P(A)$ 的求解方法"直接计算即可。

解 (1) $|\varnothing|=0$,$\varnothing$ 仅有 0 元子集 $\varnothing$,从而 $P(\varnothing)=\{\varnothing\}$。

(2) $|\{a,b,c\}|=3$,其 0 元子集为 $\varnothing$,1 元子集为 $\{a\}$,$\{b\}$,$\{c\}$,2 元子集为 $\{a,b\}$,$\{a,c\}$,$\{b,c\}$,3 元子集为 $\{a,b,c\}$,从而 $P(\{a,b,c\})=\{\varnothing,\{a\},\{b\},\{c\},\{a,b\},\{a,c\},\{b,c\},\{a,b,c\}\}$。

(3) $|\{a,\{b,c\}\}|=2$,其 0 元子集为 $\varnothing$,1 元子集为 $\{a\}$,$\{\{b,c\}\}$,2 元子集为 $\{a,\{b,c\}\}$,从而 $P(\{a,\{b,c\}\})=\{\varnothing,\{a\},\{\{b,c\}\},\{a,\{b,c\}\}\}$。

注意

一般来说,对于 n 元集,它的 $m(0\leqslant m\leqslant n)$ 元子集有 C_n^m 个,所以不同的子集总数为

$$C_n^0+C_n^1+\cdots+C_n^n=(1+1)^n=2^n,$$

即 n 元集共有 2^n 个不同的子集。

1.3 集合的运算

在初等数学中,我们学习了"数"的各种运算及运算定律,而"集合"可以看作对"数"的推广,因此,我们也可以用类似方法来研究集合的基本运算及运算定律。

下面先定义集合的基本运算。

定义 1.6 设 U 是全集,A,B 是 U 的两个子集,则有以下结论。

(1) $A\cup B=\{x\mid x\in A$ 或 $x\in B\}$ 仍是一个集合,称为 A 与 B 的并集(Union Set),称"$\cup$"为并运算(Union Operation)。

(2) $A\cap B=\{x\mid x\in A$ 且 $x\in B\}$ 仍是一个集合,称为 A 与 B 的交集(Intersection Set),称"$\cap$"为交运算(Intersection Operation)。

(3) $A-B=\{x\mid x\in A$ 但 $x\notin B\}$ 仍是一个集合,称为 A 与 B 的差集(Subtraction Set),称"$-$"为差运算(Subtraction Operation),$A-B$ 又可叫作相对补集。

特别指出,当 $A=U$ 时(U 是相对于 B 的全集),$A-B$ 称为集合 B 的补集(Complement Set),记为 B^c,"^{c}"称为补运算(Complement Operation)[①]。

微课视频

---

① 有的书上记为 B' 或 $\sim B$ 或 $\bar{B}$。

（4）$A \oplus B = \{x \mid (x \in A \text{ 但 } x \notin B) \text{ 或 } (x \in B \text{ 但 } x \notin A)\} = (A-B) \cup (B-A)$ 仍是一个集合，称为 A 与 B 的**对称差集**（Symmetric Difference Set），称 "$\oplus$" 为**对称差运算**（Symmetric Difference Operation）。

$A \cup B$、$A \cap B$、$A-B$、A^c 和 $A \oplus B$ 的文氏图分别如图 1.4、图 1.5、图 1.6、图 1.7 和图 1.8 中阴影部分所示。

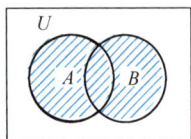 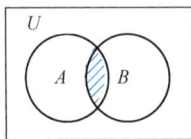 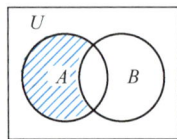 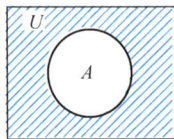 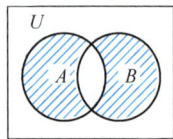

图 1.4   图 1.5   图 1.6   图 1.7   图 1.8

进一步，可以得到 n 个集合的并集和交集，即

$$\bigcup_{i=1}^{n} A_i = A_1 \cup A_2 \cup \cdots \cup A_n = \{x \mid x \in A_1 \text{ 或 } x \in A_2 \text{ 或 } \cdots \text{ 或 } x \in A_n\}, \quad (1\text{-}1)$$

$$\bigcap_{i=1}^{n} A_i = A_1 \cap A_2 \cap \cdots \cap A_n = \{x \mid x \in A_1 \text{ 且 } x \in A_2 \text{ 且 } \cdots \text{ 且 } x \in A_n\}。 \quad (1\text{-}2)$$

当 n 无限增大时，以上两式可以分别记为

$$\bigcup_{i=1}^{\infty} A_i = A_1 \cup A_2 \cup \cdots, \quad (1\text{-}3)$$

$$\bigcap_{i=1}^{\infty} A_i = A_1 \cap A_2 \cap \cdots。 \quad (1\text{-}4)$$

根据集合运算的定义，我们很容易得到集合运算的许多运算定律，这些运算定律与实数集合上定义的运算定律非常相似，具体如定理 1.4 所示。

定理 1.4 设 U 是相对于 A 的全集，有以下运算定律。

（1）$A \cup A = A$，$A \cap A = A$。   （幂等律）

（2）$A \cup B = B \cup A$，$A \cap B = B \cap A$。   （交换律）

（3）$A \cup (B \cup C) = (A \cup B) \cup C$，$A \cap (B \cap C) = (A \cap B) \cap C$。   （结合律）

（4）$A \cap (B \cup C) = (A \cap B) \cup (A \cap C)$，$A \cup (B \cap C) = (A \cup B) \cap (A \cup C)$。 （分配律）

（5）$A \cap (A \cup B) = A$，$A \cup (A \cap B) = A$。   （吸收律）

（6）$A \cup \varnothing = A$，$A \cap U = A$。   （同一律）

（7）$A \cup U = U$，$A \cap \varnothing = \varnothing$。   （零律）

（8）$(A^c)^c = A$。   （双重否定律）

（9）$(A \cup B)^c = A^c \cap B^c$，$(A \cap B)^c = A^c \cup B^c$。   （德·摩根律）

（10）$A^c \cap A = \varnothing$。   （矛盾律）

（11）$A^c \cup A = U$。   （排中律）

定理 1.4 可用集合相等的证明方法进行严格证明。此处仅以德·摩根律为例示范证明过程。

分析 德·摩根律中两个等式的两端都是集合，因此可以按照"集合与集合相等关系的证明方法"直接证明即可。即可以先证明 $(A \cup B)^c \subseteq (A^c \cap B^c)$，再证明 $(A^c \cap B^c) \subseteq (A \cup B)^c$。

证明 （Ⅰ）证明 $(A \cup B)^c = A^c \cap B^c$。

① 证明 $(A \cup B)^c \subseteq (A^c \cap B^c)$。

$$\forall x,\ x \in (A \cup B)^c \Rightarrow x \notin A \cup B$$
$$\Rightarrow x \notin A\ \text{且}\ x \notin B$$
$$\Rightarrow x \in A^c\ \text{且}\ x \in B^c$$
$$\Rightarrow x \in A^c \cap B^c,$$

即 $(A \cup B)^c \subseteq (A^c \cap B^c)$。

② 证明 $(A^c \cap B^c) \subseteq (A \cup B)^c$。

$$\forall x,\ x \in A^c \cap B^c \Rightarrow x \in A^c\ \text{且}\ x \in B^c$$
$$\Rightarrow x \notin A\ \text{且}\ x \notin B$$
$$\Rightarrow x \notin A \cup B$$
$$\Rightarrow x \in (A \cup B)^c,$$

即 $(A^c \cap B^c) \subseteq (A \cup B)^c$。

根据定理 1.2，由①、②知，$(A \cup B)^c = A^c \cap B^c$。

（Ⅱ）证明 $(A \cap B)^c = A^c \cup B^c$。

在 $(A \cup B)^c = A^c \cap B^c$ 中，用 A^c, B^c 分别替换 A, B，有

$$(A^c \cup B^c)^c = (A^c)^c \cap (B^c)^c = A \cap B,$$

等式两边再求补运算，可得

$$A^c \cup B^c = (A \cap B)^c,$$

从而结论成立。

事实上，（Ⅱ）的证明也可以采用（Ⅰ）的方法，此留给读者自证。

众所周知，对于给定的元素 a 和集合 A，$a \in A$ 或 $a \notin A$ 恰有一个成立。如果用 1 表示 $a \in A$，用 0 表示 $a \notin A$，则可以得到另一种证明定理 1.4 的方法——**成员表法**。

解题小贴士

成员表法

列出待证明定律中所有成员的所有可能的"0""1"组合，按照下面的规则计算：

$$A \cap B = 1 \Leftrightarrow A = 1\ \text{且}\ B = 1;\ A \cup B = 0 \Leftrightarrow A = 0\ \text{且}\ B = 0。$$

对任意给定的"0""1"组合，待证定律成立当且仅当待证定律左边与右边具有相同的值。

例 1.5 用成员表法证明吸收律 $A \cup (A \cap B) = A$。

分析 吸收律中有两个成员 A 和 B，其所有可能的"0""1"组合为：00，01，10，11，按照成员表法给出的计算规则依次计算，如果对任意给定的"0""1"组合，$A \cup (A \cap B)$ 和 A 都有相同的值，则结论成立。

解 集合 A 与 B 组合的成员表如表 1.1 所示。显然，$A \cup (A \cap B)$ 和 A 两列对应的值完全相同，等式成立，即吸收律成立。

定理 1.4 其他运算定律的证明留给读者完成。

表 1.1

A	B	$A \cap B$	$A \cup (A \cap B)$
0	0	0	0
0	1	0	0
1	0	0	1
1	1	1	1

1.4　无限集

根据集合的基数，可以将集合分为有限集和无限集。对于有限集，它们的基数可以比较大小，任何两个基数相同的有限集之间可以建立一一对应关系。那么，我们是否可以将这种思想推广到无限集中呢？

1.4.1　可数集

我们先看这样一个问题：设 $A=\{1,2,3,\cdots\}$，$B=\{1^2,2^2,3^2,\cdots\}$，A 和 B 哪一个集合中的元素更多？

显然，B 是 A 的子集，似乎 A 中的元素要多一些。但是，从"对应"的角度去观察，我们可以发现 A 中的每个元素总是唯一对应它的平方。这样看来，A 中的元素又不比 B 中的元素多。A 和 B 的基数到底具有怎样的关系呢？

微课视频

早在 1638 年，意大利物理学家伽利略就发现了这样的问题，但是，他没有给出答案。直到 19 世纪，康托尔研究了无限集的度量问题之后，才正确地回答了上述问题。

为了帮助读者理解两个无限集的基数比较问题，这里引进自然数集。

自然数是人们十分熟悉的一个概念。但是，在数学分析的极限理论于 19 世纪建立后，定义自然数却成了逻辑上还有待完善的问题。因为连续量用极限描述后，顺序、自然数成为基本概念，定义自然数就不能再单纯依靠经验了。20 世纪初，冯·诺依曼（Von Neumann. J.）用集合的方式定义自然数并取得成功。他提出用序列 $\varnothing,\{\varnothing\}$，$\{\varnothing,\{\varnothing\}\},\{\varnothing,\{\varnothing\},\{\varnothing,\{\varnothing\}\}\},\cdots$ 来定义自然数。具体定义如下。

（1）$\varnothing\in\mathbf{N}$。

（2）若 $n\in\mathbf{N}$，则 $n':=n\cup\{n\}\in\mathbf{N}$。

另外，还可用数字（集合的基数）来代替集合，即有

$0:=\varnothing$；

$1:=\{\varnothing\}=\{0\}$；

$2:=\{\varnothing,\{\varnothing\}\}=\{0,1\}$；

　　　　……

$n:=\{0,1,2,3,\cdots,n-1\}$；

　　　　……

$\mathbf{N}:=\{0,1,2,\cdots,n,\cdots\}$。

从而，每一个自然数都对应一个集合。例如，自然数 3 对应集合 $\{0,1,2\}$。事实上，任意含 3 个元素的集合都可以用 3 表示。换句话说，任意含 3 个元素的两个集合之间都可以建立一一对应关系。这就指出了两个无限集之间基数比较问题的解决办法，即通过判断两个无限集之间是否存在"一一对应"关系来比较它们的基数。下面给出相关概念。

定义 1.7　设 A,B 为两个集合，若在 A,B 之间存在一一对应关系

$$\Psi:A\to B,$$

则称 A 与 B 是对等的（Equipotent），记作 $A\sim B$，也称 A 与 B 是等势的（Equipotential）。

由定义 1.7 可知，如果 $A=B$，则 $A\sim B$，反之不然。

定义 1.8 凡与自然数集 **N** 等势的集合，都是 可数集（可列集）(Countable Set)，其基数记为 $\aleph_0$，读作"阿列夫零"。

解题小贴士

可数集的证明方法

找到给定集合与自然数集 **N** 的一个一一对应关系即可。

例 1.6 证明下列集合都是可数集：

(1) $E^+ = \{x \mid x \in \mathbf{N}$ 且 x 是正偶数$\}$；

(2) $P = \{x \mid x \in \mathbf{N}$ 且 x 是素数$\}$；

(3) 有理数集 **Q**。

分析 根据"可数集的证明方法"，只需分别找到 E^+、P、$\mathbf{Q}$ 与 $\mathbf{N}$ 的一一对应关系即可。

证明 (1) 在 E^+ 与 **N** 之间建立一一对应关系 $\varphi_1 : \mathbf{N} \to E^+$。

$$
\begin{array}{ccccccc}
0 & 1 & 2 & 3 & \cdots & n & \cdots \\
\downarrow & \downarrow & \downarrow & \downarrow & & \downarrow & \\
2 & 4 & 6 & 8 & \cdots & 2n+2 & \cdots
\end{array}
$$

所以 E^+ 是可数集。

(2) 在 P 与 **N** 之间建立一一对应关系 $\varphi_2 : \mathbf{N} \to P$。

$$
\begin{array}{ccccccccc}
0 & 1 & 2 & 3 & 4 & 5 & 6 & 7 & \cdots \\
\downarrow & \downarrow & \downarrow & \downarrow & \downarrow & \downarrow & \downarrow & \downarrow & \\
2 & 3 & 5 & 7 & 11 & 13 & 17 & 19 & \cdots
\end{array}
$$

所以 P 是可数集。

(3) 因为 **Q** 中的任何元素都可以写成 $q/p\,(p \in \mathbf{Z}, q \in \mathbf{Z}, p \neq 0)$ 的形式，所以先将 **Q** 中的元素以 q/p 的形式排成一个有序图形，如图 1.9 所示，然后从 $0/1^{[0]}$ 开始，沿着一条如图 1.9 所示的路径把所经过的有理数与自然数配对，其中，$p/q^{[n]}$ 的上标 $[n]$ 代表对应该有理数的自然数。为了保证 **Q** 和 **N** 之间是一一对应关系，在为每个有理数的右上方标记 $[n]$ 时，要把第二次以及以后各次遇到的该有理数跳过去，例如，定义 $-1/1 \to 1$，要跳过 $-2/2, -3/3, \cdots$。

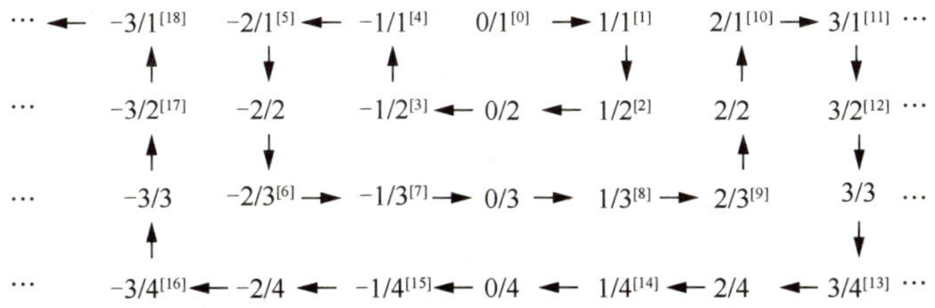

图 1.9

所以有理数集合一定是可数集。

从例 1.6 可以看出，表面上个数完全不相等的两个集合之间仍然存在等势关系，甚至集合与其真子集之间也存在等势关系。具体定理如下。

定理 1.5 （1）两个有限集等势当且仅当它们有相同的元素个数。

（2）有限集不和其任何真子集等势。

（3）可数集可以和其可数的真子集等势。

1.4.2 不可数集

在无限集中，是否只有可数集呢？换句话说，是否每一个无限集都能够与自然数集 $\mathbf{N}$ 建立一一对应关系呢？答案是否定的，请看下面的证明。

例 1.7 证明开区间 $(0,1)$ 不是可数集。

分析 采用反证法，假设 $(0,1)$ 是可数集，即假设 $(0,1)$ 和 $\mathbf{N}$ 可以建立一一对应关系，然后找出一个 $x \in (0,1)$，但在 $\mathbf{N}$ 中没有元素和它对应，产生矛盾，从而结论成立。

证明 假设 $(0,1)$ 是可数集，则 $(0,1)$ 用列举法可表示为 $\{x_1, x_2, \cdots, x_n, \cdots\}$，其中

$$x_1 = 0.a_{11}a_{12}a_{13}a_{14}\cdots,$$
$$x_2 = 0.a_{21}a_{22}a_{23}a_{24}\cdots,$$
$$\cdots\cdots$$
$$x_n = 0.a_{n1}a_{n2}a_{n3}a_{n4}\cdots,$$
$$\cdots\cdots$$

$a_{ij} \in \{0,1,2,\cdots,9\}$。令 $x = 0.a_1 a_2 \cdots a_n \cdots$，其中若 $a_{nn} = 1$，则 $a_n = 2$，否则 $a_n = 1$。显然，$x \neq x_i (i = 1,2,\cdots,n,\cdots)$，即 $\mathbf{N}$ 中没有元素和 x 对应。这与假设产生矛盾，从而 $(0,1)$ 不是可数集。

定义 1.9 称开区间 $(0,1)$ 为**不可数集**（Uncountable Set），其基数记为 $\aleph$，读作"阿列夫"。凡与开区间 $(0,1)$ 等势的集合都是不可数集。

例 1.8 证明下面的结论。

（1）闭区间 $[0,1]$ 是不可数集。

（2）实数集合 $\mathbf{R}$ 是不可数集。

分析 根据定义 1.9，与例 1.6 类似，只需分别找到 $[0,1]$ 和 $\mathbf{R}$ 与 $(0,1)$ 的一一对应关系即可。

解 （1）在开区间 $(0,1)$ 和闭区间 $[0,1]$ 之间建立对应关系

$$\sigma_1: \begin{cases} 0 \to \dfrac{1}{4}, \\[2mm] 1 \to \dfrac{1}{2}, \\[2mm] \dfrac{1}{2^n} \to \dfrac{1}{2^{n+2}} (n = 1,2,3,\cdots), \\[2mm] n \to n [n \in (0,1)]. \end{cases}$$

显然 σ_1 是 $[0,1]$ 和 $(0,1)$ 之间的一个一一对应关系，从而 $[0,1]$ 是不可数集。

（2）在开区间 $(0,1)$ 和实数集 $\mathbf{R}$ 之间建立对应关系

$$\sigma_2: n \to \tan\left[\pi\left(\frac{2n-1}{2}\right)\right],$$

显然 σ_2 是 $\mathbf{R}$ 和 $(0,1)$ 之间的一个一一对应关系，从而 $\mathbf{R}$ 是不可数集。

1.5 集合的应用

1.5.1 集合的计算机表示

集合在计算机中的表示方法很多，最简单的就是无序地将集合中元素存放在计算机中，但是这种存放方法会给集合的交、并、差等运算带来不必要的搜索开销。为此，下面介绍一种元素的有序存储方法。

微课视频

假设全集 U 含有 n 个元素，且任意给定这 n 个元素在 U 中的顺序，不妨设 $U=\{a_1,a_2,\cdots,a_n\}$，A 是 U 的一个子集且按式(1-5)对应一个长度为 n 的比特串 $B=b_1b_2\cdots b_n$，其中

$$b_i=\begin{cases}1, & a_i \in A, \\ 0, & a_i \notin A。\end{cases} \qquad (1-5)$$

根据式(1-5)，U 的一个子集就与一个 n 位的比特串建立了一一对应关系，从而集合的交、并、差等运算可以通过计算机擅长的比特串运算来完成了。

例 1.9 令 $U=\{1,2,3,4,5,6,7,8,9,10\}$。定义 U 为递增序列，即 $a_i=i$。

(1)写出集合 $A_1=\{1,3,5,7,9\}$，$A_2=\{2,4,6,8,10\}$，$A_3=\{1,2,3,4,5\}$ 对应的比特串。

(2)计算 $A_1 \cup A_2$ 和 $A_1 \cap A_3$。

分析 (1)根据式(1-5)可直接写出集合 A_1,A_2,A_3 对应的比特串。(2)对 A_1 和 A_2 对应的比特串按位使用"$\vee$"(并)运算，对 A_1 和 A_3 对应的比特串按位使用"$\wedge$"(交)运算。其中，"$\vee$"运算的运算规则为：$0 \vee 0=0$，其他情况计算结果为 1；"$\wedge$"运算的运算规则为：$1 \wedge 1=1$，其他情况计算结果为 1。然后根据式(1-5)将计算结果转换为集合即可。

解 (1)根据 U 中元素的顺序和比特串的定义，设集合 A_i 对应的比特串为 B_i，则有
$$B_1=1010101010，\quad B_2=0101010101，\quad B_3=1111100000。$$
(2)首先计算 $B_1 \vee B_2$ 和 $B_1 \wedge B_3$，有
$$B_1 \vee B_2=1010101010 \vee 0101010101=1111111111，$$
$$B_1 \wedge B_3=1010101010 \wedge 1111100000=1010100000，$$
然后按照式(1-5)还原集合，得
$$A_1 \cup A_2=\{1,2,3,4,5,6,7,8,9,10\}=U，$$
$$A_1 \cap A_3=\{1,3,5\}。$$

1.5.2 计数问题

计数问题在数学和计算机科学中具有十分重要的地位。利用集合的交运算、并运算和集合的基数，可以解决一些简单的计数问题。

例 1.10 求 $1 \sim 1000$ 范围内的整数中，不能被 5,6,8 中任何一个整除的整数个数。

微课视频

分析　根据题意，可以设出分别不能被 $5,6,8$ 整除的所有整数构成的集合，然后计算这 3 个集合交集的基数即可。

解　设 U 为全集，A,B,C 表示 $1\sim1000$ 范围内的整数中分别能被 $5,6,8$ 整除的整数所构成的集合，则 A^c,B^c,C^c 表示 $1\sim1000$ 范围内的整数中分别不能被 $5,6,8$ 整除的整数所构成的集合。根据题意，计算 $|A^c\cap B^c\cap C^c|$ 即可。如图 1.10 所示，图中阴影部分即为 $A^c\cap B^c\cap C^c$，即

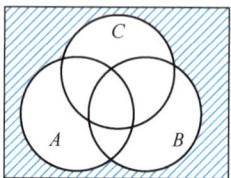

$$|A^c\cap B^c\cap C^c|=|U|-|A\cup B\cup C|$$
$$=|U|-(|A|+|B|+|C|)+(|A\cap B|+|A\cap C|+|B\cap C|)-(|A\cap B\cap C|)。$$

显然，$|U|=1000$，$|A|=\left\lfloor\dfrac{1000}{5}\right\rfloor=200$，$|B|=\left\lfloor\dfrac{1000}{6}\right\rfloor=166$，$|C|=\left\lfloor\dfrac{1000}{8}\right\rfloor=125$，$|A\cap B|=\left\lfloor\dfrac{1000}{30}\right\rfloor=33$，$|A\cap C|=\left\lfloor\dfrac{1000}{40}\right\rfloor=25$，$|B\cap C|=\left\lfloor\dfrac{1000}{24}\right\rfloor=41$，$|A\cap B\cap C|=\left\lfloor\dfrac{1000}{120}\right\rfloor=8$。其中，$\lfloor x\rfloor$ 表示对 x 向下取整数，例如，$\lfloor3.6\rfloor=3$。从而有

$$|A^c\cap B^c\cap C^c|=1000-200-166-125+33+25+41-8=600，$$

即 $1\sim1000$ 范围内的整数中，不能被 $5,6,8$ 中任何一个整除的整数共有 600 个。

在例 1.10 的求解过程中，首先计算所有整数的个数，然后减去（排斥掉）不符合条件的整数个数，这实际上就是容斥原理（Including-Excluding Principle）的基本思想，即先包容，后排斥。

图 1.10

1.6　习题

1. A,B,C 是集合，若 $A\in B$ 且 $B\in C$，可能有 $A\in C$ 吗？常有 $A\in C$ 吗？举例说明。

2. 设 $S=\{\mathbf{N},\mathbf{Q}\}$，若 $2\in\mathbf{N}$，$\mathbf{N}\in S$，则 $2\in S$ 是否正确？

3. 用列举法写出下列集合：

（1）$\{x\mid x\in\mathbf{Z}$ 且 $2<x<10\}$；

（2）$\{x\mid x$ 是"discrete mathematics"中的英文字母$\}$；

（3）所有正整数立方的聚集；

（4）所有 7 的正倍数的聚集。

4. 用描述法写出下列集合：

（1）小于 10000 的非负实数的聚集；

（2）偶数集；

（3）年龄大于 18 岁的中国公民；

（4）直角坐标系中，单位圆（不包括单位圆周）的点集。

5. 找出下列集合之间的关系：

（1）$A=\{x\mid x\in\mathbf{Z}$ 且 $1<x<5\}$；　　（2）$B=\{2,3\}$；

（3）$C=\{x\mid x^2-5x+6=0\}$；　　（4）$D=\{\{2,3\}\}$；

（5）$E=\{2\}$；　　（6）$F=\{x\mid x=2$ 或 $x=3$ 或 $x=4$ 或 $x=5\}$。

6. 简要说明 $\{a\}$ 与 $\{\{a\}\}$ 的区别，分别列出它们的元素与子集。

7. 判断下列结论是否正确：

(1) $\varnothing \subseteq \varnothing$;　　　　　　　(2) $\varnothing \in \varnothing$;　　　　　　　(3) $\varnothing \subseteq \{\varnothing\}$;

(4) $\varnothing \in \{\varnothing\}$;　　　　　　(5) $\{\varnothing\} \subseteq \{\varnothing, \{\varnothing\}\}$;　　(6) $\{\varnothing\} \in \{\varnothing, \{\varnothing\}\}$;

(7) $\{\{\varnothing\}\} \subseteq \{\varnothing, \{\varnothing\}\}$;　　　　　　(8) $\{\{\varnothing\}\} \in \{\varnothing, \{\varnothing\}\}$;

(9) $\{a, b\} \subseteq \{a, b, c, \{a, b, c\}\}$;　　　　(10) $\{a, b\} \in \{a, b, c, \{a, b, c\}\}$;

(11) $\{a, b\} \subseteq \{a, b, \{a, b\}\}$;　　　　(12) $\{a, b\} \in \{a, b, \{a, b\}\}$ 。

8. 设 A, B, C 是集合，证明或反驳下列结论：

(1) $A \in B$ 且 $B \subseteq C \Rightarrow A \in C$;　　　　(2) $A \in B$ 且 $B \subseteq C \Rightarrow A \subseteq C$;

(3) $A \in B$ 且 $B \notin C \Rightarrow A \notin C$;　　　　(4) $A \subseteq B$ 且 $B \notin C \Rightarrow A \notin C$ 。

9. 求下列幂集：

(1) $P(\{1, 2, 3\})$;　(2) $P(\{1, \{2, 3\}\})$;　(3) $P(\{\{1, \{2, 3\}\}\})$;

(4) $P(\{\{1, 2\}, \{2, 1\}\}, \{2, 1, \{2, 1\}\}\})$;　(5) $P(\{\{\varnothing, 2\}, \{2\}\})$;　(6) $P(\{\varnothing, \{a\}\})$ 。

10. 设 $A = \varnothing$, $B = \{a\}$, 求 $P(A), P(P(A)), P(B), P(P(P(B)))$ 。

11. 设 A 和 B 为任意集合，证明：

(1) $A \subseteq B \Rightarrow P(A) \subseteq P(B)$;

(2) $P(A) \subseteq P(B) \Rightarrow A \subseteq B$;

(3) $P(A) = P(B) \Leftrightarrow A = B$ 。

12. 设 $A = \{x \mid x$ 是 "computer" 中的字母 $\}$, $B = \{x \mid x$ 是 "computing" 中的字母 $\}$, 求 $A \cup B$ 和 $A \cap B$ 。

13. 设全集 $U = \{1, 2, 3, 4, 5, 6\}$, $A = \{1, 4, 6\}$, $B = \{1, 2, 5\}$, $C = \{2, 3\}$, 求出下列的集合：

(1) $A \cap B^c$;　　　　(2) $(A \cap B) \cup C^c$;　　　　(3) $(A \cup B)^c$;

(4) $(B \oplus C)^c$;　　　(5) $B^c \cup C^c$;　　　　(6) $P(A) \cap P(C)$ 。

14. 设全集 $U = \{1, 2, 3, \cdots, 9\}$, $S_1 = \{2, 4, 8\}$, $S_2 = \{1, 3, 5, 7, 9\}$, $S_3 = \{3, 4, 5\}$, $S_4 = \{3, 5\}$, 根据下面的条件确定 X 与 S_1, S_2, S_3, S_4 的关系。

(1) $X - S_3 = \varnothing$ 。

(2) $X \subseteq S_4$ 但 $X \cap S_2 = \varnothing$ 。

(3) $X \subseteq S_1$ 且 $X \nsubseteq S_3$ 。

(4) $X \subseteq S_3$ 且 $X \nsubseteq S_1$ 。

15. 当 $A \neq \varnothing$ 时，回答下列问题。

(1) 若只有 $A \cup B = A \cup C$, 是否一定有 $B = C$?

(2) 若只有 $A \cap B = A \cap C$, 是否一定有 $B = C$?

(3) 若 $A \cup B = A \cup C$ 且 $A \cap B = A \cap C$, 是否一定有 $B = C$?

16. 设 A, B, C 是集合，请给出下列结论成立的条件：

(1) $(A - B) \cup (A - C) = A$;

(2) $(A - B) \cup (A - C) = \varnothing$;

(3) $(A - B) \cap (A - C) = \varnothing$;

(4) $(A - B) \oplus (A - C) = \varnothing$ 。

17. 用成员表法证明分配律 $A \cap (B \cup C) = (A \cap B) \cup (A \cap C)$ 。

18. 画出下列集合的文氏图：

(1) $A^c \cap B^c$；　　　　(2) $(A-(B \cup C)) \cup ((B \cup C)-A)$；　　　　(3) $A \cap (B^c \cup C)$。

19. 证明下列集合都是可数集：

(1) $\mathbf{O}^+ = \{x \mid x \in \mathbf{N}, \ x$ 是正奇数$\}$；

(2) $S = \{y \mid y = 3x+1, \ x \in \mathbf{N}\}$。

20. 证明集合 $A = \{x \mid 0 < x < 1\} \cup \{0,1,2,3\}$ 是不可数集。

21. 假设全集 $U = \{1,2,3,4,5,6,7,8,9,10\}$，集合 A, B, C 对应的比特串分别为 1111001111，0101111000，1000000001。其中，如果元素 i 属于某集合，则对应的比特串中第 i 个比特为 1，否则为 0。求：

(1) $A \cup B \cap C$；　　　　(2) $A \cap (B^c \cup C)$。

22. 中国乒乓球代表队在 2024 年的巴黎奥运会上不仅实现了女子团体项目 5 连冠，还弥补了上届东京奥运会的遗憾，创造了新的历史，包揽了乒乓球项目的所有金牌。在 2024 年巴黎奥运会上，中国乒乓球代表队有 2 人参加男子单打，2 人参加女子单打，2 人参加混合双打，4 人参加男子团体，4 人参加女子团体，1 人参加女子单打、混合双打和女子团体，1 人参加男子单打、混合双打和男子团体，2 人参加女子单打和女子团体，2 人参加男子单打和男子团体。问：在 2024 年的巴黎奥运会上，中国乒乓球代表队共派出了多少人？

23. 程序设计：给出一个有限集，计算它的幂集。

24. 应用实践：设计一个集合计算器，使其可以计算集合的交、并、差、补与对称差。

25. "AI+"实践：请尝试用 3 个以上不同的大模型工具，使用离散数学的方法来解决第 22 题，并比较和评价大模型工具给出的答案。对于不正确的答案，请指出哪些地方存在错误；对于正确的答案，请选出解法最简洁、思路最明确的那个。

第 2 章
命题逻辑

第 2 章导读

　　数理逻辑（Mathematical Logic）是研究演绎推理的一门学科，包括命题逻辑和谓词逻辑两部分。数理逻辑的主要研究内容是推理，它着重研究推理过程是否正确。数理逻辑强调的是语句之间的关系，而不是只研究某个特定的语句是否正确。因此，数理逻辑是研究推理中的前提和结论之间形式关系的一门学科。数理逻辑采用数学的方法，即引进一套符号体系，并基于这套符号体系进行推理研究，因此，它又被称为**符号逻辑**（Symbolic Logic）。这种方法具有表达简洁、推理方便、概括性好和易于分析等特点。

　　数理逻辑提供的各种准则和判断方法，可以用于判断一个给定论证的有效性，它是所有数学推理和自动推理的基础。逻辑推理被广泛应用于各个领域。例如，在数学领域，它常被用来证明定理；在计算机科学领域，它常被用来检验程序的正确性；在自然科学和物理学领域，它常被用来从实验导出结论；在社会科学和人们的日常生活领域，它常被用来解决大量的实际问题。

　　数理逻辑包含逻辑演算、集合论、证明论、模型论和递归论 5 部分。本书仅介绍计算机科学领域所必需的数理逻辑基础知识，包括命题逻辑及其应用演算、谓词逻辑及其应用演算，且分别安排在本章和下一章。

本章思维导图

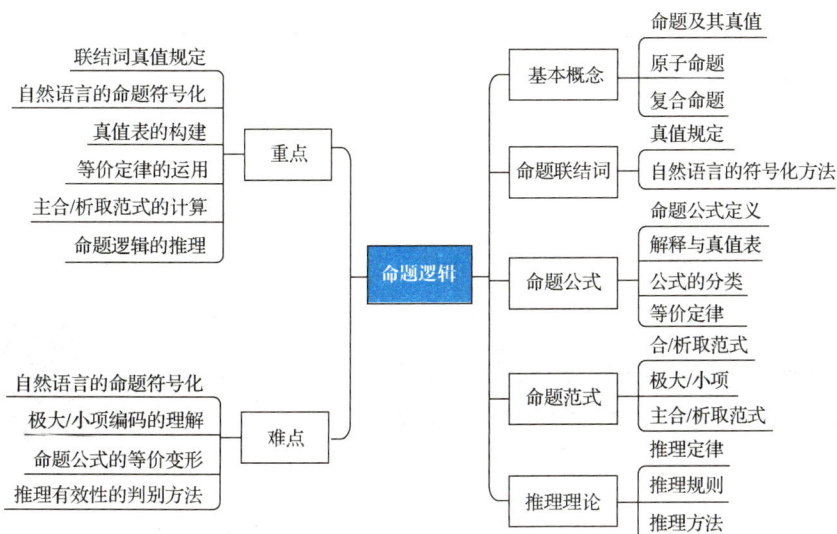

```
                                              命题及其真值
                              基本概念 ────── 原子命题
                                              复合命题

联结词真值规定                                真值规定
自然语言的命题符号化          命题联结词 ──── 自然语言的符号化方法
真值表的构建      ── 重点
等价定律的运用                                命题公式定义
主合/析取范式的计算                           解释与真值表
命题逻辑的推理                命题公式 ────── 公式的分类
                  命题逻辑                    等价定律

                                              合/析取范式
自然语言的命题符号化          命题范式 ────── 极大/小项
极大/小项编码的理解                           主合/析取范式
命题公式的等价变形 ── 难点
推理有效性的判别方法                          推理定律
                              推理理论 ────── 推理规则
                                              推理方法
```

历史人物

图 灵

个人成就

英国数学家、逻辑学家，计算机科学之父，人工智能之父，获得爱德华六世数学金盾奖章、史密斯数学奖、不列颠帝国勋章等。图灵提出了可计算理论、判定问题、电子计算机、人工智能、数理生物学和图灵测试等，这些是现代计算机技术的理论基础。

人物介绍

德·摩根

个人成就

英国数学家、逻辑学家，代表作品有《微积分学》和《形式逻辑》。德·摩根明确陈述了德·摩根定律，将数学归纳法的概念严格化；给出了极限的第一个精确定义，发展了无穷级数收敛的新检验；采用了符号来证明命题等价。

人物介绍

2.1 命题与命题联结词

人类的高级思维主要通过自然语言进行表达，但自然语言在叙述时通常不够准确，也容易产生歧义，不能用于严密的逻辑推理，因此，我们需要引入一种目标语言和数学符号，用于构建逻辑推理的符号体系，从而可用数学的方法来研究逻辑推理。

数理逻辑研究的中心问题是推理，而推理的前提和结论都是能表达判断的陈述句（Declarative Sentence），因此，这些能表达判断的陈述句的集合就构成了目标语言。为了描述方便，我们称能表达判断的陈述句为命题（Proposition）。下面给出命题的定义。

2.1.1 命题

定义 2.1 能够判断真假的陈述句称为命题。称"真"和"假"为命题的真值，分别用"T"（或"1"）和"F"（或"0"）表示。

微课视频

解题小贴士

命题的判断方法

一个语句是命题，当且仅当它是陈述句且具有确切的真值。

例 2.1　判断下列语句是否为命题。如果是命题，请给出其真值。

(1) 自然人的个人信息受法律保护。

(2) 北京是中国的首都。

(3) 10 能被 3 整除。

(4) 数理逻辑不是一门研究演绎推理的学科。

(5) $1+1=10$。

(6) 我喜欢流行音乐。

(7) $x+y>0$。

(8) 我正在说假话。

(9) 我们要做德智体全面发展的人。

(10) 现在几点了？

分析　根据命题的判断方法，先检查给定的语句是否为陈述句，如果是陈述句，再确定是否具有确切的真值，二者缺一不可。

解　语句(1)~(8)是陈述句，语句(1)和(2)的真值为"真"，即语句(1)和(2)是真命题；语句(3)和(4)的真值为"假"，即语句(3)和(4)是假命题；语句(5)和(6)也具有确切的真值，但它们的真值需要根据实际情况进行确定，因此语句(5)和(6)是命题，但不能确定其真值。

语句(7)没有确切的真值，因为 x、y 是变量，真值会随着 x、y 的不同取值而改变，所以语句(7)不是命题。

语句(8)是一个语义上的悖论，如果假设它的真值为"真"，即"我正在说假话"是真的，则"我正在说真话"，从而语句(8)应该取值为"假"，产生矛盾。反之，如果假设它的真值为"假"，则与语句本身的语义是一致的，即应该取值为"真"，也产生矛盾。因此，不管这个语句的取值是"真"还是"假"，都会产生一个语义上的悖论，从而无法判断其真假，故语句(8)不是命题。

语句(9)和(10)不是陈述句，所以语句(9)和(10)都不是命题。

注意

(1) 一切没有判断内容的句子，如命令句、感叹句、疑问句、祈使句、二义性的陈述句等，都不是命题。

(2) 命题的真值有时可明确给出，有时需要依靠环境、条件、时间来确定其真值。

(3) 在数理逻辑中，"x""y""z"等总表示变量，含变量的陈述句不是命题。

2.1.2　命题联结词

如果将例 2.1 中的命题(1)和命题(3)用"或者"联结，则得到语句"自然人的个人信息受法律保护或者 10 能被 3 整除"，这个语句是命题吗？如果它是命题，那么它的真值是什么呢？

事实上，"自然人的个人信息受法律保护或者 10 能被 3 整除"是命题，但其真值需要由"自然人的个人信息受法律保护""10 能被 3 整除"和关联词"或者"共同确定，具体的确定方法则是本节将要介绍的内容。

微课视频

为了描述方便，通常用大写的带或不带下标的英文字母 $P, Q, \cdots, P_i, Q_i, \cdots$ 等表示命题。像"自然人的个人信息受法律保护""10 能被 3 整除"这种不能再分解为更简单命题的命题，称为**原子命题（简单命题）**（Simple Proposition）；像"或者"这种联结命题的关联词称为**命题联结词**（Proposition Connectives）；像"自然人的个人信息受法律保护或者 10 能被 3 整除"这种由命题联结词联结原子命题而成的命题称为**复合命题**（Compound Proposition）。无论是原子命题，还是复合命题，都统一地称为命题。

事实上，在自然语言中，常见的语句间的关系主要有以下 5 种。

（1）**否定关系**："不""非""否"……

例如：5 不是一个无理数。

（2）**并列关系**："并且""和""既……又……"……

例如：3 既是素数又是奇数。

（3）**选择关系**："……或者……""……或……"……

例如：两点确定一条直线或 3 点确定一个平面。

（4）**条件关系**："若……则……""如果……那么……"……

例如：若两直线平行，则对顶角相等。

（5）**等价关系**："……当且仅当……"……

例如：2+2=4 当且仅当雪是白的。

下面针对这 5 种语句间的关系，分别定义其对应的命题联结词。

1. 否定联结词

定义 2.2 设 P 是任意一个命题，称复合命题"非 P"为 P 的否定（Negation），记作 $\neg P$，读作"非 P"或"P 的否定"，称符号"$\neg$"为**否定联结词**。规定 $\neg P$ 为真当且仅当 P 为假。

"$\neg P$"的所有可能真值结果如表 2.1 所示。

表 2.1

P	$\neg P$
0	1
1	0

例如，假设 P：5 是一个无理数，则命题"5 不是一个无理数"可符号化为 $\neg P$。显然，P 的真值为 0，根据表 2.1，$\neg P$ 的真值为 1，即复合命题"5 不是一个无理数"是真命题。

例 2.2 符号化下列命题，并确定其真值。

（1）四川不是人口最多的省份。

（2）并不是没有最小的自然数。

分析 符号化命题时，首先找出语句中所有原子命题，并用大写字母或带下标的大写字母表示；然后找出否定联结词，用符号"$\neg$"表示，并将它们按语句的语义联结；最后根据表 2.1 确定其真值。

解（1）设 P：四川是人口最多的省份，则命题（1）可符号化为 $\neg P$。因为 P 的真值

为 0，所以根据表 2.1，$\neg P$ 的真值为 1，即命题(1)是真命题。

(2)设 Q：有最小的自然数"，则命题(2)可符号化为 $\neg(\neg Q)$。因为 Q 的真值为 1，所以根据表 2.1，$\neg Q$ 的真值为 0，$\neg(\neg Q)$ 的真值为 1，即命题(2)也是真命题。

2. 合取联结词

定义 2.3 设 P 和 Q 是任意两个命题，称复合命题"P 并且 Q"(或"P 与 Q")为 P 与 Q 的**合取**(Conjunction)，记作 $P \wedge Q$，读作"P 与 Q 的合取"或"P 合取 Q"，称符号"$\wedge$"为**合取联结词**。规定 $P \wedge Q$ 为"**真**"当且仅当 P 和 Q 同时为"**真**"。

"$P \wedge Q$"的所有可能真值结果如表 2.2 所示。

例如，设 P：3 是素数，Q：3 是奇数，则命题"3 既是素数又是奇数"可符号化为 $P \wedge Q$。显然，P 和 Q 的真值均为 1，根据表 2.2，$P \wedge Q$ 的真值也为 1，即复合命题"3 既是素数又是奇数"是真命题。

表 2.2

P	Q	$P \wedge Q$
0	0	0
0	1	0
1	0	0
1	1	1

例 2.3 符号化下列命题，并确定其真值。

(1)0 是偶数且是自然数。

(2)雪是白的且羊是食肉动物。

分析 与例 2.2 类似，首先找出语句中所有原子命题，并用大写字母或带下标的大写字母表示；然后找出合取联结词，用符号"$\wedge$"表示，并将它们按语句的语义联结；最后根据表 2.2 确定其真值。

解 (1)设 P：0 是偶数，Q：0 是自然数，则命题(1)可符号化为 $P \wedge Q$。因为 P、Q 的真值均为 1，所以根据表 2.2，$P \wedge Q$ 的真值也为 1，即命题(1)是真命题。

(2)设 R：雪是白的，S：羊是食肉动物，则命题(2)可符号化为 $R \wedge S$。因为 R 和 S 的真值分别为 1 和 0，所以根据表 2.2，$R \wedge S$ 的真值为 0，即命题(2)是假命题。

3. 析取联结词

定义 2.4 设 P 和 Q 是任意两个命题，称复合命题"P 或 Q"为 P 与 Q 的**析取**(Disjunction)，记作 $P \vee Q$，读作"P 与 Q 的析取"或"P 析取 Q"，称符号"$\vee$"为**析取联结词**。规定 $P \vee Q$ 为"**假**"当且仅当 P 和 Q 同时为"**假**"。

"$P \vee Q$"的所有可能真值结果如表 2.3 所示。

例如，假设 P：两点确定一条直线，Q：3 点确定一个平面，则命题"两点确定一条直线或 3 点确定一个平

表 2.3

P	Q	$P \vee Q$
0	0	0
0	1	1
1	0	1
1	1	1

面"可符号化为 $P \vee Q$。显然，P 与 Q 的真值均为 1，根据表 2.3，$P \vee Q$ 的真值为 1，即复合命题"两点确定一条直线或 3 点确定一个平面"是真命题。

例 2.4 符号化下列命题，并确定其真值。

(1)1 是偶数或负数。

(2)对顶角相等或者 2 整除 3。

分析 与例 2.2 类似，此处略。

解 (1)设 P：1 是偶数，Q：1 是负数，则命题(1)可符号化为 $P \vee Q$。因为 P 和 Q 的真值均为 0，所以根据表 2.3，$P \vee Q$ 的真值为 0，即命题(1)是假命题。

(2)设 R：对顶角相等，S：2 整除 3，则命题(2)可符号化为 $R \vee S$。因为 R 和 S 的

真值分别为 1 和 0，所以根据表 2.3，$R \vee S$ 的真值为 1，即命题（2）是真命题。

4. 蕴涵联结词

定义 2.5 设 P 和 Q 是任意两个命题，称复合命题"**如果 P，那么 Q**"为 P 与 Q 的**蕴涵**（Implication），记作 $P \rightarrow Q$，读作"P 蕴涵 Q"，称符号"$\rightarrow$"为**蕴涵联结词**，P 为蕴涵式的**前件**，Q 为蕴涵式的**后件**。规定 $P \rightarrow Q$ 为"**假**"当且仅当 P 为"**真**"且 Q 为"**假**"。

"$P \rightarrow Q$"所有可能的真值结果如表 2.4 所示。

例如，假设 P：老虎是猫科动物，Q：对顶角相等，则命题"如果两直线共面，那么对顶角相等"可符号化为 $P \rightarrow Q$。显然，P 和 Q 的真值均为 1，根据表 2.4，$P \rightarrow Q$ 的真值也为 1，即复合命题"老虎是猫科动物，那么对顶角相等"是真命题。

表 2.4

P	Q	$P \rightarrow Q$
0	0	1
0	1	1
1	0	0
1	1	1

例 2.5 符号化下列命题，并确定其真值。

（1）如果羊吃草，那么 2+2=5。

（2）如果 1 是偶数，那么对顶角相等。

分析 与例 2.2 类似，此处略。

解 （1）设 P：羊吃草，Q：2+2=5，则命题（1）可符号化为 $P \rightarrow Q$。因为 P 和 Q 的真值分别为 1 和 0，所以根据表 2.4，$P \rightarrow Q$ 的真值为 0，即命题（1）是假命题。

（2）设 R：1 是偶数，S：对顶角相等，则命题（2）可符号化为 $R \rightarrow S$。因为 R 的真值均为 0，S 的真值为 1，所以根据表 2.4，$R \rightarrow S$ 的真值为 1，即命题（2）是真命题。

注意

由定义 2.5 知，当 P 和 Q 同为真时，命题 $P \rightarrow Q$ 是真命题，这是大家熟悉的。但是，当 P 为假时，不管 Q 的真值是假是真，命题"如果 P，那么 Q"在命题逻辑中都被认为是真命题，**这就是"善意推断"**。

5. 等价联结词

定义 2.6 设 P 和 Q 是任意两个命题，称复合命题"P 当且仅当 Q"为 P 与 Q **等价**（Equivalence），记作 $P \leftrightarrow Q$，读作"P 等价于 Q"，称符号"$\leftrightarrow$"为**等价联结词**。规定 $P \leftrightarrow Q$ 为"**真**"当且仅当 P 和 Q"**真值相同**"。$P \leftrightarrow Q$ 所有可能的真值结果如表 2.5 所示。

表 2.5

P	Q	$P \leftrightarrow Q$
0	0	1
0	1	0
1	0	0
1	1	1

例如，假设 P：2+2=4，Q：雪是白的，则命题"2+2=4 当且仅当雪是白的"可符号化为 $P \leftrightarrow Q$。显然，P 和 Q 的真值均为 1，根据表 2.5，$P \leftrightarrow Q$ 的真值也为 1，即复合命题"2+2=4 当且仅当雪是白的"是真命题。

例 2.6 符号化下列命题，并确定其真值。

（1）1 是偶数当且仅当 1 是负数。

（2）太阳从东方升起当且仅当小鸡会飞。

分析 与例 2.2 类似，此处略。

解 (1)设 P：1是偶数；Q：1是负数，则命题(1)可符号化为 $P \leftrightarrow Q$。因为 P 和 Q 的真值均为 0，所以根据表2.5，$P \leftrightarrow Q$ 的真值为 1，即命题(1)是真命题。

(2)设 R：太阳从东方升起，S：小鸡会飞，则命题(2)可符号化为 $R \leftrightarrow S$。因为 R 和 S 的真值分别为 1 和 0，所以根据表2.5，$R \leftrightarrow S$ 的真值为 0，即命题(2)是假命题。

至此，常用的 5 个命题联结词就介绍完了，其他联结词如与非"↑"、或非"↓"等，此处不再介绍，感兴趣的读者可以查阅相关资料。为了查找方便，5 个命题联结词的归纳总结如表2.6所示。

表 2.6

联结词	记号	复合命题	记法	读法	真值结果
否定	¬	非 P	$\neg P$	P 的否定	$\neg P = 1$ 当且仅当 $P = 0$
合取	∧	P 并且 Q	$P \wedge Q$	"P 与 Q 的合取"或"P 合取 Q"	$P \wedge Q = 1$ 当且仅当 $P = 1$ 且 $Q = 1$
析取	∨	P 或者 Q	$P \vee Q$	"P 与 Q 的析取"或"P 析取 Q"	$P \vee Q = 0$ 当且仅当 $P = 0$ 且 $Q = 0$
蕴涵	→	若 P，则 Q	$P \rightarrow Q$	P 蕴涵 Q	$P \rightarrow Q = 0$ 当且仅当 $P = 1$ 且 $Q = 0$
等价	↔	P 当且仅当 Q	$P \leftrightarrow Q$	P 等价于 Q	$P \leftrightarrow Q = 1$ 当且仅当 P 和 Q 真值相同

在这 5 个常用的命题联结词中，"¬""∧""∨"是最基本的，它们在常用的程序设计语言中对应的逻辑运算符如表2.7所示。

表 2.7

	C	C++	Java	Python	LISP	PROLOG
¬	!	!	!	not	NOT	not
∧	&&	&&	&&	or	AND	,
∨	||	||	||	and	OR	;

解题小贴士

命题符号化及其真值的判断方法

(1)找出命题中所有原子命题，并用大写字母或带下标的大写字母表示。

(2)找出命题中所有联结词，并用对应的符号表示。

(3)用联结词符号把表示原子命题的字母按语句的语义联结。

(4)确定每个原子命题的真值，并根据联结词的真值规定直接计算。

例 2.7 符号化下列命题，并确定其真值。

(1)如果李白是唐朝大诗人，那么他就不是诗仙。

(2)如果一个四边形是梯形，那么它的一组对边平行，另一组对边不平行。

(3)中国有四大发明或者中国不是世界上人口最多的国家。

(4)3 是无理数当且仅当 0 是自然数。

分析 按照"命题符号化及其真值的判断方法"直接求解。但是当命题中存在多个联结词时，需要根据命题的语义确定联结词的计算顺序。例如，命题(1)必须先计算否定联结词，再计算蕴涵联结词。

解　（1）设 P：李白是唐朝大诗人，Q：李白是诗仙，则命题（1）可符号化为 $P\to\neg Q$。因为 P 和 Q 的真值均为 1，所以 $\neg Q$ 的真值为 0，所以命题（1）是假命题。

（2）设 P：一个四边形是梯形，Q：四边形的一组对边平行，R：四边形的另一组对边平行，则命题（2）可符号化为 $P\to(Q\wedge\neg R)$。如果 P 为真，那么 Q 和 $\neg R$ 也为真，此时，命题（2）是真命题；如果 P 为假，那么根据善意推断，命题（2）也是真命题。因此，命题（2）是真命题。

（3）设 P：中国有四大发明，Q：中国是世界上人口最多的国家，则命题（3）可符号化为 $P\vee\neg Q$。因为 P 的真值为 1，所以不管 Q 的真值是 1 还是 0，命题（3）都是真命题。

（4）设 P：3 是无理数，Q：0 是自然数，则命题（4）可符号化为 $P\leftrightarrow Q$。因为 P 的真值为 0，Q 的真值为 1，所以命题（4）是假命题。

2.1.3　自然语言的命题符号化

命题的符号化不但可以消除自然语言带来的语义上的歧义，还有助于根据真值规定确定所得复合命题的真值。同时，命题符号化还是后续推理研究的重要基础。但是，与命题联结词对应的自然语言关联词的不唯一性却给自然语言的命题符号化带来了很大的难度。为此，表 2.8 总结了 5 个联结词分别对应的常用自然语言关联词，它们对命题符号化有一定的指导作用。

微课视频

表 2.8

命题联结词	关系类型	自然语言关联词
$\neg$	否定关系	"非……""不……""没有……"……
$\wedge$	并且关系	"……并且……""既……又……""不仅……而且……""虽然……但是……""……和……"……
$\vee$	或者关系	"……或……""……或者……"……
$\to$	条件关系	"因为……所以……""只要……就……""……仅当……""只有……才……""除非……才……""除非……否则……""没有……就没有……"……
$\leftrightarrow$	等价关系	"……当且仅当……""……的充要条件是……"……

为了帮助读者进一步理解和熟悉自然语言的命题符号化，下面再给出几个例子。

例 2.8　符号化下列命题。

（1）张明既聪明又刻苦。

（2）张明不但聪明，而且刻苦。

（3）张明虽然聪明，但不刻苦。

（4）张明与李雷是好朋友。

分析　命题（1）～（3）是复合命题，所用的关联词虽然不同，但都是并且关系，所以都对应合取联结词；命题（4）虽然有关联词"与"，但"与"联结的是两个词语（人名），而不是两个句子，所以命题（4）是原子命题。

解 设 P：张明聪明，Q：张明刻苦，R：张明与李雷是好朋友，则命题(1)～(4)可分别符号化为 $P \wedge Q, P \wedge Q, P \wedge \neg Q, R$。

例 2.9 符号化下列命题。

(1)张明明天早上9点乘飞机到北京或者到上海。

(2)我喜欢学习或者音乐。

分析 命题(1)和(2)中的关联词都是"或者"，但在命题(1)中，"张明明天早上9点乘飞机到北京"和"张明明天早上9点乘飞机到上海"不可能同时成立，这种或者关系被称为"不可兼或"(Exclusive Or)，用"$\overline{\vee}$"表示；在命题(2)中，"我喜欢学习"与"我喜欢音乐"可以同时成立，这种或者关系被称为"可兼或"(Inclusive Or)，仍然用"$\vee$"表示。

解 (1)设 P：张明明天早上9点乘飞机到北京，Q：张明明天早上9点乘飞机到上海，则命题(1)可符号化为 $P \overline{\vee} Q$。

(2)设 P：我喜欢学习，Q：我喜欢音乐，则命题(2)可符号化为 $P \vee Q$。

> **注意**
>
> 命题(1)也可以用可兼或"$\vee$"表示。因为 $P \overline{\vee} Q$ 为真当且仅当 P 和 Q 的真值不同，所以命题(1)可以表示为 $(P \wedge \neg Q) \vee (\neg P \wedge Q)$ 或 $(P \vee Q) \wedge (\neg P \vee \neg Q)$。

例 2.10 设 P：我认真听课，Q：我完成教材里所有习题，R：我的成绩好。请符号化下列命题。

(1)除非我认真听课并且完成教材里所有习题，否则我的成绩就不好。

(2)只有我认真听课或完成教材里所有习题，我的成绩才好。

(3)我的成绩好，仅当我认真听课且我完成教材里所有习题。

(4)我的成绩不好，当我不认真听课或者我不完成教材里所有习题。

分析 此题考查"→"联结词对应各种不同自然语言关联词。命题(1)中的"除非 A，否则 B"等价于"如果不 A，那么 B"；命题(2)中的"只有 A，才 B"表示 A 是 B 的必要条件，即等价于"如果 B，那么 A"；命题(3)中的"A，仅当 B"等价于"如果 A，那么 B"；命题(4)中的"A，当 B"等价于"如果 B，那么 A"。

解 (1)$\neg(P \wedge Q) \rightarrow \neg R$ 或 $R \rightarrow (P \wedge Q)$。

(2)$R \rightarrow (P \vee Q)$。

(3)$R \rightarrow (P \wedge Q)$。

(4)$(\neg P \vee \neg Q) \rightarrow \neg R$。

从例 2.10 可以看出，在用"→"联接词符号化命题时，不容易分清蕴涵式的前件和后件，从而导致出错。为此，表 2.9 整理了常见的几种描述方法，以方便读者查阅。

表 2.9

自然语言描述	实例(设 P：你来接我，Q：我去看电影)	符号化结果
如果 P，那么 Q	如果你来接我，那么我去看电影	$P \rightarrow Q$
因为 P，所以 Q	因为你来接我，所以我去看电影	$P \rightarrow Q$

续表

自然语言描述	实例（设 P：你来接我，Q：我去看电影）	符号化结果
只要 P，就 Q	只要你来接我，我就去看电影	$P \to Q$
P 仅当 Q	你来接我仅当我去看电影（"你来接我"为真的唯一途径是"我去看电影"为真）	$P \to Q$
P 当 Q	你来接我当我去看电影	$Q \to P$
只有 P，才 Q	只有你来接我，我才去看电影（如果我去看电影，你肯定来接我了）	$Q \to P$
没有 P，就没有 Q	你没有来接我，我就没有去看电影	$Q \to P$
除非 P，否则非 Q	除非你来接我，否则我就不去看电影	$Q \to P$

2.2 命题公式

利用前面介绍的命题联结词及自然语言的符号化，可以将给定命题符号化为由大写字母、命题联结词和括号构成的符号串，如例 2.10(1) 符号化后的符号串为 $\neg (P \wedge Q) \to \neg R$。为了叙述的方便性与一致性，我们称这些符号串为命题公式。下面具体介绍命题公式的相关知识。

2.2.1 命题公式的基本概念

2.1 节讨论了原子命题、复合命题和命题联结词，我们知道原子命题是命题逻辑最基本的研究单位，其真值是确定的。因此，原子命题又常被称作命题常量（Proposition Constant）或常值命题。而命题公式如 $\neg (P \wedge Q) \to \neg R$ 中的字母 P,Q,R，它们的真值是可变的，因此，字母 P,Q,R 通常被称为命题变量（Proposition Variable）或命题变元。当 P,Q,R 的真值确定时，$\neg (P \wedge Q) \to \neg R$ 的真值才能确定。因此，命题公式 $\neg (P \wedge Q) \to \neg R$ 又被称为 P,Q,R 的真值函数（Truth-Value Function），常被记为 $G(P,Q,R)$。下面给出命题公式的定义。

微课视频

定义 2.7　命题演算的合式公式（Well Formed Formula），又称命题公式（Proposition Formula），简称公式（Formula），可按以下规则生成。

(1) 命题常量"0"、"1"和命题变量 G 是命题公式。

(2) 如果 G 是命题公式，则 $(\neg G)$ 也是命题公式。

(3) 如果 G 和 H 是命题公式，则 $(G \wedge H), (G \vee H), (G \to H), (G \leftrightarrow H)$ 也是命题公式。

(4) 有限次使用规则(1)、(2)和(3)后得到的符号串也是命题公式。

由定义 2.7 可推知以下几点。

(1) 命题公式是按集合的归纳法定义的。

(2) 命题变元 G 是最简单的命题公式，常被称为原子命题公式（Atom Proposition Formula），简称原子公式。

(3) 命题公式不是命题，因为它没有确定的真值。

(4) 由原子命题、命题联结词和括号构成的有限长度的合法的符号串都是命题公式，例如，符号串 $(P \wedge (Q \vee R))$ 和 $((\neg P) \wedge Q)$ 是命题公式，但符号串 $(P \to Q) \to (\neg Q$

↔)和(P→Q 则不是命题公式。

（5）在不引起混淆的情况下，可去掉命题公式中最外层的括号，例如，$(P \wedge (Q \vee R))$ 可写成 $P \wedge (Q \vee R)$，$((\neg P) \wedge Q)$ 可写成 $(\neg P) \wedge Q$。

（6）否定联结词"$\neg$"只作用于其连接的命题变元，因此 $(\neg P) \wedge Q$ 可以写成 $\neg P \wedge Q$。

（7）当命题公式中出现多个命题联结词时，可按以下优先级顺序计算。

① 5 个联结词的优先级为：第一级 $\neg$；第二级 $\wedge$、$\vee$；第三级 $\to$、$\leftrightarrow$。

② 同级联结词，按其出现的先后，从左到右依次计算。

③ 若计算要求与优先级次序不一致，可使用括号，括号的优先级最高。

2.2.2　命题公式的解释与真值表

由命题公式的定义可知，命题公式没有确切的真值，当给命题公式中的命题变元指定一组真值时，才能确定命题公式的真值，我们称这组指定的值为命题公式的**一个解释**。下面给出它的定义。

定义 2.8　设 $P_1, P_2, \cdots, P_n$ 是出现在公式 G 中的所有命题变元，给 $P_1, P_2, \cdots, P_n$ 各指定一个真值，则称这些指定的真值组成 G 的一个**解释**（或**赋值**）（Instantiation），常记为 I。若这个赋值 I 使 G 取值为真，则称这个赋值为 G 的**成真赋值，**此时也称 I 满足于 G；若这个赋值 I 使 G 取值为假，则称这个赋值为 G 的**成假赋值**，此时也称 I 弄假于 G。

微课视频

一般来说，若命题公式 G 含有 n 个命题变元，则应有 2^n 个不同的解释。将这 2^n 个不同的解释及 G 对应的真值构成一张表，则称这张表为 G 的**真值表**（Truth Table）。真值表能够清晰地展示出命题公式 G 在其所有可能解释下的真值情况。例如，表 2.1～表 2.5 分别是公式 $\neg P, P \wedge Q, P \vee Q, P \to Q, P \leftrightarrow Q$ 的真值表，它们分别展示了这 5 个命题公式在对应的联结词下所有可能的真值结果。

解题小贴士

真值表基本构建方法

（1）绘制 k 行 l 列的表格，其中 $k = 2^n + 1$，$l = m + 1$，m 和 n 分别为公式中联结词个数和命题变元个数。

（2）在第 1 行第 1 列的位置**按字母表顺序**从左到右依次列出公式中的 n 个命题变元。

（3）从第 1 列的第 2 行开始，**按从小到大的顺序**依次填入 2^n 个不同的解释。

（4）从第 1 行的第 2 列开始**按计算优先级**依次填入 m 个命题联结词对应的子公式。

（5）在剩下的 2^n 行、m 列里将对应的计算结果依次填入。

对于含多个命题联结词的复杂命题公式，仍然可以像前面的表 2.1～表 2.5 那样构建它们的真值表。下面通过例子具体说明复杂命题公式真值表的构建过程。

例 2.11　设公式 $G = ((\neg P \to Q) \leftrightarrow (P \vee R)) \wedge R$，其中 P, Q, R 是 G 的所有命题变元。请构建该公式的真值表。

分析　按"真值表基本构建方法"直接构建即可，注意：命题联结词的计算顺序依次为¬,→,∨,↔,∧。

🔵**解** 公式G的真值表如表2.10所示。

表 2.10

$P\ Q\ R$	$\neg P$	$\neg P \to Q$	$P \vee R$	$(\neg P \to Q) \leftrightarrow (P \vee R)$	G
0　0　0	1	0	0	1	**0**
0　0　1	1	0	1	0	**0**
0　1　0	1	1	0	0	**0**
0　1　1	1	1	1	1	**1**
1　0　0	0	1	1	1	**0**
1　0　1	0	1	1	1	**1**
1　1　0	0	1	1	1	**0**
1　1　1	0	1	1	1	**1**

表 2.10清晰地展示了公式G的真值计算过程，但是该真值表比较烦琐，不便于书写。为此，表 2.10可简化为表 2.11。其中，公式中每个命题联结词的真值结果置于该命题联结词的正下方。有时，为了更简便，也可以将表 2.10直接简化为表 2.12。

在具体构造真值表时，可根据情况选择其中一种方式即可。有时，也可将多个公式构建于同一个真值表中。

表 2.11　　　　　　　　　　　　表 2.12

$P\ Q\ R$	$((\neg P \to Q) \leftrightarrow (P \vee R)) \wedge R$
0　0　0	1　0　1　0　**0**
0　0　1	1　0　0　1　**0**
0　1　0	1　1　0　0　**0**
0　1　1	1　1　1　1　**1**
1　0　0	0　1　1　1　**0**
1　0　1	0　1　1　1　**1**
1　1　0	0　1　1　1　**0**
1　1　1	0　1　1　1　**1**

$P\ Q\ R$	$((\neg P \to Q) \leftrightarrow (P \vee R)) \wedge R$
0　0　0	**0**
0　0　1	**0**
0　1　0	**0**
0　1　1	**1**
1　0　0	**0**
1　0　1	**1**
1　1　0	**0**
1　1　1	**1**

🔵**例 2.12** 构建公式G_1,G_2,G_3的真值表，其中$G_1=(P \wedge \neg Q)\to P$，$G_2=(Q \to P)\wedge Q$，$G_3=(\neg P \vee Q)\leftrightarrow \neg(P \to Q)$。

🔵**分析** 因为这组公式都含有命题变元P和Q，所以既可以为这3个公式分别构建真值表，也可以将这3个公式构建在同一张真值表中。通常情况下，当一组公式含有相同的命题变元时，采用后者构建真值表。

🔵**解** 按照表 2.11构建G_1,G_2,G_3的真值表，如表 2.13所示。

表 2. 13

P　Q	$G_1 = (P \wedge \neg Q) \rightarrow P$	$G_2 = (Q \rightarrow P) \wedge Q$	$G_3 = (\neg P \vee Q) \leftrightarrow \neg (P \rightarrow Q)$
0　0	0　1　**1**	1　**0**	1　1　**0** 0　1
0　1	0　0　**1**	0　**0**	1　1　**0** 0　1
1　0	1　1　**1**	1　**0**	0　0　**0** 1　0
1　1	0　0　**1**	1　**1**	0　1　**0** 0　1

按照表 2. 12 构建 G_1，G_2，G_3 的真值表，如表 2. 14 所示。

表 2. 14

P　Q	$G_1 = (P \wedge \neg Q) \rightarrow P$	$G_2 = (Q \rightarrow P) \wedge Q$	$G_3 = (\neg P \vee Q) \leftrightarrow \neg (P \rightarrow Q)$
0　0	1	0	0
0　1	1	0	0
1　0	1	0	0
1　1	1	1	0

从表 2. 14 可以看到一个非常有趣的事实：在 P 和 Q 所有可能的真值组合下，公式 G_1 的真值均为"真"，公式 G_3 的真值均为"假"，而公式 G_2 的真值有"真"也有"假"。

事实上，任何公式在其所有可能的解释下，其取值一定是这 3 种情况之一。为此，根据命题公式的真值结果可以定义公式的 3 种类型。

定义 2. 9　在任意给定的解释 I 下，如果公式 G 的真值全为"真"，则称公式 G 为永真公式（或重言式）（Tautology）；如果公式 G 的真值全为"假"，则称公式 G 为永假公式（或矛盾式）（Contradiction）；如果公式 G 的真值至少存在一个为"真"，则称公式 G 为可满足公式（Contingency）。

从定义 2. 9 可知，永真公式、永假公式和可满足公式具有以下关系。

（1）G 是永真公式当且仅当 $\neg G$ 是永假公式。

（2）若 G 是永真公式，则 G 一定是可满足公式，反之不然。

在逻辑研究和计算机推理以及决策判断时，人们对于所研究的命题，最关心的是它们的"真"和"假"，所以重言式和矛盾式在数理逻辑的研究中占有特殊且重要的地位。

例 2. 13　构建下列公式的真值表，并判断其类型。

（1）$G_1 = ((P \wedge Q) \vee R) \leftrightarrow ((P \vee R) \wedge (Q \vee R))$。

（2）$G_2 = ((P \vee Q) \rightarrow R) \leftrightarrow Q$。

（3）$G_3 = (P \rightarrow \neg Q) \wedge (P \wedge Q \wedge R)$。

分析　因为这组公式都含有命题变元 P、Q 和 R，所以为它们构建同一张真值表，最后根据得到的真值表判断公式的类型。

解　构建公式 G_1，G_2，G_3 的真值表，如表 2. 15 所示。

从表 2. 15 可以看出，公式 G_1 是永真公式，G_2 是可满足公式，G_3 是永假公式。

表 2.15

P Q R	$G_1 = ((P\wedge Q)\vee R)\leftrightarrow((P\vee R)\wedge(Q\vee R))$						$G_2=((P\vee Q)\to R)\leftrightarrow Q$			$G_3=(P\to\neg Q)\wedge(P\wedge Q\wedge R)$				
0 0 0	0	0	**1**	0	0	0	0	1	**0**	1	1	**0**	0	0
0 0 1	0	1	**1**	1	1	1	0	1	**0**	1	1	**0**	0	0
0 1 0	0	0	**1**	0	0	1	1	0	**0**	1	0	**0**	0	0
0 1 1	0	1	**1**	1	1	1	1	1	**1**	1	0	**0**	0	0
1 0 0	0	0	**1**	1	0	0	1	0	**1**	1	1	**0**	0	0
1 0 1	0	1	**1**	1	1	1	1	1	**0**	1	1	**0**	0	0
1 1 0	1	1	**1**	1	1	1	1	0	**0**	0	0	**0**	1	0
1 1 1	1	1	**1**	1	1	1	1	1	**1**	0	0	**0**	1	1

2.3 命题公式的等价演算

在 2.2.2 小节的例 2.13 中，若令 $G = (P\wedge Q)\vee R$，$H = (P\vee R)\wedge(Q\vee R)$，则公式 $G_1 = G\leftrightarrow H$。从表 2.15 可以看出，对任意给定的解释 I，公式 G 与 H 的真值结果都是相同的。因此，从真值的角度来看，G 与 H 是等值的，此时称公式 G 和 H 是等价的。下面具体给出公式等价的定义。

微课视频

定义 2.10　设 G 和 H 是两个命题公式，$P_1, P_2, \cdots, P_n$ 是出现在 G 和 H 中的所有命题变元。如果对于 $P_1, P_2, \cdots, P_n$ 的 2^n 组不同的解释，G 与 H 的真值结果都相同，则称公式 G 与 H 是等价的（Equivalent），记为 $G=H$[①]。

由定义 2.10 可知，真值表可用于判断两个公式的等价性。

例 2.14　下列公式都包含命题变元 P 和 Q，请判断哪些公式是等价的。

(1) $\neg(P\vee Q)$。

(2) $\neg P\wedge\neg Q$。

(3) $P\leftrightarrow Q$。

(4) $(P\to Q)\wedge(Q\to P)$。

分析　根据定义 2.10，将这 4 个公式的真值结果构建在同一张真值表中，然后找出在所有不同解释下真值完全相同的公式即可。

解　公式(1)~(4)的真值表如表 2.16 所示。

表 2.16

P Q	$\neg(P\vee Q)$		$\neg P\wedge\neg Q$			$P\leftrightarrow Q$	$(P\to Q)\wedge(Q\to P)$		
0 0	**1**	0	1	**1**	1	**1**	1	**1**	1
0 1	**0**	1	1	**0**	0	**0**	1	**0**	0
1 0	**0**	1	0	**0**	1	**0**	0	**0**	1
1 1	**0**	1	0	**0**	0	**1**	1	**1**	1

---

① 有的书上记为 $G\Leftrightarrow H$。

根据表 2.16 和定义 2.10 可知，公式（1）和公式（2）是等价的，即 $\neg(P\vee Q)=\neg P\wedge\neg Q$，公式（3）和公式（4）是等价的，即 $P\leftrightarrow Q=(P\rightarrow Q)\wedge(Q\rightarrow P)$。

事实上，根据定义 2.10 和例 2.14，容易发现，公式 $G=H$ 意味着 $G\leftrightarrow H$ 是永真公式。从而可得到下面的定理。

定理 2.1 假设 G 和 H 是两个命题公式，则 $G=H$ 的充分必要条件是 $G\leftrightarrow H$ 是永真公式。

证明 必要性：因为 $G=H$，所以根据定义 2.10，在任意给定的解释 I 下，G 和 H 的真值或同为真，或同为假。从而，根据"$\leftrightarrow$"的真值规定，$G\leftrightarrow H$ 是永真公式。

充分性：因为公式 $G\leftrightarrow H$ 是永真公式，所以根据"$\leftrightarrow$"的真值规定，在任意给定的解释 I 下，G 和 H 的真值或同为真，或同为假。从而根据定义 2.10，有 $G=H$。

注意

（1）"$\leftrightarrow$"是一种逻辑联结词，也是一种逻辑运算，$G\leftrightarrow H$ 的结果是一个可计算的命题公式。

（2）"$=$"是两个公式 G 与 H 之间的一种逻辑等价关系，$G=H$ 表示在任意给定的解释 I 下，G 的真值结果与 H 的真值结果相等。$G=H$ 是一个不可计算的非命题公式。

（3）计算机要判断 G 与 H 之间是否等价，只能通过计算公式 $G\leftrightarrow H$ 的真值结果来实现。

例 2.15 证明 $G\vee(G\wedge H)=G$。

分析 根据定理 2.1，要证明 $G\vee(G\wedge H)=G$，只需证明 $G\vee(G\wedge H)\leftrightarrow G$ 是永真公式即可，从而可以利用真值表进行证明。

解 构造公式 $G\vee(G\wedge H)\leftrightarrow G$ 的真值表，如表 2.17 所示。

根据表 2.17 和永真公式的定义，$G\vee(G\wedge H)\leftrightarrow G$ 是永真公式，即 $G\vee(G\wedge H)=G$。

表 2.17

G	H		$G\vee(G\wedge H)\leftrightarrow G$	
0	0	0	0	**1**
0	1	0	0	**1**
1	0	1	0	**1**
1	1	1	1	**1**

事实上，利用真值表方法，还可以构建下面 24 个基本等价定律，其中 G,H,S 是任意的命题公式。

（1）E_1：$G\vee G=G$。 （幂等律）

E_2：$G\wedge G=G$。

（2）E_3：$G\vee H=H\vee G$。 （交换律）

E_4：$G\wedge H=H\wedge G$。

（3）E_5：$G\vee(H\vee S)=(G\vee H)\vee S$。 （结合律）

E_6：$G\wedge(H\wedge S)=(G\wedge H)\wedge S$。

（4）E_7：$G\vee(H\wedge S)=(G\vee H)\wedge(G\vee S)$。 （分配律）

E_8：$G\wedge(H\vee S)=(G\wedge H)\vee(G\wedge S)$。

（5）E_9：$G\vee(G\wedge H)=G$。 （吸收律）

微课视频

E_{10}：$G \wedge (G \vee H) = G$。

（6）E_{11}：$G \vee 0 = G$。　　　　　　　　　　（同一律）

E_{12}：$G \wedge 1 = G$。

（7）E_{13}：$G \vee 1 = 1$。　　　　　　　　　　（零律）

E_{14}：$G \wedge 0 = 0$。

（8）E_{15}：$\neg(\neg G) = G$。　　　　　　　　（双重否定律）

（9）E_{16}：$\neg(G \vee H) = \neg G \wedge \neg H$。　　（德·摩根律）

E_{17}：$\neg(G \wedge H) = \neg G \vee \neg H$。

（10）E_{18}：$G \wedge \neg G = 0$。　　　　　　　（矛盾律）

（11）E_{19}：$G \vee \neg G = 1$。　　　　　　　　（排中律）

（12）E_{20}：$G \leftrightarrow H = (G \rightarrow H) \wedge (H \rightarrow G)$。　（等价式）

（13）E_{21}：$G \rightarrow H = \neg G \vee H$。　　　　（蕴涵式）

（14）E_{22}：$G \rightarrow H = \neg H \rightarrow \neg G$。　　（假言易位）

（15）E_{23}：$G \leftrightarrow H = \neg G \leftrightarrow \neg H$。　　（等价否定等式）

（16）E_{24}：$(G \rightarrow H) \wedge (G \rightarrow \neg H) = \neg G$。　（归谬论）

如果将集合运算符、命题联结词，以及 $\varnothing$、U、0 和 1，按照表 2.18 进行对应，则命题公式的基本等价定律（1）～（11）和集合的运算定律（1）～（11）就完全对应了。注意，命题公式的基本等价定律（12）～（16）是逻辑运算特有的。

尽管真值表简单、有效，但是当公式包含的命题变元或命题联结词较多时，构造真值表就显得非常烦琐。例如，如果需要判断 $((P \wedge Q) \vee (\neg P \wedge Q) \vee (P \wedge \neg Q) \vee (\neg P \wedge \neg Q)) \wedge R = R$ 是否成立，则用真值表方法就显得费时费力了。为此，我们需要寻求其他方法来解决两个公式是否等价的问题。

下面先看一个例子。

例 2.16　设 $G(P, Q) = ((P \vee Q) \wedge \neg P) \rightarrow Q$。

（1）证明公式 $G(P, Q)$ 是一个永真公式。

（2）将公式 $G(P, Q)$ 中的 P 和 Q 分别用 $H(P, Q) = P \rightarrow Q$ 和 $S(P, Q) = P \wedge \neg Q$ 代替，得到新公式 $W(P, Q)$，判断 $W(P, Q)$ 的类型。

分析　直接构造公式 $G(P, Q)$ 和 $W(P, Q)$ 的真值表，根据公式类型的定义直接判断即可。

解　构造公式 $G(P, Q)$ 和 $W(P, Q)$ 的真值表，如表 2.19 所示。

根据表 2.19 和永真公式的定义可知，$G(P, Q)$ 和 $W(P, Q)$ 都是永真公式。

表 2.18

集合	对应命题
$\leftrightarrow$	$\neg$
$\cap$	$\wedge$
$\cup$	$\vee$
$\varnothing$	0
U	1

表 2.19

P Q	$((P \vee Q) \wedge \neg P) \rightarrow Q$	$(((P \rightarrow Q) \vee (P \wedge \neg Q)) \wedge \neg (P \rightarrow Q)) \rightarrow (P \wedge \neg Q)$
0　0	0　　0 1　**1**	1　　1　0 1　　0 0　1　**1**　0 1
0　1	1　　1 1　**1**	1　　1　0 0　　0 0　1　**1**　0 0
1　0	1　　0 0　**1**	0　　1　1 1　　1 1　0　**1**　1 1
1　1	1　　0 0　**1**	1　　1　0 0　　0 0　1　**1**　0 0

事实上，只要 $G(P,Q)$ 是永真公式，$W(P,Q)$ 肯定也是永真公式，因为不管用什么公式代替永真公式中的命题变元，该公式的真值与命题变元的真值都只能是 0 和 1。因此，从真值的角度来看，公式的形式不会影响永真公式的类型。同理，对永假公式同样成立。于是可以得到下面的定理。

定理 2.2（代入定理） 设 $G(P_1,P_2,\cdots,P_n)$ 是一个命题公式，$G_1(P_1,P_2,\cdots,P_n),G_2(P_1,P_2,\cdots,P_n),\cdots,G_n(P_1,P_2,\cdots,P_n)$ 是任意命题公式，其中 $P_1,P_2,\cdots,P_n$ 是命题变元。若 G 是永真公式或永假公式，则用 $G_1,G_2,\cdots,G_n$ 分别取代 $P_1,P_2,\cdots,P_n$ 后得到的新命题公式

$$G(G_1,G_2,\cdots,G_n) = G'(P_1,P_2,\cdots,P_n)$$

微课视频

也是一个永真公式或永假公式。

定理 2.3（替换定理） 设 G_1 是 G 的子公式，H_1 是任意的命题公式。在 G 中凡出现 G_1 处都用 H_1 替换，得到新的命题公式 H，若 $G_1=H_1$，则 $G=H$。

于是，利用代入定理、替换定理和 24 个基本等价定律就可以得到判定两个公式是否等价的新方法，该方法称为公式推演法。

例 2.17 用公式推演法证明 $((P \wedge Q) \vee (\neg P \wedge Q) \vee (P \wedge \neg Q) \vee (\neg P \wedge \neg Q)) \wedge R = R$。

分析 待证等价式的左边复杂，因此采用公式推演法从左到右进行证明。

证明 左边 $= (((P \wedge Q) \vee (\neg P \wedge Q)) \vee ((P \wedge \neg Q) \vee (\neg P \wedge \neg Q))) \wedge R$ （结合律）

$= (((P \vee \neg P) \wedge Q) \vee ((P \vee \neg P) \wedge \neg Q)) \wedge R$ （分配律）

$= ((1 \wedge Q) \vee (1 \wedge \neg Q)) \wedge R$ （排中律）

$= (Q \vee \neg Q) \wedge R$ （同一律）

$= 1 \wedge R$ （排中律）

$= R = $ 右边。 （同一律）

显然，对于例 2.17，公式推演法的证明过程较为简洁。

例 2.18 利用公式推演法完成以下工作。

(1) 判定公式的类型：$P \wedge ((P \vee Q) \wedge \neg P \to Q)$。

(2) 证明公式之间的等价关系：$P \to (Q \to R) = (P \wedge Q) \to R$。

(3) 化简公式：$(\neg P \wedge (\neg Q \wedge R)) \vee ((Q \wedge R) \vee (P \wedge R))$。

分析 略。

(1) **解** $P \wedge ((P \vee Q) \wedge \neg P \to Q) = P \wedge (\neg ((P \vee Q) \wedge \neg P) \vee Q)$

$= P \wedge (\neg (P \vee Q) \vee P \vee Q)$

$= P \wedge (\neg (P \vee Q) \vee (P \vee Q))$

$= P \wedge 1 = P,$

显然，公式 $P \wedge ((P \vee Q) \wedge \neg P \to Q)$ 的类型等价于 P 的类型，从而该公式是可满足公式。

(2) **证明** 左边 $= P \to (Q \to R)$

$= \neg P \vee (Q \to R)$

$= \neg P \vee (\neg Q \vee R)$

$= (\neg P \vee \neg Q) \vee R$

$$=\neg(P\wedge Q)\vee R$$
$$=(P\wedge Q)\rightarrow R=右边，$$

即有 $P\rightarrow(Q\rightarrow R)=(P\wedge Q)\rightarrow R$。

(3) **解** $(\neg P\wedge(\neg Q\wedge R))\vee((Q\wedge R)\vee(P\wedge R))$
$$=((\neg P\wedge\neg Q)\wedge R)\vee((Q\vee P)\wedge R)$$
$$=(\neg(P\vee Q)\wedge R)\vee((Q\vee P)\wedge R)$$
$$=(\neg(P\vee Q)\vee(Q\vee P))\wedge R=1\wedge R=R，$$

即有 $(\neg P\wedge(\neg Q\wedge R))\vee((Q\wedge R)\vee(P\wedge R))=R$。

> **注意**
>
> （1）命题公式化简只能使用公式推演法。
>
> （2）判定两个公式的等价性和公式的类型，可使用真值表方法，也可使用公式推演法，根据具体情况进行选择。

2.4 公式的标准型——范式

从 2.2 节可以知道，同一个命题公式，有多种不同的，但与其等价的表示形式，这种表示形式的不唯一性给问题研究带来了极大的不便。对于任意的命题公式，是否有一个唯一的、标准的表示形式呢？

2.4.1 命题联结词的完备集

由命题公式的定义可知，命题公式都是由原子命题、命题联结词和括号组成的有限长度的符号串。由基本等价定律 E_{20} 和 E_{21} 知，"$\rightarrow$"和"$\leftrightarrow$"可用"$\neg$""$\wedge$""$\vee$"等价表示。因此可以说，任何命题公式都可以由"$\neg$""$\wedge$""$\vee$"这 3 个联结词来等价表示，这 3 个联结词构成的集合 $\{\neg,\wedge,\vee\}$ 被称为**联结词的完备集**。下面具体给出它的定义。

微课视频

定义 2.11 设 S 和 T 是任意联结词集合。

（1）如果任意一个命题公式都可用 S 中的联结词进行等价表示，则称 S 是**联结词的完备集**（Adequate Set of Connectives）。

（2）设 S 是一个联结词的完备集且 $T\subset S$。如果至少存在一个命题公式不能用 T 中的联结词进行等价表示，则称 S 为**极小联结词的完备集**（Minimal Adequate Set of Connectives）。

例 2.19 判断集合 S_1,S_2,S_3,S_4 是否为联结词的完备集和极小联结词的完备集：$S_1=\{\neg,\wedge,\vee,\rightarrow\}$，$S_2=\{\neg,\wedge,\vee\}$，$S_3=\{\neg,\wedge\}$，$S_4=\{\neg,\rightarrow\}$。

分析 根据定义 2.11 直接分析判定即可。

解 因为 $P\leftrightarrow Q=(P\rightarrow Q)\wedge(Q\rightarrow P)$，$P\rightarrow Q=\neg P\vee Q$，$P\vee Q=(P\wedge P)\vee(Q\wedge Q)=\neg(\neg(P\wedge P)\wedge\neg(Q\wedge Q))$，$P\wedge Q=\neg(\neg P\vee\neg Q)=\neg(P\rightarrow\neg Q)$，即"$\leftrightarrow$"可以用"$\rightarrow$"等

价表示，"→"可以用"¬、∨"等价表示，"∨"可以用"¬"和"∧"等价表示，"∧"可以用"¬"和"→"等价表示，但是单独的"¬""∧"或"∨"不能表示所有的命题公式，所以 S_1, S_2, S_3, S_4 是联结词的完备集，且 S_1 和 S_2 不是极小联结词的完备集，S_3 和 S_4 是极小联结词的完备集。

事实上，极小联结词的完备集还有 $\{¬, ∨\}$。

例 2.20 将公式 $(P \rightarrow (Q \vee ¬R)) \wedge (¬P \wedge Q)$ 用极小联结词的完备集 $\{¬, ∨\}$ 等价表示。

分析 根据定义 2.11，将"→"和"∧"用"¬"和"∨"等价表示即可。

解
$$(P \rightarrow (Q \vee ¬R)) \wedge (¬P \wedge Q)$$
$$= (¬P \vee (Q \vee ¬R)) \wedge (¬P \wedge Q)$$
$$= (¬P \vee Q \vee ¬R) \wedge ¬P \wedge Q$$
$$= ((¬P \vee Q \vee ¬R) \wedge ¬P) \wedge Q$$
$$= ¬P \wedge Q$$
$$= ¬(P \vee ¬Q)。$$

事实上，除了已经学习的 5 个命题联结词，还可以定义其他更多的联结词，例如，在计算机硬件电路设计分析中常使用的异或（不可兼或）"$\overline{\vee}$"、与非"↑"、或非"↓"等。此处不再介绍，感兴趣的读者可以查阅相关资料。

2.4.2 析取范式和合取范式

在理论与应用上，通过选用不同的联结词完备集，可以方便地对命题公式进行研究。但是同一命题公式，用同一联结词完备集，得到的表示形式也可以不同，这也给研究问题带来了不便。为此，本小节将研究用联结词完备集 $\{¬, ∧, ∨\}$ 表示的命题公式的标准形式——范式。在介绍范式之前，首先给出几个概念。

微课视频

定义 2.12 称命题变元或命题变元的否定为**文字**(Literal)。

显然，P、$¬P$ 是文字。

定义 2.13 (1)如果一个命题公式具有形式 $A_1 \wedge A_2 \wedge \cdots \wedge A_n (n \geq 1)$，其中 $A_i (i=1, 2, \cdots, n)$ 是文字，则称该命题公式为**简单合取式**或**短语**(Phrase)。

(2)如果一个命题公式具有形式 $A_1 \vee A_2 \vee \cdots \vee A_n (n \geq 1)$，其中 $A_i (i=1, 2, \cdots, n)$ 是文字，则称该命题公式为**简单析取式**或**子句**(Clause)。

显然，$¬P \wedge Q \wedge R$ 是简单合取式，$P \vee Q \vee ¬R$ 是简单析取式。

定义 2.14 (1)如果一个命题公式具有形式 $A_1 \wedge A_2 \wedge \cdots \wedge A_n (n \geq 1)$，其中 $A_i (i=1, 2, \cdots, n)$ 是简单析取式，则称该命题公式为**合取范式**(Conjunctive Normal Form)。

(2)如果一个命题公式具有形式 $A_1 \vee A_2 \vee \cdots \vee A_n (n \geq 1)$，其中 $A_i (i=1, 2, \cdots, n)$ 是简单合取式，则称该命题公式为**析取范式**(Disjunctive Normal Form)。

显然，$(P \vee Q) \wedge (¬P \vee Q)$ 是合取范式，$(P \wedge Q) \vee (¬P \wedge Q)$ 是析取范式。

例 2.21 请给出下列命题公式的表示形式。

(1)Q 和 $¬Q$。

(2)$P \vee Q \vee ¬R$ 和 $(P \vee Q \vee ¬R)$。

（3）$\neg P \wedge Q \wedge R$ 和 $(\neg P \wedge Q \wedge R)$。

分析 文字、简单合取式、简单析取式、析取范式和合取范式重点强调的是公式外在的表示形式，所以只需对照定义，按照给定的表示形式判断即可。

解 各命题公式的表示形式如表 2.20 所示。

表 2.20

	文字	简单合取式	简单析取式	合取范式	析取范式
Q	√	√$(n=1)$	√$(n=1)$	√$(n=1)$	√$(n=1)$
$\neg Q$	√	√$(n=1)$	√$(n=1)$	√$(n=1)$	√$(n=1)$
$P \vee Q \vee \neg R$	×	×	√$(n=3)$	√$(n=1)$	√$(n=3)$
$(P \vee Q \vee \neg R)$	×	×	√$(n=3)$	√$(n=1)$	×
$\neg P \wedge Q \wedge R$	×	√$(n=3)$	×	√$(n=3)$	√$(n=1)$
$(\neg P \wedge Q \wedge R)$	×	√$(n=3)$	×	×	√$(n=1)$

注意

（1）单个的文字是简单合取式、简单析取式、析取范式和合取范式。

（2）析取范式、合取范式仅含联结词"$\neg$""$\wedge$"和"$\vee$"。

（3）有括号的公式必须作为一个整体来看，例如，$(P \vee Q \vee \neg R)$ 是合取范式，但不是析取范式。

定理 2.4 对于任意命题公式，都存在与其等价的析取范式和合取范式。

分析 因为析取范式、合取范式仅含联结词集 $\{\neg, \wedge, \vee\}$，所以对含有命题联结词"$\rightarrow$"和"$\leftrightarrow$"的命题公式，利用基本等价定律 E_{20} 和 E_{21} 将其用"$\neg$""$\wedge$""$\vee$"等价表示，然后对照合取范式和析取范式的表示形式，利用德·摩根律将否定符号"$\neg$"移到各个命题变元的前端，消去多余的否定联结词，最后利用分配律、结合律、幂等律等将公式分别化成一些简单合取式的析取或一些简单析取式的合取，就得到与对应公式等价的析取范式或合取范式。

证明 略。

解题小贴士

合/析取范式的计算方法

（1）用"$\neg$""$\wedge$"和"$\vee$"等价替换掉"$\rightarrow$"和"$\leftrightarrow$"。

（2）利用双重否定律消去多余的否定联结词，德·摩根律将否定联结词内移。

（3）利用分配律、结合律、幂等律等整理得到对应的合/析取范式。

例 2.22 求公式 $(\neg P \leftrightarrow Q) \rightarrow R$ 的合取范式和析取范式。

分析 按照"合/析取范式的计算方法"直接计算即可。

微课视频

解 $(1)(\neg P \leftrightarrow Q) \rightarrow R$

$\qquad = ((\neg P \rightarrow Q) \land (Q \rightarrow \neg P)) \rightarrow R$ $\qquad\qquad (E_{20} \text{消去“} \leftrightarrow \text{”})$

$\qquad = \neg((\neg(\neg P) \lor Q) \land (\neg Q \lor \neg P)) \lor R$ $\qquad\qquad (E_{21} \text{消去“} \rightarrow \text{”})$

$\qquad = \neg((P \lor Q) \land (\neg P \lor \neg Q)) \lor R$ $\qquad\qquad (E_{15} \text{消去多余的“} \neg \text{”})$

$\qquad = \neg(P \lor Q) \lor \neg(\neg P \lor \neg Q) \lor R$ $\qquad\qquad (E_{17} \text{内移“} \neg \text{”})$

$\qquad = (\neg P \land \neg Q) \lor (P \land Q) \lor R。$

$\qquad\qquad\qquad (E_{16} \text{内移“} \neg \text{”}、E_{15} \text{消去多余的“} \neg \text{”})$ （析取范式）

$(2)(\neg P \leftrightarrow Q) \rightarrow R$

$\qquad = (\neg P \land \neg Q) \lor (P \land Q) \lor R$

$\qquad = (\neg P \lor P \lor R) \land (\neg P \lor Q \lor R) \land (\neg Q \lor P \lor R) \land (\neg Q \lor Q \lor R)$ （合取范式）

$\qquad = 1 \land (\neg P \lor Q \lor R) \land (\neg Q \lor P \lor R) \land 1$ （合取范式）

$\qquad = (\neg P \lor Q \lor R) \land (\neg Q \lor P \lor R)。$ （合取范式）

　　显然，合取范式和析取范式为命题公式提供了一种统一的表示形式，但这种表示形式也具有不唯一性，例如，例 2.22 中的合取范式就有 3 种不同的表示形式。为此，下面引进新的范式——主合取范式和主析取范式。

2.4.3　主合取范式和主析取范式

1. 极小项和极大项

定义 2.15　在含有 n 个命题变元 $P_1, P_2, \cdots, P_n$ 的简单合/析取式中，若每个命题变元与其否定不同时存在，但二者之一恰好出现一次且仅一次，则称此简单合/析取式为关于 $P_1, P_2, \cdots, P_n$ 的一个**极小/大项**（Minterm/Maxterm）。

解题小贴士

极小/大项的判断条件

(1) 命题公式为简单合/析取式。

(2) 每个命题变元或其否定恰好只有一个出现且仅出现一次。

例 2.23　设有以下命题公式：$P \land P, \neg P \land P, P, \neg P, P \land Q, P \lor Q, P \land \neg P \land \neg Q, \neg P \lor Q \lor \neg Q, \neg P \lor \neg Q, \neg P \land \neg Q \land \neg R, \neg P \land \neg Q \land R \land Q, P \land \neg Q \land \neg R \land R, \neg P \lor \neg Q \lor \neg R \lor \neg Q, \neg P \lor Q \lor \neg R \lor P, \neg P \lor Q \lor R$。

(1) 找出含命题变元 P 的极大项和极小项。

(2) 找出含命题变元 P 和 Q 的极大项和极小项。

(3) 找出含命题变元 P, Q, R 的极大项和极小项。

分析　根据"极小/大项的判断条件"直接判断即可。例如，$\neg P \land P$ 不是含命题变元 P 的极小项，因为 P 和 $\neg P$ 同时出现了，不满足条件(2)；$P \lor Q$ 不是 3 个命题变元对应的极大项，因为 R 或 $\neg R$ 没有出现，也不满足条件(2)。其他可以照此分析。

解　(1) 1 个命题变元 P 对应的极大项：$P, \neg P$。

1 个命题变元 P 对应的极小项：$P, \neg P$。

（2）2 个命题变元 P 和 Q 对应的极大项：$P \vee Q$，$\neg P \vee \neg Q$。

2 个命题变元 P 和 Q 对应的极小项：$P \wedge Q$。

（3）3 个命题变元 P,Q,R 对应的极大项：$\neg P \vee Q \vee R$。

3 个命题变元 P,Q,R 对应的极小项：$\neg P \wedge \neg Q \wedge \neg R$。

可以证明，对于 n 个命题变元，可分别构成 2^n 个极小项和 2^n 个极大项。

例 2.24 写出 2 个命题变元 P 和 Q 对应的所有的极小项与极大项，并构建其真值表。

微课视频

分析 2 个命题变元可分别构成 4 个极小项和极大项，根据定义 2.15 依次列出即可；虽然 4 个极小项和极大项都含有相同的命题变元 P 与 Q，但为了比较方便，将它们分别构建在两张不同的表上。

解 两个命题变元 P 和 Q 对应的 4 个极小项为 $\neg P \wedge \neg Q, \neg P \wedge Q, P \wedge \neg Q, P \wedge Q$，对应的 4 个极大项为 $P \vee Q, P \vee \neg Q, \neg P \vee Q, \neg P \vee \neg Q$。其真值表分别如表 2.21、表 2.22 所示。

表 2.21

P Q	$\neg P \wedge \neg Q$	$\neg P \wedge Q$	$P \wedge \neg Q$	$P \wedge Q$
0 0	1	0	0	0
0 1	0	1	0	0
1 0	0	0	1	0
1 1	0	0	0	1

表 2.22

P Q	$\neg P \vee \neg Q$	$\neg P \vee Q$	$P \vee \neg Q$	$P \vee Q$
0 0	1	1	1	0
0 1	1	1	0	1
1 0	1	0	1	1
1 1	0	1	1	1

从表 2.21 和表 2.22 容易得到极小项和极大项的性质，具体如表 2.23 所示。

表 2.23

极小项的性质	极大项的性质
每个赋值仅对应一个取值为真的极小项（看行）	每个赋值仅对应一个取值为假的极大项（看行）
每个极小项的成真赋值是唯一的（看列）	每个极大项的成假赋值是唯一的（看列）
没有等价的两个极小项（看列）	没有等价的两个极大项（看列）
任意两个不同极小项的合取必为假（看列）	任意两个不同极大项的析取必为真（看列）
极小项的否定是极大项	极大项的否定是极小项
所有极小项的析取为永真公式	所有极大项的合取为永假公式

根据极小项成真赋值的唯一性和每个赋值仅对应一个取值为真的极小项，可以得到极小项的编码规则：命题变元及其否定分别对应 1 和 0。同理可以得到极大项的编码规则：命题变元及其否定分别对应 0 和 1。

为了编码规则的一致性，极小项和极大项中出现的命题变元必须按字母表的先后顺序出现。

利用编码规则，极小项 $\neg P \wedge \neg Q, \neg P \wedge Q, P \wedge Q, P \wedge Q$ 的编码分别为 $00, 01, 10,$ 11；极大项 $P \vee Q, P \vee \neg Q, \neg P \vee Q, \neg P \vee \neg Q$ 的编码分别为 $00, 01, 10, 11$。为了描述方便，用 M 和 m 分别表示极大项与极小项，编码作为 M 和 m 的下标。例如，将 $\neg P \wedge \neg Q$ 记为 $m_{00}(m_0)$，$\neg P \vee Q$ 记为 $M_{10}(M_2)$。表 2.24 列出了 3 个命题变元的极小项、极大项和它们的编码。

表 2.24

$P \quad Q \quad R$	极小项	极大项
0　0　0	$m_0(m_{000}) = \neg P \wedge \neg Q \wedge \neg R$	$M_0(M_{000}) = P \vee Q \vee R$
0　0　1	$m_1(m_{001}) = \neg P \wedge \neg Q \wedge R$	$M_1(M_{001}) = P \vee Q \vee \neg R$
0　1　0	$m_2(m_{010}) = \neg P \wedge Q \wedge \neg R$	$M_2(M_{010}) = P \vee \neg Q \vee R$
0　1　1	$m_3(m_{011}) = \neg P \wedge Q \wedge R$	$M_3(M_{011}) = P \vee \neg Q \vee \neg R$
1　0　0	$m_4(m_{100}) = P \wedge \neg Q \wedge \neg R$	$M_4(M_{100}) = \neg P \vee Q \vee R$
1　0　1	$m_5(m_{101}) = P \wedge \neg Q \wedge R$	$M_5(M_{101}) = \neg P \vee Q \vee \neg R$
1　1　0	$m_6(m_{110}) = P \wedge Q \wedge \neg R$	$M_6(M_{110}) = \neg P \vee \neg Q \vee R$
1　1　1	$m_7(m_{111}) = P \wedge Q \wedge R$	$M_7(M_{111}) = \neg P \vee \neg Q \vee \neg R$

2. 主合取范式和主析取范式

定义 2.16 （1）如果一个命题公式具有形式 $A_1 \wedge A_2 \wedge \cdots \wedge A_n$ $(n \geq 1)$，其中 A_i 是极大项 $(i = 1, 2, \cdots, n)$，则称该命题公式为 **主合取范式**（Principal Conjunctive Normal Form）。

（2）如果一个命题公式具有形式 $A_1 \vee A_2 \vee \cdots \vee A_n (n \geq 1)$，其中 A_i 是极小项 $(i = 1, 2, \cdots, n)$，则称该命题公式为 **主析取范式**（Principal Disjunctive Normal Form）。

微课视频

解题小贴士

主合/析取范式的判断方法

首先判断给定公式中的每个合/析取项是否为极大/小项。

然后判断给定公式是否与原公式等价。

例 2.25 判断下列公式是否为 $(P \rightarrow \neg Q) \vee \neg P$ 的主析取范式或主合取范式。

（1）$\neg P \vee \neg Q \vee \neg P$。

（2）$\neg P \vee \neg Q$。

（3）$(\neg P \wedge \neg Q) \vee (\neg P \wedge Q)$。

（4）$(\neg P \wedge \neg Q) \vee (\neg P \wedge Q) \vee (P \wedge \neg Q)$。

分析 根据"主合/析取范式的判断方法"直接判断即可。

解 (1) 公式 (1) 的合取项不是极大项，析取项也不是极小项，所以它不是原公式的主合取范式，也不是原公式的主析取范式。

(2) 公式 (2) 是极大项的合取，且 $(P \to \neg Q) \vee \neg P = (\neg P \vee \neg Q) \vee \neg P = \neg P \vee \neg Q$，即公式 (2) 是原公式的主合取范式。

(3) 公式 (3) 虽然是极小项的析取，但 $(\neg P \wedge \neg Q) \vee (\neg P \wedge Q) = \neg P$，与原公式不等价，即公式 (3) 不是主析取范式。

(4) 公式 (4) 是极小项的析取，且 $(\neg P \wedge \neg Q) \vee (\neg P \wedge Q) \vee (P \wedge \neg Q) = (P \to \neg Q) \vee \neg P$，即公式 (4) 是原公式的主析取范式。

事实上，任何公式都有与之等价的主析取范式和主合取范式。于是有下面的定理。

定理 2.5 任何一个公式都有与其等价且唯一的主析取范式和主合取范式。

分析 由定理 2.4 知，任何公式都有与其等价的析取范式和合取范式。因此，我们可先求出给定公式的析取范式和合取范式；然后根据极小项和极大项的定义，分别将得到的析取范式中的简单合取式、合取范式中的简单析取式里多余的命题变元或其否定消去；接着去掉形如 $P \wedge \neg P$ 的简单合取式和 $P \vee \neg P$ 的简单析取式，再利用等价公式补充缺失的变元，如利用 $Q = (\neg P \vee P) \wedge Q$ 和 $Q = (\neg P \wedge P) \vee Q$ 补充缺失的变元 P；最后利用结合律、交换律、幂等律等进行等价转换，并最终得到给定公式的主析取范式和主合取范式。

证明 略。

解题小贴士

主合/析取范式的计算方法

(1) 计算给定公式的合/析取范式。

(2) 将合/析取范式中的简单合/析取式变为极大/小项。

变元添加技巧：$P = P \wedge 1 = P \wedge (\neg Q \vee Q)$，$P = P \vee 0 = P \vee (\neg Q \wedge Q)$。

(3) 利用幂等律将相同的极大/小项合并，同时利用交换律进行顺序调整，从而得到主合/析取范式。

例 2.26 求公式 $(P \to \neg Q) \wedge R$ 的主合取范式和主析取范式。

分析 根据"主合/析取范式的计算方法"直接计算即可。

解
$$(P \to \neg Q) \wedge R = (\neg P \vee \neg Q) \wedge R \qquad \text{（合取范式）}$$
$$= (\neg P \vee \neg Q \vee (\neg R \wedge R)) \wedge ((\neg P \wedge P) \vee (\neg Q \wedge Q) \vee R)$$
$$\text{（分别补充缺失变元 } R, P, Q\text{）}$$
$$= (\neg P \vee \neg Q \vee \neg R) \wedge (\neg P \vee \neg Q \vee R) \wedge (\neg P \vee \neg Q \vee R) \wedge$$
$$(\neg P \vee Q \vee R) \wedge (P \vee \neg Q \vee R) \wedge (P \vee Q \vee R) \qquad \text{（分配律转换）}$$
$$= (\neg P \vee \neg Q \vee \neg R) \wedge (\neg P \vee \neg Q \vee R) \wedge (\neg P \vee Q \vee R) \wedge$$
$$(P \vee \neg Q \vee R) \wedge (P \vee Q \vee R) \qquad \text{（幂等律化简）}$$
$$= (P \vee Q \vee R) \wedge (P \vee \neg Q \vee R) \wedge (\neg P \vee Q \vee R) \wedge (\neg P \vee \neg Q \vee$$

$$R) \wedge (\neg P \vee \neg Q \vee \neg R) \qquad \text{(交换律调整顺序，得到主合取范式)}$$
$$= M_{000} \wedge M_{010} \wedge M_{100} \wedge M_{110} \wedge M_{111} = M_0 \wedge M_2 \wedge M_4 \wedge M_6 \wedge M_7 \text{。}$$
$$\text{(编码规则表示主合取范式)}$$
$$(P \to \neg Q) \wedge R = (\neg P \vee \neg Q) \wedge R = (\neg P \wedge R) \vee (\neg Q \wedge R) \qquad \text{(析取范式)}$$
$$= (\neg P \wedge (\neg Q \vee Q) \wedge R) \vee ((\neg P \vee P) \wedge \neg Q \wedge R)$$
$$\text{(分别补充缺失变元 } Q \text{ 和 } P \text{)}$$
$$= (\neg P \wedge \neg Q \wedge R) \vee (\neg P \wedge Q \wedge R) \vee (\neg P \wedge \neg Q \wedge R) \vee$$
$$(P \wedge \neg Q \wedge R) \qquad \text{(分配律转换)}$$
$$= (\neg P \wedge \neg Q \wedge R) \vee (\neg P \wedge Q \wedge R) \vee (P \wedge \neg Q \wedge R)$$
$$\text{(幂等律化简，得到主析取范式)}$$
$$= m_{001} \vee m_{011} \vee m_{101} = m_1 \vee m_3 \vee m_5 \text{。} \qquad \text{(编码规则表示主析取范式)}$$

例 2.26 得到给定公式的主合取范式和主析取范式的方法被称为公式转换法。事实上，还可用真值表得到公式的主析取范式和主合取范式。

对任意给定的公式，它的主析取范式和主合取范式分别是由极小项的析取和极大项的合取组成的，而 n 个命题变元可分别构成 2^n 个极小项和 2^n 个极大项，在这些极小项和极大项中，选择哪些极小项来组成主析取范式，哪些极大项来组成主合取范式呢？

首先，将公式 $(P \to \neg Q) \wedge R$ 分别与 P, Q, R 构成的 8 个极大项和 8 个极小项构建真值表，如表 2.25 和表 2.26 所示。根据选出的极大项的简单合取式与原公式等价的原则，从表 2.25 可以发现，公式 $(P \to \neg Q) \wedge R$ 为假时的解释对应的所有极大项的合取恰好是它的主合取范式。

表 2.25

P	Q	R	$(P \to \neg Q) \wedge R$	M_0	M_1	M_2	M_3	M_4	M_5	M_6	M_7	$M_0 \wedge M_2 \wedge M_4 \wedge M_6 \wedge M_7$
0	0	0	0	0	1	1	1	1	1	1	1	0
0	0	1	1	1	0	1	1	1	1	1	1	1
0	1	0	0	1	1	0	1	1	1	1	1	0
0	1	1	1	1	1	1	0	1	1	1	1	1
1	0	0	0	1	1	1	1	0	1	1	1	0
1	0	1	1	1	1	1	1	1	0	1	1	1
1	1	0	0	1	1	1	1	1	1	0	1	0
1	1	1	0	1	1	1	1	1	1	1	0	0

同样地，根据选出的极小项的简单析取式与原公式等价的原则，从表 2.26 可以发现，公式 $(P \to \neg Q) \wedge R$ 为真时的解释对应的所有极小项的析取恰好是它的主析取范式。

表 2.26

P	Q	R	$(P \to \neg Q) \wedge R$	m_0	m_1	m_2	m_3	m_4	m_5	m_6	m_7	$m_1 \vee m_3 \vee m_5$
0	0	0	0	1	0	0	0	0	0	0	0	0
0	0	1	1	0	1	0	0	0	0	0	0	1

续表

P Q R	$(P \rightarrow \neg Q) \land R$	m_0	m_1	m_2	m_3	m_4	m_5	m_6	m_7	$m_1 \lor m_3 \lor m_5$
0 1 0	0	0	0	1	0	0	0	0	0	0
0 1 1	1	0	0	0	1	0	0	0	0	1
1 0 0	0	0	0	0	0	1	0	0	0	0
1 0 1	1	0	0	0	0	0	1	0	0	1
1 1 0	0	0	0	0	0	0	0	1	0	0
1 1 1	0	0	0	0	0	0	0	0	1	0

于是，我们可总结出利用真值表求主析取范式和主合取范式的方法如下。

解题小贴士

主析取范式和主合取范式的真值表计算方法

（1）构造给定公式的真值表。

（2）选出真值结果为"1"/"0"的所有行，将其对应的解释还原为极小/大项。

（3）将得到的极小/大项析/合取即可得到相应的主析/合取范式。

为了描述方便，我们将这种利用真值表计算主范式的方法称为真值表技术（Technique of Truth Table）。

微课视频

下面通过一个例子来进一步展示利用真值表技术求主析取范式和主合取范式的过程。

例 2.27 利用真值表技术求 $G = \neg(P \rightarrow Q) \lor R$ 的主析取范式和主合取范式。

解 首先构造公式 G 的真值表，如表 2.27 所示。

（1）求主析取范式。

① 在表 2.27 中找出真值为"1"的所有行：

0 0 1，0 1 1，1 0 0，1 0 1，1 1 1。

② 按极小项编码规则还原极小项：

$\neg P \land \neg Q \land R$，$\neg P \land Q \land R$，$P \land \neg Q \land \neg R$，$P \land \neg Q \land R$，$P \land Q \land R$。

③ 析取②中的所有极小项，得

$G = \neg(P \rightarrow Q) \lor R = (\neg P \land \neg Q \land R) \lor (\neg P \land Q \land R) \lor (P \land \neg Q \land \neg R) \lor (P \land \neg Q \land R) \lor (P \land Q \land R) = m_1 \lor m_3 \lor m_4 \lor m_5 \lor m_7$。

（主析取范式）

表 2.27

P Q R	$\neg(P \rightarrow Q) \lor R$
0 0 0	0
0 0 1	1
0 1 0	0
0 1 1	1
1 0 0	1
1 0 1	1
1 1 0	0
1 1 1	1

（2）求主合取范式。

① 在表 2.27 中找出真值为"0"的所有行：

0 0 0，0 1 0，1 1 0。

② 按极大项编码规则还原极大项：

$P \vee Q \vee R$，$P \vee \neg Q \vee R$，$\neg P \vee \neg Q \vee R$。

③ 合取②中的所有极大项，得

$G = \neg(P \rightarrow Q) \vee R = (P \vee Q \vee R) \wedge (P \vee \neg Q \vee R) \wedge (\neg P \vee \neg Q \vee R)$

$\quad = M_0 \wedge M_2 \wedge M_6$ （主合取范式）

仔细观察例 2.26 和例 2.27，可以发现，含 n 个变元的命题公式，它的主析取范式和主合取范式中极大项和极小项恰好共有 2^n 项，且下标刚好构成序列 $0, 1, \cdots, 2^n - 1$。根据这个特征，能否利用已求出的主析取范式中极小项的下标或主合取范式中极大项的下标，直接写出对应的主合取范式或主析取范式呢？其中蕴含什么道理？

下面我们通过具体的例子来考察公式 G 和 $\neg G$ 的主合取范式与主析取范式的关系。

例 2.28 求下列公式所对应的主析取范式和主合取范式。

(1) $G = Q \wedge (P \vee \neg Q)$。

(2) $H = \neg G$。

分析 因为给定的命题公式比较简单，所以可采用公式转换法。

解 (1) $G = Q \wedge (P \vee \neg Q) = (P \wedge Q) \vee (Q \wedge \neg Q) = P \wedge Q = m_3$，

（主析取范式）

$G = Q \wedge (P \vee \neg Q) = ((\neg P \wedge P) \vee Q) \wedge (P \vee \neg Q)$

$\quad = (\neg P \vee Q) \wedge (P \vee Q) \wedge (P \vee \neg Q) = M_0 \wedge M_1 \wedge M_2$。 （主合取范式）

(2) $H = \neg G = \neg(M_0 \wedge M_1 \wedge M_2)$

$\quad\quad = \neg M_0 \vee \neg M_1 \vee \neg M_2$

$\quad\quad = m_0 \vee m_1 \vee m_2$， （主析取范式）

$H = \neg G = \neg m_3 = M_3$。 （主合取范式）

从例 2.28 可以发现，公式 G 和 $\neg G$ 的主析取范式恰好使用了 2^n 个极小项，主合取范式恰好使用了 2^n 个极大项。

事实上，这并非巧合，我们可以从真值表技术角度对其进行解释。

根据真值表技术，可得出以下结论。

(1) 公式 G 真值为 "0" 的行对应 $\neg G$ 真值为 "1" 的行，所以将公式 G 使用过的极小项去掉，剩下的极小项的析取则构成 $\neg G$ 的主析取范式。

(2) 公式 G 真值为 "1" 的行对应 $\neg G$ 真值为 "0" 的行，所以将公式 G 使用过的极大项去掉，剩下的极大项的合取则构成 $\neg G$ 的主合取范式。

于是，我们可以利用主析取范式和主合取范式互相转换的方法求给定公式的主合取范式或主析取范式。

解题小贴士

主范式相互转换法

(1) 如果已知 G 的主析取范式，则首先求 $\neg G$ 的主析取范式，然后计算 $\neg(\neg G)$，计算结果就是 G 的主合取范式。

(2) 如果已知 G 的主合取范式，则首先求 $\neg G$ 的主合取范式，然后计算 $\neg(\neg G)$，计算结果就是 G 的主析取范式。

例 2.29 设 $G=(P\wedge Q)\vee(\neg P\wedge R)\vee(\neg Q\wedge\neg R)$，求其对应的主析取范式和主合取范式。

分析 显然公式 G 本身已经是一个析取范式，我们先求出该公式的主析取范式，然后利用主析取范式求出该公式的主合取范式。

解
$$G=(P\wedge Q)\vee(\neg P\wedge R)\vee(\neg Q\wedge\neg R)=(P\wedge Q\wedge(\neg R\vee R))\vee$$
$$(\neg P\wedge(\neg Q\vee Q)\wedge R)\vee((\neg P\vee P)\wedge\neg Q\wedge\neg R)$$
$$=(P\wedge Q\wedge\neg R)\vee(P\wedge Q\wedge R)\vee(\neg P\wedge\neg Q\wedge R)\vee$$
$$(\neg P\wedge Q\wedge R)\vee(\neg P\wedge\neg Q\wedge\neg R)\vee(P\wedge\neg Q\wedge\neg R)$$
$$=(\neg P\wedge\neg Q\wedge\neg R)\vee(\neg P\wedge\neg Q\wedge R)\vee(\neg P\wedge Q\wedge R)\vee$$
$$(P\wedge\neg Q\wedge\neg R)\vee(P\wedge Q\wedge\neg R)\vee(P\wedge Q\wedge R)$$

$$=m_0\vee m_1\vee m_3\vee m_4\vee m_6\vee m_7, \qquad\qquad (G\text{ 的主析取范式})$$
$$\neg G=m_2\vee m_5, \qquad\qquad\qquad\qquad\qquad (\neg G\text{ 的主析取范式})$$
$$G=\neg\neg G=\neg(m_2\vee m_5)=\neg m_2\wedge\neg m_5=M_2\wedge M_5。 \qquad (G\text{ 的主合取范式})$$

2.5 命题逻辑的推理理论

数理逻辑的主要任务是用数学的方法研究推理，前面已经完成了符号体系的建立，接下来主要研究推理。所谓推理就是从前提出发，应用推理规则推出结论的过程，其中前提是已知命题公式的集合，结论是应用推理规则推出的命题公式。下面先介绍推理相关的基本概念。

2.5.1 推理的基本概念

定义 2.17 设 $G_1,G_2,\cdots,G_n,H$ 是命题公式。对任意解释 I，如果 $G_1\wedge G_2\wedge\cdots\wedge G_n$ 为真，那么 H 也为真，此时称 H 是 $G_1,G_2,\cdots,G_n$ 的逻辑结果（Logic Conclusion），记为 $G_1,G_2,\cdots,G_n\Rightarrow H$。称 $G_1,G_2,\cdots,G_n\Rightarrow H$ 为有效推理（Efficacious Reasoning），其中 $G_1,G_2,\cdots,G_n$ 为一组前提，称 H 为结论。如果记 $\Gamma=\{G_1,G_2,\cdots,G_n\}$，则 $G_1,G_2,\cdots,G_n\Rightarrow H$ 可简单记为 $\Gamma\Rightarrow H$。

微课视频

注意

(1) $\Gamma\Rightarrow H$ 的有效性与前提集合中前提的排列顺序无关。

(2) 推理的有效性与前提和结论是否正确无关，有效的推理可能会产生一个错误的结论，这与人们通常对推理的理解是不同的。

由定义 2.17，容易得到下面的定理。

定理 2.6 $\{G_1,G_2,\cdots,G_n\}\Rightarrow H$ 当且仅当 $G_1\wedge G_2\wedge\cdots\wedge G_n\to H$ 为永真公式。

分析 利用定义 2.17 和 "$\to$" 的真值规定进行证明。

证明 充分性：因为 $G_1 \wedge G_2 \wedge \cdots \wedge G_n \to H$ 是永真公式，所以根据"$\to$"的真值规定，对任意给定的解释 I，$G_1 \wedge G_2 \wedge \cdots \wedge G_n$ 为假或者为真。当 $G_1 \wedge G_2 \wedge \cdots \wedge G_n$ 为真时，H 必为真。根据定义 2.17，公式 H 是前提集合 $\varGamma = \{G_1, G_2, \cdots, G_n\}$ 的逻辑结果。

必要性：因为公式 H 是前提集合 $\{G_1, G_2, \cdots, G_n\}$ 的逻辑结果，所以根据定义 2.17，对任意给定的解释 I，如果 $G_1 \wedge G_2 \wedge \cdots \wedge G_n$ 为真，则 H 为真，此时 $G_1 \wedge G_2 \wedge \cdots \wedge G_n \to H$ 为真；如果 $G_1 \wedge G_2 \wedge \cdots \wedge G_n$ 为假，不管 H 的真值如何，$G_1 \wedge G_2 \wedge \cdots \wedge G_n \to H$ 也为真。从而 $G_1 \wedge G_2 \wedge \cdots \wedge G_n \to H$ 一定是永真公式。

> **注意**
>
> （1）"$\to$"是一种逻辑联结词，是一种逻辑运算，$G \to H$ 的结果是一个可计算的命题公式。
>
> （2）"$\Rightarrow$"是一种关系，它描述了两个公式 G 与 H 之间的一种逻辑蕴涵关系，$G \Rightarrow H$ 的结果本身是一个不可计算的非命题公式。
>
> （3）计算机要判断 $G \Rightarrow H$，只能通过 $G \to H$ 是否为永真公式来判断。

2.5.2 推理有效性的判别方法

由定理 2.6 可知，$\varGamma \Rightarrow H$ 有效性的判定可以转化为 $G_1 \wedge G_2 \wedge \cdots \wedge G_n \to H$ 是否为永真公式的判定。而判定 $G_1 \wedge G_2 \wedge \cdots \wedge G_n \to H$ 是否为永真公式的方法主要有真值表技术、等价公式转换法和演绎法。下面分别介绍如何运用这 3 种方法进行推理有效性的判定。

微课视频

1. 真值表技术

通过构造公式 $G_1, G_2, \cdots, G_n$ 和 H 的真值表，并利用定理 2.6 进行推理有效性判别的方法，称为**真值表技术**。

> **解题小贴士**
>
> **判断推理有效性的真值表方法**
>
> （1）构造公式 $G_1, G_2, \cdots, G_n$ 和 H 的真值表。
>
> （2）如果对所有 $G_1, G_2, \cdots, G_n$ 都为"1"的行，其对应的 H 也为"1"，或者对所有 H 为"0"的行，其对应的前提行中至少存在一个"0"，则 H 是 $G_1, G_2, \cdots, G_n$ 的逻辑结果。
>
> （3）如果存在 $G_1, G_2, \cdots, G_n$ 都为"1"的行，但其对应的 H 为"0"，或者存在 H 为"0"的行，其对应的前提行中全为"1"，则 H 不是 $G_1, G_2, \cdots, G_n$ 的逻辑结果。

例 2.30 判断下列 H 是否为前提 G_1 和 G_2 的逻辑结果。

（1）$H = P \wedge Q$，$G_1 = P$，$G_2 = Q$。

（2）$H = \neg P$，$G_1 = \neg Q$，$G_2 = P \vee Q$。

（3）$H = Q$，$G_1 = \neg P$，$G_2 = P \to Q$。

分析 首先分别构造它们的真值表，然后利用"判断推理有效性的真值表方法"直接判断。

解 3 组公式的真值表分别如表 2.28、表 2.29、表 2.30 所示。

表 2.28				
P Q	G_1	G_2	H	
0 0	0	0	0	
0 1	0	1	0	
1 0	1	0	0	
1 1	1	1	1	

表 2.29				
P Q	G_1	G_2	H	
0 0	1	0	1	
0 1	0	1	1	
1 0	1	1	0	
1 1	0	1	0	

表 2.30				
P Q	G_1	G_2	H	
0 0	1	1	0	
0 1	1	1	1	
1 0	0	0	0	
1 1	0	1	1	

（1）从表 2.28 可以看出，G_1 和 G_2 都为"1"的行仅有第 4 行，它对应的 H 也为"1"，即 H 是前提 G_1 和 G_2 的逻辑结果。

（2）从表 2.29 可以看出，G_1 和 G_2 都为"1"的行仅有第 3 行，它对应的 H 为"0"，从而 H 不是前提 G_1 和 G_2 的逻辑结果。

（3）从表 2.30 可以看出，H 为"0"的行有第 1 行和第 3 行，但第 1 行对应的前提行中全为"1"，从而 H 不是前提 G_1 和 G_2 的逻辑结果。

注意

　　利用真值表技术可以从前提行和结论行两个角度去观察，从而得到判定结果。在解决具体问题时可以根据具体情况选择合适的角度。

2. 等价公式转换法

　　从理论上讲，利用真值表技术，完全可以在有限步内判定一个结论是否为给定前提的逻辑结果，然而当前提与结论中包含的命题变元数量很大时，这种判定方法只是理论上可行，实际上是办不到的。把真值表输入计算机时，要占用相当大的存储空间，而且搜索与访问真值表的穷举方法会导致运算次数的"组合爆炸"。

微课视频

　　例如，要判断 $S \to P$ 是否为前提集合 $\{P \lor \neg R, Q \lor S, R \to (S \land P), \neg P\}$ 的逻辑结果，如果用真值表技术，由于包含的命题变元和逻辑联结词较多，真值表的构造非常麻烦，计算机搜索和访问真值表的开销也很大，此时用等价公式转换法会取得更好的效果。

解题小贴士

判断推理有效性的等价公式转换法

（1）合取所有前提作为蕴涵式的前件，结论作为蕴涵式的后件。

（2）化简这个蕴涵式。

（3）如果化简结果为 1，则推理有效；否则推理无效。

例 2.31　用等价公式转换法判断下述推理的有效性：
$$P \lor \neg R, Q \lor S, R \to (S \land P), \neg P \Rightarrow S \to P。$$

分析　按照"判断推理有效性的等价公式转换法"直接完成即可。

解　$((P \lor \neg R) \land (Q \lor S) \land (R \to (S \land P)) \land (\neg P)) \to (S \to P)$
$= \neg ((P \lor \neg R) \land (Q \lor S) \land (R \to (S \land P)) \land (\neg P)) \lor (S \to P)$

$$= \neg(P \vee \neg R) \vee \neg(Q \vee S) \vee \neg(\neg R \vee(S \wedge P)) \vee(\neg(\neg P)) \vee(\neg S \vee P)$$

$$=(\neg P \wedge R) \vee(\neg Q \wedge \neg S) \vee(R \wedge(\neg S \vee \neg P)) \vee P \vee \neg S \vee P$$

$$=(\neg P \wedge R) \vee(\neg Q \wedge \neg S) \vee \neg S \vee(R \wedge(\neg S \vee \neg P)) \vee P$$

$$=(\neg P \wedge R) \vee \neg S \vee(R \wedge(\neg S \vee \neg P)) \vee P$$

$$=(\neg P \wedge R) \vee \neg S \vee(R \wedge \neg S) \vee(\neg P \wedge R) \vee P$$

$$=(\neg P \wedge R) \vee \neg S \vee P=((\neg P \vee P) \wedge(R \vee P)) \vee \neg S=R \vee P \vee \neg S \neq 1$$

根据定理 2.6，$S \rightarrow P$ 不是 $P \vee \neg R, Q \vee S, R \rightarrow(S \wedge P), \neg P$ 的逻辑结果，再根据定义 2.18，$P \vee \neg R, Q \vee S, R \rightarrow(S \wedge P), \neg P \not\Rightarrow S \rightarrow P$。

3. 演绎法

演绎法是从前提(假设)出发，依据公认的推理规则和推理定律推导出结论的方法。其推理过程如图 2.1 所示。

在图 2.1 中，事实库由已知前提和中间推出的新事实组成，公理库则由基本的推理定律和基本等价定律组成，而事实的引入需要按照一定的推理规则进行。

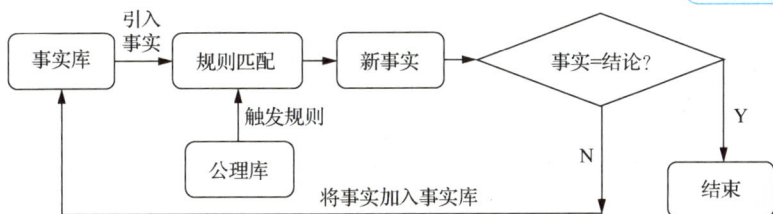

图 2.1

为了正确地使用演绎法去判定推理的有效性，我们还需要了解推理定律和推理规则。

◆ 推理定律

事实上，利用真值表技术或等价公式转换法，可以构建下面 10 个基本蕴涵关系，这些基本蕴涵关系又称为**推理定律**，这些推理定律和前面学习的 24 个基本等价定律构成了公理库，它们是演绎法的基本依据。

设 G, H, I, J 是任意的命题公式，则有如下推理定律。

(1) I_1：$G \wedge H \Rightarrow G$。　　　　　　　　　　　　　　　　　（简化规则）

　　I_2：$G \wedge H \Rightarrow H$。

(2) I_3：$G \Rightarrow G \vee H$。　　　　　　　　　　　　　　　　　　（添加规则）

　　I_4：$H \Rightarrow G \vee H$。

(3) I_5：$G, H \Rightarrow G \wedge H$。　　　　　　　　　　　　　　　（合取引入规则）

(4) I_6：$\neg G, G \vee H \Rightarrow H$。　　　　　　　　　　　　　　　（选言三段论）

(5) I_7：$G, G \rightarrow H \Rightarrow H$。　　　　　　　　　　　　　　　（分离规则）

(6) I_8：$\neg H, G \rightarrow H \Rightarrow \neg G$。　　　　　　　　　　　　（否定后件式）

(7) I_9：$G \rightarrow H, H \rightarrow I \Rightarrow G \rightarrow I$。　　　　　　　　　（假言三段论）

(8) I_{10}：$G \vee H, G \rightarrow I, H \rightarrow I \Rightarrow I$。　　　　　　　　　（二难推论）

下面用等价公式转换法证明 I_6，具体证明过程如下。

因为 $(\neg G \wedge (G \vee H)) \rightarrow H = \neg (\neg G \wedge (G \vee H)) \vee H$
$$= (G \vee \neg (G \vee H)) \vee H$$
$$= (G \vee H) \vee \neg (G \vee H) = 1,$$

所以根据定理 2.6 可知，H 是 $\neg G, G \vee H$ 的逻辑结果，从而推理是有效的。

其他的推理定律由读者自证。

◆ **推理规则**

在演绎法推理过程中，需要不断引入事实（已知或者中间结果）以完成推理，根据引入事实的类型，可将推理规则分为 3 种情形。

（1）**P 规则（Premise，前提引用规则）** 在推理过程中，如果引入前提集合中的一个前提，则称使用了 P 规则。

（2）**T 规则（Transformation，逻辑结果引用规则）** 在推理过程中，如果引入推理过程中产生的某个中间结果，则称使用了 T 规则。

（3）**CP 规则（Conclusion Premise，附加前提规则）** 在推理过程中，如果逻辑结果为蕴涵式，并且将该蕴涵式的前件作为前提引入，则称使用了 CP 规则[①]。

例如，前面推导 I_6 的过程按照步骤书写如下：

① $\neg G$；

② $G \vee H$；

③ $\neg G \wedge (G \vee H)$；

④ $(\neg G \wedge G) \vee (\neg G \wedge H)$；

⑤ $\neg G \wedge H$；

⑥ H。

在上面的推理过程中，①和②是直接引入前提集合中的前提，此时使用了 P 规则，③~⑥引入推理过程中产生的中间结果，此时使用了 T 规则。

若要推导 I_9，则可将逻辑结果"$G \rightarrow I$"中的前件"G"作为前提引入前提集合，此时 I_9 的推导转化为 $G \rightarrow H, H \rightarrow I, G \Rightarrow I$。在推导过程中，最后得到结论 $G \rightarrow I$ 时，就需要使用 CP 规则。

至此，利用 24 个基本等价定律、10 个基本推理定律和 3 个推理规则，就可以使用演绎法来构造一个完整的命题演算推理系统，即所有命题逻辑的推理都可以用这些规则严格地证明出来。

解题小贴士

判断推理有效性的演绎法

（1）直接由前提集合推导结论的演绎法被称为直接证明方法；利用 CP 规则推理的演绎法被称为 CP 规则证明方法；否定结论得到矛盾的演绎法称为反证法。

（2）演绎法推理的每个步骤包括 3 个部分，分别为步骤序号、前提或中间结果和理由。其中，理由部分包括推理规则（T、P 或 CP 规则）、依据的步骤（引入前提时不写）和利用的推理定律（I）或等价定律（E）。

---

① 因为 $A \Rightarrow B \rightarrow C$ 与 $A \wedge B \Rightarrow C$ 是等价的，所以 CP 规则是正确的。

例 2.32 用演绎法证明 I_9。

分析 演绎法就是从前提出发，依据 24 个基本等价定律、10 个基本推理定律和 3 个推理规则，推导出结论 $G \rightarrow I$。又因为结论是蕴涵式，所以可以把 G 作为附加前提，使用 CP 规则进行证明。

证明

① G P(附加前提)
② $G \rightarrow H$ P
③ H T,①,②,I
④ $H \rightarrow I$ P
⑤ I T,③,④,I
⑥ $G \rightarrow I$ CP,①,⑤

例 2.33 设前提集合 $\Gamma = \{P \vee \neg S, P \rightarrow (Q \rightarrow R), Q\}$，公式 $G = \neg S \vee R$。用演绎法证明 $\Gamma \Rightarrow G$。

分析 本例题要证明的结论是一个简单析取式，可首先转换 $\neg S \vee R$ 为蕴涵式 $S \rightarrow R$，然后使用 CP 规则进行证明。

证明

① S P(附加前提)
② $\neg(\neg S)$ T,①,E
③ $P \vee \neg S$ P
④ P T,②,③,I
⑤ $P \rightarrow (Q \rightarrow R)$ P
⑥ $Q \rightarrow R$ T,④,⑤,I
⑦ Q P
⑧ R T,⑥,⑦,I
⑨ $S \rightarrow R$ CP,①,⑧
⑩ $\neg S \vee R$ T,⑨,E

事实上，例 2.33 也可以不用 CP 规则，而从前提集合直接推导出结论。具体证明过程如下。

证明

① $P \vee \neg S$ P
② $S \rightarrow P$ T,①,E
③ $P \rightarrow (Q \rightarrow R)$ P
④ $S \rightarrow (Q \rightarrow R)$ T,②,③,I
⑤ $\neg S \vee \neg Q \vee R$ T,④,E
⑥ $\neg Q \vee \neg S \vee R$ T,⑤,E
⑦ $Q \rightarrow (S \rightarrow R)$ T,⑥,E
⑧ Q P
⑨ $S \rightarrow R$ T,⑦,⑧,I
⑩ $\neg S \vee R$ T,⑨,E

例 2.34 用演绎法证明下述论断的正确性：

(1) $P, P \to (Q \to (R \land S)) \Rightarrow Q \to S$；

(2) $G \lor H, G \to I, H \to I \Rightarrow I$（二难推论 I_{10}）。

微课视频

分析 对于(1)，结论是蕴涵式，可采用 CP 规则证明方法进行证明；对于(2)，此处采用直接证明方法。

(1) **证明**

① P	P
② $P \to (Q \to (R \land S))$	P
③ $Q \to (R \land S)$	T,①,②,I
④ Q	P(附加前提)
⑤ $R \land S$	T,③,④,I
⑥ S	T,⑤,I
⑦ $Q \to S$	CP,④,⑥

(2) **证明**

① $G \lor H$	P
② $\neg G \to H$	T,①,E
③ $H \to I$	P
④ $\neg G \to I$	T,②,③,I
⑤ $G \to I$	P
⑥ $(\neg G \to I) \land (G \to I)$	T,④,⑤,I
⑦ $(G \lor I) \land (\neg G \lor I)$	T,⑥,E
⑧ $(G \land \neg G) \lor I$	T,⑦,E
⑨ I	T,⑧,E

上面的第⑦~⑨步利用了基本等价定律进行转换，这增加了整个证明过程的难度和复杂度，那是否有更好的证明方法呢？

事实上，如果用反证法证明二难推论，就容易多了。所谓反证法，就是在 $\Gamma \Rightarrow G$ 的证明过程中，将 $\neg G$ 作为附加前提，然后推出"矛盾"的方法。注意，在逻辑推理中，"矛盾"即是"0"，其表示形式为一个命题公式及其否定的合取，如 $\neg R \land R$、$\neg (G \lor I) \land (G \lor I)$ 等。

下面采用反证法重新证明二难推论 I_{10}。

证明

① $\neg I$	P(附加前提)
② $G \to I$	P
③ $\neg G$	T,①,②,I
④ $H \to I$	P
⑤ $\neg H$	T,①,④,I
⑥ $G \lor H$	P
⑦ G	T,⑤,⑥,I
⑧ $G \land \neg G$	T,③,⑦,I

第⑧步推出矛盾式"$G \wedge \neg G$"，从而证明完成。实际上，还可以推出矛盾式"$H \wedge \neg H$"、"$I \wedge \neg I$"等，读者可以自证。

无论是直接证明方法、CP 规则证明方法还是反证法，证明过程都有很大的随意性，不易机械地执行。1965 年，德国逻辑学家罗宾逊（J.A.Robinson）提出了<u>消解原理</u>（Principle of Resolution）。消解原理的出现，被认为是自动推理，特别是定理机器证明领域的重大突破，它从理论上解决了定理证明问题。消解原理是以分离规则 $I_7(G, G \rightarrow H \Rightarrow H)$ 为基础的方法，具体描述如下。

定义 2.18 设 G 和 H 是两个简单析取式，如果 G 中有文字 P，H 中有文字 $\neg P$，则从 G 和 H 中分别消去 P 和 $\neg P$，并将 G 和 H 中余下的部分析取，构成一个新的简单析取式 W，这个过程被称为<u>消解</u>，W 被称为 G 和 H 的<u>消解式</u>。

微课视频

例如，$G = P \vee Q \vee R$，$H = \neg Q \vee S$，则 G 和 H 的消解式 $W = P \vee R \vee S$。

根据定义 2.18，显然有下面的定理。

定理 2.7（消解原理） 如果 W 是 G 和 H 的消解式，则 $G \wedge H \Rightarrow W$。

分析 根据定义 2.18，若 $G = G' \vee Q$，$H = H' \vee \neg Q$，则 $W = G' \vee H'$。利用反证法，只需说明 $G \wedge H \wedge \neg W = 0$ 即可。显然，$G \wedge H \wedge \neg W = (G' \vee Q) \wedge (H' \vee \neg Q) \wedge \neg(G' \vee H') = ((G' \vee Q) \wedge \neg G') \wedge ((H' \vee \neg Q) \wedge \neg H') = Q \wedge \neg G' \wedge \neg Q \wedge \neg H' = 0$。

证明 略。

解题小贴士

判断推理有效性的消解法

（1）将结论的否定作为附加前提。

（2）将包括附加前提在内的所有前提组成的简单合取式转化为合取范式。

（3）以合取范式中的全部简单析取式作为对象集进行消解。

事实上，消解原理就是反证法的一种形式。下面给出一个例子。

例 2.35 用消解原理证明 $P \vee \neg R, P \rightarrow (Q \rightarrow S), Q \Rightarrow R \rightarrow S$。

证明 因为 $(P \vee \neg R) \wedge (P \rightarrow (Q \rightarrow S)) \wedge Q \wedge \neg(R \rightarrow S)$

（将所有前提（含结论的否定）合取）

$= (P \vee \neg R) \wedge (\neg P \vee (\neg Q \vee S)) \wedge Q \wedge \neg(\neg R \vee S)$

$= (P \vee \neg R) \wedge (\neg P \vee \neg Q \vee S) \wedge Q \wedge R \wedge \neg S,$ （合取范式）

所以简单析取式的集合 $A = \{P \vee \neg R, \neg P \vee \neg Q \vee S, Q, R, \neg S\}$。

接着，对集合 A 中的简单析取式应用消解原理。

① $P \vee \neg R$ P

② R P

③ P T，①，②，消解原理

④ $\neg P \vee \neg Q \vee S$ P

⑤ $\neg Q \vee S$ T，③，④，消解原理

⑥ Q P

⑦ S T，⑤，⑥，消解原理

⑧ $\neg S$ P

⑨ $S \wedge \neg S$ T，⑦，⑧，I

到此，我们已经介绍了直接证明方法、CP 规则证明方法、反证法和消解原理证明方法。实际上，这 4 种方法是统一的，它们可以相互转换，转换过程如下。

$$G_1, G_2, \cdots, G_n \Rightarrow H \qquad\qquad\qquad （直接证明方法）$$

$$\Leftrightarrow G_1, G_2, \cdots, G_n, \neg H \Rightarrow R \wedge \neg R \qquad （反证法，消解原理证明方法）$$

$$\overset{\text{CP}}{\Leftrightarrow} G_1, G_2, \cdots, G_n \Rightarrow \neg H \rightarrow (R \wedge \neg R) \qquad （CP 规则证明方法）$$

因此，读者可根据实际问题选择一种方法加以证明。

2.6 命题逻辑的应用

2.6.1 命题联结词的应用

命题联结词能有效用于自然语言的符号化，还能解决计算机中的比特运算、Web 搜索及逻辑难题等。

1. 计算机中的比特运算

计算机用比特（bit）表示信息，不同长度的比特串表示不同的信息[①]，每个比特有两个可能的取值，即 1 和 0，它们分别对应命题的真值"真"和"假"。因此，计算机的比特运算 NOT、OR、AND、XOR 分别对应命题联结词"$\neg$""$\vee$""$\wedge$""$\overline{\vee}$"。有些高级程序设计语言，如 C、C++等，用!、‖、&& 分别对应"$\neg$""$\vee$""$\wedge$"。

例 2.36 （1）求比特串 01 1011 0011 的按位 NOT。

（2）求比特串 01 1011 0011 和 10 1101 0101 的按位 OR、AND、XOR。

分析 因为计算机的比特运算 NOT、OR、AND、XOR 与命题联结词"$\neg$""$\vee$""$\wedge$""$\overline{\vee}$"是分别对应的，所以只需让 NOT、OR、AND、XOR 按位运算的规则分别对应"$\neg$""$\vee$""$\wedge$""$\overline{\vee}$"的真值规定就可以了。

解 （1）NOT（01 1011 0011）= 10 0100 1100。

（2）（01 1011 0011）OR（10 1101 0101）= 11 1111 0111，

（01 1011 0011）AND（10 1101 0101）= 00 1001 0001，

（01 1011 0011）XOR（10 1101 0101）= 11 0110 0110。

2. Web 搜索

各种 Web 搜索引擎都允许用户输入关键字，然后由搜索引擎与 Web 页面进行匹配。例如，输入"离散数学"，Web 页面将出现许多包含"离散数学"的搜索结果。而有些搜索引擎允许用户使用操作符 AND、OR、NOT（大小写均可）及括号进行关键字的组

---

① 比特串的长度是它所含比特的数目。例如，101011 就是一个长度为 6 的比特串。

合，这样可以实现更复杂的搜索，如图 2.2 所示。图 2.2 可以看成 AND 和 OR 分别对应命题联结词"∧"和"∨"的搜索结果。

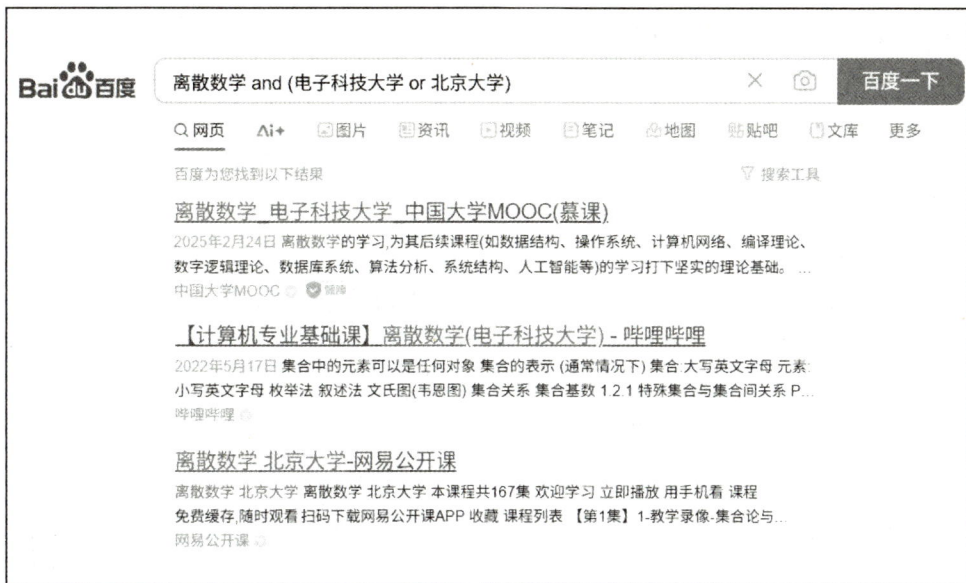

图 2.2

3. 逻辑难题

例 2.37　一个岛上居住着两类人——骑士和流氓，骑士说的都是实话，而流氓只会说谎。有两个人 A 和 B，A 说"B 是骑士"，B 说"我们两人不是一类人"。请判断 A、B 两人到底是流氓还是骑士。

微课视频

分析　设 P：A 是骑士，Q：B 是骑士，则 $\neg P$ 和 $\neg Q$ 分别表示 A 是流氓、B 是流氓。

（1）如果 A 是骑士，则由"A 说'B 是骑士'"可知，B 也是骑士，即有 $P \to Q$；又由"B 是骑士"和"B 说'我们两人不是一类人'"可知 $Q \to (P \overline{\vee} Q)$。

（2）如果 A 不是骑士，则由"A 说'B 是骑士'"可知，B 也不是骑士，即有 $\neg P \to \neg Q$；又由"B 不是骑士"和"B 说'我们两人不是一类人'"可知 P 和 Q 是同一类人，即 $\neg Q \to (P \wedge Q) \overline{\vee} (\neg P \wedge \neg Q)$。

由于（1）和（2）恰有一个成立，所以将 $P=1$ 和 $Q=1$ 代入计算即可。

解　假设 P：A 是骑士，Q：B 是骑士。根据题意，有

$(P \to Q) \wedge (Q \to (P \overline{\vee} Q)) = (1 \to 1) \wedge (1 \to (1 \overline{\vee} 1)) = 1 \wedge 0 = 0$，

$(\neg P \to \neg Q) \wedge (\neg Q \to (P \wedge Q) \overline{\vee} (\neg P \wedge \neg Q)) = (0 \to 0) \wedge (0 \to ((1 \wedge 1) \overline{\vee} (0 \wedge 0)))$

$= 1 \wedge 1 = 1$，

即当 $P=Q=0$ 时符合题意，从而 A 和 B 都是流氓。

4. 系统规范说明

在用计算机处理日常事务时，如何将自然语言翻译成逻辑表达式是很重要的一部分。系统和软件工程师从自然语言中提取需求，生成精确、无二义性的规范说明。同

时，这些规范说明不应该包含有冲突的需求，否则无法开发出满足所有规范说明的系统。如果表示这些规范说明的命题公式存在一组成真赋值，则称这组规范说明是一致的。

例 2.38 确定下列系统规范说明是否是一致的。

诊断消息存储在缓冲区中或是被重传；诊断消息没有存储在缓冲区中；如果诊断消息存储在缓冲区中，那么它将被重传。

分析 要判断这些规范说明是否一致，首先需要将给定的说明符号化，然后找出一组成真赋值即可。

解 设 P：诊断消息存储在缓冲区中，Q：诊断消息被重传，则给定的 3 个规范说明可符号化为 $P \vee Q, \neg P, P \to Q$。显然，当 $P=0, Q=1$ 时，$P \vee Q, \neg P, P \to Q$ 都为真，即 $P=0, Q=1$ 是 $P \vee Q, \neg P, P \to Q$ 的一组成真赋值，从而说明这 3 个规范说明是一致的。

2.6.2　命题公式的应用

例 2.39 利用命题公式基本等价定律，化简图 2.3 和图 2.4 所示电路。

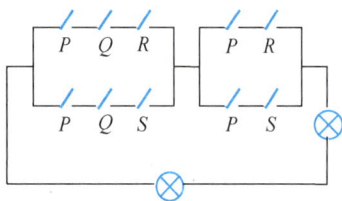 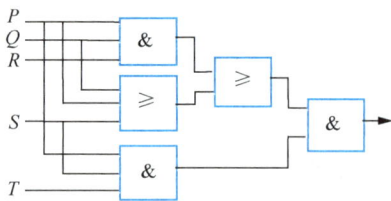 

微课视频

图 2.3　　　　　　　图 2.4

分析 根据命题联结词的定义，"串联电路"和"与门"对应联结词"$\wedge$"，"并联电路"和"或门"对应联结词"$\vee$"。所以图 2.3 和图 2.4 两个电路可分别表示为如下命题公式：

(1) $((P \wedge Q \wedge R) \vee (P \wedge Q \wedge S)) \wedge ((P \wedge R) \vee (P \wedge S))$；

(2) $((P \wedge Q \wedge R) \vee (P \vee Q \vee S)) \wedge (P \wedge S \wedge T)$。

先利用命题公式基本等价定律对上面两个命题公式进行化简，再把化简的命题公式还原成相应的电路图即可。

解 利用命题公式基本等价定律化简命题公式(1)、(2)。

(1) $((P \wedge Q \wedge R) \vee (P \wedge Q \wedge S)) \wedge ((P \wedge R) \vee (P \wedge S))$

$= ((P \wedge Q \wedge (R \vee S)) \wedge (P \wedge (R \vee S))$

$= P \wedge Q \wedge (R \vee S) \wedge P \wedge (R \vee S)$

$= P \wedge Q \wedge (R \vee S)$。

(2) $((P \wedge Q \wedge R) \vee (P \vee Q \vee S)) \wedge (P \wedge S \wedge T)$

$= ((P \wedge Q \wedge R) \vee P \vee Q \vee S) \wedge P \wedge S \wedge T$

$= (P \vee Q \vee S) \wedge P \wedge S \wedge T = P \wedge S \wedge T$。

此时图 2.3 和图 2.4 可分别化简为图 2.5 和图 2.6。

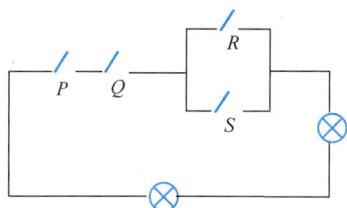

图 2.5 图 2.6

例 2.40 画出下列程序语句的流程图并进行化简：If A then if B then X else Y else if B then X else Y。

分析 将该程序语句用流程图表示，如图 2.7 所示。从图 2.7 可知，该程序语句给出了执行 X 和执行 Y 的条件，根据命题联结词的定义，可得执行 X 的条件为 $(A \wedge B) \vee (\neg A \wedge B)$，执行 Y 的条件为 $(A \wedge \neg B) \vee (\neg A \wedge \neg B)$。

我们可利用命题公式基本等价定律对上述两个公式进行化简。

解 执行 X 的条件可化简为
$$(A \wedge B) \vee (\neg A \wedge B) = B \wedge (A \vee \neg A) = B,$$
执行 Y 的条件可化简为
$$(A \wedge \neg B) \vee (\neg A \wedge \neg B) = \neg B \wedge (A \vee \neg A) = \neg B,$$
经转换后，这段程序语句可简化为 If B then X else Y，其流程图如图 2.8 所示。

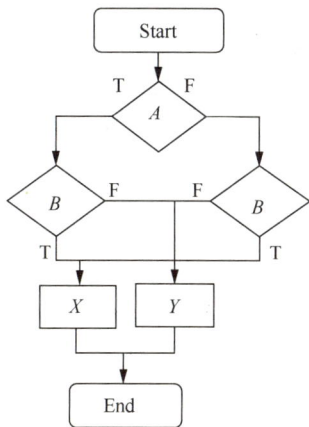

图 2.7

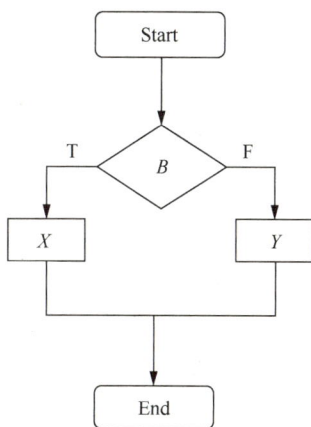

图 2.8

2.6.3 范式的应用

例 2.41 从 A，B，C，D 4 人中派 2 人出差，要求满足下述条件：如果 A 去，则必须在 C 和 D 中选 1 人同去；B 和 C 中选 1 人去；C 和 D 中选 1 人去。用构造范式的方法决定选派方案。

分析 分别将 A，B，C，D 4 人出差设为命题，然后构造满足题意的命题公式，则该公式的成真赋值就是可行的选派方案。

微课视频

解 设 P 为"派 A 出差"，Q 为"派 B 出差"，R 为"派 C 出差"，S 为"派 D 出差"。根据题意，有 $(P \to (R \overline{\vee} S)) \wedge (Q \overline{\vee} R) \wedge (R \overline{\vee} S)$。

$$(P \to (R \overline{\vee} S)) \wedge (Q \overline{\vee} R) \wedge (R \overline{\vee} S)$$
$$= (\neg P \vee (R \overline{\vee} S)) \wedge (R \overline{\vee} S) \wedge (Q \overline{\vee} R)$$
$$= (R \overline{\vee} S) \wedge (Q \overline{\vee} R)$$
$$= ((R \wedge \neg S) \vee (\neg R \wedge S)) \wedge ((Q \wedge \neg R) \vee (\neg Q \wedge R))$$
$$= (R \wedge \neg S \wedge Q \wedge \neg R) \vee (R \wedge \neg S \wedge \neg Q \wedge R) \vee (\neg R \wedge S \wedge Q \wedge \neg R) \vee$$
$$(\neg R \wedge S \wedge \neg Q \wedge R)$$
$$= (R \wedge \neg S \wedge \neg Q) \vee (\neg R \wedge S \wedge Q)$$
$$= ((P \vee \neg P) \wedge \neg Q \wedge R \wedge \neg S) \vee ((P \vee \neg P) \wedge Q \wedge \neg R \wedge S)$$
$$= (\neg P \wedge \neg Q \wedge R \wedge \neg S) \vee (P \wedge \neg Q \wedge R \wedge \neg S) \vee (\neg P \wedge Q \wedge \neg R \wedge S) \vee$$
$$(P \wedge Q \wedge \neg R \wedge S)。$$

上式有 4 个成真赋值，但是由于只派 2 人出差，因此得到 2 种选派方案，即：A 和 C 去，B 和 D 不去；B 和 D 去，A 和 C 不去。

例 2.42 一家航空公司为了保证安全，用计算机复核飞行计划。每台计算机能给出飞行计划正确或有误的回答。由于计算机也有可能发生故障，因此采用 3 台计算机同时复核。由所给答案，再根据"少数服从多数"的原则做出判断。请将结果用命题公式表示，并加以简化，画出电路图。

分析 设 C_1, C_2, C_3 分别表示 3 台计算机的答案，S 表示判断结果。根据"少数服从多数"的原则可建立其对应的真值表，如表 2.31 所示。

根据真值表，利用联结词的定义，S 可用 C_1, C_2, C_3 所对应的命题公式表示出来，同时，我们可画出其对应的电路图。

解 $S = (\neg C_1 \wedge C_2 \wedge C_3) \vee (C_1 \wedge \neg C_2 \wedge C_3) \vee (C_1 \wedge C_2 \wedge \neg C_3) \vee (C_1 \wedge C_2 \wedge C_3)$
$= ((\neg C_1 \vee C_1) \wedge C_2 \wedge C_3) \vee (C_1 \wedge (\neg C_2 \vee C_2) \wedge C_3) \vee (C_1 \wedge C_2 \wedge (\neg C_3 \vee C_3))$
$= (C_2 \wedge C_3) \vee (C_1 \wedge C_3) \vee (C_1 \wedge C_2)，$

其对应的电路图如图 2.9 所示。

表 2.31

C_1	C_2	C_3	S
0	0	0	0
0	0	1	0
0	1	0	0
0	1	1	1
1	0	0	0
1	0	1	1
1	1	0	1
1	1	1	1

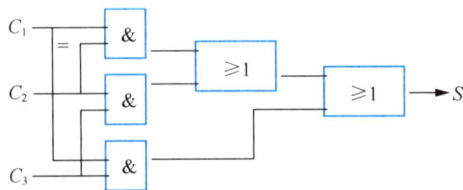

图 2.9

2.6.4 命题逻辑推理的应用

例 2.43 符号化下面的命题，并用演绎法推断结论是否有效。

如果我努力学习，那么我的离散数学不会不及格；如果我不热衷于玩游戏，那么我将努力学习；我离散数学不及格。因此，我热衷于玩游戏。

分析 首先根据题意找出其中的原子命题"我努力学习""我的离散数学及格""我热衷于玩游戏"；然后以"；"为标志分离出每一个前提，第一个"。"后面的为结论；最后将语句符号化。

解 设 P：我努力学习，Q：我的离散数学及格，R：我热衷于玩游戏。上述命题可符号化为

$$P \to \neg(\neg Q), \neg R \to P, \neg Q \Rightarrow R。$$

推理如下。

① $\neg Q$	P
② $P \to \neg(\neg Q)$	P
③ $P \to Q$	T,②,E
④ $\neg P$	T,①,③,I
⑤ $\neg R \to P$	P
⑥ $\neg(\neg R)$	T,④,⑤,I
⑦ R	T,⑥,E

例 2.44 符号化下面的命题，并用演绎法推断结论是否有效。

只要 A 曾到过受害者房间并且 11 点以前没离开，A 就犯了谋杀罪；A 曾到过受害者房间；如果在 11 点以前离开，看门人会看见他；看门人没有看见他。所以 A 犯了谋杀罪。

分析 类似例 2.43，此处略。

解 设 P：A 曾到过受害者房间，Q：A 在 11 点以前离开，R：A 犯了谋杀罪，S：看门人会看见他。上述命题可符号化为

$$(P \wedge \neg Q) \to R, P, Q \to S, \neg S \Rightarrow R。$$

推理如下。

① $\neg S$	P
② $Q \to S$	P
③ $\neg Q$	T,①,②,I
④ P	P
⑤ $P \wedge \neg Q$	T,③,④,I
⑥ $(P \wedge \neg Q) \to R$	P
⑦ R	T,⑤,⑥,I

例 2.45 符号化下面的命题，并用演绎法推断结论是否有效。

有红、黄、蓝、白 4 队参加足球联赛。如果红队第三，则当黄队第二时，蓝队第四；或者白队不是第一，或者红队第三；事实上，黄队第二。因此，如果白队第一，

那么蓝队第四。

分析 类似例2.43，此处略。

解 设 P：红队第三，Q：黄队第二，R：蓝队第四，S：白队第一。上述命题可符号化为

$$P \rightarrow (Q \rightarrow R), \neg S \vee P, Q \Rightarrow S \rightarrow R。$$

（1）直接推理

① $\neg S \vee P$	P
② $S \rightarrow P$	T,①,E
③ $P \rightarrow (Q \rightarrow R)$	P
④ $S \rightarrow (Q \rightarrow R)$	T,②,③,I
⑤ $\neg S \vee \neg Q \vee R$	T,④,E
⑥ $\neg Q \vee \neg S \vee R$	T,⑤,E
⑦ $Q \rightarrow (S \rightarrow R)$	T,⑥,E
⑧ Q	P
⑨ $S \rightarrow R$	T,⑦,⑧,I

（2）CP规则推理

① $\neg S \vee P$	P
② S	P（附加前提）
③ P	T,①,②,I
④ $P \rightarrow (Q \rightarrow R)$	P
⑤ $Q \rightarrow R$	T,③,④,I
⑥ Q	P
⑦ R	T,⑤,⑥,I
⑧ $S \rightarrow R$	CP,②,⑦

2.7 习题

1. 下列语句哪些是命题，哪些不是命题？

（1）别过来。

（2）我们要发扬连续作战的作风，再接再厉，争取更大的胜利。

（3）我正在说谎话。

（4）本句不是命题。

（5）2是素数当且仅当三角形有3条边。

（6）孔子是我国古代伟大的思想家和教育家。

（7）几点了？

（8）客观规律是不以人们意志为转移的。

（9）$4+x=9$。

（10）$9+5 \leqslant 10$。

（11）中国有四大发明。

（12）现在是早上8：00。

2. 确定下列命题的真值，并指出它是原子命题还是复合命题。

(1)"大李杜"是李白和杜甫的合称。

(2)5 不是有理数。

(3)如果 1+2＝3，则 4+5＝8。

(4)6 是 2 的倍数或是 3 的倍数。

(5)7 是素数当且仅当三角形有 4 个角。

(6)鲁迅是我国伟大的文学家和思想家。

(7)9+6≤14。

(8)18 只能被 1 和它本身整除。

(9)2 是偶数或是奇数。

(10)圆的面积等于半径的平方乘以 π。

(11)可导的实函数都是连续函数。

(12)所有素数都是奇数。

3. 设 P 和 Q 的真值为 0，R 和 S 的真值为 1。求下列命题的真值。

(1)$P \vee (Q \wedge R) \vee \neg S$。

(2)$((\neg P \to P \wedge \neg R) \leftrightarrow S) \wedge Q \vee \neg P$。

(3)$(P \to Q) \wedge (\neg R \vee S)$。

(4)$\neg (P \vee Q) \to (R \vee \neg S)$。

(5)$(\neg P \to S) \wedge (Q \to R)$。

(6)$(P \wedge (\neg R \vee S)) \leftrightarrow R$。

(7)$R \wedge (\neg P \to Q) \to S$。

(8)$\neg (P \vee Q \wedge R) \leftrightarrow ((P \vee S) \wedge Q)$。

4. 设命题 P：你的期末考试得了 A，Q：你做了教材上的每一道习题，R：这门课程你得了 A。将下列命题符号化。

(1)这门课程你得了 A，但你并没有做教材的每一道习题。

(2)你的期末考试得了 A，你做了教材上的每一道习题，并且这门课程你得了 A。

(3)想在这门课程得 A，你必须在期末考试得 A。

(4)你的期末考试得了 A，你没有做教材的每一道习题；尽管如此，这门课程你还是得了 A。

(5)期末考试得 A 并且做教材上的每一道习题，足以使你这门课程得 A。

(6)你这门课程得 A 当且仅当你做了教材上的每一道习题或期末考试得 A。

5. 设命题 P：这个材料很有趣，Q：这些习题很难，R：这门课程使人喜欢。将下列命题符号化。

(1)这个材料很有趣，并且这些习题很难。

(2)这个材料无趣，习题也不难，那么，这门课程就不会使人喜欢。

(3)这个材料无趣，习题也不难，而且这门课程也不使人喜欢。

(4)这个材料很有趣意味着这些习题很难，反之亦然。

(5)或者这个材料很有趣，或者这些习题很难，并且二者恰具其一。

6. 将下列命题符号化。

(1)2 和 4 的最小公倍数是 8。

（2）王丽和王梅都不是大学生。

（3）今天上午9：00，我在北京或者上海。

（4）我选修离散数学或者计算机网络。

（5）如果我考上了大学，那么我将不玩电子游戏。

（6）如果公用事业费用增加或者增加基金的要求被否定，那么当且仅当现有计算机设备不适用的时候，才需要购买一台新计算机。

（7）虽然天气晴朗，但梅花还是没有开放。

（8）明天我在广州当且仅当2+2=4或3是偶数。

（9）只有德、智、体全面发展的学生才能被评为"三好学生"。

（10）程序运行停机的原因在于语法错误或者输入参数不合理。

（11）除非她以短信或者打电话方式通知我，否则我将不出席会议。

（12）若 a 和 b 是偶数，则 $a+b$ 是偶数。

7. 设命题 P：天正在下雪，Q：我将进城，R：我有空。用自然语言写出下列命题。

（1）$Q \leftrightarrow (R \wedge \neg P)$。

（2）$P \wedge Q$。

（3）$(Q \rightarrow R) \wedge (R \rightarrow Q)$。

（4）$\neg(R \vee Q)$。

8. 设命题 P：你晚了超过半小时进考场，Q：你错过了这次期末考试，R：你通过了这门课程。用自然语言写出下列命题。

（1）$P \rightarrow Q$。

（2）$\neg Q \leftrightarrow R$。

（3）$(P \vee Q) \rightarrow \neg R$。

（4）$\neg(P \vee Q) \vee \neg R$。

（5）$(P \rightarrow \neg R) \wedge (Q \rightarrow \neg R)$。

（6）$(P \wedge Q) \vee (\neg Q \wedge R)$。

9. 设 P, Q, R, S 是原子命题，判断下列符号串是否为命题公式。

（1）$((P \wedge (Q \vee R)) \leftrightarrow (Q \wedge ((\neg S) \rightarrow R)))$。

（2）$(\neg P) \wedge Q \vee$。

（3）$P \rightarrow ((\neg P) \wedge Q)$。

（4）$(P \wedge Q) \wedge (R \vee Q)) \leftrightarrow S \rightarrow R$。

（5）$\neg P \wedge P \wedge P \wedge \cdots \wedge P \wedge \cdots$。

（6）$(P \wedge Q) \wedge (R+Q)$。

10. 给出下列公式的一个成真赋值和一个成假赋值。

（1）$P \wedge (Q \vee R) \rightarrow R$。

（2）$(\neg P) \wedge Q \leftrightarrow R$。

（3）$P \rightarrow (\neg P \wedge Q)$。

（4）$P \leftrightarrow (Q \rightarrow R)$。

（5）$\neg P \wedge P$。

（6）$(\neg Q \vee Q)$。

11. 用真值表判断下列公式的类型。

（1）$(P{\rightarrow}P)\vee(P{\rightarrow}\neg P)$。

（2）$\neg P{\rightarrow}(Q\vee R)$。

（3）$(P\vee\neg Q)\vee(\neg P\vee Q)$。

（4）$((P\vee Q){\rightarrow}R){\leftrightarrow}Q$。

（5）$(P{\rightarrow}Q){\leftrightarrow}(P\wedge\neg Q)$。

（6）$(P\vee Q)\wedge(\neg P\vee Q)\wedge(P\vee\neg Q)\wedge(\neg P\vee\neg Q)$。

12. 用真值表验证下列基本等价定律。

（1）$G\vee(H\vee S)=(G\vee H)\vee S$。

（2）$G\wedge(H\wedge S)=(G\wedge H)\wedge S$。

（3）$G\vee(H\wedge S)=(G\vee H)\wedge(G\vee S)$。

（4）$G\wedge(H\vee S)=(G\wedge H)\vee(G\wedge S)$。

（5）$\neg(G\vee H)=\neg G\wedge\neg H$。

（6）$G\wedge(G\vee H)=G$。

13. 判断下述结论是否正确。

（1）若 $P\wedge R=Q\wedge R$，则有 $P=Q$。

（2）若 $P\vee R=Q\vee R$，则有 $P=Q$。

（3）若 $\neg P=\neg Q$，则有 $P=Q$。

14. 用基本等价定律判断下列公式的类型。

（1）$(P{\rightarrow}Q){\rightarrow}(\neg Q{\rightarrow}\neg P)$。

（2）$((P\vee Q)\wedge\neg(\neg P\wedge(\neg Q\vee\neg R)))\vee(\neg P\wedge\neg Q)\vee(\neg P\wedge\neg R)$。

（3）$\neg(\neg Q\vee\neg R)\vee\neg(Q{\rightarrow}R)$。

（4）$(\neg P\wedge(\neg Q\wedge R))\vee((Q\wedge R)\vee(P\wedge R))$。

（5）$\neg(P{\rightarrow}Q)\wedge Q\wedge R$。

（6）$(Q{\rightarrow}(P\wedge(P{\rightarrow}\neg Q)))\wedge Q$。

15. 简化下列命题公式。

（1）$((P{\rightarrow}Q){\leftrightarrow}(\neg Q{\rightarrow}\neg P))\wedge R$。

（2）$P\vee(\neg P\wedge(Q\vee\neg Q))$。

（3）$(P\wedge Q\wedge R)\vee(\neg P\wedge Q\wedge R)$。

（4）$((P{\rightarrow}Q)\wedge P\wedge R)\vee R$。

（5）$(Q\wedge R)\vee(\neg Q\vee(\neg Q\vee R))$。

16. 用基本等价定律证明下列等式。

（1）$(P{\rightarrow}R)\wedge(Q{\rightarrow}R)=(P\vee Q){\rightarrow}R$。

（2）$P{\rightarrow}(Q{\rightarrow}P)=\neg P{\rightarrow}(P{\rightarrow}\neg Q)$。

（3）$P{\rightarrow}(Q{\rightarrow}R)=Q{\rightarrow}(P{\rightarrow}R)$。

（4）$\neg(P{\leftrightarrow}Q)=(P\vee Q)\wedge(\neg P\vee\neg Q)$。

（5）$P{\rightarrow}(Q{\rightarrow}R)=(P\wedge Q){\rightarrow}R$。

17. 将下列公式用极小联结词的完备集 $\{\neg,\wedge\}$ 等价表示。

（1）$(\neg P{\rightarrow}Q)\vee R$。

（2）$P{\rightarrow}(\neg Q{\leftrightarrow}P)$。

（3）$(\neg P \to R) \leftrightarrow (P \land Q)$。

18. 将下列公式用极小联结词的完备集$\{\neg, \to\}$等价表示。

（1）$P \land (Q \lor R) \land R$。

（2）$(\neg P \lor Q \leftrightarrow R)$。

（3）$P \land (\neg P \to Q)$。

（4）$(P \leftrightarrow Q) \to R$。

19. 求下列公式所对应的合取范式和析取范式。

（1）$P \land (P \to Q)$。

（2）$(\neg P \land Q) \to R$。

（3）$\neg(P \lor \neg Q) \land (S \to R)$。

（4）$P \to ((Q \land R) \to S)$。

（5）$\neg(P \land Q) \land (P \lor Q)$。

（6）$\neg(P \to Q) \lor (P \lor Q)$。

20. 求下列公式所对应的主合取范式和主析取范式，并指出哪些是永真式，哪些是永假式。

（1）$\neg((P \land Q) \lor R) \to R$。

（2）$(\neg P \lor \neg Q) \to (P \leftrightarrow \neg Q)$。

（3）$Q \land (P \lor \neg Q)$。

（4）$P \to (P \land (Q \to P))$。

（5）$(Q \to P) \land (\neg P \land Q)$。

（6）$(P \land \neg R) \lor (S \land P)$。

（7）$(P \land R) \lor (S \land R) \lor \neg P$。

（8）$(P \to Q) \to R$。

21. 用基本等价公式的转换方法推断下述论断是否有效。

（1）$P \to Q, R \land S, \neg Q \Rightarrow P \land S$。

（2）$P \lor \neg R, Q \lor S, R \to (S \land P) \Rightarrow S \to P$。

（3）$\neg(P \land \neg Q), \neg Q \lor R, \neg Q \Rightarrow \neg P$。

（4）$\neg P \to Q, Q \to R, R \to P \Rightarrow P \lor Q \lor R$。

（5）$P, Q \to R, R \lor S \Rightarrow Q \to S$。

（6）$\neg Q \land R, R \land P, Q \Rightarrow P \lor \neg Q$。

22. 用演绎法推断下述论断是否正确。

（1）$C \lor D, (C \lor D) \to \neg P, \neg P \to (A \land \neg B), (A \land \neg B) \to (R \lor S) \Rightarrow R \lor S$。

（2）$P \lor Q, Q \to R, P \to M, \neg M \Rightarrow R \land (P \lor Q)$。

（3）$P, P \to (Q \to (R \land S)) \Rightarrow Q \to S$。

（4）$P \to (Q \to R), R \to (Q \to S) \Rightarrow P \to (Q \to S)$。

（5）$P \to (Q \to R) \Rightarrow (Q \to (R \to S)) \to (P \to (Q \to S))$。

（6）$\neg(P \to Q) \to \neg(R \lor S), (Q \to P) \lor \neg R, R \Rightarrow P \leftrightarrow Q$。

23. 求下列各对比特串的按位 OR、按位 AND 及按位 XOR。

（1）101 1110，010 0001。

（2）1111 0000，1010 1010。

（3）00 0111 0001，10 0100 1000。

（4）11 1111 1111，00 0000 0000。

24. 计算下列表达式。

（1）1 1000 ∧（0 1011 ∨ 1 1011）。

（2）（0 1111 ∧ 1 0101）∨ 0 1000。

25. 设计一个简单的表决器：表决者每人身旁有一个按钮，若同意则按下按钮，否则不按按钮；当表决结果超过半数时，会场电铃就会响，否则电铃不会响。请以 3 名表决者为例设计表决电路的逻辑关系。

26. 下列系统规范说明一致吗？

当前仅当系统正常操作时，系统处于多用户状态；如果系统正常操作，则它的核心程序正在运行；核心程序不能正常运行，或者系统处于中断模式；如果系统不处于多用户状态，它就处于中断模式；系统不处在中断模式。

27. 某公司要从赵、钱、孙、李、周 5 名员工中选派一些人出国学习。选派必须满足以下条件，用主析取范式分析该公司如何选派他们出国。

（1）若赵去，钱也去。

（2）李、周两人中至少有一人去。

（3）钱、孙两人中有一人去，且仅有一人去。

（4）孙、李两人同去或者同不去。

（5）若周去，则赵、钱也去。

28. 有 5 封信封完全相同的信，里面分别是红、蓝、黄、白、紫 5 种颜色的卡片，现在把它们顺序排成一行，让 A、B、C、D、E 5 人猜每个信封内所装卡片的颜色。

A 猜：第 2 封内是紫色卡片，第 3 封内是黄色卡片；

B 猜：第 2 封内是蓝色卡片，第 4 封内是红色卡片；

C 猜：第 1 封内是红色卡片，第 5 封内是白色卡片；

D 猜：第 3 封内是蓝色卡片，第 4 封内是白色卡片；

E 猜：第 2 封内是黄色卡片，第 5 封内是紫色卡片。

然后，拆开信封一看，每人都猜对一种颜色，而且每封信都有一人猜中。请根据这些条件，确定每封信里卡片的颜色。

29. 符号化下列论断，并用演绎法验证论断是否正确。

（1）明天下午或者天晴，或者下雨；如果明天下午天晴，则我将去看电影；如果我去看电影，我就不看书。所以如果我看书，则天在下雨。

（2）若明天下午气温超过 30℃，则我们就去游泳；若我们去游泳，则我们就不去图书馆。所以若我们去图书馆，则下午的气温必须超过 30℃。

（3）如果马会飞或羊吃草，则母鸡就会是飞鸟；如果母鸡是飞鸟，那么烤熟的鸭子还会跑；烤熟的鸭子不会跑。所以羊不吃草。

（4）如果他是计算机系本科生或者是计算机系研究生，那么他一定学过 Python 语言而且学过 C++语言；只要他学过 Python 语言或者 C++语言，那么他就会编程序。所以如果他是计算机系本科生，那么他就会编程序。

（5）如果 6 是偶数，则 2 不能整除 7；或者 5 不是素数，或者 2 整除 7；5 是素数。所以 6 是奇数。

（6）如果 A 地发生了交通事故，则小李的通行会发生困难；如果小李按指定的时间到达了，则他的通行没有发生困难；小李按指定的时间到达了。所以 A 地没有发生交通事故。

（7）若今天是星期二，那么我要考计算机科学或经济学；若经济学教授病了，就不考经济学；今天是星期二，并且经济学教授病了。所以我要考计算机科学。

（8）如果认真，他就能写得好；如果方法对，他就能写得快；他或者写得不好或者写得不快。所以他或者不认真，或者方法不对。

30. 程序设计：编写一段程序，输入 P 和 Q 的逻辑表达式，输出其真值表。

31. 应用实践：编写一段程序，测试 P 和 Q 的两个逻辑表达式是否逻辑等价。

32. "AI+"实践：请尝试用 3 个以上不同的大模型工具求解下列问题。

张三说李四在说谎，李四说王五在说谎，王五说张三、李四都在说谎。问：张三、李四和王五 3 人，到底谁在说真话，谁在说假话？

33. "AI+"实践：请尝试用 3 个以上不同的大模型工具，使用离散数学的方法来解决第 28 题中的问题，并比较和评价大模型工具给出的答案。对于不正确的答案，请指出哪些地方存在错误；对于正确的答案，请选出解法最简洁、思路最明确的那个。

第 3 章
谓词逻辑

第 3 章导读

命题逻辑主要研究命题与命题之间的逻辑关系，其基本构成单位是原子命题。但是，仅研究原子命题是不够的。例如，用命题逻辑就难以解释苏格拉底三段论。

苏格拉底三段论如下。

（1）所有的人都是要死的。

（2）苏格拉底是人。

（3）所以苏格拉底是要死的。

如果用 3 个大写字母 P, Q, R 分别表示它们，则苏格拉底三段论可被符号化为

$$P, Q \Rightarrow R。$$

显然，苏格拉底三段论是正确的，即 $P, Q \Rightarrow R$ 是有效的，这意味着 $P \wedge Q \to R$ 是永真公式。但事实上，当 $P = Q = 1$，$R = 0$ 时，$P \wedge Q \to R = 0$。这说明命题逻辑不能解决苏格拉底三段论这样的问题，其原因是命题逻辑只能进行原子命题之间的关系推理，无法解决与原子命题的内部结构有关的推理问题，这正是谓词逻辑研究的内容。

本章思维导图

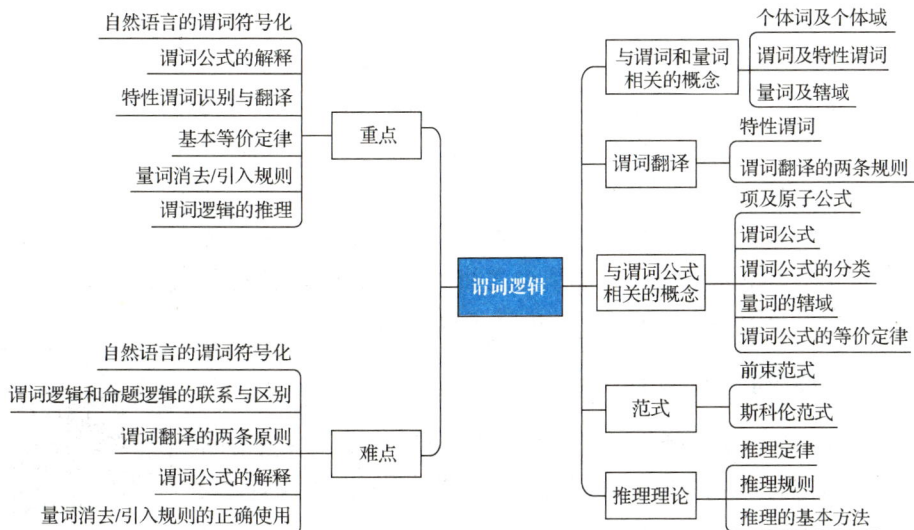

📖 历史人物

弗雷格

个人成就

德国数学家、逻辑学家和哲学家，其主要著作有《概念文字——一种按算术语言构成的思维符号语言》、《算术基础——对数概念的逻辑数学研究》和《算术的基本规律》等。

人物介绍

哥德尔

个人成就

美籍奥地利数学家、逻辑学家和哲学家，20 世纪伟大的逻辑学家之一，其杰出贡献是哥德尔不完全性定理，代表作品是《〈数学原理〉及有关系统中形式不可判定命题》。

人物介绍

3.1 自然语言的谓词符号化

观察下面两个命题。

Q：陈华是大学生。 R：张强是大学生。

可以看出，两个命题的主语不同，但谓语部分是相同的。如果用字母 P 表示"是大学生"，则可用 P(陈华) 和 P(张强) 分别表示命题 Q 和 R。进一步，如果用 $P(x)$ 表示"x 是大学生"，则当 $x=$"陈华"时，得到命题 Q，$x=$"张强"时，得到命题 R。

由此可见，P(陈华) 和 P(张强) 这种表示形式对命题 Q 与 R 之间的关系进行了准确表示，它揭示了不同命题的内部结构之间的关系，这种表示形式被称为**谓词表示形式**。下面先介绍与谓词表示形式相关的基本概念。

3.1.1 个体词与谓词

定义 3.1 在原子命题中，可以独立存在的客体（句子中的主语、宾语等）称为**个体词**（Individual），用以刻画客体性质或客体之间关系的部分称为**谓词**（Predicate）。

微课视频

例 3.1　指出下列命题的个体词和谓词。

(1)中国人是勤劳善良的。

(2)离散数学是一门非常有趣的课程。

(3)人都喜欢游泳。

(4)九寨沟风景区位于四川省。

分析　由定义 3.1 可知,句子中的主语或宾语为个体词,谓语部分为谓词,所以(1)中的个体词是"中国人",谓词是"是勤劳善良的",(3)中的个体词是"人"和"游泳",谓词是"喜欢"。其他可以类似分析。

解　各命题的个体词和谓词如表 3.1 所示。

表 3.1

题号	个体词	谓词
(1)	中国人	是勤劳善良的
(2)	离散数学	是一门非常有趣的课程
(3)	人、游泳	喜欢
(4)	九寨沟风景区、四川省	位于

注意

(1)单独的谓词或个体词都无法构成一个完整的逻辑含义。

(2)形如"……是……"的语句,刻画的是某客体的性质,如例 3.1 的(1)和(2)。

(3)形如"……位于……""……喜欢……"的语句,刻画的是客体之间的关系,如例 3.1 的(3)和(4)。

在例 3.1 中,"九寨沟风景区""离散数学""人"和"中国人"是具体明确的个体,称为**个体常量**(Individual Constant),个体常量一般用带或不带下标的小写英文字母 $a, b, \cdots, a_1, b_1, \cdots$ 等表示。如果个体词泛指不确定的个体,则该个体词被称为**个体变量**(Individual Variable),如前述的"x 是大学生"中的"x"就是个体变量,个体变量一般用带或不带下标的小写英文字母 $x, y, \cdots, x_1, y_1, \cdots$ 表示。个体变量的取值范围称为**个体域**(或**论域**)(Individual Field),常用字母 D 表示。宇宙间的所有个体聚集在一起所构成的个体域称为**全总个体域**(Universal Individual Field)。

定义 3.2　设 $P(x_1, x_2, \cdots, x_n)$ 是定义在 D^n 上的 n 元函数,其中 D 为非空的个体域。如果 $P(x_1, x_2, \cdots, x_n)$ 的值域是 $\{0, 1\}$,则称 $P(x_1, x_2, \cdots, x_n)$ 为 **n 元命题函数**(Propositional Function)或 **n 元谓词**(n-ary predicate)。

注意

n 元命题函数或 n 元谓词 $P(x_1, x_2, \cdots, x_n)$ 不是命题,当个体变量 $x_1, x_2, \cdots, x_n$ 分别取定某个个体常量时,$P(x_1, x_2, \cdots, x_n)$ 才是命题。

例 3.2　设 $P(x, y, z)$ 表示语句 $xy = z$。指出命题 $P(2, 4, 8)$ 和 $P(1, 3, 7)$ 的真值。

分析　根据题意,在 $P(x, y, z)$ 中取 $x = 2, y = 4, z = 8$ 时,就可以得到 $P(2, 4, 8)$,即

$P(2,4,8)$表示命题$2 \times 4 = 8$，显然真值为真。同理分析$P(1,3,7)$。

解 $P(2,4,8)$表示命题$2 \times 4 = 8$，其真值为真；$P(1,3,7)$表示命题$1 \times 3 = 7$，其真值为假。

例 3.3 用n元谓词符号化例3.1中的命题（2）和（4）。

分析 根据n元谓词的定义和语句描述直接表示即可。

解 设$P(x)$表示"x是一门非常有趣的课程"，$R(x,y)$表示"x位于y"，a表示"离散数学"，b表示"九寨沟风景区"，c表示"四川省"，则例3.1的命题（2）和（4）可分别被符号化为$P(a)$和$R(b,c)$。

> **注意**
>
> （1）谓词中个体词的顺序十分重要，不能随意改变。例如，例3.3中的命题$R(b,c)$为"真"，但交换b和c的位置后，$R(c,b)$为"假"。
>
> （2）0元谓词（不含个体变量）实际上就是一般的命题，因此，命题是谓词的特殊情形。
>
> （3）对于同一个命题，有时可根据不同的研究重点设置不同的谓词。例如，对于命题"九寨沟风景区位于四川省"，当研究个体词"九寨沟风景区"和"四川省"的关系时，需要用一个二元谓词表示；当研究"……位于四川省"时，可以用一元谓词表示。

有了n元谓词，是否可以用它来表示苏格拉底三段论呢？

设$P(x)$表示"x是人"，$Q(x)$表示"x是要死的"，a表示"苏格拉底"，则苏格拉底三段论可以符号化为：

（1）所有的x，$Q(x)$，$x \in$人的集合；

（2）$P(a)$；

（3）$Q(a)$。

由上面的符号化可以看出，只有n元谓词，难以将命题"所有的人都是要死的"完全符号化，部分原因在于该语句中存在表达数量关系的词语，即**量词**。如何符号化这个量词呢？下面先给出量词的定义，然后介绍它的符号化。

3.1.2 量词

定义 3.3 表达全部数量关系的词语如"一切""所有""每一个"等称为**全称量词**（Universal Quantifier），记为$\forall$；所有的x则记为$\forall x$。表达部分数量关系的词语如"存在""有一个""有一些"等称为**存在量词**（Existential Quantifier），记为$\exists$；有一些x则记为$\exists x$。其中，x被称为**作用变量**（Function Variable）。一般将量词及其作用变量加在对应的谓词之前，记为$\forall x F(x)$，$\exists x F(x)$。此时，$F(x)$被称为$\forall x$和$\exists x$的**辖域**（Scope）。

微课视频

于是，命题"所有的人都是要死的"可以表示为"$\forall x Q(x)$，$x \in$人的集合"。

例 3.4 用量词和n元谓词表示下面的命题。

（1）所有的老虎都要吃人。

（2）不是所有的人都长着黑头发。

（3）有一些大学生学习认真。

（4）不存在实数是有理数。

分析 在进行命题的谓词符号化时，首先找出命题中的存在量词或全称量词，然后假设出命题中的 n 元谓词，最后按照命题的语义符号化即可。注意，对(2)和(4)这种含"不是""不"等否定词的命题，先忽略掉这些否定词进行符号化，然后在符号化结果前添加联结词"¬"即可。

🔵 **解** 设 $P(x)$ 表示"x 会吃人"，$R(x)$ 表示"x 长着黑头发"，$S(x)$ 表示"x 学习认真"，$T(x)$ 表示"x 是有理数"，则所给命题可符号化如下。

(1) $\forall x P(x)$，$x \in$ 老虎的集合。

(2) $\neg \forall x R(x)$，$x \in$ 人的集合。

(3) $\exists x S(x)$，$x \in$ 大学生的集合。

(4) $\neg \exists x T(x)$，$x \in$ 实数集。

仔细观察例 3.4，不难看出存在以下不便之处。

(1) 书写烦琐，总要特别注明个体域。

(2) 如果将命题(1)和(3)合取作为一个新命题，则符号化结果为 $\forall x P(x) \wedge \exists x S(x)$，此时相同的个体变量 x 属于不同的个体域，出现混淆。

事实上，由例 3.4 不难发现，量词后面的名词即为个体域，如果把对应的个体域用一元谓词表示，例如，把例 3.4(1) 中的个体域"老虎"用一元谓词"$T(x)$：x 是老虎"表示，则"所有的老虎都要吃人"就可以符号化为"$\forall x(T(x) \rightarrow P(x))$"，即对所有 x，如果 x 是老虎，那么 x 就要吃人。把例 3.4(3) 中的个体域"大学生"用一元谓词"$U(x)$：x 是大学生"表示，则"有一些大学生学习认真"就可以符号化为"$\exists x(U(x) \wedge S(x))$"，即存在 x，x 是大学生，并且 x 学习认真。可见，用一元谓词表示个体域不仅不会改变命题的语义，还避免了不同个体域中个体变量的混淆问题。

于是通过引入量词，统一个体域为全总个体域，把每个命题中表示个体变量变化范围的名词用一元谓词表示等方法，命题的谓词形式符号化就得到了很好的解决。为了描述的统一性和方便性，这里将表示个体域的名词称为**特性谓词**，并用一元谓词表示。**一般来说，量词后的名词即为特性谓词。**

解题小贴士

命题的谓词符号化方法

(1) 确定命题中的量词类型和特性谓词。

① 全称量词刻画的特性谓词，将作为蕴涵式的前件加入。

② 存在量词刻画的特性谓词，将作为合取式的合取项加入。

(2) 确定命题中的个体词、名词短语或谓语部分，并分别用个体常量和 n 元谓词表示它们。

(3) 对量词前含"不""没有"等否定词的命题，先忽略掉这些否定词，然后按照命题的语义进行符号化，最后在符号化结果前直接添加否定联结词符号"¬"。

例 3.5 用 n 元谓词符号化下列命题。

(1) 所有的人都是要死的，苏格拉底是人，因此苏格拉底是要死的。

(2) 不是所有的人都能活过百岁。

(3) 没有人登上过木星。

(4) 尽管有学生喜欢离散数学，但未必一切学生都喜欢离散数学。

微课视频

（5）中国人是勤劳善良的。

（6）人都喜欢游泳。

分析 根据"命题的谓词符号化方法"完成符号化即可。注意，量词的类型是确定最后符号化结构的关键。例如，在命题（2）中，全称量词"所有的"就意味着最后符号化结果一定是蕴含式，该蕴含式的前件是"人"。另外，命题（5）和（6）中隐含全称量词。

解 （1）设 $P(x)$ 表示"x 是人"，$Q(x)$ 表示"x 是要死的"，a 表示"苏格拉底"，则命题（1）可符号化为

$$(\forall x(P(x)\rightarrow Q(x))\wedge P(a))\rightarrow Q(a)。$$

（2）设 $P(x)$ 表示"x 是人"，$Q(x)$ 表示"都能活过百岁"，则命题（2）可符号化为

$$\neg\forall x(P(x)\rightarrow Q(x))\text{ 或 }\exists x(P(x)\wedge\neg Q(x))。$$

（3）设 $P(x)$ 表示"x 是人"，$M(x)$ 表示"x 登上过木星"，则命题（3）可符号化为

$$\neg\exists x(P(x)\wedge M(x))\text{ 或 }\forall x(P(x)\rightarrow\neg M(x))。$$

（4）设 $U(x)$ 表示"x 是学生"，$L(x,y)$ 表示"x 喜欢 y"，a 表示"离散数学"，则命题（4）可符号化为

$$\exists x(U(x)\wedge L(x,a))\wedge\neg\forall x(U(x)\rightarrow L(x,a))。$$

（5）设 $P(x)$ 表示"x 是中国人"，$Q(x)$ 表示"是勤劳善良的"，则命题（5）可符号化为

$$\forall x(P(x)\rightarrow Q(x))。$$

（6）设 $P(x)$ 表示"x 是人"，$R(x,y)$ 表示"x 喜欢 y"，a 表示"游泳"，则命题（6）可符号化为

$$\forall x(P(x)\rightarrow R(x,a))。$$

例 3.6 用 n 元谓词符号化下列命题。

（1）兔子比乌龟跑得快。

（2）有的兔子比所有乌龟跑得快。

（3）并不是所有的兔子都比乌龟跑得快。

（4）不存在跑得同样快的两只兔子。

分析 这 4 个命题涉及的特性谓词都是兔子和乌龟，涉及的谓词都是二者跑得快慢的比较，主要区别是涉及的量词和描述方式不同，所以可以先用符号表示其中的个体词和谓词，然后根据每个命题使用的量词和描述方式进行符号化。注意，命题（1）隐含全称量词。

解 设 $P(x)$ 表示"x 是兔子"，$Q(x)$ 表示"x 是乌龟"，$R(x,y)$ 表示"x 比 y 跑得快"，$S(x,y)$ 表示"x 与 y 相同"，$T(x,y)$ 表示"x 与 y 跑得同样快"。

（1）命题（1）隐含全称量词，从而命题（1）可符号化为

$$\forall x\,\forall y(P(x)\wedge Q(y)\rightarrow R(x,y))。$$

（2）刻画"兔子"的是存在量词，所以 $P(x)$ 是合取式的合取项。刻画"乌龟"的是全称量词，所以 $Q(y)$ 是蕴涵式的前件。从而命题（2）可符号化为

$$\exists x(P(x)\wedge\forall y(Q(y)\rightarrow R(x,y)))。$$

（3）命题（3）是在命题（1）的前面加上"并不是"，因此在命题（1）的符号化结果前加上"$\neg$"即可，即命题（3）可符号化为

$$\neg\forall x\,\forall y(P(x)\wedge Q(y)\rightarrow R(x,y))\text{ 或 }\exists x\,\exists y(P(x)\wedge Q(y)\wedge\neg R(x,y))。$$

(4)与命题(3)类似，先符号化"存在跑得同样快的两只兔子"，然后将"¬"置于整个公式的最前端，从而命题(4)可符号化为

$$\neg \exists x \, \exists y (P(x) \land P(y) \land \neg S(x,y) \land T(x,y))$$

$$或 \forall x \, \forall y (P(x) \land P(y) \land \neg S(x,y) \rightarrow \neg T(x,y))。$$

> **注意** 💡
>
> 将命题用 n 元谓词符号化时，应该注意以下几点。
> (1)对于没有明确给出量词的命题，需要根据命题表达的语义选用量词。
> (2)命题的符号化形式不唯一。
> (3)当多个量词同时出现时，不能随意改变它们的顺序。

3.2 谓词公式与解释

与命题符号化类似，将给定的命题用 n 元谓词符号化后将得到由量词、n 元谓词和命题联结词构成的符号串，为了叙述的方便性与一致性，称此符号串为**谓词公式**。例如，$\forall x P(x)$，$\exists x P(x,y)$，$((\forall x(P(x) \rightarrow Q(x)) \land P(a)) \rightarrow Q(a)$，$\forall x \, \forall y(P(x) \land P(y) \rightarrow \neg T(x,y))$等都是谓词公式。下面具体给出谓词公式的定义。

3.2.1 谓词公式

用 n 元谓词符号化命题得到的符号串中，除了命题联结词和量词，还有常量符号、变量符号和谓词符号。这些符号是否可以表达所有的命题呢？不妨看这样一个命题：

李兰的母亲是高级工程师。

微课视频

为了符号化这个命题，假设 $P(x)$ 表示"x 高级工程师"，$M(x,y)$ 表示"x 是 y 的母亲"，a 表示"李兰"，则该命题可符号化为 $\exists x(P(x) \land M(x,a))$。该符号化形式复杂且不容易考虑到。如果引入一个新的符号——**函数符号**加以描述，即引入函数 $g(x)$：x 的母亲，则"李兰的母亲是高级工程师"可以符号化为 $P(g(a))$，该符号化方式既简洁又易懂。可见，函数符号的使用不仅给自然语言符号化表示带来很大方便，也降低了自然语言符号化表示的难度。在此处特别指出，函数的定义域和值域都是个体域 D，而谓词的定义域是 D，值域是 $\{0,1\}$。

将命题用 n 元谓词符号化后涉及的符号总结如下。

(1)**常量符号**：用带或不带下标的小写英文字母 $a,b,c,\cdots,a_1,b_1,c_1,\cdots$ 表示。当个体域 D 给出时，它是 D 中某个确定的元素。

(2)**变量符号**：用带或不带下标的小写英文字母 $x,y,z,\cdots,x_1,y_1,z_1,\cdots$ 表示。当个体域 D 给出时，它是 D 中的任意元素。

(3)**函数符号**：用带或不带下标的小写英文字母 $f,g,h,\cdots,f_1,g_1,h_1,\cdots$ 表示。当个体域 D 给出时，n 元函数 $f(x_1,x_2,\cdots,x_n)$ 可以是 $D^n \rightarrow D$ 的任意一个函数。

(4)**谓词符号**：用带或不带下标的大写英文字母 $P,Q,R,\cdots,P_1,Q_1,R_1,\cdots$ 表示。当个体域 D 给出时，n 元谓词 $P(x_1,x_2,\cdots,x_n)$ 可以是 $D^n \rightarrow \{0,1\}$ 的任意一个谓词。

为了给出谓词公式的定义，还需要引入项和原子公式的定义。

定义 3.4 谓词逻辑中项（Term）的定义如下：

（1）任意的常量符号或变量符号是项；

（2）若 $f(x_1,x_2,\cdots,x_n)$ 是 n 元函数符号，$t_1,t_2,\cdots,t_n$ 是项，则 $f(t_1,t_2,\cdots,t_n)$ 是项；

（3）有限次使用（1）和（2）后得到的符号串也是项。

例如，$f(g(x,y))$ 和 $h(a,g(x,y),z)$ 都是项。

由定义 3.4 可得到以下结论。

（1）项是按集合的归纳法定义的。

（2）每个"项"仅包含常量符号、变量符号和函数符号，因此，"项"是个体域 D 中的个体词。

定义 3.5 若 $P(x_1,x_2,\cdots,x_n)$ 是 n 元谓词，$t_1,t_2,\cdots,t_n$ 是项，则称 $P(t_1,t_2,\cdots,t_n)$ 为原子谓词公式（Atomic Propositional Formulae），简称原子公式（Atomic Formulae）。

定义 3.6 **合式谓词公式**简称合式公式，可按以下规则生成：

（1）原子公式是合式公式；

（2）若 G 和 H 是合式公式，则 $(\neg G)$，$(\neg H)$，$(G \vee H)$，$(G \wedge H)$，$(G \rightarrow H)$，$(G \leftrightarrow H)$ 也是合式公式；

（3）若 G 是合式公式，x 是个体变量，则 $\forall x G$ 和 $\exists x G$ 也是合式公式；

（4）有限次使用（1），（2），（3）后得到的符号串也是合式公式。

> **注意**
>
> （1）由原子公式、命题联结词、量词和圆括号组成的合法的符号串都是合式公式，例如，符号串 $\forall x P(x) \vee \exists y R(x,y)$ 是合式公式，符号串 $\forall x(P(x) \rightarrow R(x)) \exists y$ 不是合式公式。
>
> （2）命题公式是特殊的合式公式。

合式公式也称谓词公式，在没有特别说明的情况下，后面提到的公式都指谓词公式。

3.2.2 自由变元和约束变元

在公式 $\forall x P(x,y) \vee \exists y R(x,y)$ 中，根据辖域的定义，$\forall x$ 的辖域是 $P(x,y)$。因为 $P(x,y)$ 中的 x 与作用变元 x 相同，所以 $P(x,y)$ 中的 x 受到 $\forall x$ 的约束，于是称这个 x 是约束变元；而 $P(x,y)$ 中的 y 与作用变元 x 不相同，所以 $P(x,y)$ 中的 y 没有受到 $\forall x$ 的约束，于是称这个 y 是自由变元。同理，$\exists y R(x,y)$ 中的 y 是约束变元，而 x 是自由变元。下面给出约束变元和自由变元的具体定义。

微课视频

定义 3.7 给定公式 $\forall x G$ 和 $\exists x G$，G 为 $\forall x$ 和 $\exists x$ 的辖域，则 G 中 x 的出现都是约束出现（Bound Occurrence），称变元 x 为约束变元（Bound Variable），G 中不同于 x 的其他变元的出现则是自由出现（Free Occurrence），称这些变元为自由变元（Free Variable）。

> **解题小贴士**
>
> ### 量词辖域及变元类型的判断方法
> （1）若 $\forall x$ 或 $\exists x$ 后有括号，则括号内的子公式就是 $\forall x$ 或 $\exists x$ 的辖域。
> （2）若 $\forall x$ 或 $\exists x$ 后无括号，则与量词邻接的子公式就是 $\forall x$ 或 $\exists x$ 的辖域。
> （3）在 $\forall x$ 或 $\exists x$ 辖域内，与作用变元相同的变元是约束变元，否则是自由变元。

自由变元和约束变元从形式上对变元进行了严格区分，由于在谓词逻辑中不考虑变元的含义，所以自由变元才可以真正起到变元的作用。因此，区分两种变元是必须而且非常重要的。

> **注意** 💡
>
> 对于一个公式，如果其中每个变元都是约束变元，那么它就是一个命题。

例 3.7 指出下列公式中量词的辖域及变元的类型。

（1）$\exists x(P(x) \rightarrow \forall y R(x,y))$。

（2）$\exists x(P(x,y) \wedge Q(x))$。

（3）$\forall x(F(x) \wedge G(x,y)) \rightarrow (\forall y F(y) \wedge R(x,y,z))$。

（4）$\forall x P(x) \wedge \exists x Q(x) \vee (P(x) \rightarrow Q(x))$。

分析　根据"量词辖域及变元类型的判断方法"直接判断即可。

解　（1）$\exists x$ 的辖域为 $P(x) \rightarrow \forall y R(x,y)$，$\forall y$ 的辖域为 $R(x,y)$，所以 $P(x)$ 和 $R(x,y)$ 中的 x、$R(x,y)$ 中的 y 都为约束变元。

（2）$\exists x$ 的辖域为 $P(x,y) \wedge Q(x)$，$P(x,y)$ 和 $Q(x)$ 中的 x 为约束变元，$P(x,y)$ 中的 y 为自由变元。

（3）$\forall x$ 的辖域为 $F(x) \wedge G(x,y)$，$\forall y$ 的辖域为 $F(y)$，从而 $F(x)$ 和 $G(x,y)$ 中的 x、$F(y)$ 中的 y 是约束变元，$G(x,y)$ 中的 y 是自由变元，$R(x,y,z)$ 中的 x,y,z 都是自由变元。

（4）$\forall x$ 的辖域为 $P(x)$，$\exists x$ 的辖域为 $Q(x)$，从而公式中第 1 个 $P(x)$ 和 $Q(x)$ 中的 x 都是约束变元，第 2 个 $P(x)$ 和 $Q(x)$ 中的 x 是自由变元。

从例 3.7 可以发现，在同一个公式中，存在一个变元既是自由变元又是约束变元的现象，这种同一个变元有两种不同身份的现象给公式描述和研究带来极大不便，为了消除这种现象，引进下面两个规则。

规则 1（约束变元改名规则，简称改名规则）

（1）将量词辖域内与作用变元相同的约束变元都用新的个体变元替换。

（2）新的变元一定要有别于改名辖域中的所有其他变元。

规则 2（自由变元代入规则，简称代入规则）

（1）将公式中出现某个自由变元的每一处都用新的个体变元或个体常量替换。

（2）新变元不允许在原公式中以任何约束形式出现。

例 3.8　公式 $\forall x(P(x) \rightarrow Q(x,y)) \wedge \exists y R(x,y)$ 中 x 和 y 既是约束变元又是自由变元，请指出下面对变元的替换是否正确，并说明理由。

（1）$\forall y(P(y) \rightarrow Q(y,y)) \wedge \exists y R(x,y)$。

（2）$\forall z(P(z)\rightarrow Q(z,y))\wedge\exists sR(x,s)$。

（3）$\forall x(P(x)\rightarrow Q(x,z))\wedge\exists yR(y,y)$。

（4）$\forall x(P(x)\rightarrow Q(x,z))\wedge\exists yR(s,y)$。

分析 在使用改名规则和代入规则时，不能改变原有的约束关系，且变元之间不能出现新的混淆。

解 （1）不正确。因为 $Q(x,y)$ 中的约束变元"x"被改为了"y"，与 $Q(x,y)$ 中的自由变元 y 相同，违背了规则 1 中的第（2）条。

（2）正确。

（3）不正确。因为 $R(x,y)$ 中的自由变元"x"用"y"代入后，以约束形式出现了，不满足规则 2 中的第（2）条。

（4）正确。

根据例 3.8 可知，改名规则和代入规则之间的共同点是不能改变原有的约束关系，而不同点有以下几条。

（1）**施行的对象不同**：改名规则是对约束变元施行，代入规则是对自由变元施行。

（2）**施行的范围不同**：改名规则可以只对公式中的一个量词及其辖域施行，而代入规则必须对某个自由变元在整个公式中出现的每一处施行。

（3）**施行后的含义可能不同**：改名规则不改变原有的约束关系，改名后公式含义不变；使用代入规则时，可用另一个个体变元去代入，也可以用个体常量去代入，当用个体常量代入时，公式的含义就会发生改变。

定义 3.8 设 G 是任意一个公式，若 G 中无自由变元，则称 G 为**封闭的公式**，简称**闭式**。

例如，$\forall x(P(x)\rightarrow\exists yR(x,y))$ 就是闭式，**闭式一定是命题**。也就是说，$\forall x(P(x)\rightarrow\exists yR(x,y))$ 是有确定真值的，那么如何确定它的真值呢？

在命题逻辑中，给定一个命题公式，通过给定命题公式的所有真值指派，就可以得到这个命题公式的真值结果。对于谓词公式，是否可以采用类似的方法呢？

3.2.3 谓词公式的解释

谓词公式一般包含变量符号、常量符号、函数符号和谓词符号，只有当这些符号都具有明确的含义时，谓词公式才具有实际含义，因此，当对给定谓词公式中的每个符号赋予具体含义时，就称对这个谓词公式给定了一个**解释**（命题逻辑里称为一个真值指派）。下面给出谓词公式解释的具体定义。

微课视频

定义 3.9 谓词公式 G 的每一个**解释** I（Interpretation）由以下 4 部分组成。

（1）非空的个体域 D。

（2）G 中的每个常量符号，指定 D 中的某个特定元素。

（3）G 中的每个 n 元函数符号，指定 D^n 到 D 的某个特定函数。

（4）G 中的每个 n 元谓词符号，指定 D^n 到 $\{0,1\}$ 的某个特定谓词。

> **注意**
>
> （1）定义 3.9 中的 4 个部分分别对应谓词公式中的 4 种符号。
>
> （2）任何包含自由变元的谓词公式都不能求真值。

为以后讨论方便，对谓词公式做以下约定：公式中无自由变元，或将自由变元看成常量符号。

例 3.9　判断下面给定的解释是否为谓词公式 $\forall x P(x,a) \rightarrow \exists y P(f(a),f(y))$ 的一个解释。

（1）个体域 $D=\{a,b\}$，$f(a)=b$，$f(b)=a$，$P(b,a)=0$，$P(b,b)=1$。

（2）个体域 $D=\{a,b\}$，$f(b)=a$，$P(a,a)=1$，$P(a,b)=0$，$P(b,a)=0$，$P(b,b)=1$。

（3）个体域 $D=\{a,b\}$，$f(a)=b$，$f(b)=a$，$P(a,a)=1$，$P(b,a)=0$，$P(b,b)=1$。

分析　根据谓词公式解释的定义，只有对公式中每个符号都赋予确定的值才是这个公式的解释。例如，解释（1）中，没有指出 $P(a,a)$ 的值，所以（1）不是给定公式的解释。其他可以照此分析。

解　（1）不是给定公式的解释，因为没有给出 $P(a,a)$ 的值。

（2）不是给定公式的解释，因为没有给出 $f(a)$ 的值。

（3）是给定公式的解释。

对于给定的例 3.9（3）这个解释，$\forall x P(x,a) \rightarrow \exists y P(f(a),f(y))$ 的真值是什么呢？

如果该谓词公式中没有量词 $\forall x$ 和 $\exists y$，且变元 x 和 y 分别为 a 和 b 时，则该谓词公式转化为 $P(a,a) \rightarrow P(f(a),f(b))$。将给定解释中对应的值代入，则有

$$P(a,a) \rightarrow P(f(a),f(b)) = 1 \rightarrow P(b,a) = 1 \rightarrow 0 = 0。$$

由此可见，要想在给定的解释下计算公式的真值，则需要去掉公式中的量词，那怎么去掉量词呢？

事实上，如果 $\forall x P(x,a)=1$，则意味着对 D 中的每一个元素 x，都有 $P(x,a)=1$；如果 $\forall x P(x,a)=0$，则意味着 D 中存在某个元素 x_0，使 $P(x_0,a)=0$。

同理，对于 $\exists y P(f(a),f(y))$，如果 $\exists y P(f(a),f(y))=1$，则意味着存在某个元素 y_0，使 $P(f(a),f(y_0))=1$；如果 $\exists y P(f(a),f(y))=0$，则意味着对 D 中的每一个 y，都有 $P(f(a),f(y))=0$。

于是，对于命题 $\forall x G(x)$ 和 $\exists x G(x)$ 的真值，做以下规定：

$$\forall x G(x) = \begin{cases} 1, & \forall x \in D,\ G(x)=1, \\ 0, & \exists x_0 \in D,\ G(x_0)=0; \end{cases} \qquad \exists x G(x) = \begin{cases} 1, & \exists x_0 \in D,\ G(x_0)=1, \\ 0, & \forall x \in D,\ G(x)=0。 \end{cases}$$

其中，D 是 $\forall x G(x)$ 和 $\exists x G(x)$ 的个体域。

如果个体域 $D=\{x_0,x_1,\cdots\}$ 是可数集，则有

$$\forall x G(x) = G(x_0) \wedge G(x_1) \wedge \cdots,$$

$$\exists x G(x) = G(x_0) \vee G(x_1) \vee \cdots。$$

解题小贴士

给定解释下计算谓词公式真值的方法

（1）用个体域中每个值取代个体变量，如果是 $\forall$，则用"$\wedge$"连接得到的所有项并取代该量词及其辖域内的谓词；如果是 $\exists$，则用"$\vee$"连接得到的所有项并取代该量词及其辖域内的谓词。

（2）根据公式中的命题联结词，按对应的真值规定计算即得结果。

例 3.10　给定例 3.9(3) 的解释，计算 $\forall x P(x,a) \rightarrow \exists y P(f(a),f(y))$ 的真值。

分析　个体域 $D = \{a,b\}$，针对 $P(x,a)$，有 $P(a,a)$ 和 $P(b,a)$；针对 $P(f(a),f(y))$，有 $P(f(a),f(a))$ 和 $P(f(a),f(b))$。根据对应的量词，用 $P(a,a) \wedge P(b,a)$ 取代 $\forall x P(x,a)$，用 $P(f(a),f(a)) \vee P(f(a),f(b))$ 取代 $\exists y P(f(a),f(y))$，再按照命题联结词的真值规定计算即可。

解　$\forall x P(x,a) \rightarrow \exists y P(f(a),f(y))$
$= (P(a,a) \wedge P(b,a)) \rightarrow (P(f(a),f(a)) \vee P(f(a),f(b)))$
$= (1 \wedge 0) \rightarrow (P(b,b) \vee P(b,a))$
$= (1 \wedge 0) \rightarrow (1 \vee 0) = 1$。

例 3.11　设有谓词公式 $\forall x(P(x) \vee Q(x)) \leftrightarrow (\exists x P(x) \rightarrow \forall x Q(x))$。在个体域 $D = \{1,2\}$ 上，构造两个解释使该公式的真值结果分别为"真"和"假"。

分析　对于已知的个体域，在构造解释时需要明确公式中各种符号的意义。为了得到公式确定的真值，可先去掉公式中的量词，然后根据命题联结词的真值规定去构造符合要求的解释。

解　$\forall x(P(x) \vee Q(x)) \leftrightarrow (\exists x P(x) \rightarrow \forall x Q(x))$
$= ((P(1) \vee Q(1)) \wedge (P(2) \vee Q(2))) \leftrightarrow (((P(1) \vee P(2)) \rightarrow (Q(1) \wedge Q(2))))$。

（1）构造使给定公式为"假"的解释。

根据"$\leftrightarrow$"的真值规定，设 $P(1) = P(2) = 1$，$Q(1) = Q(2) = 0$，此时，"$\leftrightarrow$"的左边为"真"，右边为"假"，从而给定公式的真值为"假"，即 $P(1) = P(2) = 1$ 和 $Q(1) = Q(2) = 0$ 是给定公式为"假"的解释。

（2）构造使给定公式为"真"的解释。

根据"$\leftrightarrow$"的真值规定，设 $P(1) = Q(1) = Q(2) = 0$，$P(2) = 1$，此时，给定公式左边为"假"，右边也为"假"，从而给定公式的真值为"真"，即 $P(1) = Q(1) = Q(2) = 0$ 和 $P(2) = 1$ 是给定公式为"真"的解释。

另外，可以构造使给定公式左边为"假"、右边为"真"的解释，以及使给定公式两边同时为"真"的解释，留给读者自行完成。

例 3.12　设解释 I 如下。

$P(x)$：x 是实数。$Q(x)$：x 是整数。$R(x,y)$：$xy = 1$。

用自然语言描述下列谓词公式，并给出其真值。

（1）$\forall x(P(x) \rightarrow Q(x))$。

（2）$\forall x(Q(x) \rightarrow P(x))$。

（3）$\forall x Q(x) \rightarrow P(y)$。

（4）$\exists x(P(x) \wedge Q(x))$。

（5）$P(x) \wedge Q(x)$。

（6）$\forall x \, \forall y(P(x) \wedge P(y) \rightarrow R(x,y))$。

分析　首先将谓词公式在给定解释下用自然语言描述出来，然后根据其表达的语义、量词去掉规则和命题联结词真值规定进行判定。

解　在解释 I 下，各谓词公式的自然语言描述和真值结果如下。

（1）"对任意 x，如果 x 是实数，那么 x 是整数"或"所有实数都是整数"，真值为"0"。

（2）"对任意 x，如果 x 是整数，那么 x 是实数"或"所有整数都是实数"，真值为"1"。

（3）"对任意 x，如果 x 是整数，那么 y 是实数"，$P(y)$ 中的 y 是自由变元，即公式（3）不是闭式，从而不是命题。

（4）"存在 x，x 是实数且是整数"或"存在既是实数又是整数的数"，真值为"1"。

（5）"x 是实数且 x 是整数"，$P(x)$ 和 $Q(x)$ 中的 x 都是自由变元，即公式（5）也不是闭式，从而不是命题。

（6）"对任意 x，任意 y，如果 x 是实数，y 是实数，那么 $xy = 1$"或"对任意实数 x 和 y，都有 $xy = 1$"，真值为"0"。

例 3.12 再一次说明了闭式一定是命题。事实上，闭式在任何解释下都有确切真值。

对于给定的解释，可以计算给定公式的真值。那么，如果没有给出解释，还可以确定公式的真值吗？

例 3.13　判断谓词公式 $P(a) \rightarrow \exists x P(x)$ 和 $\forall x P(x) \rightarrow P(a)$ 的真值结果。

分析　给定的两个公式都是闭式，因此，它们是命题。根据命题的真值只有"真"和"假"两种情形，可以分情况讨论。

微课视频

解　谓词公式 $P(a) \rightarrow \exists x P(x)$ 和 $\forall x P(x) \rightarrow P(a)$ 的真值分别如表 3.2 和表 3.3 所示。

表 3.2

$P(a)$	$\exists x P(x)$	$P(a) \rightarrow \exists x P(x)$
0	0/1	1
1	1	1

表 3.3

$\forall x P(x)$	$P(a)$	$\forall x P(x) \rightarrow P(a)$
0	0/1	1
1	1	1

例 3.14　指出下列公式的真值。

（1）$\forall x P(x) \vee \forall x Q(x)$。

（2）$\neg \forall x P(x) \vee \forall x P(x)$。

（3）$\neg \forall x P(x) \wedge \forall x P(x)$。

分析　给定公式中只有 $\forall x P(x)$ 或 $\forall x Q(x)$，对于任意给定的一个解释，$\forall x P(x)$ 和 $\forall x Q(x)$ 的真值均只有"0"和"1"两种情形，根据这两种情况分别讨论即可。为了叙述简洁，仍采用表格形式展示。

解　给定公式的真值如表 3.4 所示。

表 3.4

$\forall xP(x)$	$\forall xQ(x)$	$\forall xP(x) \vee \forall xQ(x)$	$\neg \forall xP(x) \vee \forall xP(x)$	$\neg \forall xP(x) \wedge \forall xP(x)$
0	0	0	1	0
0	1	1	1	0
1	0	1	1	0
1	1	1	1	0

从表 3.4 可以看出，对于任意给定的解释，公式（1）的真值有"0"和"1"，公式（2）的真值均为"1"，公式（3）的真值均为"0"。

于是，与命题公式类似，将谓词公式也分为 3 种类型，具体定义如下。

定义 3.10　在任意给定的解释 I 下，如果谓词公式 G 的取值全为"真"，则称 G 为**永真公式**（Tautology）；如果谓词公式 G 的取值全为"假"，则称 G 为**永假公式**（Contradiction）；如果谓词公式 G 的取值至少存在一个为"真"，则称 G 为**可满足公式**（Contingency）。

从定义 3.10 可知，3 种类型的谓词公式之间存在以下关系。

（1）G 是永真公式当且仅当 $\neg G$ 是永假公式。

（2）若 G 是永真公式，则 G 一定是可满足公式，反之不然。

例 3.13 和例 3.14 给出了判断谓词公式类型的方法。除此以外，是否可以像命题逻辑一样，用公式等价变形的方式来判断谓词公式的类型呢？答案是肯定的，为此，需要了解谓词公式等价的定义、谓词逻辑中的代入规则及相关定理。

3.3　谓词公式的等价演算

定义 3.11　设 G 和 H 是谓词公式，如果谓词公式 $G \leftrightarrow H$ 是永真公式，那么称 G 和 H 是**等价的**（Equivalent），记为 $G = H$。

定义 3.12　设 $G(P_1, P_2, \cdots, P_n)$ 是命题公式，$P_1, P_2, \cdots, P_n$ 是出现在 G 中的命题变元，用任意的谓词公式 G_i 取代 $P_i (i = 1, 2, \cdots, n)$，得到新的谓词公式 $G'(G_1, G_2, \cdots, G_n)$，则称 $G'(G_1, G_2, \cdots, G_n)$ 为 $G(P_1, P_2, \cdots, P_n)$ 的**代入实例**。

微课视频

定理 3.1　永真公式的任意一个代入实例必为永真公式。

证明　略。

例 3.15　设命题公式 $G(P, Q) = (P \rightarrow Q) \leftrightarrow (\neg Q \rightarrow \neg P)$，用公式 $\forall xP(x)$ 和 $\exists xQ(x)$ 分别取代 $G(P, Q)$ 中的 P 和 Q，写出取代后得到的新公式 G'，并证明 G' 是永真公式。

分析　根据题意和定义 3.12，G' 是 G 的一个代入实例，于是根据定理 3.1，只要证明命题公式 $G(P, Q)$ 是永真公式即可。

解　根据题意得 $G' = (\forall xP(x) \rightarrow \exists xQ(x)) \leftrightarrow (\neg \exists xQ(x) \rightarrow \neg \forall xP(x))$。

根据命题公式基本等价定律 E_{22} 知 $P \rightarrow Q = \neg Q \rightarrow \neg P$，从而由定理 2.1 可得 $G(P, Q)$ 是永真公式。又根据定理 3.1 知，G' 是永真公式。

进一步，由例 3.15 知，$\forall xP(x) \rightarrow \exists xQ(x) = \neg \exists xQ(x) \rightarrow \neg \forall xP(x)$，即命题公式基本等价定律 E_{22} 在谓词逻辑中仍然成立。同理，命题公式的其他 23 个基本等价定律在谓词逻辑中也是成立的。

另外，谓词公式因其自身的特殊性，还存在下面的等价定律。

假设 $G(x)$ 和 $H(x)$ 是只含自由变元 x 的谓词公式，S 是不含 x 的谓词公式，则在全总个体域中，有以下定律。

(1) E_{25}：$\exists x G(x) = \exists y G(y)$。　　　　　　　　　　　　（改名规则）

　　E_{26}：$\forall x G(x) = \forall y G(y)$。

(2) E_{27}：$\neg \exists x G(x) = \forall x \neg G(x)$。　　　　　（量词转换律/量词否定等值式）

　　E_{28}：$\neg \forall x G(x) = \exists x \neg G(x)$。

(3) E_{29}：$\forall x(G(x) \vee S) = \forall x G(x) \vee S$。　　　　（量词辖域的扩张与收缩律）

　　E_{30}：$\forall x(G(x) \wedge S) = \forall x G(x) \wedge S$。

　　E_{31}：$\exists x(G(x) \vee S) = \exists x G(x) \vee S$。

　　E_{32}：$\exists x(G(x) \wedge S) = \exists x G(x) \wedge S$。

(4) E_{33}：$\forall x G(x) \vee \forall x H(x) = \forall x \forall y(G(x) \vee H(y))$。

　　E_{34}：$\exists x G(x) \wedge \exists x H(x) = \exists x \exists y(G(x) \wedge H(y))$。

(5) E_{35}：$\forall x(G(x) \wedge H(x)) = \forall x G(x) \wedge \forall x H(x)$。　　　（量词分配律）

　　E_{36}：$\exists x(G(x) \vee H(x)) = \exists x G(x) \vee \exists x H(x)$。

对于多个量词的谓词公式，也有一些基本等价定律。设 $G(x,y)$ 是含有自由变元 x 和 y 的谓词公式，则有以下定律。

(6) E_{37}：$\forall x \forall y G(x,y) = \forall y \forall x G(x,y)$。

　　E_{38}：$\exists x \exists y G(x,y) = \exists y \exists x G(x,y)$。

为了方便读者理解，特给出下面的实例。

设 $G(x)$：x 是勤劳的，个体域为中国人，则：

(1) $\forall x G(x)$ 表示中国人都是勤劳的；

(2) $\neg \forall x G(x)$ 表示不是所有中国人都是勤劳的；

(3) $\exists x \neg G(x)$ 表示存在不勤劳的中国人。

于是有 $\neg \forall x G(x) = \exists x \neg G(x)$。

事实上，还可以根据定义 3.11 进行证明，即证明 $\neg \exists x G(x) \leftrightarrow \forall x \neg G(x)$ 是永真公式，也就是证明 $\neg \exists x G(x)$ 和 $\forall x \neg G(x)$ 具有相同的真值。

(1) 对任意给定的解释 I，有

　$\neg \exists x G(x) = 1 \Rightarrow \exists x G(x) = 0 \Rightarrow \forall x, G(x) = 0 \Rightarrow \forall x, \neg G(x) = 1 \Rightarrow \forall x \neg G(x) = 1$。

(2) 对任意给定的解释 I，有

　$\neg \exists x G(x) = 0 \Rightarrow \exists x G(x) = 1 \Rightarrow \exists x_0, G(x_0) = 1 \Rightarrow \exists x_0, \neg G(x_0) = 0 \Rightarrow \forall x \neg G(x) = 0$。

于是有 $\neg \exists x G(x) = \forall x \neg G(x)$。

其他基本等价定律按定义 3.11 进行证明的方法留给读者练习。

下面就可以利用这 38 个基本等价定律进行公式类型判断与化简。

例 3.16　利用谓词公式的基本等价定律，完成以下各题。

(1) 判定下列谓词公式的类型。

① $\forall x(P(x) \wedge Q(x)) \rightarrow (\forall x P(x) \wedge \forall y Q(y))$。

② $(\exists x P(x) \wedge \exists y Q(y)) \vee \neg \exists x P(x)$。

③ $\neg(\forall x P(x) \rightarrow \exists y G(y)) \wedge \exists y G(y)$。

(2) 证明下列谓词公式之间的等价关系。

微课视频

① $\forall xP(x)\rightarrow Q(x)=\exists y(P(y)\rightarrow Q(x))$。

② $\forall xP(x)\rightarrow(\exists yG(y)\rightarrow\forall zQ(z))=(\forall xP(x)\wedge\exists yG(y))\rightarrow\forall zQ(z)$。

（3）化简下列谓词公式。

① $\forall x(P(x)\wedge Q(x))\rightarrow(\forall xP(x)\vee\forall yR(y))$。

②$(\forall xP(x)\rightarrow Q(x))\rightarrow(\forall xP(x)\rightarrow\forall xQ(x))$。

分析　利用基本等价定律，采用公式推演法证明、化简即可。

（1）**解**　①$\forall x(P(x)\wedge Q(x))\rightarrow(\forall xP(x)\wedge\forall yQ(y))$

$\qquad\qquad =\neg\forall x(P(x)\wedge Q(x))\vee(\forall xP(x)\wedge\forall xQ(x))$　　　　（改名规则）

$\qquad\qquad =\neg\forall x(P(x)\wedge Q(x))\vee\forall x(P(x)\wedge Q(x))$　　　　（量词分配律）

$\qquad\qquad =1$，

即$\forall x(P(x)\wedge Q(x))\rightarrow(\forall xP(x)\wedge\forall yQ(y))$是永真公式。

$\qquad$② $(\exists xP(x)\wedge\exists yQ(y))\vee\neg\exists xP(x)$

$\qquad\qquad =(\exists xP(x)\vee\neg\exists xP(x))\wedge(\exists yQ(y)\vee\neg\exists xP(x))$

$\qquad\qquad =1\wedge(\exists yQ(y)\vee\neg\exists xP(x))$

$\qquad\qquad =\exists yQ(y)\vee\neg\exists xP(x)$，

即$(\exists xP(x)\wedge\exists yQ(y))\vee\neg\exists xP(x)$是可满足公式。

$\qquad$③$\neg(\forall xP(x)\rightarrow\exists yG(y))\wedge\exists yG(y)$

$\qquad\qquad =\neg(\neg\forall xP(x)\vee\exists yG(y))\wedge\exists yG(y)$

$\qquad\qquad =\forall xP(x)\wedge\neg\exists yG(y)\wedge\exists yG(y)$

$\qquad\qquad =\forall xP(x)\wedge 0=0$，

即$\neg(\forall xP(x)\rightarrow\exists yG(y))\wedge\exists yG(y)$是矛盾公式。

（2）**证明**　①左边$=\forall xP(x)\rightarrow Q(x)$

$\qquad\qquad\qquad =\neg\forall xP(x)\vee Q(x)$

$\qquad\qquad\qquad =\exists x\neg P(x)\vee Q(x)$

$\qquad\qquad\qquad =\exists y\neg P(y)\vee Q(x)$

$\qquad\qquad\qquad =\exists y(\neg P(y)\vee Q(x))$　　　　（量词辖域的扩张与收缩律）

$\qquad\qquad\qquad =\exists y(P(y)\rightarrow Q(x))=$右边。

$\qquad$② 左边$=\forall xP(x)\rightarrow(\exists yG(y)\rightarrow\forall zQ(z))$

$\qquad\qquad\qquad =\neg\forall xP(x)\vee(\neg\exists yG(y)\vee\forall zQ(z))$

$\qquad\qquad\qquad =(\neg\forall xP(x)\vee\neg\exists yG(y))\vee\forall zQ(z)$

$\qquad\qquad\qquad =\neg(\forall xP(x)\wedge\exists yG(y))\vee\forall zQ(z)$

$\qquad\qquad\qquad =(\forall xP(x)\wedge\exists yG(y))\rightarrow\forall zQ(z)=$右边。

（3）**解**　①$\forall x(P(x)\wedge Q(x))\rightarrow(\forall xP(x)\vee\forall yR(y))$

$\qquad\qquad =\neg\forall x(P(x)\wedge Q(x))\vee(\forall xP(x)\vee\forall yR(y))$

$\qquad\qquad =\neg(\forall xP(x)\wedge\forall xQ(x))\vee(\forall xP(x)\vee\forall xR(x))$

$\qquad\qquad =\neg\forall xP(x)\vee\neg\forall xQ(x)\vee\forall xP(x)\vee\forall xR(x)$

$\qquad\qquad =(\neg\forall xP(x)\vee\forall xP(x))\vee\neg\forall xQ(x)\vee\forall xR(x)$

$\qquad\qquad =1$。

$\qquad$②$(\forall xP(x)\rightarrow Q(x))\rightarrow(\forall xP(x)\rightarrow\forall xQ(x))$

$$= \neg(\forall xP(x) \rightarrow Q(x)) \lor (\forall xP(x) \rightarrow \forall xQ(x))$$

$$= \neg(\neg\forall xP(x) \lor Q(x)) \lor (\neg\forall xP(x) \lor \forall xQ(x))$$

$$= (\forall xP(x) \land \neg Q(x)) \lor \neg\forall xP(x) \lor \forall xQ(x)$$

$$= \neg Q(x) \lor \neg\forall xP(x) \lor \forall xQ(x)$$

$$= \neg\forall xP(x) \lor \neg Q(x) \lor \forall xQ(x)。$$

3.4 谓词公式的标准型*

从 3.2 节可以知道，同一个谓词公式，有多种不同的与其等价的表示形式。谓词公式是否与命题公式一样，也存在范式呢？事实上，谓词公式也有范式，但是只有前束范式与原公式是等值的，而其他范式与原公式只有较弱的关系。本书只研究前束范式和斯科伦范式。下面给出它们的定义。

3.4.1 前束范式

定义 3.13 具有形式

$$Q_1x_1Q_2x_2\cdots Q_nx_nM(x_1,x_2,\cdots,x_n)$$

的谓词公式称为**前束范式**，其中 Q_i 为量词∀或∃($i=1,2,\cdots,n$)，$M(x_1,x_2,\cdots,x_n)$ 为不含量词及其作用变元的公式。

例如，$\forall x(G(x) \land H(x))$，$\exists y \forall x(P(y) \rightarrow Q(x))$ 是前束范式，但 $\exists x\neg Q(x) \lor \neg\forall xP(x)$ 和 $\neg\forall x(P(x) \land Q(x)) \lor \forall x(P(x) \land Q(x))$ 就不是前束范式。

定理 3.2（前束范式存在性定理） 谓词逻辑中的任一谓词公式都可化为与其等价的前束范式，但其前束范式并不唯一。

这里仅通过例子说明前束范式的存在性，略去定理的严格证明。

例 3.17 求下列谓词公式的前束范式。

(1) $\forall xP(x) \lor \neg\exists xQ(x)$。

(2) $\forall xP(x) \land \neg\exists xQ(x)$。

(3) $\neg(\forall x \exists yP(x,y) \rightarrow \exists x(\neg\forall yQ(y,a) \rightarrow R(b,x)))$。

分析 根据定义 3.13，利用已有的基本等价定律将所有量词及其作用变元都放到公式的最前端即可。注意，在量词及其作用变元前移之前，可以利用约束变元改名规则和自由变元代入规则消去有歧义的变元。

解 (1) 原式 $= \forall xP(x) \lor \neg\exists yQ(y)$ （约束变元改名规则）

$\qquad = \forall xP(x) \lor \forall y\neg Q(y)$

$\qquad = \forall x \forall y(P(x) \lor \neg Q(y))$。

(2) 原式 $= \forall xP(x) \land \forall x\neg Q(x) = \forall x(P(x) \land \neg Q(x))$。

注意

(2) 也可以像(1)一样，先用改名规则，再用基本等价定律，可以得到(2)的前束范式为 $\forall x \forall y(P(x) \land \neg Q(y))$。这说明一个谓词公式的前束范式是不唯一的。

（3）原式 $=\neg(\neg\forall x\,\exists yP(x,y)\lor\exists x(\neg\neg\forall yQ(y,a)\lor R(b,x)))$

$=\forall x\,\exists yP(x,y)\land\neg\exists x(\forall yQ(y,a)\lor R(b,x))$

$=\forall x\,\exists yP(x,y)\land\forall x(\exists y\neg Q(y,a)\land\neg R(b,x))$

$=\forall x(\exists yP(x,y)\land\exists y\neg Q(y,a)\land\neg R(b,x))$

$=\forall x(\exists yP(x,y)\land\exists z\neg Q(z,a)\land\neg R(b,x))$ （约束变元改名规则）

$=\forall x\,\exists y\,\exists z(P(x,y)\land\neg Q(z,a)\land\neg R(b,x))$。

3.4.2 斯科伦范式 *

前束范式的优点是把量词及其作用变元都集中到公式最前端，但它们的排列没有规则，从而使前束范式出现多种表示形式，不方便应用。为此，人们设计了一种解决办法，只保留全称量词及其作用变元，把存在量词及其作用变元转化为相应的函数，这就是斯科伦（Skolem）范式的思路。下面给出斯科伦范式的定义。

定义 3.14 设公式 $G=Q_1x_1Q_2x_2\cdots Q_nx_nM(x_1,x_2,\cdots,x_n)$ 是一个前束合取范式，按照从左到右的顺序去掉 G 中的存在量词及其作用变元。若 Q_i 是存在量词，且 $i=1$，则直接用个体常量取代 M 中所有的 x_1，并在 G 中删去 Q_1x_1，若 $i>1$，$Q_1,Q_2,\cdots Q_{i-1}$ 都是全称量词，则在 G 中用一个未使用过的函数符号，如 f，并用 $f(x_1,x_2,\cdots,x_{i-1})$ 替换 G 中所有的 x_i，然后删去 Q_ix_i。重复此过程，直到 G 中没有存在量词及其作用变元为止。这样得到的公式称为斯科伦范式。

例 3.18 求例 3.17(3) 的斯科伦范式。

分析 根据定义 3.14，首先求出给定公式的前束合取范式，然后按照定义 3.14 的规则去掉存在量词及其作用变元即可。

解 由例 3.17(3) 可知，$\neg(\forall x\,\exists yP(x,y)\rightarrow\exists x(\neg\forall yQ(y,a)\rightarrow R(b,x)))$ 的前束范式 $\forall x\,\exists y\,\exists z(P(x,y)\land\neg Q(z,a)\land\neg R(b,x))$ 已经是一个合取前束范式。于是根据定义 3.14，其转换过程如图 3.1 所示。

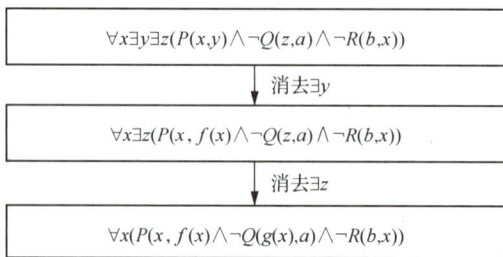

$$\forall x\exists y\exists z(P(x,y)\land\neg Q(z,a)\land\neg R(b,x))$$

消去 $\exists y$

$$\forall x\exists z(P(x,f(x)\land\neg Q(z,a)\land\neg R(b,x))$$

消去 $\exists z$

$$\forall x(P(x,f(x)\land\neg Q(g(x),a)\land\neg R(b,x))$$

图 3.1

3.5 谓词逻辑的推理理论

3.5.1 推理规则与推理定律

同命题逻辑一样，对于谓词逻辑，我们也要研究它的演绎与推理。那么，如何完

成谓词逻辑的演绎与推理？它与命题逻辑的演绎与推理又有什么关系呢？

由 3.2 节可知，谓词逻辑能够描述命题之间的内在关系，命题是谓词的特殊情形。因此，命题演绎与推理中的基本等价定律、基本推理定律和推理规则同样适用于谓词逻辑。但因为谓词公式中有量词符号，所以在推理过程中，还需要引入量词符号的消去规则和引入规则以及特有的推理定律。在介绍新的推理规则和推理定律之前，先给出下面的定义。

定义 3.15 在谓词公式 $G(x)$ 中，若 x 不自由出现在 $\forall y$ 或 $\exists y$ 的辖域中，则称 $G(x)$ 对于 y 是自由的。

例如，若 $G(x) = P(x,z) \vee \exists y Q(y)$，则 $G(x)$ 对于 y 是自由的；若 $G(x) = \exists y P(x,y)$，则 $G(x)$ 对于 y 就不是自由的。

1. 推理规则

（1）消去量词规则

① **UI**（Universal Instantiation，全称量词消去）规则：

$\forall x G(x) \Rightarrow G(y)$，其中 $G(x)$ 对于 y 是自由的；或者

$\forall x G(x) \Rightarrow G(c)$，其中 c 为任意个体常量。

例如，$\forall x G(x) = \forall x(P(x,z) \vee \exists y Q(y))$，可以推出 $G(y) = P(y,z) \vee \exists y Q(y)$。但是，对于 $\forall x G(x) = \forall x(\exists y P(x,y))$，推出 $G(y) = \exists y P(y,y)$ 则是错误的。

② **EI**（Existential Instantiation，存在量词消去）规则：

$\exists x G(x) \Rightarrow G(c)$，其中 c 为使 $G(c)$ 为真的特定个体常量。

（2）引入量词规则

① **UG**（Universal Generalization，全称量词引入）规则：

$G(x) \Rightarrow \forall y G(y)$，其中 $G(x)$ 对于 y 是自由的。

② **EG**（Existential Generalization，存在量词引入）规则：

$G(c) \Rightarrow \exists x G(x)$，其中 c 为特定个体常量；或者

$G(x) \Rightarrow \exists y G(y)$，其中 $G(x)$ 对于 y 是自由的。

量词符号的消去和引入规则看似简单，要正确应用却有很大难度。下面通过具体实例帮助读者进一步熟悉并掌握消去量词规则和引入量词规则。

例 3.19 在实数集中，语句"不存在最大的实数"可符号化为 $\forall x \exists y G(x,y)$，其中 $G(x,y)$ 表示 $x<y$。判断下面的推理过程是否正确。如果错误，请改正。

推理过程 1 如下。

① $\forall x \exists y G(x,y)$　　　　　　　P

② $\exists y G(y,y)$　　　　　　　　　UI,①

推理过程 2 如下。

① $\forall x \exists y G(x,y)$　　　　　　　P

② $\exists y G(z,y)$　　　　　　　　　UI,①

③ $G(z,c)$　　　　　　　　　　　EI,②

推理过程 3 如下。

① $\exists y G(z,y)$　　　　　　　　　P

② $\forall y \exists y G(y,y)$　　　　　　　UG,①

推理过程 4 如下。

① $G(x,c)$ P

② $\exists x G(x,x)$ EG，①

分析 对于本题，我们需要严格按照量词符号的消去规则和引入规则进行量词的消去和引入。

解 推理过程 1 错误。因为 $G(x) = \exists y G(x,y)$ 对于 y 不是自由的，所以在使用 UI 规则时，不能用 y 取代 x。

正确的推理过程如下。

① $\forall x \exists y G(x,y)$ P

② $\exists y G(z,y)$ UI，①

推理过程 2 错误。③中的 c 是依赖于 z 的改变而改变的，使用 EI 规则时，必须将这种依赖关系体现出来。

正确的推理过程如下。

① $\forall x \exists y G(x,y)$ P

② $\exists y G(z,y)$ UI，①

③ $G(z,f(z))$ EI，②

注意

> y 随 z 的变化而变化的关系可以用函数符号表示。

推理过程 3 错误。令 $G(z) = \exists y G(z,y)$，则 $G(z)$ 对于 y 不是自由的，所以在使用 EG 规则时，不能用 y 取代 z。

正确的推理过程如下。

① $\exists y G(z,y)$ P

② $\forall x \exists y G(x,y)$ UG，①

推理过程 4 错误。因为使用 EG 规则时，取代 c 的变元 x 与原来的自由变元 x 产生了混淆。

正确的推理过程如下。

① $G(x,c)$ P

② $\exists y G(x,y)$ EG，①

解题小贴士

UI 规则、EI 规则、UG 规则和 EG 规则的正确使用方法

（1）对于 $\forall x G(x)$，利用 UI 规则去掉 $\forall x$ 后，取代 x 的变元在新公式中是自由出现的。

（2）对于 $\exists x G(x)$，利用 EI 规则去掉 $\exists x$ 时，若 $G(x)$ 中还有除 x 以外的自由变元，则需要用这些变元的函数符号来取代 x。

（3）对于 $G(x)$，利用 UG 规则引入 $\forall y$ 时，只有 $G(x)$ 对于 y 是自由的，才可以用 y 取代 x。

（4）对于 $G(c)$，利用 EG 规则引入 $\exists y$ 时，取代 c 的 y 在原公式中不曾出现过。

下面引入适用于谓词逻辑推理的推理定律。

2. 推理定律

假设 $G(x)$ 和 $H(x)$ 是只含自由变元 x 的谓词公式，则在全总个体域中，有以下定律。

(1) I_{11}: $\forall x G(x) \Rightarrow \exists x G(x)$。

(2) I_{12}: $\forall x G(x) \vee \forall x H(x) \Rightarrow \forall x(G(x) \vee H(x))$。

$\quad$ I_{13}: $\exists x(G(x) \wedge H(x)) \Rightarrow \exists x G(x) \wedge \exists x H(x)$。

(3) I_{14}: $\forall x(G(x) \rightarrow H(x)) \Rightarrow \forall x G(x) \rightarrow \forall x H(x)$。

$\quad$ I_{15}: $\forall x(G(x) \rightarrow H(x)) \Rightarrow \exists x G(x) \rightarrow \exists x H(x)$。

对于多个量词的谓词公式，也有一些基本等价公式和蕴涵公式。设 $G(x,y)$ 是含有自由变元 x 和 y 的谓词公式，则有以下定律。

(4) I_{16}: $\exists x \forall y G(x,y) \Rightarrow \forall y \exists x G(x,y)$。

3.5.2 推理有效性的判别方法

在命题逻辑的推理理论中，我们研究了 $G_1, G_2, \cdots, G_n \Rightarrow G$ 的推理问题。当 $G_1, G_2, \cdots, G_n$ 和 G 是谓词公式时，该问题就是谓词逻辑的推理问题。于是，利用命题逻辑中的基本等价定律、基本推理定律、推理规则，以及新增的谓词逻辑基本等价定律、推理定律和量词的消去与引入规则，就可以进行谓词逻辑的推理了。

微课视频

例 3.20 对于苏格拉底三段论，现要证明 $\forall x(P(x) \rightarrow Q(x))$ $\wedge P(a) \Rightarrow Q(a)$，推理过程如下。

① $\forall x(P(x) \rightarrow Q(x))$ $\qquad$ P

② $P(y) \rightarrow Q(y)$ $\qquad$ UI, ①

③ $P(a)$ $\qquad$ P

④ $Q(a)$ $\qquad$ T, ②, ③, I

请判断该推理过程是否正确。如果错误，请改正。

分析 检查一个推理过程是否正确，需要检查每一步利用的规则、基本等价定律、推理定律以及产生的推理结果等是否正确。

解 该推理过程是错误的。因为②中蕴涵式的前件 $P(y)$ 与③中的 $P(a)$ 形式不一样，所以由②和③不能得到④。正确的推理过程如下。

① $\forall x(P(x) \rightarrow Q(x))$ $\qquad$ P

② $P(a) \rightarrow Q(a)$ $\qquad$ UI, ①

③ $P(a)$ $\qquad$ P

④ $Q(a)$ $\qquad$ T, ②, ③, I

例 3.21 对于 $\forall x(P(x) \rightarrow Q(x)), \exists x P(x) \Rightarrow \exists x Q(x)$，请判断以下推理过程是否正确。如果错误，请改正。

① $\forall x(P(x) \rightarrow Q(x))$ $\qquad$ P

② $P(a) \rightarrow Q(a)$ $\qquad$ UI, ①

③ $\exists x P(x)$ $\qquad$ P

④ $P(a)$ $\qquad$ EI, ③

⑤ $Q(a)$	T，②，④，I
⑥ $\exists xQ(x)$	EG，⑤

分析　同例 3.20，对给出的推理过程一步一步依次检查即可。

解　推理过程是错误的。从②中的个体常量 a 是任意选取的，而④中的个体常量是使 $P(a)$ 为真的个体常量，所以②中任选的 a 不一定使 $P(a)$ 为真，从而由③不一定可以推出④。

正确的推理过程如下。

① $\exists xP(x)$	P
② $P(a)$	EI，①
③ $\forall x(P(x) \to Q(x))$	P
④ $P(a) \to Q(a)$	UI，②
⑤ $Q(a)$	T，②，④，I
⑥ $\exists xQ(x)$	EG，③

注意

　　在推理过程中，如果需要使用 UI 规则和 EI 规则消去谓词公式中的量词，而且选用的个体常量是同一个符号，则必须先使用 EI 规则，再使用 UI 规则。

例 3.22　对于 $\exists xP(x) \land \exists xQ(x) \Rightarrow \exists x(P(x) \land Q(x))$，请判断以下推理过程是否正确。如果错误，请改正。

① $\exists xP(x) \land \exists xQ(x)$	P
② $\exists xP(x)$	T，①，I
③ $P(c)$	EI，②
④ $\exists xQ(x)$	T，①，I
⑤ $Q(c)$	EI，④
⑥ $P(c) \land Q(c)$	T，③，⑤，I
⑦ $\exists x(P(x) \land Q(x))$	EG，⑥

分析　略。

解　推理过程是错误的。因为由④推出⑤消去存在量词时，使用了同样的个体常量 c，这个 c 不一定使 $Q(c)$ 为真，所以由④不是一定可以推出⑤。为了避免这个问题，可以选用不同的个体常量，如 d。

正确的推理过程如下。

① $\exists xP(x) \land \exists xQ(x)$	P
② $\exists xP(x)$	T，①，I
③ $P(c)$	EI，②
④ $\exists xQ(x)$	T，①，I
⑤ $Q(d)$	EI，④
⑥ $P(c) \land Q(d)$	T，③，④，I
⑦ $\exists x \exists y(P(x) \land Q(y))$	EG，⑥

> **注意** 💡
>
> 1. 对于有两个存在量词的谓词公式，当用 EI 规则消去量词时，应用不同的常量符号来取代两个谓词公式中的变元。
>
> 2. $\exists x P(x) \wedge \exists x Q(x)$ 不能推出 $\exists x(P(x) \wedge Q(x))$，可以推出 $\exists x\, \exists y(P(x) \wedge Q(y))$。

上面的推理过程都是采用直接法完成的。事实上，有些推理直接进行比较困难，此时，可以采用间接推理方法，即反证法和 CP 规则证明方法。

例 3.23 证明"I_{12}：$\forall x G(x) \vee \forall x H(x) \Rightarrow \forall x(G(x) \vee H(x))$"的有效性。

分析 因为仅有一个前提，且该前提不能进一步推理，所以考虑反证法，即将结论的否定作为前提，然后得出矛盾式。

证明
① $\neg \forall x(G(x) \vee H(x))$ P（附加前提）
② $\exists x(\neg G(x) \wedge \neg H(x))$ T,①,E
③ $\neg G(a) \wedge \neg H(a)$ EI,②
④ $\neg G(a)$ T,③,I
⑤ $\neg H(a)$ T,③,I
⑥ $\forall x G(x) \vee \forall x H(x)$ P
⑦ $\forall x\, \forall y(G(x) \vee H(y))$ T,⑥,E
⑧ $\forall y(G(a) \vee H(y))$ UI,⑦
⑨ $G(a) \vee \forall y H(y)$ T,⑧,E
⑩ $\forall y H(y)$ T,④,⑨,I
⑪ $H(a)$ UI,⑩
⑫ $\neg H(a) \wedge H(a)$ T,⑤,⑪,I

例 3.24 证明 $\forall x(P(x) \vee Q(x)) \Rightarrow \forall x P(x) \vee \exists x Q(x)$。

分析 与例 3.23 一样，因为仅有一个前提条件，所以采用反证法较好。另外，因为结论是一个简单析取式，所以我们可以将结论等价变形为一个蕴涵式，用 CP 规则证明方法进行证明。这里仅使用 CP 规则证明方法进行证明，反证法留给读者自行完成。

证明
① $\neg \forall x P(x)$ P（附加前提）
② $\exists x \neg P(x)$ T,①,E
③ $\neg P(c)$ EI,②
④ $\forall x(P(x) \vee Q(x))$ P
⑤ $P(c) \vee Q(c)$ UI,④
⑥ $Q(c)$ T,③,⑤,I
⑦ $\exists x Q(x)$ EG,⑥
⑧ $\neg \forall x P(x) \rightarrow \exists x Q(x)$ CP,①,⑦
⑨ $\forall x P(x) \vee \exists x Q(x)$ T,⑧,E

例 3.25 利用消解原理证明：

$\forall x(P(x) \rightarrow \forall y(Q(y) \rightarrow \neg R(x,y)))$，$\exists x(P(x) \wedge \forall y(S(y) \rightarrow R(x,y))) \Rightarrow \forall x(S(x) \rightarrow \neg Q(x))$。

微课视频

分析 首先把结论的否定作为附加前提，与原有前提一起转化为斯科伦范式。

证明 $\forall x(P(x)\rightarrow\forall y(Q(y)\rightarrow\neg R(x,y)))\wedge\exists x(P(x)\wedge\forall y(S(y)\rightarrow R(x,y)))\wedge$
$\neg\forall x(S(x)\rightarrow\neg Q(x))$

$\quad=\forall x(\neg P(x)\vee\forall y(\neg Q(y)\vee\neg R(x,y)))\wedge\exists x(P(x)\wedge\forall y(\neg S(y)\vee R(x,y)))\wedge$
$\neg\forall x(\neg S(x)\vee\neg Q(x))$

$\quad=\forall x\forall y(\neg P(x)\vee\neg Q(y)\vee\neg R(x,y))\wedge\exists u\forall z(P(u)\wedge(\neg S(z)\vee R(u,z)))\wedge$
$\exists v(S(v)\wedge Q(v))$

$\quad=\exists u\exists v\forall x\forall y\forall z((\neg P(x)\vee\neg Q(y)\vee\neg R(x,y))\wedge(P(u)\wedge(\neg S(z)\vee R(u,z)))\wedge$
$(S(v)\wedge Q(v)))$

$\quad\Rightarrow\forall x\forall y\forall z(\neg P(x)\vee\neg Q(y)\vee\neg R(x,y))\wedge P(a)\wedge(\neg S(z)\vee R(a,z))\wedge$
$S(b)\wedge Q(b)$。 （斯科伦范式）

由斯科伦范式得到子句集：

$A=\{\neg P(x)\vee\neg Q(y)\vee\neg R(x,y),P(a),\neg S(z)\vee R(a,z),S(b),Q(b)\}$。

接着，对集合 A 应用消解原理。

① $\neg P(x)\vee\neg Q(y)\vee\neg R(x,y)$ P

② $P(a)$ P

③ $\neg Q(y)\vee\neg R(a,y)$ T,①,②, 消解原理, 代换$\{a/x\}$

④ $Q(b)$ P

⑤ $\neg R(a,b)$ T,③,④,消解原理, 代换$\{b/y\}$

⑥ $\neg S(z)\vee R(a,z)$ P

⑦ $S(b)$ P

⑧ $R(a,b)$ T,⑥,⑦,消解原理, 代换$\{b/z\}$

⑨ $\neg R(a,b)\wedge R(a,b)$ T,⑤,⑧,

消解法是机械式逻辑推理的一种有效方法，尽管在例 3.25 中要先把证明对象转化为斯科伦范式，显得烦琐，但是在实际问题中，这是容易办到的。

3.6 谓词逻辑的应用

3.6.1 谓词符号化的应用

谓词和量词可以用于描述计算机程序中的语句，还可以用于描述系统规范说明。

例 3.26 用 n 元谓词表示下列语句，并指出它在计算机程序中的意义。

```
If x >0  then x:=x+1
```

分析 首先在给定语句中找出谓词，并用 n 元谓词表示，然后符号化即可。

解 设 $P(x):x>0$，$R(x,x+1):x=x+1$，则上述语句可符号化为 $\forall x(P(x)\rightarrow R(x,x+1))$。

当计算机程序执行到这条语句时，将 x 的值代入 $P(x)$，如果 $P(x)$ 取值为 1，则执行 $R(x,x+1)$，即将 $x+1$ 的值赋给 x，于是 x 的值增加 1；如果 $P(x)$ 取值为 0，则不执行 $R(x,x+1)$，此时 x 的值保持不变。

例 3.27　用谓词和量词表示下列系统规范说明。

(1)每封大于 1 MB 的邮件将被压缩。

(2)如果用户处于活动状态，那么至少有一个网络连接有效。

分析　根据"自然语言谓词符号化方法"，首先确定命题中的量词和特性谓词，然后确定命题中的个体词、名词短语或谓语部分，最后按照命题语义进行正确表示。

解　(1)设 $P(x):x$ 是邮件，$L(x,y):x$ 大于 y，$Q(x):x$ 将被压缩，则命题(1)可符号化为

$$\forall x(P(x)\land L(x,1\text{MB})\to Q(x))。$$

(2)设 $P(x):x$ 是用户，$Q(x):$处于活动状态，$R(x):x$ 是一个网络连接，$S(x):x$ 是有效的，则命题(2)可符号化为

$$\exists x(P(x)\land Q(x))\to\exists y(R(y)\land S(y))。$$

谓词和量词还可用于验证计算机程序，当输入有效时，程序总能给出正确的输出。描述有效输入的语句被称为前置条件，当程序运行时，程序输出应该满足的条件被称为后置条件。

例 3.28　考察下面交换变量 x 和 y 的值的程序，找出能作为前置条件和后置条件的谓词，以证明程序的正确性，并解释如何用它们验证对于所有有效输入，程序运行都能达到目的。

```
temp:=x
x:=y
y:=temp
```

分析　该程序的功能是交换变量 x 和 y 的值，如果对于给定的 x 和 y 的值，该程序将 x 和 y 的值交换了，则该程序就是正确的。因此，该程序的前置条件是给 x 和 y 赋值，后置条件是对 x 和 y 的值进行交换。当前置条件为真时，如果后置条件也为真，就可以证明程序是正确的。

解　设 $P(x,y):x=a,y=b$；$Q(x,y):x=b,y=a$。$P(x,y)$ 是前置条件，$Q(x,y)$ 是后置条件。

当 $P(x,y)$ 取值为 1 时，有 $x=a,y=b$ 成立。于是由"temp：=x"得 temp$=a$，程序第一步执行后，有 $x=a$,temp$=a$,$y=b$；又由" x：=y"得 $x=b$，程序第二步执行后，有 $x=b$,temp$=a$,$y=b$；再由"y：=temp"得 $y=a$，程序第三步执行后，有 $x=b$,$y=a$，即 $Q(x,y)$ 为真。因此，该程序是正确的。

3.6.2　谓词公式的应用

例 3.29　将下面 C++代码进行化简，并将化简后的结果还原为 C++代码。

```
If (!(x! =0 && y/x < 1) ||x==0)
    cout≪"True"
else
    cout≪"False"
```

微课视频

第 3 章　谓词逻辑

分析 根据题意，我们需要先将给定代码符号化，然后化简，最后将化简结果还原为 C++代码。给定代码中隐含全称量词，谓词有"x==0"，"y/x<1""cout"。

解 设 $P(x):x==0$；$L(x,y):y/x<1$；$Q(1)$：输出为 True；$Q(0)$：输出为 False。个体域为整数集。给定代码可符号化为

$$(\forall x(\neg(\neg P(x)\land L(x,y))\lor P(x))\to Q(1))\land$$
$$(\forall x(\neg(\neg(\neg P(x)\land L(x,y))\lor P(x)))\to Q(0))。$$

化简上面的公式，得

原式 $=(\forall x((P(x)\lor\neg L(x,y))\lor P(x))\to Q(1))\land(\forall x(\neg(\neg((\neg P(x)\land$
$L(x,y)))\lor P(x)))\to Q(0))$

$=(\forall x(P(x)\lor\neg L(x,y))\to Q(1))\land(\forall x(\neg(P(x)\lor\neg L(x,y)))\to Q(0))$，

对应的 C++代码如下。

```
If (!( y/x < 1) || x==0)
    cout≪"True"
else
    cout≪"False"
```

3.6.3 谓词逻辑推理的应用

例 3.30 将下列命题符号化，并用演绎法证明其论断是否正确。

只要是需要室外活动的课，郝亮都喜欢；所有的公共体育课都是需要室外活动的课；篮球是一门公共体育课。所以郝亮喜欢篮球这门课。

微课视频

分析 首先找出命题中的名词或名称短语，并用 n 元谓词表示；然后根据特性谓词和 n 元谓词的加入规则完整表示；最后利用演绎法证明。

解 设 $O(x):x$ 是需要室外活动的课；$L(x,y):x$ 喜欢 y；$S(x):x$ 是一门公共体育课；$a:$郝亮；$b:$篮球。上述句子可符号化如下。

前提：$\forall x(O(x)\to L(a,x))$，$\forall x(S(x)\to O(x))$，$S(b)$。

结论：$L(a,b)$。

因此，我们需要证明

$$\forall x(O(x)\to L(a,x))，\forall x(S(x)\to O(x))，S(b)\Rightarrow L(a,b)。$$

证明过程如下。

① $\forall x(O(x)\to L(a,x))$ P
② $O(b)\to L(a,b)$ UI，①
③ $\forall x(S(x)\to O(x))$ P
④ $S(b)\to O(b)$ UI，③
⑤ $S(b)\to L(a,b)$ T，②，④，I
⑥ $S(b)$ P
⑦ $L(a,b)$ T，⑤，⑥，I

例 3.31 证明下列论断是否正确。

海关人员检查每一个进入本国的不重要人物；某些走私者进入该国时仅仅被走私者所检查；没有一个走私者是重要人物。所以海关人员中的某些人是走私者。

分析　与例 3.30 类似，此处略。

解　设 $E(x)$:x 进入国境；$V(x)$:x 是重要人物；$C(x)$:x 是海关人员；$P(x)$:x 是走私者；$B(x,y)$:y 检查 x。上述句子可符号化如下。

前提：$\forall x((E(x)\wedge\neg V(x))\rightarrow\exists y(C(y)\wedge B(x,y)))$，$\exists x(P(x)\wedge E(x)\wedge\forall y(B(x,y)\rightarrow P(y)))$，$\forall x(P(x)\rightarrow\neg V(x))$。

结论：$\exists x(P(x)\wedge C(x))$。

因此，我们需要证明

$\forall x((E(x)\wedge\neg V(x))\rightarrow\exists y(C(y)\wedge B(x,y)))$，$\exists x(P(x)\wedge E(x)\wedge\forall y(B(x,y)\rightarrow P(y)))$，$\forall x(P(x)\rightarrow\neg V(x))\Rightarrow\exists x(P(x)\wedge C(x))$。

证明过程如下。

① $\exists x(P(x)\wedge E(x)\wedge\forall y(B(x,y)\rightarrow P(y)))$　　P
② $P(a)\wedge E(a)\wedge\forall y(B(a,y)\rightarrow P(y))$　　EI,①
③ $P(a)$　　T,②,I
④ $E(a)$　　T,②,I
⑤ $\forall y(B(a,y)\rightarrow P(y))$　　T,②,I
⑥ $\forall x(P(x)\rightarrow\neg V(x))$　　P
⑦ $P(a)\rightarrow\neg V(a)$　　UI,⑥
⑧ $\neg V(a)$　　T,③,⑦,I
⑨ $\forall x((E(x)\wedge\neg V(x))\rightarrow\exists y(C(y)\wedge B(x,y)))$　　P
⑩ $(E(a)\wedge\neg V(a))\rightarrow\exists y(C(y)\wedge B(a,y))$　　UI,⑨
⑪ $E(a)\wedge\neg V(a)$　　T,④,⑧,I
⑫ $\exists y(C(y)\wedge B(a,y))$　　T,⑩,⑪,I
⑬ $C(b)\wedge B(a,b)$　　EI,⑫
⑭ $C(b)$　　T,⑬,I
⑮ $B(a,b)$　　T,⑬,I
⑯ $B(a,b)\rightarrow P(b)$　　UI,⑤
⑰ $P(b)$　　T,⑮,⑯,I
⑱ $C(b)\wedge P(b)$　　T,⑭,⑰,I
⑲ $\exists x(P(x)\wedge C(x))$　　EG,⑱

例 3.32　证明下列论断的正确性。

每个旅客或者坐头等舱或者坐二等舱；每个旅客当且仅当他富裕时坐头等舱；并非所有的旅客都富裕。因此，有些旅客坐二等舱。

分析　与例 3.30 类似，此处略。

解　设 $P(x)$:x 是旅客；$Q(x)$:x 坐头等舱；$R(x)$:x 坐二等舱；$S(x)$:x 是富裕的。上述句子可符号化如下。

前提：$\forall x(P(x)\rightarrow(Q(x)\overline{\vee}R(x)))$，$\forall x(P(x)\rightarrow(S(x)\leftrightarrow Q(x)))$，$\neg\forall x(P(x)\rightarrow S(x))$。

结论：$\exists x(P(x)\wedge R(x))$。

因此，我们需要证明 $\forall x(P(x)\rightarrow(Q(x)\overline{\vee}R(x)))$，$\forall x(P(x)\rightarrow(S(x)\leftrightarrow Q(x)))$，$\neg\forall x(P(x)\rightarrow S(x))\Rightarrow\exists x(P(x)\wedge R(x))$。

证明过程如下。

① $\neg \forall x(P(x) \rightarrow S(x))$	P
② $\exists x(P(x) \wedge \neg S(x))$	T,①,E
③ $P(c) \wedge \neg S(c)$	EI,②
④ $P(c)$	T,③,I
⑤ $\neg S(c)$	T,③,I
⑥ $\forall x(P(x) \rightarrow (Q(x) \vee R(x)))$	P
⑦ $P(c) \rightarrow (Q(c) \vee R(c))$	UI,⑥
⑧ $Q(c) \vee R(c)$	T,④,⑦,I
⑨ $\forall x(P(x) \rightarrow (S(x) \leftrightarrow Q(x)))$	P
⑩ $P(c) \rightarrow (S(c) \leftrightarrow Q(c))$	UI,⑨
⑪ $S(c) \leftrightarrow Q(c)$	T,④,⑩,I
⑫ $Q(c) \rightarrow S(c)$	T,⑪,I
⑬ $\neg Q(c)$	T,⑤,⑫,I
⑭ $R(c)$	T,⑧,⑬,I
⑮ $P(c) \wedge R(c)$	T,④,⑭,I
⑯ $\exists x(P(x) \wedge R(x))$	EG,⑮

3.7 习题

1. 用谓词和量词，将下列命题符号化。

(1) 每个学生都爱学习。

(2) 所有的狗身上都有跳蚤。

(3) 不是每个大学生都学过"计算机导论"课程。

(4) 不是所有的命题公式都是永真公式。

(5) 有一匹马会做加法。

(6) 会叫的狗未必会咬人。

(7) 没有兔子会微积分。

(8) 不存在十全十美的人。

2. 用谓词和量词，将下列命题符号化。

(1) 每个人的外祖母都是他母亲的母亲。

(2) 任何自然数的后继数必大于零。

(3) 有些液体能溶解任何金属。

(4) 任何金属均可溶解于某种液体之中。

3. 分别以大学生和所有人为论域，用谓词和量词，将下列命题符号化。

(1) 有的大学生不喜欢骑自行车。

(2) 存在不会游泳的大学生。

(3) 每个喜欢步行的大学生都不喜欢坐汽车。

(4) 每个大学生或者喜欢坐汽车或者喜欢骑自行车。

(5) 大学生都有移动电话。

(6) 不是每个大学生都喜欢离散数学。

4. 设 $P(x)$:x 是有理数；$Q(x)$:x 是无理数；$R(x)$:x 是偶数；$N(x,y)$:x 整除 y。

将下列命题转换为自然语言，并给出其真值。

(1) $P(\sqrt{2}) \wedge Q(\sqrt{2})$。

(2) $\exists x(R(x) \wedge N(x,6))$。

(3) $\forall x(N(2,x) \rightarrow R(x))$。

(4) $\forall x(R(x) \rightarrow \forall y(N(x,y) \rightarrow R(y)))$。

(5) $\forall x(P(x) \rightarrow \exists y(Q(y) \wedge N(y,x)))$。

(6) $\forall x(Q(x) \rightarrow \exists y(R(y) \wedge \neg N(y,x)))$。

5. 判断下列符号串是否为谓词公式。

(1) $P(a) \wedge (Q(x,y) \vee R(f(x)))$。

(2) $\neg P(x,y) \rightarrow \forall x Q(x,y)$。

(3) $\forall x(P(x,y) \rightarrow \neg P(x) \wedge \exists y Q(x,y))$。

(4) $\forall x(P(x,y) \neg P(x) \wedge \exists x Q(x,y))$。

(5) $\forall x(P(x,y) \wedge \exists x Q(x,y)) \wedge \cdots$。

(6) $\forall x(P(x,y) + \exists y Q(y))$。

6. 指出下列谓词公式中量词的辖域及变元的类型。

(1) $\exists x P(x) \vee R(x,y)$。

(2) $\forall x(P(x) \leftrightarrow Q(x)) \wedge \exists x R(x) \vee S(x)$。

(3) $\exists x P(x) \wedge \forall y Q(x,y)$。

(4) $\exists x \forall y(P(x,y) \vee Q(y,z)) \wedge \forall y R(x,y)$。

(5) $\forall x(P(x) \wedge Q(x)) \rightarrow \forall x P(x) \wedge Q(x)$。

(6) $\forall x(P(x,y) \rightarrow R(x)) \wedge \exists y Q(x,y,z)$。

7. 对下列谓词公式中的变元进行代换，使任何变元不能既是约束变元又是自由变元。

(1) $\forall x \exists y P(x,y) \vee Q(x,y,z)$。

(2) $\forall x P(x,y) \leftrightarrow \exists z R(x,y,z)$。

(3) $\forall x \exists y(P(x,y) \wedge Q(y,z)) \rightarrow \forall x R(x,y,z)$。

(4) $\forall x \exists z(P(x,y) \rightarrow R(x,z)) \wedge Q(x,y,z)$。

8. 设下面所有谓词的个体域都是 $A=\{a,b\}$，将下面谓词公式中的量词消除，写出与之等价的命题公式。

(1) $\forall x P(x) \wedge \exists x R(x)$。

(2) $\forall x(\neg P(x) \rightarrow Q(x))$。

(3) $\forall x \exists y P(x,y)$。

(4) $\exists y \forall x(\neg P(x,y) \vee Q(x))$。

9. 设解释 I 为：$D=\{a,b\}$；$P(a,a)=1$；$P(b,b)=0$；$P(a,b)=0$；$P(b,a)=1$；$f(a)=b$；$f(b)=a$。确定下列谓词公式在解释 I 下的真值。

(1) $\forall x \exists y P(x,y)$。

(2) $\exists x \forall y P(f(x),y)$。

(3) $\forall x \forall y P(x,f(y))$。

(4) $\exists x \exists y(P(x,y) \rightarrow \neg P(y,x))$。

10. 计算下列各式的真值，其中 D 为论域。

(1) $\forall x(P(x) \vee Q(x)) \wedge R(2)$。解释：$D=\{1,2,3\}$；$P(x):2x+1=3$；$Q(x):x$ 是

奇数；$R(x):x<3$。

(2) $\forall x(P\rightarrow Q(x))\vee R(a)$。解释：$D=\{-2,3,6\}$；$P:2>1$；$Q(x):x\leqslant3$；$R(x):x\geqslant6$；$a=3$。

(3) $\exists x(P(x)\rightarrow Q(x))\wedge1$。解释：$D=\{1,2\}$；$P(x):x>2$；$Q(x):x=0$。

11. 设 $G=\exists xP(x)\rightarrow\forall xP(x)$。

(1) 设解释 I 的个体域 D 是单元素集，计算 G 在解释 I 下的真值。

(2) 设 $D=\{a,b\}$，找出一个 D 上的解释 I，使 G 在解释 I 下取值为"假"。

(3) 设 $D=\{a,b\}$，找出一个 D 上的解释 I，使 G 在解释 I 下取值为"真"。

12. 判断下列证明是否正确。如果不正确，请改正。

(1) $\forall x(P(x)\rightarrow Q(x))$

$=\forall x(\neg P(x)\vee Q(x))$ （第一步）

$=\forall x\neg(P(x)\wedge\neg Q(x))$ （第二步）

$=\neg\exists x(P(x)\wedge\neg Q(x))$ （第三步）

$=\neg(\exists xP(x)\wedge\exists x\neg Q(x))$ （第四步）

$=\neg\exists xP(x)\vee\forall xQ(x)$ （第五步）

$=\exists xP(x)\rightarrow\forall xQ(x)$。 （第六步）

(2) $\forall x(P(x)\vee Q(x))\rightarrow(\forall xP(x)\vee\forall yQ(y))$

$=\neg\forall x(P(x)\vee Q(x))\vee(\forall xP(x)\vee\forall yQ(y))$ （第一步）

$=\exists x(\neg P(x)\wedge\neg Q(x))\vee\forall xP(x)\vee\forall yQ(y)$ （第二步）

$=(\exists x\neg P(x)\wedge\exists x\neg Q(x))\vee(\forall xP(x)\vee\forall yQ(y))$ （第三步）

$=(\forall xP(x)\vee\forall yQ(y)\vee\exists x\neg P(x))\wedge(\forall xP(x)\vee\forall yQ(y)\vee\exists x\neg Q(x))$

（第四步）

$=(\forall xP(x)\vee\forall yQ(y)\vee\neg\forall xP(x))\wedge(\forall xP(x)\vee\forall yQ(y)\vee\neg\forall xQ(x))$

（第五步）

$=1\wedge1=1$。 （第六步）

(3) $\forall x(P(x)\vee Q(x))\rightarrow(\forall xP(x)\vee\forall yQ(y))$

$=\neg\forall x(P(x)\vee Q(x))\vee(\forall xP(x)\vee\forall yQ(y))$ （第一步）

$=\neg(\forall xP(x)\vee\forall xQ(x))\vee(\forall xP(x)\vee\forall yQ(y))$ （第二步）

$=\neg(\forall xP(x)\vee\forall xQ(x))\vee(\forall xP(x)\vee\forall xQ(x))$ （第三步）

$=1$。 （第四步）

(4) $\exists x(P(x)\wedge Q(x))\rightarrow(\forall xP(x)\wedge\forall yQ(y))$

$=\neg\exists x(P(x)\wedge Q(x))\vee(\forall xP(x)\wedge\forall yQ(y))$ （第一步）

$=\forall x(\neg P(x)\vee\neg Q(x))\vee\forall x(P(x)\wedge Q(x))$ （第二步）

$=\forall x((\neg P(x)\vee\neg Q(x))\vee(P(x)\wedge Q(x)))$ （第三步）

$=\forall x(\neg(P(x)\wedge Q(x))\vee(P(x)\wedge Q(x)))$ （第四步）

$=1$。 （第五步）

13. 判断下列谓词公式的类型。

(1) $\forall xP(x)\rightarrow\exists xP(x)$。

(2) $\exists x\forall yP(x,y)\rightarrow\forall y\exists xP(x,y)$。

(3) $\neg(P(x)\rightarrow\forall y(G(x,y)\rightarrow P(x)))$。

(4) $\neg\forall x(P(x)\rightarrow\forall yQ(y))\wedge\forall yQ(y)$。

（5）$\exists xP(x)\rightarrow\forall xP(x)$。

（6）$\forall x\,\exists yP(x,y)\rightarrow\exists x\,\forall yP(x,y)$。

14. 证明下列等价关系。

（1）$\forall x\,\forall y(P(x)\vee Q(y))=\forall xP(x)\vee\forall yQ(y)$。

（2）$\exists x\,\exists y(P(x)\wedge Q(y))=\exists xP(x)\wedge\exists yQ(y)$。

（3）$\neg\exists y\,\forall xP(x,y)=\forall y\,\exists x\neg P(x,y)$。

（4）$\neg\exists x(P(x)\wedge Q(x))=\forall x(P(x)\rightarrow\neg Q(x))$。

（5）$\exists x\,\exists y(P(x)\rightarrow Q(y))=\forall xP(x)\rightarrow\exists yQ(y)$。

（6）$\forall x\,\forall y(P(x)\rightarrow Q(y))=\exists xP(x)\rightarrow\forall yQ(y)$。

15. 化简下列谓词公式。

（1）$\forall x(P(x)\rightarrow Q(x))\rightarrow\exists y(P(y)\rightarrow\neg Q(y))$。

（2）$\exists x(P(x)\rightarrow Q(x))\leftrightarrow\forall xP(x)\rightarrow\exists xQ(x)$。

（3）$\forall x\,\forall y(P(x,y)\wedge Q(x,y)\rightarrow P(x,y))$。

（4）$\neg(\exists xP(x)\wedge\forall yQ(y))\rightarrow(\neg\exists xP(x)\vee(\exists xP(x)\rightarrow\forall yQ(y)))$。

16. 求下述谓词公式的前束范式和斯科伦范式。

（1）$\forall xP(x)\wedge\neg\exists xQ(x)$。

（2）$\forall xP(x)\vee\neg\exists xQ(x)$。

（3）$\forall x(P(x)\rightarrow Q(x,y))\rightarrow(\exists yR(y)\rightarrow\exists zS(y,z))$。

（4）$\forall x(P(x)\rightarrow\exists yQ(x,y))$。

（5）$\forall x(P(x)\rightarrow\exists yQ(x,y))\vee\forall xR(x,y)$。

（6）$\forall xP(x,y)\rightarrow\exists yQ(x,y)$。

17. 指出下列演绎中的错误，并给出正确的推理过程。

（1）① $P(x)\rightarrow Q(c)$ P

   ② $\exists x(P(x)\rightarrow Q(x))$ EG

（2）① $\forall x(P(x)\rightarrow Q(x))$ P

   ② $P(c)\rightarrow Q(c)$ UI，①

   ③ $\exists x\,\neg Q(x)$ P

   ④ $\neg Q(c)$ EI，③

   ⑤ $\neg P(c)$ T，②，④

   ⑥ $\neg\forall xP(x)$ UG，⑤

（3）① $\forall x(P(x)\rightarrow Q(x))$ P

   ② $P(c)\rightarrow Q(c)$ UI，①

   ③ $\exists xP(x)$ P

   ④ $P(d)$ EI，③

   ⑤ $Q(c)$ T，②，④

   ⑥ $\exists xQ(x)$ UG，⑤

（4）① $\exists xQ(x)$ P

   ② $Q(c)$ EI，①

   ③ $\forall xP(x)$ P

   ④ $P(c)$ UI，③

   ⑤ $P(c)\wedge Q(c)$ T，②，④

⑥ $\forall x(P(x) \wedge Q(x))$ UG，⑤

18. 设论域 $D=\{1,2,3\}$，验证下列推理定律成立。

(1) $\forall x P(x) \vee \forall x Q(x) \Rightarrow \forall x(P(x) \vee Q(x))$。

(2) $\exists x(P(x) \wedge Q(x)) \Rightarrow \exists x P(x) \wedge \exists x Q(x)$。

19. 给出下列推理的具体过程。

(1) $\forall x(\neg P(x) \rightarrow Q(x))$，$\forall x \neg Q(x) \Rightarrow \exists x P(x)$。

(2) $\neg(\exists x P(x) \wedge Q(c)) \Rightarrow \exists x P(x) \rightarrow \neg Q(c)$。

(3) $\exists x P(x) \rightarrow \forall y((P(y) \vee Q(y)) \rightarrow R(y))$，$\exists x P(x) \Rightarrow \exists x R(x)$。

(4) $\forall x(P(x) \rightarrow (Q(x) \wedge R(x)))$，$\exists x P(x) \Rightarrow \exists x(P(x) \wedge R(x))$。

20. 先计算下列蕴涵式的斯科伦范式，然后用消解原理证明其正确性。

(1) $\forall x(P(x) \rightarrow Q(x)) \Rightarrow \forall x(\exists y(P(y) \wedge R(x,y)) \rightarrow \exists y(Q(y) \wedge R(x,y)))$。

(2) $\exists x P(x) \rightarrow \forall x((P(x) \vee Q(x)) \rightarrow R(x))$，$\exists x P(x)$，$\exists x Q(x) \Rightarrow \exists x \exists y(R(x) \wedge R(y))$。

21. 使用谓词、量词和逻辑联结词表达下列系统规范说明。

(1) 如果磁盘有 10 MB 以上的可用空间，那么至少能保存一条邮件消息。

(2) 每当有主动报警时，所有排队的消息都被传送。

(3) 诊断监控器跟踪所有系统的状态，除了主控制台。

(4) 对参与电话会议的每一方，不在特殊列表上的主叫方应当付费。

22. 将下列命题符号化，并用演绎法证明其论断是否正确。

(1) 每个在学校读书的人都获得知识。所以如果没有人获得知识就没有人在学校读书。

(2) 每一个实数不是无理数就是有理数；实数是无理数当且仅当它是无限不循环小数；并不是所有的实数都是无限不循环小数。因此，有的实数是有理数。

(3) 每个作家都很高明；不能刻画人们内心世界的人都不是诗人；莎士比亚创作了《哈姆雷特》；不是作家就不能够刻画人们的内心世界；只有诗人才能创作《哈姆雷特》。因此，莎士比亚是一个高明的作家。

(4) 每个大学生都是刻苦学习的；每个刻苦学习并且聪明的大学生都能取得好成绩；有的大学生是聪明的。所以有的大学生能够取得好成绩。

(5) 每个选择"离散数学"课程的大学生都喜欢证明；有的大学生选择"离散数学"课程但不做微积分题目。所以有的大学生喜欢证明但从来不做微积分题目。

(6) 每位资深名士或是中科院院士或是国务院参事；所有的资深名士都是政协委员；张大为是资深名士，但他不是中科院院士。因此，有的政协委员是国务院参事。

23. 设 $P(x,y)$ 是定义在论域 $D=\{d_1, d_2, \cdots, d_n\}$ 上的谓词函数，设计程序，判断下列合式公式的真值：

(1) $\forall x \forall y P(x,y)$；

(2) $\exists x \forall y P(x,y)$。

24. "AI+"实践：请尝试用 3 个以上不同的大模型工具，使用离散数学的方法来解决第 22 题中的问题(6)，并比较和评价大模型工具给出的答案。对于不正确的答案，请指出哪些地方存在错误；对于正确的答案，请选出解法最简洁、思路最明确的那个。

第 4 章
二元关系

第 4 章导读

关系理论最早出现于《集合论基础》(豪斯多夫于 1914 年编著)的序型理论中，它与集合论、数理逻辑以及组合学、图论、布尔代数等都有很密切的联系。从 20 世纪 70 年代开始，关系理论与拓扑学甚至线性代数也产生了多方面的联系。

关系作为日常生活和数学中的一个基本概念，已经为我们所熟知。例如，日常生活中的父子关系、兄妹关系、师生关系、商品与用户的关系等，数学中的相等关系、图形的相似全等关系、集合的包含关系等。在某种意义上，关系可以被理解为有联系的一些对象之间的比较行为，而根据比较结果来执行不同任务的能力是计算机重要的属性之一。

关系理论不仅在日常生活与数学领域有很大作用，而且广泛地应用于计算机科学与技术领域。例如，计算机程序的输入、输出关系和以关系为核心的关系数据库要用到关系理论；关系常被用于分析程序段的语法，表示信息之间的联系以实现信息检索；关系理论是数据结构、情报检索、数据库、算法分析、计算机理论等计算机学科的数学工具；划分等价类的思想可用在求网络的最小生成树等图的算法中。

本章主要介绍关系的定义及相关概念，关系的各种运算，关系的性质及其判断与证明方法，以及关系的闭包运算。

本章思维导图

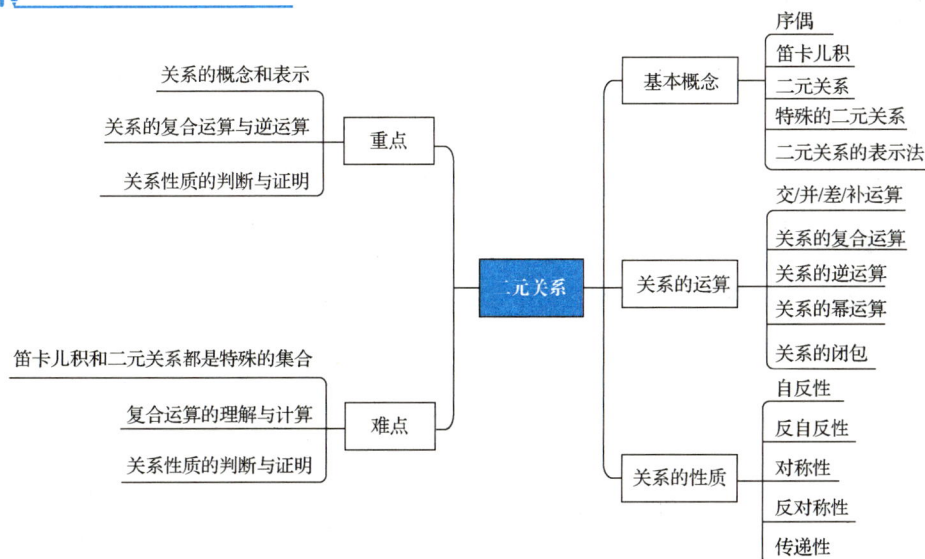

关系的概念和表示
关系的复合运算与逆运算 —— 重点
关系性质的判断与证明

笛卡儿积和二元关系都是特殊的集合
复合运算的理解与计算 —— 难点
关系性质的判断与证明

二元关系

基本概念
- 序偶
- 笛卡儿积
- 二元关系
- 特殊的二元关系
- 二元关系的表示法

关系的运算
- 交/并/差/补运算
- 关系的复合运算
- 关系的逆运算
- 关系的幂运算
- 关系的闭包

关系的性质
- 自反性
- 反自反性
- 对称性
- 反对称性
- 传递性

历史人物

豪斯多夫

个人成就

德国数学家，一般拓扑的奠基人，主要著作是《集合论基础》。豪斯多夫对现代数学的形成和发展起着重要作用，现代数学中的某些术语是以豪斯多夫的名字命名的，如豪斯多夫公理、豪斯多夫空间、豪斯多夫距离等。

人物介绍

科　德

个人成就

英国计算机科学家，关系数据库之父，图灵奖获得者，参加了IBM 第一台科学计算机 701、第一台大型晶体管计算机STRETCH 的逻辑设计。科德的主要贡献是科德十二定律、科德Cellular 机器人、数据库正规化。

人物介绍

笛卡儿

个人成就

法国哲学家、数学家、物理学家，解析几何之父，西方近代哲学奠基人之一，近代科学的始祖。笛卡儿最杰出的成就是在数学上创立了解析几何，从而打开了近代数学的大门，这在科学史上具有划时代的意义。

人物介绍

4.1　二元关系及其表示

4.1.1　序偶和笛卡儿积

在日常生活中，许多事物都是按照一定次序成对出现的，例如，左、右，中国的首都是北京，平面上一个点的横、纵坐标，等等。这种按照一定次序成对出现的有序偶对被称为序偶，下面给出具体定义。

微课视频

定义 4.1　由两个元素 x 和 y 按照一定的次序组成的二元组被称为有序偶对，简称序偶（Ordered Couple），记作 $\langle x,y \rangle$，读作"序偶 x,y"。其中，x 称为 $\langle x,y \rangle$ 的第一元素，y 称为 $\langle x,y \rangle$ 的第二元素。

例如，中国的首都是北京可以用序偶 $\langle$中国,北京$\rangle$ 表示，李玲是李华的女儿可以用序偶 $\langle$李玲,李华$\rangle$ 表示，而李华是李玲的女儿应该表示为 $\langle$李华,李玲$\rangle$。显然，序偶 $\langle$李玲,李华$\rangle$ 和 $\langle$李华,李玲$\rangle$ 中的元素是相同的，但因为顺序不同，所以表达的关系完全不一样。那怎么确定两个序偶相等呢？下面给出序偶相等的定义。

定义 4.2　给定序偶 $\langle a,b \rangle$ 和 $\langle c,d \rangle$，如果 $a=c$，$b=d$，则 $\langle a,b \rangle = \langle c,d \rangle$。

例 4.1　x 和 y 取何值时，序偶 $\langle x+y,4 \rangle$ 与 $\langle 5,2x-y \rangle$ 相等？

分析　根据序偶相等的定义，构建一个二元一次方程组，解此方程组即可。

解　根据定义 4.2，有 $x+y=5$，$2x-y=4$，解此二元一次方程组得 $x=3$，$y=2$。即当 $x=3$，$y=2$ 时，序偶 <$x+y$,4> 与 <5,$2x-y$> 相等。

推广序偶的思想，可以定义任意 n 个元素的有序序列。

由 n 个元素 $a_1,a_2,\cdots,a_n$ 按照一定次序组成的 n 元组被称为 n 重有序组，记作 $\langle a_1, a_2,\cdots,a_n \rangle$。

例如，中国北京天安门广场可用 3 重有序组表示为 $\langle$中国,北京,天安门广场$\rangle$。

同样，可以定义两个 n 重有序组相等，即给定 n 重有序组 $\langle a_1,a_2,\cdots,a_n \rangle$ 和 $\langle b_1,b_2, \cdots,b_n \rangle$，如果 $a_i=b_i,i=1,2,\cdots,n$，则 $\langle a_1,a_2,\cdots,a_n \rangle = \langle b_1,b_2,\cdots,b_n \rangle$。

将序偶与集合联系起来，可以得到笛卡儿积的定义。

定义 4.3　设 A 和 B 是两个集合，则

$$A \times B = \{ \langle x,y \rangle \mid x \in A \wedge y \in B \} \tag{4-1}$$

为集合 A 与 B 的笛卡儿积（Cartesian Product）。

注意

笛卡儿积的计算及性质

(1) A 与 B 的笛卡儿积是以序偶为元素的集合。

(2) 序偶的第一元素遍历 A 中的元素，第二元素遍历 B 中的元素。

(3) 当集合 A 和 B 都是有限集时，$|A \times B| = |B \times A| = |A| \times |B|$。

(4) 两个集合的笛卡儿积不满足交换律。

(5) $A \times B = \varnothing \Leftrightarrow A = \varnothing \vee B = \varnothing$。

例 4.2 设 $A=\{a\}$，$B=P(A)$，$C=\varnothing$，$D=\{0,1,4\}$，请分别写出下列笛卡儿积中的元素。

(1) $A\times B$，$B\times A$。

(2) $A\times C$，$C\times A$。

(3) $A\times(B\times D)$，$(A\times B)\times D$。

分析 因为 B 中元素并未直接给出，所以需要先计算 $B=P(A)$ 的结果，然后根据"笛卡儿积的计算及性质"直接计算 $A\times B$，其他可以照此计算。注意，对于 $A\times(B\times D)$ 和 $(A\times B)\times D$，需要先分别算出 $B\times D$ 和 $A\times B$ 中的元素。

解 $B=P(A)=\{\varnothing,\{a\}\}$。

(1) $A\times B=\{\langle a,\varnothing\rangle,\langle a,\{a\}\rangle\}$，$B\times A=\{\langle\varnothing,a\rangle,\langle\{a\},a\rangle\}$。

(2) $A\times C=\varnothing$，$C\times A=\varnothing$。

(3) 因为 $B\times D=\{\langle\varnothing,0\rangle,\langle\varnothing,1\rangle,\langle\varnothing,4\rangle,\langle\{a\},0\rangle,\langle\{a\},1\rangle,\langle\{a\},4\rangle\}$，所以 $A\times(B\times D)=\{\langle a,\langle\varnothing,0\rangle\rangle,\langle a,\langle\varnothing,1\rangle\rangle,\langle a,\langle\varnothing,4\rangle\rangle,\langle a,\langle\{a\},0\rangle\rangle,\langle a,\langle\{a\},1\rangle\rangle,\langle a,\langle\{a\},4\rangle\rangle\}$。

同理，$(A\times B)\times D=\{\langle\langle a,\varnothing\rangle,0\rangle,\langle\langle a,\varnothing\rangle,1\rangle,\langle\langle a,\varnothing\rangle,4\rangle,\langle\langle a,\{a\}\rangle,0\rangle,\langle\langle a,\{a\}\rangle,1\rangle,\langle\langle a,\{a\}\rangle,4\rangle\}$。

显然，笛卡儿积不满足交换律，也不满足结合律。

定理 4.1 设 A,B,C 是任意 3 个集合，则

(1) $A\times(B\cup C)=(A\times B)\cup(A\times C)$；

(2) $(B\cup C)\times A=(B\times A)\cup(C\times A)$；

(3) $A\times(B\cap C)=(A\times B)\cap(A\times C)$；

(4) $(B\cap C)\times A=(B\times A)\cap(C\times A)$。

分析 显然要证明的 4 个等式两端都是集合，因此，根据"集合与集合关系的判定与证明方法"直接证明即可。

证明 (1) $\forall\langle x,y\rangle$，$\langle x,y\rangle\in A\times(B\cup C)$

$$\Leftrightarrow x\in A\wedge y\in B\cup C \qquad\text{（笛卡儿积的定义）}$$
$$\Leftrightarrow x\in A\wedge(y\in B\vee y\in C) \qquad\text{（并运算的定义）}$$
$$\Leftrightarrow(x\in A\wedge y\in B)\vee(x\in A\wedge y\in C) \qquad\text{（分配律）}$$
$$\Leftrightarrow\langle x,y\rangle\in A\times B\vee\langle x,y\rangle\in A\times C \qquad\text{（笛卡儿积的定义）}$$
$$\Leftrightarrow\langle x,y\rangle\in(A\times B)\cup(A\times C)， \qquad\text{（并运算的定义）}$$

于是有 $A\times(B\cup C)=(A\times B)\cup(A\times C)$。

(2)、(3)、(4) 的证明作为练习，请读者自证。

定理 4.2 设 A 和 B 是任意两个集合，C 和 D 是任意两个非空集合，则 $A\times B\subseteq C\times D\Leftrightarrow A\subseteq C,B\subseteq D$。

分析 该定理的证明分为两个方面：充分性和必要性。但不管是充分性还是必要性，都是证明两个集合的包含关系，因此可以根据"集合与集合关系的判定与证明方法"直接证明。

证明 充分性"$\Leftarrow$"：

$\forall\langle x,y\rangle$，

微课视频

$\langle x,y \rangle \in A \times B \Rightarrow x \in A, y \in B,$ （笛卡儿积的定义）

$A \subseteq C, B \subseteq D \Rightarrow x \in C, y \in D,$ （集合包含的定义）

$\Rightarrow \langle x,y \rangle \in C \times D,$ （笛卡儿积的定义）

$\Rightarrow A \times B \subseteq C \times D.$ （集合包含的定义）

必要性"$\Rightarrow$"：

$\forall x, \forall y,$

$x \in A, y \in B \Rightarrow \langle x,y \rangle \in A \times B,$ （笛卡儿积的定义）

$A \times B \subseteq C \times D \Rightarrow \langle x,y \rangle \in C \times D,$ （集合包含的定义）

$\Rightarrow x \in C, y \in D,$ （笛卡儿积的定义）

$\Rightarrow A \subseteq C, B \subseteq D.$ （集合包含的定义）

综上所述，定理成立。

事实上，利用 n 重有序组，可以将两个集合的笛卡儿积推广到 n 个集合的笛卡儿积。

定义 4.4 设 $A_1, A_2, \cdots, A_n$ 是 n 个集合，则

$$A_1 \times A_2 \times \cdots \times A_n = \{\langle a_1, a_2, \cdots, a_n \rangle \mid a_i \in A_i \wedge i \in \{1, 2, \cdots, n\}\} \qquad (4\text{-}2)$$

为集合 $A_1, A_2, \cdots, A_n$ 的**笛卡儿积**。

当 $A_1 = A_2 = \cdots = A_n = A$ 时，可记 $A_1 \times A_2 \times \cdots \times A_n = A^n$。

显然，当集合 $A_1, A_2, \cdots, A_n$ 是有限集时，$|A_1 \times A_2 \times \cdots \times A_n| = |A_1| \times |A_2| \times \cdots \times |A_n|$。

4.1.2 关系的定义

假设 $A = \{1, 4\}, B = \{a, b\}, R = \{\langle 1, a \rangle, \langle 1, b \rangle, \langle 4, b \rangle\}$，则 R 与 $A \times B$ 具有怎样的关系呢？

因为 $A \times B = \{\langle 1, a \rangle, \langle 1, b \rangle, \langle 4, a \rangle, \langle 4, b \rangle\}$，所以根据子集的定义，$R$ 是 $A \times B$ 的一个子集。但从本小节开始，这个子集 R 将有一个新的名称——**二元关系**。下面给出二元关系的具体定义。

定义 4.5 设 A 和 B 为两个非空集合，称 $A \times B$ 的任意子集 R 为从 A 到 B 的一个**二元关系**，简称**关系**，记作 $R: A \to B$。如果 $A = B$，则称 R 为 A 上的一个二元关系，记作 $R: A \to A$。

序偶 $\langle x, y \rangle \in R$，可记作 xRy，读作"x 对 y 有关系 R"；序偶 $\langle x, y \rangle \notin R$，可记作 $x\cancel{R}y$，读作"x 对 y 没有关系 R"。

解题小贴士

给定集合是否为从 A 到 B 的一个关系的判断方法

（1）计算 $A \times B$。

（2）判断给定集合是否为 $A \times B$ 的子集。

例 4.3 假设 $A = \{1, 4\}$，$B = \{a, b\}$，判断下列集合是否为从 A 到 B 的一个关系。

（1）$S_1 = \{\langle 3, b \rangle\}$。

（2）$S_2 = \{\langle 1, a \rangle, \langle 4, a \rangle, \langle 1, b \rangle, \langle 4, b \rangle\}$。

分析 按照"给定集合是否为从 A 到 B 的一个关系的判断方法"判断即可。

解 $A \times B = \{\langle 1, a \rangle, \langle 1, b \rangle, \langle 4, a \rangle, \langle 4, b \rangle\}$。

（1）S_1 不是 $A \times B$ 的子集，从而 S_1 不是从 A 到 B 的一个关系。

（2）S_2 是 $A \times B$ 的子集，从而 S_2 是从 A 到 B 的一个二元关系。

例 4.4 假设 $A = \{1,2\}$，判断下列集合是否为 A 上的关系。

（1）$T_1 = \varnothing$。

（2）$T_2 = A \times A$。

（3）$T_3 = \{\langle 1,1 \rangle, \langle 2,2 \rangle\}$。

（4）$T_4 = \{\langle 1,1 \rangle, \langle 1,2 \rangle\}$。

（5）$T_5 = \{\langle 1,1 \rangle, \langle 2,2 \rangle, \langle 2,1 \rangle, \langle \langle 1,1 \rangle, 1 \rangle\}$。

分析 略。

解 $A \times A = \{\langle 1,1 \rangle, \langle 1,2 \rangle, \langle 2,1 \rangle, \langle 2,2 \rangle\}$。显然 T_1, T_2, T_3, T_4 都是 $A \times A$ 的子集，T_5 不是 $A \times A$ 的子集，从而 T_1, T_2, T_3, T_4 都是 A 上的关系，T_5 不是 A 上的关系。

特别指出，当 $R = \varnothing$ 时，称 R 为**空关系**，如例 4.4 中的 T_1。

当 $R = A \times B$ 时，称 R 为从 A 到 B 的**全关系**，如例 4.4 中的 T_2。

当 $R = I_A = \{\langle x,x \rangle \mid x \in A\}$ 时，称 I_A 为 A 上的**恒等关系**，如例 4.4 中的 T_3。

例 4.5 假设 $A = \{b\}$，$B = \{c,d\}$，写出从 A 到 B 的所有关系。

分析 由定义 4.5 知，写出从 A 到 B 的所有关系就是写出 $A \times B$ 的所有子集。

解 因为 $A \times B = \{\langle b,c \rangle, \langle b,d \rangle\}$，所以从 A 到 B 的所有关系为 $\varnothing$，$\{\langle b,c \rangle\}$，$\{\langle b,d \rangle\}$，$\{\langle b,c \rangle, \langle b,d \rangle\}$ 共 4 个。

事实上，利用 n 重有序组，可将二元关系推广到 n 元关系。下面给出 n 元关系的定义。

定义 4.6 设 $A_1, A_2, \cdots, A_n$ 为 n 个非空集合，则称 $A_1 \times A_2 \times \cdots \times A_n$ 的子集 R 为以 $A_1 \times A_2 \times \cdots \times A_n$ 为**基的 n 元关系**。

例如，表 4.1 所示的学生学籍信息表就是一个四元关系。

表 4.1

姓名	性别	学号	专业
张扬	男	4019091601	数字媒体技术
刘丽	女	4019091604	计算机科学与技术
李强	男	4019091603	计算机科学与技术
王琳	女	4019091604	软件工程

在 n 元关系中，最常用的是二元关系，因此，在本书中如果没有特别指出，所涉及的关系均指二元关系。

4.1.3 关系的表示法

假设 A 和 B 分别是父亲集合和儿子集合，其中 $A = \{$李华，王云，陈庆$\}$，$B = \{$李美，李想，王良，王珊$\}$，李华的儿子是李美、李想，王云的儿子是王良、王珊，陈庆的儿子是陈凌，但不在集合 B 中。我们可以用序偶来表示他们的父子关系，如 $\langle$李华，李美$\rangle$。从而，$\{\langle$李华，李美$\rangle, \langle$李华，李想$\rangle, \langle$王云，王良$\rangle, \langle$王云，王珊$\rangle\}$ 就是从 A 到 B 的父子关系。这种表示关系的方法是**集合**的列举法。

微课视频

事实上，我们还可以用集合的描述法来表示从 A 到 B 的父子关系，即 $\{\langle x, y \rangle \mid x$ 是 y 的父亲 $\land x \in A \land y \in B\}$。

下面再介绍两种关系的表示方法。

1. 关系图

从 A 到 B 的关系 R 的**关系图**（Relation Graph）是 $G_R = \langle V, E \rangle$，其中 V 是结点集，E 是边集。任意 $a_i \in A$，$b_j \in B$，如果 $\langle a_i, b_j \rangle \in R$，则在 R 的关系图中有一条从 a_i 到 b_j 的有向边。

微课视频

下面分两种情况具体说明关系图的画法。

（1）$A \neq B$

设 $A = \{a_1, a_2, \cdots, a_n\}$，$B = \{b_1, b_2, \cdots, b_m\}$，$R$ 是从 A 到 B 的一个关系，则 R 的关系图画法规定如下。

① 设 $a_1, a_2, \cdots, a_n$ 和 $b_1, b_2, \cdots, b_m$ 分别为图中的结点，用"○"表示。

② 如果 $\langle a_i, b_j \rangle \in R$，则 a_i 和 b_j 可用一条从 a_i 到 b_j 的有向边 $a_i \circ\!\!\longrightarrow\!\! b_j$ 相连。

（2）$A = B$

设 $A = B = \{a_1, a_2, \cdots, a_n\}$，$R$ 是 A 上的一个关系，则 R 的关系图画法规定如下。

① 设 $a_1, a_2, \cdots, a_n$ 为图中的结点，用"○"表示。

② 如果 $\langle a_i, a_j \rangle \in R$，则 a_i 和 a_j 可用一条从 a_i 到 a_j 的有向边 $a_i \circ\!\!\longrightarrow\!\! a_j$ 相连。

③ 如果 $\langle a_i, a_i \rangle \in R$，则用一个带箭头的小圆圈 $a_i \circlearrowleft$ 表示。

例 4.6 用关系图表示下列关系。

（1）设 $A = \{$李华, 王云, 陈庆$\}$，$B = \{$李美, 李想, 王良, 王珊$\}$，父子关系 $R = \{\langle$李华, 李美$\rangle, \langle$李华, 李想$\rangle, \langle$王云, 王良$\rangle, \langle$王云, 王珊$\rangle\}$。

（2）设 $A = \{1, 2, 3, 4\}$，A 上的大于或等于关系 $S = \{\langle 1, 1 \rangle, \langle 2, 2 \rangle, \langle 3, 3 \rangle, \langle 4, 4 \rangle, \langle 2, 1 \rangle, \langle 3, 1 \rangle, \langle 4, 1 \rangle, \langle 3, 2 \rangle, \langle 4, 2 \rangle, \langle 4, 3 \rangle\}$。

分析 用关系图表示给定关系时，首先需要区别是从 A 到 B 的关系，还是 A 上的关系，然后分别按照规定画出即可。

解 关系 R 和 S 的关系图分别如图 4.1 和图 4.2 所示。

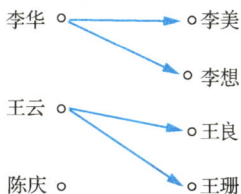

图 4.1

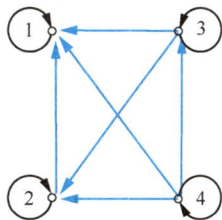

图 4.2

> **注意**
>
> （1）对于无边相连的结点，如图 4.1 中的结点"陈庆"，不能从关系图中删掉。
>
> （2）给定关系的集合表示法中的序偶与关系图表示法中的有向边是一一对应的。

例 4.7 用集合表示法表示图 4.3 中用关系图表示的关系 R，并指出 R 的基。

分析 将图 4.3 中的每一条有向边转换为序偶即可。另外，根据定义 4.6，包含 R 的笛卡儿积即为 R 的基。

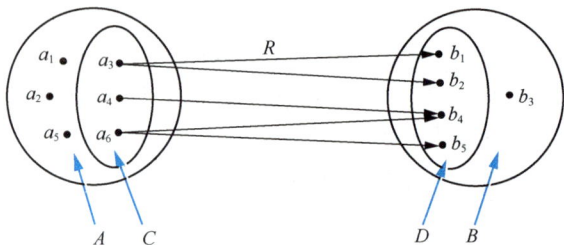

图 4.3

解 由图 4.3 可得，$R = \{\langle a_3, b_1 \rangle, \langle a_3, b_2 \rangle, \langle a_4, b_4 \rangle, \langle a_6, b_4 \rangle, \langle a_6, b_5 \rangle\}$，$A = \{a_1, a_2, a_3, a_4, a_5, a_6\}$，$B = \{b_1, b_2, b_3, b_4, b_5\}$，$C = \{a_3, a_4, a_6\}$，$D = \{b_1, b_2, b_4, b_5\}$。显然有 $R \subseteq C \times D \subseteq A \times B$，因此，$R$ 是以 $C \times D$ 为基的二元关系，也是以 $A \times B$ 为基的二元关系。

事实上，在例 4.7 中，有 $C = \{x \mid \langle x, y \rangle \in R\} \subseteq A$，$D = \{y \mid \langle x, y \rangle \in R\} \subseteq B$，此时，$A$ 称为 R 的前域，B 称为 R 的后域，C 称为 R 的定义域（Domain），记作 $C = \mathrm{dom}R$，D 称为 R 的值域（Range），记作 $D = \mathrm{ran}R$，$\mathrm{fld}R = \mathrm{dom}R \cup \mathrm{ran}R$ 称为 R 的域（Field）。

例 4.8 设 $A = \{1, 2, 4, 8\}$，R 是 A 上的小于关系。写出 R 的元素，画出 R 的关系图，并求出 R 的定义域、值域和域。

分析 根据对应的定义直接完成即可。

解 由题意可得 $R = \{\langle 1, 2 \rangle, \langle 1, 4 \rangle, \langle 1, 8 \rangle, \langle 2, 4 \rangle, \langle 2, 8 \rangle, \langle 4, 8 \rangle\}$，关系图如图 4.4 所示。$\mathrm{dom}R = \{x \mid \langle x, y \rangle \in R\} = \{1, 2, 4\}$，$\mathrm{ran}R = \{y \mid \langle x, y \rangle \in R\} = \{2, 4, 8\}$，$\mathrm{fld}R = \mathrm{dom}R \cup \mathrm{ran}R = \{1, 2, 4, 8\}$。

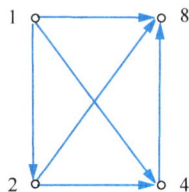

例 4.9 设 $H = \{f, m, s, d\}$ 表示一个家庭中父、母、子、女（与 H 中元素的顺序对应）4 个人的集合。试确定 H 上的一个长幼关系 R_H，指出该关系的定义域、值域和域。

图 4.4

分析 长幼关系 R_H 中有父子、母子、父女和母女 4 个元素；R_H 的定义域、值域和域按定义直接可得。

解 $R_H = \{\langle f, s \rangle, \langle f, d \rangle, \langle m, s \rangle, \langle m, d \rangle\}$，$\mathrm{dom}R_H = \{f, m\}$，$\mathrm{ran}R_H = \{s, d\}$，$\mathrm{fld}R_H = \{f, m, s, d\}$。

集合表示法简洁、清晰，关系图表示法形象、直观。但是，这两种表示方法并不擅长表示复杂关系，也不利于计算机处理。下面引入一种新的关系表示法——关系矩阵，这种表示方法非常适合计算机进行处理。

2. 关系矩阵

设 $A = \{a_1, a_2, \cdots, a_m\}$，$B = \{b_1, b_2, \cdots, b_n\}$，$R$ 是从 A 到 B 的一个二元关系，称矩阵 $\boldsymbol{M}_R = (m_{ij})_{m \times n}$ 为关系 R 的关系矩阵（Relation Matrix），其中

$$m_{ij} = \begin{cases} 1, & \langle a_i, b_j \rangle \in R, \\ 0, & \langle a_i, b_j \rangle \notin R \end{cases} \quad (i=1,2,\cdots,m; \ j=1,2,\cdots,n)。 \quad (4-3)$$

M_R 又被称为 R 的**邻接矩阵**(Adjacency Matrix)。

显然,关系矩阵是 0-1 矩阵,从而关系矩阵是**布尔矩阵**(Boolean Matrix)。

注意

元素 a_i, b_j 的排列顺序不同,相应的关系矩阵表示形式也不一样,但元素间的关系不会改变。通常情况下,不改变给定集合中的元素顺序。

例 4.10 用关系矩阵表示例 4.6 中的关系。

分析 由式(4-3)可知,集合 A 与 B 中的元素分别对应关系矩阵的行元素和列元素,如果对应的行元素与列元素组成的序偶在关系 R 中,则关系矩阵对应位置的元素为 1,否则为 0。

解 设 R 和 S 的关系矩阵分别为 M_R 与 M_S,则有

$$M_R = \begin{pmatrix} 1 & 1 & 0 & 0 \\ 0 & 0 & 1 & 1 \\ 0 & 0 & 0 & 0 \end{pmatrix}, \quad M_S = \begin{pmatrix} 1 & 0 & 0 & 0 \\ 1 & 1 & 0 & 0 \\ 1 & 1 & 1 & 0 \\ 1 & 1 & 1 & 1 \end{pmatrix}。$$

注意

关系矩阵 M_R 中 1 的数量与 R 中的序偶数量是相等的。

例 4.11 设 $A = \{1,2\}$,考虑 $P(A)$ 上的包含关系 R 和真包含关系 S。

(1)写出 R 和 S 中的所有元素。

(2)写出 R 和 S 的关系矩阵。

分析 首先计算 $P(A)$,然后根据集合的包含和真包含的定义分别写出 R 与 S 中的元素,最后按照列出的 $P(A)$ 中的元素顺序分别写出 R 和 S 的关系矩阵。

解 (1)因为 $P(A) = \{\varnothing, \{1\}, \{2\}, \{1,2\}\}$,所以

$R = \{\langle x,y \rangle \mid x \in P(A), y \in P(A), y \supseteq x\} = \{\langle \varnothing, \varnothing \rangle, \langle \{1\}, \varnothing \rangle, \langle \{2\}, \varnothing \rangle, \langle \{1,2\}, \varnothing \rangle, \langle \{1\}, \{1\} \rangle, \langle \{1,2\}, \{1\} \rangle, \langle \{2\}, \{2\} \rangle, \langle \{1,2\}, \{2\} \rangle, \langle \{1,2\}, \{1,2\} \rangle\}$,

$S = \{\langle x,y \rangle \mid x \in P(A), y \in P(A), y \subset x\} = \{\langle \{1\}, \varnothing \rangle, \langle \{2\}, \varnothing \rangle, \langle \{1,2\}, \varnothing \rangle, \langle \{1,2\}, \{1\} \rangle, \langle \{1,2\}, \{2\} \rangle\}$。

(2)设 R 和 S 的关系矩阵分别为 M_R 与 M_S,则有

$$M_R = \begin{pmatrix} 1 & 0 & 0 & 0 \\ 1 & 1 & 0 & 0 \\ 1 & 0 & 1 & 0 \\ 1 & 1 & 1 & 1 \end{pmatrix}, \quad M_S = \begin{pmatrix} 0 & 0 & 0 & 0 \\ 1 & 0 & 0 & 1 \\ 1 & 0 & 0 & 1 \\ 1 & 1 & 1 & 0 \end{pmatrix}。$$

下面介绍布尔矩阵特有的 3 种运算——布尔并、布尔交和布尔积。

定义 4.7 (1)如果 $A = (a_{ij})$ 和 $B = (b_{ij})$ 是两个 $m \times n$ 布尔矩阵,则 A 和 B 的**布尔并**(Boolean Join)也是 $m \times n$ 矩阵,记作 $A \vee B$。若 $A \vee B = C = (c_{ij})$,则

$$c_{ij} = a_{ij} \vee b_{ij} = \begin{cases} 1, & \text{其他}, \\ 0, & a_{ij}=0, b_{ij}=0 \end{cases} \quad (1 \leq i \leq m, 1 \leq j \leq n)。 \quad (4\text{-}4)$$

（2）如果 $\boldsymbol{A}=(a_{ij})$ 和 $\boldsymbol{B}=(b_{ij})$ 是两个 $m \times n$ 布尔矩阵，则 $\boldsymbol{A}$ 和 $\boldsymbol{B}$ 的布尔交（Boolean Meet）也是 $m \times n$ 矩阵，记作 $\boldsymbol{A} \wedge \boldsymbol{B}$。若 $\boldsymbol{A} \wedge \boldsymbol{B} = \boldsymbol{D}=(d_{ij})$，则

$$d_{ij} = a_{ij} \wedge b_{ij} = \begin{cases} 1, & a_{ij}=1, b_{ij}=1, \\ 0, & \text{其他} \end{cases} \quad (1 \leq i \leq m, 1 \leq j \leq n)。$$
$$(4\text{-}5)$$

（3）如果 $\boldsymbol{A}=(a_{ij})$ 是 $m \times p$ 布尔矩阵，$\boldsymbol{B}=(b_{kj})$ 是 $p \times n$ 布尔矩阵，则 $\boldsymbol{A}$ 和 $\boldsymbol{B}$ 的布尔积（Boolean Product）是 $m \times n$ 布尔矩阵，记作 $\boldsymbol{A} \odot \boldsymbol{B}$。若 $\boldsymbol{A} \odot \boldsymbol{B} = \boldsymbol{E}=(e_{ij})$，则

$$e_{ij} = \bigvee_{k=1}^{p} (a_{ik} \wedge b_{kj}) \quad (1 \leq i \leq m, 1 \leq j \leq n)。 \quad (4\text{-}6)$$

注意

（1）两个布尔矩阵的行数和列数分别相同时，才能进行布尔并和布尔交。

（2）当第一个布尔矩阵的列数等于第二个布尔矩阵的行数时，它们才能进行布尔积。

（3）式(4-6)中的"$\wedge$""$\vee$"分别对应"$\times$""$+$"时，即得普通矩阵乘法计算公式。

例 4.12 已知 $\boldsymbol{A} = \begin{pmatrix} 1 & 1 & 0 & 1 \\ 0 & 1 & 0 & 1 \\ 1 & 0 & 0 & 0 \end{pmatrix}$，$\boldsymbol{B} = \begin{pmatrix} 0 & 1 & 1 & 0 \\ 0 & 0 & 1 & 1 \\ 0 & 1 & 0 & 1 \end{pmatrix}$，$\boldsymbol{C} = \begin{pmatrix} 0 & 1 & 0 \\ 1 & 0 & 1 \\ 1 & 1 & 0 \\ 0 & 1 & 1 \end{pmatrix}$，计算：

（1）$\boldsymbol{A} \vee \boldsymbol{B}$；

（2）$\boldsymbol{A} \wedge \boldsymbol{B}$；

（3）$\boldsymbol{A} \odot \boldsymbol{C}$。

分析 根据式(4-4)、式(4-5)、式(4-6)分别直接计算即可。

解 （1）根据式(4-4)，有

$$\boldsymbol{A} \vee \boldsymbol{B} = \begin{pmatrix} 1 & 1 & 0 & 1 \\ 0 & 1 & 0 & 1 \\ 1 & 0 & 0 & 0 \end{pmatrix} \vee \begin{pmatrix} 0 & 1 & 1 & 0 \\ 0 & 0 & 1 & 1 \\ 0 & 1 & 0 & 1 \end{pmatrix} = \begin{pmatrix} 1 \vee 0 & 1 \vee 1 & 0 \vee 1 & 1 \vee 0 \\ 0 \vee 0 & 1 \vee 0 & 0 \vee 1 & 1 \vee 1 \\ 1 \vee 0 & 0 \vee 1 & 0 \vee 0 & 0 \vee 1 \end{pmatrix} = \begin{pmatrix} 1 & 1 & 1 & 1 \\ 0 & 1 & 1 & 1 \\ 1 & 1 & 0 & 1 \end{pmatrix}。$$

（2）根据式(4-5)，有

$$\boldsymbol{A} \wedge \boldsymbol{B} = \begin{pmatrix} 1 & 1 & 0 & 1 \\ 0 & 1 & 0 & 1 \\ 1 & 0 & 0 & 0 \end{pmatrix} \wedge \begin{pmatrix} 0 & 1 & 1 & 0 \\ 0 & 0 & 1 & 1 \\ 0 & 1 & 0 & 1 \end{pmatrix} = \begin{pmatrix} 1 \wedge 0 & 1 \wedge 1 & 0 \wedge 1 & 1 \wedge 0 \\ 0 \wedge 0 & 1 \wedge 0 & 0 \wedge 1 & 1 \wedge 1 \\ 1 \wedge 0 & 0 \wedge 1 & 0 \wedge 0 & 0 \wedge 1 \end{pmatrix} = \begin{pmatrix} 0 & 1 & 0 & 0 \\ 0 & 0 & 0 & 1 \\ 0 & 0 & 0 & 0 \end{pmatrix}。$$

（3）根据式(4-6)，有

$$\boldsymbol{A} \odot \boldsymbol{C} = \begin{pmatrix} 1 & 1 & 0 & 1 \\ 0 & 1 & 0 & 1 \\ 1 & 0 & 0 & 0 \end{pmatrix} \odot \begin{pmatrix} 0 & 1 & 0 \\ 1 & 0 & 1 \\ 1 & 1 & 0 \\ 0 & 1 & 1 \end{pmatrix} = \begin{pmatrix} 1 & 1 & 1 \\ 1 & 1 & 1 \\ 0 & 1 & 0 \end{pmatrix}。$$

根据布尔并、布尔交和布尔积的定义，可以得到下面的定理。

定理 4.3 假设 A,B,C 是 $n \times n$ 布尔矩阵，则

(1) $A \vee B = B \vee A$， （交换律）

$A \wedge B = B \wedge A$ ；

(2) $(A \vee B) \vee C = A \vee (B \vee C)$， （结合律）

$(A \wedge B) \wedge C = A \wedge (B \wedge C)$，

$(A \odot B) \odot C = A \odot (B \odot C)$ ；

(3) $A \wedge (B \vee C) = (A \wedge B) \vee (A \wedge C)$， （分配律）

$A \vee (B \wedge C) = (A \vee B) \wedge (A \vee C)$ 。

定理的证明留给读者练习。

4.2　关系的运算

假设 R 和 S 是 A 上的关系，其中 $A = \{1,2,3,4\}$，$R = \{\langle 1,1 \rangle$，$\langle 2,3 \rangle, \langle 1,2 \rangle, \langle 2,4 \rangle\}$，$S = \{\langle 1,1 \rangle, \langle 3,3 \rangle, \langle 1,2 \rangle\}$，那么 R 和 S 可以进行集合的交、并、差和补等基本运算吗？

答案是肯定的。因为关系本身就是一个集合，所以所有集合的基本运算均适用于关系。

微课视频

设 R 和 S 是从集合 A 到 B 的两个关系，则

(1) $R \cup S = \{\langle x,y \rangle \mid \langle x,y \rangle \in R \vee \langle x,y \rangle \in S\}$ ；

(2) $R \cap S = \{\langle x,y \rangle \mid \langle x,y \rangle \in R \wedge \langle x,y \rangle \in S\}$ ；

(3) $R - S = \{\langle x,y \rangle \mid \langle x,y \rangle \in R \wedge \langle x,y \rangle \notin S\}$ ；

(4) $R^c = \{\langle x,y \rangle \mid \langle x,y \rangle \in A \times B \wedge \langle x,y \rangle \notin R\}$ 。

根据补运算的定义，由于 $A \times B$ 是相对于 R 的全集，所以有

(1) $R^c = A \times B - R$ ；

(2) $R^c \cup R = A \times B$ ；

(3) $R^c \cap R = \varnothing$ ；

(4) $(R^c)^c = R$ ；

(5) $S \subseteq R \Leftrightarrow R^c \subseteq S^c$ 。

例 4.13　设 $A = \{a,b\}$，$B = \{1,2\}$，$R = \{\langle a,1 \rangle, \langle a,2 \rangle\}$，$S = \{\langle a,1 \rangle, \langle b,1 \rangle, \langle b,2 \rangle\}$，且它们都是从 A 到 B 的关系。计算：$R \cup S$ ；$R \cap S$ ；$R-S$ ；$S-R$ ；R^c ；S^c 。

分析　略。

解　$R \cup S = \{\langle x,y \rangle \mid \langle x,y \rangle \in R \vee \langle x,y \rangle \in S\} = \{<a,1>,<a,2>,<b,1>,<b,2>\}$ 。

$R \cap S = \{\langle x,y \rangle \mid \langle x,y \rangle \in R \wedge \langle x,y \rangle \in S\} = \{\langle a,1 \rangle\}$ 。

$R - S = \{\langle x,y \rangle \mid \langle x,y \rangle \in R \wedge \langle x,y \rangle \notin S\} = \{\langle a,2 \rangle\}$ 。

$S - R = \{\langle x,y \rangle \mid \langle x,y \rangle \in S \wedge \langle x,y \rangle \notin R\} = \{\langle b,1 \rangle, \langle b,2 \rangle\}$ 。

$R^c = A \times B - R$

$= \{\langle a,1 \rangle, \langle a,2 \rangle, \langle b,1 \rangle, \langle b,2 \rangle\} - \{\langle a,1 \rangle, \langle a,2 \rangle\} = \{\langle b,1 \rangle, \langle b,2 \rangle\}$ 。

$S^c = A \times B - S$

$= \{\langle a,1 \rangle, \langle a,2 \rangle, \langle b,1 \rangle, \langle b,2 \rangle\} - \{\langle a,1 \rangle, \langle b,1 \rangle, \langle b,2 \rangle\} = \{\langle a,2 \rangle\}$ 。

4.2.1　关系的复合运算

假设 R 表示城市之间的直达航线关系，S 表示城市之间的直达公路关系。如果 $\langle a,b\rangle \in R$，$\langle b,c\rangle \in S$，那么 a 和 c 之间存在怎样的关系？如何表示这种关系呢？

显然，利用集合的基本运算已经无法解决上述问题，为此，我们引入一种新的运算——复合运算。

定义 4.8　设 A,B,C 是 3 个集合，$R:A \to B$，$S:B \to C$，则 R 与 S 的**复合关系（合成关系）**（Composite Relation）是从 A 到 C 的关系，记为 $R \circ S$①，其中

$$R \circ S = \{\langle x,z\rangle \mid x \in A \wedge z \in C \wedge \exists y(y \in B \wedge$$
$$\langle x,y\rangle \in R \wedge \langle y,z\rangle \in S)\}, \tag{4-7}$$

符号"∘"表示**复合运算**（Composite Operation）。

> **注意**
>
> $\langle x,z\rangle \in R \circ S \Leftrightarrow \exists y \in B, \text{s. t.} \ \langle x,y\rangle \in R \wedge \langle y,z\rangle \in S$。

例 4.14　设 R 表示城市之间的直达航线关系，S 表示城市之间的直达公路关系。请描述 $R \circ S$ 的意义。

分析　根据 R 和 S 的定义知，如果 $\langle a,b\rangle \in R$，则 a 和 b 之间存在直达航线；如果 $\langle b,c\rangle \in S$，则 b 和 c 之间存在直达公路。根据定义 4.8，$\langle a,c\rangle \in R \circ S$ 表示 a 与 c 之间存在一条先从 a 地乘飞机到达 b 地，再从 b 地乘汽车到达 c 地的可达路线。

解　$R \circ S$ 表示直达航线关系与直达公路关系的复合关系。如果 $\langle a,c\rangle \in R \circ S$，那么 a 与 c 之间存在一条先乘飞机再乘汽车的可达路线。

解题小贴士

$R \circ S$ 的计算方法

对任意 $\langle x,y\rangle \in R$，在 S 中查找所有以 y 为第一元素的序偶 $\langle y,z\rangle$，再将 x 和 z 构成新的序偶 $\langle x,z\rangle$，$\langle x,z\rangle$ 即为 $R \circ S$ 的元素。

注意，$\varnothing \circ R = R \circ \varnothing = \varnothing$。

例 4.15　设 $A = \{1,2,3,4\}$，且 $R = \{\langle 1,2\rangle, \langle 3,4\rangle\}$，$S = \{\langle 2,4\rangle, \langle 3,4\rangle, \langle 4,2\rangle\}$，$T = \{\langle 1,4\rangle, \langle 2,1\rangle, \langle 4,2\rangle\}$ 是 A 上的 3 个关系。计算：

（1）$R \circ S$ 和 $S \circ R$。

（2）$(R \circ S) \circ T$ 和 $R \circ (S \circ T)$。

分析　根据 $R \circ S$ 的计算方法直接计算即可。

解　（1）$R \circ S = \{\langle 1,2\rangle, \langle 3,4\rangle\} \circ \{\langle 2,4\rangle, \langle 3,4\rangle, \langle 4,2\rangle\}$
$= \{\langle 1,4\rangle, \langle 3,2\rangle\}$。

---

① 有的书上记为 $S \circ R$。

$$S \circ R = \{\langle 2,4 \rangle, \langle 3,4 \rangle, \langle 4,2 \rangle\} \circ \{\langle 1,2 \rangle, \langle 3,4 \rangle\}$$
$$= \varnothing。$$

$(2)(R \circ S) \circ T = (\{\langle 1,2 \rangle, \langle 3,4 \rangle\} \circ \{\langle 2,4 \rangle, \langle 3,4 \rangle, \langle 4,2 \rangle\}) \circ \{\langle 1,4 \rangle, \langle 2,1 \rangle, \langle 4,2 \rangle\}$

$$= \{\langle 1,4 \rangle, \langle 3,2 \rangle\} \circ \{\langle 1,4 \rangle, \langle 2,1 \rangle, \langle 4,2 \rangle\}$$

$$= \{\langle 1,2 \rangle, \langle 3,1 \rangle\}。$$

$R \circ (S \circ T) = \{\langle 1,2 \rangle, \langle 3,4 \rangle\} \circ (\{\langle 2,4 \rangle, \langle 3,4 \rangle, \langle 4,2 \rangle\} \circ \{\langle 1,4 \rangle, \langle 2,1 \rangle, \langle 4,2 \rangle\})$

$$= \{\langle 1,2 \rangle, \langle 3,4 \rangle\} \circ \{\langle 2,2 \rangle, \langle 3,2 \rangle, \langle 4,1 \rangle\}$$

$$= \{\langle 1,2 \rangle, \langle 3,1 \rangle\}。$$

由例 4.15 可知，对于集合 A 上的关系 R 和 S，$R \circ S \neq S \circ R$，即复合运算不满足交换律。但是对于集合 A 上的关系 R, S, T，则有 $(R \circ S) \circ T = R \circ (S \circ T)$，即结合律成立。从而有下面的定理。

定理 4.4 设 A, B, C, D 是任意 4 个非空集合，$R:A \to B$，$S:B \to C$，$T:C \to D$，则

$(1)(R \circ S) \circ T = R \circ (S \circ T)$；

$(2)I_A \circ R = R \circ I_B = R$，其中 I_A 和 I_B 分别是 A 与 B 上的恒等关系。

分析 定理 4.4 中等式两端都是集合，因此根据集合相等的证明方法直接证明即可。

证明 $(1)\forall \langle a,d \rangle$，

$\langle a,d \rangle \in (R \circ S) \circ T$

$\Leftrightarrow a \in A \land d \in D \land \exists c (c \in C \land \langle a,c \rangle \in R \circ S \land \langle c,d \rangle \in T)$ ("$\circ$"的定义)

$\Leftrightarrow a \in A \land d \in D \land \exists c (c \in C \land \exists b (b \in B \land \langle a,b \rangle \in R \land <b,c> \in S) \land$
$\quad \langle c,d \rangle \in T)$ ("$\circ$"的定义)

$\Leftrightarrow a \in A \land d \in D \land \exists c \exists b (c \in C \land b \in B \land \langle a,b \rangle \in R \land <b,c> \in S \land \langle c,d \rangle \in T)$

$\Leftrightarrow a \in A \land d \in D \land \exists b (b \in B \land \langle a,b \rangle \in R \land <b,d> \in S \circ T)$

$\Leftrightarrow a \in A \land d \in D \land \langle a,d \rangle \in R \circ (S \circ T) \Leftrightarrow \langle a,d \rangle \in R \circ (S \circ T)$，

即 $(R \circ S) \circ T = R \circ (S \circ T)$。

$(2)\forall \langle a,b \rangle$，

$\langle a,b \rangle \in I_A \circ R$

$\Leftrightarrow a \in A \land <a,a> \in I_A \land \langle a,b \rangle \in R$

$\Leftrightarrow \langle a,b \rangle \in R$，

即 $I_A \circ R = R$。

同理可证 $R \circ I_B = R$。

于是 $I_A \circ R = R \circ I_B = R$ 得证。

例 4.16 设 $A = \{1,2,3\}$，$B = \{1,2\}$，$C = \{2,3\}$，$D = \{4\}$，$R:A \to B$，$S_1:B \to C$，$S_2:B \to C$，$T:C \to D$，且 $R = \{\langle 2,2 \rangle, \langle 2,1 \rangle\}$，$S_1 = \{\langle 1,2 \rangle, \langle 2,3 \rangle\}$，$S_2 = \{\langle 1,3 \rangle\}$，$T = \{\langle 2,4 \rangle, \langle 3,4 \rangle\}$。计算：

$(1)R \circ (S_1 \cup S_2)$ 和 $(R \circ S_1) \cup (R \circ S_2)$；

$(2)(S_1 \cup S_2) \circ T$ 和 $(S_1 \circ T) \cup (S_2 \circ T)$；

$(3)R \circ (S_1 \cap S_2)$ 和 $(R \circ S_1) \cap (R \circ S_2)$；

$(4)(S_1 \cap S_2) \circ T$ 和 $(S_1 \circ T) \cap (S_2 \circ T)$。

分析 显然关系 R, S_1, S_2, T 都是有意义的，根据定义4.8直接计算即可。

解 $(1) R \circ (S_1 \cup S_2) = \{\langle 2,2 \rangle, \langle 2,1 \rangle\} \circ (\{\langle 1,2 \rangle, \langle 2,3 \rangle\} \cup \{\langle 1,3 \rangle\})$
$$= \{\langle 2,2 \rangle, \langle 2,3 \rangle\}。$$
$(R \circ S_1) \cup (R \circ S_2) = \{\langle 2,2 \rangle, \langle 2,3 \rangle\}。$
$(2) (S_1 \cup S_2) \circ T = (\{\langle 1,2 \rangle, \langle 2,3 \rangle\} \cup \{\langle 1,3 \rangle\}) \circ \{\langle 2,4 \rangle, \langle 3,4 \rangle\}$
$$= \{\langle 1,4 \rangle, \langle 2,4 \rangle\}。$$
$(S_1 \circ T) \cup (S_2 \circ T) = \{\langle 1,4 \rangle, \langle 2,4 \rangle\}。$
$(3) R \circ (S_1 \cap S_2) = \{\langle 2,2 \rangle, \langle 2,1 \rangle\} \circ (\{\langle 1,2 \rangle, \langle 2,3 \rangle\} \cap \{\langle 1,3 \rangle\}) = \varnothing。$
$(R \circ S_1) \cap (R \circ S_2) = \{\langle 2,2 \rangle, \langle 2,3 \rangle\} \cap \{\langle 2,3 \rangle\} = \{\langle 2,3 \rangle\}。$
$(4) (S_1 \cap S_2) \circ T = (\{\langle 1,2 \rangle, \langle 2,3 \rangle\} \cap \{\langle 1,3 \rangle\}) \circ \{\langle 2,4 \rangle, \langle 3,4 \rangle\} = \varnothing。$
$(S_1 \circ T) \cap (S_2 \circ T) = \{\langle 1,4 \rangle, \langle 2,4 \rangle\} \cap \{\langle 1,4 \rangle\} = \{\langle 1,4 \rangle\}。$

由例4.16可以看出，"$\circ$"对"$\cup$"满足分配律，"$\circ$"对"$\cap$"不满足分配律。事实上，下面的结论是成立的。

定理4.5 设 A, B, C, D 是任意4个集合，$R: A \to B$，$S_1: B \to C$，$S_2: B \to C$，$T: C \to D$，则

$(1) R \circ (S_1 \cup S_2) = (R \circ S_1) \cup (R \circ S_2)$；
$(2) (S_1 \cup S_2) \circ T = (S_1 \circ T) \cup (S_2 \circ T)$；
$(3) R \circ (S_1 \cap S_2) \subseteq (R \circ S_1) \cap (R \circ S_2)$；
$(4) (S_1 \cap S_2) \circ T \subseteq (S_1 \circ T) \cap (S_2 \circ T)$。

分析 与定理4.4的证明思路类似，按照"集合与集合关系的判定与证明方法"直接证明即可。

具体证明留给读者练习。

4.2.2 关系的逆运算

设 $A = \{1,2,3\}$，A 上的关系 $R = \{\langle 1,2 \rangle, \langle 2,3 \rangle\}$，$S = \{\langle 2,1 \rangle, \langle 3,2 \rangle\}$，则 R 和 S 具有怎样的关系呢？

仔细观察可以发现，R 中两个序偶的第一元素和第二元素交换位置得到关系 S，此时称 R 是 S 的**逆关系**，反过来也可以称 S 是 R 的**逆关系**。下面给出逆关系的定义。

微课视频

定义4.9 设 A 和 B 是两个集合，$R: A \to B$，则从 B 到 A 的关系
$$R^{-1} = \{\langle b,a \rangle \mid \langle a,b \rangle \in R\} \tag{4-8}$$
称为 R 的**逆关系**（Inverse Relation），符号"$^{-1}$"表示**逆运算**（Inverse Operation）。

由定义4.9可知：
$(1) (R^{-1})^{-1} = R$；
$(2) \varnothing^{-1} = \varnothing$；
$(3) (A \times B)^{-1} = B \times A$。

解题小贴士

关系 R 的 R^{-1} 的计算方法

将 R 的所有序偶中第一元素和第二元素交换位置即得 R^{-1}。

例 4.17　设 $A=\{1,2,3,4\}$，$B=\{a,b,c,d\}$，$C=\{2,3,4,5\}$，$R:A\to B$ 且 $R=\{\langle 1,a\rangle$，$\langle 2,c\rangle,\langle 3,b\rangle,\langle 4,b\rangle,\langle 4,d\rangle\}$，$S:B\to C$ 且 $S=\{\langle a,2\rangle,\langle b,4\rangle,\langle c,3\rangle,\langle c,5\rangle,\langle d,5\rangle\}$。

(1) 计算 R^{-1}，并画出 R 和 R^{-1} 的关系图。

(2) 写出 R 和 R^{-1} 的关系矩阵。

(3) 计算 $(R\circ S)^{-1}$ 和 $S^{-1}\circ R^{-1}$。

分析　根据 R^{-1} 的计算方法直接计算即可；关系图和关系矩阵分别按照对应定义即可得到；对于 $(R\circ S)^{-1}$，先求复合运算，再求逆运算；对于 $S^{-1}\circ R^{-1}$，先求逆运算，再求复合运算。

解　(1) $R^{-1}=\{\langle 1,a\rangle,\langle 2,c\rangle,\langle 3,b\rangle,\langle 4,b\rangle,\langle 4,d\rangle\}^{-1}$
$$=\{\langle a,1\rangle,\langle c,2\rangle,\langle b,3\rangle,\langle b,4\rangle,\langle d,4\rangle\}。$$

R 和 R^{-1} 的关系图分别如图 4.5、图 4.6 所示。

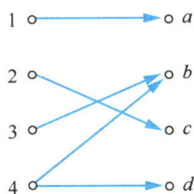 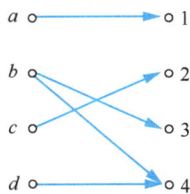

图 4.5　　　　　　　图 4.6

(2) R 和 R^{-1} 的关系矩阵为

$$M_R=\begin{pmatrix}1&0&0&0\\0&0&1&0\\0&1&0&0\\0&1&0&1\end{pmatrix},\quad M_{R^{-1}}=\begin{pmatrix}1&0&0&0\\0&0&1&1\\0&1&0&0\\0&0&0&1\end{pmatrix}。$$

(3) 因为 $R\circ S=\{\langle 1,2\rangle,\langle 2,3\rangle,\langle 2,5\rangle,\langle 3,4\rangle,\langle 4,4\rangle,\langle 4,5\rangle\}$，所以 $(R\circ S)^{-1}=\{\langle 2,1\rangle,\langle 3,2\rangle,\langle 5,2\rangle,\langle 4,3\rangle,\langle 4,4\rangle,\langle 5,4\rangle\}$。

因为 $R^{-1}=\{\langle a,1\rangle,\langle c,2\rangle,\langle b,3\rangle,\langle b,4\rangle,\langle d,4\rangle\}$，$S^{-1}=\{\langle 2,a\rangle,\langle 4,b\rangle,\langle 3,c\rangle,\langle 5,c\rangle,\langle 5,d\rangle\}$，所以 $S^{-1}\circ R^{-1}=\{\langle 2,1\rangle,\langle 3,2\rangle,\langle 5,2\rangle,\langle 4,3\rangle,\langle 4,4\rangle,\langle 5,4\rangle\}$。

注意

(1) 将 R 的关系图中有向边的方向改变后即得 R^{-1} 的关系图，反之亦然。

(2) 将 R 的关系矩阵转置后即得 R^{-1} 的关系矩阵，即它们的关系矩阵互为转置矩阵。

(3) R^{-1} 的定义域与值域正好分别是 R 的值域和定义域，即 $\mathrm{dom}R^{-1}=\mathrm{ran}R$，$\mathrm{dom}R=\mathrm{ran}R^{-1}$。

(4) $|R|=|R^{-1}|$。

(5) $(R\circ S)^{-1}=S^{-1}\circ R^{-1}$。

定理 4.6　设 A,B,C 是任意 3 个集合，$R:A\to B$，$S:B\to C$，则
$$(R\circ S)^{-1}=S^{-1}\circ R^{-1}。\tag{4-9}$$

分析　由逆运算和复合运算的定义知，$(R\circ S)^{-1}$ 和 $S^{-1}\circ R^{-1}$ 是两个集合，因此根据集

合相等的证明方法直接证明即可。

证明 $\forall \langle c, a \rangle$,

$$\langle c, a \rangle \in (R \circ S)^{-1}$$
$$\Leftrightarrow a \in A \wedge c \in C \wedge \langle a, c \rangle \in R \circ S$$
$$\Leftrightarrow a \in A \wedge c \in C \wedge \exists b(b \in B \wedge \langle a, b \rangle \in R \wedge \langle b, c \rangle \in S)$$
$$\Leftrightarrow a \in A \wedge c \in C \wedge \exists b(b \in B \wedge \langle b, a \rangle \in R^{-1} \wedge \langle c, b \rangle \in S^{-1})$$
$$\Leftrightarrow a \in A \wedge c \in C \wedge \langle c, a \rangle \in S^{-1} \circ R^{-1}$$
$$\Leftrightarrow \langle c, a \rangle \in S^{-1} \circ R^{-1},$$

即 $(R \circ S)^{-1} = S^{-1} \circ R^{-1}$。

定理 4.7 设 $R: A \to B$，$S: A \to B$，则有

(1) $(R \cup S)^{-1} = R^{-1} \cup S^{-1}$, （分配性）

$\quad (R \cap S)^{-1} = R^{-1} \cap S^{-1}$,

$\quad (R - S)^{-1} = R^{-1} - S^{-1}$;

(2) $(R^c)^{-1} = (R^{-1})^c$ （可换性）

$\quad (A \times B)^{-1} = B \times A$;

(3) $S \subseteq R \Leftrightarrow S^{-1} \subseteq R^{-1}$。 （单调性）

分析 定理中几个等式的两端都是集合，因此可以根据"集合与集合关系的判定与证明方法"直接证明。此处证明略，请读者自证。

4.2.3 关系的幂运算

设 R 是 A 上的关系，当两个 R 进行复合运算时，有 $R \circ R$；当 3 个 R 进行复合运算时，有 $R \circ R \circ R$；以此类推，当 n 个 R 进行复合运算时，有 $\underbrace{R \circ R \circ \cdots \circ R}_{n \text{个}}$。显然，这种记法十分烦琐。是否有简便的记法呢？

答案是肯定的，这种简便记法被称为**关系的幂**。下面给出关系的幂的定义。

微课视频

定义 4.10 设 $R: A \to A$，则 R 的 *n 次幂*$(n \in \mathbf{N})$ 记为 R^n，定义如下：

(1) $R^0 = I_A$;

(2) $R^1 = R$;

(3) $R^{n+1} = R^n \circ R = R \circ R^n$。

显然，R^n 仍然是 A 上的关系，并且 $R^n \circ R^m = R^m \circ R^n = R^{n+m}$，$(R^m)^n = R^{mn}$。

例 4.18 设 $A = \{1, 2, 3, 4\}$，定义在 A 上的关系 $R = \{\langle 1, 1 \rangle, \langle 1, 2 \rangle, \langle 2, 3 \rangle, \langle 3, 4 \rangle\}$，$S = \{\langle 1, 2 \rangle, \langle 2, 3 \rangle, \langle 3, 4 \rangle\}$，计算：

(1) $R^n (n = 1, 2, \cdots)$, $\bigcup\limits_{i=1}^{4} R^i$, $\bigcup\limits_{i=1}^{\infty} R^i$;

(2) $S^n (n = 1, 2, \cdots)$, $\bigcup\limits_{i=1}^{4} S^i$, $\bigcup\limits_{i=1}^{\infty} S^i$。

分析 (1) 因为 $\bigcup\limits_{i=1}^{4} R^i = R^1 \cup R^2 \cup R^3 \cup R^4$，所以只需依次计算 R^1, R^2, R^3, R^4，再对它们做并运算即可。又 $\bigcup\limits_{i=1}^{\infty} R^i = R^1 \cup R^2 \cup \cdots$，同理依次计算 $R^1, R^2, \cdots$，再对它们做并运算。(2) 的计算方法与 (1) 完全相同。

解 （1）$R^1 = R$，

$R^2 = R \circ R = \{\langle 1,1 \rangle, \langle 1,2 \rangle, \langle 1,3 \rangle, \langle 2,4 \rangle\}$，

$R^3 = R \circ R \circ R = R^2 \circ R = \{\langle 1,1 \rangle, \langle 1,2 \rangle, \langle 1,3 \rangle, \langle 1,4 \rangle\}$，

$R^4 = R^3 \circ R = \{\langle 1,1 \rangle, \langle 1,2 \rangle, \langle 1,3 \rangle, \langle 1,4 \rangle\} = R^3$，

……

$R^n = R^3 (n \geqslant 3)$。

$\bigcup\limits_{i=1}^{4} R^i = R^1 \cup R^2 \cup R^3 \cup R^4 = \{\langle 1,1 \rangle, \langle 1,2 \rangle, \langle 1,3 \rangle, \langle 1,4 \rangle, \langle 2,3 \rangle, \langle 2,4 \rangle, \langle 3,4 \rangle\}$。

$\bigcup\limits_{i=1}^{\infty} R^i = R^1 \cup R^2 \cup \cdots = \bigcup\limits_{i=1}^{4} R^i$。

（2）$S^1 = S$，

$S^2 = S \circ S = \{\langle 1,3 \rangle, \langle 2,4 \rangle\}$，

$S^3 = S \circ S \circ S = S^2 \circ S = \{\langle 1,4 \rangle\}$，

$S^4 = S^3 \circ S = \varnothing$，

……

$S^n = \varnothing (n \geqslant 4)$。

$\bigcup\limits_{i=1}^{4} S^i = S^1 \cup S^2 \cup S^3 \cup S^4 = \{\langle 1,2 \rangle, \langle 1,3 \rangle, \langle 1,4 \rangle, \langle 2,3 \rangle, \langle 2,4 \rangle, \langle 3,4 \rangle\}$。

$\bigcup\limits_{i=1}^{\infty} S^i = S^1 \cup S^2 \cup \cdots = \bigcup\limits_{i=1}^{4} S^i$。

由例 4.18 可以发现：

① 当 $n \geqslant |A|$ 时，$R^n \subseteq \bigcup\limits_{i=1}^{|A|} R^i$；

② $\bigcup\limits_{i=1}^{\infty} R^i = \bigcup\limits_{i=1}^{4} R^i$ 和 $\bigcup\limits_{i=1}^{\infty} S^i = \bigcup\limits_{i=1}^{4} S^i$。

那么，上述结论是否对任意有限非空集合都成立呢？下面介绍的定理可以回答这个问题。

定理 4.8 设 A 是有限非空集合，且 $|A| = n$，R 是 A 上的关系，则

$$\bigcup\limits_{i=1}^{\infty} R^i = \bigcup\limits_{i=1}^{n} R^i。 \qquad (4\text{-}10)$$

分析 因为 R^i 是一个集合，集合并运算的结果还是集合，所以证明式(4-10)就是证明两个集合相等，即证明 $\bigcup\limits_{i=1}^{\infty} R^i \subseteq \bigcup\limits_{i=1}^{n} R^i$ 和 $\bigcup\limits_{i=1}^{n} R^i \subseteq \bigcup\limits_{i=1}^{\infty} R^i$ 同时成立即可。

证明 显然有 $\bigcup\limits_{i=1}^{n} R^i \subseteq \bigcup\limits_{i=1}^{\infty} R^i$。下面仅证明 $\bigcup\limits_{i=1}^{\infty} R^i \subseteq \bigcup\limits_{i=1}^{n} R^i$。

因为 $\bigcup\limits_{i=1}^{\infty} R^i = (\bigcup\limits_{i=1}^{n} R^i) \cup (\bigcup\limits_{i=n+1}^{\infty} R^i)$，所以只需证明对所有大于 n 的 k，有 $R^k \subseteq \bigcup\limits_{i=1}^{n} R^i$。

$\forall \langle a, b \rangle$，

$\langle a, b \rangle \in R^k$

$\Leftrightarrow a \in A \wedge b \in A \wedge \exists a_1 \exists a_2 \cdots \exists a_{k-1} (a_1 \in A \wedge a_2 \in A \wedge \cdots \wedge a_{k-1} \in A \wedge \langle a, a_1 \rangle \in R \wedge \langle a_1, a_2 \rangle \in R \wedge \cdots \wedge \langle a_{k-1}, b \rangle \in R$。

微课视频

由于 $|A|=n$，且 $k>n$，因此由鸽笼原理可知：$k+1$ 个元素 $a=a_0,a_1,a_2,\cdots,a_{k-1}$，$a_k=b$ 中至少有两个元素相同。不妨假设 $a_i=a_j(i<j)$，从而有

$$\langle a,b \rangle \in R^k$$

$\Leftrightarrow a \in A \wedge b \in A \wedge \exists a_1 \exists a_2 \cdots \exists a_i \exists a_{j+1} \cdots \exists a_{k-1}(a_1 \in A \wedge a_2 \in A \wedge \cdots \wedge a_i \in A \wedge a_{j+1} \in A \cdots \wedge a_{k-1} \in A \wedge \langle a_0,a_1 \rangle \in R \wedge \cdots \wedge \langle a_{i-1},a_i \rangle \in R \wedge \langle a_j,a_{j+1} \rangle \in R \wedge \cdots \wedge \langle a_{k-1},a_k \rangle \in R)$。

于是，$\langle a,b \rangle = \langle a_0,a_k \rangle \in R^{k'}$，其中 $k'=k-(j-i)$。

此时，若 $k' \leqslant n$，则 $\langle a,b \rangle \in \bigcup\limits_{i=1}^{n} R^i$；若 $k'>n$，则重复上述做法，最终总能找到 $k'' \leqslant n$，使 $\langle a,b \rangle = \langle a_0,a_k \rangle \in R^{k''} \subseteq \bigcup\limits_{i=1}^{n} R^i$，即有 $\langle a,b \rangle \in \bigcup\limits_{i=1}^{n} R^i$。于是得到 $R^k \subseteq \bigcup\limits_{i=1}^{n} R^i (\forall k>n)$。

由 k 的任意性知，$\bigcup\limits_{i=1}^{\infty} R^i \subseteq \bigcup\limits_{i=1}^{n} R^i$。

综上所述，$\bigcup\limits_{i=1}^{\infty} R^i = \bigcup\limits_{i=1}^{n} R^i$。

> **注意** 💡
>
> 鸽笼原理（抽屉原理）：若有 $n+1$ 只鸽子住进 n 个笼子，则有 1 个笼子至少住进 2 只鸽子。

4.3 关系的性质

学习了关系的定义、关系的表示方法和关系的运算，下面考虑两个不同关系之间的联系与区别。例如，R 是集合 A 上的同姓关系，其中 A 是中国人构成的集合；S 是集合 $P(B)$ 上的包含关系。这两个不同的关系有什么联系呢？

显然，对于 A 上的同姓关系 R，任取 $a \in A$，都有 $\langle a,a \rangle \in R$。对于 $P(B)$ 上的包含关系 S，任取 $C \in P(B)$，有 $\langle C,C \rangle \in S$。由此可见，表面上不同的两个关系，本质上却具有相同的性质。为了探究不同关系之间更多的共同点，本节将深入研究关系的性质。

特别指出，如无特别说明，本节涉及的关系都是定义在一个非空集合上的关系。对于前域、后域不相同的关系，其性质无法加以定义。

4.3.1 关系性质的定义

1. 自反性与反自反性

定义 4.11 设 R 是集合 A 上的关系。

（1）如果 $\forall x(x \in A \rightarrow \langle x,x \rangle \in R)=1$，那么称 R 在 A 上是**自反的**（Reflexive），或称 R 具有**自反性**（Reflexivity）。

（2）如果 $\forall x(x \in A \rightarrow \langle x,x \rangle \notin R)=1$，那么称 R 在 A 上是**反自反的**（Antireflexive），或称 R 具有**反自反性**（Antireflexivity）。

例如，同姓关系是自反的，父子关系是反自反的。

解题小贴士

自反性和反自反性的符号化表示判断方法(R 是集合 A 上的关系)

(1)R 是自反的 $\Leftrightarrow \forall x(x \in A \rightarrow \langle x,x \rangle \in R) = 1$。

(2)R 是反自反的 $\Leftrightarrow \forall x(x \in A \rightarrow \langle x,x \rangle \notin R) = 1$。

(3)关系 R 既不是自反的,也不是反自反的

$$\Leftrightarrow \exists x(x \in A \wedge \langle x,x \rangle \notin R) \wedge \exists y(y \in A \wedge \langle y,y \rangle \in R) = 1。$$

例 4.19 设 $A = \{a,b,c\}$,R_1, R_2, R_3 都是 A 上的关系,其中 $R_1 = \{\langle a,a \rangle, \langle a,c \rangle, \langle b,b \rangle\}$,$R_2 = \{\langle a,a \rangle, \langle b,b \rangle, \langle c,c \rangle\}$,$R_3 = \{\langle a,b \rangle, \langle b,c \rangle\}$。判断 R_1, R_2, R_3 是否具有自反性和反自反性,并写出它们的关系矩阵,画出相应的关系图。

分析 自反性和反自反性的判断按照"自反性和反自反性的符号化表示判断方法"直接进行判断即可;按集合 A 中列出的元素顺序分别写出 3 个关系的关系矩阵;按照 $A = B$ 的情形分别画出 3 个关系的关系图。

解 (1)在 R_1 中,因为 $\exists c(c \in A \wedge \langle c,c \rangle \notin R_1) \wedge \exists a(a \in A \wedge \langle a,a \rangle \in R_1)$,所以 R_1 不是自反的,也不是反自反的。在 R_2 中,因为 $\forall x(x \in A \rightarrow \langle x,x \rangle \in R) = 1$,所以 R_2 是自反的。在 R_3 中,因为 $\forall x(x \in A \rightarrow \langle x,x \rangle \notin R_3) = 1$,所以 R_3 是反自反的。

(2)设 R_1, R_2, R_3 的关系矩阵分别为 $\boldsymbol{M}_{R_1}, \boldsymbol{M}_{R_2}, \boldsymbol{M}_{R_3}$,则

$$\boldsymbol{M}_{R_1} = \begin{pmatrix} 1 & 0 & 1 \\ 0 & 1 & 0 \\ 0 & 0 & 0 \end{pmatrix}, \quad \boldsymbol{M}_{R_2} = \begin{pmatrix} 1 & 0 & 0 \\ 0 & 1 & 0 \\ 0 & 0 & 1 \end{pmatrix}, \quad \boldsymbol{M}_{R_3} = \begin{pmatrix} 0 & 1 & 0 \\ 0 & 0 & 1 \\ 0 & 0 & 0 \end{pmatrix}。$$

(3)R_1, R_2, R_3 的关系图分别如图 4.7(a)、图 4.7(b)和图 4.7(c)所示。

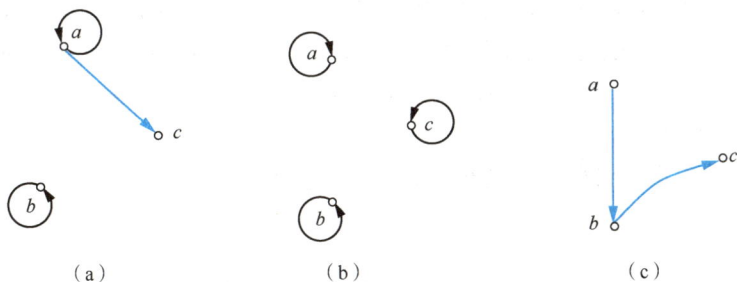

(a)　　　　　　　(b)　　　　　　　(c)

图 4.7

解题小贴士

自反性和反自反性的关系矩阵表示判断方法($(r_{ij})_{n \times n}$ 是关系 R 的关系矩阵)

(1)R 是自反的 $\Leftrightarrow \forall i \forall j(i = j \rightarrow r_{ij} = 1) = 1$。

(2)R 是反自反的 $\Leftrightarrow \forall i \forall j(i = j \rightarrow r_{ij} = 0) = 1$。

(3)关系 R 不是自反的,也不是反自反的 $\Leftrightarrow \exists i(r_{ii} = 0) \wedge \exists j(r_{jj} = 1) = 1$。

解题小贴士

自反性和反自反性的关系图表示判断方法（G_R 是关系 R 的关系图）

（1）R 是自反的 $\Leftrightarrow G_R$ 中每个结点都有自环。

（2）R 是反自反的 $\Leftrightarrow G_R$ 中每个结点都没有自环。

（3）关系 R 既不是自反的，也不是反自反的 $\Leftrightarrow G_R$ 中同时存在有自环的结点与没有自环的结点。

例 4.20 设集合 $|A|=n$，计算 A 上既不具有自反性也不具有反自反性的关系的个数。

分析 根据定义 4.11，如果设 A 上具有反自反性的关系集合为 B，具有自反性的关系集合为 C，既不具有自反性也不具有反自反性的关系集合为 D，则 $B\cup C\cup D=A\times A$，且它们互不相交。因此，计算 $|D|$ 就等价于计算 $|P(A\times A)|-|B|-|C|$。

解 ① 设 B 是 A 上具有反自反性的关系构成的集合，则 $\forall R\in B$，$\forall a\in A$，都有 $\langle a,a\rangle \notin R$，即 $B=P(A\times A-I_A)$，从而 $|B|=2^{n(n-1)}$。

② 设 C 是 A 上具有自反性的关系构成的集合，则 $\forall S\in C$，$\forall a\in A$，都有 $\langle a,a\rangle \in S$，即 $C=\{T\cup I_A\mid T\in B\}$，从而 $|C|=2^{n(n-1)}$。

于是，由①和②可得，$|D|=|P(A\times A)|-|B|-|C|=2^{n\times n}-2^{n(n-1)}-2^{n(n-1)}=(2^{n-1}-1)2^{n(n-1)+1}$。

2. 对称性与反对称性

定义 4.12 设 R 是集合 A 上的关系。

（1）如果 $\forall x\,\forall y(x\in A\wedge y\in A\wedge \langle x,y\rangle \in R\to \langle y,x\rangle \in R)=1$，则称关系 R 是对称的（Symmetric），或称 R 具有对称性（Symmetry）。

（2）如果 $\forall x\,\forall y(x\in A\wedge y\in A\wedge (\langle x,y\rangle \in R\wedge \langle y,x\rangle \in R)\to x=y)=1$，则称关系 R 是反对称的（Antisymmetric），或称 R 具有反对称性（Antisymmetry）。

例如，同姓关系是对称的，父子关系是反对称的。

微课视频

解题小贴士

对称性和反对称性的符号化表示判断方法（R 是集合 A 上的关系）

（1）R 是对称的 $\Leftrightarrow \forall x\,\forall y(x\in A\wedge y\in A\wedge (\langle x,y\rangle \in R\to \langle y,x\rangle \in R))=1$。

（2）R 是反对称的 $\Leftrightarrow \forall x\,\forall y(x\in A\wedge y\in A\wedge (\langle x,y\rangle \in R\wedge \langle y,x\rangle \in R\to x=y))=1$。

（3）关系 R 既不是对称的，也不是反对称的 $\Leftrightarrow \exists x\,\exists y(x\in A\wedge y\in A\wedge x\ne y\wedge \langle x,y\rangle \in R\wedge \langle y,x\rangle \notin R)\wedge \exists s\,\exists t(s\in A\wedge t\in A\wedge s\ne t\wedge \langle s,t\rangle \in R\wedge \langle t,s\rangle \in R)=1$。

例 4.21 设 $A=\{1,2,3,4\}$，R,S,T,V 都是 A 上的关系，其中 $R=\{\langle 1,1\rangle,\langle 1,3\rangle,\langle 3,1\rangle\}$，$S=\{\langle 1,1\rangle,\langle 2,3\rangle,\langle 2,4\rangle\}$，$T=\{\langle 1,1\rangle,\langle 1,2\rangle,\langle 1,3\rangle,\langle 3,1\rangle\}$，$V=\{\langle 1,1\rangle,\langle 2,2\rangle,\langle 3,3\rangle,\langle 4,4\rangle\}$。判定 R、S、T 和 V 是否具有对称性和反对称性，并写出它们的关系矩阵，画出它们的关系图。

分析 根据"对称性和反对称性的符号化表示判断方法"直接判断 4 个关系是否具有对称性和反对称性；按集合 A 中列出的元素顺序分别写出 4 个关系的关系矩阵；按照 $A=B$ 的情形画出关系图。

解 （1）由"对称性和反对称性的符号化表示判断方法"可知：关系 R 是对称的；关系 S 是反对称的；关系 T 不是对称的，也不是反对称的；关系 V 既是对称的，也是反对称的。

（2）设 R,S,T,V 的关系矩阵分别为 M_R,M_S,M_T,M_V，则

$$M_R=\begin{pmatrix}1&0&1&0\\0&0&0&0\\1&0&0&0\\0&0&0&0\end{pmatrix},\ M_S=\begin{pmatrix}1&0&0&0\\0&0&1&1\\0&0&0&0\\0&0&0&0\end{pmatrix},\ M_T=\begin{pmatrix}1&1&1&0\\0&0&0&0\\1&0&0&0\\0&0&0&0\end{pmatrix},\ M_V=\begin{pmatrix}1&0&0&0\\0&1&0&0\\0&0&1&0\\0&0&0&1\end{pmatrix}。$$

（3）R,S,T,V 的关系图分别如图 4.8（a）、图 4.8（b）、图 4.8（c）和图 4.8（d）所示。

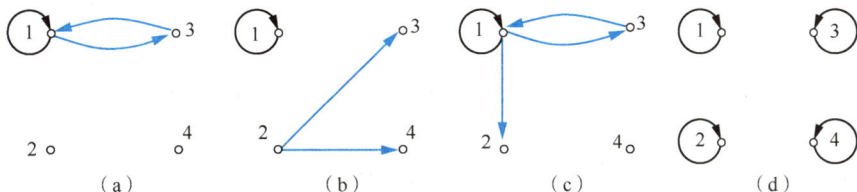

图 4.8

解题小贴士

对称性和反对称性的关系矩阵表示判断方法（$(r_{ij})_{n\times n}$ 是关系 R 的关系矩阵）

（1）R 是对称的 $\Leftrightarrow \forall i\ \forall j(i\neq j\rightarrow r_{ij}=r_{ji})=1$。

（2）R 是反对称的 $\Leftrightarrow \forall i\ \forall j(i\neq j\rightarrow r_{ij}\times r_{ji}=0)=1$。

解题小贴士

对称性和反对称性的关系图表示判断方法（G_R 是关系 R 的关系图）

（1）R 是对称的 $\Leftrightarrow G_R$ 中任何一对结点之间，要么有方向相反的两条边，要么无任何边。

（2）R 是反对称的 $\Leftrightarrow G_R$ 中任何一对结点之间，至多有一条边。

3. 传递性

定义 4.13 设 R 是集合 A 上的关系。如果 $\forall x\ \forall y\ \forall z(x\in A\wedge y\in A\wedge z\in A\wedge\langle x,y\rangle\in R\wedge\langle y,z\rangle\in R\rightarrow\langle x,z\rangle\in R)=1$，则称关系 R 是**传递的**（Transitive），或称 R 具**有传递性**（Transitivity）。

例如，同姓关系是传递的，父子关系不是传递的。

微课视频

传递性的符号化表示判断方法（R 是集合 A 上的关系）

（1）R 是传递的 $\Leftrightarrow \forall x \ \forall y \ \forall z (x \in A \land y \in A \land z \in A \land (\langle x,y \rangle \in R \land \langle y,z \rangle \in R \to \langle x,z \rangle \in R)) = 1$。

（2）R 不是传递的 $\Leftrightarrow \exists x \ \exists y \ \exists z (x \in A \land y \in A \land z \in A \land \langle x,y \rangle \in R \land \langle y,z \rangle \in R \land \langle x,z \rangle \notin R) = 1$。

例 4.22 设 $A=\{1,2,3\}$，R,S,T,V 都是 A 上的关系，其中 $R=\{\langle 1,1 \rangle, \langle 1,2 \rangle, \langle 1,3 \rangle, \langle 2,3 \rangle\}$，$S=\{\langle 1,2 \rangle\}$，$T=\{\langle 1,1 \rangle, \langle 1,2 \rangle, \langle 2,3 \rangle\}$，$V=\{\langle 1,2 \rangle, \langle 1,3 \rangle, \langle 2,1 \rangle, \langle 2,3 \rangle\}$。判断 R,S,T,V 是否具有传递性，并写出它们的关系矩阵，画出它们的关系图。

分析 根据"传递性的符号化表示判断方法"直接判定 4 个关系是否具有传递性；按照集合 A 中列出的元素顺序分别写出 4 个关系的关系矩阵；按照 $A=B$ 的情形分别画出 4 个关系的关系图。

解 （1）根据"传递性的符号化表示判断方法"，关系 R 和 S 都是传递的；关系 T 和 V 不是传递的。

（2）设 R,S,T,V 的关系矩阵分别为 $\boldsymbol{M}_R, \boldsymbol{M}_S, \boldsymbol{M}_T, \boldsymbol{M}_V$，则

$$\boldsymbol{M}_R = \begin{pmatrix} 1 & 1 & 1 \\ 0 & 0 & 1 \\ 0 & 0 & 0 \end{pmatrix}, \ \boldsymbol{M}_S = \begin{pmatrix} 0 & 1 & 0 \\ 0 & 0 & 0 \\ 0 & 0 & 0 \end{pmatrix}, \ \boldsymbol{M}_T = \begin{pmatrix} 1 & 1 & 0 \\ 0 & 0 & 1 \\ 0 & 0 & 0 \end{pmatrix}, \ \boldsymbol{M}_V = \begin{pmatrix} 0 & 1 & 1 \\ 1 & 0 & 1 \\ 0 & 0 & 0 \end{pmatrix}。$$

（3）R,S,T,V 的关系图分别如图 4.9（a）、图 4.9（b）、图 4.9（c）和图 4.9（d）所示。

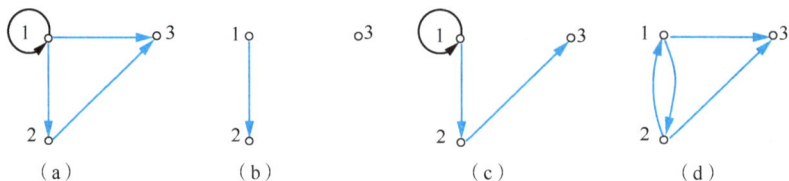

$\qquad$（a）$\qquad\qquad\qquad$（b）$\qquad\qquad\qquad$（c）$\qquad\qquad\qquad$（d）

图 4.9

传递性的关系矩阵表示判断方法（$(r_{ij})_{n \times n}$ 是关系 R 的关系矩阵）

（1）R 是传递的 $\Leftrightarrow \forall i \ \forall j \ \forall k (r_{ij}=1 \land r_{jk}=1 \to r_{ik}=1) = 1$。

（2）设 (i,j) 表示 $(r_{ij})_{n \times n}$ 中第 i 行、第 j 列的元素，则 R 是传递的 $\Leftrightarrow$ 对任意的 i,j,k，若有 $(i,j)=1$ 和 $(j,k)=1$，则定有 $(i,k)=1$。

传递性的关系图表示判断方法（G_R 是关系 R 的关系图）

R 是传递的 $\Leftrightarrow G_R$ 中任何两个结点 x 和 y 之间，如果存在 x 到 y 的一条路径，则一定有 x 到 y 的一条边。

至此，我们已经学习了关系 5 种特殊性质的判断方法。对于任意给定集合 A 上的关系 R，我们可以根据具体情况，利用符号化表示或关系矩阵或关系图进行判断。如果没有给出具体要求，则可选用任何一种判断方法。

下面再给出几个实例，以帮助读者熟练掌握关系特殊性质的各种判断方法。

例 4.23 设 $A=\{1,2,3\}$，A 上的关系 R 和 S 的关系矩阵分别为 $\boldsymbol{M}_R$ 与 $\boldsymbol{M}_S$，关系 T 和 V 的关系图分别如图 4.10(a) 和图 4.10(b) 所示。判断 R,S,T,V 所具有的特殊性质。

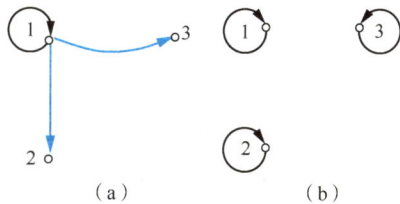

图 4.10

$$\boldsymbol{M}_R=\begin{pmatrix}1&1&1\\1&1&1\\1&1&1\end{pmatrix},\ \boldsymbol{M}_S=\begin{pmatrix}0&0&0\\0&0&0\\0&0&0\end{pmatrix}。$$

分析 题目已经给出 R 和 S 的关系矩阵以及 T 和 V 的关系图，因此，可以分别根据"关系矩阵表示判断方法"和"关系图表示判断方法"来判断 R,S,T,V 所具有的特殊性质。

解 $\boldsymbol{M}_R$ 同时满足 $\forall i\ \forall j(i=j\rightarrow r_{ij}=1)=1$、$\forall i\ \forall j(i\neq j\rightarrow r_{ij}=r_{ji})=1$ 和 $\forall i\ \forall j\ \forall k(r_{ij}=1\land r_{jk}=1\rightarrow r_{ik}=1)=1$，因此，$R$ 是自反的、对称的和传递的。

$\boldsymbol{M}_S$ 同时满足 $\forall i\ \forall j(i=j\rightarrow r_{ij}=0)=1$、$\forall i\ \forall j(i\neq j\rightarrow r_{ij}=r_{ji})=1$、$\forall i\ \forall j(i\neq j\rightarrow r_{ij}\times r_{ji}=0)=1$ 和 $\forall i\ \forall j\ \forall k((r_{ij}=1\land r_{jk}=1)\rightarrow r_{ik}=1)=1$，因此，$S$ 是反自反的、对称的、反对称的和传递的。

在图 4.10(a) 中，结点 1 有自环，结点 2 没有自环，即 T 不是反自反的，也不是自反的；任何一对结点之间至多一条边，即 T 是反对称的；任何两个结点 x 和 y 之间满足"如果存在 x 到 y 的一条路径，则一定有 x 到 y 的一条边"，即 T 是传递的。综上，T 是反对称的和传递的。

在图 4.10(b) 中，每个结点都有自环，即 V 是自反的；任何一对不相同的结点之间没有边，即 T 是对称的也是反对称的；不存在"从 x 到 y 有一条边存在，从 y 到 z 有一条边存在，但从 x 到 z 没有边存在"的情形，即 V 是传递的。综上，V 是自反的、对称的、反对称的和传递的。

例 4.24 假设 $A=\{1,2,3,4\}$，$R=\{\langle 1,1\rangle,\langle 1,2\rangle,\langle 2,1\rangle,\langle 3,4\rangle\}$ 是定义在 A 上的关系。判定 R 具有的所有特殊性质。

分析 因为关系 R 是用集合表示的，所以按照关系性质的定义进行判断即可。

解 因为存在 $2\in A$，但 $\langle 2,2\rangle\notin R$，所以 R 不是自反的。因为存在 $1\in A$，但 $\langle 1,1\rangle\in R$，所以 R 不是反自反的。因为 $\langle 3,4\rangle\in R$，但 $\langle 4,3\rangle\notin R$，所以 R 不是对称的。因为有 $\langle 1,2\rangle\in R$，$\langle 2,1\rangle\in R$，但是 $1\neq 2$，所以 R 不是反对称的。因为有 $\langle 2,1\rangle\in R$，$\langle 1,2\rangle\in R$，但 $\langle 2,2\rangle\notin R$，所以 R 不是传递的。

综上所述，R 不具备任何特殊性质。

从例 4.24 可以看出，存在不具备任何特殊性质的关系。

例 4.25 设 $R=\{\langle 1,1\rangle,\langle 2,2\rangle\}$，判断 R 在集合 A 和 B 上具有的特殊性质，其中 $A=\{1,2\}$，$B=\{1,2,3\}$。

分析　本题考查同一关系在不同基集上所具有的特殊性质。这里仍然按照关系性质的定义，针对不同的基集分别进行判定。

解　(1) 当 R 是集合 A 上的关系时，R 是 A 上的恒等关系，由例 4.24 可知，R 在基集 A 上具有自反性、对称性、反对称性和传递性。

(2) 当 R 是集合 B 上的关系时，因为 $\langle 3,3\rangle \notin R$，所以此时 R 不具有自反性。又因为 $\langle 1,1\rangle \in R$，所以此时 R 不具有反自反性。因此，R 在基集 B 上具有对称性、反对称性和传递性。

从例 4.25 可以看出，一个关系具有何种性质与它所在的基集密切相关，绝对不能脱离基集讨论关系的性质。

例 4.26　判断下列关系所具有的特殊性质。

(1) 集合 A 上的全关系。

(2) 集合 A 上的空关系。

(3) 集合 A 上的恒等关系。

分析　虽然题目没有给出集合 A 的元素，但根据题意，可以先将集合 A 实例化，然后判断该集合上的对应关系的特殊性质。事实上，如果设 $A=\{1,2,3\}$，则这 3 种关系可分别对应例 4.23 中的关系 R,S,V，直接利用例 4.23 的结论即可。

解　(1) 集合 A 上的全关系具有自反性、对称性和传递性。

(2) 集合 A 上的空关系具有反自反性、对称性、反对称性和传递性。

(3) 集合 A 上的恒等关系具有自反性、对称性、反对称性和传递性。

4.3.2　关系性质的判定定理

通过实例化的方法可以判断抽象集合上特殊关系的性质。但是，如果要求证明集合 A 上的恒等关系具有自反性、对称性、反对称性和传递性，就不能采用实例化的方法了。事实上，利用关系的自反性、反自反性、对称性、反对称性和传递性的定义，可以证明集合上的恒等关系。

微课视频

解题小贴士

关系性质的定义证明方法（R 是集合 A 上的关系）

R 是自反的 $\Leftrightarrow \forall x(x\in A \to \langle x,x\rangle \in R)=1 \Leftrightarrow \forall x\in A$，一定有 $\langle x,x\rangle \in R$。

R 是反自反的 $\Leftrightarrow \forall x(x\in A \to \langle x,x\rangle \notin R)=1 \Leftrightarrow \forall x\in A$，一定有 $\langle x,x\rangle \notin R$。

R 是对称的 $\Leftrightarrow \forall x \forall y(x\in A \wedge y\in A \wedge \langle x,y\rangle \in R \to \langle y,x\rangle \in R)=1$
　　　　　　$\Leftrightarrow \forall x\in A$，$\forall y\in A$，如果 $\langle x,y\rangle \in R$，则一定有 $\langle y,x\rangle \in R$。

R 是反对称的 $\Leftrightarrow \forall x \forall y(x\in A \wedge y\in A \wedge (\langle x,y\rangle \in R \wedge \langle y,x\rangle \in R)\to x=y)=1$
　　　　　　$\Leftrightarrow \forall x\in A$，$\forall y\in A$，如果 $\langle x,y\rangle \in R$ 且 $\langle y,x\rangle \in R$，则一定有 $x=y$。

R 是传递的 $\Leftrightarrow \forall x \forall y \forall z(x\in A \wedge y\in A \wedge z\in A \wedge \langle x,y\rangle \in R \wedge \langle y,z\rangle \in R \to \langle x,z\rangle \in R)=1$
　　　　　　$\Leftrightarrow \forall x\in A$，$\forall y\in A$，$\forall z\in A$，如果 $\langle x,y\rangle \in R$ 且 $\langle y,z\rangle \in R$，则一定有 $\langle x,z\rangle \in R$。

例 4.27　设 R 是集合 A 上的恒等关系，证明 R 具有自反性、对称性、反对称性和传递性。

分析　按照"关系性质的定义证明方法"直接证明即可。

证明 因为 R 是集合 A 上的恒等关系，即 $R = \{\langle x, x\rangle \mid x \in A\}$，所以有

（1）$\forall x \in A$，都有 $\langle x, x\rangle \in R$，即 R 是自反的；

（2）$\forall x \in A$，$\forall y \in A$，如果 $\langle x, y\rangle \in R$，则有 $x = y$，即 $\langle y, x\rangle \in R$，从而 R 是对称的；

（3）$\forall x \in A$，$\forall y \in A$，如果 $\langle x, y\rangle \in R$，$\langle y, x\rangle \in R$，则有 $x = y$，从而 R 是反对称的；

（4）$\forall x \in A$，$\forall y \in A$，$\forall z \in A$，如果 $\langle x, y\rangle \in R$，$\langle y, z\rangle \in R$，则 $x = y = z$，从而有 $\langle x, z\rangle \in R$，即 R 是传递的。

由例 4.27 可以看出，利用关系性质的定义证明给定关系的性质，证明框架是固定的。证明框架如表 4.2 所示，其中 R 是集合 A 上的关系。

表 4.2

待证性质	第一步	中间过程	最后一步
R 是自反的	$\forall x \in A$		$\langle x, x\rangle \in R$
R 是反自反的	$\forall x \in A$	结合已知条件和已有的定义、定理	$\langle x, x\rangle \notin R$
R 是对称的	$\forall x \in A$，$\forall y \in A$，若 $\langle x, y\rangle \in R$		$\langle y, x\rangle \in R$
R 是反对称的	$\forall x \in A$，$\forall y \in A$，若 $\langle x, y\rangle \in R$ 且 $\langle y, x\rangle \in R$		$x = y$
R 是传递的	$\forall x \in A, \forall y \in A, \forall z \in A$，若 $\langle x, y\rangle \in R$ 且 $\langle y, z\rangle \in R$		$\langle x, z\rangle \in R$

另外，根据关系性质的定义，还可以得到以下比较简洁的定理。

定理 4.9 设 R 是集合 A 上的关系，则

（1）R 是自反的 $\Leftrightarrow I_A \subseteq R$；

（2）R 是反自反的 $\Leftrightarrow R \cap I_A = \varnothing$；

（3）R 是对称的 $\Leftrightarrow R = R^{-1}$；

（4）R 是反对称的 $\Leftrightarrow R \cap R^{-1} \subseteq I_A$；

（5）R 是传递的 $\Leftrightarrow R \circ R \subseteq R$。

分析 该定理给出的都是充要条件，在证明时，我们需要证明充分性和必要性。对于关系特殊性质的证明，即充分性的证明，可采用表 4.2 给出的证明框架进行证明；对于必要性，直接按照集合包含的定义进行证明。

下面只证明（2）、（4）和（5），其余的留给读者自己练习。

证明 （2）必要性（反证法）"$\Rightarrow$"：

假设 $R \cap I_A \neq \varnothing$，于是存在 $\langle a, b\rangle \in R \cap I_A$，于是 $\langle a, b\rangle \in I_A$。由 I_A 的定义可知，$a = b$，即 $\langle a, a\rangle \in R$，这与 R 是反自反的矛盾，从而 $R \cap I_A = \varnothing$。

充分性"$\Leftarrow$"：

$\forall a \in A$，有 $\langle a, a\rangle \in I_A$。因为 $R \cap I_A = \varnothing$，所以 $\langle a, a\rangle \notin R$，从而 R 是反自反的。

（4）必要性"$\Rightarrow$"：

$\forall \langle a, b\rangle$，若 $\langle a, b\rangle \in R \cap R^{-1}$，则有 $\langle a, b\rangle \in R \wedge \langle a, b\rangle \in R^{-1}$，即有 $\langle a, b\rangle \in R \wedge \langle b, a\rangle \in R$。因为 R 是反对称的，所以 $a = b$，即 $\langle a, b\rangle = \langle a, a\rangle \in I_A$，从而 $R \cap R^{-1} \subseteq I_A$。

充分性"$\Leftarrow$"：

$\forall a \in A$，$\forall b \in A$，若 $\langle a, b\rangle \in R \wedge \langle b, a\rangle \in R$，则有 $\langle a, b\rangle \in R \wedge \langle a, b\rangle \in R^{-1}$，即 $\langle a, b\rangle \in R \cap R^{-1}$。又因为 $R \cap R^{-1} \subseteq I_A$，所以 $\langle a, b\rangle \in I_A$，即 $a = b$，从而 R 是反对称的。

（5）必要性"⇒"：

$\forall a \in A$，$\forall c \in A$，若$\langle a,c \rangle \in R \circ R$，则有$\exists b(b \in A \land \langle a,b \rangle \in R \land \langle b,c \rangle \in R)$。由于$R$是传递的，因此有$\langle a,c \rangle \in R$，即$R \circ R \subseteq R$。

充分性"⇐"：

$\forall a \in A$，$\forall b \in A$，$\forall c \in A$，若$\langle a,b \rangle \in R \land \langle b,c \rangle \in R$，则有$\langle a,c \rangle \in R \circ R$。因为$R \circ R \subseteq R$，所以$\langle a,c \rangle \in R$，即$R$是传递的。

现对前面所述关系性质的判定方法进行总结，如表4.3所示，以便读者快速查阅。

表 4.3

	自反性	反自反性	对称性	反对称性	传递性
定义	$\forall x(x \in A \rightarrow \langle x,x \rangle \in R)=1$	$\forall x(x \in A \rightarrow \langle x,x \rangle \notin R)=1$	$\forall x \forall y(x \in A \land y \in A \land \langle x,y \rangle \in R \rightarrow \langle y,x \rangle \in R)=1$	$\forall x \forall y(x \in A \land y \in A \land (\langle x,y \rangle \in R \land \langle y,x \rangle \in R) \rightarrow x=y)=1$	$\forall x \forall y \forall z(x \in A \land y \in A \land z \in A \land \langle x,y \rangle \in R \land \langle y,z \rangle \in R \rightarrow \langle x,z \rangle \in R)=1$
关系图	每个结点都有自环	每个结点都无自环	任两结点间，要么没有边，要么有方向相反的两条边	任两结点间，至多有一条边	从x到y有边，从y到z有边，则从x一定有边
关系矩阵	$\forall i \forall j(i=j \rightarrow r_{ij}=1)=1$	$\forall i \forall j(i=j \rightarrow r_{ij}=0)=1$	$\forall i \forall j(i \neq j \rightarrow r_{ij}=r_{ji})=1$	$\forall i \forall j(i \neq j \rightarrow r_{ij} \times r_{ji}=0)=1$	$\forall i \forall j \forall k(r_{ij}=1 \land r_{jk}=1 \rightarrow r_{ik}=1)=1$
定理4.9	$I_A \subseteq R$	$R \cap I_A = \varnothing$	$R=R^{-1}$	$R \cap R^{-1} \subseteq I_A$	$R \circ R \subseteq R$

4.3.3 关系性质的保守性

给定集合A上的关系R和S，如果R和S具有某个特殊性质，那么R和S经过某个运算后还具有这个性质吗？例如，若R和S是对称的，那么$R \circ S$是对称的吗？$R \cup S$是对称的吗？

这个问题就是关系性质的保守性问题，即具有某种性质的两个关系经过运算后，运算结果是否仍具有该性质。下面通过一个定理回答上面的问题。

定理 4.10 设R和S是集合A上的关系，则

（1）若R和S是自反的，则R^{-1}，$R \cup S$，$R \cap S$，$R \circ S$也是自反的；

（2）若R和S是反自反的，则R^{-1}，$R \cup S$，$R \cap S$，$R-S$也是反自反的；

（3）若R和S是对称的，则R^{-1}，$R \cup S$，$R \cap S$，$R-S$也是对称的；

（4）若R和S是反对称的，则R^{-1}，$R \cap S$，$R-S$也是反对称的；

（5）若R和S是传递的，则R^{-1}和$R \cap S$也是传递的。

证明 略。

从定理4.10可以看出：

（1）逆运算与交运算具有很好的保守性；

（2）并运算、差运算和复合运算的保守性较差。

解题小贴士

反例法说明 R 和 S 经过运算后结果不具有原特殊性质的构造思路

（1）构造 R 和 S 的运算结果，如 $R \circ S$，使其不具有原特殊性质。

（2）构造最简单的 R 和 S 的基集 A，使（1）成立。

（3）根据已知条件和运算规则，构造 A 上的 R 和 S，并计算 $R \circ S$，如果与（1）一致，则构造成功，结束；否则，返回（1）。

例 4.28 举例说明下列事实不一定成立。

（1）R 和 S 是反自反、反对称和传递的，但是，$R \circ S$ 不一定是反自反和反对称的，$R \cup S$ 不一定是反对称和传递的。

（2）R 和 S 是自反、对称和传递的，但是，$R \circ S$ 不一定是对称和传递的，$R - S$ 不一定是自反和传递的。

分析 对不一定成立的事实，可采用反例法，即找出一个反例，说明具有某种性质的两个关系经过运算后的结果不保持某种性质即可。下面按照"反例法说明 R 和 S 经过运算后结果不具有原特殊性质的构造思路"来说明 $R \circ S$ 不是反自反和反对称的，过程如下。

① 假设 $R \circ S = \{\langle 1,1 \rangle, \langle 1,2 \rangle, \langle 2,1 \rangle\}$，显然 $R \circ S$ 不是反自反和反对称的。

② 构造使①成立的最简单的集合 $A = \{1,2\}$。

③ 由 R 和 S 是反自反、反对称、传递的，以及 $R \circ S$ 的结果，可构造 $R = \{\langle 1,a \rangle, \langle 2,b \rangle\}$，$S = \{\langle a,2 \rangle, \langle b,1 \rangle\}$，且 a 与 b 不能为 1 和 2。下面确定 a 和 b 的关系。

若 $a \neq b$，则 $R \circ S = \{\langle 1,2 \rangle, \langle 2,1 \rangle\}$ 是反自反的，不符合要求。

若 $a = b$，则 $R \circ S = \{\langle 1,1 \rangle, \langle 2,2 \rangle, \langle 1,2 \rangle, \langle 2,1 \rangle\}$ 不是反自反和反对称的，符合要求，但与原有的 $R \circ S$ 不一致，返回①。

①′ 更新 $R \circ S = \{\langle 1,1 \rangle, \langle 2,2 \rangle, \langle 1,2 \rangle, \langle 2,1 \rangle\}$。

②′ 因为 $a = b$，但不能为 1 和 2，所以在集合 A 中增加一个元素，如 3，于是集合 A 更新为 $\{1,2,3\}$。

③′ $R = \{\langle 1,3 \rangle, \langle 2,3 \rangle\}$ 和 $S = \{\langle 3,2 \rangle, \langle 3,1 \rangle\}$ 是反自反、反对称和传递的，且 $R \circ S = \{\langle 1,1 \rangle, \langle 2,2 \rangle, \langle 1,2 \rangle, \langle 2,1 \rangle\}$ 不是反自反和反对称的。

综上所述，得到满足条件的集合 A 和 A 上的关系 R 与 S。

同理构造 R 和 S，使 $R \cup S$ 满足要求。

解 （1）设 $A = \{1,2,3\}$，$R = \{\langle 1,3 \rangle, \langle 2,3 \rangle\}$ 和 $S = \{\langle 3,2 \rangle, \langle 3,1 \rangle\}$ 是定义在 A 上的两个关系。显然，R 和 S 都是反自反、反对称和传递的。此时可知：

$R \circ S = \{\langle 1,1 \rangle, \langle 1,2 \rangle, \langle 2,2 \rangle, \langle 2,1 \rangle\}$ 不具备反自反性和反对称性；

$R \cup S = \{\langle 3,2 \rangle, \langle 3,1 \rangle, \langle 1,3 \rangle, \langle 2,3 \rangle\}$ 不具备传递性和反对称性。

（2）设 $A = \{1,2,3\}$，$R = \{\langle 1,1 \rangle, \langle 2,2 \rangle, \langle 3,3 \rangle, \langle 1,2 \rangle, \langle 2,1 \rangle\}$ 和 $S = \{\langle 1,1 \rangle, \langle 2,2 \rangle, \langle 3,3 \rangle, \langle 3,2 \rangle, \langle 2,3 \rangle\}$ 是 A 上的两个关系。显然，R 和 S 都是自反、对称和传递的。此时可知：

$R \circ S = \{\langle 1,1 \rangle, \langle 2,2 \rangle, \langle 3,3 \rangle, \langle 2,3 \rangle, \langle 3,2 \rangle, \langle 1,2 \rangle, \langle 2,1 \rangle, \langle 1,3 \rangle\}$ 不具备对称性和传递性；

$R - S = \{\langle 1,2 \rangle, \langle 2,1 \rangle\}$ 不具备自反性和传递性。

例 4.28 说明，对于各种特殊的关系，要想使其经过不同的运算后仍保持原有的特性，则必须对运算加以慎重选择。

4.4 关系的闭包

由例 4.24 知，集合 $A=\{1,2,3,4\}$ 上的关系 $R=\{\langle 1,1\rangle,\langle 1,2\rangle,\langle 2,1\rangle,\langle 3,4\rangle\}$ 不具有任何特殊性质。如果希望它具有对称性，那么可以怎么做呢？

显然，可以通过添加元素 $\langle 4,3\rangle$ 或 $\langle 4,3\rangle$ 和 $\langle 4,4\rangle$ 使 R 具有对称性。当然，也可以去掉元素 $\langle 3,4\rangle$ 使 R 具有对称性，但这不是本节的研究内容。本节仅考虑通过添加元素使给定关系具有某种性质。由于通过添加元素使给定关系具有某种性质的方式很多，因此此处仅介绍在给定关系中添加最少元素使其具有需要的特殊性质，这个添加元素的过程被称为求关系的闭包。下面具体介绍 3 种关系的闭包。

微课视频

定义 4.14 设 R 是定义在 A 上的关系，若存在 A 上的另一个关系 R'，使 $R\subseteq R'$ 且满足：

（1）R' 是自反的（对称的或传递的）；

（2）对任何自反（对称或传递）关系 R''，如果 $R\subseteq R''$，都有 $R'\subseteq R''$，则称 R' 为 R 的自反闭包（Reflexive Closure）、对称闭包（Symmetric Closure）或传递闭包（Transitive Closure），分别记为 $r(R),s(R),t(R)$。

解题小贴士

关系 R 的自反/对称/传递闭包的计算方法

判断 R 是否具有自反/对称/传递性。

① 若有，则 $r(R)/s(R)/t(R)=R$。

② 若无，则在 R 中添加最少的元素，使其具有自反/对称/传递性，添加后的结果即为 $r(R)/s(R)/t(R)$。

例 4.29 设 $A=\{1,2\}$ 和 $R=\{\langle 1,1\rangle,\langle 1,2\rangle\}$ 是 A 上的关系。判断下列关系是否是 R 的自反闭包、对称闭包和传递闭包。

（1）$R_1=\{\langle 1,1\rangle,\langle 2,2\rangle,\langle 1,2\rangle\}$。

（2）$R_2=\{\langle 1,1\rangle,\langle 2,2\rangle,\langle 1,2\rangle,\langle 2,1\rangle\}$。

（3）$R_3=\{\langle 1,1\rangle,\langle 1,2\rangle,\langle 2,1\rangle\}$。

（4）$R_4=\{\langle 1,1\rangle,\langle 1,2\rangle\}$。

分析 可以按照"关系 R 的自反/对称/传递闭包的计算方法"，先计算出 $r(R)$，$s(R),t(R)$，然后根据计算结果直接判断即可。

解 因为 R 是传递的，但不是自反和对称的，所以 $r(R)=\{\langle 1,1\rangle,\langle 2,2\rangle,\langle 1,2\rangle\}$，$s(R)=\{\langle 1,1\rangle,\langle 1,2\rangle,\langle 2,1\rangle\}$，$t(R)=R$。从而有以下结论。

（1）R_1 是 R 的自反闭包，不是 R 的对称闭包和传递闭包。

（2）R_2 不是 R 的自反闭包、对称闭包和传递闭包。

(3)R_3是R的对称闭包，不是R的自反闭包和传递闭包。

(4)R_4是R的传递闭包，不是R的自反闭包和对称闭包。

例 4.30 设集合$A=\{a,b,c,d\}$，$R=\{\langle a,b\rangle,\langle b,a\rangle,\langle b,c\rangle,\langle c,d\rangle\}$是定义在$A$上的二元关系。

(1)画出R的关系图。

(2)求出$r(R),s(R),t(R)$并画出其对应的关系图。

分析 (1)因为关系R是A上的关系，所以按照$A=B$的情形画出R的关系图。(2)根据"关系R的自反/对称/传递闭包的计算方法"，先计算$r(R),s(R),t(R)$，然后画出其关系图。

解 (1)R的关系图如图4.11(a)所示。

(2)$r(R)=\{\langle a,b\rangle,\langle b,a\rangle,\langle b,c\rangle,\langle c,d\rangle,\langle a,a\rangle,\langle b,b\rangle,\langle c,c\rangle,\langle d,d\rangle\}$，其关系图如图4.11(b)所示。

$s(R)=\{\langle a,b\rangle,\langle b,a\rangle,\langle b,c\rangle,\langle c,d\rangle,\langle c,b\rangle,\langle d,c\rangle\}$，其关系图如图4.11(c)所示。

$t(R)=\{\langle a,b\rangle,\langle b,a\rangle,\langle b,c\rangle,\langle c,d\rangle,\langle a,a\rangle,\langle b,b\rangle,\langle a,c\rangle,\langle a,d\rangle,\langle b,d\rangle\}$，其关系图如图4.11(d)所示。

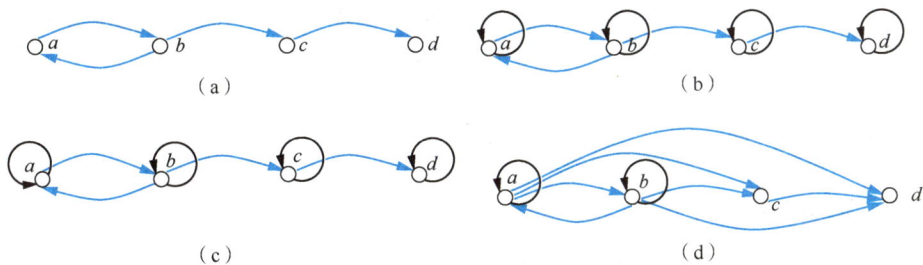

图 4.11

解题小贴士

利用R的关系图G_R求自反/对称/传递闭包的方法

(1)在G_R中没有自环的结点上加上自环，可得$r(R)$的关系图。

(2)在G_R中将每条单向边改成双向边，可得$s(R)$的关系图。

(3)在G_R中从每个结点出发，找到任意一条长度至少为2的路径的终点，如果该结点到其终点没有边相连，就加上此边，可得$t(R)$的关系图。

将得到的关系图分别转化为集合表示，即得R的自反/对称/传递闭包。

对于关系的闭包，还有下面的定理。

定理 4.11 设R是集合A上的二元关系，则

(1)$r(R)=R\cup I_A$；

(2)$s(R)=R\cup R^{-1}$；

(3)$t(R)=\bigcup_{i=1}^{\infty}R^i$，若$|A|=n$，则$t(R)=\bigcup_{i=1}^{n}R^i$。

微课视频

分析 显然，上面3个等式的两端都是集合，证明这些等式成立就是证明对应的

两个集合相等，因此，按照"集合与集合关系的判定与证明方法"直接证明即可。另外，我们还可以根据闭包的定义进行证明。此处用闭包的定义证明（1），用"集合与集合关系的判定与证明方法"证明（3），（2）的证明由读者自行完成。

证明 （1）① 显然 $R \subseteq R \cup I_A$。

② 证明 $R \cup I_A$ 是自反的。

因为 $I_A \subseteq R \cup I_A$，所以根据定理4.9，$R \cup I_A$ 是自反的。

③ 证明对 A 上的任意关系 R'，由定理4.9知，$I_A \subseteq R'$。若 $R \subseteq R'$，则一定有 $R \cup I_A \subseteq R'$。

根据自反闭包的定义，由①、②和③可知 $r(R) = R \cup I_A$。

（3）首先证明 $t(R) \subseteq \bigcup\limits_{i=1}^{\infty} R^i$。

① 因为 $\bigcup\limits_{i=1}^{\infty} R^i = R^1 \cup R^2 \cup R^3 \cup \cdots$，所以 $R \subseteq \bigcup\limits_{i=1}^{\infty} R^i$。

② 下面证明 $\bigcup\limits_{i=1}^{\infty} R^i$ 是可传递的。

$\forall a, b, c \in A$，有

$$\langle a,b \rangle \in \bigcup\limits_{i=1}^{\infty} R^i \wedge \langle b,c \rangle \in \bigcup\limits_{i=1}^{\infty} R^i \Rightarrow \exists R^j \exists R^k (\langle a,b \rangle \in R^j \wedge \langle b,c \rangle \in R^k) \Rightarrow \langle a,c \rangle \in R^{j+k}。$$

显然 $R^{j+k} \subseteq \bigcup\limits_{i=1}^{\infty} R^i$，从而有 $\langle a,c \rangle \in \bigcup\limits_{i=1}^{\infty} R^i$，即 $\bigcup\limits_{i=1}^{\infty} R^i$ 是传递的。

根据传递闭包的定义，由①、②知，$t(R) \subseteq \bigcup\limits_{i=1}^{\infty} R^i$。

接着证明 $\bigcup\limits_{i=1}^{\infty} R^i \subseteq t(R)$。

只需证明对任意 $i \in \mathbf{N}^+$，有 $R^i \subseteq t(R)$。使用数学归纳法加以证明。

① 当 $i=1$ 时，根据传递闭包的定义，$R \subseteq t(R)$，即 $i=1$ 时，结论成立。

② 假设 $i=k$ 时，有 $R^k \subseteq t(R)$ 成立，那么，当 $i=k+1$ 时，$\forall \langle a,b \rangle \in R^{k+1}$，其中，$a$，$b \in A$，根据复合运算的定义，可得 $\exists c(c \in A \wedge \langle a,c \rangle \in R^k \wedge \langle c,b \rangle \in R)$。由归纳假设和 $R \subseteq t(R)$ 可知，$\langle a,c \rangle \in t(R)$ 且 $\langle c,b \rangle \in t(R)$。因为 $t(R)$ 是传递的，所以 $\langle a,b \rangle \in t(R)$，即有 $R^{k+1} \subseteq t(R)$。

由①、②知，对任意 $i \in \mathbf{N}^+$，都有 $R^i \subseteq t(R)$，从而有 $\bigcup\limits_{i=1}^{\infty} R^i \subseteq t(R)$。

综上所述，$t(R) = \bigcup\limits_{i=1}^{\infty} R^i$。

当 $|A| = n$ 时，由定理4.8知，$\bigcup\limits_{i=1}^{\infty} R^i = \bigcup\limits_{i=1}^{n} R^i$，从而 $t(R) = \bigcup\limits_{i=1}^{\infty} R^i$。

从上面的证明可以看出，当 R 和 S 都是传递关系时，$R \cup S$ 不一定是传递的，对于任意的关系 R，R^2，R^3，$\cdots$ 也不一定是传递的，但 $t(R) = \bigcup\limits_{i=1}^{\infty} R^i$ 是传递的。换言之，在 R 经过"无限次"的幂运算与"无限次"的并运算之后，得到的 $t(R)$ 具有传递性了，这种从"有限"过渡到"无限"的方法是数学的一种"有力的理论武器"。

例4.31 设 $A = \{a,b,c\}$，$R = \{\langle a,a \rangle, \langle a,b \rangle, \langle b,c \rangle, \langle c,b \rangle\}$ 是 A 上的关系。计算 $r(R)$，$s(R)$，$t(R)$。

分析 利用定理4.11直接计算即可。

解　$r(R) = R \cup I_A$

$= \{\langle a,a \rangle, \langle a,b \rangle, \langle b,c \rangle, \langle c,b \rangle\} \cup \{\langle a,a \rangle, \langle b,b \rangle, \langle c,c \rangle\}$

$= \{\langle a,a \rangle, \langle b,b \rangle, \langle c,c \rangle, \langle a,b \rangle, \langle b,c \rangle, \langle c,b \rangle\}$。

$s(R) = R \cup R^{-1}$

$= \{\langle a,a \rangle, \langle a,b \rangle, \langle b,c \rangle, \langle c,b \rangle\} \cup \{\langle a,a \rangle, \langle b,a \rangle, \langle b,c \rangle, \langle c,b \rangle\}$

$= \{\langle a,a \rangle, \langle a,b \rangle, \langle b,a \rangle, \langle b,c \rangle, \langle c,b \rangle\}$。

$R^2 = \{\langle a,a \rangle, \langle a,b \rangle, \langle a,c \rangle, \langle b,b \rangle, \langle c,c \rangle\}$,

$R^3 = \{\langle a,a \rangle, \langle a,b \rangle, \langle a,c \rangle, \langle b,c \rangle, \langle c,b \rangle\}$,

$t(R) = R^1 \cup R^2 \cup R^3$

$= \{\langle a,a \rangle, \langle b,b \rangle, \langle c,c \rangle, \langle a,b \rangle, \langle b,c \rangle, \langle c,b \rangle, \langle a,c \rangle\}$。

4.5　关系的应用

4.5.1　二元关系及其表示法的应用

例 4.32　某电视台拟制作为时半小时的节目，包含戏剧、音乐与广告，每项节目时长都为 5min 的倍数，求：

(1)各种时间分配情况的集合；

(2)戏剧所分配的时间比音乐多的集合；

(3)广告所分配的时间与音乐或戏剧所分配的时间相等的集合；

(4)音乐所分配的时间恰为 5 min 的集合。

微课视频

分析　根据题意，将 30 min 按 5 的倍数分别分配给戏剧、音乐与广告 3 项节目，用 3 元组 $\langle x,y,z \rangle$ 表示，其中 x 表示戏剧，y 表示音乐，z 表示广告。

解　(1)各种时间分配情况的集合为

$T = \{\langle 5,5,20 \rangle, \langle 5,10,15 \rangle, \langle 5,15,10 \rangle, \langle 5,20,5 \rangle, \langle 10,5,15 \rangle, \langle 10,10,10 \rangle, \langle 10,15,$
$5 \rangle, \langle 15,5,10 \rangle, \langle 15,10,5 \rangle, \langle 20,5,5 \rangle\}$。

(2)戏剧所分配的时间大于音乐所分配时间的集合为

$$D = \{\langle 10,5,15 \rangle, \langle 15,5,10 \rangle, \langle 15,10,5 \rangle, \langle 20,5,5 \rangle\}。$$

(3)广告所分配的时间与音乐或戏剧所分配的时间相等的集合为

$$S = \{\langle 5,20,5 \rangle, \langle 10,10,10 \rangle, \langle 20,5,5 \rangle\}。$$

(4)音乐所分配的时间恰为 5 min 的集合为

$$M = \{\langle 5,5,20 \rangle, \langle 10,5,15 \rangle, \langle 15,5,10 \rangle, \langle 20,5,5 \rangle\}。$$

由关系矩阵表示法可以知道，对给定关系 R 和其关系矩阵 $\boldsymbol{M}_R$，如果 $\langle a_i, b_j \rangle \in R$，则 $m_{ij} = 1$。反过来，如果 $m_{ij} = 1$，则 $\langle a_i, b_j \rangle \in R$，即 R 的关系图中存在从 a_i 到 b_j 的有向边。根据这个原理，可以利用关系矩阵求关系图中从一个结点出发能到达另一个结点的路径。

例 4.33　结点 i 和结点 j 之间存在路径当且仅当从结点 i 通过图中的边能够到达结点 j，其中结点 i 到结点 j 的路径中边的数目称为该条路径的长度。请结合图 4.12 求：

(1)从结点 c 开始长度为 1 的所有路径；

（2）从结点 c 开始长度为 2 的所有路径；

（3）所有长度为 2 的路径条数。

分析 根据题意，求从结点 c 开始长度为 1 的所有路径，即为求图 4.12 对应关系矩阵 A 中结点 c 所对应行中所有元素 1 对应的路径；求从结点 c 开始长度为 2 的所有路径，则需要先计算 $A \times A$，然后找出结点 c 对应行中所有元素 1 对应的路径；求图中所有长度为 2 的路径条数即为求 $A \times A$ 中所有元素 1 的和。

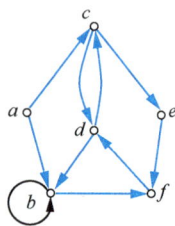

图 4.12

解 设图 4.12 对应关系矩阵为 A，$M = (m_{ij}) = A \times A$，有

$$
A = \begin{array}{c} \\ a \\ b \\ c \\ d \\ e \\ f \end{array}
\begin{array}{c} \begin{array}{cccccc} a & b & c & d & e & f \end{array} \\
\begin{pmatrix} 0 & 1 & 1 & 0 & 0 & 0 \\ 0 & 1 & 0 & 0 & 0 & 1 \\ 0 & 0 & 0 & 1 & 1 & 0 \\ 0 & 1 & 1 & 0 & 0 & 0 \\ 0 & 0 & 0 & 0 & 0 & 1 \\ 0 & 0 & 0 & 1 & 0 & 0 \end{pmatrix} \end{array}, \quad
M = A \times A = \begin{array}{c} \\ a \\ b \\ c \\ d \\ e \\ f \end{array}
\begin{array}{c} \begin{array}{cccccc} a & b & c & d & e & f \end{array} \\
\begin{pmatrix} 0 & 1 & 0 & 1 & 1 & 1 \\ 0 & 1 & 0 & 1 & 0 & 1 \\ 0 & 1 & 1 & 0 & 0 & 1 \\ 0 & 1 & 0 & 1 & 1 & 1 \\ 0 & 0 & 0 & 1 & 0 & 0 \\ 0 & 1 & 1 & 0 & 0 & 0 \end{pmatrix} \end{array} 。
$$

（1）由关系矩阵 A 可知，从结点 c 开始长度为 1 的所有路径为 $c \to d$ 和 $c \to e$。

（2）由矩阵的计算规则可知

$$m_{32} = 0 \times 1 + 0 \times 1 + 0 \times 0 + 1 \times 1 + 1 \times 0 + 0 \times 0 = 1，$$

$$m_{33} = 0 \times 1 + 0 \times 0 + 0 \times 0 + 1 \times 1 + 1 \times 0 + 0 \times 0 = 1，$$

$$m_{36} = 0 \times 0 + 0 \times 1 + 0 \times 0 + 1 \times 0 + 1 \times 1 + 0 \times 0 = 1，$$

从而从 c 开始长度为 2 的路径有 3 条，分别为 $c \to d \to b$、$c \to d \to c$ 和 $c \to e \to f$。

（3）由 $A \times A$ 可知，$A \times A$ 中元素 1 的和为 17，即图 4.12 中长度为 2 的路径有 17 条。

除了用集合、关系图和关系矩阵表示关系，还可以用**表**（Table）表示集合 A 到 B 的关系。

例 4.34 设集合 $A = \{$张红，李明，王强，程飞，赵伟$\}$、$B = \{$离散数学，操作系统，计算机科学，算法分析，组合数学$\}$、$R = \{\langle$张红，离散数学$\rangle, \langle$李明，组合数学$\rangle, \langle$王强，操作系统$\rangle, \langle$程飞，操作系统$\rangle, \langle$赵伟，计算机科学$\rangle, \langle$张红，算法分析$\rangle\}$ 表示学生选课情况，用表的形式表示关系 R。

分析 将关系 R 中序偶的第一个元素作为表的第一列，对应的第二个元素作为表的第二列，则得到关系 R 的表的表示形式。

解 关系 R 的表的表示形式如表 4.4 所示。

n 元关系也可以用表的形式来表示。

例 4.35 设集合 $A = \{A_1, A_2, A_3, A_4\}$ 是表示学生姓名的集合，$B = \{B_1, B_2, B_3, B_4\}$ 是表示学生学号的集合，$C = \{C_1, C_2, C_3, C_4\}$ 是表示课程的集合，$D = \{D_1, D_2, D_3, D_4\}$ 是表示学生课程得分的集合，$R = \{\langle A_1, B_1, C_1, D_2 \rangle, \langle A_2, B_2, C_2, D_1 \rangle, \langle A_3, B_3, C_3, D_3 \rangle, \langle A_4, B_4, C_4, D_4 \rangle\}$ 是表示学生的选课及课程得分情况。用表的形式表示关系 R。

分析 将关系 R 中四元有序组的第 i 个元素对应表的第 i 行，则得到关系 R 的表的表示形式。

解 关系 R 的表的表示形式如表4.5所示。

表 4.4

学生	课程
张红	离散数学
李明	组合数学
王强	操作系统
程飞	操作系统
赵伟	计算机科学
张红	算法分析

表 4.5

学生	学号	课程	成绩
A_1	B_1	C_1	D_2
A_2	B_2	C_2	D_1
A_3	B_3	C_3	D_3
A_4	B_4	C_4	D_4

4.5.2　关系运算的应用

关系运算在日常生活中也存在大量的应用。

例 4.36 设 $A=\{18:00,18:30,19:00,\cdots,21:30,22:00\}$ 表示从 18:00 到 22:00 的间隔半小时的时刻集，$B=\{1,2,5,8\}$ 表示中央广播电视总台 4 个电视频道集，R_1 和 R_2 是从 A 到 B 的两个二元关系，请解释二元关系 $R_1,R_2,R_1\cup R_2,R_1\cap R_2,R_1\oplus R_2,R_1-R_2$ 的意义。

微课视频

分析 根据题意，$A\times B$ 表示 9 个时刻和 4 个电视频道所组成的电视节目表。因为 R_1 和 R_2 是 $A\times B$ 的两个子集，所以它们也表示电视节目表。

解 $A\times B$ 表示 9 个时刻和 4 个电视频道所组成的电视节目表，R_1 和 R_2 分别是 $A\times B$ 的两个子集。如果 R_1 表示音乐节目的播出时间表，R_2 表示戏曲节目的播出时间表，则 $R_1\cup R_2$ 表示音乐或戏曲节目的播出时间表；$R_1\cap R_2$ 表示音乐和戏曲一起播出的时间表；$R_1\oplus R_2$ 表示音乐节目时间表以及戏曲节目时间表，但不是音乐和戏曲一起播出的节目时间表；R_1-R_2 表示不是戏曲时间的音乐节目时间表。

除了用集合、关系图和关系矩阵进行关系的各种运算，还可以用表表示进行关系的各种运算，这些运算在表中体现为对表中的数据进行检索、插入、修改和删除等操作。

例 4.37 设有关系 R 和 S 分别如表4.6、表4.7所示，现往 R 中增加关系 S 中的所有元组，求增加后的关系。

表 4.6

A	B	C
1	4	5
4	1	3
5	6	4

表 4.7

A	B	C
4	6	4
4	1	3
6	1	5

分析 在关系 R 中增加 S 中的所有元组，这在关系数据库中称为对关系表的插入操作(Insert Operation)，该操作可以通过关系的并运算完成，即求往 R 中增加关系 S 的所有元组后的关系，等价于求 $R\cup S$。

解 关系 R 增加 S 的所有元组后所构成的关系 $R\cup S$ 如表4.8所示。

表 4.8

A	B	C
1	4	5
4	1	3
5	6	4
4	6	4
6	1	5

例 4.38 设有关系 R 和 S 分别如表 4.9、表 4.10 所示，现在 R 中去掉关系 S 中所出现的元组，求去掉 S 后的关系。

表 4.9

A	B	C
1	4	3
4	5	6
7	8	9

表 4.10

A	B	C
1	4	3
7	8	9

分析 在关系 R 中去掉 S 中所出现的元组，这在关系数据库中称为 删除操作（Delete Operation），该操作可以通过关系的差运算完成，即求在关系 R 中去掉 S 中所出现的元组后的关系，等价于求 $R-S$。

解 关系 R 中去掉 S 中所出现的元组后所得的关系 $R-S$ 如表 4.11 所示。

表 4.11

A	B	C
4	5	6

4.6 习题

1. 已知 $A=\{\varnothing,\{\varnothing\}\}$，求 $A\times P(A)$。

2. 证明定理 4.1 中的 (2)、(3)、(4)。

3. 对任意集合 A,B,C，若 $A\times B\subseteq A\times C$，是否一定有 $B\subseteq C$ 成立？为什么？

4. 设 A,B,C,D 是任意 4 个集合，判断下述结论是否正确。如果正确，请证明；如果错误，也请证明，或举出反例。

(1) $(A\cap B)\times(C\cap D)=(A\times C)\cap(B\times D)$。

(2) $(A\cup B)\times(C\cup D)=(A\times C)\cup(B\times D)$。

(3) $(A-B)\times(C-D)=(A\times C)-(B\times D)$。

(4) 若 $A\times A=B\times B$，则一定有 $A=B$。

5. 设集合 $A=\{1,2\}$，$B=\{3,4\}$，列出 A 到 B 的所有关系。

6. 假设 $A=\{\varnothing,\{\varnothing\},\{\varnothing,\{\varnothing\}\},\{\varnothing,\{\varnothing,\{\varnothing\}\}\}\}$，$R$ 是 A 上的包含关系，请列出 R 中的元素。

7. 假设 $|A|=3$，$|B|=4$，问：从 A 到 B 有多少个不同的关系？

8. 设 A 为 n 个元素的集合。

(1) 证明：A 上有 2^n 个一元关系。

(2) 证明：A 上有 2^{n^2} 个二元关系。

(3) A 上有多少个三元关系？

9. 设 R 是集合 A 上的一个二元关系，$|A|=n$，证明：存在 $0\leqslant s<t\leqslant 2^{n\times n}$，使 $R^s=R^t$。

10. 设集合 $A=\{1,2,3\}$，列出集合 A 上的下列关系，并用关系图和关系矩阵表示。

(1) A 上的全关系。

(2) A 上的恒等关系。

(3) A 上的大于关系。

11. 设 $A=\{1,2,3,4\}$，$B=\{0,1,4,9,12\}$，R 是 A 到 B 上的关系，请分别写出满足下列条件的关系 R，并用关系图和关系矩阵表示。

(1) $\langle x,y\rangle\in R$ 当且仅当 $x\mid y$。

（2）$\langle x,y \rangle \in R$ 当且仅当 $x \equiv y (\mod 3)$。

（3）$\langle x,y \rangle \in R$ 当且仅当 $x \leq y$。

12. 设 $A = \{1,2,3,4,5,6\}$，A 上的二元关系可定义为：$R = \{\langle x,y \rangle \mid (x-y)^2 \in A\}$；$S = \{\langle x,y \rangle \mid y \text{ 是 } x \text{ 的倍数}\}$；$T = \{\langle x,y \rangle \mid x/y \text{ 是素数}\}$。写出 R,S,T 的元素并画出其关系图。

13. 设 $A = \{\langle 1,2 \rangle, \langle 2,4 \rangle, \langle 3,3 \rangle\}$，$B = \{\langle 1,3 \rangle, \langle 2,4 \rangle, \langle 4,2 \rangle\}$。求：

（1）$\mathrm{dom}A$，$\mathrm{ran}A$，$\mathrm{fld}A$；

（2）$\mathrm{dom}B$，$\mathrm{ran}B$，$\mathrm{fld}B$。

14. 设关系 R,S,T 的关系矩阵分别为 $\boldsymbol{M}_R, \boldsymbol{M}_S, \boldsymbol{M}_T$。计算：

（1）$\boldsymbol{M}_R \vee \boldsymbol{M}_S$；　　　（2）$\boldsymbol{M}_R \wedge \boldsymbol{M}_S$；　　　（3）$\boldsymbol{M}_R \odot \boldsymbol{M}_T$。

$$\boldsymbol{M}_R = \begin{pmatrix} 1 & 0 & 1 & 0 & 1 \\ 1 & 0 & 1 & 0 & 1 \\ 1 & 0 & 0 & 1 & 0 \\ 1 & 0 & 1 & 0 & 1 \end{pmatrix}, \quad \boldsymbol{M}_S = \begin{pmatrix} 0 & 1 & 1 & 0 & 0 \\ 1 & 0 & 1 & 0 & 1 \\ 1 & 0 & 0 & 0 & 1 \\ 0 & 1 & 1 & 0 & 0 \end{pmatrix}, \quad \boldsymbol{M}_T = \begin{pmatrix} 0 & 1 & 1 & 1 \\ 0 & 0 & 0 & 1 \\ 0 & 1 & 1 & 0 \\ 1 & 0 & 1 & 1 \\ 1 & 0 & 0 & 1 \end{pmatrix}。$$

15. 证明定理 4.3 中的（2）。

16. 证明定理 4.3 中的（3）。

17. 设 $A = \{a,b,c\}$，$B = \{1,2\}$，A 到 B 上的关系 R 和 S 定义如下：
$$R = \{\langle a,1 \rangle, \langle b,2 \rangle, \langle c,1 \rangle\}, \quad S = \{\langle a,1 \rangle, \langle b,1 \rangle, \langle c,1 \rangle\}。$$
求：$R \cup S, R \cap S, R-S, S-R, R^c, S^c$。

18. $A = \{1,2,3,6\}$，用 L 表示"小于等于"关系，D 表示"整除"关系，即
$$L = \{\langle a,b \rangle \mid (a \leq b) \wedge (a,b \in A)\}; \quad D = \{\langle a,b \rangle \mid (a \text{ 整除 } b) \wedge (a,b \in A)\}。$$
用枚举法列出 L 和 D 的元素，并求 $L \cap D$ 和 $L \circ D$。

19. 证明定理 4.5。

20. 判断下列关系是否为两个关系的复合，如果是，请指出对应的两个关系。

（1）爷爷和孙子构成的"爷孙"关系。

（2）舅舅和外甥构成的"舅甥"关系。

（3）哥哥和妹妹构成的"兄妹"关系。

21. 设 R 和 S 是定义在 P 上的二元关系，P 是所有人的集合，其中 $R = \{\langle x,y \rangle \mid (x,y \in P) \wedge (x \text{ 是 } y \text{ 的父亲})\}$，$S = \{\langle x,y \rangle \mid (x,y \in P) \wedge (x \text{ 是 } y \text{ 的母亲})\}$。说明下述关系的意义。

（1）$R \circ R$。

（2）$S^{-1} \circ R$。

（3）$S \circ R^{-1}$。

（4）$\{\langle x,y \rangle \mid (x,y \in P) \wedge (x \text{ 是 } y \text{ 的外祖母})\}$。

（5）$\{\langle x,y \rangle \mid (x,y \in P) \wedge (x \text{ 是 } y \text{ 的祖母})\}$。

22. 设 $A = \{0,1,2,3\}$，R 和 S 是 A 上的二元关系，$R = \{\langle i,j \rangle \mid (j=i+1) \text{ 或} (j=i/2)\}$，$S = \{\langle i,j \rangle \mid i=j+2\}$。

（1）用关系矩阵法求 $R \circ S$。

（2）用关系图法求 $S \circ R$。

（3）用任意方法求 $R \circ S \circ R, R^3, S^3$。

23. 设 R,S,T 是集合 A 上的关系，证明：

（1）$R \subseteq S \Rightarrow R \circ T \subseteq S \circ T$；

（2）$R \subseteq S \Rightarrow R^{-1} \subseteq S^{-1}$；

（3）$(R \cap S)^{-1} = R^{-1} \cap S^{-1}$；

（4）$R \subseteq S \Rightarrow S^c \subseteq R^c$；

（5）$(R \cup S) \circ T = (R \circ T) \cup (S \circ T)$。

24. 设 $A = \{1,2,3,4\}$，定义在 A 上的关系 R 如下：

$$R = \{\langle 1,2 \rangle, \langle 2,1 \rangle, \langle 2,3 \rangle, \langle 3,4 \rangle\}。$$

（1）画出 R 的关系图，并写出 R 的关系矩阵。

（2）求 R^2, R^3, R^4。

25. 设 $A = \{a,b,c\}$，A 上的关系 R_i 定义如下。判断 A 上的下述关系具备哪些性质。

（1）$R_1 = \{\langle a,a \rangle, \langle a,b \rangle, \langle a,c \rangle, \langle c,c \rangle\}$。

（2）$R_2 = \{\langle a,a \rangle, \langle a,b \rangle, \langle b,a \rangle, \langle b,b \rangle, \langle c,c \rangle\}$。

（3）$R_3 = \{\langle a,a \rangle, \langle a,b \rangle, \langle b,b \rangle, \langle b,c \rangle\}$。

（4）$R_4 = \varnothing$。

（5）$R_5 = A \times A$。

26. 设 $A = \{1,2,3\}$，图 4.13 给出了 12 种 A 上的关系。对于每一个关系图，写出相应的关系表达式和关系矩阵，并说明它们具备什么性质。

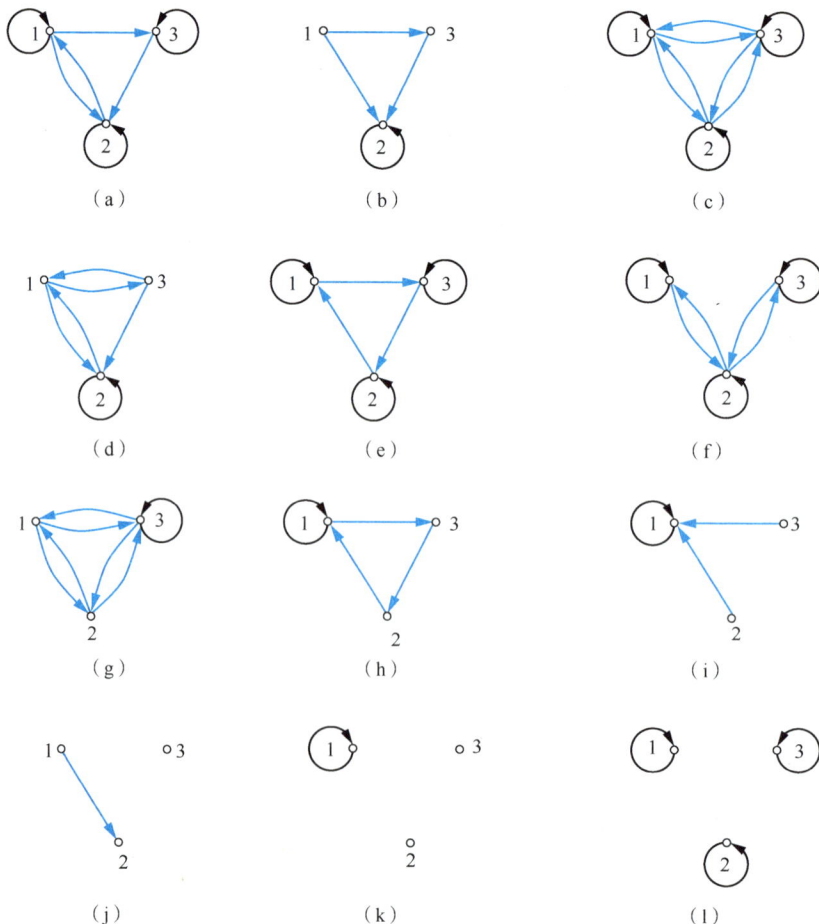

图 4.13

27. 证明定理 4.9 中的(1)和(3)。

28. 设 R 和 S 是集合 A 上的关系，证明或否定以下断言。

(1)若 R 和 S 是自反的，则 $R \circ S$ 是自反的。

(2)若 R 和 S 是反自反的，则 $R \circ S$ 是反自反的。

(3)若 R 和 S 是对称的，则 $R \circ S$ 是对称的。

(4)若 R 和 S 是反对称的，则 $R \circ S$ 是反对称的。

(5)若 R 和 S 是传递的，则 $R \circ S$ 是传递的。

29. 设 R 是 A 上的关系，若 R 是自反的和传递的，则 $R \circ R = R$。其逆命题也成立吗?

30. 证明：集合 A 上的对称传递关系不可能是反自反的。

31. 图 4.14 给出的 6 个关系都是 $A = \{1,2,3,4\}$ 上的关系。求这些关系的 $r(R)$，$s(R)$，$t(R)$，并画出对应的关系图。

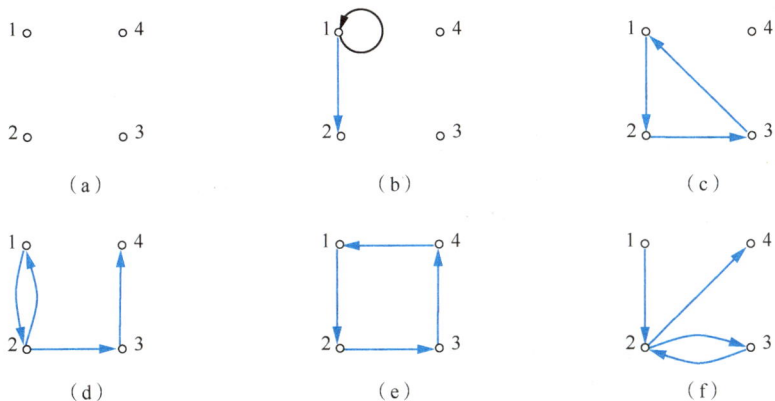

图 4.14

32. 设 R 是集合 A 上的关系，证明或否定下述论断。

(1)若 R 是自反的，则 $s(R)$ 和 $t(R)$ 是自反的。

(2)若 R 是对称的，则 $r(R)$ 和 $t(R)$ 是对称的。

(3)若 R 是传递的，则 $r(R)$ 和 $s(R)$ 是传递的。

(4)若 R 是反对称的，则 $t(R)$ 是反对称的。

33. 程序设计：给定一个关系，求出它的定义域和值域。

34. 应用实践：请设计一个关系计算器，使其可以完成关系的交、并、差、补、对称差、逆、复合及闭包等运算。

35. 应用实践：请设计一个关系性质的判断器，使它可以判断给定关系所具有的特殊性质。

36. "AI+"实践：请尝试用 3 个以上不同的大模型工具，使用离散数学的方法来解决第 29 题，并比较和评价大模型工具给出的答案。对于不正确的答案，请指出哪些地方存在错误；对于正确的答案，请选出解法最简洁、思路最明确的那个。

第 5 章
特殊关系

第 5 章导读

第 4 章讲解了关系的性质，读者可以发现，有许多不同的关系具有相同的性质。例如，生活中的朋友关系、同学关系，它们都具有自反性、对称性；实数集上的相等关系、三角形的相似关系，它们都具有自反性、对称性和传递性。从本章开始，我们将研究具有不同性质组合的特殊关系，具体包括相容关系、等价关系、次序关系，以及具有特殊结构的特殊关系——函数。

本章思维导图

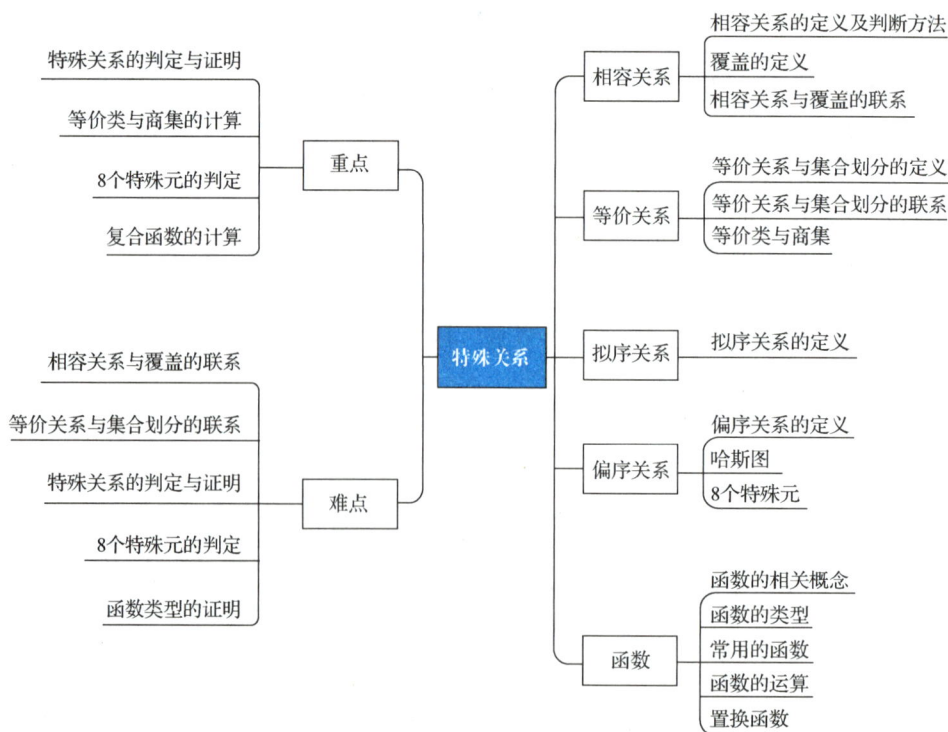

历史人物

莱布尼茨

个人成就

德国哲学家、数学家，英国皇家学会、法国科学院、罗马科学与数学科学院、柏林科学院的核心成员，被誉为 17 世纪的亚里士多德。莱布尼茨在数学史和哲学史上都具有重要地位，他和牛顿先后独立发现了微积分。

人物介绍

牛　顿

个人成就

英国物理学家、数学家和哲学家，英国皇家学会会长，经典力学理论的开创者，被誉为人类历史上伟大的科学家之一。牛顿的主要贡献是提出万有引力定律、牛顿运动三定律，代表作为《自然哲学的数学原理》《光学》。

人物介绍

5.1　相容关系

假设集合 $A = \{1,2,3\}$，A 上的关系 $R = \{\langle 1,1 \rangle, \langle 2,2 \rangle, \langle 3,3 \rangle, \langle 1,2 \rangle, \langle 2,1 \rangle, \langle 2,3 \rangle, \langle 3,2 \rangle\}$，则 R 同时具有自反性和对称性，我们称这样的关系为 A 上的**相容关系**（Compatibility Relation）。下面具体给出相容关系的定义。

微课视频

5.1.1　相容关系的定义

定义 5.1　设 R 是定义在非空集合 A 上的关系。如果 R 是自反的、对称的，则称 R 为 A 上的**相容关系**。

> **解题小贴士**
>
> **相容关系的判断方法**
>
> R 是相容关系 $\Leftrightarrow$ R 同时具有自反性和对称性。

例 5.1 设 A 是所有中国人组成的集合，判断下列关系是否为 A 上的相容关系。

（1）A 上的同性关系 R。

（2）A 上的朋友关系 S。

（3）A 上的父子关系 T。

分析 根据"相容关系的判断方法"直接判断即可。

解 （1）关系 R 同时具有自反性和对称性，即关系 R 是 A 上的相容关系。

（2）关系 S 同时具有自反性和对称性，即关系 S 是 A 上的相容关系。

（3）关系 T 不具有自反性，即关系 T 不是 A 上的相容关系。

注意，这里也可以根据 T 不具有对称性说明 T 不是 A 上的相容关系。

例 5.2 假设 $A = \{student, boy, work, table, to, girl\}$，$A$ 上的关系 $R = \{\langle x, y \rangle \mid x, y \in A$ 且 x 和 y 中有相同字母$\}$。

（1）写出 R 中的所有元素。

（2）写出 R 的关系矩阵。

（3）画出 R 的关系图。

（4）说明 R 是 A 上的相容关系。

分析 首先根据 R 的定义直接写出其所有元素和关系矩阵，然后按照 $A = B$ 的情形画出关系图，最后按照"相容关系的判断方法"说明 R 同时具有自反性和对称性。

解 （1）令 $1 = student, 2 = boy, 3 = work, 4 = table, 5 = to, 6 = girl$，由 R 的定义可得

$R = \{\langle 1,1 \rangle, \langle 1,4 \rangle, \langle 1,5 \rangle, \langle 2,2 \rangle, \langle 2,3 \rangle, \langle 2,4 \rangle, \langle 2,5 \rangle, \langle 3,2 \rangle, \langle 3,3 \rangle, \langle 3,5 \rangle, \langle 3,6 \rangle, \langle 4,1 \rangle, \langle 4,2 \rangle, \langle 4,4 \rangle, \langle 4,5 \rangle, \langle 4,6 \rangle, \langle 5,1 \rangle, \langle 5,2 \rangle, \langle 5,3 \rangle, \langle 5,4 \rangle, \langle 5,5 \rangle, \langle 6,3 \rangle, \langle 6,4 \rangle, \langle 6,6 \rangle\}$。

（2）R 的关系矩阵如图 5.1（a）所示。

（3）R 的关系图如图 5.1（b）所示。

（4）从图 5.1（b）可以看出，每个结点都有自环，且任意两个不同结点之间都有方向相反的两条边或没有边，即 R 具有自反性和对称性，从而 R 是 A 上的相容关系。

相容关系的说明也可以用集合表示法或关系矩阵来完成，此处略。

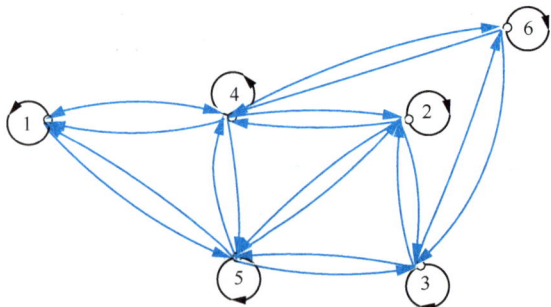

$$
\begin{pmatrix}
1 & 0 & 0 & 1 & 1 & 0 \\
0 & 1 & 1 & 1 & 1 & 0 \\
0 & 1 & 1 & 0 & 1 & 1 \\
1 & 1 & 0 & 1 & 1 & 1 \\
1 & 1 & 1 & 1 & 1 & 0 \\
0 & 0 & 1 & 1 & 0 & 1
\end{pmatrix}
$$

（a）　　　　　　　　　　　　（b）

图 5.1

5.1.2　集合的覆盖

定义 5.2　给定非空集合 A，设有集合 $S = \{A_1, A_2, \cdots, A_m\}$。如果

(1) $A_i \subseteq A$ 且 $A_i \neq \varnothing$，$i = 1, 2, \cdots, m$；

(2) $\bigcup\limits_{i=1}^{m} A_i = A$，

则 S 被称作集合 A 的一个覆盖。

微课视频

例如，$\{\{1,2,4,5\}, \{2,3,5\}, \{6\}\}$ 和 $\{\{1,2,4,5\}, \{3,5,6\}\}$ 都是 $A = \{1,2,3,4,5,6\}$ 的一个覆盖。

显然，一个集合的覆盖是不唯一的。

定理 5.1　给定集合 A 的一个覆盖 $S = \{A_1, A_2, \cdots, A_n\}$，设

$$R = (A_1 \times A_1) \cup (A_2 \times A_2) \cup \cdots \cup (A_n \times A_n)，\qquad (5\text{-}1)$$

则 R 是 A 上的相容关系。

分析　要证明 R 是 A 上的相容关系，根据"相容关系的判断方法"，分别证明 R 具有自反性和对称性即可。

证明　根据集合覆盖的定义，$A = \bigcup\limits_{i=1}^{m} A_i$。

(1) **自反性**　$\forall x$，

$$x \in A \Rightarrow \exists i (i \in \mathbf{N}^+ \land x \in A_i) \Rightarrow \langle x, x \rangle \in A_i \times A_i \Rightarrow \langle x, x \rangle \in R，\qquad (式(5.1))$$

即 R 是自反的。

(2) **对称性**　$\forall x \in A$，$y \in A$，

$$\langle x, y \rangle \in R \Rightarrow \exists j (j \in \mathbf{N}^+ \land \langle x, y \rangle \in A_j \times A_j) \Rightarrow \langle y, x \rangle \in A_j \times A_j$$

$$(A_j \times A_j \text{是对称的})$$

$$\Rightarrow \langle y, x \rangle \in R，\qquad (式(5.1))$$

即 R 是对称的。

由 (1) 和 (2) 知，R 是 A 上的相容关系。

例 5.3　给定非空集合 $A = \{a, b, c\}$ 和 A 上的两个不同覆盖 $S_1 = \{\{a,b,c\}\}$ 和 $S_2 = \{\{a,b\}, \{b,c\}, \{a,c\}\}$，写出由 S_1 和 S_2 确定的相容关系。

分析　根据式(5-1)直接计算即可。

解　设覆盖 S_1 和 S_2 确定的相容关系分别为 R_1 与 R_2，则

$R_1 = \{a,b,c\} \times \{a,b,c\}$

$\quad = \{\langle a,a \rangle, \langle b,b \rangle, \langle c,c \rangle, \langle a,b \rangle, \langle b,a \rangle, \langle a,c \rangle, \langle c,a \rangle, \langle b,c \rangle, \langle c,b \rangle\}$，

$R_2 = (\{a,b\} \times \{a,b\}) \cup (\{b,c\} \times \{b,c\}) \cup (\{a,c\} \times \{a,c\})$

$\quad = \{\langle a,a \rangle, \langle b,b \rangle, \langle c,c \rangle, \langle a,b \rangle, \langle b,a \rangle, \langle a,c \rangle, \langle c,a \rangle, \langle b,c \rangle, \langle c,b \rangle\}$。

显然，不同的覆盖可以构造出相同的相容关系。

5.2　等价关系

假设集合 A 是由 10 个红色、蓝色或绿色的球组成的集合，如图 5.2 所示。

定义 A 上的关系 R 为：如果 x 和 y 属于关系 R，则 x 和 y 有相同的颜色。

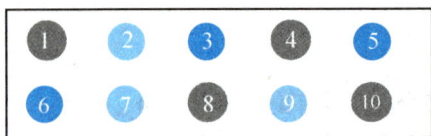

图 5.2

显然，这个关系同时具有自反性、对称性和传递性，像这样的关系被称为 A 上的**等价关系**。下面具体给出等价关系的定义。

5.2.1 等价关系的定义

定义 5.3 设 R 是定义在非空集合 A 上的关系。如果 R 是自反的、对称的和传递的，则称 R 为 A 上的**等价关系**（Equivalent Relation）。

显然，若 R 是等价关系，则 R 一定是相容关系；反之不然。

微课视频

> **解题小贴士**
>
> ### 等价关系的判断方法
>
> R 是等价关系 $\Leftrightarrow R$ 同时具有自反性、对称性和传递性。

例 5.4 判断例 5.1 中的关系是否为等价关系。

分析 根据"等价关系的判断方法"直接判断即可。

解 (1) 关系 R 同时具有自反性、对称性和传递性，即关系 R 是等价关系。

(2) 关系 S 不具有传递性，即关系 S 不是等价关系。

(3) 关系 T 不具有对称性，即关系 T 不是等价关系。

注意，这里也可根据 T 不具有自反性或传递性说明 T 不是等价关系。

例 5.5 针对图 5.2 所示集合 A 上定义的关系 R 完成下列各题。

(1) 写出 R 中的所有元素。

(2) 画出 R 的关系图。

(3) 证明 R 是一个等价关系。

分析 首先根据 R 的定义直接写出其所有元素，然后按照 $A=B$ 的情形画出关系图，最后按照"等价关系的判断方法"分别证明 R 具有自反性、对称性和传递性。

(1) **解** 根据 R 的定义得

$R = \{\langle 1,1 \rangle, \langle 2,2 \rangle, \cdots, \langle 10,10 \rangle, \langle 1,4 \rangle, \langle 4,1 \rangle, \langle 1,8 \rangle, \langle 8,1 \rangle, \langle 1,10 \rangle, \langle 10,1 \rangle, \langle 4,8 \rangle, \langle 8,4 \rangle, \langle 4,10 \rangle, \langle 10,4 \rangle, \langle 10,8 \rangle, \langle 8,10 \rangle, \langle 2,7 \rangle, \langle 7,2 \rangle, \langle 2,9 \rangle, \langle 9,2 \rangle, \langle 9,7 \rangle, \langle 7,9 \rangle, \langle 3,5 \rangle, \langle 5,3 \rangle, \langle 3,6 \rangle, \langle 6,3 \rangle, \langle 5,6 \rangle, \langle 6,5 \rangle\}$。

(2) **解** R 的关系图如图 5.3 所示。

(3) **证明**

① 自反性：$\forall x, x \in A \Rightarrow \langle x,x \rangle \in R \Rightarrow R$ 是自反的。

② 对称性：$\forall x \in A, \forall y \in A, \langle x,y \rangle \in R \Rightarrow x$ 与 y 颜色相同 $\Rightarrow y$ 与 x 颜色也相同 $\Rightarrow \langle y,x \rangle$

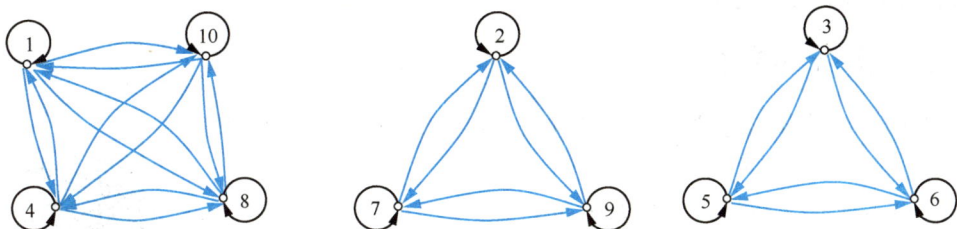

图 5.3

$\in R \Rightarrow R$ 是对称的。

③ 传递性：$\forall x \in A$，$\forall y \in A$，$\forall z \in A$，$\langle x,y \rangle \in R \land \langle y,z \rangle \in R \Rightarrow x$ 与 y 颜色相同 $\land y$ 与 z 颜色相同 $\Rightarrow x$ 与 z 颜色也相同 $\Rightarrow \langle x,z \rangle \in R \Rightarrow R$ 是传递的。

由①、②和③知，R 是等价关系。

显然，例 5.5 定义的关系 R 将集合 A 分成了 3 个互不相交的子集，且它们的并集为 A。

下面再看一个例子。

例 5.6　设 n 为正整数，考虑整数集 $\mathbf{Z}$ 上的关系 R：

$$R = \{ \langle x,y \rangle \mid x,\ y \in \mathbf{Z} \land n \mid (x-y) \}。$$

证明 R 是一个等价关系。

分析　根据"等价关系的判断方法"分别证明 R 具有自反性、对称性和传递性即可。

证明　(1) 自反性：$\forall x$，$x \in \mathbf{Z} \Rightarrow n \mid (x-x) \Rightarrow \langle x,x \rangle \in R$，即 R 是自反的。

(2) 对称性：$\forall x \in \mathbf{Z}$，$\forall y \in \mathbf{Z}$，$\langle x,y \rangle \in R \Rightarrow n \mid (x-y) \Rightarrow n \mid -(x-y) \Rightarrow n \mid (y-x) \Rightarrow \langle y,x \rangle \in R$，即 R 是对称的。

(3) 传递性：$\forall x \in \mathbf{Z}$，$\forall y \in \mathbf{Z}$，$\forall z \in \mathbf{Z}$，$\langle x,y \rangle \in R \land \langle y,z \rangle \in R \Rightarrow n \mid (x-y) \land n \mid (y-z) \Rightarrow n \mid ((x-y)+(y-z)) \Rightarrow n \mid (x-z) \Rightarrow \langle x,z \rangle \in R$，即 R 是传递的。

由(1)、(2)和(3)知，R 是 $\mathbf{Z}$ 上的等价关系。

上述整数集 $\mathbf{Z}$ 上的关系 R 被称为 $\mathbf{Z}$ 上以 n 为模的同余关系（Congruence Relation），一般来说，记 xRy 为

$$x \equiv y (\bmod\ n)，\tag{5-2}$$

通常称式(5-2)为同余式（Congruence）。

如果用 $\mathrm{Res}_n(x)$ 表示 x 除以 n 的余数，则 $x \equiv y (\bmod\ n) \Leftrightarrow \mathrm{Res}_n(x) = \mathrm{Res}_n(y)$。

同样，$\mathbf{Z}$ 上的关系 R 将 $\mathbf{Z}$ 分成下面 n 个互不相交的子集，且这些子集的并集为 $\mathbf{Z}$。

$S_0 = \{ \cdots, -2n, -n, 0, n, 2n, \cdots \}$，

$S_1 = \{ \cdots, -2n+1, -n+1, 1, n+1, 2n+1, \cdots \}$，

$S_2 = \{ \cdots, -2n+2, -n+2, 2, n+2, 2n+2, \cdots \}$，

······

$S_{n-1} = \{ \cdots, -n-1, -1, n-1, 2n-1, 3n-1, \cdots \}$。

以这些子集为元素可以构成新的集合，这个新的集合被称为整数集 $\mathbf{Z}$ 的一个划分。

下面给出集合划分的定义。

5.2.2 集合的划分

定义 5.4 给定非空集合 A，设有集合 $S=\{A_1,A_2,\cdots,A_m\}$，如果满足

(1) $A_i\subseteq A$ 且 $A_i\neq\varnothing$，$i=1,2,\cdots,m$；

(2) $A_i\cap A_j=\varnothing$，$i\neq j$，$i,j=1,2,\cdots,m$；

(3) $\bigcup\limits_{i=1}^{m}A_i=A$，

则称 S 为集合 A 的一个**划分**（Partition），而 $A_1,A_2,\cdots,A_m$ 叫作这个划分的**块**（Block）或**类**（Class）。

微课视频

注意

集合的一个划分一定是该集合的一个覆盖，反之不然。

根据定义5.4，例5.5的等价关系 R 将集合 $A=\{1,2,\cdots,10\}$ 分成的3个不相交的子集可以构成集合 A 的一个划分 $\{\{1,4,8,10\},\{2,7,9\},\{3,5,6\}\}$；例5.6的等价关系 R 将整数集 $\mathbf{Z}$ 分成的 n 个不相交的子集也可以构成 $\mathbf{Z}$ 的一个划分 $\{S_0,S_1,\cdots,S_{n-1}\}$。

事实上，对于同一个集合，划分的方法不同，得到的划分也不同。

例 5.7 给出非空集合 A 的两个不同划分。

分析 根据定义5.3，可以将 A 看成一个全集，先在 A 中设定不相交的一些子集，然后将这些子集以外的部分算作另一个子集，从而得到 A 的一个划分。

解 (1) 如图5.4(a)所示，在 A 中设定一个非空子集 A_1，令 $A_2=A-A_1$，则根据定义5.4，$\{A_1,A_2\}$ 就构成集合 A 的一个划分。

(2) 如图5.4(b)所示，在 A 中设定两个不相交的非空子集 A_1 和 A_2，令 $A_3=A-(A_1\cup A_2)$，则根据定义5.4，$\{A_1,A_2,A_3\}$ 就构成集合 A 的另一个划分。

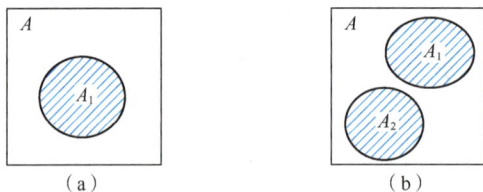

图 5.4

用同样的方法还可以给出多个不同的划分，此处不再详细描述。

例5.7的划分是直接根据集合划分的定义确定的，例5.5、例5.6的划分是由等价关系产生的。像这种由等价关系产生的划分又被称为集合 A 上关于 R 的**商集**，划分中的每一块被称为**等价类**。下面具体给出商集和等价类的定义。

5.2.3 等价类与商集

定义 5.5 设 R 是非空集合 A 上的等价关系，$\forall x\in A$，称集合

$$[x]_R = \{y \mid y \in A \land \langle x, y \rangle \in R\} \qquad (5-3)$$

为 x 关于 R 的**等价类**(Equivalence Class)，或叫作由 x 关于 R 生成的等价类，其中 x 称为 $[x]_R$ 的**生成元**(**代表元**或**典型元**)(Generator)。

由定义 5.5 可以得出以下结论。

(1)等价类依托于 A 上的等价关系 R，没有等价关系 R，就没有等价类。

(2)A 中每个元素都有与之对应的等价类。

解题小贴士

等价类$[x]_R$的计算方法

对任意的 x，将 R 中所有以 x 为第一元素的序偶的第二元素构成集合，这个集合就是$[x]_R$。

例 5.8　设 $A = \{1,2,3,4,5,6,7,8,9\}$，$R$ 是 A 上以 4 为模的同余关系。

(1)写出 R 中的所有元素。

(2)计算 R 的所有等价类。

(3)画出 R 的关系图。

分析　首先根据同余关系的定义写出 R 的元素，并说明 R 是等价关系，然后根据"等价类$[x]_R$的计算方法"直接计算，最后按 A 上的关系画出关系图。

解　(1)根据同余关系的定义得

$R = \{\langle 1,1 \rangle, \langle 2,2 \rangle, \cdots, \langle 9,9 \rangle, \langle 1,5 \rangle, \langle 5,1 \rangle, \langle 1,9 \rangle, \langle 9,1 \rangle, \langle 5,9 \rangle, \langle 9,5 \rangle, \langle 2,6 \rangle,$
$\langle 6,2 \rangle, \langle 3,7 \rangle, \langle 7,3 \rangle, \langle 4,8 \rangle, \langle 8,4 \rangle\}$。

(2)由例 5.6 知，A 上的关系 R 是一个等价关系。于是有

$[1]_R = [5]_R = [9]_R = \{1,5,9\}$, 　　　$[2]_R = [6]_R = \{2,6\}$,

$[3]_R = [7]_R = \{3,7\}$, 　　　　　　　$[4]_R = [8]_R = \{4,8\}$。

(3)R 对应的关系图如图 5.5 所示。

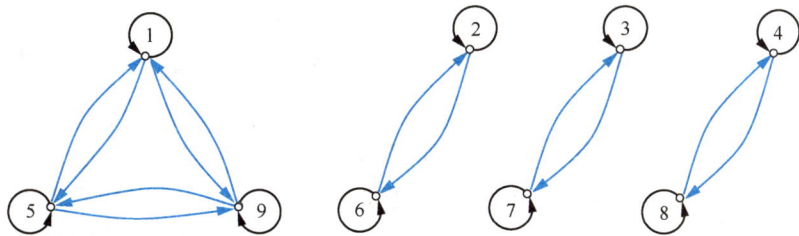

图 5.5

由例 5.8 可以看出：

(1)对任意 $x \in A$，$[x]_R \neq \varnothing$；

(2)对任意 $x, y \in A$，如果 $y \in [x]_R$，则 $[x]_R = [y]_R$。

上面的结论是否对任意的非空集合 A 及其上的等价关系都成立呢？答案是肯定的。于是有下面的定理。

定理 5.2　设 R 是非空集合 A 上的等价关系，则有下面的结论成立。

（1）$\forall x \in A$，$[x]_R \neq \varnothing$。

（2）$\forall x \in A$，$\forall y \in A$，

① 如果 $y \in [x]_R$，则有 $[x]_R = [y]_R$；

② 如果 $y \notin [x]_R$，则有 $[x]_R \cap [y]_R = \varnothing$。

（3）$\bigcup\limits_{x \in A} [x]_R = A$。

分析　定理 5.2 的结论都是两个集合间的相等或不相等关系。对于（1），要证明 $[x]_R$ 是非空的集合，只需证明 $[x]_R$ 里存在元素即可；对于（2）①和（3），可以根据集合相等的方法进行证明；对于（2）②，可以用反证法进行证明。

证明　因为 R 是非空集合 A 上的等价关系，所以 R 是自反的、对称的和传递的。

（1）$\forall x$，$x \in A \Rightarrow \langle x,x \rangle \in R \Rightarrow x \in [x]_R \Rightarrow [x]_R \neq \varnothing$。　　　　　　（$R$ 是自反的）

（2）$\forall x \in A$，$\forall y \in A$，

① $y \in [x]_R \Rightarrow \langle x,y \rangle \in R \Rightarrow \langle y,x \rangle \in R$，　　　　　　　　　　（$R$ 是对称的）

$\forall z$，$z \in [x]_R \Rightarrow \langle x,z \rangle \in R$，

从而有 $\langle y,x \rangle \in R \wedge \langle x,z \rangle \in R \Rightarrow \langle y,z \rangle \in R \Rightarrow z \in [y]_R$，　　（$R$ 是传递的）

即 $[x]_R \subseteq [y]_R$。

同理可证 $[y]_R \subseteq [x]_R$。

综上可得 $[x]_R = [y]_R$。

② $y \notin [x]_R \Rightarrow \langle x,y \rangle \notin R$。

假设 $[x]_R \cap [y]_R \neq \varnothing$，则

$[x]_R \cap [y]_R \neq \varnothing \Rightarrow \exists z \in [x]_R \cap [y]_R \Rightarrow z \in [x]_R \wedge z \in [y]_R$

$\qquad\qquad \Rightarrow \langle x,z \rangle \in R \wedge \langle y,z \rangle \in R \Rightarrow \langle x,z \rangle \in R \wedge \langle z,y \rangle \in R$　　（R 是对称的）

$\qquad\qquad \Rightarrow \langle x,y \rangle \in R$。　　　　　　　　　　　　　　　　　　　（$R$ 是传递的）

显然，这与 $\langle x,y \rangle \notin R$ 矛盾，从而 $[x]_R \cap [y]_R = \varnothing$ 成立。

（3）首先证明 $\bigcup\limits_{x \in A} [x]_R \subseteq A$。

$\forall x$，$x \in A \Rightarrow [x]_R \subseteq A \Rightarrow \bigcup\limits_{x \in A} [x]_R \subseteq A$。　　　　　　　　　（等价类的定义）

接下来证明 $A \subseteq \bigcup\limits_{x \in A} [x]_R$。

$\forall x$，$x \in A \Rightarrow \langle x,x \rangle \in R \Rightarrow x \in [x]_R \Rightarrow x \in \bigcup\limits_{x \in A} [x]_R \Rightarrow A \subseteq \bigcup\limits_{x \in A} [x]_R$。（$R$ 是自反的）

综上可得 $\bigcup\limits_{x \in A} [x]_R = A$。

根据定理 5.2，对于给定非空集合 A 上的等价关系 R，总能得到 A 关于 R 的所有等价类，将这些等价类构成一个新的集合，称这个新的集合为**商集**。下面给出商集的具体定义。

定义 5.6　设 R 是非空集合 A 上的等价关系，由 R 确定的一切等价类构成的集合，称为集合 A 上关于 R 的**商集**（Quotient Set），记为 A/R，即

$$A/R = \{ [x]_R \mid x \in A \}。 \tag{5-4}$$

例如，例 5.8 中 A 关于 R 的商集 $A/R = \{ [1]_R, [2]_R, [3]_R, [4]_R \} = \{ \{1,5,9\}, \{2,6\}, \{3,7\}, \{4,8\} \}$。

例 5.9　设 $A = \{1,2,3\}$，在 $P(A)$ 上规定二元关系如下：

$$R = \{ \langle s,t \rangle \mid s,t \in P(A) \wedge |s| = |t| \}$$

证明 R 是 A 上的等价关系，并计算商集 $P(A)/R$。

分析 根据定义 5.6，首先需要说明 A 上的关系 R 是等价关系；然后按照"等价类 $[x]_R$ 的计算方法"计算所有等价类；最后根据式(5-4)写出商集。

解 (1)证明 R 是 A 上的等价关系。

① $\forall s$，$s \in P(A) \Rightarrow |s| = |s| \Rightarrow \langle s,s \rangle \in R \Rightarrow R$ 是自反的。

② $\forall s$，$t \in P(A)$，

$\langle s,t \rangle \in R \Rightarrow |s| = |t| \Rightarrow |t| = |s| \Rightarrow \langle t,s \rangle \in R \Rightarrow R$ 是对称的。

③ $\forall s$，$t,u \in P(A)$，

$\langle s,t \rangle \in R \wedge \langle t,u \rangle \in R \Rightarrow |s| = |t| \wedge |t| = |u| \Rightarrow |s| = |u| \Rightarrow \langle s,u \rangle \in R \Rightarrow R$ 是传递的。

综上可知 R 是 A 上的等价关系。

(2)求出所有等价类。$\forall x \in P(A)$，有

$[\varnothing]_R = \{\varnothing\}$，

$[\{1\}]_R = [\{2\}]_R = [\{3\}]_R = \{\{1\},\{2\},\{3\}\}$，

$[\{1,2\}]_R = [\{2,3\}]_R = [\{1,3\}]_R = \{\{1,2\},\{2,3\},\{1,3\}\}$，

$[\{1,2,3\}]_R = \{\{1,2,3\}\}$。

(3)根据式(5-4)可得

$P(A)/R = \{[\varnothing]_R,[\{1\}]_R,[\{1,2\}]_R,[\{1,2,3\}]_R\}$

$= \{\{\varnothing\},\{\{1\},\{2\},\{3\}\},\{\{1,2\},\{2,3\},\{1,3\}\},\{\{1,2,3\}\}\}$。

解题小贴士

商集 A/R 的计算方法

(1)任选 A 中一个元素 a，计算 $[a]_R$。

(2)如果 $[a]_R \neq A$，任选一个元素 $b \in A-[a]_R$，计算 $[b]_R$。

(3)如果 $[a]_R \cup [b]_R \neq A$，任选一个元素 $c \in A-[a]_R-[b]_R$，计算 $[c]_R$。

以此类推，直到 A 中所有元素都包含在计算出的等价类中。

注意

如果 A 是可数集，那么该过程可以进行无限次。在这种情况下，可以继续到一个规则出现，使能够对所有等价类进行描述或者给出一个公式为止。

5.2.4 等价关系与划分

根据定理 5.2 和定义 5.6，非空集合 A 上关于等价关系 R 的商集 A/R 实际上是集合 A 的一个划分。是否非空集合 A 上的任何一个等价关系都可以产生 A 的一个划分呢？反之，非空集合 A 上的任何一个划分是否又能产生一个等价关系呢？答案是肯定的，下面具体给出它们之间的关系。

微课视频

定理5.3 设 R 是非空集合 A 上的等价关系，则 A 对 R 的商集 A/R 是 A 的一个划分，称此划分为<u>由 R 所导出的等价划分</u>。

分析 按照定义 5.4 逐一验证每一点即可。

证明 由定理 5.2(1) 知，$\forall x \in A$，$[x]_R \subseteq A$ 且 $[x]_R \neq \varnothing$；由定理 5.2(2) 知，不相等的两个等价类交集为空集；由定理 5.2(3) 知，所有等价类的并集为 A。于是根据定义 5.4 知，A/R 就是 A 的一个划分。

定理 5.4 给定非空集合 A 的一个划分 $\Pi = \{A_1, A_2, \cdots, A_n\}$，设

$$R = (A_1 \times A_1) \cup (A_2 \times A_2) \cup \cdots \cup (A_n \times A_n), \tag{5-5}$$

则 R 是 A 上的等价关系，称此关系 R 为 由划分 Π 所导出的等价关系。

分析 要证明 R 是 A 上的等价关系，只需证明 R 同时具有自反性、对称性和传递性即可。

证明 根据集合划分的定义，$A = \bigcup\limits_{i=1}^{n} A_i$ 且 $A_i \cap A_j = \varnothing$，$i \neq j$。

(1) 自反性 $\forall x$，

$$x \in A \Rightarrow \exists i(i \in \mathbf{N}^+ \wedge x \in A_i) \Rightarrow \langle x, x \rangle \in A_i \times A_i \Rightarrow \langle x, x \rangle \in R, \quad (\text{式}(5.5))$$

即 R 是自反的。

(2) 对称性 $\forall x \in A$，$\forall y \in A$，

$$\langle x, y \rangle \in R \Rightarrow \exists j(j \in \mathbf{N}^+ \wedge \langle x, y \rangle \in A_j \times A_j) \Rightarrow \langle y, x \rangle \in A_j \times A_j \quad (A_j \times A_j \text{ 是对称的})$$
$$\Rightarrow \langle y, x \rangle \in R, \quad (\text{式}(5.5))$$

即 R 是对称的。

(3) 传递性 $\forall x \in A$，$\forall y \in A$，$\forall z \in A$，

$$\langle x, y \rangle \in R \wedge \langle y, z \rangle \in R \Rightarrow \exists i \exists j(i \in \mathbf{N}^+ \wedge j \in \mathbf{N}^+ \wedge \langle x, y \rangle \in A_i \times A_i \wedge \langle y, z \rangle \in A_j \times A_j)$$

$$(\text{式}(5.5))$$

$$\Rightarrow x \in A_i \wedge y \in A_i \wedge y \in A_j \wedge z \in A_j$$
$$\Rightarrow y \in A_i \cap A_j \Rightarrow A_i = A_j \quad (\text{集合划分的定义})$$
$$\Rightarrow \langle x, z \rangle \in A_i \times A_i \quad (\text{不妨设 } x, y, z \text{ 都属于 } A_i \text{ 且 } A_i \times A_i \text{ 是传递的})$$
$$\Rightarrow \langle x, z \rangle \in R, \quad (\text{式}(5.5))$$

即 R 是传递的。

由 (1)、(2) 和 (3) 知，R 是 A 上的等价关系。

由定理 5.3 和定理 5.4 可知，集合 A 上的等价关系与集合 A 的划分是一一对应的。下面给出两个例子，帮助读者熟悉定理 5.3 和定理 5.4 的具体应用。

例 5.10 设 $A = \{1, 2, 3, 4, 5\}$，求出与下列划分对应的等价关系。

(1) $S_1 = \{\{1, 2\}, \{3, 5\}, \{4\}\}$。

(2) $S_2 = \{\{1, 3\}, \{2, 4, 5\}\}$。

分析 根据定理 5.4，直接按照式 (5-5) 计算即可。

解 (1) 设与划分 S_1 对应的等价关系为 R_1，则

$R_1 = (\{1, 2\} \times \{1, 2\}) \cup (\{3, 5\} \times \{3, 5\}) \cup (\{4\} \times \{4\})$

$= \{\langle 1, 1 \rangle, \langle 1, 2 \rangle, \langle 2, 1 \rangle, \langle 2, 2 \rangle\} \cup \{\langle 3, 3 \rangle, \langle 3, 5 \rangle, \langle 5, 3 \rangle, \langle 5, 5 \rangle\} \cup \{\langle 4, 4 \rangle\}$

$= \{\langle 1, 1 \rangle, \langle 2, 2 \rangle, \langle 3, 3 \rangle, \langle 4, 4 \rangle, \langle 5, 5 \rangle, \langle 1, 2 \rangle, \langle 2, 1 \rangle, \langle 3, 5 \rangle, \langle 5, 3 \rangle\}$。

(2) 设与划分 S_2 对应的等价关系为 R_2，则

$R_2 = (\{1, 3\} \times \{1, 3\}) \cup (\{2, 4, 5\} \times \{2, 4, 5\})$

$= \{\langle 1, 1 \rangle, \langle 1, 3 \rangle, \langle 3, 1 \rangle, \langle 3, 3 \rangle\} \cup \{\langle 2, 2 \rangle, \langle 4, 4 \rangle, \langle 5, 5 \rangle, \langle 2, 4 \rangle, \langle 4, 2 \rangle, \langle 2, 5 \rangle,$

$\langle 5,2 \rangle, \langle 4,5 \rangle, \langle 5, 4 \rangle\}$

$=\{\langle 1,1 \rangle, \langle 2,2 \rangle, \langle 3,3 \rangle, \langle 4,4 \rangle, \langle 5,5 \rangle, \langle 1,3 \rangle, \langle 3,1 \rangle, \langle 2,4 \rangle, \langle 4,2 \rangle, \langle 2,5 \rangle, \langle 5,2 \rangle, \langle 4,5 \rangle, \langle 5, 4 \rangle\}$。

例 5.11 设 $A=\{a,b,c\}$，求 A 上所有的等价关系及其对应的商集。

分析 由定理 5.3 和定理 5.4 可知，集合 A 上的等价关系与集合 A 的划分是一一对应的。因此，首先确定集合 A 的所有不同划分，然后根据式 (5-5) 构造这些不同划分对应的等价关系，最后求出这些等价关系对应的商集即可。

解 集合 A 的所有不同划分如图 5.6 所示。

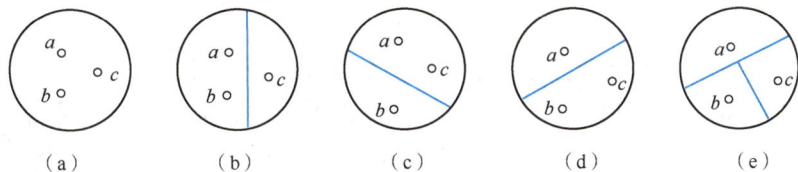

图 5.6

设图 5.6 所示的划分导出的对应等价关系从左到右依次为 $R_1, R_2, \cdots, R_5$，则有

$R_1 = \{a,b,c\} \times \{a,b,c\}$

$\quad = \{\langle a,a \rangle, \langle a,b \rangle, \langle a,c \rangle, \langle b,a \rangle, \langle b,b \rangle, \langle b,c \rangle, \langle c,a \rangle, \langle c,b \rangle, \langle c,c \rangle\}$,

$A/R_1 = \{\{a,b,c\}\}$;

$R_2 = (\{a,b\} \times \{a,b\}) \cup (\{c\} \times \{c\}) = \{\langle a,a \rangle, \langle a,b \rangle, \langle b,a \rangle, \langle b,b \rangle, \langle c,c \rangle\}$,

$A/R_2 = \{\{a,b\}, \{c\}\}$;

$R_3 = (\{a,c\} \times \{a,c\}) \cup (\{b\} \times \{b\}) = \{\langle a,a \rangle, \langle a,c \rangle, \langle b,b \rangle, \langle c,a \rangle, \langle c,c \rangle\}$,

$A/R_3 = \{\{a,c\}, \{b\}\}$;

$R_4 = (\{b,c\} \times \{b,c\}) \cup (\{a\} \times \{a\}) = \{\langle a,a \rangle, \langle b,b \rangle, \langle b,c \rangle, \langle c,b \rangle, \langle c,c \rangle\}$,

$A/R_4 = \{\{a\}, \{b,c\}\}$;

$R_5 = (\{a\} \times \{a\}) \cup (\{b\} \times \{b\}) \cup (\{c\} \times \{c\}) = = \{\langle a,a \rangle, \langle b,b \rangle, \langle c,c \rangle\}$,

$A/R_5 = \{\{a\}, \{b\}, \{c\}\}$。

5.3 次序关系

四川麻婆豆腐具有麻、辣、香、鲜的独特风味，如图 5.7 所示。要完成这道菜，需要执行下面的任务。

(1) 把豆腐切块。

(2) 牛肉剁成牛肉馅。

(3) 把蒜苗切成段，蒜和姜切成小粒。

(4) 锅里倒清水烧热，下豆腐块，加盐煮一下捞出。

(5) 油温烧至 7 成热，下蒜、老姜、豆瓣酱翻炒，然后加牛肉馅炒香。

(6) 加豆腐块、辣椒粉、水煮开，加蒜苗炒香，装盘上桌。

在这些任务中，有的任务必须在其他任务之前完成。例如，任务 (1) 必须在任务 (4) 之前完成，任务 (2)、任务 (3) 必须在任务 (5) 之前完成。即任务之间存在"先后"

微课视频

关系，也称**次序关系**。

事实上，在数学运算、计算机科学和其他应用领域中存在大量的次序关系。例如，算术运算遵循"先乘除，后加减"；计算机程序在单核计算机上执行也是按"串行"方式进行，即使是"并行"运算，也仍然存在瞬间的先后关系；编写字典要使条目有次序，才便于编排或检索等。所以，次序问题是一类非常重要而且值得我们深入研究的问题。

离散数学（微课版）（第2版）

图 5.7

本节介绍的次序关系包含拟序关系和偏序关系。

5.3.1 拟序关系

定义 5.7 设 R 是非空集合 A 上的关系。如果 R 是反自反、反对称和传递的，则称 R 为 A 上的**拟序关系**（Quasi-Order Relation），简称拟序，记为"$<$"，读作"小于"，并将"$\langle a, b \rangle \in <$"记为"$a < b$"。序偶 $\langle A, < \rangle$ 称为**拟序集**（Quasi-Order Set）。

微课视频

解题小贴士

拟序关系的判断方法

R 是拟序关系 $\Leftrightarrow R$ 同时具有反自反性、反对称性和传递性。

注意

"$<$"的逆关系是"$>$"，"$\langle a, b \rangle \in >$"记为"$a > b$"，读作"$a$ 大于 b"。

例 5.12 判断下列关系是否为拟序关系。

(1) 集合 A 的幂集 $P(A)$ 上的包含关系"$\subseteq$"。

(2) 整数集 $\mathbf{Z}$ 上的大于关系"$>$"。

分析 根据"拟序关系的判断方法"直接判断即可。

解 (1) 关系"$\subseteq$"不具有反自反性，即关系"$\subseteq$"不是拟序关系。

(2) 关系"$>$"同时具有反自反性、反对称性和传递性，即关系"$>$"是拟序关系。

例 5.13 如果关系 R 在非空集合 A 上是反自反和传递的，那么 R 一定是反对称的吗？

分析 如果说 R 一定是或不是反对称的，则需要进行证明；如果说 R 不一定是反对称的，则需要举反例。从已有的例子可以看出，如果 R 是反自反和传递的，那么 R 都是反对称的。因此，可以考虑 R 是反对称的，并利用反对称的定义，采用反证法加以证明。

证明 假设 R 不是反对称的，则必存在 $x_0, y_0 \in A$，$x_0 \neq y_0$，满足 $\langle x_0, y_0 \rangle \in R$ 且 $\langle y_0, x_0 \rangle \in R$。因为 R 是传递的，所以有 $\langle x_0, x_0 \rangle \in R$。这与 R 具有反自反性矛盾，从而假设错误，即 R 是反对称的。

由例 5.13 可知，一个关系具有反自反性和传递性，意味着它一定具有反对称性。

因此，拟序关系也可以按以下方式定义。

定义 5.8　设 R 是非空集合 A 上的关系。如果 R 是反自反和传递的，则称 R 为 A 上的拟序关系。

5.3.2　偏序关系

设制作四川麻婆豆腐的任务集 $A=\{1,2,3,4,5,6\}$，A 上的关系 R 定义为

$\langle i,j \rangle \in R \Leftrightarrow$ 如果 $i=j$ 或者任务 i 必须在任务 j 之前完成，则关系 R 是拟序关系吗？根据 R 的定义，R 具有自反性、反对称性和传递性，但不具有反自反性，因此，它不是拟序关系。像这种同时具有自反性、反对称性和传递性的特殊关系就是下面要研究的偏序关系（Partial Order Relation）。

微课视频

定义 5.9　设 R 是非空集合 A 上的关系。如果 R 是自反的、反对称的和传递的，则称 R 是 A 上的偏序关系，简称偏序，记为 "$\leqslant$"，读作 "小于等于"，并将 "$\langle a,b \rangle \in$ $\leqslant$" 记为 "$a \leqslant b$"。序偶 $\langle A, \leqslant \rangle$ 称为偏序集（Partial Order Set）。

> **解题小贴士**
>
> **偏序关系的判断方法**
>
> R 是偏序关系 $\Leftrightarrow R$ 同时具有自反性、反对称性和传递性。

> **注意**
>
> (1) "$\leqslant$" 的逆关系是 "$\geqslant$"，"$\langle a,b \rangle \in \geqslant$" 记为 "$a \geqslant b$"，读作 "$a$ 大于等于 b"。
>
> (2) "$\leqslant$"$-I_A$ 为 A 上的拟序关系，"$<$"$\cup I_A$ 为 A 上的偏序关系。

例 5.14　判断下列关系是否为偏序关系。

(1) 设 $A=\{1,2,3\}$，A 上的关系 $R=\{\langle 1,1 \rangle, \langle 2,2 \rangle, \langle 3,3 \rangle, \langle 1,2 \rangle, \langle 3,2 \rangle\}$。

(2) 设 $A=\{1,2,3\}$，A 上的关系 $S=\{\langle 1,2 \rangle, \langle 3,2 \rangle\}$。

(3) 整数集 $\mathbf{Z}$ 上模为 m 的同余关系 T。

分析　根据 "偏序关系的判断方法" 直接判断即可。

解　(1) 关系 R 同时具有自反性、反对称性和传递性，即关系 R 是偏序关系。

(2) 关系 S 不具有自反性，即关系 S 不是偏序关系。

(3) 关系 T 不具有反对称性，即关系 T 不是偏序关系。

例 5.15　证明正整数集 $\mathbf{Z}^+$ 上的整除关系 "$|$" 是偏序关系。

分析　根据 "偏序关系的判断方法" 证明 "$|$" 同时具有自反性、反对称性和传递性。

证明　(1) 自反性：$\forall x \in \mathbf{Z}^+$，根据整除的性质，有 $x \mid x$，即 $\langle x,x \rangle \in$ "$|$"，从而 "$|$" 具有自反性。

(2) 反对称性：$\forall x \in \mathbf{Z}^+$，$\forall y \in \mathbf{Z}^+$，如果 $x \mid y$ 且 $y \mid x$，则存在正整数 k_1 和 k_2，使 $y=k_1 x$，$x=k_2 y$，从而有 $y=k_1 k_2 y$，即 $k_1=k_2=1$，于是有 $x=y$，即 "$|$" 具有反对称性。

(3) 传递性：$\forall x \in \mathbf{Z}^+$，$\forall y \in \mathbf{Z}^+$，$\forall z \in \mathbf{Z}^+$，如果 $x \mid y$ 且 $y \mid z$，则存在正整数 k_3 和

k_4，使 $y=k_3x$，$z=k_4y$，从而有 $z=k_4k_3x$，即 $x\mid z$，从而"$\mid$"具有传递性。

综上所述，"$\mid$"是偏序关系。

例5.16 写出制作四川麻婆豆腐的任务集 $A=\{1,2,3,4,5,6\}$ 上的关系 R 中的元素，并画出它的关系图。

分析 根据前面给出的关系 R 的定义直接写出其所有元素，并画出对应的关系图。

微课视频

解 根据 R 的定义，有

$R=\{\langle 1,1\rangle,\langle 2,2\rangle,\cdots,\langle 6,6\rangle,\langle 1,4\rangle,\langle 1,6\rangle,\langle 2,5\rangle,\langle 2,6\rangle,$
　　$\langle 3,5\rangle,\langle 3,6\rangle,\langle 4,6\rangle,\langle 5,6\rangle\}$，

其关系图如图5.8所示。

由前面的分析和图5.8可以看出，R 是 A 上的偏序关系。

事实上，如果已知 R 是偏序关系，那么它的关系图一定具有以下特点。

(1) 每个结点都有自环（**自反性**）。

(2) 任意两个结点要么有且仅有一条边相连，要么没有边相连（**反对称性**）。

(3) 如果元素 a 到元素 b 有边相连，元素 b 到元素 c 有边相连，则元素 a 到元素 c 必然有边相连（**传递性**）。

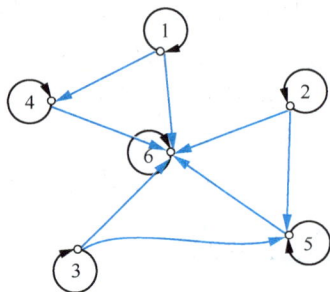

图5.8

为此，如果 A 上的关系 R 是偏序关系，那么可以按照下面的方式简化它的关系图。

(1) 去掉关系图中所有的自环。

(2) $\forall x\in A$，$\forall y\in A(x\neq y)$，若 $x\leqslant y$，则将 x 画在 y 的下方，并在图中去掉该边的箭头。

(3) $\forall x\in A$，$\forall y\in A(x\neq y)$，若 $x\leqslant y$，且 x 与 y 之间不存在 $z\in A$ 使 $x\leqslant z$ 和 $z\leqslant y$，则 x 与 y 之间用一条边相连，否则无边相连。

按照(1)、(2)和(3)画出的图被称为 R 的**哈斯图**（Hasse 图）。

例5.17 画出例5.16中关系 R 的哈斯图。

分析 根据哈斯图的画法简化图5.8即可。

解 例5.16中关系 R 的哈斯图如图5.9所示。

偏序关系的哈斯图比它的一般关系图简单、直观，但是需要特别注意，只有在确定 R 是偏序关系的前提下，才能按照哈斯图的画法进行简化。

例5.18 设 $A=\{1,2,3,4,6,12\}$，"$\leqslant$"是 A 上的整除关系 R。写出 R 的所有元素，并判定能否画出 R 的哈斯图，如果能，请画出其哈斯图。

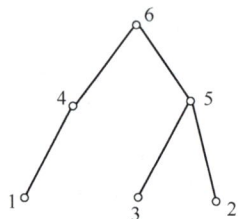

图5.9

分析 由例5.15知，A 上的整除关系 R 是偏序关系，因此其存在哈斯图。根据哈斯图的画法直接画出即可。

解 由题意可得

$R=\{\langle 1,1\rangle,\langle 2,2\rangle,\cdots,\langle 12,12\rangle,\langle 1,2\rangle,\langle 1,3\rangle,\langle 1,4\rangle,\langle 1,6\rangle,\langle 1,12\rangle,\langle 2,4\rangle,\langle 2,$

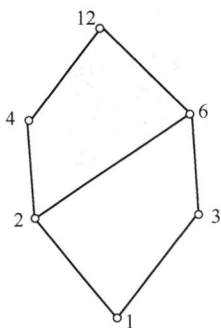

图 5.10

$6\rangle,\langle 2,12\rangle,\langle 3,6\rangle,\langle 3,12\rangle,\langle 4,12\rangle,\langle 6,12\rangle\}$,
其哈斯图如图 5.10 所示。

从图 5.10 可以看出，12 在图的最上端，这意味着 $\forall x\in A$，都有 $x\leqslant 12$，此时称元素 12 为集合 A 的**最大元**；另一方面，1 在图的最下端，这意味着 $\forall x\in A$，都有 $x\geqslant 1$，此时称元素 1 为集合 A 的**最小元**。下面具体给出最大元和最小元的定义。

定义 5.10 设 $\langle A,\leqslant\rangle$ 是偏序集，B 是 A 的非空子集。

(1) 如果 $\exists b(b\in B\wedge\forall x(x\in B\to x\leqslant b))=1$，则称 b 为 B 的**最大元素**（Greatest Element），简称**最大元**。

(2) 如果 $\exists b(b\in B\wedge\forall x(x\in B\to b\leqslant x))=1$，则称 b 为 B 的**最小元素**（Smallest Element），简称**最小元**。

微课视频

解题小贴士

最大元、最小元的求解方法

(1) b 为 B 的最大元 $\Leftrightarrow\exists b(b\in B\wedge\forall x(x\in B\to x\leqslant b))=1$。

(2) b 是 B 的最大元 $\Leftrightarrow b$ 是 B 对应哈斯图的唯一最上端。

(3) b 为 B 的最小元 $\Leftrightarrow\exists b(b\in B\wedge\forall x(x\in B\to b\leqslant x))=1$。

(4) b 是 B 的最小元 $\Leftrightarrow b$ 是 B 对应哈斯图的唯一最下端。

例 5.19 设 $B_1=\{2,4,6,12\}$ 和 $B_2=\{1,2,3\}$ 是例 5.18 中集合 A 的子集，求出 B_1 和 B_2 的最大元与最小元。

分析 首先将子集 B_1 和 B_2 对应的哈斯图从图 5.10 中分离出来，然后根据哈斯图"最大元、最小元的求解方法"直接求解。

解 子集 B_1 和 B_2 形成的哈斯图分别如图 5.11(a)、图 5.11(b) 所示。从图 5.11(a) 可以看出，B_1 的最大元是 12，最小元是 2。从图 5.11(b) 可以看出，图的最上端存在两个元素 2 和 3，它们之间不能比较，因此，B_2 无最大元，最小元是 1。

在图 5.11(b) 中，2 和 3 虽然不是最大元，但是在子集 B_2 中，2 和 3 上面不再有其他元素，也就是说，在 B_2 中找不到比它们"大"的元素，此时，称 2 和 3 为子集 B_2 的**极大元**。同理，12 是子集 B_1 的极大元。另一方面，图 5.11(b) 最下端的元素 1 下面也不再有其他元素，也就是说，在 B_2 中找不到比它"小"的元素，此时，称 1 是子集 B_2 的**极小元**。同理，2 是子集 B_1 的极小元。下面具体给出极大元和极小元的定义。

定义 5.11 设 $\langle A,\leqslant\rangle$ 是偏序集，B 是 A 的非空子集。

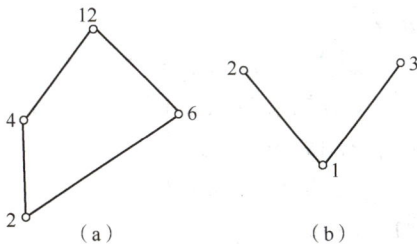

(a)　(b)

图 5.11

（1）如果$\exists b(b \in B \land \forall x(x \in B \land b \leq x \to x = b)) = 1$，则称 b 为 B 的**极大元素**（Maximal Element），简称**极大元**。

（2）如果$\exists b(b \in B \land \forall x(x \in B \land x \leq b \to x = b)) = 1$，则称 b 为 B 的**极小元素**（Minimal Element），简称**极小元**。

微课视频

解题小贴士

极大元、极小元的求解方法

（1）b 为 B 的极大元 $\Leftrightarrow \exists b(b \in B \land \forall x(x \in B \land b \leq x \to x = b)) = 1$。

（2）b 是 B 的极大元 $\Leftrightarrow$ 在 B 对应的哈斯图中，b 的上面没有其他元素。

（3）b 为 B 的极小元 $\Leftrightarrow \exists b(b \in B \land \forall x(x \in B \land x \leq b \to x = b)) = 1$。

（4）b 是 B 的极小元 $\Leftrightarrow$ 在 B 对应的哈斯图中，b 的下面没有其他元素。

例 5.20 设 $B_3 = \{1,2,3,4,6\}$ 和 $B_4 = \{4,6,12\}$ 是例 5.18 中集合 A 的子集，求出 B_3、B_4 的最大元、最小元、极大元和极小元。

分析 首先将子集 B_3 和 B_4 对应的哈斯图从图 5.10 中分离出来；然后根据哈斯图"最大元、最小元的求解方法"和"极大元、极小元的求解方法"直接求解。

解 子集 B_3 和 B_4 形成的哈斯图分别如图 5.12(a)、图 5.12(b) 所示。B_3 和 B_4 的最大元、最小元、极大元和极小元如表 5.1 所示。

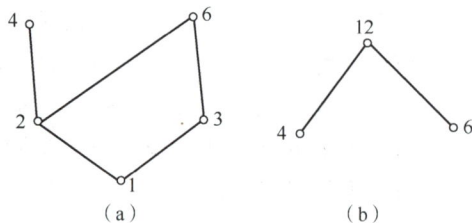
图 5.12

表 5.1

集合	最大元	极大元	最小元	极小元
B_3	无	4,6	1	1
B_4	12	12	无	4,6

进一步，如果将最大元和最小元的寻找范围扩大到集合 A，则将得到新的特殊元素，这些特殊元素分别称为 B 的上界、下界、上确界和下确界。下面具体给出它们的定义。

定义 5.12 设 $\langle A, \leq \rangle$ 是偏序集，B 是 A 的任意子集。

（1）如果$\exists a(a \in A \land \forall x(x \in B \to x \leq a)) = 1$，则称 a 为 B 的**上界**（Upper Bound）。

（2）如果$\exists a(a \in A \land \forall x(x \in B \to a \leq x)) = 1$，则称 a 为 B 的**下界**（Lower Bound）。

（3）令 $C = \{y \mid y$ 是 B 的上界$\}$，则称 C 的最小元为 B 的**最小上界**（Least Upper Bound）或**上确界**，记作 $\mathrm{Sup}B$。

（4）令 $D = \{y \mid y$ 是 B 的下界$\}$，则称 D 的最大元为 B 的**最大下界**（Greatest Lower Bound）或**下确界**，记作 $\mathrm{Inf}B$。

微课视频

解题小贴士

上界、下界的求解方法

（1）$\exists a(a \in A \land \forall x(x \in B \to x \leqslant a)) = 1 \Rightarrow a$ 为 B 的上界。

（2）在 B 对应的哈斯图中，找出 B 的最大元。若最大元存在，则最大元及其上面的元素都是 B 的上界；若最大元不存在，则向上找出大于其所有极大元的元素，这些元素都是 B 的上界。

（3）$\exists a(a \in A \land \forall x(x \in B \to a \leqslant x)) = 1 \Rightarrow a$ 为 B 的下界。

（4）在 B 对应的哈斯图中，找出 B 的最小元。若最小元存在，则最小元及其下面的元素都是 B 的下界；若最小元不存在，则向下找出小于其所有极小元的元素，这些元素都是 B 的下界。

例 5.21　求出例 5.19 和例 5.20 中 A 的子集 B_1，B_2，B_3，B_4 的上界、下界、上确界和下确界。

分析　根据"上界、下界的求解方法"求出要求的特殊元即可。

解　集合 B_1，B_2，B_3，B_4 的上界、下界、上确界和下确界如表 5.2 所示。

表 5.2

集合	上界	上确界	下界	下确界
B_1	12	12	1,2	2
B_2	6,12	6	1	1
B_3	12	12	1	1
B_4	12	12	1,2	2

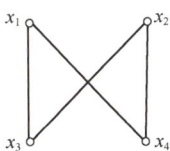

图 5.13

例 5.22　$A = \{x_1, x_2, x_3, x_4\}$，在 A 上定义的偏序集 $\langle A, \leqslant \rangle$ 的哈斯图如图 5.13 所示。求 $B = \{x_1, x_2\}$ 和 $C = \{x_3, x_4\}$ 的最大元、最小元、极大元、极小元、上界、下界、上确界和下确界。

分析　参照例 5.19～例 5.21，此处不再特别分析。

微课视频

解　B 和 C 的各个特殊元如表 5.3 所示。

表 5.3

集合	最大元	极大元	上界	上确界	最小元	极小元	下界	下确界
B	无	x_1, x_2	无	无	无	x_1, x_2	x_3, x_4	无
C	无	x_3, x_4	x_1, x_2	无	无	x_3, x_4	无	无

根据上述定义和例子，可以得出下面的结论。

定理 5.5　设 $\langle A, \leqslant \rangle$ 是一偏序集，B 是 A 的子集。

（1）若 b 是 B 的最大元 $\Rightarrow b$ 是 B 的极大元、上界、上确界。

（2）若 b 是 B 的最小元$\Rightarrow b$ 是 B 的极小元、下界、下确界。

（3）若 a 是 B 的上界，且 $a\in B\Rightarrow a$ 是 B 的最大元。

（4）若 a 是 B 的下界，且 $a\in B\Rightarrow a$ 是 B 的最小元。

定理 5.6 设$\langle A,\leqslant\rangle$是一偏序集，$B$ 是 A 的有限子集。

（1）若 B 存在最大元，则 B 的最大元是唯一的。

（2）若 B 存在最小元，则 B 的最小元是唯一的。

（3）b 是 B 的最大元$\Leftrightarrow b$ 是 B 的唯一极大元。

（4）b 是 B 的最小元$\Leftrightarrow b$ 是 B 的唯一极小元。

（5）若 B 存在上确界，则 B 的上确界是唯一的。

（6）若 B 存在下确界，则 B 的下确界是唯一的。

5.3.3 全序关系

在偏序关系$\langle A,\leqslant\rangle$中，为什么 A 的非空子集 B 通常存在多个极大元或极小元呢？

事实上，多个极大元或极小元存在的根本原因在于这些极大元或极小元之间不存在偏序关系。如果在给定偏序关系中增加"A 中任意两个元素均存在偏序关系"，那么这样的偏序关系被称为**全序关系**（Total Order Relation），其具体定义如下。

微课视频

定义 5.13 设$\langle A,\leqslant\rangle$是一个偏序关系。若$\forall x\in A$，$\forall y\in A$，总有 $x\leqslant y$ 或 $y\leqslant x$ 之一成立，则称关系"$\leqslant$"为**全序关系**或**线序关系**（Linear Order Relation），简称**全序**或**线序**，称$\langle A,\leqslant\rangle$为**全序集**（Total Order Set）或**线序集**或**链**（Chain）。

解题小贴士

非空集合 A 上的关系 R 是全序关系的判断方法

（1）确定关系 R 是偏序关系。

（2）$\forall x\in A$，$\forall y\in A$，总有 $x\leqslant y$ 或 $y\leqslant x$ 之一成立。

例 5.23 判断下列关系是否为全序关系，如果是，请画出其哈斯图。

（1）设集合 $A=\{a,b,c\}$，其上的关系 $S=\{\langle a,a\rangle,\langle b,b\rangle,\langle c,c\rangle,\langle a,b\rangle,\langle b,c\rangle,\langle a,c\rangle\}$。

（2）实数集 $\mathbf{R}$ 上的大于等于关系"$\geqslant$"。

（3）集合 A 的幂集 $P(A)$ 上的真包含关系"$\subset$"。

分析 根据"非空集合 A 上的关系 R 是全序关系的判断方法"直接判断即可。

解 （1）显然关系 S 是自反的、反对称的和传递的，因此，S 是偏序关系。进一步，因为有$\langle a,b\rangle,\langle b,c\rangle,\langle a,c\rangle$，所以 S 是全序关系，其哈斯图如图 5.14(a)所示。

（2）实数集 $\mathbf{R}$ 上的大于等于关系"$\geqslant$"是偏序关系，并且任意两个元素之间都存在"$\geqslant$"关系，因此，该关系是全序关系，其哈斯图是数轴，如图 5.14(b)所示，其中$\forall x\in\mathbf{R}$，$\forall y\in\mathbf{R}$，$\forall z\in\mathbf{R}$，有 $z\geqslant y$ 且 $y\geqslant x$。

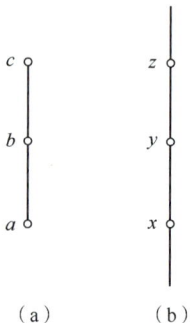

（a） （b）

图 5.14

（3）集合 A 的幂集 $P(A)$ 上的真包含关系"⊂"不具有自反性，因此，该关系不是偏序关系，从而不是全序关系。

从例 5.23 可以看出，当一个偏序关系是全序关系时，其哈斯图将集合中的元素排成一条线，这充分体现了其"链"的特征。而且，如果 $\langle A, \leqslant\rangle$ 是一全序集，B 是 A 的子集，则 B 有最大（小）元当且仅当 B 有极大（小）元。

由例 5.23（1）还可以看出，A 的任何非空子集都有最小元，像这样的全序关系被称为**良序关系**（Well Order Relation），下面给出良序关系的定义。

5.3.4　良序关系

定义 5.14　设 $\langle A, \leqslant\rangle$ 是一偏序集。若 A 的任何一个非空子集都有最小元，则称"≤"为**良序关系**，简称**良序**，此时 $\langle A, \leqslant\rangle$ 称为**良序集**（Well Order Set）。

解题小贴士

非空集合 A 上的关系 R 是良序关系的判断方法
（1）确定关系 R 是偏序关系。
（2）A 的任何一个非空子集都有最小元。

例 5.24　判断例 5.23（1）和（2）是否为良序关系。

分析　根据"非空集合 A 上的关系 R 是良序关系的判断方法"直接判断即可。

解　（1）因为 $\langle A, \leqslant\rangle$ 是偏序集，并且 A 的任何一个非空子集都有最小元，所以 $\langle A, \leqslant\rangle$ 是良序集，从而"≤"是良序关系。

（2）$\langle \mathbf{R}, \leqslant\rangle$ 虽然是偏序集，但是存在开区间 $(0,1)$ 没有最小元，所以 $\langle \mathbf{R}, \leqslant\rangle$ 不是良序集，从而"≤"不是良序关系。

根据上面的例子，以及偏序、全序及良序的定义，有下面的结论。
（1）"≤"是良序关系 $\Rightarrow$ "≤"是全序关系 $\Rightarrow$ "≤"是偏序关系。
（2）有限全序集一定是良序集。

至此，我们完成了 4 种特殊关系的学习，为了方便比较和记忆，特总结它们的性质如表 5.4 所示。

表 5.4

关系名称	性质				
	自反性	反自反性	对称性	反对称性	传递性
相容关系	√		√		
等价关系	√		√		√
拟序关系		√		√	√
偏序关系	√			√	√

5.4 函数

在数学和计算机科学中，函数的概念都特别重要。

函数本质上是关系，但并不是任何一个从 A 到 B 的关系都可以称为 A 到 B 的一个函数。那么，满足什么条件的从 A 到 B 的关系才是 A 到 B 的函数呢？这正是本节需要解决的问题。

下面先介绍函数的基本概念。

5.4.1 函数的基本概念

1. 函数的定义

定义 5.15 设 f 是集合 A 到 B 的关系，如果对每个 $x \in A$，都存在唯一的 $y \in B$，使 $\langle x,y \rangle \in f$，则称关系 f 为 A 到 B 的**函数** (Function) 或**映射** (Mapping)，记为 $f:A \to B$。其中，A 为函数 f 的**定义域** (Domain)，记为 $\mathrm{dom}f = A$；$f(A)$ 为函数 f 的**值域** (Range)，记为 $\mathrm{ran}f$。

当 $\langle x,y \rangle \in f$ 时，通常记为 $y = f(x)$，这时称 x 为函数 f 的**自变量**（或**原像**）(Preimage)，称 y 为 x 在 f 下的**函数值**（或**像**）(Image)。函数定义的示意图如图 5.15 所示。

微课视频

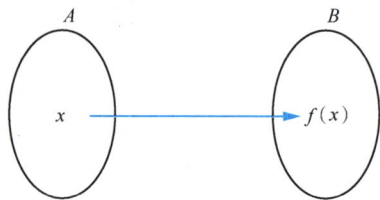
图 5.15

解题小贴士

> **关系 f 是 A 到 B 的函数的判断条件**
>
> (1) $\forall x(x \in A \to \exists y(y \in B \land \langle x,y \rangle \in f)) = 1$。
>
> (2) $\forall x(x \in A \land \exists y \exists z(y \in B \land z \in B \land \langle x,y \rangle \in f \land \langle x,z \rangle \in f) \to y = z) = 1$。

例 5.25 设 P 是接受一个整数作为输入并产生一个整数作为输出的计算机程序。令 $A = B = \mathbf{Z}$，则由 P 确定的关系 f_P 定义如下：

$\langle m,n \rangle \in f_P$ 当且仅当输入 m 时，由程序 P 所产生的输出是 n。

假设计算结果是可重复的，请判断 f_P 是否为 $\mathbf{Z}$ 到 $\mathbf{Z}$ 的函数。

分析 根据"关系 f 是 A 到 B 的函数的判断方法"直接判断即可。

解 f_P 是 $\mathbf{Z}$ 到 $\mathbf{Z}$ 的函数。因为计算结果是可重复的，即对于相同的输入，程序每次运行都有相同的结果，所以根据程序 P 的规定，任意一个特殊的输入一定对应唯一的输出。

进一步，如果任意一个可能的输入集合 A 对应输出集合 B，则可以将例 5.25 推广到一般情形的计算机程序，因此可以把计算机的**输入-输出**关系看作函数。

例 5.26 设集合 $A = \{1,2\}$，$B = \{a,b\}$，判断下列关系是否为 A 到 B 的函数。如果是函数，请写出其值域。

(1) $R_1 = \{\langle 1,a \rangle\}$。

(2) $R_2 = \{\langle 1,a \rangle, \langle 1,b \rangle, \langle 2,b \rangle\}$。

(3)$R_3 = \{\langle 1,a \rangle, \langle 2,a \rangle\}$。

(4)$R_4 = \{\langle 1,a \rangle, \langle 2,b \rangle\}$。

分析 根据"关系 f 是 A 到 B 的函数的判断条件"直接判断即可。

解 (1)R_1 不是 A 到 B 的函数，因为元素 2 没有 B 中的元素和它对应，不满足关系 f 是 A 到 B 的函数的判断条件(1)。

(2)R_2 不是 A 到 B 的函数，因为元素 1 有 a 和 b 与它对应，且 $a \neq b$，不满足关系 f 是 A 到 B 的函数的判断条件(2)。

(3)R_3 是 A 到 B 的函数，$\mathrm{ran}R_3 = \{a\}$。

(4)R_4 是 A 到 B 的函数，$\mathrm{ran}R_4 = \{a,b\}$。

例5.27 设 $A = \{a,b\}$，$B = \{1,2\}$，请分别写出所有 A 到 B 的不同关系和不同函数。

分析 首先根据关系的定义，写出 $A \times B$ 的所有不同子集；然后选取满足函数定义的关系，即为所求函数。

解 因为 $A \times B = \{\langle a,1 \rangle, \langle a,2 \rangle, \langle b,1 \rangle, \langle b,2 \rangle\}$，所以从 A 到 B 的不同关系有 $2^{|A \times B|} = 2^4 = 16$ 个，分别如下：

$R_0 = \varnothing$；$R_1 = \{\langle a,1 \rangle\}$；$R_2 = \{\langle a,2 \rangle\}$；$R_3 = \{\langle b,1 \rangle\}$；$R_4 = \{\langle b,2 \rangle\}$；

$R_5 = \{\langle a,1 \rangle, \langle b,1 \rangle\}$；$R_6 = \{\langle a,1 \rangle, \langle b,2 \rangle\}$；$R_7 = \{\langle a,2 \rangle, \langle b,1 \rangle\}$；

$R_8 = \{\langle a,2 \rangle, \langle b,2 \rangle\}$；$R_9 = \{\langle a,1 \rangle, \langle a,2 \rangle\}$；$R_{10} = \{\langle b,1 \rangle, \langle b,2 \rangle\}$；

$R_{11} = \{\langle a,1 \rangle, \langle a,2 \rangle, \langle b,1 \rangle\}$；$R_{12} = \{\langle a,1 \rangle, \langle a,2 \rangle, \langle b,2 \rangle\}$；

$R_{13} = \{\langle a,1 \rangle, \langle b,1 \rangle, \langle b,2 \rangle\}$；$R_{14} = \{\langle a,2 \rangle, \langle b,1 \rangle, \langle b,2 \rangle\}$；

$R_{15} = \{\langle a,1 \rangle, \langle a,2 \rangle, \langle b,1 \rangle, \langle b,2 \rangle\}$。

从 A 到 B 的不同函数有以下 4 个：

$R_5 = \{\langle a,1 \rangle, \langle b,1 \rangle\}$；$R_6 = \{\langle a,1 \rangle, \langle b,2 \rangle\}$；

$R_7 = \{\langle a,2 \rangle, \langle b,1 \rangle\}$；$R_8 = \{\langle a,2 \rangle, \langle b,2 \rangle\}$。

通常，将从 A 到 B 的一切函数构成的集合记为 B^A，其中 $B^A = \{f \mid f:A \rightarrow B\}$。

从例 5.27 可以看出，当 A 和 B 都是有限集合时，函数和一般关系的差别如下。

(1)**关系和函数的数量不同。**

从 A 到 B 的不同关系有 $2^{|A| \times |B|}$ 个，从 A 到 B 的不同函数仅有 $|B|^{|A|}$ 个。

(2)**关系和函数的基数不同。**

每一个关系的基数可从零一直到 $|A| \times |B|$，每一个函数的基数都为 $|A|$ 个。

(3)**关系和函数的第一元素存在差别。**

关系中序偶的第一元素可以相同，函数中序偶的第一元素一定是互不相同的。

2. 函数的类型

根据函数的定义，对于 A 到 B 的函数，存在 A 中不同元素对应相同像的情形，也存在 B 中元素没有原像的情形，这两种情形对应的函数是一般函数，是普遍存在的；还存在 A 中每个元素对应不同的像和 B 中每个元素都有原像的特殊情形，这两种特殊情形分别被称为 A 到 B 的**单射**(Injection)和**满射**(Surjection)。下面给出单射和满射的具体定义。

微课视频

定义 5.16 设 f 是从集合 A 到集合 B 的函数。

（1）如果 $\forall x_1 \forall x_2(x_1 \in A \wedge x_2 \in A \wedge x_1 \neq x_2 \to f(x_1) \neq f(x_2)) = 1$ 或 $\forall x_1 \forall x_2(x_1 \in A \wedge x_2 \in A \wedge f(x_1) = f(x_2) \to x_1 = x_2) = 1$，则称 f 为从 A 到 B 的单射或一对一映射（One to One Mapping）。

（2）如果 $\mathrm{ran}f = B$ 或 $\forall y(y \in B \to \exists x(x \in A \wedge f(x) = y)) = 1$，则称 f 为从 A 到 B 的满射或映射。

（3）如果 f 既是单射，又是满射，则称 f 为从 A 到 B 的双射（Bijection）或一一映射。

（4）如果 $A = B$，则称 f 为 A 上的函数；当 A 上的函数 f 是双射时，称 f 为变换（Transform）。

解题小贴士

函数类型的判断和证明方法

（1）$f:A \to B$ 是单射 $\Leftrightarrow \forall x_1 \forall x_2(x_1 \in A \wedge x_2 \in A \wedge x_1 \neq x_2 \to f(x_1) \neq f(x_2)) = 1$ 或 $\forall x_1 \forall x_2(x_1 \in A \wedge x_2 \in A \wedge f(x_1) = f(x_2) \to x_1 = x_2) = 1$。

（2）$f:A \to B$ 是满射 $\Leftrightarrow \forall y(y \in B \to \exists x(x \in A \wedge f(x) = y)) = 1$ 或 $\mathrm{ran}f = B$。

（3）$f:A \to B$ 是双射 $\Leftrightarrow f$ 既是单射，又是满射。

（4）$f:A \to B$ 是变换 $\Leftrightarrow f$ 是双射且 $A = B$。

注意

根据定义 5.15 可以看出，若 f 是从有限集 A 到有限集 B 的函数，则有

（1）f 是单射的必要条件为 $|A| \leqslant |B|$；

（2）f 是满射的必要条件为 $|B| \leqslant |A|$；

（3）f 是双射的必要条件为 $|A| = |B|$。

例 5.28 分别构造单射、满射、双射和变换。

分析 根据单射、满射、双射和变换的定义，首先构造两个集合，然后按照"函数类型的判断和证明方法"分别构造即可，注意结合单射、满射和双射的必要条件。

解 （1）构造单射如下。

设 $A = \{1,2,3\}$，$B = \{a,b,c,d\}$，$f_1:A \to B$ 定义为 $\{\langle 1,a \rangle, \langle 2,c \rangle, \langle 3,b \rangle\}$。

（2）构造满射如下。

设 $A = \{1,2,3,4\}$，$B = \{a,b,c\}$，$f_2:A \to B$ 定义为 $\{\langle 1,a \rangle, \langle 2,c \rangle, \langle 3,b \rangle, \langle 4,a \rangle\}$。

（3）构造双射如下。

设 $A = \{1,2,3\}$，$B = \{a,b,c\}$，$f_3:A \to B$ 定义为 $\{\langle 1,b \rangle, \langle 2,c \rangle, \langle 3,a \rangle\}$。

（4）构造变换如下。

设 $A = \{1,2,3\}$，$B = \{1,2,3\}$，$f_4:A \to B$ 定义为 $\{\langle 1,2 \rangle, \langle 2,3 \rangle, \langle 3,1 \rangle\}$。

当 A 和 B 是基数相同的有限集合时，还有下面的结论。

定理 5.7 设 A 和 B 是有限集合且 $|A| = |B|$，f 是 A 到 B 的函数，则 f 是单射当且仅当 f 是满射。

分析 可根据"函数类型的判断和证明方法"直接证明。

证明 必要性"⇒":

因为 f 是单射，显然 f 是 A 到 $f(A)$ 的满射，所以 f 是 A 到 $f(A)$ 的双射，从而有 $|A|=|f(A)|$。又因为 $|A|=|B|$，所以可得 $|f(A)|=|B|$。从而根据 $f(A)\subseteq B$ 可得 $f(A)=B$，故 f 是 A 到 B 的满射。

充分性"⇐":

任取 $x_1,x_2\in A$，$x_1\neq x_2$，假设 $f(x_1)=f(x_2)$，由于 f 是 A 到 B 的满射，所以 f 也是 $A-\{x_1\}$ 到 B 的满射，故 $|A-\{x_1\}|\geq|B|$，即 $|A|-1\geq|B|$，这与 $|A|=|B|$ 矛盾。因此，$f(x_1)\neq f(x_2)$，从而 f 是 A 到 B 的单射。

例 5.29 设 $A=\{1,2,\cdots,n\}$，f 是 A 到 A 的满射，并且具有性质
$$f(x_i)=y_i,\ i=1,2,\cdots,k,\ k\leq n,\ x_i,y_i\in A,$$
求 f 的个数。

分析 由定理 5.7 知，从有限集到有限集的满射也是单射，因此，f 是从 A 到 A 的双射。将 A 中的 n 个元素看成 n 个座位，在固定 k 个元素的位置后，剩下的 $(n-k)$ 个元素去坐 $(n-k)$ 个座位的坐法数就是 f 的个数。根据排列组合的乘法原理就可得到 f 的个数。

解 由 f 是有限集 A 到 A 的满射可知 f 是 A 到 A 的双射。

由于 f 已将 A 中的某 k 个元素与 A 中另外的 k 个元素对应，所以只需考虑剩下的 $(n-k)$ 个元素的对应关系。为此，令
$$B=A-\{x_i\mid i=1,2,\cdots,k\},\ C=A-\{y_i\mid i=1,2,\cdots,k\},$$
则从 B 到 C 的满射（双射）个数就是 f 的个数。根据乘法原理，从 A 到 A 的满足题目条件的不同满射个数为 $(n-k)!$。

例 5.30 设 $X=\{0,1,2,\cdots\}$，$Y=\left\{1,\dfrac{1}{2},\dfrac{1}{3},\cdots\right\}$。$f:X\rightarrow Y$ 的定义如下，请判断它们的类型。

$(1)f_1=\left\{\left\langle 0,\dfrac{1}{2}\right\rangle,\left\langle 1,\dfrac{1}{3}\right\rangle,\left\langle 2,\dfrac{1}{4}\right\rangle,\cdots,\left\langle n,\dfrac{1}{n+2}\right\rangle,\cdots\right\}$。

$(2)f_2=\left\{\langle 0,1\rangle,\langle 1,1\rangle,\left\langle 2,\dfrac{1}{2}\right\rangle,\cdots,\left\langle n,\dfrac{1}{n}\right\rangle,\cdots\right\}$。

$(3)f_3=\left\{\langle 0,1\rangle,\left\langle 1,\dfrac{1}{2}\right\rangle,\left\langle 2,\dfrac{1}{3}\right\rangle,\cdots,\left\langle n,\dfrac{1}{n+1}\right\rangle,\cdots\right\}$。

分析 对于由一个无限集合到另一个无限集合的函数，要判断它的类型，通常情况下需要先给出该函数的表达式，然后根据表达式按照函数类型的定义进行判断。

解 (1)由已知得
$$f_1(n)=\frac{1}{n+2},n=0,1,2,\cdots。$$

根据函数 $f_1(n)$ 的表达式和单射的定义知，f_1 是 X 到 Y 的单射。但是，Y 中元素 1 没有原像，所以 f_1 不是 X 到 Y 的满射。

(2)由已知得
$$f_2(n)=\begin{cases}1,&n=0,1,\\\dfrac{1}{n},&n=2,3,\cdots,\end{cases}$$

显然 f_2 是 X 到 Y 的满射。但是，X 中的元素 0 和 1 有相同的像 1，所以 f_2 不是 X 到 Y 的单射。

（3）由已知得

$$f_3(n) = \frac{1}{n+1}, \quad n = 0,1,2,\cdots,$$

显然 f_3 是 X 到 Y 的双射。

上述例子说明，虽然无限集 X 和 Y 是等势的，但 $f:A \rightarrow B$ 不一定满足定理 5.7 的结论。

例 5.31 设 R 是集合 A 上的一个等价关系，称 $g:A \rightarrow A/R$ 为 A 到商集 A/R 的典型（自然）映射，其中 $g(a) = [a]_R$，$a \in A$。证明典型（自然）映射是满射。

分析 根据满射的定义，首先证明 g 是 A 到商集 A/R 的函数，然后证明 g 是 A 到商集 A/R 的满射。

证明 根据等价类的定义，对任意 $a \in A$，一定存在唯一的 $[a]_R \in A/R$ 使 $g(a) = [a]_R$，即 g 是 A 到商集 A/R 的函数。

进一步，$\forall [a]_R \in A/R$，都存在 $a \in A$，使 $g(a) = [a]_R$，即任意 A/R 中的元素都有原像，所以典型（自然）映射是满射。

例 5.32 设 $\langle A, \leqslant \rangle$ 是偏序集，$\forall a \in A$，令

$$f(a) = \{x \mid x \in A \wedge x \leqslant a\},$$

证明 f 是从 A 到 $P(A)$ 的单射，并且 f 保持 $\langle A, \leqslant \rangle$ 与 $\langle P(A), \subseteq \rangle$ 的偏序关系，即 $\forall a \in A$，$\forall b \in A$，若 $a \leqslant b$，则 $f(a) \subseteq f(b)$。

分析 要证明 f 是从 A 到 $P(A)$ 的单射，则首先要证明 f 是从 A 到 $P(A)$ 的函数，其次证明 f 是从 A 到 $P(A)$ 的单射。保序性按定义直接证明即可。

证明 （1）$\forall a \in A$，由于 $f(a) = \{x \mid x \in A \wedge x \leqslant a\} \subseteq A$，所以 $f(a) \in P(A)$，即 f 是从 A 到 $P(A)$ 的函数。

（2）$\forall a \in A$，$b \in A$，$a \neq b$。

① 若 a 和 b 存在偏序关系，不妨设 $a \leqslant b$，则有

$$
\begin{aligned}
a \leqslant b \Rightarrow b &\not\leqslant a \qquad &(\text{“} \leqslant \text{”是反对称的}) \\
&\Rightarrow b \notin f(a), \qquad &(f(a) \text{的定义}) \\
b \leqslant b & \qquad &(\text{“} \leqslant \text{”是自反的}) \\
&\Rightarrow b \in f(b) \qquad &(f(b) \text{的定义}) \\
&\Rightarrow f(a) \neq f(b) \qquad &(\text{集合相等的定义}) \\
&\Rightarrow f \text{是单射}。 \qquad &(\text{单射的定义})
\end{aligned}
$$

② 若 a 和 b 不存在偏序关系，则有 $a \not\leqslant b$，

$$
\begin{aligned}
a \not\leqslant b \Rightarrow a &\notin f(b), \qquad &(f(b) \text{的定义}) \\
a \leqslant a & \qquad &(\text{“} \leqslant \text{”是自反的}) \\
&\Rightarrow a \in f(a) \qquad &(f(a) \text{的定义}) \\
&\Rightarrow f(a) \neq f(b) \qquad &(\text{集合相等的定义}) \\
&\Rightarrow f \text{是单射}。 \qquad &(\text{单射的定义})
\end{aligned}
$$

由①和②可知，$\forall a \in A$，$b \in A$，当 $a \neq b$ 时，总有 $f(a) \neq f(b)$，即 f 是从 A 到 $P(A)$ 的单射。

（3）证明保序性。

$\forall a \in A$，$b \in A$，若 $a \leqslant b$，则 $\forall y$，

$$y \in f(a) \Rightarrow y \leqslant a \qquad (f(a) \text{ 的定义})$$
$$\Rightarrow y \leqslant b \qquad (a \leqslant b \text{ 且 "} \leqslant \text{" 是传递的})$$
$$\Rightarrow y \in f(b)， \qquad (f(b) \text{ 的定义})$$

所以 $f(a) \subseteq f(b)$，即保序性成立。

3. 一些重要的函数

计算机科学应用中有一些经常使用的函数，如恒等函数、常值函数、特征函数、布尔函数等。神经网络中也有一些经常使用的激活函数，如 Sigmoid 函数、tanh 函数和 ReLU 函数等。下面给出这些常用函数的定义。

定义 5.17 设 A 和 B 是两个集合。

（1）如果 $A = B$，且 $\forall x \in A$，都有 $f(x) = x$，则称 f 为 A 上的**恒等函数**（Identity Function），记为 I_A。

（2）如果 $\exists b \in B$，且 $\forall x \in A$，都有 $f(x) = b$，则称 f 为**常值函数**（Constant Function）。

（3）设 A 是全集 $U = \{u_1, u_2, u_3, \cdots, u_n\}$ 的一个子集，则子集 A 的**特征函数**（Characteristic Function）定义为从 U 到 $\{0,1\}$ 的一个函数 $f_A(u_i)$，其中

$$f_A(u_i) = \begin{cases} 1, & u_i \in A, \\ 0, & u_i \notin A。 \end{cases}$$

（4）对实数 x，若 $f(x)$ 为大于等于 x 的最小的整数，则称 $f(x)$ 为**上取整函数**（Ceiling Function）（强取整函数），记为 $f(x) = \lceil x \rceil$。

（5）对实数 x，若 $f(x)$ 为小于或等于 x 的最大的整数，则称 $f(x)$ 为**下取整函数**（Floor Function）（弱取整函数），记为 $f(x) = \lfloor x \rfloor$。

（6）如果 $f(x)$ 是集合 A 到集合 $B = \{0,1\}$ 上的函数，则称 $f(x)$ 为**布尔函数**（Boolean Function）。

定义 5.18 设 A 和 B 是两个集合。

（1）如果 $A = R$，$B = (0,1)$，则 Sigmoid 函数定义为

$$\sigma(x) = \frac{1}{1+e^{-x}}。$$

（2）如果 $A = R$，$B = (-1,1)$，则 tanh 函数定义为

$$\tanh(x) = \frac{\sinh(x)}{\cosh(x)} = \frac{e^x - e^{-x}}{e^x + e^{-x}}。$$

（3）如果 $A = R$，$B = [0, +\infty)$，则 ReLU 函数定义为

$$\text{ReLU}(x) = \max(0, x)。$$

激活函数的主要作用是加入非线性因素，以解决线性模型表达能力不足的缺陷，其在整个神经网络中起到至关重要的作用。

例 5.33 指出下列函数的类型。

（1）$f_1 = \{\langle x, x \rangle \mid x \in \mathbf{R}\}$。

（2）$f_2 = \{\langle x, a \rangle \mid x \in \mathbf{R}, a \in \mathbf{R}\}$。

微课视频

$(3) f_3 = \{\langle x, \lceil x \rceil \rangle \mid x \in \mathbf{R}\}$。

$(4) f_4 = \{\langle x, \lfloor x \rfloor \rangle \mid x \in \mathbf{R}\}$。

分析 根据定义5.17直接判断即可。

解 $(1) f_1$ 是恒等函数。

$(2) f_2$ 是常值函数。

$(3) f_3$ 是上取整函数。

$(4) f_4$ 是下取整函数。

5.4.2 函数的运算

1. 函数的复合运算

函数作为一种特殊的二元关系，也可以进行复合运算。下面给出函数复合运算的定义。

定义5.19 设 $f : A \to B$ 和 $g : B \to C$ 是两个函数，如果 f 与 g 的复合关系

$$f \circ g = \{\langle x, z \rangle \mid x \in A \land z \in C \land \exists y (y \in B \land \langle x, y \rangle \in f \land \langle y, z \rangle \in g)\} \tag{5-6}$$

是从 A 到 C 的函数，则称 $f \circ g$ 为函数 f 与 g 的**复合函数**（Composition Function）。

解题小贴士

$f \circ g$ 的计算方法

（1）若 f 与 g 为集合表示形式，则 $\forall \langle x, y \rangle \in f$，在 g 中查找所有以 y 为第一元素的序偶 $\langle y, z \rangle$，再将 x 和 z 构成新的序偶 $\langle x, z \rangle$，$\langle x, z \rangle$ 即为 $f \circ g$ 的元素。

（2）若 f 与 g 为函数表达式形式，则 $f \circ g(x) = g(f(x))$。

例5.34 设 $A = \{1, 2, 3\}$，$B = \{a, b, c\}$。函数 $f : A \to A$ 和 $g : A \to B$ 分别为
$$f = \{\langle 1, 2 \rangle, \langle 2, 3 \rangle, \langle 3, 2 \rangle\}, \quad g = \{\langle 1, a \rangle, \langle 2, c \rangle, \langle 3, b \rangle\},$$
求 $f \circ g$ 和 $g \circ f$。

分析 按照"$f \circ g$ 的计算方法"中集合表示形式的情形直接计算即可。

解 $f \circ g = \{\langle 1, c \rangle, \langle 2, b \rangle, \langle 3, c \rangle\}$。

$g \circ f$ 不能计算，因为 g 的值域不是 f 的定义域的子集。

例5.35 设 $f : \mathbf{R} \to \mathbf{R}$，$g : \mathbf{R} \to \mathbf{R}$，$h : \mathbf{R} \to \mathbf{R}$，其中 $\mathbf{R}$ 是实数集，且 $f(x) = 2x$，$g(x) = x^2$，$h(x) = \mathrm{e}^x$。计算：

$(1)(f \circ g) \circ h$ 和 $f \circ (g \circ h)$。

$(2) f \circ h$ 和 $h \circ f$。

分析 按照"$f \circ g$ 的计算方法"中函数表达式形式的情形直接计算即可。

解 $(1)((f \circ g) \circ h)(x) = h((f \circ g)(x)) = h(g(f(x))) = h(g(2x)) = h((2x)^2) = \mathrm{e}^{4x^2}$，
$(f \circ (g \circ h))(x) = (g \circ h)(f(x)) = h(g(f(x))) = \mathrm{e}^{4x^2}$。

$(2) f \circ h(x) = h(f(x)) = h(2x) = \mathrm{e}^{2x}$，$h \circ f(x) = f(h(x)) = f(\mathrm{e}^x) = 2\mathrm{e}^x$。

由例5.35可以看出，函数的复合运算满足结合律。事实上，因为函数是一种特殊关系，所以关系复合运算的所有定理都可推广到函数中来。此外，还有下面的定理。

定理 5.8 设 f 和 g 分别是从 A 到 B 和从 B 到 C 的函数，则

(1) 若 f 和 g 是满射，则 $f \circ g$ 也是从 A 到 C 的满射；

(2) 若 f 和 g 是单射，则 $f \circ g$ 也是从 A 到 C 的单射；

(3) 若 f 和 g 是双射，则 $f \circ g$ 也是从 A 到 C 的双射。

微课视频

分析 定理的已知条件和结论都与单射、满射、双射有关，因此，按照函数类型的判断和证明方法直接证明即可。

证明 (1) $\forall c$，有 $c \in C \Rightarrow \exists b(b \in B \wedge g(b) = c)$ （g 是满射）

$$\Rightarrow \exists a(a \in A \wedge f(a) = b) \quad (f \text{ 是满射})$$

$$\Rightarrow \exists a(a \in A \wedge f \circ g(a) = c),$$

即 $f \circ g$ 是满射。

(2) $\forall a_1 \in A$，$\forall a_2 \in A$，$a_1 \neq a_2 \Rightarrow f(a_1) \neq f(a_2)$ （f 是单射）

$$\Rightarrow g(f(a_1)) \neq g(f(a_2)) \quad (g \text{ 是单射})$$

$$\Rightarrow f \circ g(a_1) \neq f \circ g(a_2),$$

即 $f \circ g$ 是单射。

(3) 可由 (1) 和 (2) 直接得到。

注意，定理 5.8 的逆不成立，但有下面的定理。

定理 5.9 设 f 和 g 分别是从 A 到 B 和从 B 到 C 的函数，则

(1) 如果 $f \circ g$ 是从 A 到 C 的满射，则 g 是从 B 到 C 的满射；

(2) 如果 $f \circ g$ 是从 A 到 C 的单射，则 f 是从 A 到 B 的单射；

(3) 如果 $f \circ g$ 是从 A 到 C 的双射，则 f 是从 A 到 B 的单射，g 是从 B 到 C 的满射。

分析 定理待证的结论是单射、满射和双射，因此，按照"函数类型的判断和证明方法"直接证明即可。

证明 (1) $\forall c$，有

$$c \in C \Rightarrow \exists a(a \in A \wedge f \circ g(a) = c) \Rightarrow g(f(a)) = c \quad (f \circ g \text{ 是从 } A \text{ 到 } C \text{ 的满射})$$

$$\Rightarrow \exists b(b \in B \wedge f(a) = b) \quad (f \text{ 是从 } A \text{ 到 } B \text{ 的函数})$$

$$\Rightarrow \exists b(b \in B \wedge g(b) = c),$$

根据满射的定义，g 是从 B 到 C 的满射。

(2) $\forall a_1$，$\forall a_2$，有

$$a_1 \in A \wedge a_2 \in A \wedge a_1 \neq a_2 \Rightarrow f \circ g(a_1) \neq f \circ g(a_1) \quad (f \circ g \text{ 是从 } A \text{ 到 } C \text{ 的单射})$$

$$\Rightarrow g(f(a_1)) \neq g(f(a_2))$$

$$\Rightarrow f(a_1) \neq f(a_2), \quad (g \text{ 是从 } B \text{ 到 } C \text{ 的函数})$$

根据单射的定义，f 是从 A 到 B 的单射。

(3) 可由 (1) 和 (2) 直接得到。

2. 函数的逆运算

每个关系都有其逆关系，每个函数是否都有其逆函数呢？例如，设 $A = \{1,2,3\}$，$R = \{\langle 1,2 \rangle, \langle 2,3 \rangle, \langle 3,2 \rangle\}$ 和 $S = \{\langle 1,2 \rangle, \langle 2,3 \rangle, \langle 3,1 \rangle\}$ 是 A 上的关系，则有 $R^{-1} = \{\langle 2,1 \rangle, \langle 3,2 \rangle, \langle 2,3 \rangle\}$，$S^{-1} = \{\langle 2,1 \rangle, \langle 3,2 \rangle, \langle 1,3 \rangle\}$。显然，$R, S, S^{-1}$ 都是 A 上的函数，但 R^{-1} 不是 A 上的函数。此时称 S^{-1} 是 S 的逆函数或 S^{-1} 是 S 的逆运算。下面给出其具体定义。

微课视频

定义 5.20 设 $f:A\rightarrow B$。如果

$$f^{-1}=\{\langle y,x\rangle \mid x\in A \land y\in B \land \langle x,y\rangle \in f\} \tag{5-7}$$

是从 B 到 A 的函数，则称 $f^{-1}:B\rightarrow A$ 是函数 f 的**逆函数**（Inverse Function）。

解题小贴士

f^{-1} 的计算方法

（1）确定 f 是双射。

（2）对集合表示形式的函数，互换 f 中每个序偶两个元素的位置，即得 f^{-1}；对函数表达式形式的函数，如 $y=f(x)$，首先反解 $f(x)$，用 y 表示 x，然后互换 x 与 y 的位置，即得 $f^{-1}(x)$。

例 5.36 判断下列函数是否具有逆函数，如果有，求出其逆函数。

（1）$f_1=\{\langle 1,2\rangle,\langle 2,3\rangle,\langle 3,2\rangle\}$ 是 A 上的函数，其中 $A=\{1,2,3\}$。

（2）$f_2=\{\langle 1,1\rangle,\langle 2,3\rangle,\langle 3,2\rangle\}$ 是 A 上的函数，其中 $A=\{1,2,3\}$。

（3）$f_3(x)=x^2,\ x\in \mathbf{R}$。

（4）$f_4(x)=x+1,\ x\in \mathbf{R}$。

分析 按照"f^{-1} 的计算方法"，首先判断给定的函数是否为双射函数，然后根据不同的表示形式求解。

解 （1）f_1 不是 A 上的双射，所以无逆函数。

（2）f_2 是 A 上的双射，其逆函数 $f_2^{-1}=\{\langle 1,1\rangle,\langle 3,2\rangle,\langle 2,3\rangle\}$。

（3）$f_3(x)$ 不是 R 上的双射，所以无逆函数。

（4）$f_4(x)$ 是 $\mathbf{R}$ 上的双射，反解 $f_4(x)$，得 $x=f_4(x)-1$，交换 x 与 $f_4(x)$ 的位置，即得 $f_4^{-1}(x)=x-1$。

与一般关系一样，有下面的定理。

定理 5.10 设 f 是 A 到 B 的双射，则

（1）$f^{-1}\circ f=I_B=\{\langle b,b\rangle \mid b\in B\}$；

（2）$f\circ f^{-1}=I_A=\{\langle a,a\rangle \mid a\in A\}$；

（3）$I_A\circ f=f\circ I_B=f$。

证明过程参见定理 4.4。此处略。

定理 5.11 若 f 是 A 到 B 的双射，则 f 的逆函数 f^{-1} 是 B 到 A 的双射。

分析 要证明 f^{-1} 是双射，需要证明它既是满射又是单射。

证明 （1）证明 f^{-1} 是满射。

因为 $\mathrm{ran}f^{-1}=\mathrm{dom}f=A$，所以 f^{-1} 是 B 到 A 的满射。

（2）证明 f^{-1} 是单射。

$\forall b_1\in B,\ \forall b_2\in B,\ b_1\neq b_2$，假设 $f^{-1}(b_1)=f^{-1}(b_2)$，即存在 $a\in A$，使 $\langle b_1,a\rangle \in f^{-1}$，$\langle b_2,a\rangle \in f^{-1}$，即 $\langle a,b_1\rangle \in f,\langle a,b_2\rangle \in f$，这与 f 是函数矛盾，因此，$f^{-1}(b_1)\neq f^{-1}(b_2)$，从而 f^{-1} 是 B 到 A 的单射。

由（1）和（2）可得，f^{-1} 是 B 到 A 的双射。

5.4.3 置换函数*

本小节讨论集合 A 到它自身的双射。

定义 5.21 设 $A=\{a_1,a_2,\cdots,a_n\}$ 是有限集合，从 A 到 A 的双射称为 A 上的**置换**或**排列**（Permutation），记为 $P:A\to A$，n 称为**置换的阶**（Order）。

n 阶置换 $P:A\to A$ 常表示为

$$P=\begin{pmatrix} a_1 & a_2 & a_3 & \cdots & a_n \\ P(a_1) & P(a_2) & P(a_3) & \cdots & P(a_n) \end{pmatrix}, \quad (5-8)$$

其中第一行是集合 A 的元素，第二行是 A 中元素对应的函数值。

如果 P 是有限集合 $\mathbf{N}=\{1,2,\cdots,n\}$ 上的一个置换，那么序列 $P(a_1),P(a_2),\cdots,P(a_n)$ 恰好是 $\mathbf{N}$ 中元素的一个排列。

例 5.37 设 $A=\{1,2,3\}$，请写出 A 上的所有置换 P。

分析 因为置换是一个双射，当选取 A 中不同的元素时，对应的像互不相同，所以 $P(a_1),P(a_2),P(a_3)$ 是 a_1,a_2,a_3 的一个排列，从而 A 的所有置换 P 共有 6 个。

解 A 上的所有置换 P 如下：

$$P_1=\begin{pmatrix}1&2&3\\1&2&3\end{pmatrix},\ P_2=\begin{pmatrix}1&2&3\\1&3&2\end{pmatrix},\ P_3=\begin{pmatrix}1&2&3\\2&1&3\end{pmatrix},$$

$$P_4=\begin{pmatrix}1&2&3\\2&3&1\end{pmatrix},\ P_5=\begin{pmatrix}1&2&3\\3&1&2\end{pmatrix},\ P_6=\begin{pmatrix}1&2&3\\3&2&1\end{pmatrix}。$$

由于置换 P 是特殊的双射，因此关于函数的求逆运算和复合运算在置换中全部适用。

置换函数是一个非常重要的概念，它被广泛应用于数学、计算机科学和物理学等。有兴趣的读者可自己进行拓展学习。

5.5 特殊关系的应用

5.5.1 等价关系的应用

例 5.38 结点 i 和 j 之间有路当且仅当从结点 i 通过图中的边能够到达结点 j。对任意结点 i，规定 i 和 i 之间一定有路。定义 R 如下：

$$\langle i,j\rangle\in R\Leftrightarrow i \text{ 和 } j \text{ 之间有路}。$$

该关系 R 是否可以给出图 5.16 的结点集 $A=\{1,2,3,4,5,6,7,8\}$ 的一个划分？如果能，请给出它的划分。

分析 如果能够证明 R 是等价关系，则根据定理 5.3，R 可以给出结点集 A 的一个划分。

解 （1）由于规定任意结点 i 与它自身之间一定有路，因此 $\langle i,i\rangle\in R$，即 R 具有自反性。

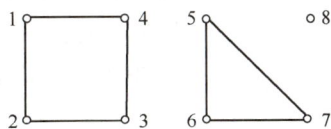

图 5.16

（2）若$\langle i,j \rangle \in R$，则两个结点$i$和$j$之间存在路，当然也存在$j$和$i$之间的路，所以$\langle j,i \rangle \in R$，即$R$具有对称性。

（3）若$\langle i,j \rangle \in R$，$\langle j,k \rangle \in R$，则结点$i$和$j$之间有路，$j$和$k$之间也有路，从而$i$到$k$之间存在经过$j$的路，即有$\langle i,k \rangle \in R$，因此得到$R$具有传递性。

由（1）、（2）和（3）知，R是等价关系。

于是所有不同的等价类为$[1]_R=\{1,2,3,4\}$，$[5]_R=\{5,6,7\}$，$[8]_R=\{8\}$。

根据定理5.3，$A/R=\{[1]_R,[5]_R,[8]_R\}=\{\{1,2,3,4\},\{5,6,7\},\{8\}\}$就是$A$的一个划分。

例5.39 信息检索系统中的文献信息有{离散数学,高等数学,计算机操作系统,计算机网络,数据结构,编译原理,软件工程,计算机组成原理}。请给该信息检索系统指定3种不同的划分。

分析 在信息检索系统中，根据一个关键词，可以把全体文献划分成两块，例如，关键词是"离散数学"，则该信息检索系统就被划分为两类，一类是含关键词"离散数学"的文献，另一类是不含关键词"离散数学"的文献，即该关键词对信息检索系统做了一个划分。同理，我们可以给定不同的关键词，从而得到不同的划分。

解 设$A=\{$离散数学,高等数学,计算机操作系统,计算机网络,数据结构,编译原理,软件工程,计算机组成原理$\}$。

划分1，含关键词"离散数学"：

{{离散数学},{高等数学,计算机操作系统,计算机网络,数据结构,编译原理,软件工程,计算机组成原理}}。

划分2，含关键词"数学"：

{{离散数学,高等数学},{计算机操作系统,计算机网络,数据结构,编译原理,软件工程,计算机组成原理}}。

划分3，含关键词"计算机"：

{{离散数学,数据结构,编译原理,软件工程,高等数学},{计算机操作系统,计算机网络,计算机组成原理}}。

5.5.2 次序关系的应用

例5.40 计算机科学中常用的字典排序如下。

设Σ是一有限的字母表。Σ上的字母组成的字母串叫Σ上的字，Σ^*是包含空字"ε"的所有字组成的集合，Σ^*上的字典次序关系为L。

设$x=x_1x_2\cdots x_n$，$y=y_1y_2\cdots y_m$，其中$x_i,y_j\in\Sigma(i=1,2,\cdots,n;j=1,2,\cdots,m)$，则$x,y\in\Sigma^*$。

微课视频

（1）当$x_1\neq y_1$时，若$x_1\leqslant y_1$，则xLy；若$y_1\leqslant x_1$，则yLx。

（2）若存在最大的k且$k<\min(n,m)$，使$x_i=y_i(i=1,2,\cdots,k)$，$x_{k+1}\neq y_{k+1}$，则当$x_{k+1}\leqslant y_{k+1}$时，xLy；当$y_{k+1}\leqslant x_{k+1}$时，yLx。

（3）若存在最大的k且$k=\min(n,m)$，使$x_i=y_i(i=1,2,3,\cdots,k)$，此时，若$n\leqslant m$，则$xLy$；若$m\leqslant n$，则$yLx$。

证明　L 是 Σ^* 上的偏序关系，且是 Σ^* 上的全序关系。

分析　关系 L 的定义给出了由一有限字母表中的字母组成的字母串，进行大小比较的规则。根据偏序关系和全序关系的定义，需要证明关系 L 具有自反性、反对称性和传递性，此外，还需要证明 Σ 中任意的两个元素都可以比较大小。

证明　首先证明 L 是 Σ^* 上的偏序关系。

(1) L 是自反的。

$\forall x \in \Sigma^*$，令 $x = x_1 x_2 x_3 \cdots x_n$，其中 $x_i \in \Sigma$，显然有 $x_i \le x_i (i = 1, 2, \cdots, n)$，从而有 xLx。

(2) L 是反对称的。

$\forall x \in \Sigma^*$，$\forall y \in \Sigma^*$，令 $x = x_1 x_2 \cdots x_n$，$y = y_1 y_2 \cdots y_m$，其中 $x_i, y_j \in \Sigma (i = 1, 2, \cdots, n; j = 1, 2, \cdots, m)$。若 xLy 且 yLx，根据 L 的定义有 $x = y$。

(3) L 是传递的。

$\forall x \in \Sigma^*$，$\forall y \in \Sigma^*$，$\forall z \in \Sigma^*$，令 $x = x_1 x_2 \cdots x_n$，$y = y_1 y_2 \cdots y_m$，$z = z_1 z_2 \cdots z_p$，其中 x_i，$y_j, z_k \in \Sigma (i = 1, 2, \cdots, n; j = 1, 2, \cdots, m; k = 1, 2, \cdots, p)$。若 xLy 且 yLz，根据 L 的定义和"$\le$"的传递性，有 xLz。

综上所述，L 是 Σ^* 上的偏序关系。

$\forall x \in \Sigma^*$，$\forall y \in \Sigma^*$，由 x 和 y 的表示形式可知，x_i 和 $y_i (i = 1, 2, \cdots, n)$ 总能进行比较，所以一定有 xLy 和 yLx 之一成立，从而 L 是 Σ^* 上的全序关系。

事实上，英语词典和汉语词典也是按字典次序排列的。

例 5.41　如果一个软件项目需要完成的任务对应的哈斯图如图 5.17 所示，请给出一个全序关系以执行这些任务，从而完成这个项目。

分析　根据哈斯图的定义，图 5.17 中下面的任务完成后才能完成上面的任务，对于不能比较的任务，执行顺序是可以不分先后的，因此，执行这个软件项目任务的全序关系是不唯一的。

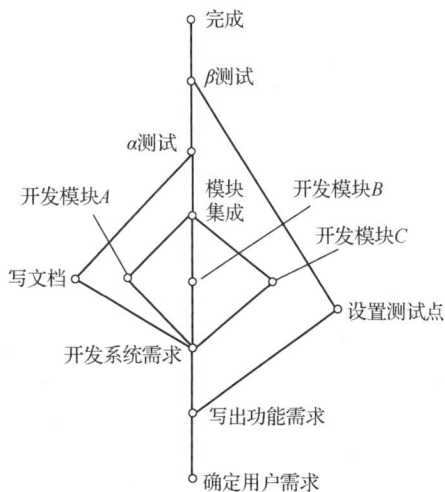

图 5.17

解　执行这些任务的一种全序关系为：确定用户需求 $\le$ 写出功能需求 $\le$ 开发系统需求 $\le$ 设置测试点 $\le$ 开发模块 $A \le$ 开发模块 $B \le$ 开发模块 $C \le$ 写文档 $\le$ 模块集成 $\le \alpha$ 测试 $\le \beta$ 测试 $\le$ 完成。也可以按下面的全序关系执行：确定用户需求 $\le$ 写出功能需求 $\le$ 开发系统需求 $\le$ 写文档 $\le$ 开发模块 $A \le$ 开发模块 $B \le$ 开发模块 $C \le$ 模块集成 $\le \alpha$ 测试 $\le$ 设置测试点 $\le \beta$ 测试 $\le$ 完成。还可以使用其他排序方法，此处不再一一列举。

5.5.3　函数的应用

例 5.42　设 $A_n = \{a_1, a_2, \cdots, a_n\}$ 是含有 n 个元素的有限集，$B_n = \{b_1 b_2 \cdots b_n \mid b_i \in \{0, 1\}\}$，请建立 $P(A_n)$ 到 B_n 的一个双射。

分析 A_n 是含有 n 个元素的集合，其幂集 $P(A_n)$ 共有 2^n 个元素。B_n 是长度为 n 的 0,1 字符串组成的集合，因为字符串中每位都有 0 和 1 两种选择，所以 B_n 也有 2^n 个元素。因此，从 $P(A_n)$ 到 B_n 可以建立一个双射。

解 （1）从 $P(A_n)$ 到 B_n 可以按照以下方式建立一个对应关系：$\forall S \in P(A_n)$，令

$$f(S) = b_1 b_2 \cdots b_n,$$

其中，若 $a_i \in S$，则 $b_i = 1$，否则 $b_i = 0$ $(i = 1, 2, \cdots, n)$。

（2）证明 f 是双射。

① 因为 $|P(A_n)| = |B_n| = 2^n$，且 $\forall S \in P(A_n)$，都有唯一的 $b_1 b_2 \cdots b_n \in B_n$，使 $f(S) = b_1 b_2 \cdots b_n$，所以 f 是函数。

② 证明 f 是单射。

$\forall S_1 \in P(A_n)$，$\forall S_2 \in P(A_n)$，$S_1 \neq S_2$，则存在元素 $a_j \in A_n (1 \leqslant j \leqslant n)$，使 $a_j \in S_1$，$a_j \notin S_2$（或 $a_j \in S_2$，$a_j \notin S_1$）。从而 $f(S_1) = b_1 b_2 \cdots b_n$ 中必有 $b_j = 1$，$f(S_2) = c_1 c_2 \cdots c_n$ 中必有 $c_j = 0$（或 $f(S_1) = b_1 b_2 \cdots b_n$ 中必有 $b_j = 0$，$f(S_2) = c_1 c_2 \cdots c_n$ 中必有 $c_j = 1$），所以无论在什么情况下都有 $f(S_1) \neq f(S_2)$，即 f 是单射。

③ 证明 f 是满射。

任取二进制数 $b_1 b_2 \cdots b_n \in B_n$，对每一个二进制数 $b_1 b_2 \cdots b_n$，构造集合 S 如下：

$$S = \{a_i \mid a_i \in A_n \text{ 且 } b_i = 1\} \text{（即若 } b_i = 1，\text{则 } a_i \in S，\text{否则 } a_i \notin S\text{）}。$$

于是 $S \in P(A_n)$，即 $f(S) = b_1 b_2 \cdots b_n$，故 f 是满射。

由①、②和③可知，f 是双射。

例如，$A_3 = \{a_1, a_2, a_3\}$，则有

$\varnothing \longmapsto 000$，$\{a_1\} \longmapsto 100$，$\{a_2\} \longmapsto 010$，$\{a_3\} \longmapsto 001$，$\{a_1, a_2\} \longmapsto 110$，$\{a_1, a_3\} \longmapsto 101$，$\{a_2, a_3\} \longmapsto 011$，$\{a_1, a_2, a_3\} \longmapsto 111$。

例 5.42 实际上是将偏序集 $\langle P(A_n), \subseteq \rangle$ 转换为全序集 $\langle B_n, \leqslant \rangle$，将集合的并运算转换为按位的或运算，将集合的交运算转换为按位的与运算。这是一个十分重要的例子。

例 5.43 假设在计算机内存中有编号从 0 到 10 的存储单元。在初始时刻全为空的存储单元中，按次序将 15,558,32,132,102,5 存入，如图 5.18 所示。现希望能在这些存储单元中存储任意的非负整数并能进行检索，请用 Hash 函数方法完成 259 的存储和 558 的检索。

132			102	15	5	259		558		32	
0	1	2	3	4	5	6	7	8	9	10	0

图 5.18

分析 Hash 函数方法是利用 Hash 函数根据要存入或检索的数据为其计算出存入或检索的首选地址。例如，为了存储或检索数 n，可以取 $n \bmod m$ 作为首选地址。根据题意 $m = 11$，这样 Hash 函数就成为 $h(n) = n \bmod 11$，将 259 和 558 代入该 Hash 函数，即可完成相应的存储和检索。

解 因为 $h(259)=259 \bmod 11=6$，所以 259 应该存放在位置 6 中。

又因为 $h(558)=8$，所以检查位置 8，558 恰好在位置 8 中。

事实上，如果想将 257 存入这些存储单元，可以发现，$h(257)=h(15)=4$，即位置 4 已经被占用了，此时称发生了**冲突**。更准确地说，对于一个 Hash 函数 H，如果 $H(x)=H(y)$，但 $x \neq y$，便称发生了冲突。为了解决冲突，需要**冲突消解策略**。一种简单的冲突消解策略是沿位置号增加的方向寻找下一个未被占用的单元（假设 10 后面是 0）。如果使用这种冲突消解策略，257 将被存放在位置 7。同样，如果要确定一个已存入的数 n 的位置，则需要计算并检查位置 $h(n)$。如果 n 不在这个位置，则沿位置号增加的方向检查下一个位置（同样假设 10 后面是 0）。如果仍不是 n，则继续检查下一个位置，以此类推。如果遇到一个空单元或返回了初始位置，就可以断定 n 不存在；否则，一定可以找到 n 的位置。

如果冲突很少发生，那么一旦发生了冲突，冲突可以很快被消解。Hash 函数提供了一种迅速存储和检索数据的方法。例如，对于人力资源数据，人们经常通过对员工编号使用 Hash 函数方法进行存储和检索。

例 5.44 存储在计算机磁盘上的数据或网络上传输的数据通常表示为字节串。每字节由 8 位组成，要表示 100 位的数据需要多少字节？

分析 根据题意，只需求 100 除以 8 的上取整函数。

解 因为 $\left\lceil \dfrac{100}{8} \right\rceil = 13$，所以表示 100 位的数据需要 13 字节。

例 5.45 在异步传输模式（Asynchronous Transfer Mode，ATM）下，数据按 53 字节分组，每组称为一个信元。如果按每秒 5×10^5 位的速率传输数据，那么连接上一分钟能传输多少个信元？

分析 首先需要求出 1 min 能传输的位数，然后求出这些位数可以组成多少个信元。要求 1 min 能够传输的信元数，需要使用下取整函数。

解 因为 1 min 能够传输的字节数为 $\dfrac{5 \times 10^5 \times 60}{8} = 3\,750\,000$，所以 1 min 能传输的信元数为 $\left\lfloor \dfrac{3\,750\,000}{53} \right\rfloor = 70\,754$。

例 5.46 假设 f 是由表 5.5 定义的。即 $f(\mathrm{A})=\mathrm{D}$，$f(\mathrm{B})=\mathrm{E}$，$f(\mathrm{C})=\mathrm{S}$，等等。请找出给定密文"QAIQORSFDOOBUIPQKJBYAQ"对应的明文。

表 5.5

A	B	C	D	E	F	G	H	I	J	K	L	M
D	E	S	T	I	N	Y	A	B	C	F	G	H
N	O	P	Q	R	S	T	U	V	W	X	Y	Z
J	K	L	M	O	P	Q	R	U	V	W	X	Z

分析 实际上，表 5.5 给出了一个双射 f，为了求出给定密文的明文，只需求出 f 的逆函数 f^{-1}，按照 f^{-1} 的对应关系依次还原出对应字母的原像，就可以得到该密文对应

的明文。

解 由表 5.5 知，f^{-1} 如表 5.6 所示。

表 5.6

A	B	C	D	E	F	G	H	I	J	K	L	M
H	I	J	A	B	K	L	M	E	N	O	P	Q
N	O	P	Q	R	S	T	U	V	W	X	Y	Z
F	R	S	T	U	C	D	V	W	X	Y	G	Z

将密文"QAIQORSFDOOBUIPQKJBYAQ"中的每一个字母在 f^{-1} 中找出其对应的像，就可得出对应的明文为"THETRUCKARRIVESTONIGHT"。

例 5.47 设按顺序排列的 13 张红心纸牌

A2345678910JQK

经过 1 次洗牌后，牌的顺序变为

38KA410QJ57629。

问：再经过 2 次同样方式的洗牌后，牌的顺序是怎样的？

分析 将洗牌的过程看成建立函数 f 的过程，即有 $f(A)=3$，$f(2)=8$，$f(3)=K$，$f(4)=A$，$f(5)=4$，$f(6)=10$，$f(7)=Q$，$f(8)=J$，$f(9)=5$，$f(10)=7$，$f(J)=6$，$f(Q)=2$，$f(K)=9$，则求经 2 次同样方式的洗牌后牌的顺序，即为求 $f \circ f$ 的值。

解 对应结果如表 5.7 所示。

表 5.7

	A	2	3	4	5	6	7	8	9	10	J	Q	K
f	3	8	K	A	4	10	Q	J	5	7	6	2	9
$f \circ f$	K	J	9	3	A	7	2	6	4	Q	10	8	5
$f \circ f \circ f$	9	6	5	K	3	Q	8	10	A	2	7	J	4

5.5.4 置换函数的应用*

例 5.48 图 5.19 所示的三角形为等边三角形。求经过旋转和翻转能使之重合的所有置换函数。

分析 从图 5.19 可以看出，当三角形绕中心 A 逆时针旋转 120°、240°和 360°后，所得到的三角形与原三角形重合。三角形绕中心 A 的旋转可以用置换函数表示。例如，三角形绕中心 A 逆时针旋转 120°对应的置换函数 P_1 为 $P_1(1)=2$，$P_1(2)=3$，$P_1(3)=1$。同理可以得到其他旋转情况的置换函数。

微课视频

另外，当三角形分别绕中线 $1A$、$2A$、$3A$ 翻转时，所得到的三角形仍然与原三角形重合。

解 能使三角形重合的置换函数有 6 个。

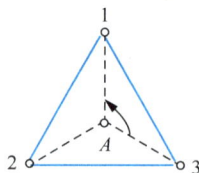

图 5.19

（1）三角形绕中心 A 逆时针旋转 $120°$、$240°$ 和 $360°$ 对应的置换函数分别为

$$P_1 = \begin{pmatrix} 1 & 2 & 3 \\ 2 & 3 & 1 \end{pmatrix}, \quad P_2 = \begin{pmatrix} 1 & 2 & 3 \\ 3 & 1 & 2 \end{pmatrix}, \quad P_3 = \begin{pmatrix} 1 & 2 & 3 \\ 1 & 2 & 3 \end{pmatrix}。$$

（2）三角形绕中线 $1A$、$2A$、$3A$ 翻转对应的置换函数分别为

$$P_4 = \begin{pmatrix} 1 & 2 & 3 \\ 1 & 3 & 2 \end{pmatrix}, \quad P_5 = \begin{pmatrix} 1 & 2 & 3 \\ 3 & 2 & 1 \end{pmatrix}, \quad P_6 = \begin{pmatrix} 1 & 2 & 3 \\ 2 & 1 & 3 \end{pmatrix}。$$

例 5.49　12 张扑克牌的集合 $A = \{1,2,3,4,\cdots,12\}$，经过 1 次洗牌后得到的对应关系如表 5.8 所示。

表 5.8

1	2	3	4	5	6	7	8	9	10	11	12
1	5	9	2	6	10	3	7	11	4	8	12

问：按照同样的洗牌方式，经过几次洗牌可以将牌的顺序恢复到原来的顺序？

分析　从已知条件可以发现，不管怎么洗牌，1 和 12 的位置不会改变，但是其他牌的位置每次洗牌之后都发生变化，其变化存在以下规律：

$$2 \to 5 \to 6 \to 10 \to 4 \to 2, \quad 3 \to 9 \to 11 \to 8 \to 7 \to 3。$$

由上面的规律可以知道，经过 5 次洗牌后，每张牌将回到原来的位置。把具有上面置换规律的置换称为**循环置换**，当循环置换是 n 重循环时，就需要 n 次才可以将牌的顺序恢复到原来的顺序。

解　按照同样的洗牌方式，经过 5 次洗牌可以将牌的顺序恢复到原来的顺序。

5.6　习题

1. 设 R 是 A 上的二元关系，证明 $S = I_A \cup R \cup R^{-1}$ 是 A 上的相容关系。

2. 设 R 和 S 是 A 上的相容关系。

（1）复合关系 $R \circ S$ 是 A 上的相容关系吗？

（2）$R \cup S$ 是 A 上的相容关系吗？

（3）$R \cap S$ 是 A 上的相容关系吗？

3. 设集合 $A = \{1,2,3,4\}$，A 上的关系 $R = \{\langle 1,2 \rangle, \langle 1,3 \rangle, \langle 2,3 \rangle, \langle 2,4 \rangle, \langle 3,4 \rangle\}$。令 $S = I_A \cup R \cup R^{-1}$，找出与 S 对应的两个不同的覆盖。

4. 设集合 $A = \{a,b,c\}$，下列关系中哪些不是 A 上的等价关系？为什么？

（1）$R = \{\langle a,a \rangle, \langle b,b \rangle, \langle a,b \rangle, \langle b,a \rangle\}$。

（2）$S = \{\langle a,a \rangle, \langle b,b \rangle, \langle c,c \rangle, \langle b,c \rangle\}$。

（3）$T = \{\langle a,a \rangle, \langle b,b \rangle, \langle c,c \rangle, \langle a,b \rangle, \langle b,a \rangle, \langle b,c \rangle, \langle c,b \rangle\}$。

（4）$V = \{\langle a,a \rangle, \langle b,b \rangle, \langle c,c \rangle\}$。

5. 设 $A = \{1,2,3\}$，A 上的两个关系如图 5.20 所示，它们是否是等价关系？

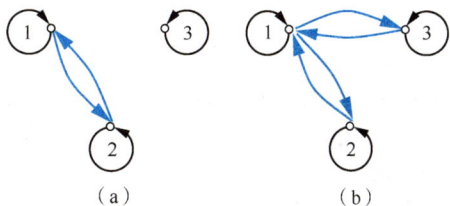

图 5.20

6. 设 R 是集合 A 上的对称传递关系。请指出下面证明中的错误。

由于 R 是对称的，如果 $\langle x,y\rangle\in R$，则有 $\langle y,x\rangle\in R$。又因为 R 是传递的，由 $\langle x,y\rangle\in R$ 且 $\langle y,x\rangle\in R$，得 $\langle x,x\rangle\in R$，所以 R 是自反的。因此，R 是 A 上的等价关系。

7. 设 R 和 S 是非空集合 A 上的等价关系，确定下列各式哪些是 A 上的等价关系。如果是或不是，请给出证明；如果不一定是，请给出反例。

（1）$r(S-R)$。 （2）$R\cup S$。

（3）$R\cap S$。 （4）R^{-1}。

8. 设集合 $A=\{a+bi\mid a\neq 0\}$，其中 a、b 为实数，A 上的关系 R 定义为 $\langle a+bi,c+di\rangle\in R\Leftrightarrow ac>0$。证明 R 是 A 上的等价关系。

9. 设集合 $A=\{\langle x,y\rangle\mid x,y\in\mathbf{Z}^+\}$，$A$ 上的关系 R 定义为 $\langle\langle x,y\rangle,\langle u,v\rangle\rangle\in R\Leftrightarrow x-u=y-v$。证明 R 是 A 上的等价关系。

10. 设 R 是集合 A 上的关系。$\forall a,b,c\in A$，若 $\langle a,b\rangle\in R$ 并且 $\langle a,c\rangle\in R$，则有 $\langle b,c\rangle\in R$，那么称 R 为 A 上的循环关系。证明：R 是 A 上的一个等价关系的充要条件是 R 是循环关系和自反关系。

11. 设 R 是集合 A 上的等价关系，证明 $R\circ R=R$。

12. 设 R 和 S 是集合 A 上的等价关系，证明：$R\circ S$ 是集合 A 上的等价关系 $\Leftrightarrow R\circ S=S\circ R$。

13. 设集合 $A=\{1,2,3,4,5,6\}$，判定下列集合是否为 A 的划分。

（1）$S_1=\{\{1,2,4\},\{3,5\}\}$。 （2）$S_2=\{\{1,2,4,5\},\{3,5,6\}\}$。

（3）$S_3=\{\varnothing,\{1,2,3\},\{4,5,6\}\}$。 （4）$S_4=\{\{1,2,4\},\{3\},\{5,6\}\}$。

14. 设 $A=\{A_1,A_2,A_3,\cdots,A_n\}$ 是集合 A 的划分，若 $A_i\cap B\neq\varnothing(1\leqslant i\leqslant n)$，问：
$$\{A_1\cap B,A_2\cap B,A_3\cap B,\cdots,A_n\cap B\}$$
是集合 $A\cap B$ 的划分吗？

15. 对任意非空集合 A，$P(A)-\{\varnothing\}$ 是 A 的非空集合族，$P(A)-\{\varnothing\}$ 是否可构成 A 的划分？

16. 设集合 $A=\{1,2,3,4,5,8\}$，R 为 A 上以 3 为模的同余关系，求 A/R。

17. 设集合 $A=\{a,b,c,d\}$，A 上的等价关系 R 如下：
$R=\{\langle a,a\rangle,\langle b,b\rangle,\langle c,c\rangle,\langle d,d\rangle,\langle a,b\rangle,\langle b,a\rangle,\langle c,d\rangle,\cdots,\langle d,c\rangle\}$。
画出 R 的关系图，求 R 的所有等价类和商集 A/R。

18. 设集合 A 中的元素是长度为 4 的二进制串。现定义 A 上的关系 R 为
$$\langle x,y\rangle\in R\Leftrightarrow x,y \text{ 中 } 0 \text{ 的个数相同}。$$
证明 R 是 A 上的等价关系，并求出 R 的所有等价类。

19. 给定集合 $A=\{1,2,3,4,5\}$，找出 A 上的等价关系 R，并画出 R 的关系图。其中，关系 R 对应的划分如下。

（1）$\{\{1,2\},\{3\},\{4,5\}\}$。

（2）$\{\{1,2,3\},\{4\},\{5\}\}$。

20. 设 R 是自然数集 $\mathbf{N}$ 上的关系，$\forall x\in\mathbf{N}$，$\forall y\in\mathbf{N}$，$\langle x,y\rangle\in R\Leftrightarrow 2\mid(x+y)$，请确定由 R 导出的 $\mathbf{N}$ 的划分。

21. 设集合 $A=\{1,2,3,4\}$，计算 A 上有多少个不同的等价关系，并直接给出它们对应的商集。

22. 判断下列关系是否为拟序集。

（1）$\langle\mathbf{N},<\rangle$。 （2）$\langle\mathbf{N},\leqslant\rangle$。

（3）$\langle P(\mathbf{N}),\subset\rangle$。　　　　（4）$\langle P(\varnothing),\subseteq\rangle$。

23. 若 R 是集合 A 上的偏序关系，证明 $R-I_A$ 是拟序关系。

24. 若 R 是集合 A 上的拟序关系，证明 $R\cup I_A$ 是偏序关系。

25. 设 X 是所有 4 位二进制串的集合，在 X 上定义关系 R：如果 s_1 的某个长度为 2 的子串等于 s_2 的某个长度为 2 的子串，则 $\langle s_1,s_2\rangle\in R$。例如，因为二进制串 0111 和 1010 都含有子串 01，所以 $\langle 0111,1010\rangle\in R$。判断 R 是否为 A 上的偏序关系。

26. 设 A 是非空集合，B 是 A 上的一切二元关系的集合。任取 $R_1,R_2\in B$，如果对 $x,y\in A$，有 $xR_1y\Rightarrow xR_2y$，那么就规定 $R_1\leqslant R_2$。证明 $\langle B,\leqslant\rangle$ 是一个偏序集。

27. 设 R 是集合 A 上的自反传递关系，证明 A 上存在一个等价关系 S，且在 A/S 上存在偏序关系 T，使

$$\langle [x]_S,[y]_S\rangle\in T \text{ 当且仅当 }\langle x,y\rangle\in R。$$

28. 对下列集合上的整除关系，画出其哈斯图。

（1）$A=\{1,2,3,4,6,8,12,24\}$。

（2）$B=\{1,2,3,4,5,6,7,8,9\}$。

29. 图 5.21 所示为 4 个偏序集 $\langle A,R_\leqslant\rangle$ 的哈斯图，分别写出集合 A 和偏序关系 $R_\leqslant$ 的表达式。

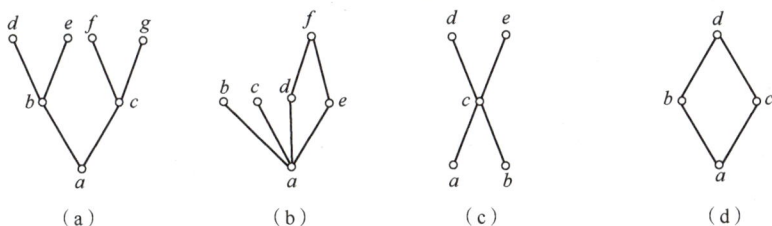

图 5.21

30. 设集合 $A=\{a,b,c,d,e,f,g,h\}$，对应的哈斯图如图 5.22 所示。令 $B_1=\{a,b\}$，$B_2=\{c,d,e\}$，求出 B_1 和 B_2 的最大元、最小元、极大元、极小元、上界、下界、上确界、下确界。

31. 设集合 $X=\{x_1,x_2,x_3,x_4,x_5\}$ 上的偏序关系如图 5.23 所示，求 X 的最大元、最小元、极大元、极小元。求 X 的子集 $X_1=\{x_2,x_3,x_4\}$，$X_2=\{x_3,x_4,x_5\}$，$X_3=\{x_1,x_3,x_5\}$ 的上界、下界、上确界、下确界、最大元、最小元、极大元和极小元。

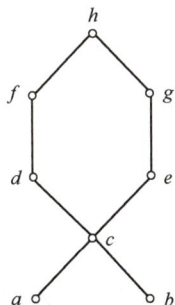

图 5.22

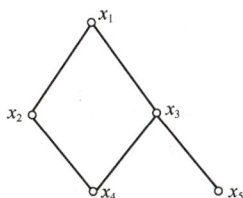

图 5.23

32. 分别画出下列各偏序集$\langle A,R_\leqslant\rangle$的哈斯图，并找出集合$A$的极小元、极大元、最大元、最小元。

(1)$A=\{a,b,c,d,e\}$，$R_\leqslant=\{\langle a,d\rangle,\langle a,c\rangle,\langle a,b\rangle,\langle a,e\rangle,\langle b,e\rangle,\langle c,e\rangle,\langle d,e\rangle\}\cup I_A$。

(2)$A=\{a,b,c,d,e\}$，$R_\leqslant=\{\langle c,d\rangle\}\cup I_A$。

33. 设$\langle P,\leqslant\rangle$是正整数集关于整除关系的偏序集，$P$的子集$T=\{1,2,3,4,5\}$，求$T$的上界、下界、最小上界、最大下界。

34. 设集合$A=\{3,5,15\}$，$B=\{1,2,3,6,12\}$，$C=\{3,9,27,54\}$。分别在A,B,C上定义整除关系，写出这些关系的表达式，画出其哈斯图，并指出哪些是全序关系。

35. 设集合$A=\{\varnothing,\{1\},\{1,3\},\{1,2,3\}\}$。证明$A$上的包含关系"$\subseteq$"是全序关系，并画出其哈斯图。

36. 判断下列次序集是偏序集、全序集、良序集还是拟序集。

(1)$\langle \mathbf{N},<\rangle$。　　　　(2)$\langle \mathbf{N},\leqslant\rangle$。　　　　(3)$\langle \mathbf{Z},\leqslant\rangle$。

(4)$\langle P(\mathbf{N}),\subset\rangle$。　　(5)$\langle P(\{a\}),\subseteq\rangle$。　　(6)$\langle P(\varnothing),\subseteq\rangle$。

37. 集合$A=\{1,2,3,4\}$上的4个偏序关系如图5.24所示，画出它们的哈斯图，并说明哪些是全序关系，哪些是良序关系。

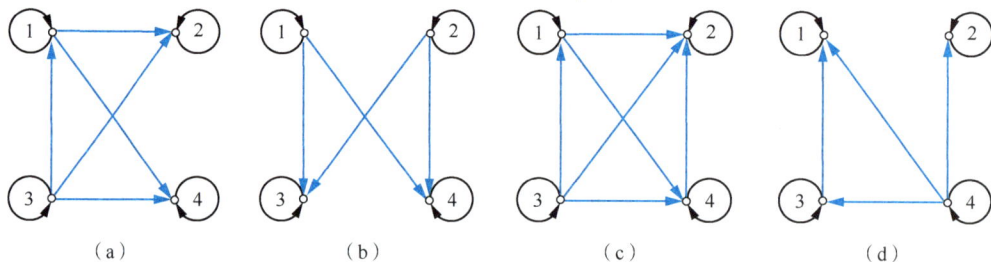

图 5.24

38. 设R是集合S上的关系，S_1是S的子集，定义S_1上的关系R_1如下：

$$R_1=R\cap(S_1\times S_1)。$$

判断下列每一断言是真还是假。

(1)若R在S上是传递的，则R_1在S_1上是传递的。

(2)若R在S上是偏序关系，则R_1在S_1上是偏序关系。

(3)若R在S上是拟序关系，则R_1在S_1上是拟序关系。

(4)若R在S上是全序关系，则R_1在S_1上是全序关系。

(5)若R在S上是良序关系，则R_1在S_1上是良序关系。

39. 下列关系中哪些能构成函数?

(1)$\{\langle x,y\rangle\mid(x,y\in \mathbf{N})\wedge(x+y=10)\}$。

(2)$\{\langle x,y\rangle\mid(x,y\in \mathbf{R})\wedge(y=x^2)\}$。

(3)$\{\langle x,y\rangle\mid(x,y\in \mathbf{R})\wedge(y^2=x)\}$。

(4)$\{\langle\mid x\mid,x\rangle\mid(x\in \mathbf{R})\}$。

40. 设集合$A=\{1,2\}$，$B=\{3,4,5\}$。写出A到B的所有函数和它们的像集，并指出哪些是单射、满射、双射。

41. 说明以下函数是否为单射、满射、双射。如果是双射，给出其逆函数。

（1）$f: \mathbf{R} \rightarrow \mathbf{R}$，$f(x) = x^2 - 2x - 15$。　　（2）$f: \mathbf{Z} \rightarrow \mathbf{E}$，$f(x) = 2x$。

（3）$f: \mathbf{N} \rightarrow \mathbf{N} \times \mathbf{N}$，$f(n) = \langle n, n+1 \rangle$。　　（4）$f: \mathbf{Z} \rightarrow \mathbf{N}$，$f(x) = |2x| + 1$。

42. 设 f 和 g 是函数，且 $f \cap g \neq \varnothing$，则 $f \cap g$ 和 $f \cup g$ 也是函数吗？如果是，证明你的结论；如果不是，请举一反例。

43. 设 $|A| = n$，$|B| = m$。

（1）从 A 到 B 有多少个不同的函数？

（2）当 n 和 m 满足什么条件时存在双射？有多少个不同的双射？

（3）当 n 和 m 满足什么条件时存在满射？有多少个不同的满射？

（4）当 n 和 m 满足什么条件时存在单射？有多少个不同的单射？

44. 设 f, g, h 是实数集 $\mathbf{R}$ 上的函数，对

$$\forall x \in \mathbf{R}, \quad f(x) = 2x+1, \quad g(x) = 5+x, \quad h(x) = \frac{x}{2}。$$

求 $f \circ g$，$g \circ f$，$h \circ f$，$f \circ (h \circ g)$，$g \circ (h \circ f)$。

45. 设置换 $s = \begin{pmatrix} 1 & 2 & 3 & 4 & 5 \\ 2 & 4 & 3 & 5 & 1 \end{pmatrix}$，$t = \begin{pmatrix} 1 & 2 & 3 & 4 & 5 \\ 2 & 5 & 1 & 4 & 3 \end{pmatrix}$，求 $s^2, t^2, s \circ t, t \circ s, s^{-1}, t^{-1}$。

46. 程序设计：利用等价关系设计一个集合划分器。

47. 程序设计：对给定的偏序关系，利用计算机程序找出其 8 个特殊元。

48. "AI+"实践：请尝试用 3 个以上不同的大模型工具，使用离散数学的方法来解决第 47 题，并以例 5.18 为例，从求解思路、求解方法、正确性和算法复杂度等方面比较与评价大模型工具给出的答案。对于不正确的答案，请指出哪些地方存在错误；对于正确的答案，请选出解法最简洁、思路最明确的那个。

第6章

图

第6章导读

　　图论是一门很有实用价值的学科,在自然科学、社会科学等各领域均有很多应用。自20世纪中叶以来,受益于计算机科学蓬勃发展,图论发展极其迅速,应用范围不断拓广,已渗透到语言学、逻辑学、物理学、化学、电信工程、软件工程、计算机科学以及数学的其他分支中。特别是在计算机科学的形式语言、数据结构、分布式系统、操作系统等方面,图论扮演重要的角色。

　　图论作为一个数学分支,有一套完整的体系和广泛的内容,本书仅介绍图论的初步知识,以便读者今后对计算机有关学科进行学习和研究时,可以以图论的基本知识作为工具。

　　我们所讨论的图(Graph)与人们通常所熟悉的图,如圆、椭圆、函数图形等,是不相同的。图论中所谓的图,是指某类具体离散事物集合和该集合中每对事物间以某种方式相联系的数学模型。如果我们用点表示具体事物,用连线表示一对具体事物之间的联系,那么一个图就是由一个表示具体事物的点的集合和表示事物之间联系的一些线的集合构成的。

本章思维导图

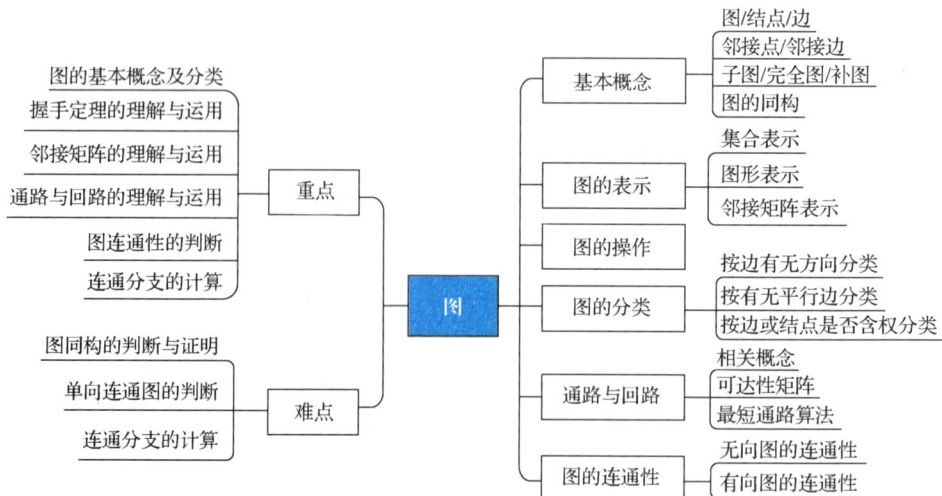

历史人物

欧 拉

个人成就

瑞士数学家、自然科学家，18 世纪数学界杰出的人物之一，图论之父。他不但在数学上做出了伟大贡献，而且把数学用到几乎整个物理领域。他是微分方程、曲面理论、数论等学科的创始人，是科学史上成就较多的一位杰出数学家。

人物介绍

迪杰斯特拉

个人成就

荷兰计算机科学家、教育家，图灵奖、美国古德纪念奖、ACM 计算机科学教育教学杰出贡献奖、ACM 分布式计算原理最具影响力论文奖获得者，结构程序设计之父。

人物介绍

江泽涵

个人成就

安徽旌德人，数学家、数学教育家、中国数学会的创始人之一。早年长期担任北京大学数学系主任，为该系树立了优良的教学风尚。致力于拓扑学，特别是不动点类理论的研究，是我国拓扑学研究的开拓者之一，拓扑学界"中国学派"的领军人物。

人物介绍

6.1 图的基本概念

6.1.1 图的定义

现实世界中许多现象都是由某类事物及事物间的联系构成的，能用某种图形表示，这些图形由一些点和两点间的连线组成。下面举例说明。

微课视频

例 6.1 （1）考虑一张物种栖息地重叠图，图中用点表示每个物种，当两个物种竞争（即它们共享某些食物来源）时，就用一条线将相应的点连接起来。这种图的一部分如图 6.1 所示，从图中可以看出，松鼠与浣熊竞争，乌鸦不与浣熊竞争。

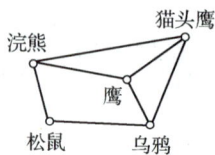

图 6.1

（2）在电子商务中，用户与商品之间的购买关系如下：有 3 个用户 A,B,C，3 件商品 D,E,F，假设 A 购买了 D，B 购买了 E 和 F，C 购买了 D 和 E，则这种购买情形可用图 6.2 表示。

图 6.1 和图 6.2 也可以表示其他含义。例如，在图 6.2 中，点 A，B,C,D,E,F 可分别表示 6 家企业，如果某两家企业有业务往来，则将其对应的点用线连接起来，这时的图形反映了 6 家企业间的业务关系；或者，点 A,B,C 表示 3 个人，点 D,E,F 表示 3 个招聘岗位，某人应聘某个岗位，则将对应的点用线连接起来，这时，图 6.2 反映了人和岗位间的关系。

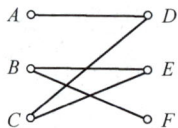

图 6.2

对于这种图形，我们感兴趣的是有多少个点和哪些点之间有线连接，线的长短曲直和点的位置却无关紧要，只要求每一条线都起始于一个点，而终止于另一个点。对这类事例进行数学抽象就得到了图的概念。

定义 6.1 一个图是一个序偶 $\langle V,E \rangle$，记为 $G=\langle V,E \rangle$。

（1）$V=\{v_1,v_2,\cdots,v_n\}$ 是有限非空集合，v_i 称为结点（Vertex Point），简称点（Point），V 称为结点集（Vertex Set）。

（2）E 是有限集合，称为边集（Frontier Set）。E 中的每个元素都有 V 中的结点对与之对应，称之为边（Edge）。

注意，定义 6.1 中的结点对既可以是无序的，也可以是有序的。若边 e 与无序结点对 (u,v) 相对应，则称 e 为无向边（Undirected Edge），记为 $e=(u,v)=(v,u)$，这时称 u 和 v 是边 e 的两个端点（End Point），也称结点 u 与边 e（结点 v 与边 e）是彼此相关联的。若边 e 与序偶 $\langle u,v \rangle$ 相对应，则称 e 为有向边（Directed Edge）（或弧），记为 $e=\langle u,v \rangle$，这时称 u 为 e 的始点（Initial Point）（或弧尾），v 为 e 的终点（Terminal Point）（或弧头），统称为 e 的端点。

6.1.2 图的表示

对于一个图 G，如果将其记为 $G=\langle V,E \rangle$，并写出 V 和 E 的集合表示，这称为图的集合表示。为了描述简便，在一般情况下，往往只画出它的图形：用小圆圈表示 V 中的结点，用由 u 指向 v 的有向线段或曲线表示有向边 $\langle u,v \rangle$，无向线段或曲线表示无向边 (u,v)，这称为图的图形表示。

微课视频

解题小贴士

图 $G=\langle V,E \rangle$ 的集合表示与图形表示相互转换的方法

（1）集合表示转换为图形表示。用小圆圈表示 V 中的每一个结点，结点位置可随意放，元素 $\langle u,v \rangle$ 用由 u 指向 v 的有向边表示，元素 (u,v) 用 u 与 v 相连的无向边表示。

（2）图形表示转换为集合表示。图中的所有结点构成结点集，图中的无向边用无序偶对表示，有向边用序偶表示，注意箭头指向的结点是序偶的第二元素。

例 6.2 设图 $G=\langle V,E \rangle$，这里 $V=\{v_1,v_2,v_3,v_4,v_5\}$，$E=\{e_1,e_2,e_3,e_4,e_5,e_6\}$，其中 $e_1=(v_1,v_2)$，$e_2=\langle v_1,v_3 \rangle$，$e_3=(v_1,v_4)$，$e_4=(v_2,v_3)$，$e_5=\langle v_3,v_2 \rangle$，$e_6=(v_3,v_3)$。画出图 G 的图形，并指出哪些是有向边，哪些是无向边。

分析 由于 V 中有 5 个结点，因此要用 5 个小圆圈分别表示这 5 个结点，结点的具体摆放位置可随意。而 E 中有 6 条边，圆括号括起的结点对表示无向边，直接用直线或曲线连接两个端点，尖括号括起的结点对表示有向边，前一个是始点，后一个是终点，用从始点指向终点的有向直线或曲线连接。

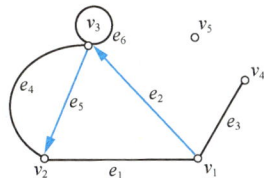

图 6.3

解 G 的图形如图 6.3 所示。G 中的 e_1,e_3,e_4,e_6 是无向边，e_2,e_5 是有向边。

例 6.3 设图 $G=\langle V,E \rangle$ 的图形如图 6.4 所示，写出 G 的集合表示。

分析 将所有小圆圈的记号构成结点集合，将连接直线或曲线的结点对用圆括号括起表示无向边，将连接有向直线或曲线的结点对用尖括号括起来表示有向边，箭头指向的结点放在后面。

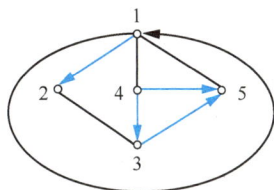

图 6.4

解 图 G 的集合表示为 $G=\langle V,E \rangle = \langle \{1,2,3,4,5\},\{\langle 1,1 \rangle,\langle 1,2 \rangle,(1,4),(1,5),(2,3)\langle 3,5 \rangle,\langle 4,3 \rangle,\langle 4,5 \rangle\} \rangle$。

用集合描述图的优点是精确，但抽象、不易理解；用图形表示图的优点是形象直观，但当图中的结点和边的数目较大时，使用这种方法是很不方便的，甚至是不可能的。

我们在学习中常常需要分析图并在图上执行各种算法。在用计算机来执行这些算法时，需要把图的结点和边传输给计算机。但由于集合与图形并不适合计算机处理，因此要找到一种新的表示图的方法，这就是**图的矩阵表示**。这种表示便于用代数知识来研究图的性质，特别是便于用计算机来处理。矩阵把图的问题变为数字计算问题，在计算机中利用矩阵代数的运算来计算图的通路、回路和其他特征。

由于矩阵的行和列有固定的次序，因此在用矩阵表示图时，先要将图的结点进行排序，若不具体说明，则默认为书写集合 V 时结点的顺序。

定义 6.2 设图 $G=\langle V,E \rangle$，其中 $V=\{v_1,v_2,\cdots,v_n\}$，并假定结点已经有了从 v_1 到 v_n 的次序，则 n 阶方阵 $\boldsymbol{A}_G=(a_{ij})_{n \times n}$ 称为 G 的**邻接矩阵**（Adjacency Matrix），其中

$$a_{ij}=\begin{cases} 1, & \text{若}\langle v_i,v_j \rangle \in E \text{ 或}(v_i,v_j) \in E, \\ 0, & \text{否则} \end{cases} \quad (i,j=1,2,3,\cdots,n)。$$

解题小贴士

图的邻接矩阵表示

(1) 将图中的结点排序。

(2) 图中第 i 个结点到第 j 个结点有边，则邻接矩阵的第 i 行第 j 列元素为 1。

例 6.4 写出图 6.5 所示图 G 的邻接矩阵。

分析 利用定义 6.2，首先将图中的 6 个结点排序，然后写出其邻接矩阵。初学时可先在矩阵的行与列前分别按结点排序标上结点，若第 i 行前的结点到第 j 列前的结点

有边相连，则令邻接矩阵的第 i 行第 j 列元素为 1，否则为 0。
若结点排序为 $v_1v_2v_3v_4v_5v_6$，则可标记如下：

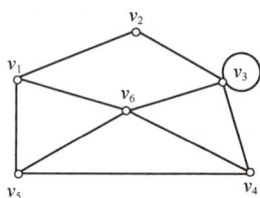

图 6.5

$$\begin{array}{c} \\ \begin{array}{cccccc} v_1 & v_2 & v_3 & v_4 & v_5 & v_6 \end{array} \\ \begin{array}{c} v_1 \\ v_2 \\ v_3 \\ v_4 \\ v_5 \\ v_6 \end{array} \begin{pmatrix} 0 & 1 & 0 & 0 & 1 & 1 \\ 1 & 0 & 1 & 0 & 0 & 0 \\ 0 & 1 & 1 & 1 & 0 & 1 \\ 0 & 0 & 1 & 0 & 1 & 1 \\ 1 & 0 & 0 & 1 & 0 & 1 \\ 1 & 0 & 1 & 1 & 1 & 0 \end{pmatrix} \end{array}。$$

解 若结点排序为 $v_1v_2v_3v_4v_5v_6$，则其邻接矩阵为

$$A_G = \begin{pmatrix} 0 & 1 & 0 & 0 & 1 & 1 \\ 1 & 0 & 1 & 0 & 0 & 0 \\ 0 & 1 & 1 & 1 & 0 & 1 \\ 0 & 0 & 1 & 0 & 1 & 1 \\ 1 & 0 & 0 & 1 & 0 & 1 \\ 1 & 0 & 1 & 1 & 1 & 0 \end{pmatrix}。$$

由定义 6.2 可看出，图 $G=\langle V,E\rangle$ 的邻接矩阵依赖于 V 中元素的次序。V 中各元素不同的排序，对应同一图 G 的不同邻接矩阵。但是，G 的任何一个邻接矩阵可以从 G 的另一邻接矩阵中通过交换某些行和相应的列而得到，其交换过程与将一个排序中的结点交换位置变为另一个排序是一致的。如果我们略去由结点排序不同引起的邻接矩阵不同，则图与邻接矩阵之间是一一对应的。因此，我们略去这种由 V 中元素的次序引起的邻接矩阵的任意性，只选 V 中元素的任一种次序所得出的邻接矩阵，作为图 G 的邻接矩阵。

例如，对图 6.5 中的结点重排次序为 $v_5v_2v_1v_3v_6v_4$，可得另一个邻接矩阵

$$A_{1G} = \begin{pmatrix} 0 & 0 & 1 & 0 & 1 & 1 \\ 0 & 0 & 1 & 1 & 0 & 0 \\ 1 & 1 & 0 & 0 & 1 & 0 \\ 0 & 1 & 0 & 1 & 1 & 1 \\ 1 & 0 & 1 & 1 & 0 & 1 \\ 1 & 0 & 0 & 1 & 1 & 0 \end{pmatrix}。$$

在邻接矩阵 A_{1G} 中，如果先交换第 1、3 行，而后交换第 1、3 列；接着交换第 3、4 行，再交换第 3、4 列；接着交换第 5、6 行，再交换第 5、6 列；接着交换第 4、5 行，再交换第 4、5 列，就由邻接矩阵 A_{1G} 得到了邻接矩阵 A_G。

6.1.3 图的操作

定义 6.3 设图 $G=\langle V,E\rangle$。

(1) 设 $e\in E$，用 $G-e$ 表示从 G 中去掉边 e 得到的图，即 $G-e=\langle V,E-\{e\}\rangle$，该操作称为**删除边**。又设 $E'\subseteq E$，用 $G-E'$ 表示从 G 中删除 E' 中所有边得到的图，即 $G-E'=\langle V,E-E'\rangle$，该操作称为**删除边集**。

微课视频

（2）设 $v \in V$，用 $G-v$ 表示从 G 中去掉结点 v 及 v 关联的所有边得到的图，即 $G-v = \langle V-\{v\}, E-\{e \mid v \text{ 关联 } e\} \rangle$，该操作称为 **删除结点**。又设 $V' \subset V$，用 $G-V'$ 表示从 G 中删除 V' 中所有结点及关联的所有边得到的图，即 $G-V' = \langle V-V', E-\{e \mid v \in V' \text{ 且 } v \text{ 关联 } e\} \rangle$，该操作称为 **删除结点子集**。

（3）设 $e = (u, v) \in E$，用 $G \setminus e$ 表示从 G 中删除 e，将 e 的两个端点 u 和 v 用一个新的结点 w 代替，使 w 关联除 e 外的 u 和 v 关联的一切边，该操作称为 **边的收缩**。一个图 G 可以收缩为图 H，是指 H 可以从 G 经过若干次边的收缩而得到。

（4）设 $u, v \in V$（u 和 v 可能相邻，也可能不相邻），用 $G \cup (u, v)$ 表示在 u 和 v 之间加一条边 (u, v)，该操作称为 **加新边**。

解题小贴士

图的操作

（1）删除边 e，就是直接从图中去掉边 e。

（2）删除结点 v，不仅要去掉结点 v，还要去掉结点 v 关联的所有边。

（3）收缩边 e，就是将边 e 的长度缩短到零，并用一个新结点 w 代替边 e 的两个端点，原来与边 e 的两个端点关联的所有边改为与结点 w 关联。

（4）加新边就是增加一条边。

例 6.5 对图 6.5 所示的图 G 完成下列操作。

（1）删除边 (v_3, v_6)。

（2）删除结点 v_6。

（3）收缩边 (v_3, v_6)。

（4）加新边 (v_1, v_3)。

分析 由定义 6.3 知，删除边 e，就是直接从图中去掉边 e；删除结点 v，不仅要去掉结点 v，还要去掉结点 v 关联的所有边；收缩边 e，就是用一个新的结点 w 代替边 e 的两个端点，本质上就是将边 e 的长度缩短到零，并用一个新结点代替边 e 的两个端点；加新边就是增加一条边。

解 图 G 中删除边 (v_3, v_6) 得到的图如图 6.6（a）所示，删除结点 v_6 得到的图如图 6.6（b）所示，收缩边 (v_3, v_6) 得到的图如图 6.6（c）所示，加新边 (v_1, v_3) 得到的图如图 6.6（d）所示。

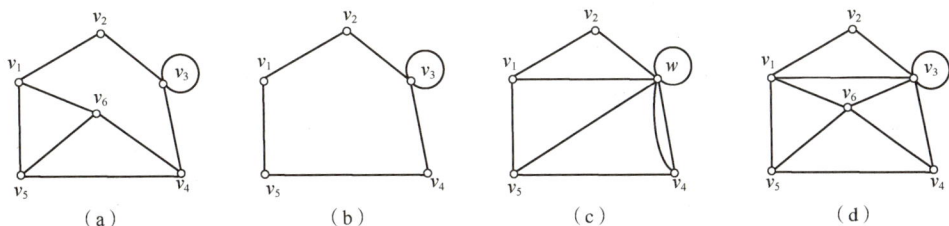

（a）　　　　（b）　　　　（c）　　　　（d）

图 6.6

6.2 握手定理

6.2.1 邻接点与邻接边

定义 6.4 在图 $G = \langle V, E \rangle$ 中，若两个结点 v_i 和 v_j 是边 e 的端点，则称 v_i 与 v_j 互为邻接点（Adjacent Point），否则 v_i 与 v_j 称为不邻接的；具有公共结点的两条边称为邻接边（Adjacent Edge）；两个端点相同的边称为环（Ring）或自回路（Self-Loop）；图中不与任何结点相邻接的结点称为孤立结点（Isolated Point）；仅由孤立结点组成的图称为零图（Null Graph）；仅含一个结点的零图称为平凡图（Trivial Graph）；含有 n 个结点、m 条边的图称为 **(n,m) 图**。

微课视频

环的方向是无意义的，因此，把它看成有向边或无向边均可。环的有无，不会使图论中的各个定理发生重大变化，所以有许多场合都略去环。

显然，零图中无任何边，其边集为空，其邻接矩阵的所有元素均为 0。

解题小贴士

邻接点与邻接边的计算

（1）一个点的邻接点就是所有以这个点为端点的边的另一个端点。

（2）一条边的邻接边就是所有以这条边的两个端点为公共结点的边。

注意，只有当一个结点处有环时，它才是自己的邻接点，而所有边都是自己的邻接边。

例 6.6 写出图 6.7 所示图 G 的所有结点的邻接点、所有边的邻接边，并指出所有的孤立结点和环。

分析 根据定义 6.4，如果两个结点间有边相连，那么它们互为邻接点；如果两条边有公共结点，那么它们互为邻接边。需要注意的是，只有当一个结点处有环时，它才是自己的邻接点；由于一条边有两个端点，在计算邻接边时要把这两个端点都算上，例如，e_2 和 e_4 都是 e_1 的邻接边。所有边都是自己的邻接边。

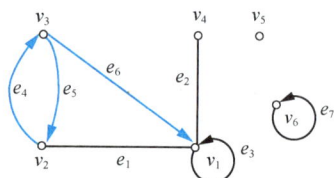

图 6.7

解 图 G 所有结点的邻接点和孤立结点如表 6.1 所示，所有边的邻接边和环如表 6.2 所示。

表 6.1

结点	邻接点	是否为孤立结点
v_1	v_1, v_2, v_3, v_4	否
v_2	v_1, v_3	否
v_3	v_1, v_2	否
v_4	v_1	否
v_5		是
v_6	v_6	否

表 6.2

边	邻接边	是否为环
e_1	e_1, e_2, e_3, e_4, e_5, e_6	否
e_2	e_1, e_2, e_3, e_6	否
e_3	e_1, e_2, e_3, e_6	是
e_4	e_1, e_4, e_5, e_6	否
e_5	e_1, e_4, e_5, e_6	否
e_6	e_1, e_2, e_3, e_4, e_5, e_6	否
e_7	e_7	是

图 G 既不是平凡图，也不是零图，而是一个 $(6,7)$ 图。

6.2.2 图的分类

1. 按边有无方向分类

由于图中的边有无向边和有向边之分，因此有以下定义。

定义 6.5 每条边都是无向边的图称为**无向图**（Undirected Graph）；每条边都是有向边的图称为**有向图**（Directed Graph）；一些边是无向边，而另一些边是有向边的图称为**混合图**（Mixed Graph）。

第 4 章的关系图都是有向图。

例 6.7 判断图 6.8 所示的 3 个图是无向图、有向图还是混合图。

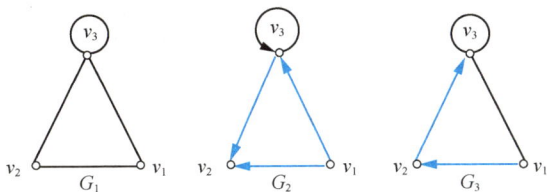

图 6.8

分析 判断无向图、有向图和混合图，仅仅看边有无方向就行了。G_1 的所有边都是无向边，所以 G_1 是无向图；G_2 的所有边都是有向边，所以 G_2 是有向图；G_3 中既有无向边，又有有向边，所以 G_3 是混合图。对于环，由于其方向无意义，因此判断无向图、有向图和混合图时不考虑其方向，在有向图中将其看作有向边，在无向图中将其看作无向边。

解 在图 6.8 中，G_1 为无向图，G_2 为有向图，G_3 为混合图。

我们仅讨论无向图和有向图，至于混合图，我们可将其中的无向边看成方向相反的两条有向边，从而将其转化为有向图来研究。例如，我们可将图 6.8 中 G_3 转化为图 6.9。

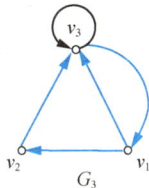

图 6.9

2. 按有无平行边分类

由于实际生活中两个结点间可能不止一条边，因此有以下定义。

定义 6.6 在有向图中，两结点间（包括结点自身间）若有同始点和同终点的几条边，则这几条边称为**平行边**（Parallel Edge）；在无向图中，两结点间（包括结点自身间）若有几条边，则这几条边称为**平行边**。两结点 a 和 b 间相互平行的边的条数称为边 (a, b) 或 $\langle a, b \rangle$ 的**重数**（Repeated Number）。含有平行边的图称为**多重图**（Multigraph），非多重图称为**线图**（Line Graph），无环的线图称为**简单图**（Simple Graph）。

解题小贴士

平行边的判断

(1)无向图中两结点间（包括结点自身间）的几条无向边即是平行边。

(2)有向图中同始点和同终点的几条有向边才是平行边。

例 6.8 判断图 6.10 所示的 4 个图是多重图、线图还是简单图，并指出多重图中所有平行边的重数。

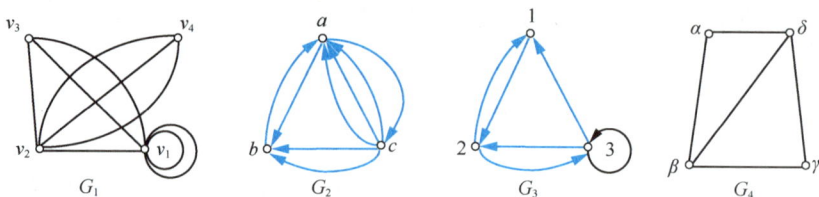

图 6.10

分析 判断一个图是否为多重图或线图，仅仅需要看其有无平行边；简单图是一种特殊的线图，仅仅无环而已。两个端点都相同的无向边是平行边，但两个端点都相同的有向边不一定是平行边，例如，G_2 中的 $\langle a,c \rangle$ 和 $\langle c,a \rangle$ 就不是平行边，因此，$\langle c,a \rangle$ 的重数是 3，而不是 4。

解 在图 6.10 中，G_1 和 G_2 是多重图，G_3 是线图，G_4 是简单图。G_1 中平行边 (v_1,v_1) 的重数为 2，(v_1,v_3) 的重数为 2，(v_2,v_4) 的重数为 3；G_2 中平行边 $\langle c,a \rangle$ 的重数为 3，$\langle c,b \rangle$ 的重数为 2。

另外，第 4 章中所有的关系图都是线图。

3. 按边或结点是否含权分类

在由实际问题抽象出来的图中，结点和边往往都带有信息，例如，在铁路交通图中，两结点之间都有一定的距离；在输油管系统中，要描述单位时间流经管道的石油体积；在城市街道图中，需要描述通行车辆的密度等。因此，我们需要了解以下定义。

定义 6.7 赋权图（Weight Graph）G 是一个三重组 $\langle V,E,g \rangle$ 或四重组 $\langle V,E,f,g \rangle$，其中 V 是结点集合，E 是边的集合，f 是从 V 到实数集合的函数，g 是从 E 到实数集合的函数。对任意 $v \in V$，称 $f(r)$ 为结点 v 的权值。对任意 $(u,v) \in E$（或 $<u,v> \in E$），称 $g((u,v))$（或 $g(\langle u,v \rangle)$）为边 (u,v)（或 $\langle u,v \rangle$）的权值。

例 6.9 图 6.11 所示各图是否为赋权图？是赋权图的写出相应的函数。

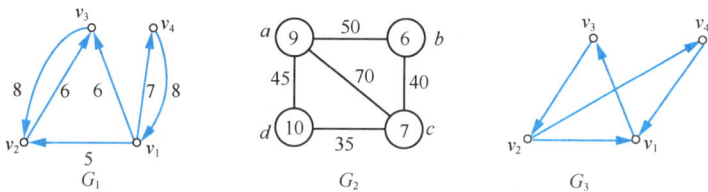

图 6.11

分析 对每条边都赋予非负实数值或对每条边和每个结点都赋予非负实数值的图，就是赋权图。图 G_1 的每条边都被赋予非负实数值，因此，图 G_1 是赋权图。图 G_2 的每条边和每个结点都被赋予非负实数值，因此，图 G_2 是赋权图。图 G_3 的边没有被赋予非负实数值，因此，图 G_3 不是赋权图。

解 在图 6.11 中，G_1 和 G_2 是赋权图，G_3 不是赋权图。记图 $G_1 = \langle V_1,E_1,g_1 \rangle$ 和 $G_2 = \langle V_2,E_2,f_2,g_2 \rangle$。

$g_1(\langle v_1,v_2 \rangle) = 5$，$g_1(\langle v_1,v_3 \rangle) = 6$，$g_1(\langle v_1,v_4 \rangle) = 7$，$g_1(\langle v_2,v_3 \rangle) = 6$，$g_1(\langle v_3,v_2 \rangle) = 8$，$g_1(\langle v_4,v_1 \rangle) = 8$。

$f_2(a) = 9$，$f_2(b) = 6$，$f_2(c) = 7$，$f_2(d) = 10$。

$g_2((a,b)) = 50$，$g_2((a,c)) = 70$，$g_2((a,d)) = 45$，$g_2((b,c)) = 40$，$g_2((c,d)) = 35$。

注意

我们还可以将上述 3 种分类方法综合起来对图进行分类，例如，图 6.10 中的 G_2 称为有向无权多重图，图 6.11 中的 G_2 称为无向赋权简单图。

6.2.3 子图与补图

微课视频

由于图是由两个集合定义的，因此可以利用集合的特性来研究和描述图的性质。

利用集合子集、真子集的概念，我们有以下定义。

定义 6.8 设有图 $G = \langle V, E \rangle$ 和图 $G_1 = \langle V_1, E_1 \rangle$。

(1) 若 $V_1 \subseteq V$，$E_1 \subseteq E$，则称 G_1 是 G 的**子图**(Subgraph)，记为 $G_1 \subseteq G$。

(2) 若 $G_1 \subseteq G$，且 $G_1 \neq G$ (即若 $V_1 \subseteq V$，$E_1 \subseteq E$，且 $V_1 \subset V$ 或 $E_1 \subset E$)，则称 G_1 是 G 的**真子图**(Proper Subgraph)，记为 $G_1 \subset G$。

(3) 若 $V_1 = V$，$E_1 \subseteq E$，则称 G_1 是 G 的**生成子图**(Spanning Subgraph)。

(4) 设 $V_2 \subseteq V$ 且 $V_2 \neq \varnothing$，以 V_2 为结点集，以两个端点均在 V_2 中的边的全体为边集的 G 的子图，称为 **V_2 导出的 G 的子图**，简称 V_2 的**导出子图**(Induced Subgraph)。

解题小贴士

子图的判断

(1) 子图的结点集和边集分别是 G 的结点集与边集的子集。

(2) 真子图的结点集和边集分别是 G 的结点集与边集的子集且至少有一个是真子集。

(3) 生成子图与 G 的结点集相同而边集是子集。

(4) V_2 的导出子图要求包含 G 中所有两个端点属于 V_2 的边。

例 6.10 判断图 6.12 中，图 G_1, G_2, G_3 是否是图 G 的子图、真子图、生成子图、导出子图。

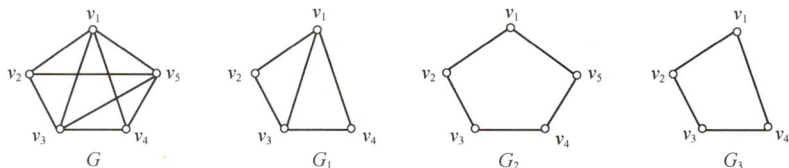

图 6.12

分析 对于子图、真子图和生成子图，只需要判断结点集和边集分别是否是图 G 的结点集与边集的子集，由此容易得出 G_1, G_2, G_3 都是图 G 的子图、真子图，只有 G_2 是图 G 的生成子图。对于导出子图，要求 G 中两个端点都在 V_2 中的边都在 V_2 的导出子图中，而 $\langle v_1, v_3 \rangle$ 不在 G_2 和 G_3 中，因此仅有 G_1 是 G 的导出子图。

解 G_1, G_2, G_3 都是图 G 的子图、真子图；G_2 是图 G 的生成子图；G_1 是 $\{v_1, v_2, v_3, v_4\}$ 导出的图 G 的子图。

> **注意** 💡
>
> 　　每个图都是它自身的子图、生成子图和导出子图。V_2 的导出子图实际上就是 $G-(V-V_2)$。

　　类似于全集，我们有完全图的概念。

　　定义 6.9　设 $G=\langle V,E\rangle$ 为一个具有 n 个结点的无向简单图，如果 G 中任意两个结点之间都有边相连，则称 G 为**无向完全图**（Undirected Complete Graph），简称**完全图**（Complete Graph），记为 K_n。设 $G=\langle V,E\rangle$ 为一个具有 n 个结点的有向简单图，如果 G 中任意两个结点间都有两条方向相反的有向边相连，则称 G 为**有向完全图**（Directed Complete Graph），在不发生误解的情况下，也记为 K_n。

　　对完全图来说，其邻接矩阵除主对角元素为 0 外，其他元素均为 1。

　　图 6.13 给出了无向完全图 K_3,K_4,K_5 和有向完全图 K_3。

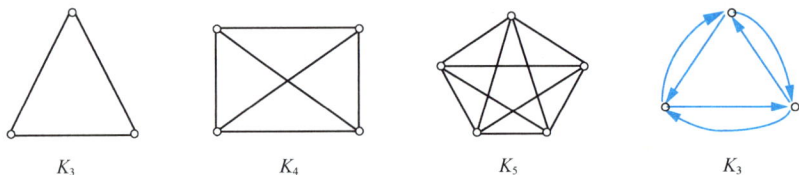

K_3　　　　K_4　　　　K_5　　　　K_3

图 6.13

　　由定义 6.9 易知，无向完全图 K_n 的边数为 $C_n^2=\dfrac{1}{2}n(n-1)$，有向完全图 K_n 的边数为 $P_n^2=n(n-1)$。

　　类似于补集，我们有补图的概念。

　　定义 6.10　设 $G=\langle V,E\rangle$ 为简单图，$G'=\langle V,E_1\rangle$ 为完全图，则称 $G_1=\langle V,E_1-E\rangle$ 为 G 的**补图**（Complement of Graph），记为 G^c①。

> **注意** 💡
>
> 　　在定义 6.10 中，当 G 为有向图时，G' 为有向完全图；当 G 为无向图时，G' 为无向完全图。G 的补图也可理解为从结点集 V 的完全图中删除 G 中的边剩下的图，即 G 与其补图的结点集是相同的，边集是相对于完全图的边集的补集。

　　显然，若 $G_1=G^c$，则 $G=G_1^c$，即它们互为补图。

　　K_n 的补图为 n 个结点的零图 $(n,0)$。

> **解题小贴士**
>
> ### 补图的计算
>
> 结点集相同，边集是相对于完全图边集的补集。

---

① 有些书上也将图 G 的补图记为 $\overline{G}$。

例 6.11 求图 6.14(a)、图 6.14(b)、图 6.14(c) 的补图。

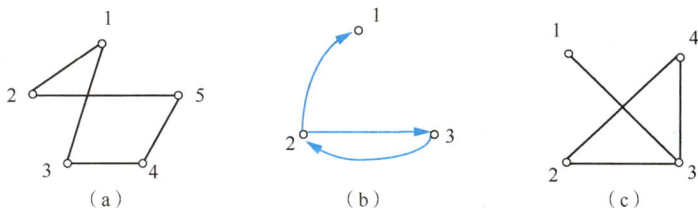

图 6.14

分析 互为补图的两个图的结点集相同，边集是相对于完全图的边集的补集。具体做的时候，可先补充一些边使图变为完全图，再删除原来图中的边得到补图。

解 图 6.14(a)、图 6.14(b)、图 6.14(c) 的补图分别为图 6.15(a)、图 6.15(b)、图 6.15(c)。

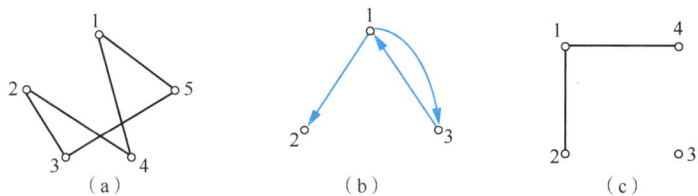

图 6.15

注意

图 6.15(c) 中的孤立结点一定不要漏掉，否则结点集就不同。

利用邻接矩阵描述补图，有以下结论。

若设简单图 G 的邻接矩阵 $\boldsymbol{A} = (a_{ij})_{n \times n}$，则对于它的补图 G^c 的邻接矩阵 $\boldsymbol{A}^c = (a_{ij}^c)_{n \times n}$，有

$$a_{ij}^c = \begin{cases} 1 - a_{ij}, & i \neq j, \\ 0, & i = j \end{cases} \quad (i, j = 1, 2, \cdots, n)。$$

下面以 1958 年发表在《美国数学月刊》上的一个数学问题来说明图及其补图的一个应用。

例 6.12 证明：在任意 6 个人的集会上，总会有 3 个人相互认识或者有 3 个人相互不认识(假设认识是相互的)。

分析 把 6 个人作为结点，在相互认识的人之间连边，这个问题就转化为图的问题。我们可以利用图及其补图来解决这个问题。

微课视频

证明 把参加集会的人作为结点，在相互认识的人之间连边，得到图 G，设 G^c 为 G 的补图，这样问题就转化为证明 G 或 G^c 中至少有一个完全子图 K_3。

考虑完全图 K_6，结点 v_1 与其余 5 个结点各有一条边相连，这 5 条边一定有 3 条在 G 或 G^c 中，不妨设有 3 条边在 G 中，设这 3 条边为 $(v_1, v_2), (v_1, v_3), (v_1, v_4)$。

考虑结点 v_2, v_3, v_4。若 v_2, v_3, v_4 在 G 中无边相连，则 v_2, v_3, v_4 相互不认识；若 v_2, v_3, v_4 在 G 中至少有一条边相连，如 (v_2, v_3)，则 v_1, v_2, v_3 就相互认识。因此，总会有 3 个人相互认识或者有 3 个人相互不认识。

6.2.4　结点的度数

有时候，我们需要关心有多少条边以某结点为端点，对于有向图，我们还需要关心有多少条边以某结点为始点，有多少条边以某结点为终点，这就引出了图的一个重要参数——结点的度数。结点的度数是图论中非常重要的概念，很多理论都是以它为基础的。

定义 6.11　（1）图 $G=\langle V,E\rangle$ 中以结点 $v\in V$ 为端点的边数（有环时计算两次）称为结点 v 的**度数**（Degree），简称**度**，记为 **deg(v)**。

（2）有向图 $G=\langle V,E\rangle$ 中以结点 v 为始点的边数称为 v 的**出度**（Out-Degree），记为 **deg$^+$(v)**；以结点 v 为终点的边数称为 v 的**入度**（In-Degree），记为 **deg$^-$(v)**。显然，$\deg(v)=\deg^+(v)+\deg^-(v)$。

（3）对于图 $G=\langle V,E\rangle$，度数为 1 的结点称为**悬挂结点**（Hanging Point），以悬挂结点为端点的边称为**悬挂边**（Hanging Edge）。

利用邻接矩阵，有以下结论。

设线图 $G=\langle V,E\rangle$，$V=\{v_1,v_2,\cdots,v_n\}$ 的邻接矩阵为

$$A=\begin{pmatrix} a_{11} & a_{12} & \cdots & a_{1n} \\ a_{21} & a_{22} & \cdots & a_{2n} \\ \vdots & \vdots & & \vdots \\ a_{n1} & a_{n2} & \cdots & a_{nn} \end{pmatrix}\text{。}$$

若 G 是无向图，则 A 中第 i 行元素由结点 v_i 所关联的边决定，其中为 1 的元素数目（主对角元素计算两次）等于 v_i 的度数，即 $\deg(v_i)=\sum_{k=1}^{n}a_{ik}+a_{ii}$，同理 $\deg(v_i)=\sum_{k=1}^{n}a_{ki}+a_{ii}$；若 G 是有向图，则 A 中第 i 行元素由以结点 v_i 为始点的边决定，其中为 1 的元素数目等于 v_i 的出度，即 $\deg^+(v_i)=\sum_{k=1}^{n}a_{ik}$，$A$ 中第 i 列元素由以结点 v_i 为终点的边决定，其中为 1 的元素数目等于 v_i 的入度，即 $\deg^-(v_i)=\sum_{k=1}^{n}a_{ki}$。

解题小贴士

结点度数的计算

（1）结点 v 的度数就是以 v 为端点的边数（有环时计算两次）。

（2）结点 v 的出度就是以 v 为始点的边数。

（3）结点 v 的入度就是以 v 为终点的边数。

例 6.13　求图 6.16 中所有结点的度数、出度和入度，指出悬挂结点和悬挂边，并用邻接矩阵验证。

分析　求某个结点的度数非常简单，只需要数一下以该结点为端点的边数；对于出度，只需要数一下以该结点为始点的边数；对于入度，只需要数一下以该结点为终点的边数。无向环算 2 度，有向环出度和入度各算 1 度。只有度数为 1 的才是悬挂结点，以悬挂结点为端点的边才是悬挂边。

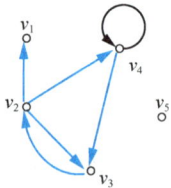

图 6.16

解 $\deg(v_1) = 1$，$\deg^+(v_1) = 0$，$\deg^-(v_1) = 1$。

$\deg(v_2) = 4$，$\deg^+(v_2) = 3$，$\deg^-(v_2) = 1$。

$\deg(v_3) = 3$，$\deg^+(v_3) = 1$，$\deg^-(v_3) = 2$。

$\deg(v_4) = 4$，$\deg^+(v_4) = 2$，$\deg^-(v_4) = 2$。

$\deg(v_5) = \deg^+(v_5) = \deg^-(v_5) = 0$。

v_1 为悬挂结点，$\langle v_2, v_1 \rangle$ 为悬挂边。该图的邻接矩阵为

$$A = \begin{pmatrix} 0 & 0 & 0 & 0 & 0 \\ 1 & 0 & 1 & 1 & 0 \\ 0 & 1 & 0 & 0 & 0 \\ 0 & 0 & 1 & 1 & 0 \\ 0 & 0 & 0 & 0 & 0 \end{pmatrix},$$

容易验证，上面的计算是正确的。例如，A 中第 2 行元素之和为 3，即 v_2 的出度为 3。

6.2.5 握手定理及其推论

关于图中结点度数与边的关系，可用下面的定理描述。

定理 6.1 图中结点度数的总和等于边数的 2 倍，即设图 $G = \langle V, E \rangle$，则有

$$\sum_{v \in V} \deg(v) = 2|E|。$$

分析 由定义 6.11，结点 v 的度数等于 v 关联的边数，而 1 条边有 2 个端点（环的 2 个端点相同），因此，1 条边贡献 2 度。

证明 因为每条边都有 2 个端点（环的 2 个端点相同），所以加上 1 条边就使各结点的度数之和增加 2，从而结论成立。

这个结果是图论的第一个定理，它是由欧拉于 1736 年最先给出的。欧拉曾对此定理给出了这样一个形象论断：如果许多人在见面时握了手，两只手握在一起，被握过的手的总次数为偶数。故此定理称为**图论的基本定理**或**握手定理**，此定理有一个重要推论。

推论 6.1 图中度数为奇数的结点个数为偶数。

分析 考虑 $2|E|$ 为偶数，奇数个奇数之和为奇数，偶数个奇数之和为偶数。

证明 设图 $G = \langle V, E \rangle$，$V_1 = \{v \mid v \in V \text{ 且 } \deg(v) \text{ 为奇数}\}$，$V_2 = \{v \mid v \in V \text{ 且 } \deg(v) \text{ 为偶数}\}$。

显然，$V_1 \cap V_2 = \varnothing$，且 $V_1 \cup V_2 = V$，于是

$$\sum_{v \in V} \deg(v) = \sum_{v \in V_1} \deg(v) + \sum_{v \in V_2} \deg(v) = 2|E|。$$

式中 $2|E|$ 和 $\sum\limits_{v \in V_2} \deg(v)$（偶数之和为偶数）均为偶数，因而 $\sum\limits_{v \in V_1} \deg(v)$ 也为偶数。于是 $|V_1|$ 为偶数，即度数为奇数的结点个数为偶数。

常称度数为奇数的结点为**奇度数结点**（Odd Degree Point），度数为偶数的结点为**偶度数结点**（Even Degree Point）。对于有向图，还有下面的定理。

定理 6.2 有向图中各结点的出度之和等于各结点的入度之和，等于边数，即设有向图 $G = \langle V, E \rangle$，则有

微课视频

$$\sum_{v \in V} \deg^+(v) = \sum_{v \in V} \deg^-(v) = |E|。$$

分析 利用握手定理，考虑 1 条边贡献 1 个出度和 1 个入度即可。

证明 因为每条有向边具有 1 个始点和 1 个终点（环的始点和终点是同 1 个结点），所以每条有向边对应 1 个出度和 1 个入度。图 G 中有 $|E|$ 条有向边，则 G 中必产生 $|E|$ 个出度，这 $|E|$ 个出度即为各结点的出度之和；G 中也必产生 $|E|$ 个入度，这 $|E|$ 个入度即为各结点的入度之和。因而，在有向图中，各结点的出度之和等于各结点的入度之和，都等于边数 $|E|$。

以上两个定理及其推论都是非常重要的，我们需要牢记、理解并灵活运用。

定义 6.12 设 $V = \{v_1, v_2, \cdots, v_n\}$ 为图 G 的结点集，称 $(\deg(v_1), \deg(v_2), \cdots, \deg(v_n))$ 为 G 的**度数序列**（Degree Sequence）。

图 6.16 的度数序列为 $(1,4,3,4,0)$。

解题小贴士

握手定理的应用

（1）所有结点度数的总和等于边数的 2 倍。

（2）奇度数结点的个数一定是偶数。

例 6.14 （1）$(3,5,1,4)$ 和 $(1,2,3,4,5)$ 能成为图的度数序列吗？为什么？

（2）已知图 G 中有 15 条边、2 个度数为 4 的结点、4 个度数为 3 的结点，其余结点的度数均小于或等于 2，问：G 中至少有多少个结点？为什么？

分析 这是一个利用握手定理及其推论的例子。度数序列中的每个元素都是一个结点的度数，利用推论 6.1，度数序列中一定有偶数个奇数。

解 （1）由于这两个序列中，奇数的个数均为奇数，由推论 6.1 可知，它们都不能成为图的度数序列。

（2）图 G 的边数为 15，由握手定理知，G 中所有结点的度数之和为 30，2 个度数为 4 的结点、4 个度数为 3 的结点占去 20 度，还剩下 10 度。若其余全是度数为 2 的结点，还需要 5 个结点来占用这 10 度，所以 G 至少有 11 个结点。

6.3 图的同构

图是表达事物之间关系的工具，因此，图的本质内容是结点和边的关联关系。而在实际画图时，由于结点的位置不同，边的长短曲直不同，同一事物间的关系可能对应不同形状的图。例如，图 6.17 中的两个图 G_1 和 G_2 实际上是同一个图 K_4。由此引入图的同构的概念。

微课视频

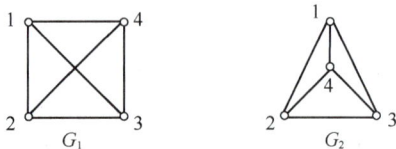

图 6.17

定义 6.13　设两个图 $G = \langle V, E \rangle$ 和 $G' = \langle V', E' \rangle$，如果存在双射 $g: V \to V'$，使任意的 $e = (v_i, v_j)$（或 $\langle v_i, v_j \rangle$）$\in E$ 当且仅当 $e' = (g(v_i), g(v_j))$（或 $\langle g(v_i), g(v_j) \rangle$）$\in E'$，并且 e 与 e' 的重数相同，则称 *G 与 G′* 同构(Isomorphism)，记为 $G \cong G'$。

对于同构，形象地说，若图的结点可以任意挪动位置，且边是完全弹性的，只要在边不拉断和长度不压缩为零的条件下，一个图可以变形为另一个图，那么这两个图就是同构的。

判断任意两个图是否同构是非常困难的，目前还只能从定义出发进行判断。根据双射的性质，两个图同构有以下必要条件。

(1)结点数目相同。

(2)边数相同。

(3)度数相同的结点数相同。

解题小贴士

图同构的判断

找到结点集之间的双射，其满足两结点间有边当且仅当它们的函数值间有边并且方向和重数一致。

例 6.15　证明图 6.18 中 $G \cong G'$。

分析　证明两个图同构，关键是找到满足要求的结点集之间的双射。现在还没有好的办法，只能凭经验去试。

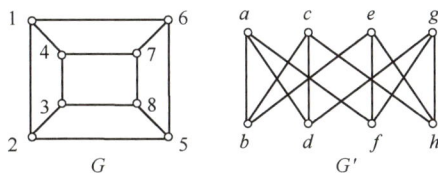

图 6.18

证明　构造结点之间的双射 f 如下：

$f(1) = a$，$f(2) = b$，$f(3) = c$，$f(4) = d$，$f(5) = e$，$f(6) = f$，$f(7) = g$，$f(8) = h$。容易验证，f 满足定义 6.13，所以 $G \cong G'$。

解题小贴士

图不同构的判断

至少满足下列情况之一的两个图是不同构的。

(1)结点数目不同。

(2)边数不同。

(3)度数相同的结点数不同。

例 6.16　证明图 6.19 中 G 与 G' 不同构。

分析　证明两个图不同构，通常用反证法。

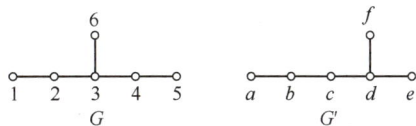

图 6.19

证明　假设 $G \cong G'$，双射为 f。由定义 6.13，v 与 $f(v)$ 的度数一定相同，因此有 $f(3) = d$。G 中 3 与一个度数为 1 的结点 6 邻接，而 G' 中 d 与两个度数为 1 的结点 e、f 邻接，矛盾。

注意

图同构的 3 个必要条件不是充分条件。图 6.19 所示的两个图 G 与 G' 虽然满足 3 个必要条件，但不同构。

寻找一种简单而有效的方法来判断图的同构，是图论中一个重要而未解决的问题。

图 6.20

6.4 通路与回路

图 6.20 所示是中国铁路交通图的一部分，如果一个旅客要从成都乘火车到北京，那么他一定会经过其他车站；而旅客不可能从成都乘火车到达三亚。这就引出了图的通路与连通的概念。

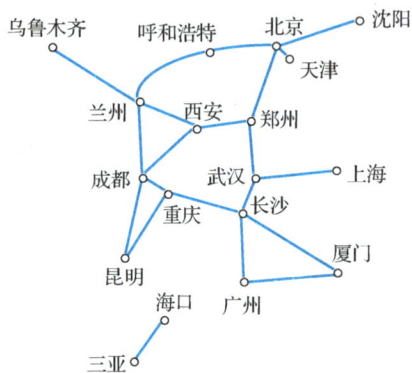

6.4.1 通路与回路的概念

通路与回路是图论中两个重要的基本概念。本小节所述定义一般来说既适合有向图，也适合无向图，否则将加以说明或分开定义。

定义 6.14 给定图 $G = \langle V, E \rangle$ 中结点和边相继交错出现的序列 $\varGamma = v_0 e_1 v_1 e_2 v_2 \cdots e_k v_k$。

（1）若 $\varGamma$ 中边 e_i 的两端点是 v_{i-1} 和 v_i（G 是有向图时要求 v_{i-1} 与 v_i 分别是 e_i 的始点和终点），$i = 1, 2, \cdots, k$，则称 $\varGamma$ 为结点 v_0 到结点 v_k 的**通路**（Entry）。v_0 和 v_k 分别称为此通路的**始点**和**终点**，统称为通路的**端点**。通路中边的数目 k 称为此通路的**长度**（Length）。当 $v_0 = v_k$ 时，此通路称为**回路**（Circuit）。

（2）若通路中的所有边互不相同，则称此通路为**简单通路**（Simple Entry）或一条**迹**；若回路中的所有边互不相同，则称此回路为**简单回路**（Simple Circuit）或一条**闭迹**。

（3）若通路中的所有结点互不相同（从而所有边互不相同），则称此通路为**基本通路**（Basic Entry）或**初级通路**、**路径**；若回路中除 $v_0 = v_k$ 外的所有结点互不相同（从而所有边互不相同），则称此回路为**基本回路**（Basic Circuit）或**初级回路**、**圈**。

说明 💡

（1）回路是通路的特殊情况。因而，当我们说某条通路时，它可能是回路。但当我们说一条基本通路时，一般是指它不是基本回路的情况。

（2）基本通路（回路）一定是简单通路（回路），但反之不真。因为没有重复的结点肯定没有重复的边，但没有重复的边不能保证一定没有重复的结点。

（3）在不会引起误解的情况下，一条通路 $v_0 e_1 v_1 e_2 v_2 \cdots e_n v_n$ 也可以用边的序列 $e_1 e_2 \cdots e_n$ 来表示，这种表示方法对有向图来说较为方便。在线图中，一条通路 $v_0 e_1 v_1 e_2 v_2 \cdots e_n v_n$ 也可以用结点的序列 $v_0 v_1 v_2 \cdots v_n$ 来表示。

解题小贴士

简单（基本）通（回）路的判断

（1）简单通（回）路没有相同的边。

（2）基本通（回）路没有相同的结点，当然也没有相同的边。

例 6.17 判断图 6.21G_1 中的回路 $v_3e_5v_4e_7v_1e_4v_3e_3v_2e_1v_1e_4v_3$、$v_3e_3v_2e_2v_2e_1v_1e_4v_3$、$v_3e_3v_2e_1v_1e_4v_3$ 是否为简单回路、基本回路，图 6.21G_2 中的通路 $v_1e_1v_2e_6v_5e_7v_3e_2v_2e_6v_5e_8v_4$、$v_1e_5v_5e_7v_3e_2v_2e_6v_5e_8v_4$、$v_1e_1v_2e_6v_5e_7v_3e_3v_4$ 是否为简单通路、基本通路，并求其长度。

分析 判断一条通(回)路是否为简单通(回)路、基本通(回)路，主要看它有无重复的边、结点。在图 6.21G_1 中，$v_3e_5v_4e_7v_1e_4v_3e_3v_2e_1v_1e_4v_3$ 中有重复的边 e_4，因此它不是简单回路，也不可能是基本回路；$v_3e_3v_2e_2v_2e_1v_1e_4v_3$ 虽然没有重复的边，但有重复的结点 v_2，因此它只能是简单回路，而不是基本回路；$v_3e_3v_2e_1v_1e_4v_3$ 中既没有重复的边，也没有重复的结点，因此它既是基本回路，也是简单回路。在图 6.21 G_2 中，$v_1e_1v_2e_6v_5e_7v_3e_2v_2e_6v_5e_8v_4$ 中有重复的边 e_6，因此它既不是简单通路，也不是基本通路；$v_1e_5v_5e_7v_3e_2v_2e_6v_5e_8v_4$ 虽然没有重复的边，但有重复的结点 v_5，因此它只能是简单通路，但不是基本通路；$v_1e_1v_2e_6v_5e_7v_3e_3v_4$ 中既没有重复的边，也没有重复的结点，因此它既是基本通路，也是简单通路。至于通(回)路的长度就是其包含的边的数目，只需要数一数就行了。

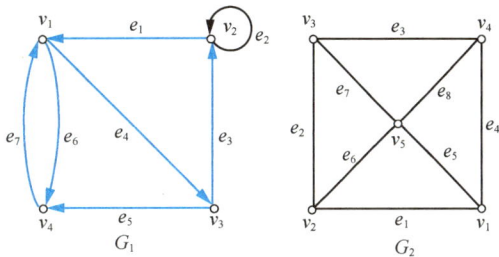

图 6.21

解 在图 6.21 G_1 中，$v_3e_5v_4e_7v_1e_4v_3e_3v_2e_1v_1e_4v_3$ 是一条长度为 6 的回路，但既不是简单回路，也不是基本回路；$v_3e_3v_2e_2v_2e_1v_1e_4v_3$ 是一条长度为 4 的简单回路，但不是基本回路；$v_3e_3v_2e_1v_1e_4v_3$ 是一条长度为 3 的基本回路，也是简单回路；在图 6.21 G_2 中，$v_1e_1v_2e_6v_5e_7v_3e_2v_2e_6v_5e_8v_4$ 是一条长度为 6 的通路，但既不是简单通路，也不是基本通路；$v_1e_5v_5e_7v_3e_2v_2e_6v_5e_8v_4$ 是一条长度为 5 的简单通路，但不是基本通路；$v_1e_1v_2e_6v_5e_7v_3e_3v_4$ 是一条长度为 4 的基本通路，也是简单通路。

在图 6.21 G_1 中，简单回路 $v_3e_3v_2e_2v_2e_1v_1e_4v_3$ 既可以用边的序列 $e_3e_2e_1e_4$ 来表示，也可以用结点的序列 $v_3v_2v_2v_1v_3$ 来表示；在图 6.21 G_2 中，简单通路 $v_1e_5v_5e_7v_3e_2v_2e_6v_5e_8v_4$ 既可以用边的序列 $e_5e_7e_2e_6e_8$ 来表示，也可以用结点的序列 $v_1v_5v_3v_2v_5v_4$ 来表示。

6.4.2 通路与回路的计算

有时候，我们需要计算一个图中从结点 v_i 到 v_j 有多少条长度为 m 的通路。这个问题，随着图中结点和边的数目增加，其难度将呈几何级数增长。使用计算机很容易解决上述问题，有定理如下。

定理 6.3 设 $G = \langle V, E \rangle$ 为线图，$V = \{v_1, v_2, \cdots, v_n\}$，$A = (a_{ij})_{n \times n}$ 为 G 的邻接矩阵，$A^m = (a_{ij}^{(m)})_{n \times n}$，则 $a_{ij}^{(m)}$ 为从结点 v_i 到结点 v_j 长度为 m 的通路数目；$a_{ii}^{(m)}$ 为结点 v_i 到自身的长度为 m 的回路数目；$\sum\limits_{i=1}^{n} \sum\limits_{j=1}^{n} a_{ij}^{(m)}$ 为 G 中长度为 m 的通路(含回路)总数。

微课视频

分析 观察图 G 的邻接矩阵 $A = (a_{ij})_{n \times n}$，我们发现，$a_{ij}$ 表示从结点 v_i 到结点 v_j 长度为 1 的通路数目，而 A 中所有元素之和为 A 中长度为 1 的通路(包括回路)数目(若 G 是有向图，它也是边的数目；若 G 是无向图，它是边的数目的 2 倍减去 G 中环的数目，因为当 $v_i \ne v_j$ 时，一条边 (v_i, v_j) 既是一条从 v_i 到 v_j 的长度为 1 的通路，也是一条从 v_j 到 v_i 的长度为 1 的通路，而 (v_i, v_i) 只是一条长度为 1 的通路，不能再看作两条)。

下面寻找 G 中长度为 2 的通路（包含回路）数目。首先计算从结点 v_i 到结点 v_j 的长度为 2 的通路数目。注意到从 v_i 到 v_j 长度为 2 的通路必经过结点 v_k。对于任意的 $k(1 \leqslant k \leqslant n)$，若存在通路 $v_i v_k v_j$，则必有 $a_{ik}=1$ 且 $a_{kj}=1$，即 $a_{ik} \cdot a_{kj}=1$。反之，若不存在通路 $v_i v_k v_j$，则必有 $a_{ik}=0$ 或 $a_{kj}=0$，即 $a_{ik} \cdot a_{kj}=0$。于是从结点 v_i 到 v_j 长度为 2 的通路总数为

$$a_{i1} \cdot a_{1j}+a_{i2} \cdot a_{2j}+\cdots+a_{in} \cdot a_{nj}=\sum_{k=1}^{n} a_{ik} \cdot a_{kj}。$$

由矩阵的乘法规则可知，$\sum_{k=1}^{n} a_{ik} \cdot a_{kj}$ 恰为 $\boldsymbol{A}^2$ 中第 i 行第 j 列的元素。因而在矩阵

$$\left(a_{ij}^{(2)}\right)_{n \times n}=\boldsymbol{A}^2=\begin{pmatrix} a_{11} & a_{12} & \cdots & a_{1n} \\ a_{21} & a_{22} & \cdots & a_{2n} \\ \vdots & \vdots & & \vdots \\ a_{n1} & a_{n2} & \cdots & a_{nn} \end{pmatrix} \times \begin{pmatrix} a_{11} & a_{12} & \cdots & a_{1n} \\ a_{21} & a_{22} & \cdots & a_{2n} \\ \vdots & \vdots & & \vdots \\ a_{n1} & a_{n2} & \cdots & a_{nn} \end{pmatrix}$$

中，$\sum_{i=1}^{n} \sum_{j=1}^{n} a_{ij}^{(2)}$ 为 G 中长度为 2 的通路（含回路）总数，主对角线上元素之和 $\sum_{i=1}^{n} a_{ii}^{(2)}$ 为 G 中长度为 2 的回路总数。

类似地，若从结点 v_i 到结点 v_j 存在长度为 3 的通路，其必经过结点 v_k，使从 v_i 到 v_k 存在长度为 2 的通路，从 v_k 到 v_j 存在长度为 1 的通路。因而，$a_{ik}^{(2)} \geqslant 1$ 且 $a_{kj}=1$，即 $a_{ik}^{(2)} \cdot a_{kj} \geqslant 1$。若 $a_{ik}^{(2)}=0$ 或 $a_{kj}=0$，则 $a_{ik}^{(2)} \cdot a_{kj}=0$，于是从 v_i 经过 v_k 到 v_j 没有长度为 3 的通路。因此，从结点 v_i 到 v_j 长度为 3 的通路总数为

$$a_{i1}^{(2)} \cdot a_{1j}+a_{i2}^{(2)} \cdot a_{2j}+\cdots+a_{in}^{(2)} \cdot a_{nj}=\sum_{k=1}^{n} a_{ik}^{(2)} \cdot a_{kj}。$$

这正是 $\boldsymbol{A}^2 \cdot \boldsymbol{A}=\boldsymbol{A}^3$ 中第 i 行 j 列的元素 $a_{ij}^{(3)}$。而 $\sum_{i=1}^{n} \sum_{j=1}^{n} a_{ij}^{(3)}$ 为 G 中长度为 3 的通路（含回路）总数，主对角线上元素之和 $\sum_{i=1}^{n} a_{ii}^{(3)}$ 为 G 中长度为 3 的回路总数。

证明 对 m 用数学归纳法。

（1）当 $m=1$ 时，显然定理成立。

（2）设 $m=k$ 时，定理成立。

（3）证明 $m=k+1$ 时定理成立。

因为 $\left(a_{ij}^{(k+1)}\right)_{n \times n}=\boldsymbol{A}^{k+1}=\boldsymbol{A}^k \cdot \boldsymbol{A}=\left(\sum_{p=1}^{n} a_{ip}^{(k)} \cdot a_{pj}\right)_{n \times n}$，所以 $a_{ij}^{(k+1)}=\sum_{p=1}^{n} a_{ip}^{(k)} \cdot a_{pj}$。而 $a_{ip}^{(k)}$ 是从结点 v_i 到 v_p 长度为 k 的通路数目，a_{pj} 是从结点 v_p 到 v_j 长度为 1 的通路数目，故 $a_{ip}^{(k)} \cdot a_{pj}$ 是从结点 v_i 经过 v_p 到结点 v_j 的长度为 $k+1$ 的通路数目，从而 $\sum_{p=1}^{n} a_{ip}^{(k)} \cdot a_{pj}$ 是从结点 v_i 到结点 v_j 的长度为 $k+1$ 的通路数目。

解题小贴士

结点 v_i 到 v_j 长度 m 的通路数目的计算

（1）写出邻接矩阵 $\boldsymbol{A}$。

（2）计算 $\boldsymbol{A}$ 的 m 次幂 $\boldsymbol{A}^m$。

（3）$\boldsymbol{A}^m$ 中第 i 行第 j 列元素即为所求。

例 6.18 求图 6.22 中图 G_1 和 G_2 的从结点 v_1 到结点 v_3 长度为 2 与 3 的通路数目，以及所有长度为 2 与 3 的通路数目。

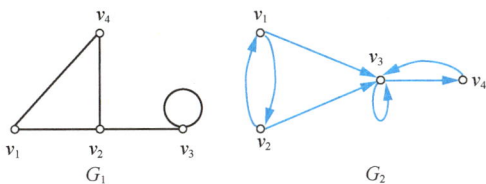

微课视频

图 6.22

分析 利用定理 6.3，求图中长度为 m 的通路数目，只需要先写出图的邻接矩阵，然后计算邻接矩阵的 m 次方即可。

解 在图 6.22 中，G_1 是无向线图，G_2 是有向线图，它们的邻接矩阵分别为

$$A(G_1)=\begin{pmatrix}0&1&0&1\\1&0&1&1\\0&1&1&0\\1&1&0&0\end{pmatrix},\quad A(G_2)=\begin{pmatrix}0&1&1&0\\1&0&1&0\\0&0&1&1\\0&0&1&0\end{pmatrix}。$$

下面计算邻接矩阵的幂。

$$(A(G_1))^2=\begin{pmatrix}0&1&0&1\\1&0&1&1\\0&1&1&0\\1&1&0&0\end{pmatrix}\times\begin{pmatrix}0&1&0&1\\1&0&1&1\\0&1&1&0\\1&1&0&0\end{pmatrix}=\begin{pmatrix}2&1&1&1\\1&3&1&1\\1&1&2&1\\1&1&1&2\end{pmatrix},$$

$$a_{13}^{(2)}=1,\quad \sum_{i=1}^{4}\sum_{j=1}^{4}a_{ij}^{(2)}=21,\quad \sum_{i=1}^{4}a_{ii}^{(2)}=9。$$

$$(A(G_2))^2=\begin{pmatrix}0&1&1&0\\1&0&1&0\\0&0&1&1\\0&0&1&0\end{pmatrix}\times\begin{pmatrix}0&1&1&0\\1&0&1&0\\0&0&1&1\\0&0&1&0\end{pmatrix}=\begin{pmatrix}1&0&2&1\\0&1&2&1\\0&0&2&1\\0&0&1&1\end{pmatrix},$$

$$a_{13}^{(2)}=2,\quad \sum_{i=1}^{4}\sum_{j=1}^{4}a_{ij}^{(2)}=13,\quad \sum_{i=1}^{4}a_{ii}^{(2)}=5。$$

因此，G_1 中从结点 v_1 到结点 v_3 长度为 2 的通路数目为 1，长度为 2 的通路(含回路)总数为 21，其中 9 条为回路；G_2 中从结点 v_1 到结点 v_3 长度为 2 的通路数目为 2，长度为 2 的通路(含回路)总数为 13，其中 5 条为回路。

$$(A(G_1))^3=A(G_1)\cdot(A(G_1))^2=\begin{pmatrix}2&4&2&3\\4&3&4&4\\2&4&3&2\\3&4&2&2\end{pmatrix},$$

$$a_{13}^{(3)}=2,\quad \sum_{i=1}^{4}\sum_{j=1}^{4}a_{ij}^{(3)}=48,\quad \sum_{i=1}^{4}a_{ii}^{(3)}=10。$$

$$(A(G_2))^3=A(G_2)\cdot(A(G_2))^2=\begin{pmatrix}0&1&4&2\\1&0&4&2\\0&0&3&2\\0&0&2&1\end{pmatrix},$$

$$a_{13}^{(3)}=4,\ \sum_{i=1}^{4}\sum_{j=1}^{4}a_{ij}^{(3)}=22,\ \sum_{i=1}^{4}a_{ii}^{(3)}=4。$$

因此，G_1 中从结点 v_1 到结点 v_3 长度为 3 的通路数目为 2，长度为 3 的通路（含回路）总数为 48，其中 10 条为回路；G_2 中从结点 v_1 到结点 v_3 长度为 3 的通路数目为 4，长度为 3 的通路（含回路）总数为 22，其中 4 条为回路。

6.4.3　可达与距离

很多时候，我们不仅关心从结点 v_i 到 v_j 是否存在通路，还关心如果存在通路，是否存在长度最短的通路，以及最短通路的长度是多少，为此有下面的定义。

定义 6.15　在图 $G=\langle V,E\rangle$ 中，$v_i,v_j\in V$。

（1）如果从结点 v_i 到 v_j 存在通路，则称结点 v_i 到 v_j 是**可达的**（Reachable），否则称从结点 v_i 到 v_j 不可达。规定任何结点到自己都是可达的（因为任何结点都有到自己的长度为 0 的通路）。

（2）如果从结点 v_i 到 v_j 可达，则称从结点 v_i 到 v_j 的长度最短的通路为**短程线**（Geodesic），从结点 v_i 到 v_j 的短程线的长度称为从结点 v_i 到 v_j 的**距离**（Distance），记为 $\mathrm{d}(v_i,v_j)$。如果从结点 v_i 到 v_j 不可达，则通常记为 $\mathrm{d}(v_i,v_j)=\infty$。

显然，$\mathrm{d}(v_i,v_j)$ 满足下列性质：

（1）$\mathrm{d}(v_i,v_j)\geqslant 0$；

（2）$\mathrm{d}(v_i,v_i)=0$；

（3）$\mathrm{d}(v_i,v_k)+\mathrm{d}(v_k,v_j)\geqslant \mathrm{d}(v_i,v_j)$。

对于无向图，若从结点 v_i 到 v_j 可达，则一定有从结点 v_j 到 v_i 可达，也有 $\mathrm{d}(v_i,v_j)=\mathrm{d}(v_j,v_i)$。

对于有向图，从结点 v_i 到 v_j 可达，不一定有从结点 v_j 到 v_i 可达，也不一定有 $\mathrm{d}(v_i,v_j)=\mathrm{d}(v_j,v_i)$。

例如，在图 6.21 G_1 中，$\mathrm{d}(v_1,v_2)=2$，$\mathrm{d}(v_2,v_1)=1$，$\mathrm{d}(v_4,v_1)=\mathrm{d}(v_1,v_4)=1$，$\mathrm{d}(v_2,v_4)=2$，$\mathrm{d}(v_4,v_2)=3$；在图 6.21 G_2 中，$\mathrm{d}(v_1,v_3)=\mathrm{d}(v_3,v_1)=2$，$\mathrm{d}(v_3,v_4)=\mathrm{d}(v_4,v_3)=1$，$\mathrm{d}(v_2,v_4)=\mathrm{d}(v_4,v_2)=2$。

如何判断从结点 v_i 到 v_j 是否可达呢？我们先看下面的定理。

定理 6.4　在一个具有 n 个结点的图中，如果从结点 v_i 到 $v_j(v_i\neq v_j)$ 存在一条通路，则从结点 v_i 到 v_j 存在一条长度不大于 $n-1$ 的通路。

分析　通路的长度为序列中的结点数减 1，如果结点不重复，则最多 n 个，因此，通路的长度最大为 $n-1$。如果结点有重复，则在重复的结点间构成一条回路，删除这条回路，剩下的仍然是从结点 v_i 到结点 v_j 的通路。一直删下去，直到无重复结点为止，定理得证。

证明　设 $v_{i_0}v_{i_1}\cdots v_{i_k}$ 为从结点 v_i 到 v_j 的长度为 k 的一条通路，其中 $v_{i_0}=v_i$，$v_{i_k}=v_j$，此通路上有 $k+1$ 个结点。若 $k\leqslant n-1$，这条通路即为所求。若 $k>n-1$，则此通路上的结点数 $k+1>n$，由鸽笼原理知，必存在一个结点在此通路中不止一次出现。设 $v_{i_s}=v_{i_t}$，其中 $0\leqslant s<t\leqslant k$。要去掉结点 v_{i_s} 到 v_{i_t} 中间的通路，至少需要去掉一条边，得通路 $v_{i_0}v_{i_1}\cdots v_{i_s}v_{i_{t+1}}\cdots v_{i_k}$，此通路比原通路的长度至少小 1。如此重复进行下去，必可得一条从结点 v_i 到 v_j 的长度不大于 $n-1$ 的通路。

推论 6.2　在一个具有 n 个结点的图中，如果从结点 v_i 到结点 $v_j(v_i\neq v_j)$ 存在一条通路，则从结点 v_i 到 v_j 存在一条长度不大于 $n-1$ 的基本通路。

同理可证下面的定理。

定理 6.5 在一个具有 n 个结点的图中，如果存在经过结点 v_i 的回路，则存在一条经过结点 v_i 的长度不大于 n 的回路。

推论 6.3 在一个具有 n 个结点的图中，如果存在经过结点 v_i 的回路，则存在一条经过结点 v_i 的长度不大于 n 的基本回路。

利用定理 6.4 和定理 6.5，我们可以通过计算图的邻接矩阵及其幂的方法来判断从结点 v_i 到 v_j 是否可达，以及从结点 v_i 到 v_j 的距离。

设矩阵

$$\boldsymbol{B}_m = \boldsymbol{I} + \boldsymbol{A} + \boldsymbol{A}^2 + \boldsymbol{A}^3 + \cdots + \boldsymbol{A}^m \quad (\boldsymbol{I} \text{ 为 } n \text{ 阶单位阵}),$$

则 $\boldsymbol{B}_m$ 中的元素

$$b_{ij}^{(m)} = a_{ij}^{(0)} + a_{ij}^{(1)} + a_{ij}^{(2)} + \cdots + a_{ij}^{(m)} = \sum_{k=0}^{m} a_{ij}^{(k)}$$

$$\left(a_{ij}^{(0)} = \begin{cases} 1, & i = j \\ 0, & i \neq j \end{cases}, \ a_{ij}^{(1)} = a_{ij}, \ i, j = 1, 2, \cdots, n \right)$$

表示图 G 中从结点 v_i 到结点 v_j 的长度小于或等于 m 的通路总数，若 $i = j$，则 $b_{ii}^{(m)}$ 为图 G 中结点 v_i 到自身的长度小于或等于 m 的回路总数。从而有以下定理。

定理 6.6 设 $G = \langle V, E \rangle$ 为线图，$V = \{v_1, v_2, \cdots, v_n\}$，$\boldsymbol{A} = (a_{ij})_{n \times n}$ 为 G 的邻接矩阵，$\boldsymbol{A}^m = (a_{ij}^{(m)})_{n \times n}$，$m = 1, 2, \cdots, n-1$，$\boldsymbol{B}_{n-1} = (b_{ij}^{(n-1)})_{n \times n} = \boldsymbol{I} + \boldsymbol{A} + \boldsymbol{A}^2 + \boldsymbol{A}^3 + \cdots + \boldsymbol{A}^{n-1}$，则有：如果 $b_{ij}^{(n-1)} > 0$，那么从结点 v_i 到 v_j 可达，否则不可达；并且

$$d(v_i, v_j) = \begin{cases} \infty, & a_{ij}^{(1)} = 0, a_{ij}^{(2)} = 0, \cdots, a_{ij}^{(n-1)} = 0, \\ k, & k = \min\{m \mid a_{ij}^{(m)} \neq 0, m = 1, 2, \cdots, n-1\} \end{cases} \quad (i \neq j)_\circ$$

解题小贴士

结点间可达的判断与距离的计算

使用定理 6.6，利用邻接矩阵及其幂与和进行计算即可。

例 6.19 判断图 6.23 所示图 G 中结点之间的可达关系，并求任意两个结点间的距离。

分析 利用定理 6.6，先写出图 G 的邻接矩阵 $\boldsymbol{A}$，图 G 中只有 4 个结点，因此只需计算 $\boldsymbol{A}$ 的 2 次幂和 3 次幂，再相加即可。

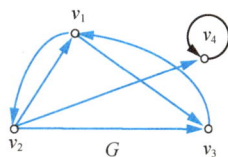

图 6.23

解 在图 6.23 中，G 的邻接矩阵及其 2 次幂和 3 次幂分别为

$$\boldsymbol{A} = \begin{pmatrix} 0 & 1 & 1 & 0 \\ 1 & 0 & 1 & 1 \\ 1 & 0 & 0 & 0 \\ 0 & 0 & 0 & 1 \end{pmatrix}, \quad \boldsymbol{A}^2 = \begin{pmatrix} 2 & 0 & 1 & 1 \\ 1 & 1 & 1 & 1 \\ 0 & 1 & 1 & 0 \\ 0 & 0 & 0 & 1 \end{pmatrix}, \quad \boldsymbol{A}^3 = \begin{pmatrix} 1 & 2 & 2 & 1 \\ 2 & 1 & 2 & 2 \\ 2 & 0 & 1 & 1 \\ 0 & 0 & 0 & 1 \end{pmatrix},$$

从而有

$$\boldsymbol{B}_3 = \boldsymbol{I} + \boldsymbol{A} + \boldsymbol{A}^2 + \boldsymbol{A}^3 = \begin{pmatrix} 4 & 3 & 4 & 2 \\ 4 & 3 & 4 & 4 \\ 3 & 1 & 3 & 1 \\ 0 & 0 & 0 & 4 \end{pmatrix}_\circ$$

故从结点 v_1 到 v_1, v_2, v_3, v_4 都是可达的；从结点 v_2 到 v_1, v_2, v_3, v_4 都是可达的；从结点 v_3 到 v_1, v_2, v_4 都是可达的；从结点 v_4 到 v_4 是可达的，而从结点 v_4 到 v_1, v_2, v_3 都是不可

达的。并且有

$$d(v_1,v_2)=d(v_1,v_3)=d(v_2,v_1)=d(v_2,v_3)=d(v_2,v_4)=d(v_3,v_1)=1,$$
$$d(v_1,v_4)=d(v_3,v_2)=2,\ d(v_3,v_4)=3,\ d(v_4,v_1)=d(v_4,v_2)=d(v_4,v_3)=\infty。$$

在判断可达关系时，我们仅需要知道从结点 v_i 到 v_j 是否存在通路，而不必知道它们之间到底存在多少条通路和通路的长度如何，因此用定理 6.6 的方法计算，有许多冗余的信息。为了更好地描述可达关系，我们引入以下定义。

定义 6.16 设 $G=\langle V,E\rangle$ 是一个线图，其中 $V=\{v_1,v_2,\cdots,v_n\}$，并假定结点已经有了从结点 v_1 到 v_n 的次序，称 n 阶方阵 $\boldsymbol{P}=(p_{ij})_{n\times n}$ 为图 G 的**可达性矩阵**(Accessibility Matrix)，其中

微课视频

$$p_{ij}=\begin{cases}1,\ \text{从结点}\ v_i\ \text{到}\ v_j\ \text{可达},\\0,\ \text{否则}\end{cases}\quad(i,j=1,2,\cdots,n)。$$

显然，无向图的可达性矩阵是对称的，而有向图的可达性矩阵则不一定对称。

与邻接矩阵不同，可达性矩阵不能给出图的完整信息，但由于它简便，在应用上还是很重要的。

如何确定矩阵 $\boldsymbol{P}$ 中的元素呢？由定理 6.6 知，如果我们知道矩阵 $\boldsymbol{B}_{n-1}$，则只需将其中的非零元素写成 1，就可得到可达性矩阵，即

$$p_{ij}=\begin{cases}1,\ b_{ij}^{(n-1)}\neq0,\\0,\ b_{ij}^{(n-1)}=0\end{cases}\quad(i,j=1,2,\cdots,n)。$$

这样一来，通过计算 $\boldsymbol{B}_{n-1}$ 就可计算出 $\boldsymbol{P}$ 中各元素了。在例 6.19 中，由

$$\boldsymbol{B}_3=\boldsymbol{I}+\boldsymbol{A}+\boldsymbol{A}^2+\boldsymbol{A}^3=\begin{pmatrix}4&3&4&2\\4&3&4&4\\3&1&3&1\\0&0&0&4\end{pmatrix}$$

得

$$\boldsymbol{P}=\begin{pmatrix}1&1&1&1\\1&1&1&1\\1&1&1&1\\0&0&0&1\end{pmatrix}。$$

当 n 较大时，这种求可达性矩阵 $\boldsymbol{P}$ 的方法就很复杂了，下面介绍一种更为简便的方法。

由于邻接矩阵 $\boldsymbol{A}$ 和可达性矩阵 $\boldsymbol{P}$ 都是布尔矩阵，而在研究可达性问题时，我们对于两结点间具有的通路数目并不感兴趣，所关心的只是两结点间是否存在通路，因此我们可以利用 $\boldsymbol{A}$ 的布尔并和布尔积来求 $\boldsymbol{P}$，显然有下面的定理。

定理 6.7 设 $G=\langle V,E\rangle$ 为线图，$\boldsymbol{A}$ 和 $\boldsymbol{P}$ 分别是 G 的邻接矩阵和可达性矩阵，则有

$$\boldsymbol{P}=\boldsymbol{I}\vee\boldsymbol{A}\vee\boldsymbol{A}^{(2)}\vee\boldsymbol{A}^{(3)}\vee\cdots\vee\boldsymbol{A}^{(n-1)}。$$

这里，$\boldsymbol{A}^{(i)}$ 表示矩阵 $\boldsymbol{A}$ 的布尔积 i 次幂。

解题小贴士

可达性矩阵的计算

使用定理 6.7，利用邻接矩阵及其布尔积与布尔并进行计算即可。

例 6.20 求图 6.23 所示图 G 的可达性矩阵。

分析 直接利用定理 6.7，先写出图的邻接矩阵 $\boldsymbol{A}$，并计算 $\boldsymbol{A}$ 的布尔积 2 次幂和 3

次幂，然后做布尔并即可。

解 在图 6.23 中，图 G 的邻接矩阵及其布尔积 2 次幂和 3 次幂分别为

$$A = \begin{pmatrix} 0 & 1 & 1 & 0 \\ 1 & 0 & 1 & 1 \\ 1 & 0 & 0 & 0 \\ 0 & 0 & 0 & 1 \end{pmatrix}, \quad A^{(2)} = \begin{pmatrix} 1 & 0 & 1 & 1 \\ 1 & 1 & 1 & 1 \\ 0 & 1 & 1 & 0 \\ 0 & 0 & 0 & 1 \end{pmatrix}, \quad A^{(3)} = \begin{pmatrix} 1 & 1 & 1 & 1 \\ 1 & 1 & 1 & 1 \\ 1 & 0 & 1 & 1 \\ 0 & 0 & 0 & 1 \end{pmatrix},$$

因此，图 G 的可达性矩阵为

$$P = I \vee A \vee A^{(2)} \vee A^{(3)} = \begin{pmatrix} 1 & 1 & 1 & 1 \\ 1 & 1 & 1 & 1 \\ 1 & 1 & 1 & 1 \\ 0 & 0 & 0 & 1 \end{pmatrix}。$$

这与我们利用 B_3 求得的结果完全一致。

6.4.4　无向赋权图的最短通路

在赋权图中，边的权也称为边的长度（在本小节中，我们将边 (u,v) 的权记为 $w(u,v)$），一条通路的长度指的就是这条通路上各边的长度之和。从结点 v_i 到 v_j 的长度最小的通路，称为从结点 v_i 到 v_j 的最短通路。

微课视频

1. 求给定两结点间的最短通路——Dijkstra 算法

如何求出简单无向赋权图 $G = \langle V, E \rangle$ 中从结点 v_1 到 v_n 的最短通路？目前公认的最好的算法是由迪杰斯特拉（Dijkstra）在 1959 年提出的，称为 **Dijkstra 算法**，其基本思想如下。

将结点集合 V 分为两部分：一部分称为具有 P（永久性）标号的集合，另一部分称为具有 T（暂时性）标号的集合。所谓结点 v 的 P 标号是指从结点 v_1 到 v 的最短通路的长度；而结点 v 的 T 标号是指从结点 v_1 到 v 的某条通路的长度（最短通路长度的上界）。首先将结点 v_1 取为 P 标号，其余结点为 T 标号，然后逐步将具有 T 标号的结点改为 P 标号。当结点 v_n 也被改为 P 标号时，则找到了从结点 v_1 到 v_n 的一条最短通路。

算法 6.1　Dijkstra 算法

（1）初始化：将结点 v_1 置为 P 标号，$\mathrm{d}(v_1) = 0$，$P = \{v_1\}$，$\forall v_i \in V$，$i \neq 1$，置结点 v_i 为 T 标号，即 $T = V - P$ 且

$$\mathrm{d}(v_i) = \begin{cases} w(v_1, v_i), & \text{若} (v_1, v_i) \in E, \\ \infty, & \text{若} (v_1, v_i) \notin E。 \end{cases}$$

（2）找最小：寻找具有最小值的 T 标号的结点。若为结点 v_k，则将结点 v_k 的 T 标号改为 P 标号，且 $P = P \cup \{v_k\}$，$T = T - \{v_k\}$。

（3）修改：修改与结点 v_k 相邻的结点的 T 标号值。$\forall v_i \in T$，

$$\mathrm{d}(v_i) = \begin{cases} \mathrm{d}(v_k) + w(v_k, v_i), & \text{若} \mathrm{d}(v_k) + w(v_k, v_1) < \mathrm{d}(v_i), \\ \mathrm{d}(v_i), & \text{否则}。 \end{cases}$$

（4）重复（2）和（3），直到结点 v_n 改为 P 标号为止。

可见，当结点 v_n 归入 P 而正好 $P = V$ 时，不仅求出了从结点 v_1 到 v_n 的最短通路，而且实际上求出了从结点 v_1 到所有结点的最短通路。

上述算法的正确性是显然的。因为在每一步，设 P 中每一结点的标号是从结点 v_1

到该结点的最短通路的长度(开始时，$P=\{v_1\}$，$d(v_1)=0$，这个假设是正确的)，所以只要证明上述 $d(v_i)$ 是从结点 v_1 到 v_i 的最短通路的长度即可。事实上，任何一条从结点 v_1 到 v_i 的通路，若通过 T 的第一个结点是 v_p，而 $v_p \neq v_i$ 的话，由于所有边的长度非负，则这种通路的长度不会比 $d(v_i)$ 小。

解题小贴士

简单无向赋权图中两结点间的最短通路的计算

使用 Dijkstra 算法，进行 T 标号和 P 标号的迭代计算。

例 6.21   如图 6.24 所示，求该简单无向赋权图中从结点 v_1 到 v_6 的最短通路。

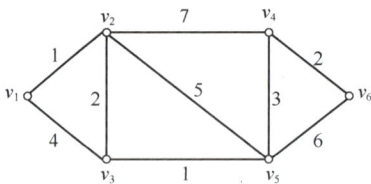

微课视频

图 6.24

解   根据 Dijkstra 算法，有图 6.25 所示的求解过程。故从结点 v_1 到 v_6 的最短通路为 $v_1 v_2 v_3 v_5 v_4 v_6$，其长度为 9。实际上，我们也求出了从结点 v_1 到所有结点的最短通路，例如，从结点 v_1 到 v_5 的最短通路为 $v_1 v_2 v_3 v_5$，其长度为 4，等等。

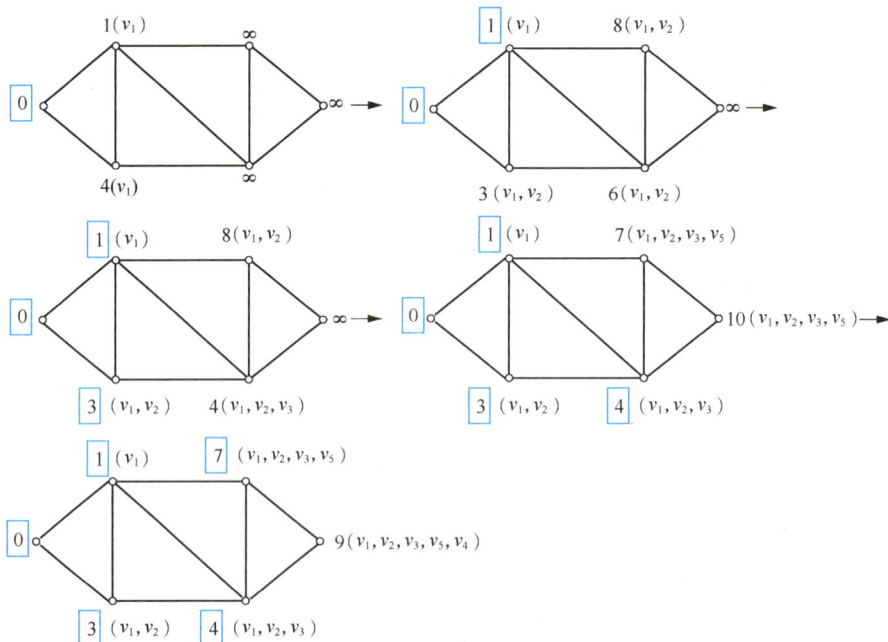

图 6.25

2. 求任意两结点间的最短通路——Floyd 算法

算法 6.2   Floyd 算法

从矩阵 $\boldsymbol{D}^{(0)} = (w_{ij})_{n \times n}$(这里 $w_{ij} = w(v_i, v_j)$，称为图的长度矩阵)开始，依次构造出 n 个矩阵 $\boldsymbol{D}^{(1)}, \boldsymbol{D}^{(2)}, \cdots, \boldsymbol{D}^{(n)}$，这里 n 为图中结

微课视频

点的个数。第 k 个矩阵 $\boldsymbol{D}^{(k)} = (\mathrm{d}_{ij}^{(k)})_{n \times n}$ 的元素 $\mathrm{d}_{ij}^{(k)}$ 表示从结点 v_i 到 v_j 而中间结点仅属于 v_1 到 v_k 的 k 个结点的所有通路中的最短通路长度。

若已知 $\boldsymbol{D}^{(k-1)} = (\mathrm{d}_{ij}^{(k-1)})_{n \times n}$，则 $\boldsymbol{D}^{(k)} = (\mathrm{d}_{ij}^{(k)})_{n \times n}$ 的元素规定为

$$\mathrm{d}_{ij}^{(k)} = \min\{\mathrm{d}_{ij}^{(k-1)}, \mathrm{d}_{ik}^{(k-1)} + \mathrm{d}_{kj}^{(k-1)}\},$$

运算过程从 $k = 1$ 开始，让 i 和 j 分别取遍从 1 到 n 的所有值，然后 k 增加 1，如此反复进行，直到 $k = n$ 为止。这时 $\boldsymbol{D}^{(n)} = (\mathrm{d}_{ij}^{(n)})_{n \times n}$ 的元素 $\mathrm{d}_{ij}^{(n)}$ 就是从结点 v_i 到 v_j 的最短通路长度。

算法的正确性是显然的。Floyd 算法求出了任意两个结点间的最短通路的长度，从而很容易得出相应的最短通路。

解题小贴士

简单无向赋权图中任意两结点间的最短通路的计算

使用 Floyd 算法进行迭代计算。

例 6.22 如图 6.26 所示，求该简单无向赋权图中的所有最短通路。

解 根据 Floyd 算法，有

$$\boldsymbol{D}^{(0)} = \begin{pmatrix} 0 & 1 & \infty & 2 & \infty & \infty \\ 1 & 0 & 3 & 4 & \infty & \infty \\ \infty & 3 & 0 & 1 & 2 & 2 \\ 2 & 4 & 1 & 0 & 3 & \infty \\ \infty & \infty & 2 & 3 & 0 & 2 \\ \infty & \infty & 2 & \infty & 2 & 0 \end{pmatrix},$$

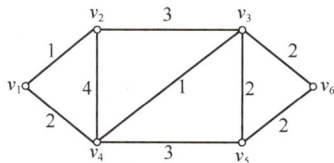

图 6.26

微课视频

$$\boldsymbol{D}^{(1)} = \begin{pmatrix} 0 & 1 & \infty & 2 & \infty & \infty \\ 1 & 0 & 3 & 3 & \infty & \infty \\ \infty & 3 & 0 & 1 & 2 & 2 \\ 2 & 3 & 1 & 0 & 3 & \infty \\ \infty & \infty & 2 & 3 & 0 & 2 \\ \infty & \infty & 2 & \infty & 2 & 0 \end{pmatrix}, \quad \boldsymbol{D}^{(2)} = \begin{pmatrix} 0 & 1 & 4 & 2 & \infty & \infty \\ 1 & 0 & 3 & 3 & \infty & \infty \\ 4 & 3 & 0 & 1 & 2 & 2 \\ 2 & 3 & 1 & 0 & 3 & \infty \\ \infty & \infty & 2 & 3 & 0 & 2 \\ \infty & \infty & 2 & \infty & 2 & 0 \end{pmatrix},$$

$$\boldsymbol{D}^{(3)} = \begin{pmatrix} 0 & 1 & 4 & 2 & 6 & 6 \\ 1 & 0 & 3 & 3 & 5 & 5 \\ 4 & 3 & 0 & 1 & 2 & 2 \\ 2 & 3 & 1 & 0 & 3 & 3 \\ 6 & 5 & 2 & 3 & 0 & 2 \\ 6 & 5 & 2 & 3 & 2 & 0 \end{pmatrix}, \quad \boldsymbol{D}^{(4)} = \boldsymbol{D}^{(5)} = \boldsymbol{D}^{(6)} = \begin{pmatrix} 0 & 1 & 3 & 2 & 5 & 5 \\ 1 & 0 & 3 & 3 & 5 & 5 \\ 3 & 3 & 0 & 1 & 2 & 2 \\ 2 & 3 & 1 & 0 & 3 & 3 \\ 5 & 5 & 2 & 3 & 0 & 2 \\ 5 & 5 & 2 & 3 & 2 & 0 \end{pmatrix},$$

故从结点 v_2 到 v_6 的最短通路长度为 5，其最短通路为 $v_2 v_3 v_6$，其余类似。

6.5 图的连通性

6.5.1 无向图的连通性

定义 6.17 若无向图 G 中的任何两个结点都是可达的，则称 G 是**连通图**(Connected

Graph），否则称 G 是**非连通图**（Unconnected Graph）或**分离图**（Separated Graph）。

显然，无向完全图 $K_n(n \geqslant 1)$ 都是连通图，而多于一个结点的零图都是非连通图。利用邻接矩阵 A 和可达性矩阵 P，显然有：

无向线图 G 是连通图当且仅当它的可达性矩阵 P 的所有元素均为1。

定理 6.8 设无向图 $G = \langle V, E \rangle$ 中结点之间的可达关系为 R，其定义为

$$R = \{\langle u, v \rangle \mid u, v \in V, \text{从结点 } u \text{ 到 } v \text{ 可达}\},$$

则 R 是 V 上的等价关系。

分析 利用等价关系的定义，证明 R 是自反、对称、传递的即可。

证明 （1）对任意 $v \in V$，由于规定任何结点到自身总是可达的，因此 $\langle v, v \rangle \in R$，故 R 是自反的。

（2）对任意 $u, v \in V$，若 $\langle u, v \rangle \in R$，则从结点 u 到 v 可达，即存在从结点 u 到 v 的通路。由于 G 是无向图，因此该通路也是从结点 v 到 u 的通路，从而从结点 v 到 u 可达，即 $\langle v, u \rangle \in R$。故 R 是对称的。

（3）对任意 $u, v, w \in V$，若 $\langle u, v \rangle \in R$，$\langle v, w \rangle \in R$，则从结点 u 到 v 可达，从结点 v 到 w 可达，即存在从结点 u 到 v 的通路和从结点 v 到 w 的通路，于是存在从结点 u 经过 v 到 w 的通路，即从结点 u 到 w 是可达的，于是 $\langle u, w \rangle \in R$，故 R 是传递的。

由（1）、（2）、（3）知，R 是 V 上的等价关系。

根据等价关系的特点——等价关系可以导致集合的划分，任何无向图的结点集都存在一种划分，使每个划分块中的结点都彼此可达，而两个不同划分块中的结点都不可达。

定义 6.18 无向图 $G = \langle V, E \rangle$ 中结点之间的可达关系 R 的每个等价类导出的子图都称为 G 的一个**连通分支**（Connected Component）。用 $p(G)$ 表示 G 中的连通分支个数。

显然，无向图 G 是连通图当且仅当 $p(G) = 1$；每个结点和每条边都在且仅在一个连通分支中。

解题小贴士

无向图连通性的判断及其连通分支个数计算

（1）利用结点之间的可达关系是等价关系，计算出所有等价类，每个等价类导出的子图就是一个连通分支，不同等价类的数目就是连通分支个数，连通分支个数为1即为连通图。

（2）对于给出图形的无向图，直接观察图形易得相关结果。

例 6.23 判断图 6.27 中 G_1 和 G_2 的连通性，并求其连通分支个数。

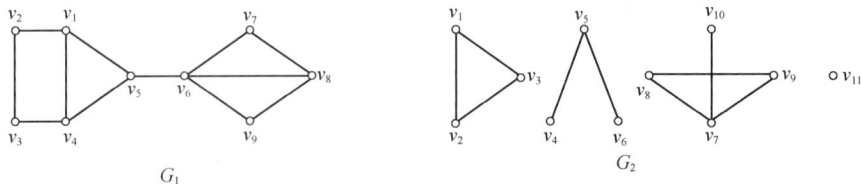

图 6.27

分析 本题中的图很简单，我们很容易看出 G_1 是连通图，G_2 是非连通图。我们容易看出，G_2 中可达关系的等价类为 $\{v_1, v_2, v_3\}$，$\{v_4, v_5, v_6\}$，$\{v_7, v_8, v_9, v_{10}\}$，$\{v_{11}\}$，它们导出的子图即为 G_2 的 4 个连通分支。

解 在图 6.27 中，G_1 是连通图，所以 $p(G_1) = 1$。G_2 是非连通图，且 $p(G_2) = 4$。

6.5.2　有向图的连通性

由于有向图中边都有方向性，因此有向图结点之间的可达关系仅仅具有自反性和传递性，而不具有对称性。例如，图 6.28G_1 中从结点 v_3 到 v_2 可达，但从结点 v_2 到 v_3 不可达。因此，可达关系不是等价关系。

定义 6.19　设 $G=\langle V,E \rangle$ 是一个有向图。

(1) 略去 G 中所有有向边的方向得无向图 G'，如果 G' 是连通图，则称有向图 G 是连通图或弱连通图(Weakly Connected Graph)，否则称 G 是非连通图。

(2) 若 G 中任何一对结点之间至少有一个结点到另一个结点是可达的，则称 G 是单向连通图(Unilaterally Connected Graph)。

(3) 若 G 中任何一对结点都是相互可达的，则称 G 是强连通图(Strongly Connected Graph)。

显然，若有向图 G 是强连通图，则它必是单向连通图；若有向图 G 是单向连通图，则它必是(弱)连通图。但是，这两个命题的逆均不成立。

例 6.24　判断图 6.28 中 4 个图的连通性。

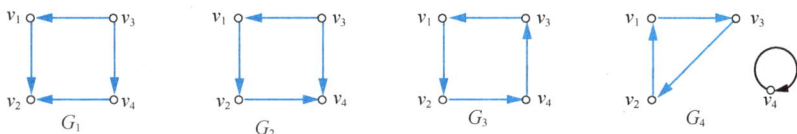

图 6.28

分析　先看略去图中所有有向边的方向得到的无向图，容易看出 G_1，G_2，G_3 是(弱)连通图，G_4 是非连通图。再看有向连通图中结点间的可达情况，G_1 中从结点 v_1 到 v_4 不可达，从结点 v_4 到 v_1 不可达，所以 G_1 不是单向连通图；G_2 中任何一对结点之间至少有一个结点到另一个结点是可达的，所以 G_2 是单向连通图；G_3 中任何一对结点之间均是相互可达的，所以 G_3 是强连通图(当然它也是单向连通图)。

解　在图 6.28 中，G_1 是弱连通图，G_2 是单向连通图(当然它也是弱连通图)，G_3 是强连通图(当然它也是单向连通图和弱连通图)，G_4 是非连通图。

下面的定理给出了一个判断强连通图的简便方法。

定理 6.9　有向图 G 是强连通图的充分必要条件是 G 中存在一条经过所有结点的回路。

分析　只需要利用回路中任两个结点相互可达和强连通的定义即可证明。

证明　充分性：如果 G 中存在一条经过所有结点的回路 C，则 G 中任意一对结点均在回路 C 上，所以 G 中任意一对结点都是相互可达的，因而 G 是强连通图。

必要性：设 G 是强连通图，那么 G 中任意一对结点均是相互可达的。不妨设 G 中的结点为 $v_1,v_2,\cdots,v_n$，则对 $i=1,2,\cdots,n-1$，从结点 v_i 到 v_{i+1} 是可达的，且从结点 v_n 到 v_1 是可达的，所以从结点 v_i 到 v_{i+1} 存在通路，且从结点 v_n 到 v_1 存在通路。让这些通路首尾相接，则得一回路 C。显然，所有结点均在该回路中出现。

下面的定理给出了一个判断单向连通图的简便方法。

定理 6.10 有向图 G 是单向连通图的充分必要条件是 G 中存在一条经过所有结点的通路。

证明略。

利用邻接矩阵 A 和可达性矩阵 P，我们可以判断有向图的连通性，下面的结果是显然的。

（1）有向线图 G 是强连通图当且仅当它的可达性矩阵 P 的所有元素均为1。

（2）有向线图 G 是单向连通图当且仅当它的可达性矩阵 P 及其转置矩阵 P^T 经过布尔并运算后，所得的矩阵 $P'=P \vee P^T$ 的所有元素均为1。

（3）有向线图 G 是弱连通图当且仅当它的邻接矩阵 A 及其转置矩阵 A^T 经布尔并运算后，所得的矩阵 $A'=A \vee A^T$ 作为邻接矩阵而求得的可达性矩阵 P' 中所有元素均为1。

解题小贴士

有向图连通性的判断

（1）能够找到一条经过所有结点的回路，则是强连通图。

（2）能够找到一条经过所有结点的通路，则是单向连通图。

（3）将有向边看作无向边的无向图是连通图，则是弱连通图；否则是非连通图。

（4）利用邻接矩阵 A 和可达性矩阵 P 来判断有向图的连通性，适用于计算机处理。

与无向图的连通分支类似，有向图也有连通分支的概念，但由于有向图的连通性有3种，故要对其分别定义。

定义 6.20 在有向图 $G=\langle V,E \rangle$ 中，设 G' 是 G 的子图，如果

（1）G' 是强连通图（单向连通图、弱连通图）；

（2）对任意 $G'' \subseteq G$，若 $G' \subset G''$，则 G'' 不是强连通的（单向连通图、弱连通图），那么称 G' 为 G 的**强连通分支（单向连通分支、弱连通分支）**（Strongly/Unilaterally/Weakly Connected Component），或称为**强分图（单向分图、弱分图）**。

微课视频

显然，如果不考虑边的方向，弱连通分支对应相应的无向图的连通分支。

注意把握（强、单向、弱）连通分支的极大性特点，即任意增加一个结点或一条边就不是（强、单向、弱）连通图了。

解题小贴士

有向图的3种连通分支的计算

（1）从某个结点开始逐渐增加结点，使这些结点导出的子图是强（单向或弱）连通图，直到不能增加结点为止。

（2）强（弱）连通分支相对简单，因为每个结点在且仅在一个强（弱）连通分支中；而单向连通分支的计算比较难，因为某些结点可能在多个单向连通分支中。

例 6.25 求图 6.29 中两个图的所有强连通分支、单向连通分支和弱连通分支。

分析 由定义从某个结点开始逐渐增加结点，看它们导出的子图是否是强（单向或弱）连通分支。

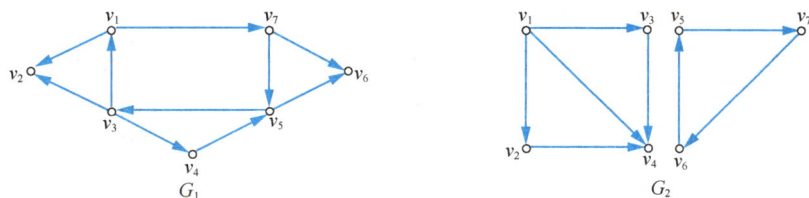

图 6.29

解 在图 6.29 G_1 中，由 $\{v_2\}$，$\{v_6\}$，$\{v_1,v_3,v_4,v_5,v_7\}$ 导出的子图都是强连通分支；由 $\{v_1,v_2,v_3,v_4,v_5,v_7\}$ 和 $\{v_1,v_3,v_4,v_5,v_6,v_7\}$ 导出的子图都是单向连通分支；G_1 本身为弱连通分支。

在图 6.29 G_2 中，由 $\{v_1\}$，$\{v_2\}$，$\{v_3\}$，$\{v_4\}$，$\{v_5,v_6,v_7\}$ 导出的子图都是强连通分支；由 $\{v_1,v_2,v_4\}$，$\{v_1,v_3,v_4\}$，$\{v_5,v_6,v_7\}$ 导出的子图都是单向连通分支；由 $\{v_1,v_2,v_3,v_4\}$ 和 $\{v_5,v_6,v_7\}$ 导出的子图都是弱连通分支。

若在有向图 $G=\langle V,E\rangle$ 的结点集 V 上定义二元关系 R：

$\langle v_i,v_j\rangle \in R$ 当且仅当 v_i 和 v_j 在同一强（弱）连通分支中，$\forall v_i$，$v_j \in V$。

显然，R 是一个等价关系。因为每一个结点 v_i 和自身总在同一强（弱）连通分支中，所以 R 是自反的；若结点 v_i 和 v_j 在同一强（弱）连通分支中，显然 v_j 和 v_i 也在同一强（弱）连通分支中，所以 R 是对称的；又若结点 v_i 和 v_j 在同一强（弱）连通分支中，结点 v_j 和 v_k 在同一强（弱）连通分支中，则结点 v_i 和 v_j 相互可达，结点 v_j 和 v_k 相互可达，因而结点 v_i 和 v_k 相互可达，故结点 v_i 和 v_k 在同一强（弱）连通分支中，所以 R 是传递的。

微课视频

这种等价关系把结点分成等价类，等价类的集合是 V 上的一个划分，每一个等价类的结点导出一个强（弱）连通分支。因此有下列定理。

定理 6.11 在有向图 $G=\langle V,E\rangle$ 中，它的每一个结点位于且仅位于一个强（弱）连通分支中。

对于"两结点在同一单向连通分支中"这一关系，虽然它是自反的、对称的，但它不是传递的。例如，在图 6.30 中，结点 v_2 和 v_1 在同一单向连通分支中，结点 v_1 和 v_3 在同一单向连通分支中，但结点 v_2 和 v_3 不在同一单向连通分支中。我们不加证明地给出下面定理。

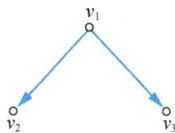

图 6.30

定理 6.12 在有向图 $G=\langle V,E\rangle$ 中，它的每一个结点至少位于一个单向连通分支中。

定理 6.13 在有向图 $G=\langle V,E\rangle$ 中，它的每一条边至多在一个强连通分支中，至少在一个单向连通分支中，在且仅在一个弱连通分支中。

6.6 图的应用

6.6.1 网络的结构

自从克希荷夫运用图论从事电路网络的拓扑分析以来，尤其是近几十年来，网络理论的研究和应用十分引人注目。电路网络、运输网络、信息网络等与工程和应用紧密相关的课题受到了高度重视，其中多数问题都与优化有关，涉及费用、容量、可靠性和其他性能指标，有重要的应用价值。网络应用的一个重要方面就是通信网络，如电话网络、计算机网络、管理信息系统、医疗数据网络、银行数据网络、开关网络等。这些网络的基本要求是网络中各个用户能够快速安全地传递信息，不产生差错和故障，同时使建造和维护网络所需费用低。由于通信网络涉及的因素很多，我们不详细介绍，仅说明一些基本知识。

通信网络中重要的问题之一是网络的结构形式。通信网络是一个强连通的有向图，根据用途和各种性能指标有不同的结构形式，图 6.31 给出了一些典型结构。

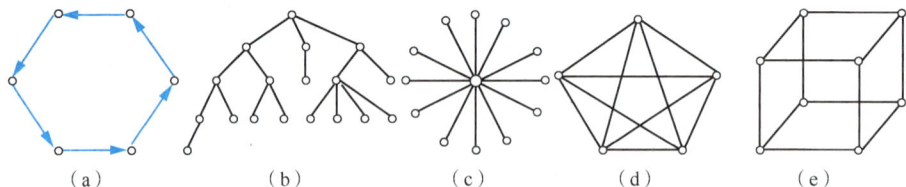

图 6.31

图 6.31 中的每条无向边均代表两条方向相反的有向边。图 6.31（a）所示为环（Ring）形网络，信息请求沿一条道路传递，而回答沿另一条补道路送回，它的结构简单，建造和维护的成本低，但是效率低，连通性能较差，某一处的故障会导致整个系统崩溃；图 6.31（b）所示为树（Tree）形网络，信息沿树边双向流动，其优点是易于控制，任何环节的故障只影响局部；图 6.31（c）所示为星（Star）形网络，它是特殊的树形网络，其典型代表是带有多个终端的计算机系统；图 6.31（d）所示为分布式（Distributivity）网络，是一个完全图，任何两个用户之间可以直接访问，任何两个用户之间有多条信息通道可以使用，因而其具有最强的可靠性，但是建造和维护成本最高；图 6.31（e）所示为立方体（Cube）形网络，其连通性较好，信息可沿多条道路传递，任何环节的故障都不会影响整个系统的正常运行，并且可将多个立方体连接成一个 n 维立方体结构，其建造和维护成本适中，是最理想的结构方式。在实际应用中，根据需要还可将上述几种典型结构组合使用。

6.6.2　渡河问题

例 6.26　一个摆渡人要把一只狼、一只羊和一捆菜运过河去。由于船很小，每次摆渡人至多只能带一样东西。人不在时，狼就要吃羊，羊就要吃菜。问：摆渡人怎样才能将它们运过河去？

解　用 F 表示摆渡人，W 表示狼，S 表示羊，C 表示菜。

若用 FWSC 表示摆渡人、狼、羊、菜在河的原岸的情况，则原岸全部可能的情况为以下 16 种。

FWSC　FWS　FWC　FSC　WSC　FW　FS　FC

WS　　WC　　SC　　F　　W　　S　　C　　∅

这里 ∅ 表示原岸什么也没有，即摆渡人、狼、羊、菜都已运到对岸去了。

根据题意我们知道，这 16 种情况中有 6 种是不允许的，它们是 WSC、FW、FC、WS、SC、F。例如，FC 表示摆渡人和菜在原岸，而狼和羊在对岸，这当然是不行的。

因此，允许出现的情况只有 10 种。

以这 10 种情况为结点，以摆渡前原岸的一种情况与摆渡一次后原岸的情况所对应的结点之间的连线为边，构造有向图 G，如图 6.32 所示。

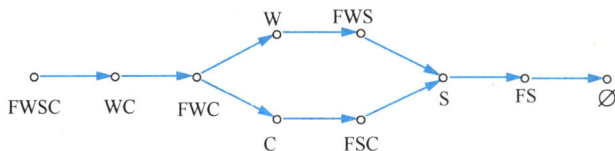

图 6.32

图 6.32 给出了两种方案，即从 FWSC 到 $\varnothing$ 的不同的基本通路，它们的长度均为 7，摆渡人只要摆渡 7 次就能完成任务，并且羊和菜完好无损。

6.6.3　均分问题

例 6.27　有 3 个没有刻度的桶 a,b,c，其容积分别为 8L,5L,3L。假定桶 a 装满了酒，现要把酒均分成两份。除 3 个桶之外，没有任何其他测量工具，问：怎样均分？

解　用 $\langle B,C \rangle$ 表示桶 b 和桶 c 装酒的情况，可得图 6.33。

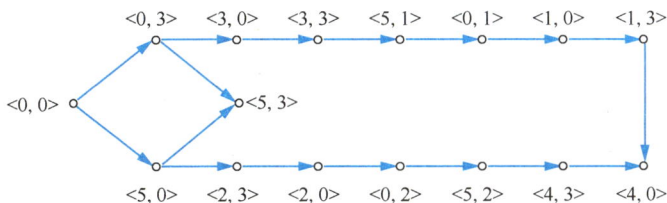

图 6.33

由此可得两种均分酒的方法：

(1) a 倒满 c → c 倒入 b → a 倒满 c → c 倒满 b → b 倒入 a → c 倒入 b → a 倒满 c → c 倒满 b → b 倒入 a → c 倒入 b；

(2) a 倒满 b → b 倒满 c → c 倒入 a → b 倒入 c → a 倒满 b → b 倒满 c → c 倒入 a。

6.7　习题

1. 画出邻接矩阵为 A 的无向图 G 的图形，其中

$$A = \begin{pmatrix} 0 & 1 & 0 & 1 & 0 \\ 1 & 1 & 1 & 0 & 1 \\ 0 & 1 & 0 & 1 & 1 \\ 1 & 0 & 1 & 0 & 1 \\ 0 & 1 & 1 & 1 & 1 \end{pmatrix}。$$

2. 画出下列各图的图形，并判断是有向图、无向图、混合图、多重图、线图还是简单图。

(1) $G_1 = \langle \{a,b,c,d,e\}, \{(a,b),(a,c),(d,e),(d,d),(b,c),(a,d),(b,a)\} \rangle$。

(2) $G_2 = \langle \{a,b,c,d,e\}, \{\langle a,b \rangle, \langle b,c \rangle, \langle a,c \rangle, \langle d,a \rangle, \langle d,e \rangle, \langle d,d \rangle, \langle a,e \rangle\} \rangle$。

(3) $G_3 = \langle \{a,b,c,d,e\}, \{(a,b),(a,c),\langle d,e \rangle,\langle b,e \rangle,\langle e,d \rangle,\langle b,c \rangle\} \rangle$。

3. 设有向图 $G = \langle V,E \rangle$，$V = \{v_1,v_2,\cdots,v_n\}$，$\boldsymbol{A} = (a_{ij})_{n\times n}$ 为 G 的邻接矩阵。

(1) 如何利用 $\boldsymbol{A}$ 计算 G 中结点的出度、入度和度数？

(2) 如何利用 $\boldsymbol{A}$ 计算 G 中所有结点的出度之和、入度之和和度数之和？

(3) 如何利用 $\boldsymbol{A}$ 求 G 中长度为1的通路（含长度为1的回路）数目？

4. 设无向图 G 有12条边，已知 G 中度数为3的结点有6个，其余结点的度数均小于3。问：G 中至少有多少个结点？为什么？

5. 设 G 为9个结点的无向图，每个结点的度数不是5就是6。证明：G 中至少有5个度数为6的结点或至少有6个度数为5的结点。

6. 证明：在具有 n 个结点的简单无向图 G 中，至少有2个结点的度数相同（$n \geq 2$）。

7. 下面各图中有多少个结点？

(1) 16条边，每个结点的度数均为2。

(2) 21条边，3个结点的度数为4，其余结点的度数均为3。

(3) 24条边，每个结点的度数均相同。

8. 画出图6.34所示图的补图。

9. 证明图6.35所示两个有向图是同构的。

10. 证明图6.36所示两个图不是同构的。

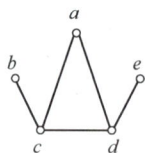

图 6.34

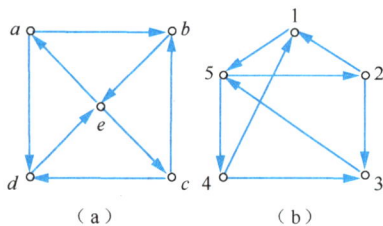

（a）　　　　（b）

图 6.35

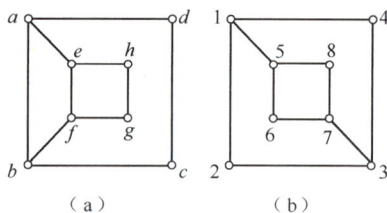

（a）　　　　（b）

图 6.36

11. 一个无向图如果同构于它的补图，则称该图为自补图。

(1) 给出所有具有4个结点的自补图。

(2) 给出所有具有5个结点的自补图。

(3) 证明一个自补图一定有 $4k$ 或 $4k+1$（$k \in \mathbf{N}$）个结点。

12. 求完全图 K_4 的所有非同构的生成子图。

13. 设无向图 $G = (n,m)$ 中每个结点的度数均为3，且满足 $2n-3 = m$，问：在同构的意义下 G 是唯一的吗？

14. 已知图 G 如图6.37所示，求：

(1) 从 A 到 F 的所有简单通路；

(2) 从 A 到 F 的所有基本通路；

(3) 从 A 到 F 的所有短程线和距离；

(4) G 中的所有基本回路。

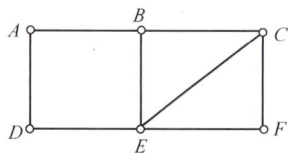

图 6.37

15. 求图6.38所示的有向图 G 的邻接矩阵 $\boldsymbol{A}$，找出从结点 v_1 到 v_4 长度分别为2，3，4的所有通路，通过计算 $\boldsymbol{A}^2$，$\boldsymbol{A}^3$，$\boldsymbol{A}^4$ 来验证结论。

16. (1) 若无向图 G 中只有两个奇度数结点，则这两个结点一定是相互可达的吗？

（2）若有向图 G 中只有两个奇度数结点，则它们一定从一个可达另一个或相互可达吗？

17. 分别用 Dijkstra 算法和 Floyd 算法求图 6.39 所示无向赋权图中，从结点 v_1 到 v_9 的最短通路。

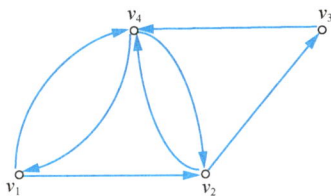

图 6.38

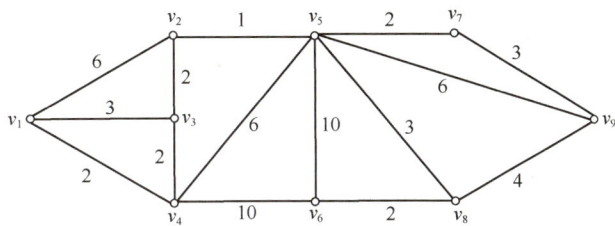

图 6.39

18. 设 G 是具有 n 个结点的简单无向图，如果 G 中每一对结点的度数之和均大于或等于 $n-1$，那么 G 是连通图。

19. n 个城市由 k 条公路连接（一条公路定义为两个城市间的一条道路，不能经过任何中间城市）。证明：如果有

$$k > \frac{1}{2}(n-1)(n-2),$$

则人们总能通过连接城市的公路在任何两个城市之间旅行。

20. 设 u 和 w 是无向连通图 G 中的任意两个结点，证明：若 $d(u,w) \geq 2$，则存在结点 v，使 $d(u,v)+d(v,w)=d(u,w)$。

21. 设无向图 $G=\langle V,E \rangle$，$|V| \geq 3$，G 是连通的简单图但不是完全图，证明：G 中存在 3 个不同的结点 u,v,w，使 $(u,v) \in E$，$(v,w) \in E$，而 $(u,w) \notin E$。

22. 设 e 为无向图 $G=\langle V,E \rangle$ 中的一条边，$p(G)$ 为 G 的连通分支数，$G-e$ 为从 G 中删除边 e 后得到的图。证明：$p(G) \leq p(G-e) \leq p(G)+1$。

23. 设有 a,b,c,d,e,f,g 7 个人，他们分别会讲如下语言：a 会讲英语；b 会讲汉语和英语；c 会讲英语、西班牙语和俄语；d 会讲日语和汉语；e 会讲德语和西班牙语；f 会讲法语、日语和俄语；g 会讲法语和德语。问：这 7 个人中，是否任意两个人都能交谈（必要时可借助其余 5 人组成的译员链）？

24. 在图 $G=\langle V,E \rangle$ 中，对于给定结点 v，若 $S \subseteq V$ 中的每个结点都从结点 v 可达，而 $V-S$ 中的每个结点都从结点 v 不可达，则称 S 为结点 v 的可达集，记为 $R(v)=S$。集合 $T=\bigcup_{v \in V'} R(v)$ 称为集合 V' 的可达集，记为 $R(V')=T$，这里 $V' \subseteq V$。对于 $V' \subseteq V$，如果 $R(V')=V$，并且对任意 $V_1 \subset V'$，都有 $R(V_1) \neq V$，则称 V' 为图 G 的结点基。如图 6.40 所示，求 $R(v_1),R(v_4),R(v_8),R(\{v_1,v_8\}),R(\{v_7,v_9\}),R(\{v_1,v_8,v_9,v_{10}\})$ 和该图的结点基。

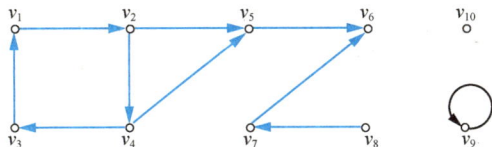

图 6.40

25. 图 6.41 所示的 6 个图中，哪几个是强连通图？哪几个是单向连通图？哪几个是连通图（弱连通图）？

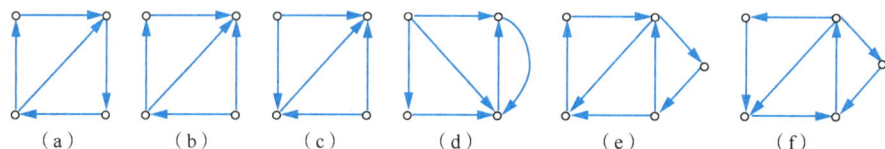

图 6.41

26. 给图 6.42 所示的彼得森图的边加方向，使其：

（1）成为强连通图；

（2）成为单向连通图，但不是强连通图。

27. 求图 6.43 所示有向图的所有强连通分支、单向连通分支和弱连通分支。

28. 有向图 G 如图 6.44 所示。

（1）写出 G 的邻接矩阵 A。

（2）G 中长度为 4 的通路有多少条？其中有几条为回路？

（3）利用布尔矩阵的运算求该图的可达性矩阵 P，并根据 P 来判断该图是否为强连通图或单向连通图。

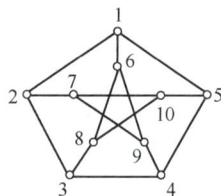

图 6.42

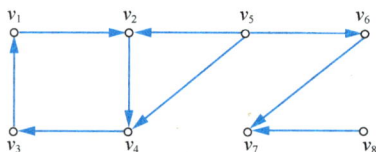

图 6.43

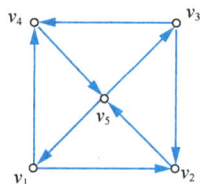

图 6.44

29. 利用矩阵方法判断图 6.45 所示的 3 个有向图的连通性。

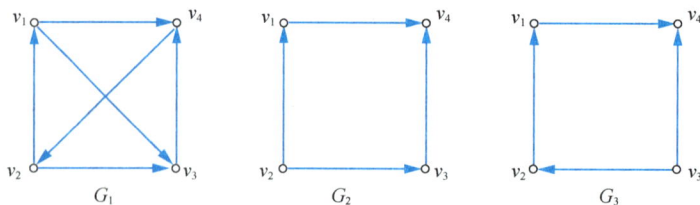

图 6.45

30. "AI+"实践：请尝试用 3 个以上不同的大模型工具，使用离散数学的方法来解决第 23 题，并比较和评价大模型工具给出的答案。对于不正确的答案，请指出哪些地方存在错误；对于正确的答案，请选出解法最简洁、思路最明确的那个。

第 7 章
特殊图

第 7 章导读

本章介绍几种特殊的图：树、欧拉图、哈密顿图、偶图、平面图。

本章思维导图

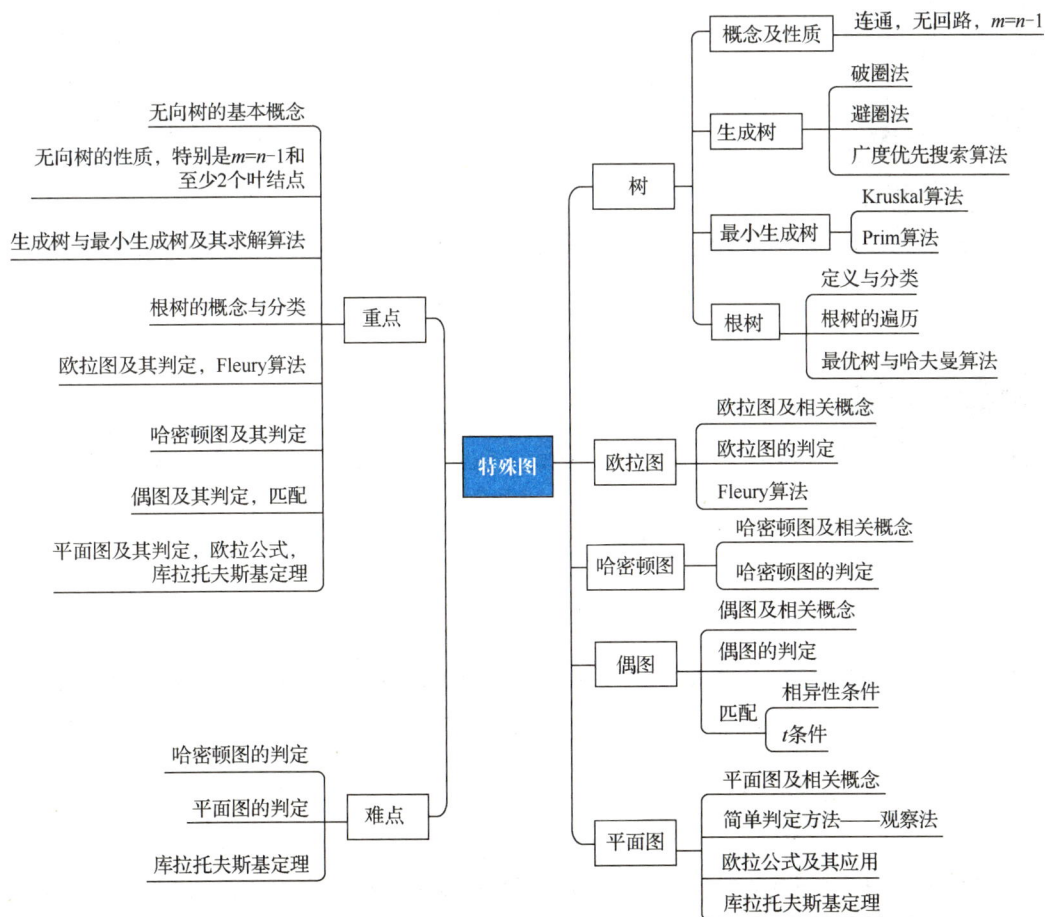

历史人物

哈密顿

个人成就

爱尔兰数学家、物理学家，建立了光学的数学理论，提出了动力学中著名的"哈密顿最小作用原理"；建立了动力学方程——哈密顿典型方程；建立了与系统的总能量有关的哈密顿函数。哈密顿图是图论中的一个术语。

人物介绍

哈夫曼

个人成就

美国计算机科学家，提出了著名的哈夫曼编码和哈夫曼算法，计算机先驱奖、美国电气电子工程师学会（IEEE）麦克道尔奖、IEEE 信息论学会金禧奖、哈明奖章获得者。

人物介绍

管梅谷

个人成就

上海市人，数学家。曾任山东师范大学校长、复旦大学运筹学系主任。代表著作有《线性规划》《图论中的几个极值问题》《奇偶点图上作业法》等。他提出了中国邮路问题，是中国运筹学会科学技术奖终身成就奖获得者。

人物介绍

7.1 树

树是图论中一个非常重要的概念，在计算机科学中有非常广泛的应用，例如，现代计算机操作系统均采用树形结构来组织文件和文件夹。

本节所谈到的图都假定是简单图，所谈到的回路均指简单回路或基本回路。同一个图形表示的回路(简单的或基本的)可能有不同的结点序列表示方法，但我们规定它们表示的是同一条回路。

7.1.1 树的基本概念及性质

微课视频

例 7.1 图 7.1(a)给出了 2018 年俄罗斯世界杯 8 强的比赛结果图，两强捉对比赛，胜者晋级，败者淘汰，坚持到最后胜利的队捧得大力神杯。这个图就是一棵树，如果将其旋转变为图 7.1(b)，就更像一棵自然树，如图 7.1(c)所示。

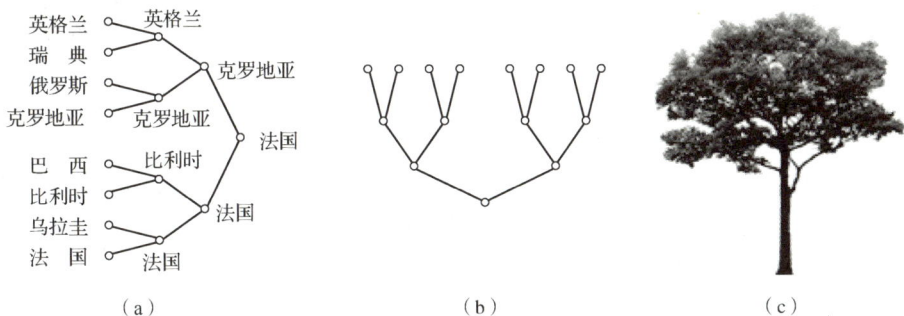

（a） （b） （c）

图 7.1

定义 7.1 连通而不含回路的无向图称为无向树(Undirected Tree)，简称树(Tree)，常用 T 表示树。树中度数为 1 的结点称为叶(Leaf)，度数大于 1 的结点称为分支点(Branch Point)或内部结点(Interior Point)。每个连通分支都是树的无向图称为森林(Forest)，平凡图称为平凡树(Trivial Tree)。

由定义 7.1 容易看出，树中没有环和平行边，因此一定是简单图，并且在任何非平凡树中，都无度数为 0 的结点。

解题小贴士

无向图 G 是树的判断

(1)图 G 是连通的。

(2)图 G 中不存在回路。

例 7.2 判断图 7.2 所示的图中哪些是树，并说明原因。

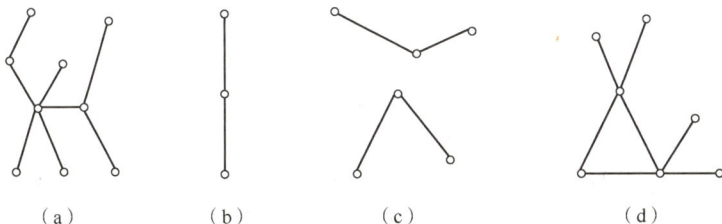

（a） （b） （c） （d）

图 7.2

分析 判断无向图是不是树，应根据定义 7.1，首先看它是否连通，然后看它是否有回路。

解 图 7.2(a)、图 7.2(b)都连通，并且不含回路，因此是树；图 7.2(c)不连通，因此不是树，但由于它不含回路，因此是森林；图 7.2(d)虽然连通，但存在回路，因此不是树。

树有许多性质，并且有些还可以作为树的等价定义，下面用定理给出。

定理 7.1 设无向图 $G=\langle V,E\rangle$，$|V|=n$，$|E|=m$，下列各命题是等价的。

(1) G 连通而不含回路(即 G 是树)。

(2) G 中无回路，且 $m=n-1$。

(3) G 是连通的，且 $m=n-1$。

(4) G 中无回路，但在 G 中任意两个结点之间增加一条新边，就得到唯一的基本回路。

(5) G 是连通的，但删除 G 中任一条边后，便不连通($n\geq 2$)。

(6) G 中每一对结点之间有唯一的基本通路($n\geq 2$)。

分析 直接证明这6个命题两两等价工作量太大，一般采用循环论证的方法，即证明
$$(1)\Rightarrow(2)\Rightarrow(3)\Rightarrow(4)\Rightarrow(5)\Rightarrow(6)\Rightarrow(1),$$
然后利用传递性，得到结论。

证明 $(1)\Rightarrow(2)$：

对 n 做归纳。$n=1$ 时，$m=0$，显然有 $m=n-1$。假设 $n=k$ 时命题成立，现证 $n=k+1$ 时命题也成立。

由于 G 连通而无回路，所以 G 中至少有一个度数为1的结点 v_0，在 G 中删去 v_0 及其关联的边，便得到 k 个结点的连通而无回路的图，由归纳假设知它有 $k-1$ 条边。再将结点 v_0 及其关联的边加回得到原图 G，所以 G 中含有 $k+1$ 个结点和 k 条边，符合公式 $m=n-1$。

所以，G 中无回路，且 $m=n-1$。

$(2)\Rightarrow(3)$：

证明只有一个连通分支。设 G 有 k 个连通分支 $G_1,G_2,\cdots,G_k$，其结点数分别为 n_1，$n_2,\cdots,n_k$，边数分别为 $m_1,m_2,\cdots,m_k$，且 $n=\sum\limits_{i=1}^{k}n_i$，$m=\sum\limits_{i=1}^{k}m_i$。由于 G 中无回路，所以每个 $G_i(i=1,2,\cdots,k)$ 均为树，因此 $m_i=n_i-1(i=1,2,\cdots,k)$，于是
$$m=\sum_{i=1}^{k}m_i=\sum_{i=1}^{k}(n_i-1)=n-k=n-1,$$
故 $k=1$。所以 G 是连通的，且 $m=n-1$。

$(3)\Rightarrow(4)$：

首先证明 G 中无回路。对 n 做归纳。

$n=1$ 时，$m=n-1=0$，显然无回路。

假设结点数 $n=k-1$ 时无回路，下面考虑结点数 $n=k$ 的情况。因为 G 连通，所以 G 中每一个结点的度数均大于或等于1。可以证明至少有一个结点 v_0，使 $\deg(v_0)=1$，因为若 k 个结点的度数都大于或等于2，则 $2m=\sum\limits_{v\in V}\deg(v)\geq 2k$，从而 $m\geq k$，即至少有 k 条边，但这与 $m=n-1$ 矛盾。在 G 中删去结点 v_0 及其关联的边，得到新图 G'，根据归纳假设知 G' 无回路，由于 $\deg(v_0)=1$，所以再将结点 v_0 及其关联的边加回得到原图 G，则 G 也无回路。

其次证明在 G 中任意两个结点 v_i 和 v_j 之间增加一条边 (v_i, v_j)，得到一条且仅一条基本回路。

由于 G 是连通的，从结点 v_i 到 v_j 有一条通路 L，再在 L 中增加一条边 (v_i, v_j)，就构成一条回路。若此回路不是唯一和基本的，则删去此新边，G 中必有回路，得出矛盾。

$(4) \Rightarrow (5)$：

若 G 不连通，则存在两结点 v_i 和 v_j，v_i 和 v_j 之间无通路，此时增加边 (v_i, v_j) 不会产生回路，但这与题设矛盾。

由于 G 无回路，所以删去任一边，图便不连通。

$(5) \Rightarrow (6)$：

由于 G 是连通的，因此 G 中任意两个结点之间都有通路，于是有一条基本通路。若此基本通路不唯一，则 G 中有回路，删去回路上的一条边，G 仍连通，这与题设不符。所以此基本通路是唯一的。

$(6) \Rightarrow (1)$：

显然 G 是连通的。若 G 中有回路，则回路上任意两个结点之间有两条基本通路，这与题设矛盾。因此，G 连通且不含回路。

在结点给定的无向图中，由定理 7.1(4) 可知，树是边数最多的无回路图；由定理 7.1(5) 可知，树是边数最少的连通图。由此可知，在无向图 $G = (n, m)$ 中，若 $m < n-1$，则 G 是不连通的；若 $m > n-1$，则 G 必含回路。

定理 7.2　任意非平凡树 $T = (n, m)$ 都至少有两片叶。

分析　利用握手定理和 $m = n-1$ 即可证明。

证明　因为树 T 是连通的，所以 T 中各结点的度数均大于或等于 1。设 T 中有 k 个度数为 1 的结点（即 k 片叶），其余的结点度数均大于或等于 2，于是有

$$2m = \sum_{v \in V} \deg(v) \geq k + 2(n-k) = 2n - k。$$

由于树中有 $m = n-1$，于是 $2(n-1) \geq 2n-k$，从而可得 $k \geq 2$。这说明 T 中至少有两片叶。

微课视频

注意

平凡树没有叶。

7.1.2　生成树及算法

有些图本身不是树，但它的某些子图是树。一个图可能有许多子图是树，其中重要的一类是生成树。

1. 生成树

定义 7.2　给定图 $G = \langle V, E \rangle$，若 G 的某个生成子图是树，则称之为 G 的**生成树**（Spanning Tree），记为 T_G。生成树 T_G 中的边称为**树枝**（Branch），G 中不在 T_G 中的边称为**弦**（Chord），T_G 的所有弦的集合称为生成树的**补**（Complement）。

微课视频

例 7.3 判断图 7.3(b)、图 7.3(c)、图 7.3(d)、图 7.3(e)是不是图 7.3(a)的生成树。

分析 判断一个图是不是生成树，应根据定义 7.2，首先看它是不是生成子图，然后看它是不是树。由于图 7.3(b)和图 7.3(d)不是树，图 7.3(e)不是生成子图，因此它们都不是图 7.3(a)的生成树。图 7.3(c)既是生成子图，又是树，因此它是生成树。

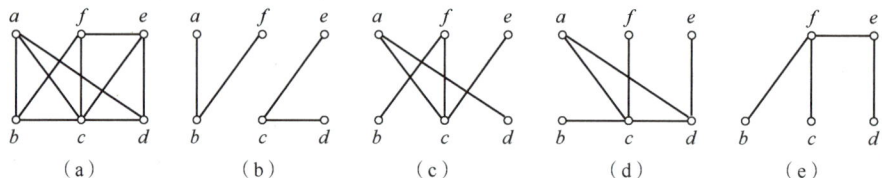

图 7.3

解 图 7.3(b)、图 7.3(d)和图 7.3(e)均不是图 7.3(a)的生成树；图 7.3(c)是图 7.3(a)的生成树，其中边$(a,c),(a,d),(b,f),(c,f),(c,e)$是树枝，而$(a,b),(b,c),(c,d),(d,e),(e,f)$是弦。

一个无向连通图 G，如果 G 是树，则它的生成树是唯一的，就是 G 本身；如果 G 不是树，那么它的生成树就不唯一了。

定理 7.3 一个图 $G=\langle V,E\rangle$ 存在生成树 $T_G=\langle V_T,E_T\rangle$ 的充分必要条件是 G 是连通的。

分析 对于必要性，由树的定义即得；对于充分性，利用构造性方法，具体找出一棵生成树即可。

证明 必要性：假设 $T_G=\langle V_T,E_T\rangle$ 是 $G=\langle V,E\rangle$ 的生成树，由定义 7.1，T_G 是连通的，于是 G 也是连通的。

充分性：假设 $G=\langle V,E\rangle$ 是连通的。如果 G 中无回路，G 本身就是生成树。如果 G 中存在回路 C_1，可删除 C_1 中一条边得到图 G_1，它仍连通且与 G 有相同的结点集。如果 G_1 中无回路，G_1 就是生成树。如果 G_1 仍存在回路 C_2，可删除 C_2 中一条边，如此继续下去，直到得到一个无回路的连通图 H 为止。因此，H 是 G 的生成树。

定理 7.3 的证明过程就给出了求连通图 $G=(n,m)$ 的生成树的一种算法，称为**破圈法**，算法的关键是判断 G 中是否有回路。若有回路，则删除回路中的一条边，直到剩下的图中无回路为止，由定理 7.1 知，共删除 $m-n+1$ 条边。

另外，由定理 7.3 和定理 7.1，连通图 $G=(n,m)$ 一定存在生成树，且其有 n 个结点，$n-1$ 条树枝，$m-n+1$ 条弦，因此选择 G 中不构成任何回路的 $n-1$ 条边，就得到 G 的生成树，这种方法称为**避圈法**。

由于删除回路上的边和选择不构成任何回路的边有多种选法，所以产生的生成树不是唯一的。下面总结求生成树的算法。

算法 7.1 求连通图 $G=\langle V,E\rangle$ 的生成树的破圈法

每次删除回路中的一条边，删除的边的总数为 $m-n+1$。

算法 7.2 求连通图 $G=\langle V,E\rangle$ 的生成树的避圈法

每次选取 G 中一条与已选取的边不构成回路的边，选取的边的总数为 $n-1$。

求连通图 $G=(n,m)$ 的生成树

使用破圈法：找出一条回路，并删除该回路中的一条边，直到图中没有回路为止，删除的边的总数为 $m-n+1$。

使用避圈法：选取一条边，验证该边与已选取的边不构成回路，选取的边的总数为 $n-1$。

例 7.4　分别用破圈法和避圈法求图 7.4(a)的生成树。

分析　分别用破圈法和避圈法进行即可。用破圈法时，由于 $n=6$，$m=9$，所以 $m-n+1=4$，故要删除的边数为 4，因此只需 4 步即可。用避圈法时，由于 $n=6$，所以 $n-1=5$，故要选取 5 条边，从而需要 5 步。

解　(1)破圈法：构造生成树的步骤如图 7.4(b)~图 7.4(e)所示。

(2)避圈法：构造生成树的步骤如图 7.4(f)~图 7.4(j)所示。

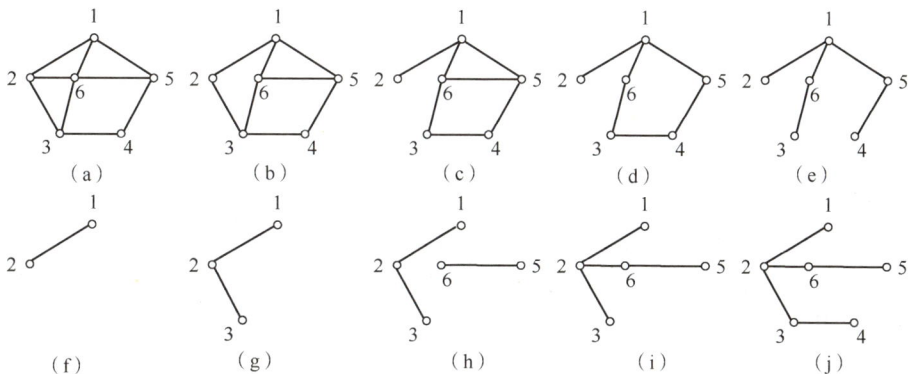

图 7.4

由于生成树的形式不唯一，故上述两棵生成树都是正确答案。

破圈法和避圈法的计算量较大，主要是需要找出回路或验证不存在回路。下面介绍一种不需要找回路的、适合计算机处理的求生成树的方法。

算法 7.3　求连通图 $G=\langle V,E\rangle$ 的生成树的广度优先搜索算法

(1)任选 $s\in V$，将 s 标记为 0，令 $L=\{s\}$，$V=V-\{s\}$，$k=0$。

(2)如果 $V=\varnothing$，则转(4)，否则令 $k=k+1$。

(3)依次查看 L 中所有标记为 $k-1$ 的结点 v，如果它与 V 中的结点 w 相邻接，则将 w 标记为 k，指定 v 为 w 的前驱，令 $L=L\cup\{w\}$，$V=V-\{w\}$，转(2)。

(4)$E_G=\{(v,w)\,|\,w\in L-\{s\},v$ 为 w 的前驱$\}$，结束。

微课视频

使用广度优先搜索算法求生成树

使用算法 7.3，从任意结点开始，逐步搜索，完成对所有结点的标记，所有结点与其前驱连接的边即为该生成树的树枝。

例 7.5 利用广度优先搜索算法求图 7.5(a)的生成树。

分析 利用算法 7.3，从任意结点开始，逐步搜索即可。

解 可以从任意结点开始，比如说从 a 开始，把它标记为 0(−)。与 a 邻接的结点是 b 和 c，把它们标记为 1(a)。接下来对邻接于 b 和 c 的未标记的结点 e 与 f 做标记，把它们分别标记为 2(b) 和 2(c)。按这样的方法继续下去，直到所有的结点都有标记为止。一组可能的标记如图 7.5(b)所示。连接每个结点到其前驱(在结点的标记中指明)的边就构成了图 7.5(a)的一棵生成树，如图 7.5(c)所示。

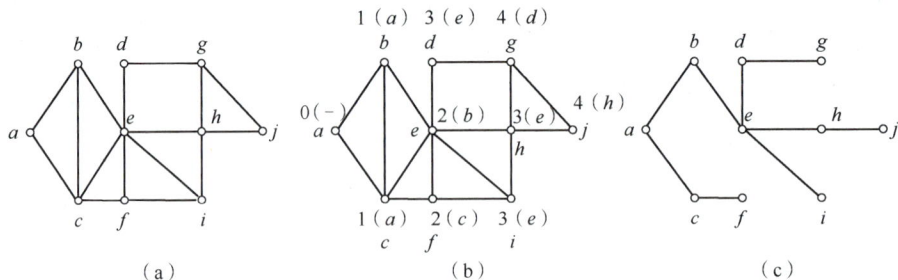

图 7.5

注意 💡

在使用广度优先搜索算法时，有些边可以任意选择，不同的选择将产生不同的生成树。例如，在例 7.5 中，若选择边(f,i)和(g,h)，而不选择边(e,i)和(d,g)，就会得出图 7.6(b)所示的生成树。

图 7.6

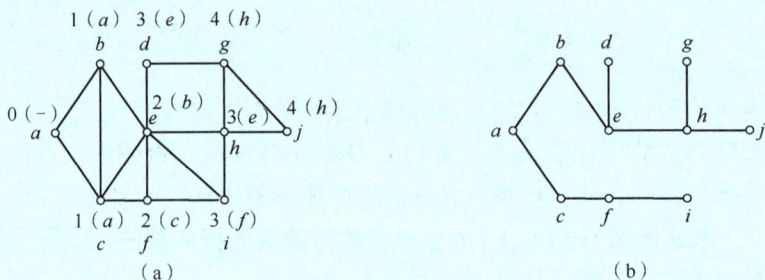

2. 最小生成树

定义 7.3 设 $G=\langle V,E\rangle$ 是连通的赋权图，T 是 G 的一棵生成树，T 的每个树枝所赋权值之和称为 T 的**权**（Weight），记为 $W(T)$。G 中具有最小权的生成树称为 G 的**最小生成树**（Minimal Spanning Tree）。

微课视频

一个无向图的生成树不一定是唯一的，同样，一个赋权图的最小生成树也不一定是唯一的。求赋权图的最小生成树的方法很多，这里主要介绍 Kruskal 算法和 Prim 算法。

Kruskal 算法是克鲁斯卡尔（Kruskal）于 1956 年将构造生成树的避圈法推广到求最

小生成树的结果，其要点是，在与已选取的边不构成回路的边中选取最小者。

算法 7.4　Kruskal 算法

（1）在 G 中选取最小权边 e_1，置 $i=1$。

（2）当 $i=n-1$ 时，结束，否则转（3）。

（3）设已选取的边为 $e_1,e_2,\cdots,e_i$，在 G 中选取不同于 $e_1,e_2,\cdots,e_i$ 的边 e_{i+1}，使 $\{e_1,e_2,\cdots,e_i,e_{i+1}\}$ 中无回路且 e_{i+1} 是满足此条件的最小权边。

（4）置 $i=i+1$，转（2）。

在 Kruskal 算法的步骤（1）和步骤（3）中，若满足条件的最小权边不止一条，则可从中任选一条，这样就会产生不同的最小生成树。

解题小贴士

使用 Kruskal 算法求最小生成树

按照边的权值从小到大逐步搜索，选取那些与已选取边不构成回路的边加入即可，共放入 $n-1$ 条边。

例 7.6　用 Kruskal 算法求图 7.7(a) 中赋权图的最小生成树。

分析　利用算法 7.4，按照边的权值从小到大逐步搜索，若某条边与已选取边不构成回路则放入，否则放弃，共放入 $n-1$ 条边。

解　因为图中 $n=12$，所以按算法要操作 $n-1=11$ 次，具体过程如图 7.7(b)~图 7.7(l) 所示，$W(T)=36$。

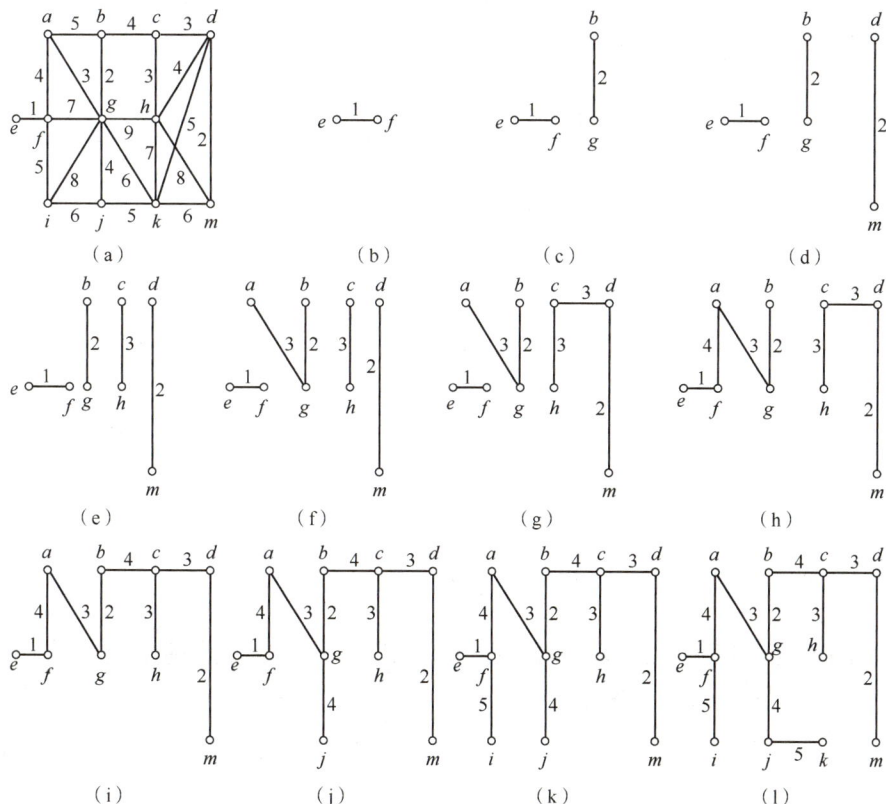

图 7.7

Kruskal 算法由于要验证不存在回路，计算量较大。下面介绍一种不需要验证回路、适合计算机处理的求最小生成树的方法——Prim 算法，其要点是，从任意结点开始，每次增加一条最小权边构成一棵新树。

算法 7.5　Prim 算法

（1）在 G 中任意选取一个结点 v_1，置 $V_T = \{v_1\}$，$E_T = \varnothing$，$k=1$。

（2）在 $V - V_T$ 中选取与某个 $v_i \in V_T$ 邻接的结点 v_j，使边 (v_i, v_j) 的权最小，置 $V_T = V_T \cup \{v_j\}$，$E_T = E_T \cup \{(v_i, v_j)\}$，$k=k+1$。

（3）重复步骤（2），直到 $k = |V|$。

在 Prim 算法的步骤（2）中，若满足条件的最小权边不止一条，则可从中任选一条，这样就会产生不同的最小生成树。

解题小贴士

使用 Prim 算法求最小生成树

从平凡树开始逐步搜索，每次选取与该树的结点关联的树外的最小权边构成一棵新树，共执行 $n-1$ 次。

例 7.7　用 Prim 算法求图 7.8（a）所示赋权图的最小生成树。

分析　利用算法 7.5，从平凡树开始逐步搜索，首先找出与该树所有结点关联的树外的所有边，然后选取这些边中的最小权边构成一棵新树，共搜索 $n-1$ 次。

解　因为图中 $n=7$，所以按算法要执行 $n-1=6$ 次，具体过程如图 7.8（b）~图 7.8（g）所示，$W(T) = 25$。

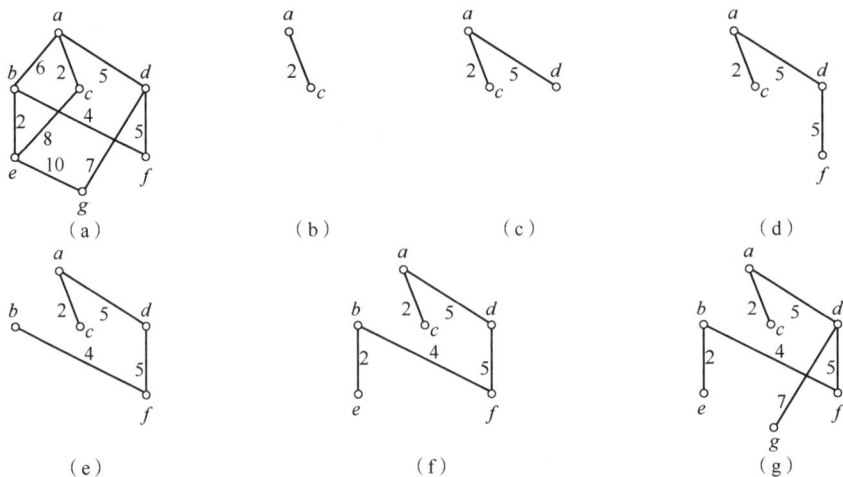

图 7.8

由 Prim 算法可以看出，每一步得到的图一定是树，故不需要验证是否有回路，从而它的计算工作量比 Kruskal 算法小。

7.1.3　根树的定义与分类

定义 7.4　一个有向图，若略去所有有向边的方向所得到的无向图是一棵树，则称之为**有向树**（Directed Tree）。

> **解题小贴士**
>
> ### 有向树的判断
>
> （1）将所有有向边都略去方向变为无向边，得到一个无向图。
> （2）判断该无向图是否是树。

例 7.8　判断图 7.9 所示的图中哪些是树，并说明原因。

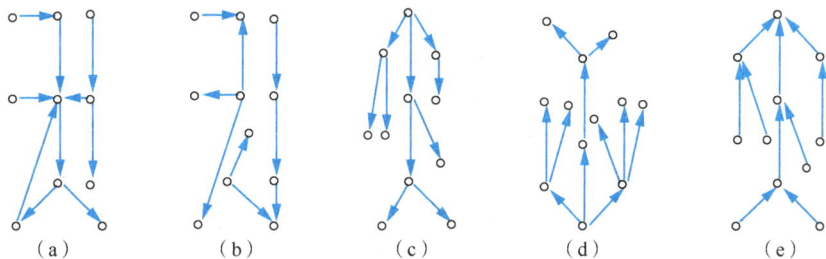

图 7.9

分析　判断一个图是不是有向树，根据定义 7.4，只需要判断忽略边的方向得到的无向图是不是树。

🈂 将图 7.9 中的有向图略去所有有向边的方向，图 7.9(a)、图 7.9(b) 所得到的无向图都不是树，因此它们不是有向树；图 7.9(c)、图 7.9(d)、图 7.9(e) 所得到的无向图都是树，因此它们是有向树。

在有向树中，我们主要讨论图 7.9(c)、图 7.9(d) 所示的这类有向树，它们均称为根树，定义如下。

定义 7.5　一棵非平凡的有向树，如果恰有一个结点的入度为 0，其余所有结点的入度均为 1，则称之为**根树**（Root Tree）或**外向树**（Outward Tree）。入度为 0 的结点称为**根**（Root）；出度为 0 的结点称为**叶**（Leaf）；入度为 1、出度大于 0 的结点称为**内点**（Interior Point）；内点和根统称为**分支点**（Branch Point）。在根树中，从根到任一结点 v 的通路长度，称为结点 v 的**层数**（Layer Number）；称层数相同的结点**在同一层上**；所有结点的层数中最大的称为根树的**高**（Height）。

> **解题小贴士**
>
> ### 根树的判断
>
> （1）判断是否为有向树。
> （2）计算所有结点的度数，看是否恰有一个结点的入度为 0，其余所有结点的入度均为 1。

例 7.9 判断图 7.10(a)所示的图是不是根树，若是根树，给出其根、叶和内点，计算所有结点所在的层数和高。

分析 判断一个图是不是根树，应利用定义 7.5，首先看其是不是有向树，然后看结点的度数是否恰有一个入度为 0，其余所有入度均为 1。注意，根的层数为 0。

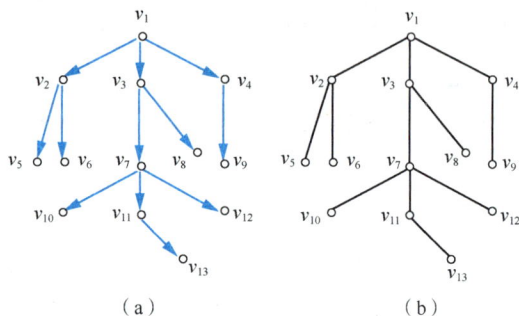

图 7.10

解 图 7.10(a)是一棵根树，其中结点 v_1 为根，结点 $v_5,v_6,v_8,v_9,v_{10},v_{12},v_{13}$ 为叶，结点 v_2,v_3,v_4,v_7,v_{11} 为内点。

在图 7.10(a)所示的根树中，结点 v_1 为根，层数为 0；结点 v_2,v_3,v_4 在同一层上，层数为 1；结点 v_5,v_6,v_7,v_8,v_9 在同一层上，层数为 2；结点 v_{10},v_{11},v_{12} 在同一层上，层数为 3；结点 v_{13} 的层数为 4；这棵树的高为 4。

习惯上我们常使用"倒置法"来画根树，即把根画在最上方，叶画在下方，有向边的方向均指向下方，这样就可以省去全部箭头，且不会产生误解。例如，图 7.10(a)所示的根树可画成图 7.10(b)所示。

我们用家族关系表示根树中各结点间的关系。

定义 7.6 在根树中，若从结点 v_i 到 v_j 可达，则称 v_i 是 v_j 的**祖先**(Ancestor)，v_j 是 v_i 的**后代**(Descendant)；又若$\langle v_i,v_j\rangle$是根树中的有向边，则称 v_i 是 v_j 的**父亲**(Father)，v_j 是 v_i 的**儿子**(Son)；如果两个结点是同一个结点的儿子，则称这两个结点是**兄弟**(Brother)。

微课视频

在真正的家族关系中，兄弟之间是有大小顺序的，为此，我们引入有序树的概念。

定义 7.7 如果在根树中规定了每一层上结点的次序，这样的根树称为**有序树**(Ordered Tree)。

一般来说，在有序树中，同一层中结点的次序为从左至右。有时也可以用边的次序来代替结点的次序。

在根树的实际应用中，经常用到 k 元树，定义如下。

定义 7.8 设 T 为根树。

(1)若 T 的每个分支点至多有 k 个儿子，则称 T 为 **k 元树**(或 **k 叉树**[①])(k-ary Tree)。

(2)若 T 的每个分支点都恰有 k 个儿子，则称 T 为**完全 k 元树**[②](Complete k-ary Tree)。

(3)若 T 是完全 k 元树且每个叶结点的层数均为树高，则称 T 为**满 k 元树**[③](Full k-ary Tree)。

(4)若 k 元树 T 是有序的，则称 T 为**有序 k 元树**(Ordered k-ary Tree)。

(5)若完全 k 元树 T 是有序的，则称 T 为**有序完全 k 元树**(Ordered Complete k-ary Tree)。

(6)若 T 是满 k 元树且是有序的，则称 T 为**有序满 k 元树**(Full Ordered k-ary Complete Tree)。

———————————

① 有些书中，k 叉树专指有序 k 元树。

② 有些书中，完全 k 元树又称为 k 元完全树、k 叉正则树。

③ 有些书中，满 k 元树又称为 k 叉完全正则树。

(7)T 的任一结点 v 及其所有后代导出的子图 T' 称为 T 的以结点 v 为根的**子树**(Subtree)。当然，T' 也可以有自己的子树。有序 2 元树的每个结点 v 至多有两个儿子，分别称为结点 v 的**左儿子**(Left Son)和**右儿子**(Right Son)。有序 2 元树的每个结点 v 至多有两棵子树，分别称为 v 的**左子树**(Left Subtree)和**右子树**(Right Subtree)。

通常，k 元树至少要有一个分支点有 k 个儿子。

有序 2 元树和有序完全 2 元树在数据结构中占有重要地位。

注意区分以结点 v 为根的子树和结点 v 的左(右)子树，以结点 v 为根的子树包含结点 v，而结点 v 的左(右)子树不包含结点 v。

解题小贴士

k 元树的判断

(1)必须是根树。

(2)计算所有分支点的儿子数，每个分支点至多有 k 个儿子即为 k 元树，每个分支点都恰有 k 个儿子即为完全 k 元树，每个分支点都恰有 k 个儿子且每个叶结点的层数均相同即为满 k 元树。

例 7.10 判断图 7.11 所示的几棵根树是什么树。

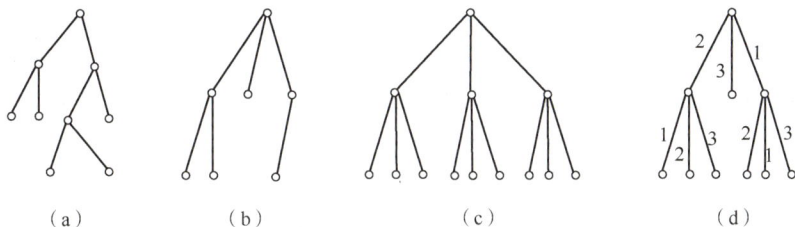

图 7.11

分析 由定义 7.8，只需要数一下每个分支点的儿子数即可完成判断。

解 图 7.11(a)是完全 2 元树，图 7.11(b)是 3 元树，图 7.11(c)是满 3 元树，而图 7.11(d)是有序完全 3 元树。

下面的定理给出了完全 k 元树中分支点与叶结点数目之间的关系。

定理 7.4 在完全 k 元树中，若叶数为 t，分支点数为 i，则下式成立：
$$(k-1)\times i = t-1。$$

分析 利用完全 k 元树的定义、握手定理和树中 $m=n-1$ 容易证明。

证明 由假设知，该树有 $i+t$ 个结点。由定理 7.1 知，该树有 $i+t-1$ 条边。由握手定理知，所有结点的出度之和等于边数。而根据完全 k 元树的定义知，所有分支点的出度为 $k\times i$。因此有
$$k\times i = i+t-1，$$
即
$$(k-1)\times i = t-1。$$

例 7.11 假设有一台计算机，它有一条加法指令，可计算 4 个数的和。如果要求 16 个数 $x_1,x_2,x_3,x_4,x_5,x_6,x_7,x_8,x_9,x_{10},x_{11},x_{12},x_{13},x_{14},x_{15},x_{16}$ 之和，问：至少要执行几次加法指令？

分析 这是利用定理7.4的例子。

解 用4个结点表示4个数，将表示4个数之和的结点作为它们的父结点。这样我们可以将该题理解为求一个完全4元树的分支点问题。把16个数看成叶。由定理7.4知，有$(4-1)i=16-1$，得$i=5$。所以至少要执行5次加法指令。

图7.12表示了两种可能的顺序。

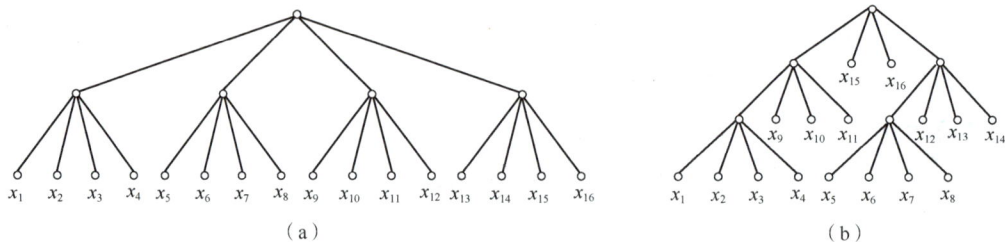

图7.12

下面举一个多种解法的例子，以拓展读者的思路。

例7.12 设T为任意一棵完全2元树，m为边数，t为叶数，证明：$m=2t-2$。这里$t \geqslant 2$。

证明 **方法一**：设T中的结点数为n，分支点数为i。根据完全2元树的定义，容易知道下面的等式均成立：

$$n=i+t, \quad m=2i, \quad m=n-1。$$

解关于m, n, i的三元一次方程组得

$$m=2t-2。$$

方法二：在完全2元树中，除叶外，每个结点的出度均为2；除根结点外，每个结点的入度均为1。设T中的结点数为n，由握手定理可知

$$2m = \sum_{i=1}^{n} \deg(v_i) = \sum_{i=1}^{n} \deg^+(v_i) + \sum_{i=1}^{n} \deg^-(v_i)$$
$$= 2(n-t)+n-1$$
$$= 3n-2t-1$$
$$= 3(m+1)-2t-1,$$

故

$$m=2t-2。$$

方法三：对叶数t做归纳法。

当$t=2$时，结点数为3，边数$m=2$，故$m=2t-2$成立。

假设$t=k(k \geqslant 2)$时，结论成立，下面证明$t=k+1$时结论也成立。

由于T是完全2元树，因此T中一定存在都是叶的两个兄弟结点v_1和v_2，设v是v_1和v_2的父亲。在T中删除v_1和v_2，得树T'，T'仍为完全2元树，这时结点v成为叶，叶数$t'=t-2+1=t-1=k+1-1=k$，边数$m'=m-2$，由归纳假设知$m'=2t'-2$，所以$m-2=2(t-2+1)-2$，$m=2t-2$。

方法四：对分支点数i做归纳法。

当$i=1$时，边数$m=2$，叶数$t=2$，故$m=2t-2$成立。

假设 $i=k(k\geqslant1)$ 时，结论成立，下面证明 $i=k+1$ 时结论也成立。

由于 T 是完全 2 元树，因此 T 中一定存在两个儿子都是叶的分支点，设 v_i 就是这样一个分支点，设它的两个儿子为 v_{i_1} 和 v_{i_2}。在 T 中删除 v_{i_1} 和 v_{i_2}，得树 T'，T' 仍为完全 2 元树，这时结点 v_i 成为叶，分支点数 $i'=i-1=k+1-1=k$，叶数 $t'=t-2+1=t-1$，边数 $m'=m-2$，由归纳假设知 $m'=2t'-2$，所以 $m-2=2(t-1)-2$，$m=2t-2$。

7.1.4　根树的遍历

对于根树，一个十分重要的问题是要找到一些方法来系统地访问树的结点，使每个结点恰好访问一次，这就是根树的遍历(Ergodic)问题。本小节讨论的根树均为有序树。

k 元树中，应用最广泛的是 2 元树。由于 2 元树在计算机中最易处理，下面先介绍 2 元树的 3 种常用的遍历方法，再介绍如何将任意根树转化为 2 元树。

算法 7.6　2 元树的先根次序遍历算法

(1)访问根。

(2)按先根次序遍历根的左子树。

(3)按先根次序遍历根的右子树。

算法 7.7　2 元树的中根次序遍历算法

(1)按中根次序遍历根的左子树。

(2)访问根。

(3)按中根次序遍历根的右子树。

算法 7.8　2 元树的后根次序遍历算法

(1)按后根次序遍历根的左子树。

(2)按后根次序遍历根的右子树。

(3)访问根。

解题小贴士

2 元树的遍历

　按照根、左子树、右子树的不同次序，有 3 种不同的遍历方法，注意对左子树、右子树的遍历顺序是一致的。

例 7.13　写出对图 7.13 中的 2 元树采用 3 种遍历方法得到的结果。

分析　按遍历方法容易写出，只要先将该树分解为根、子树、右子树 3 部分，再对子树做分解，直到叶为止。

🈁 先根遍历次序为 $abdghceijklmf$。

中根遍历次序为 $gdhbaielkmjcf$。

后根遍历次序为 $ghdbilmkjefca$。

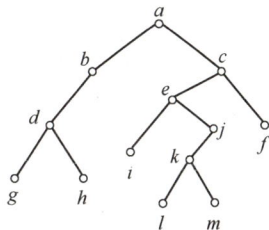
图 7.13

算法 7.9　根树转化为 2 元树算法

(1)从根开始，保留每个父亲同其最左边儿子的连线，撤销与别的儿子的连线。

(2)兄弟间用从左向右的有向边连接。

（3）确定 2 元树中结点的左儿子和右儿子：直接位于给定结点下面的结点作为左儿子，同一水平线上与给定结点右邻的结点作为右儿子，以此类推。

解题小贴士

根树转化为 2 元树

从根开始，只保留最左边儿子，相邻的弟弟变为右儿子。

例 7.14 将图 7.14(a)转化为一棵 2 元树。

分析 转化的要点就是"相邻的弟弟变为右儿子"。

解 对图 7.14(a)执行算法 7.9(1)(2)得图 7.14(b)，再执行算法 7.9(3)得图 7.14(c)。图 7.14(c)的 2 元树即为所求。

反过来，我们也可以将图 7.14(c)还原为图 7.14(a)，要点是"右儿子变为弟弟"。

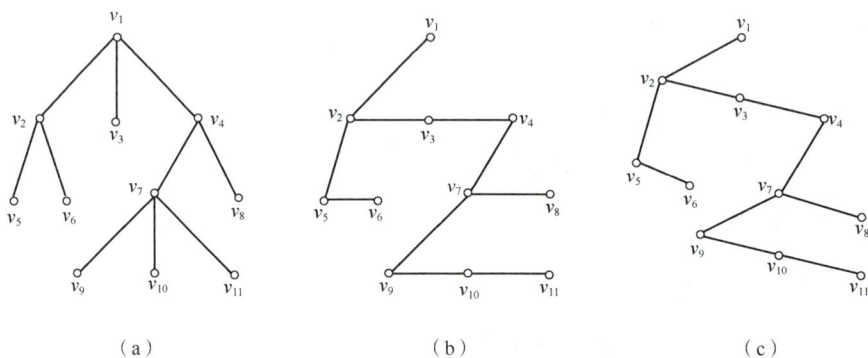

图 7.14

实际上，我们还可以把一个有序森林转换成 2 元树，算法如下。

算法 7.10 森林转化为 2 元树算法

（1）把森林中的每一棵树都表示成 2 元树。

（2）除第一棵 2 元树外，依次将剩下的每棵 2 元树作为左边 2 元树的根的右子树，直到所有的 2 元树都连成一棵 2 元树为止。

解题小贴士

森林转化为 2 元树

先把森林中的每一棵树都表示成 2 元树，然后从右往左，依次将每棵 2 元树变为左边 2 元树根的右子树。

例 7.15 将图 7.15(a)所示的森林转化成一棵 2 元树。

分析 先将每一棵树都转化为 2 元树，这样的 2 元树的根都没有右子树，再从最右边开始，将每棵 2 元树作为左边 2 元树的根的右子树。

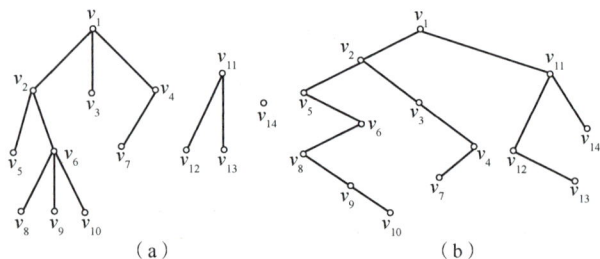

图 7.15

解 图 7.15(b)所示的 2 元树即为所求。

反过来，我们可以将 2 元树转化为森林，要点是"先将根的右子树变为新 2 元树，再将这些 2 元树还原为根树"。

7.1.5 最优树与哈夫曼算法

微课视频

在计算机及通信领域中，常用二进制编码来表示符号，称之为**码字**(Codeword)。例如，可用 00,01,10,11 分别表示字母 A,B,C,D。如果字母 A,B,C,D 出现的频率是一样的，则传输 100 个字母用 200 个二进制位。但实际上字母出现的频率大不一样，例如，A 出现的频率为 50%，B 出现的频率为 25%，C 出现的频率为 20%，D 出现的频率为 5%。能否用不等长的二进制序列表示字母 A,B,C,D，使传输信息所用的二进制位尽可能少呢？事实上，可用 000 表示字母 D，用 001 表示字母 C，用 01 表示字母 B，用 1 表示字母 A。这样表示，传输 100 个字母所用的二进制位数目为

$$3\times5+3\times20+2\times25+1\times50=175。$$

这种表示比用等长的二进制序列表示好，节省了二进制位。但当我们用 1 表示 A、用 00 表示 B、用 001 表示 C、用 000 表示 D 时，如果接收到的信息为 001000，则无法辨别它是 CD 还是 BAD。因而，不能用这种二进制序列表示 A,B,C,D，要寻找另外的表示法。

定义 7.9 设 $a_1a_2\cdots a_{n-1}a_n$ 是长度为 n 的符号串，称其子串 $a_1,a_1a_2,\cdots,a_1a_2\cdots a_{n-1}$ 分别为 $a_1a_2\cdots a_{n-1}a_n$ 的长度为 $1,2,\cdots,n-1$ 的**前缀**(Prefix)。

设 $A=\{b_1,b_2,\cdots,b_m\}$ 是一个符号串集合，若对任意 $b_i,b_j\in A$，$b_i\neq b_j$，b_i 不是 b_j 的前缀，b_j 也不是 b_i 的前缀，则称 A 为**前缀码**(Prefixed Code)。若符号串 $b_i(i=1,2,\cdots,m)$ 中，只出现 0 和 1 两个符号，则称 A 为**二元前缀码**(Binary Prefixed Code)。

例如，$\{1,01,001,000\}$ 是前缀码，而 $\{1,11,001,0011\}$ 不是前缀码。那么如何产生前缀码呢？

可用一棵 2 元树来产生一个二元前缀码。给定一棵 2 元树 T，假设它有 t 片叶。设 v 是 T 的任意一个分支点，则 v 至少有一个儿子，至多有两个儿子。若 v 有两个儿子，则在由 v 引出的两条边上，左边的标上 0，右边的标上 1；若 v 只有一个儿子，在 v 引出的边上可标 0 也可标 1。设 v_i 为 T 的任意一片叶，从树根到 v_i 的通路上各边的标号组成的符号串放在 v_i 处，t 片叶处的 t 个符号串组成的集合为一个二元前缀码。由上述做法可知，v_i 中的符号串的前缀均在 v_i 所在的通路上，因而所得集合为二元(0 和 1 组成)前缀码。由此法可知，若 T 存在带一个儿子的分支点，则由 T 产生的前缀码不唯一；但 T 若为完全 2 元树，则 T 产生的前缀码就是唯一的了。

图 7.16 所示的 2 元树产生的前缀码为 $\{1,00,010,011\}$。因此，用 1 表示 A，用 00 表示 B，用 010 表示 C，用 011 表示 D，即可满足要求。

当知道传输的符号出现的频率时，如何选择前缀码，使传输的二进制位尽可能少呢？这就要先产生一棵最优 2 元树 T，然后用 T 产生二元前缀码，使传输的二进制位最少。

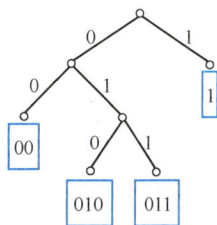

图 7.16

定义7.10 设有一棵2元树，若对其所有的 t 片叶赋以权值 $w_1, w_2, \cdots, w_t$，则称之为**赋权2元树**（Power Binary Tree）；若权为 w_i 的叶的层数为 $L(w_i)$，则称 $W(T) = \sum\limits_{i=1}^{t} w_i \times L(w_i)$ 为该赋权2元树的权；而在所有赋权 $w_1, w_2, \cdots, w_t$ 的2元树中，$W(T)$ 最小的2元树称为**最优树**（Optimal Tree）。

1952年哈夫曼给出了求最优树的方法。该方法的关键是，从带权为 $w_1 + w_2, w_3, \cdots, w_t$（这里假设 $w_1 \le w_2 \le \cdots \le w_t$）的最优树 t' 中得到带权为 $w_1, w_2, \cdots, w_t$ 的最优树。

算法7.11 哈夫曼算法

（1）初始：令 $S = \{w_1, w_2, \cdots, w_t\}$。

（2）从 S 中取出两个最小的权 w_i 和 w_j，画结点 v_i，带权 w_i，画结点 v_j，带权 w_j。画 v_i 和 v_j 的父亲 v，连接 v_i 和 v，v_j 和 v，令 v 带权 $w_i + w_j$。

（3）令 $S = (S - \{w_i, w_j\}) \cup \{w_i + w_j\}$。

（4）判断 S 是否只含一个元素，若是，则停止；否则转（2）。

微课视频

解题小贴士

使用哈夫曼算法求最优树

每次先在权值序列中选两个最小权的结点构造它们的父亲，父结点的权值为它两个儿子的权值之和，然后在权值序列中添加父结点的权值，删除这两个儿子的权值。

例7.16 求带权 7,8,9,12,16 的最优树。

分析 先在 $S = \{7, 8, 9, 12, 16\}$ 中选两个最小的权 7 和 8，得到其父亲 v_1，令 v_1 带权 15；在 $S = \{9, 12, 15, 16\}$ 中选两个最小的权 9 和 12，得到其父亲 v_2，令 v_2 带权 21；在 $S = \{15, 16, 21\}$ 中选两个最小的权 15 和 16，得到其父亲 v_3，令 v_3 带权 31；在 $S = \{21, 31\}$ 中只有两个权 21 和 31，就取它们，得到其父亲 v_4，令 v_4 带权 52；这时 $S = \{52\}$，结束。

解 全部过程如图 7.17(a)~图 7.17(d) 所示。

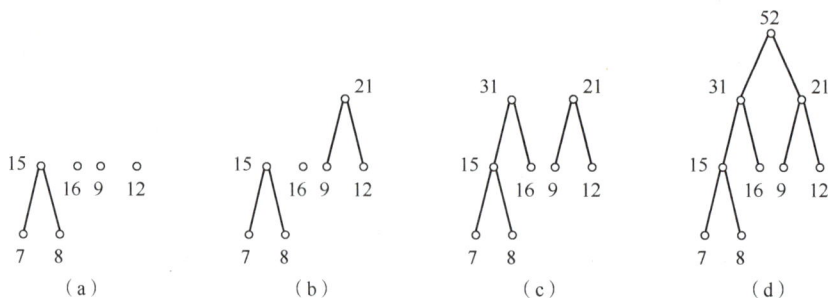

图 7.17

例7.17 用机器分辨一些币值为1角、5角、1元的硬币，假设各种硬币出现的概率分别为 0.1,0.4,0.5。问：如何设计一个分辨硬币的算法，使所需的时间最少（假设每做一次判别所用的时间相同，以此为一个时间单位）？

分析 这个问题就是构造一个有 3 片叶的最优树问题，利用哈夫曼算法容易求解。

解 将该问题归结为求带权 0.1,0.4,0.5 的最优树问题；利用哈夫曼算法，答案如图 7.18(a) 或图 7.18(b) 所示，所需时间为

$$2×0.1+2×0.4+1×0.5 = 1.5（时间单位）。$$

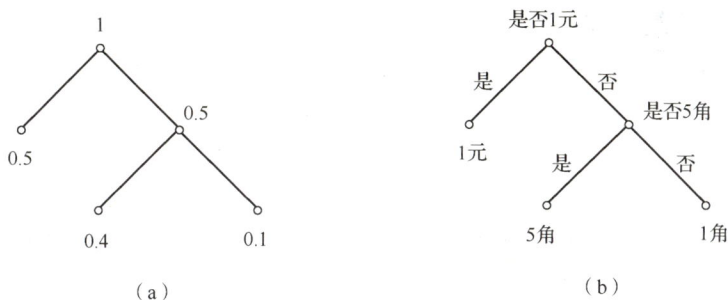

（a）　　　　　　　　　　（b）

图 7.18

例 7.18 已知字母 A,B,C,D,E,F 出现的频率如下：

$$A——30\%, \quad B——25\%, \quad C——20\%$$
$$D——10\%, \quad E——10\%, \quad F——5\%。$$

构造一个表示 A,B,C,D,E,F 的前缀码，使传输的二进制位最少。

分析 这个问题就是构造一个有 6 片叶的最优树问题，利用哈夫曼算法容易求解。

解 （1）求带权 30,25,20,10,10,5 的最优 2 元树 T，如图 7.19 所示。

（2）在 T 上求一个前缀码。

（3）设叶 v_i 带权为 $w\%×100=w$，则 v_i 处的符号串表示出现频率为 $w\%$ 的字母。

$$\{01,10,11,001,0001,0000\}$$

为一前缀码，其中

0000 表示 F，0001 表示 E，

001 表示 D，01 表示 C，

10 表示 B，11 表示 A。

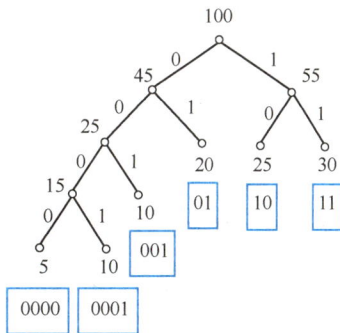

图 7.19

传输 100 个这样的字母所用的二进制位数目为

$$4×(5+10)+3×10+2×(20+25+30) = 240。$$

7.2 欧拉图

7.2.1 欧拉图的引入与定义

18 世纪中叶，东普鲁士哥尼斯堡城有一条贯穿全城的普雷格尔(Pregel)河，河中有两个岛，它们通过 7 座桥彼此相连，如图 7.20(a) 所示。

微课视频

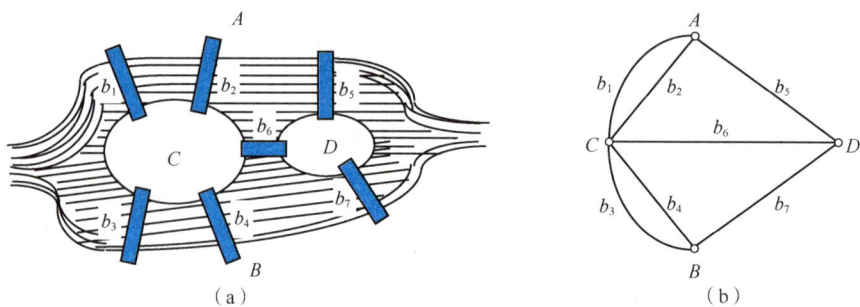

图 7.20

当时城中居民热衷于议论这样一个问题：游人从 4 块陆地中任一块出发，按什么样的线路方能做到每座桥通过一次且仅一次而最后返回原地？这就是著名的**哥尼斯堡**（Konigsberg）**七桥问题**。

问题看起来不复杂，但谁也解决不了。1736 年，瑞士数学家莱昂哈德·欧拉（Leonhard Euler）仔细研究了这个问题，他将上述 4 块陆地与 7 座桥间的关系用一个抽象的图形来描述，其中的 4 块陆地分别用 4 个点表示，而陆地之间的桥则用连接两个点的边表示，如图 7.20(b)所示。这样，上述的哥尼斯堡七桥问题就变成了在图 7.20(b)中是否存在经过每条边一次且仅一次的回路，问题显得简洁多了，同时也更广泛、深刻了。在此基础上，欧拉证实了哥尼斯堡七桥问题是无解的，即一个人不可能一次走遍两岛、两块陆地和七座桥。

欧拉在解决哥尼斯堡七桥问题的论文中，提出并解决了一个更加一般性的问题：在什么形式的图 G 中可以找到一条通过 G 中每条边一次且仅一次的回路呢？具有这种特点的图，我们称之为欧拉图。

定义 7.11 设 G 是无孤立结点的图，若存在一条通路（回路）经过图中每边一次且仅一次，则称此通路（回路）为该图的一条**欧拉通路（回路）**（Euler Entry/Circuit）。具有欧拉回路的图称为**欧拉图**（Euler Graph）。

规定：平凡图为欧拉图。

另外，以上定义既适合无向图，又适合有向图。

从欧拉通路和欧拉回路的定义可知：图中的欧拉通路是经过图中所有边的通路中长度最短的通路，即为通过图中所有边的简单通路；欧拉回路是经过图中所有边的回路中长度最短的回路，即为通过图中所有边的简单回路。

如果仅用边来描述的话，欧拉通路和欧拉回路就是图中所有边的一种全排列。

解题小贴士

欧拉图的判断 1

若能找到一条经过图中每边一次且仅一次的通路（回路），则该图存在欧拉通路（回路）。有欧拉回路的图为欧拉图。

例 7.19 判断图 7.21 所示的 6 个图是不是欧拉图, 以及图中是否存在欧拉通路。

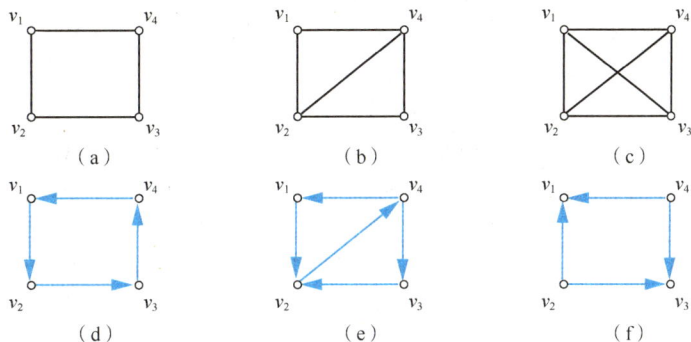

图 7.21

分析 如果说图中存在欧拉通路(回路), 具体找出一条经过图中每边一次且仅一次的通路(回路)即可; 如果说图中不存在欧拉通路(回路), 则要试遍全部边的所有全排列, 证明它们都不能构成通路(回路)。

在图 7.21(a)和图 7.21(d)中, 可以找出一条回路 $v_1v_2v_3v_4v_1$, 它经过图中每边一次且仅一次, 因此存在欧拉回路, 故这两个图都是欧拉图。在图 7.21(b)和图 7.21(e)中, 可以找出一条通路 $v_4v_1v_2v_4v_3v_2$, 它经过图中每边一次且仅一次, 因此存在欧拉通路, 但我们试遍了全部边的所有全排列, 它们都不能构成回路, 因此不存在欧拉回路, 从而图 7.21(b)和图 7.21(e)都不是欧拉图。在图 7.21(c)和图 7.21(f)中, 我们试遍了全部边的所有全排列, 它们都不能构成通路, 故不存在欧拉通路。

解 在图 7.21 所示的 6 个图中, 图 7.21(a)和图 7.21(d)都是欧拉图; 图 7.21(b)和图 7.21(e)都不是欧拉图, 但图中存在欧拉通路; 图 7.21(c)和图 7.21(f)中不存在欧拉通路。

7.2.2 欧拉图的判定

判断一个图(无向图或有向图)是否有欧拉通路(回路), 要考察全部边的所有全排列, 这几乎是不可能的, 所幸已有简单的判别法。

定理 7.5 无向图 $G=\langle V,E\rangle$ 具有一条欧拉通路, 当且仅当 G 是连通的, 且仅有零个或两个奇度数结点。

微课视频

分析 只要找到了, 就是存在的。我们具体找一条欧拉通路。对于结点的度数, 我们利用通路来计算。

证明 若 G 为平凡图, 则定理显然成立。因此, 我们下面讨论的均为非平凡图。

必要性: 设 G 具有一条欧拉通路 $L=v_{i_0}e_{j_1}v_{i_1}e_{j_2}\cdots v_{i_{m-1}}e_{j_m}v_{i_m}$, 则 L 经过 G 中的每条边, 由于 G 中无孤立结点, 因而 L 经过 G 的所有结点, 从而 G 是连通的。

对于欧拉通路 L 的任意非端点的结点 v_{i_k}, 在 L 中每出现 v_{i_k} 一次, 都关联两条边 e_{j_k} 和 $e_{j_{k+1}}$, 而当 v_{i_k} 重复出现时, 它又关联另外的两条边, 由于在通路 L 中边不可能重复出现, 因而 v_{i_k} 每出现一次都将使 v_{i_k} 获得 2 度。若 v_{i_k} 在 L 中重复出现 p 次, 则 $\deg(v_{i_k})=2p$。

若端点 $v_{i_0}\neq v_{i_m}$, 设 v_{i_0} 和 v_{i_m} 在通路中作为非端点分别出现 p_1 和 p_2 次, 则

$$\deg(v_{i_0})=2p_1+1, \quad \deg(v_{i_m})=2p_2+1,$$

因而 G 有两个度数为奇数的结点。

若端点 $v_{i_0}=v_{i_m}$, 设 v_{i_0} 在通路中作为非端点出现 p_3 次, 则

$$\deg(v_{i_0}) = 1 + 2p_3 + 1 = 2(p_3 + 1),$$

因而 G 无度数为奇数的结点。

充分性：构造性证明。

我们从两个奇度数结点之一开始（若无奇度数结点，则可从任一结点开始）构造一条欧拉通路，以每条边最多经过一次的方式通过图中的边。对于度数为偶数的结点，通过一条边进入这个结点，总可以通过一条未经过的边离开这个结点，因此，这样的构造过程一定以到达另一个奇度数结点而告终（若无奇度数结点，则以回到原出发点而告终）。如果图中所有的边已用这种方式经过了，显然就得到了所求的欧拉通路。如果图中不是所有的边都经过了，我们去掉已经过的边，得到一个由剩余的边组成的子图，这个子图的所有结点的度数均为偶数。因为原来的图是连通的，所以这个子图必与已经过的通路在一个或多个结点相接。从这些结点中的一个开始，我们再通过边构造通路，因为结点的度数全是偶数，所以这条通路一定最终回到起点。我们将这条回路加到已构造好的通路中间组合成一条通路。如有必要，重复这一过程，直到得到一条通过图中所有边的通路，即欧拉通路。

由定理7.5的证明知：若连通的无向图有两个奇度数结点，则它们是 G 中每条欧拉通路的端点。

推论 7.1　无向图 $G = \langle V, E \rangle$ 具有一条欧拉回路，当且仅当 G 是连通的，并且所有结点的度数均为偶数。

定理 7.6　有向图 G 具有一条欧拉通路，当且仅当 G 是连通的，且除了两个结点以外，其余结点的入度等于出度，而这两个例外的结点中，一个结点的入度比出度大1，另一个结点的出度比入度大1。

本定理的证明类似于定理7.5的证明，从略。

推论 7.2　有向图 G 具有一条欧拉回路，当且仅当 G 是连通的，且所有结点的入度等于出度。

定理7.5、定理7.6、推论7.1和推论7.2提供了欧拉通路与欧拉回路的十分简便的判别准则。

对于任意给定的无向连通图，只需通过对图中各结点度数的计算，就可知图中是否存在欧拉通路及欧拉回路，从而知道它是否为欧拉图；对于任意给定的有向连通图，只需通过对图中各结点出度与入度的计算，就可知图中是否存在欧拉通路及欧拉回路，从而知道它是否为欧拉图。

解题小贴士

欧拉图的判断 2

- 连通的无向图

(1) 计算所有结点的度数。

(2) 存在0个奇度数结点则有欧拉回路，是欧拉图；存在2个奇度数结点则有欧拉通路。

- 连通的有向图

(1) 计算所有结点的出度和入度。

(2) 所有结点的入度等于出度则有欧拉回路，是欧拉图；除两个结点以外，其余结点的入度等于出度，而这两个例外的结点中，一个结点的入度比出度大1，另一个结点的出度比入度大1，则有欧拉通路。

我们很容易判断图 7.20(a)所示的哥尼斯堡七桥问题是无解的，因为它所对应的图 7.20(b)中所有 4 个结点的度数均为奇数；例 7.19 的结论也很容易得到。

设 $G=\langle V,E\rangle$ 为欧拉图（无向图或有向图），则 G 中必定存在若干条欧拉回路，我们已经有了求出一条欧拉回路的算法——Fleury 算法。下面以求无向欧拉图中的欧拉回路为例，介绍该算法。

定义 7.12 设 $G=\langle V,E\rangle$，$e\in E$，如果

$$p(G-e)>p(G),$$

则称 e 为 G 的**桥**（Bridge）或**割边**（Cut Edge）。

显然，所有的悬挂边都是桥。

算法 7.12 求欧拉图 $G=\langle V,E\rangle$ 的欧拉回路的 Fleury 算法

（1）任取 $v_0\in V$，令 $P_0=v_0$，$i=0$。

（2）按下面的方法从 $E-\{e_1,e_2,\cdots,e_i\}$ 中选取 e_{i+1}。

①e_{i+1} 与 v_i 相关联；

②除非无别的边可取，否则 e_{i+1} 不应该为 $G'=G-\{e_1,e_2,\cdots,e_i\}$ 中的桥。

（3）将边 e_{i+1} 加入通路 P_0，令 $P_0=v_0e_1v_2e_2\cdots e_iv_ie_{i+1}v_{i+1}$，$i=i+1$。

（4）如果 $i=|E|$，结束，否则转（2）。

解题小贴士

欧拉图中的欧拉回路计算

可能的情况下，不走桥。

例 7.20 用 Fleury 算法求图 7.22 所示的欧拉图的一条欧拉回路。

分析 从结点 v_1 出发，按照 Fleury 算法，每次走一条边，在可能的情况下，不走桥。例如，在得到

$$P_7=v_1e_1v_2e_2v_3e_3v_4e_4v_5e_5v_6e_6v_7e_7v_8$$

时，$G'=G-\{e_1,e_2,\cdots,e_7\}$ 中的 e_8 是桥，因此，下一步选择走 e_9，而不走 e_8。

图 7.22

解 从结点 v_1 出发的一条欧拉回路为

$$P_{12}=v_1e_1v_2e_2v_3e_3v_4e_4v_5e_5v_6e_6v_7e_7v_8e_9v_2e_{10}v_4e_{11}v_6e_{12}v_8e_8v_1。$$

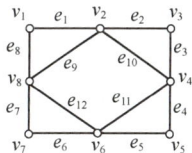

7.3 哈密顿图

7.3.1 哈密顿图的引入与定义

1859 年威廉·罗恩·哈密顿发明了一个小玩具，这个小玩具是一个木刻的正十二面体，每面是正五角形，三面交于一角，共有二十个角，每角标有世界上一个重要城市，如图 7.23 所示（图中省去了城市名，用编号代替）。他提出一个问题：能否沿正十二面体的边寻找一条路通过 20 个城市，而每个城市只通过一次，最后返回原地？哈密顿将此问题称为周游世界问题，并且做了肯定的回答。

上述问题可用图论语言描述：能否在图 7.23 中找到一条包含所有结点的基本回路？按照图中所给的城市编号，我们容易找到一条从结点 1 到 2，再到 3，到 4，……到 20，最后回到 1 的包含图中每个结点的基本回路，即上述问题是有解的。我们将这个问题加以推广，即：在任意连通图中是否存在一条包含图中所有结点的基本通路或基本回路？

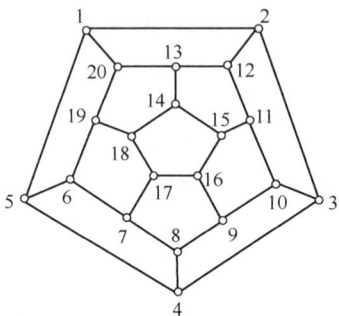

图 7.23

定义 7.13 经过图中每个结点一次且仅一次的通路（回路）称为**哈密顿通路（回路）**（Hamiltonian Entry/Circuit）。存在哈密顿回路的图称为**哈密顿图**（Hamiltonian Graph）。

规定：平凡图为哈密顿图。

另外，以上定义既适合无向图，又适合有向图。

从哈密顿通路和哈密顿回路的定义可知：图中的哈密顿通路是经过图中所有结点的通路中长度最短的通路，即为通过图中所有结点的基本通路；哈密顿回路是经过图中所有结点的回路中长度最短的回路，即为通过图中所有结点的基本回路。

如果仅用结点来描述的话，哈密顿通路就是图中所有结点的一种全排列，哈密顿回路就是图中所有结点的一种全排列再加上该排列中第一个结点的一种排列。

从定义 7.13 可以看出，若一图中存在哈密顿通路（回路），则该图是连通的。又可知，平行边与自回路存在与否不影响图中是否存在哈密顿通路（回路），因而，我们约定以后讨论的图均为连通的简单图。

解题小贴士

哈密顿图的判断 1

找到一条经过图中每个结点一次且仅一次的通路（回路），则该图中存在哈密顿通路（回路）。有哈密顿回路的图为哈密顿图。

例 7.21 判断图 7.24 所示的 6 个图是不是哈密顿图，以及图中是否存在哈密顿通路。

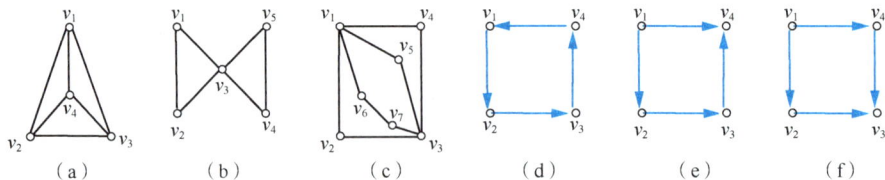

图 7.24

分析 如果说图中存在哈密顿通路（回路），具体找出一条经过图中每个结点一次且仅一次的通路（回路）即可；如果说图中不存在欧拉通路（回路），则要试遍结点的所有全排列，证明它们都不能构成通路（回路）。

在图 7.24（a）和图 7.24（d）中，可以找出一条回路 $v_1v_2v_3v_4v_1$，它经过图中每个结点一次且仅一次，因此存在哈密顿回路，故它们都是哈密顿图。在图 7.24（b）和图 7.24（e）中，可以分别找出通路 $v_1v_2v_3v_4v_5$ 和 $v_1v_2v_3v_4$，它们经过图中每个结点一次且仅一次，因此存在哈密顿通路，但我们试遍了所有结点的全排列再加上该排列中第一个结点的排列，它们都不能构成回路，因此不存在哈密顿回路，故图 7.24（b）和图 7.24（e）都不是哈密顿图；在图 7.24（c）和图 7.24（f）中，我们试遍了所有结点的全排列，它们都不能构成通路，故不存在哈密顿通路。

解 在图 7.24 所示的 6 个图中，图 7.24(a) 和图 7.24(d) 是哈密顿图；图 7.24 (b) 和图 7.24(e) 不是哈密顿图，但图中存在哈密顿通路；图 7.24(c) 和图 7.24(f) 中不存在哈密顿通路。

7.3.2　哈密顿图的判定

微课视频

尽管哈密顿回路问题与欧拉回路问题在形式上极为相似(仅仅结点与边的一字之差)，但判断一个图是否为哈密顿图要比判断是否为欧拉图困难得多，到目前为止，人们还没有找到一个简明的条件作为一个图是否为哈密顿图的充分必要条件，从这个意义上讲，研究哈密顿图比研究欧拉图困难得多。下面给出一些哈密顿通路、回路存在的充分条件或必要条件。

定理 7.7 设无向图 $G=\langle V,E\rangle$ 是哈密顿图，V_1 是 V 的任意非空子集，则
$$p(G-V_1)\leqslant |V_1|，$$
其中 $p(G-V_1)$ 是从 G 中删除 V_1 后所得到图的连通分支数。

分析 考察 G 的一条哈密顿回路 C，显然 C 是 G 的生成子图，从而 $C-V_1$ 也是 $G-V_1$ 的生成子图，且有 $p(G-V_1)\leqslant p(C-V_1)$，故只需要证明 $p(C-V_1)\leqslant |V_1|$ 即可。

证明 设 C 是 G 中的一条哈密顿回路，V_1 是 V 的任意非空子集。下面分两种情况讨论。

(1) V_1 中结点在 C 中均相邻，删除 C 上 V_1 中各结点及关联的边后，$C-V_1$ 仍是连通的，但已非回路，因此，$p(C-V_1)=1\leqslant |V_1|$。

(2) V_1 中存在 $r(2\leqslant r\leqslant |V_1|)$ 个在 C 上互不相邻的结点，删除 C 上 V_1 中各结点及关联的边后，将 C 分为互不相连的 r 段，即 $p(C-V_1)=r\leqslant |V_1|$。

一般情况下，V_1 中的结点在 C 中既有相邻的，又有不相邻的，因此总有 $p(C-V_1)\leqslant |V_1|$。又因 C 是 G 的生成子图，从而 $C-V_1$ 也是 $G-V_1$ 的生成子图，故有
$$p(G-V_1)\leqslant p(C-V_1)\leqslant |V_1|。$$

推论 7.3 设无向图 $G=\langle V,E\rangle$ 中存在哈密顿通路，则对于 V 的任意非空子集 V_1，都有
$$p(G-V_1)\leqslant |V_1|+1。$$

注意

(1) 定理 7.7 给出的是哈密顿图的必要条件，而不是充分条件。图 7.25 所示为**彼得森**(Petersen)**图**，对于 V 的任意非空子集 V_1，均满足 $p(G-V_1)\leqslant |V_1|$，但它不是哈密顿图。

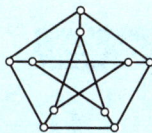

图 7.25

(2) 定理 7.7 和推论 7.3 虽然具有重要的理论价值，但在应用中用处不大，而它们的逆否命题非常有用。我们经常利用定理 7.7 和推论 7.3 的逆否命题来判断某些图不是哈密顿图、不存在哈密顿通路，即：若存在 V 的某个非空子集 V_1 使 $p(G-V_1)>|V_1|$，则 G 不是哈密顿图；若存在 V 的某个非空子集 V_1 使 $p(G-V_1)>|V_1|+1$，则 G 中不存在哈密顿通路。例如，在图 7.24(b) 中取 $V_1=\{v_3\}$，则 $p(G-V_1)=2>|V_1|=1$，因而图 7.24(b) 不是哈密顿图；在图 7.24(c) 中取 $V_1=\{v_1,v_3\}$，则 $p(G-V_1)=4>|V_1|+1=3$，因而图 7.24(c) 中不存在哈密顿通路。

判断不是哈密顿图

若在图中能够找到 V 的某个非空子集 V_1 使 $p(G-V_1) > |V_1|$，则 G 不是哈密顿图。

若在图中能够找到 V 的某个非空子集 V_1 使 $p(G-V_1) > |V_1|+1$，则 G 中不存在哈密顿通路。

例7.22　证明图7.26(a)中不存在哈密顿回路。

分析　利用定理7.7的逆否命题，寻找 V 的某个非空子集 V_1 使 $p(G-V_1) > |V_1|$，则 G 不是哈密顿图。找到 $V_1 = \{d, e, f\}$ 满足要求。

证明　在图7.26(a)中，删除结点子集 $\{d, e, f\}$，得到图7.26(b)，它的连通分支为4个，由定理7.7知，图7.26(a)不是哈密顿图，因而不存在哈密顿回路。

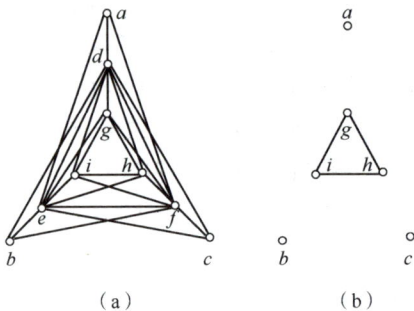

图 7.26

下面给出哈密顿图和哈密顿通路的一个充分条件。

定理7.8　设 $G = \langle V, E \rangle$ 是具有 n 个结点的简单无向图。如果对任意两个不相邻的结点 $u, v \in V$，均有

$$\deg(u) + \deg(v) \geq n-1,$$

则 G 中存在哈密顿通路。

证明比较复杂，略。

推论7.4　设 $G = \langle V, E \rangle$ 是具有 n 个结点的简单无向图。如果对任意两个不相邻的结点 $u, v \in V$，均有

$$\deg(u) + \deg(v) \geq n,$$

则 G 中存在哈密顿回路。

推论7.5　设 $G = \langle V, E \rangle$ 是具有 n 个结点的简单无向图。如果对任意 $v \in V$，均有 $\deg(v) \geq \dfrac{n}{2}$，则 G 是哈密顿图。

需要注意，定理7.8给出的是哈密顿图的充分条件，而不是必要条件。在六边形中，任意两个不相邻的结点的度数之和都是4(<6)，但六边形是哈密顿图。

哈密顿图的判断2

任意两个不相邻的结点度数之和 $\geq n-1$，则存在哈密顿通路。

任意两个不相邻的结点度数之和 $\geq n$，则存在哈密顿回路，该图为哈密顿图。

例7.23　某地有5个风景点，若每个风景点均有2条道路与其他风景点相通，问：游人可否经过每个风景点恰好一次而游完这5个风景点？

分析　利用定理7.8即可。

解　将5个风景点看成有5个结点的无向图，将风景点间的道路看成无向图的边，因为每处均有两条道路与其他结点相通，所以每个结点的度数均为2，从而任意两个不相邻的结点的度数之和等于4，正好为总结点数减1。故此图中存在一条哈密顿通路，

从而游人可以经过每个风景点恰好一次而游完这 5 个风景点。

图中有没有哈密顿通路(回路)虽然没有很有效的判别方法，但对于一些较为简单或特殊的图，人们还是找到了一些可行的方法。

例 7.24　判断图 7.27(a)所示的图中是否存在哈密顿回路。

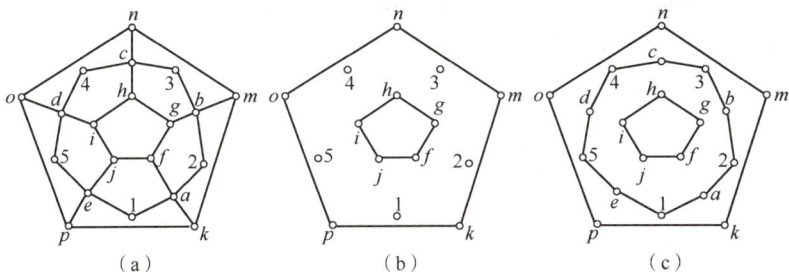

图 7.27

分析　(1)可利用定理 7.7 的逆否命题，寻找 V 的某个非空子集 V_1 使 $p(G-V_1) > |V_1|$，则 G 不是哈密顿图。找到 $V_1 = \{a,b,c,d,e\}$ 满足要求。

(2)利用哈密顿回路的性质，若存在哈密顿回路，则该回路组成的图中任何结点的度数均为 2。因此，度数为 2 的结点所关联的边都在哈密顿回路中，度数为 $n(n>2)$ 的结点所关联的边中有 $n-2$ 条不在哈密顿回路中，应予以删除，如果这样得到的图不连通，则图中不存在哈密顿回路。

解　**方法一**：在图 7.27(a)中，删除结点子集 $\{a,b,c,d,e\}$，得图 7.27(b)，它的连通分支为 7 个，由定理 7.7 知，图 7.27(a)不是哈密顿图，因而不存在哈密顿回路。

方法二：若图 7.27(a)中存在哈密顿回路，则该回路组成的图中任何结点的度数均为 2。因而结点 1,2,3,4,5 所关联的边均在回路中，于是在结点 a,b,c,d,e 处均应将不与 1,2,3,4,5 关联的边删除，即删除与结点 a,b,c,d,e 关联的其他边，得到图 7.27(c)，它不是连通图，从而图 7.27(a)中不存在哈密顿回路。

关于有向图的哈密顿通路，我们只给出一个充分条件。

定理 7.9　设 $G = \langle V, E \rangle$ 是有 $n(n \geqslant 2)$ 个结点的一个简单有向图。如果忽略 G 中边的方向所得的无向图中含生成子图 K_n，则有向图 G 中存在哈密顿通路。

图 7.28 所示的图中，忽略边的方向所得的无向图中含完全图 K_5，由定理 7.9 知，图中存在哈密顿通路。事实上，通路 $v_3 v_5 v_4 v_2 v_1$ 为一条哈密顿通路。

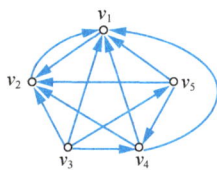

图 7.28

7.4　偶图

7.4.1　偶图的定义

定义 7.14　若无向图 $G = \langle V, E \rangle$ 的结点集 V 能够被划分为两个子集 V_1 和 V_2，满足 $V_1 \cap V_2 = \varnothing$，且 $V_1 \cup V_2 = V$，使 G 中任意一条边的两个端点，一个属于 V_1，另一个属于 V_2，则称 G 为**偶图**(Bipartite Graph)或**二部图、二分图**。V_1 和 V_2 称为**互补结点子集**，

偶图通常记为 $G=\langle V_1,E,V_2\rangle$。

由定义 7.14 可知，偶图 $G=\langle V_1,E,V_2\rangle$ 中，没有两个端点全在 V_1 或全在 V_2 的边，故偶图没有环。平凡图和零图可看成特殊的偶图。

定义 7.15 在偶图 $G=\langle V_1,E,V_2\rangle$ 中，若 V_1 中的每个结点与 V_2 中的每个结点之间都有且仅有一条边相关联，则称偶图 G 为**完全偶图**（Complete Bipartite Graph）或**完全二部图、完全二分图**，记为 $K_{i,j}$，其中 $i=|V_1|$，$j=|V_2|$。

解题小贴士

偶图的判断

找到结点集 V 的两个互补子集，使每条边的两个端点都各在一个子集中（或者每个子集中的结点间都无边相连），则该图为偶图。

例 7.25 判断图 7.29 所示的几个图哪些是偶图、哪些是完全偶图。

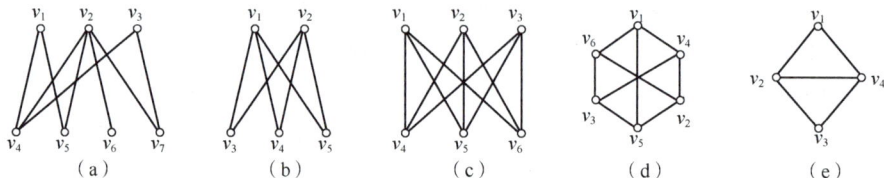

图 7.29

分析 利用定义 7.14，只要能将结点集分为两个互不相交的子集 V_1 和 V_2，使任意一条边的两个端点分别在 V_1 和 V_2 中，则该图就是偶图。我们很容易看出，图 7.29（a）、图 7.29（b）、图 7.29（c）是偶图。而图 7.29（d）和图 7.29（e）不容易一眼看出，但图 7.29（d）和图 7.29（c）实际上是同一个图，因此是偶图。在图 7.29（e）中，结点 v_1,v_2,v_4 两两之间都有边，不管怎么分，总有一个结点子集包含其中的两个，因此它不是偶图。在图 7.29（b）中，互补结点子集 $V_1=\{v_1,v_2\}$ 中的每个结点与 $V_2=\{v_3,v_4,v_5\}$ 中的每个结点都有边相连，所以它是完全偶图 $K_{2,3}$。同理，图 7.29（c）是完全偶图 $K_{3,3}$。而图 7.29（a）中互补结点子集 V_1 中的结点 v_1 与 V_2 中的结点 v_6 没有边相连，所以它不是完全偶图。

解 图 7.29（a）、图 7.29（b）、图 7.29（c）和图 7.29（d）是偶图，图 7.29（e）不是偶图。图 7.29（b）是完全偶图 $K_{2,3}$，图 7.29（c）和图 7.29（d）是完全偶图 $K_{3,3}$。

7.4.2 偶图的判定

一个图有很多种不同的画法，这给判断一个图是否为偶图带来了一定的麻烦，但判断一个图是否为偶图已经有了较好的方法。

定理 7.10 无向图 $G=\langle V,E\rangle$ 为偶图的充分必要条件是 G 的所有回路的长度均为偶数。

微课视频

分析 在偶图中，通路经过的结点在互补结点子集 V_1 和 V_2 中交替出现。

证明 必要性：设图 G 是偶图 $G=\langle V_1,E,V_2\rangle$，令 $C=v_0v_1v_2\cdots v_kv_0$ 是 G 的一条回路，其长度为 $k+1$。

不失一般性，假设 $v_0\in V_1$，由偶图的定义知，$v_1\in V_2$，$v_2\in V_1$。由此可知，$v_{2i}\in V_1$ 且 $v_{2i+1}\in V_2$。

又因为 $v_0 \in V_1$，所以 $v_k \in V_2$，从而 k 为奇数，故 C 的长度为偶数。

充分性：设 G 中每条回路的长度均为偶数，若 G 是连通图，任选 $v_0 \in V$，定义 V 的两个子集如下：

$$V_1 = \{v_i \mid \mathrm{d}(v_0, v_i) \text{为偶数}\},$$

$$V_2 = V - V_1。$$

现证明 V_1 中任两结点间无边存在。假若存在一条边 $(v_i, v_j) \in E$，其中 $v_i, v_j \in V_1$，则由 v_0 到 v_i 的短程线（长度为偶数）以及边 (v_i, v_j)，再加上 v_j 到 v_0 的短程线（长度为偶数），所组成的回路的长度为奇数，与假设矛盾。

同理可证 V_2 中任两结点间无边存在。

故对于 G 中每条边 (v_i, v_j)，必有 $v_i \in V_1$，$v_j \in V_2$，或 $v_i \in V_2$，$v_j \in V_1$，从而 G 是具有互补结点子集 V_1 和 V_2 的偶图。

若 G 中每条回路的长度均为偶数，但 G 不是连通图，则可对 G 的每个连通分支重复上述论证，并可得到同样的结论。

在实际应用中，定理 7.10 本身使用不多，我们常使用它的逆否命题来判断一个图不是偶图：无向图 G 不是偶图的充分必要条件是 G 中存在长度为奇数的回路。

解题小贴士

判断不是偶图

若能找到一条长度为奇数的回路，则该图不是偶图。

例如，图 7.29(e) 中存在长度为 3 的回路 $v_1 v_2 v_4 v_1$，所以它不是偶图。

7.4.3　匹配

微课视频

与偶图紧密相连的是匹配问题。

定义 7.16　在偶图 $G = \langle V_1, E, V_2 \rangle$ 中，$V_1 = \{v_1, v_2, \cdots, v_q\}$，若存在 E 的子集 $E' = \{(v_1, v_1'), (v_2, v_2'), \cdots, (v_q, v_q')\}$，其中 $v_1', v_2', \cdots, v_q'$ 是 V_2 中 q 个不同的结点，则称 G 的子图 $G' = \langle V_1, E', V_2 \rangle$ 为从 V_1 到 V_2 的一个完全匹配（Complete Matching），简称匹配。

由匹配的定义知，在偶图 $G = \langle V_1, E, V_2 \rangle$ 中，若存在 V_1 到 V_2 的单射 f，使对任意 $v \in V_1$，都有 $(v, f(v)) \in E$，则存在 V_1 到 V_2 的匹配。

由单射的性质知，不是所有的偶图都有匹配，存在匹配的必要条件是 $|V_1| \leq |V_2|$。然而，这个条件并不是充分条件。

例 7.26　图 7.30 所示的 3 个偶图中是否存在 V_1 到 V_2 的匹配？对存在匹配的偶图给出一个匹配。

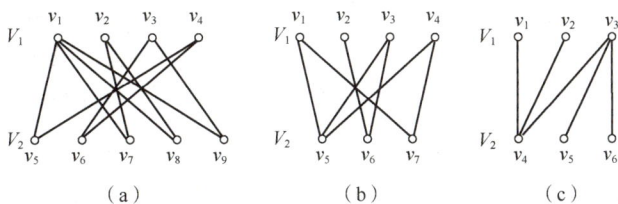

（a）　　　　　　（b）　　　　　　（c）

图 7.30

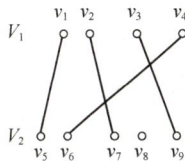

图 7.31

分析 在图 7.30(a)中，可以找出一个匹配，如图 7.31 所示；在图 7.30(b)中，$|V_1| > |V_2|$，所以不存在匹配；图 7.30(c)虽然满足条件 $|V_1| \leqslant |V_2|$，但是结点 v_1 和 v_2 都只与 v_4 相邻接，因此不存在匹配。

解 图 7.30(a)中存在匹配，如图 7.31 所示；图 7.30(b)和图 7.30(c)中都不存在匹配。

偶图中是否存在匹配的问题已经很好地得到解决，下面给出其充分必要条件。

定理 7.11（霍尔定理） 偶图 $G = \langle V_1, E, V_2 \rangle$ 中存在从 V_1 到 V_2 的匹配的充分必要条件是 V_1 中任意 k 个结点至少与 V_2 中的 k 个结点相邻接，$k = 1, 2, \cdots, |V_1|$。

定理 7.11 也称为**婚姻定理**，定理中的条件通常称为**相异性条件**（Diversity Condition）。

图 7.30(a)所示的偶图满足相异性条件，故它存在匹配；图 7.30(c)所示的偶图不满足相异性条件，故它不存在匹配。

判断一个偶图是否满足相异性条件通常比较复杂，要计算 V_1 的所有子集的邻接点集合，共 $2^{|V_1|}$ 个，当 $|V_1|$ 比较大时，这几乎不可能。下面给出一个判断偶图中是否存在匹配的充分条件，对任何偶图来说，该充分条件很容易确定。因此，在考察相异性条件之前，应先考察该充分条件。

定理 7.12 设 $G = \langle V_1, E, V_2 \rangle$ 是一个偶图。如果满足条件

(1) V_1 中每个结点至少关联 t 条边；

(2) V_2 中每个结点至多关联 t 条边，

则 G 中存在从 V_1 到 V_2 的匹配，其中 t 为正整数。

分析 直接利用相异性条件证明。

证明 由(1)知，V_1 中 k 个结点至少关联 tk 条边（$1 \leqslant k \leqslant |V_1|$），由(2)知，这 tk 条边至少与 V_2 中 k 个结点相关联，于是 V_1 中的 k 个结点至少与 V_2 中的 k 个结点相邻接，因而满足相异性条件，所以 G 中存在从 V_1 到 V_2 的匹配。

定理 7.12 中的条件通常称为 t **条件**（t-Condition）。

判断 t 条件非常简单，只需要计算 V_1 中结点的最小度数和 V_2 中结点的最大度数即可。

解题小贴士

匹配的判断

(1) 满足 t 条件，则存在匹配。

(2) 不满足 t 条件，若满足相异性条件，则存在匹配；否则不存在匹配。

例 7.27 现有 3 个课外小组：物理组、化学组和生物组。有 5 个学生：s_1, s_2, s_3, s_4, s_5。

(1) 已知 s_1, s_2 为物理组成员；s_1, s_3, s_4 为化学组成员；s_3, s_4, s_5 为生物组成员。

(2) 已知 s_1 为物理组成员；s_2, s_3, s_4 为化学组成员；s_2, s_3, s_4, s_5 为生物组成员。

(3) 已知 s_1 既为物理组成员，又为化学组成员；s_2, s_3, s_4, s_5 为生物组成员。

在以上 3 种情况的每一种情况下，在 s_1, s_2, s_3, s_4, s_5 中选 3 位组长，不兼职，能否办到？

分析 先将问题转化为偶图求匹配的问题，然后看看是否满足 t 条件，若不满足，

再看看是否满足相异性条件，再不满足就不存在匹配。

解 用 c_1, c_2, c_3 分别表示物理组、化学组和生物组。令

$$V_1 = \{c_1, c_2, c_3\}, \quad V_2 = \{s_1, s_2, s_3, s_4, s_5\},$$

以 V_1 和 V_2 为互补结点子集，以 $E = \{(c_i, s_j) \mid c_i \in V_1, s_j \in V_2$ 且 c_i 中有成员 $s_j\}$ 为边集，构造偶图。

（1）$G_1 = \langle V_1, E_1, V_2 \rangle$ 如图 7.32（a）所示。

在 G_1 中，V_1 中的每个结点至少关联两条边，而 V_2 中的每个结点至多关联两条边，因此满足 t 条件，故存在从 V_1 到 V_2 的匹配。事实上，选 s_1 为物理组的组长，s_3 为化学组的组长，s_5 为生物组的组长，对应的匹配如图 7.32（d）所示。

（2）$G_2 = \langle V_1, E_2, V_2 \rangle$ 如图 7.32（b）所示。

所给条件不满足 t 条件，但是满足相异性条件，因而存在从 V_1 到 V_2 的匹配。一个可能的匹配如图 7.32（e）所示，此时选 s_1 为物理组的组长，s_4 为化学组的组长，s_2 为生物组的组长。

（3）$G_3 = \langle V_1, E_3, V_2 \rangle$ 如图 7.32（c）所示。

G_3 既不满足 t 条件，也不满足相异性条件，所以不存在从 V_1 到 V_2 的匹配，故 3 位不兼职的组长从 s_1, s_2, s_3, s_4, s_5 中选不出来。

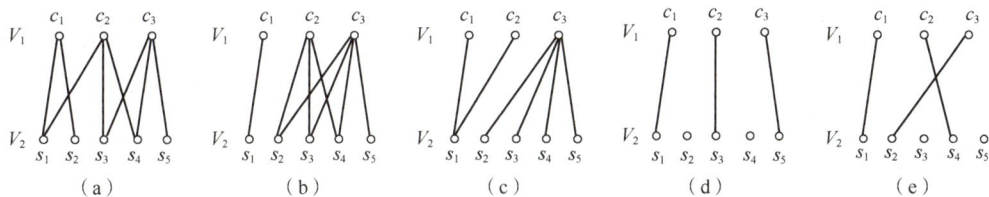

图 7.32

7.5 平面图

7.5.1 平面图的定义

在一张纸上画几何模型时我们常常会发现，不仅需要允许各边在结点处相交，还应该允许各边在某些非结点处相交，这样的点称为**交叉点**（Cross Point）；而相交的边称为**交叉边**（Cross Edge）。图 7.33（a）中有 3 个交叉：边 (v_1, v_4) 与 (v_2, v_5) 交叉，(v_1, v_3) 与 (v_2, v_5) 交叉，(v_1, v_4) 与 (v_3, v_5) 交叉。但是，有些图形是不允许边交叉的，例如，大家熟悉的印制电路，除了结点（表示电阻）外，导线是不允许交叉的，这就是所谓的平面图。

在图的理论研究方面和实际应用中，平面图都具有重要的意义。它在印制电路板、集成电路的布线等问题中，在通信、交通、城市建筑等方面都有广泛的应用。

定义 7.17 如果能把一个无向图 G 的所有结点和边画在平面上，使任何两边除公共结点外没有其他交叉点，则称 G 为**平面图**（Plane Graph）；否则称 G 为**非平面图**（Non-planar Graph）。

显然，当且仅当一个图的每个连通分支都是平面图时，这个图是平面图。所以，在研究平面图性质时，只研究连通的平面图就可以了，故在本节中，如无特别说明，

微课视频

均默认讨论的图为连通图。

应当注意，有些图从表面上看某些边是相交叉的，但不能就此断定它不是平面图。例如，图 7.33（a）表面上看有几条边相交叉，但是把它画成图 7.33（b），则可看出它是一个平面图，这种没有交叉边的图形表示称为平面图的平面表示。

但是，有些图不论如何改画，除去结点外，总有边相交叉。例如，图 7.34（a）所示的 $K_{3,3}$，不管怎样改画，都至少有一条边与其他边相交叉，图 7.34（b）是它的一种改画形式，故它是非平面图。

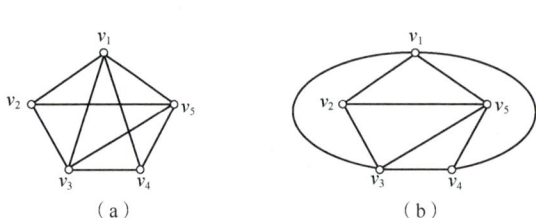

（a）　　　　（b）

图 7.33

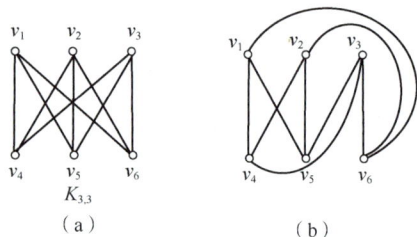

（a）　　　　（b）

图 7.34

下面给出判断一个图是否为平面图的简便方法。

7.5.2　平面图的简单判定方法——观察法

微课视频

设 G 是画于平面上的图，并设
$$C = v_1 \cdots v_2 \cdots v_3 \cdots v_4 \cdots v_1$$
是 G 中的任何基本回路。此外，设 $P_1 = v_1 \cdots v_3$ 和 $P_2 = v_2 \cdots v_4$ 是 G 中的任意两条无公共结点的基本通路，如图 7.35 所示。

显然，交叉出现在通路 P_1 和 P_2 上。对 P_1 和 P_2 的放置有 4 种方法，其中两种产生交叉，另外两种不产生交叉，即当且仅当 P_1 和 P_2，或者都在基本回路 C 内部，或者都在基本回路 C 外部时，它们才会相交叉。

因此，我们将有可能交叉的边分别放置在某基本回路的内部或外部，从而避免交叉。只有避免不了交叉时，这种图才是非平面图。

以上判断一个图是否为平面图的方法称为观察法。

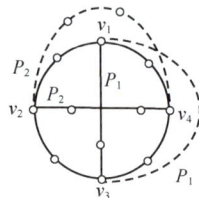

图 7.35

解题小贴士

平面图的判断

找出基本回路，再看有没有端点在其上的、可能交叉的通路，将这些通路分别放到回路的内部或外部，看看能否避免交叉。

例 7.28　用观察法来判定图 7.34（a）所示的 $K_{3,3}$ 为非平面图。

分析　先将图 7.34（a）改画为图 7.36 所示形式，找出基本回路，再看有没有端点在其上的、可能交叉的通路即可。

解　将 $K_{3,3}$ 改画成图 7.36 所示形式，容易看出，图中有一条基本回路 $C = v_1 v_6 v_3 v_5 v_2 v_4 v_1$，考察 3 条可能交叉的边 (v_1, v_5)，(v_2, v_6)，(v_3, v_4)。这 3 条边中的每 1 条，或者在 C 的内部，或者在 C 的外部。但由于有 3 条两两交叉的边，因此这 3 条边中至少有两条处于 C 的同一侧，从而避免不了交叉，故 $K_{3,3}$ 为非平面图。

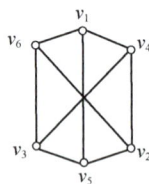

图 7.36

7.5.3 欧拉公式

定义 7.18 在平面图 G 的一个平面表示中，由边所包围的其内部不包含图的结点和边的区域，称为 G 的一个**面**（Surface），包围该面的诸边所构成的回路称为这个面的**边界**（Bound），面 r 的边界的长度称为该面的**次数**（Degree），记为 $D(r)$。区域面积有限的面称为**有限面**（Finite Surface），区域面积无限的面称为**无限面**（Infinite Surface）。

显然，平面图有且仅有一个无限面。

面的概念也可以用形象的说法加以描述：假设我们把一个平面图的平面表示画在平面上，然后用一把小刀，沿着图的边切开平面，那么平面就被切成许多块，每一块就是图的一个面。更确切地说，平面图的一个面就是平面的一块，它用边作为边界，且不能再分成子块。

解题小贴士

连通平面图中面和边界的计算

面是由边所包围的其内部不包含图的结点和边的区域，面的边界是包围该面的诸边所构成的回路。

注意 💡

如果图中有桥（或割边），桥须在边界中走两次。

例 7.29 考察图 7.37 所示平面图的面、边界和次数。

分析 按定义 7.18，面是内部不包含图的结点和边的区域。图 7.37 所示平面图将平面分为 4 个面，我们需要注意的是面 r_0 和 r_2，对于 r_2，其边界不能是 $becb$，这样的话，其内部就有结点和边，其边界只能是 $behecb$，次数为 5。从这里可以看出，对于图 7.37 中的桥，要构成回路，一定要来回各走一次。

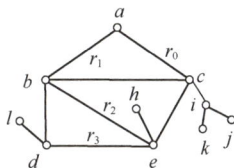

图 7.37

解 图 7.37 中的平面图把平面分成以下 4 个面：

r_0，边界为 $abdldecijikica$，$D(r_0)=13$；

r_1，边界为 $abca$，$D(r_1)=3$；

r_2，边界为 $beheb$，$D(r_2)=5$；

r_3，边界为 $bdeb$，$D(r_3)=3$。

r_1,r_2,r_3 是有限面，r_0 是无限面。

注意，对于平面图的不同平面表示，虽然面的数目相同，但各面的边界和次数会不同。例如，将图 7.37 改为图 7.38（另一种平面表示），r_2 的边界为 $becijikicb$，$D(r_2)=9$。

定理 7.13 平面图中所有面的次数之和等于边数的 2 倍。

分析 这个定理形式上与握手定理很相似，证明方法也类似。

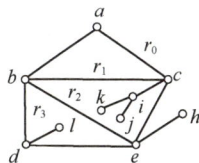

图 7.38

证明 因任何一条边，或者是两个面边界的公共边，或者是在一个面中作为边界被重复计算两次，故平面图所有面的次数之和等于其边数的 2 倍。

1750 年，欧拉发现，任何含有 n 个顶点、m 条棱和 r 个面的凸多面体，都有 $n-m+r=2$ 成立。这个公式可以推广到平面图，称为**欧拉公式**。

定理 7.14 设 $G=\langle V,E \rangle$ 是连通平面图，若它有 n 个结点、m 条边和 r 个面，则有 $n-m+r=2$。

分析 根据边与面的关系容易证明。

证明 我们对 G 的边数 m 进行归纳。

若 $m=0$，由于 G 是连通图，故必有 $n=1$，这时只有一个无限面，即 $r=1$。所以

$$n-m+r=1-0+1=2,$$

定理成立。

若 $m=1$，这时有两种情况。

（1）该边是环，则有 $n=1$，$r=2$，这时

$$n-m+r=1-1+2=2。$$

（2）该边不是环，则有 $n=2$，$r=1$，这时

$$n-m+r=2-1+1=2。$$

所以 $m=1$ 时，定理也成立。

假设对少于 m 条边的所有连通平面图，欧拉公式成立。现考虑 m 条边的连通平面图，设它有 n 个结点。分以下两种情况。

（1）若 G 是树，那么 $m=n-1$，这时 $r=1$。所以

$$n-m+r=n-(n-1)+1=2。$$

（2）若 G 不是树，则 G 中必有回路，因此有基本回路。设 e 是某基本回路的一条边，则 $G'=\langle V,E-\{e\} \rangle$ 仍是连通平面图，它有 n 个结点、$m-1$ 条边和 $r-1$ 个面，按归纳假设知

$$n-(m-1)+(r-1)=2,$$

整理得

$$n-m+r=2,$$

所以对 m 条边，欧拉公式也成立。

由于一个凸多面体可在一个球面上表示出来，其任两边除端点外不再相交，在某一面里取一点，以此为中心，作球极投影，这个凸多面体可在平面上表示出来，所得的将是一个相应的平面图。所以这里证明的欧拉公式已包含凸多面体的欧拉公式，但从证明的过程来看，连通平面图的欧拉公式比欧拉给出的凸多面体的欧拉公式容易证明。

推论 7.6 设 G 是一个 (n,m) 简单连通平面图，若 $m>1$，则有

$$m \leqslant 3n-6。$$

分析 直接利用定理 7.13 和定理 7.14（欧拉公式）证明。

证明 设 G 有 k 个面，因为 G 是简单图，所以 G 的每个面至少由 3 条边围成，G 所有面的次数之和

$$\sum_{i=1}^{k} \deg(r_i) \geqslant 3k。$$

由定理 7.13 知，$2m \geqslant 3k$，即 $k \leqslant \dfrac{2}{3}m$，代入欧拉公式有

$$2=n-m+k \leqslant n-m+\frac{2}{3}m,$$

即

$$2 \leqslant n - \frac{1}{3}m,$$

整理得

$$m \leqslant 3n - 6。$$

推论 7.6 本身可能用处不大，但它的逆否命题非常有用，可以用来判定某些图是非平面图。即一个简单连通图，若不满足 $m \leqslant 3n-6$，则一定是非平面图。但需要注意，满足不等式 $m \leqslant 3n-6$ 的简单连通图未必是平面图。

解题小贴士

非平面图的判断 1
一个简单连通图，若不满足 $m \leqslant 3n-6$，则一定是非平面图。

例 7.30 证明 5 个结点的完全图 K_5 是非平面图。

分析 因为 K_5 是简单连通图，我们可以验证 $m \leqslant 3n-6$ 不成立，所以它不是平面图。

证明 因为 K_5 是简单连通图，$n=5$，$m=10$，所以

$$m > 3n-6 = 3 \times 5 - 6 = 9，$$

不满足 $m \leqslant 3n-6$，从而它不是平面图。

我们再看图 $K_{3,3}$，$n=6$，$m=9$，满足不等式 $m \leqslant 3n-6$，但是我们已用观察法证明了它是一个非平面图。

推论 7.7 设 G 是一个 (n,m) 简单连通平面图，$m>1$，若每个面的次数至少为 k，则有

$$m \leqslant \frac{k}{k-2}(n-2)。$$

微课视频

分析 直接利用定理 7.13 和定理 7.14（欧拉公式）证明。

证明 设 G 共有 r 个面，各面的次数之和为 T，因为每个面的次数至少为 k，所以

$$T \geqslant k \times r。$$

又由定理 7.13 可知

$$T = 2 \times m，$$

利用欧拉公式解出面数

$$r = 2 - n + m，$$

由上面 3 个式子可得出

$$2 \times m \geqslant k \times (2-n+m)，$$

从而有

$$(k-2) \times m \leqslant k \times (n-2)。$$

由于 $k \geqslant 3$，从而可得

$$m \leqslant \frac{k}{k-2}(n-2)。$$

与推论 7.6 类似，推论 7.7 本身可能用处不大，但它的逆否命题非常有用，可以用来判定某些图是非平面图。即一个多一条边的简单连通图，若每个面的次数至少为 k，

且不满足 $m \leqslant \dfrac{k}{k-2}(n-2)$，则它一定是非平面图。

非平面图的判断2

一个每个面的次数至少为 $k(k \geqslant 3)$ 的简单连通图，若不满足 $m \leqslant \dfrac{k}{k-2}(n-2)$，则一定是非平面图。

例 7.31 不使用观察法证明图 $K_{3,3}$ 是一个非平面图。

分析 因为 $K_{3,3}$ 是简单连通图，每个面的次数至少为4，我们可以验证 $m \leqslant \dfrac{k}{k-2}(n-2)$ 不成立，所以它不是平面图。

证明 利用推论 7.7 可以判断。事实上，假设 $K_{3,3}$ 是一个平面图，那么它的每个面的次数均大于等于 $k(k=4)$，由推论 7.7，有

$$9 \leqslant \frac{k}{k-2}(6-2)。$$

注意到 $\dfrac{k}{k-2}$ 在 $k=4$ 时取最大值2，因而 $9 \leqslant 8$，这是矛盾的。

7.5.4　库拉托夫斯基定理

虽然使用定理 7.14、推论 7.6 和推论 7.7 可以判断某一个图为非平面图，但还没有简便的方法可以确定某个图是平面图。1930 年波兰数学家库拉托夫斯基(Kuratowski)给出了判断平面图的充分必要条件。下面给出定理的结果，但略去其复杂的证明。

微课视频

定理 7.15（库拉托夫斯基定理） 一个图是平面图的充分必要条件是它的任何子图都不可能收缩为 K_5 或 $K_{3,3}$。

推论 7.8 一个图是非平面图的充分必要条件是它存在一个能收缩为 K_5 或 $K_{3,3}$ 的子图。

我们将 K_5 和 $K_{3,3}$ 称为**库拉托夫斯基图**(Kuratowski Graph)。

非平面图的判断3

一个图是非平面图的充分必要条件是它存在一个能收缩为 K_5 或 $K_{3,3}$ 的子图。

例 7.32 证明图 7.39(a)所示的彼得森图是一个非平面图。

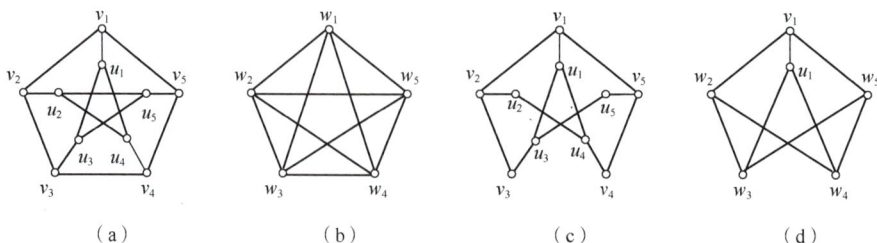

（a）　　　　　（b）　　　　　（c）　　　　　（d）

图 7.39

分析 这里利用库拉托夫斯基定理来证明，寻找它的一个子图，使之收缩为 K_5 或 $K_{3,3}$ 即得证。

证明 以下两种方法都可判断彼得森图是非平面图。

(1) 收缩边 (v_i, u_i)，用 w_i 代替，$i=1,2,3,4,5$，得到图 7.39(b)，即为图 K_5。

(2) 图 7.39(c) 是图 7.39(a) 的子图，收缩边 (v_i, u_i)，用 w_i 代替，$i=2,3,4,5$，得到图 7.39(d)，即为图 $K_{3,3}$。

定理 7.15 虽然给出了判断平面图的充分必要条件，但实际上要用它来判断比较复杂的图是不是平面图还是很困难的。

7.6 特殊图的应用

7.6.1 无向树的应用

例 7.33 假设有 5 个信息中心 A, B, C, D, E，它们之间的距离（以百公里为单位）如图 7.40(a) 所示。为了方便交换数据，我们将任意两个信息中心通过光纤连接，但由于费用的限制，铺设的光纤线路要尽可能短。每个信息中心应能和其他信息中心通信，但并不需要在任何两个信息中心之间都铺设线路，可以通过其他信息中心转发。

分析 这实际上就是求赋权连通图的最小生成树问题，可用 Prim 算法或 Kruskal 算法求解。

解 图 7.40(a) 的最小生成树如图 7.40(b) 所示，即按图 7.40(b) 铺设，可使铺设的线路最短，$W(T) = 15$。

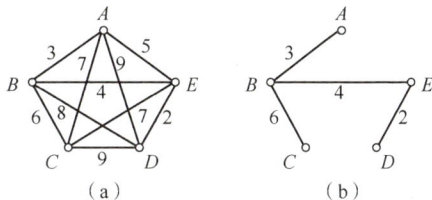

图 7.40

7.6.2 根树的应用

1. 计算机的文件结构

例 7.34 现代计算机操作系统采用根树结构来组织文件和文件夹。一个文件夹含有其他文件夹和文件。图 7.41 所示是一台计算机的 Windows 资源管理器窗口，左边显示的是文件夹，右边显示的是文件。该根树的根为"计算机"，它有"System（C:）""本地磁盘（D:）""MyFiles（E:）""DownLoads（F:）"等儿子，而"System（C:）"又有"AppData""Drivers"等儿子。

2. 波兰符号法与逆波兰符号法

利用有序完全 2 元树可以表达二元运算的算式，从而可以给出四则运算的多种表示方法。

规定用叶表示参加运算的元素，分支结点表示相应的运算符。设有算式
$$((a+(b\times c))\times d-e)\div(f+g)+(h\times i)\times j,$$
表示这个算式的根树 T 如图 7.42 所示。

(1) 按中根遍历次序访问 T，结果为
$$(((((a+(b\times c))\times d)-e)\div(f+g))+((h\times i)\times j),$$
根据运算符的优先次序可以省去部分括号，得

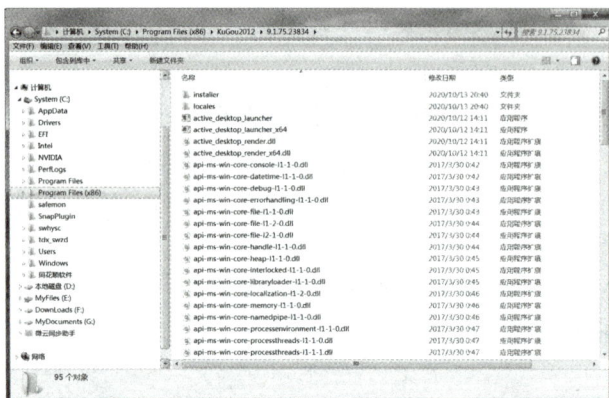

图 7.41

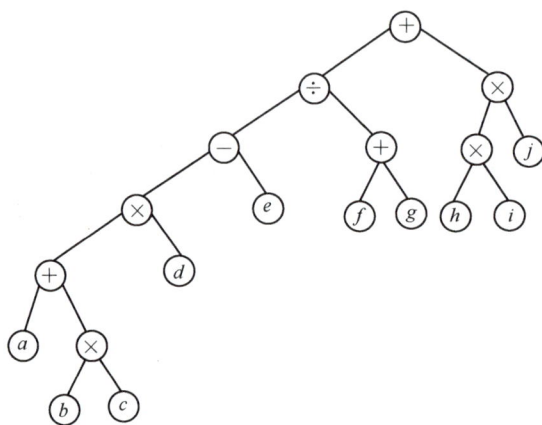

图 7.42

$$((a+b\times c)\times d-e)\div(f+g)+h\times i\times j。$$

由于运算符夹在两数之间，故称此种表示法为**中缀符号法**。

（2）按先根遍历次序访问 T，结果为

$$+(\div(-(\times(+a(\times bc))d)e)(+fg))(\times(\times hi)j)。$$

省去全部括号后，规定每个运算符对它后面紧邻的两个数进行运算，仍是正确的。因而可省去全部括号，结果为

$$+\div-\times+a\times bcde+fg\times\times hij。$$

由于运算符在参加运算的两数之前，故称此种表示法为**前缀符号法**，或称为**波兰符号法**。

（3）按后根遍历次序访问 T，结果为

$$(((((a(bc\times)+)d\times)e-)(fg+)\div)((hi\times)j\times)+。$$

省去全部括号后，规定每个运算符对它前面紧邻的两个数进行运算，仍是正确的。因而可省去全部括号，结果为

$$abc\times+d\times e-fg+\div hi\times j\times+。$$

由于运算符在参加运算的两数之后，故称此种表示法为**后缀符号法**，或称为**逆波兰符号法**。

3. 决策树

定义 7.19 设有一棵根树，如果其每个分支点都会提出一个问题，从根开始，每回答一个问题，走相应的边，最后到达一个叶结点，即获得一个决策，则称之为**决策树**(Decision Tree)。

下面我们用决策树表示算法，使在最坏情形下花费时间最少。

例 7.35(5 硬币问题) 现有 5 枚外观一样的硬币，只有 1 枚硬币与其他的重量不同。问：如何使用一台天平来判别哪枚硬币是坏的，以及是重还是轻？

分析 用天平来称 A 和 B 两枚硬币，只有 $A<B$、$A=B$、$A>B$ 3 种可能的情形，因此可构造 3 元决策树来解决。

解 设硬币标号为 A,B,C,D,E，用"$A:B$"表示分别将硬币 A 和 B 放在天平的左右两边，用"$<$"表示左边比右边轻，用"$=$"表示两边平衡，用"$>$"表示左边比右边重，用"A,L"表示 A 是坏币且轻，用"A,H"表示 A 是坏币且重，其余类似。构造决策树如图 7.43 所示。

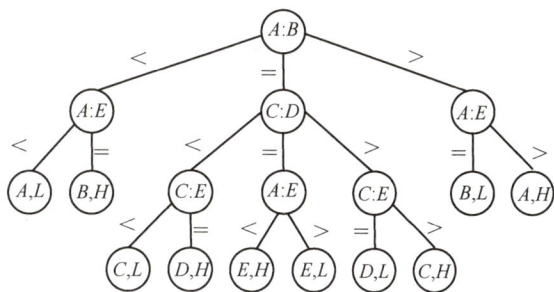

图 7.43

从根到叶就是一种求解过程，由于该树有 10 片叶子，因此最多有 10 种可能的解。又由于该树高为 3，因此最坏情形下进行 3 次判别就能得到结论。

4. 博弈树

实际生活中有许多有趣的博弈，如围棋、象棋、五子棋等，选手交替动作，直至结束。下面介绍如何将根树应用到博弈比赛策略的研究中。这种方法已应用于很多计算机程序，使人类可以同计算机比赛，或者计算机同计算机比赛。

作为一般的一个例子，考虑一个取火柴的博弈。

例 7.36 现有 7 根火柴，甲、乙两人依次从中取走 1 根或 2 根，但不能不取，取走最后一根的就是胜利者。请利用博弈树对此进行分析。

分析 由于每次甲、乙至多有两种选择，因此可构造二元博弈树来讨论。

解 用 7 表示轮到甲取时有 7 根火柴，用 ④ 表示轮到乙取时有 4 根火柴，以此类推，得到 2 元树如图 7.44(a)所示。

显然，当出现 1 或 2 时，甲获胜，不必再进行下去。同样，① 或 ② 是乙获胜的状态。

甲获胜时，设其得 1 分，乙获胜时，设甲得 -1 分。无疑轮到甲做出判断时，他一定选择能取值 1 的对策；而轮到乙做出判断时，他将选取使甲失败，即取值 -1 的对策。这个道理是显而易见的。例如，甲遇到图 7.44(b)所示状态时，应选取 $\max(1,-1)=1$，即甲应取 1 根火柴使状态进入③。同理，乙遇到图 7.44(c)所示状态时，应选取 $\min(1,-1)=-1$，使甲进入必然失败的状态 3。如图 7.44(a)所示，开始时若有 7 根火柴，先下手者胜局已定，除非对手失误。因⑥时取值 1，故 7 取 1，而状态⑤的搜索可以略去，即状态 7 的甲决策使之进入⑥即可。这样达到剪枝(剪枝是指将一棵子树的根结点的所有后代结点全部删除，其目的是避免博弈树模型的过拟合)的目的。各点的值是自下而上回溯的。

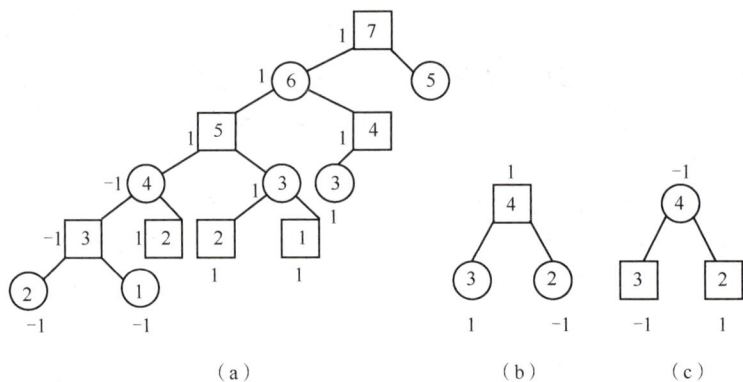

图 7.44

5. 关键道路法

在利用图论方法解决运筹学的工程规划和调度安排问题的过程中，**关键道路法** （Critical Path Method）是一个比较成功的方法。它提供了系统工程中一种优化的方法，大至工厂生产计划、舰艇维修，小到自行车修理和炊事工作，都可以用关键道路法来安排。关键道路法在文献中常被叫作 **PERT 图**。

一项大的工程往往由许多作业环境构成，其中某些作业可以同时进行，某些作业之间却有依赖关系，必须按一定顺序执行。例如，一项建筑工程涉及采购材料、平整地基、预制构件、埋设管道、砌墙立屋、室内装修等多项作业，其中平整地基和预制构件可以同时进行，而室内装修必须待砌墙立屋之后才能动工。这自然就引出了一个问题：要怎样合理安排才能使工期最短？此外，有的工程还有别的限制条件，如日期限制、经费预算限制等，这又涉及如何安排才能使成本最低并且符合工程限制条件。这些问题可以转化为网络图论的问题加以解决。

图 7.45 所示是一个作业网络，每个作业网络显然不会含有回路。在作业网络中每条有向边表示一个作业，边上的权表示完成该项作业需要的时间（或费用）。源 s 表示工程的开始，汇 t 表示工程的结束，其余结点 v_i 表示以该结点为终点的有向边代表的作业的结束和以该结点为始点的有向边代表的

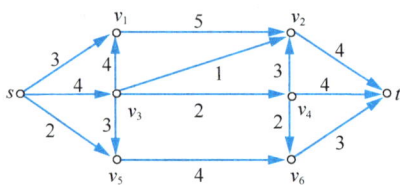

图 7.45

作业的开始。每个 v_i 关联的作业都依赖它前面的各个作业，例如，$\langle v_5, v_6 \rangle$ 表示的作业要在 $\langle s, v_3 \rangle$、$\langle v_3, v_5 \rangle$、$\langle s, v_5 \rangle$ 3 个作业完成之后才能进行。因此，整个工程所需的最短工期要由从源到汇的具有最大权的有向道路来决定。这条道路称为**关键道路**（Critical Path）或**最长道路**（The Longest Path）。关键道路上的作业称为**关键作业**，其中每个作业能否按时完成将影响整个工程的进展，找关键道路是问题的核心。

显然，如果 $P = s v_1 v_2 \cdots v_n t$ 是一条关键道路，那么对于 P 中的任何一个结点 v_i，$P_1 = s v_1 v_2 \cdots v_i$ 是 s 到 v_i 的最长道路，$P_2 = v_i v_{i+1} \cdots v_n t$ 是 v_i 到 t 的最长道路。于是，要找网络的最长道路就必须计算从 s 到 v 的最长道路 P_{sv}，以及 v 到 t 的最长道路 P_{vt}。前者提供了从 s 开始的、一系列以 v 为结束点的作业的最早完工时间，和以 v 为起点的各作业的最早开工时间，记为 $W(P_{sv})$，对汇 t 而言，其最早完成时间是 $W(P)$（P 是关键道路）；

后者提供了在不影响整个工程最早完成时间的前提下，以 v 为终点的一系列作业的最晚完工时间，和以 v 为起点的作业的最晚开工时间，它等于 $W(P)-W(P_{vt})$。在关键道路 P 上的任何结点 v 都必然满足 $W(P_{sv})=W(P)-W(P_{vt})$，而对于不在 P 上的结点 v，一般有 $W(P_{sv})<W(P)-W(P_{vt})$，量 $W(P)-W(P_{vt})-W(P_{sv})$ 是与 v 关联的作业可允许的一个最大缓冲期，缓冲期的存在有利于作业之间的合理安排。

在网络中从源到其他结点的最长道路可用下述算法求得。

算法 7.13　关键道路算法

（1）构造一棵以源 s 为根的生成根树 T，并且求出 s 到 T 的各结点 v 的距离 $L(v)$。

（2）对任何一条权为 $W(u,v)$ 的弦 $\langle u,v \rangle$，若 $L(v)<L(u)+W(u,v)$，则从 T 中去掉以 v 为终点的有向边，而代之以有向边 $\langle u,v \rangle$，同时使 s 到以 v 为根的子树中各结点的距离都增加 $L(u)+W(u,v)-L(v)$。如此反复进行，直到考察完所有的弦。

至于从网络中找各结点到汇的最长道路，其基本思想与上面介绍的方法相似，执行方式有所不同。

例 7.37　求图 7.45 所示作业对象的关键道路。

解　先构造由源 s 到各结点的最长道路的生成根树，如图 7.46（a）～图 7.46（d）所

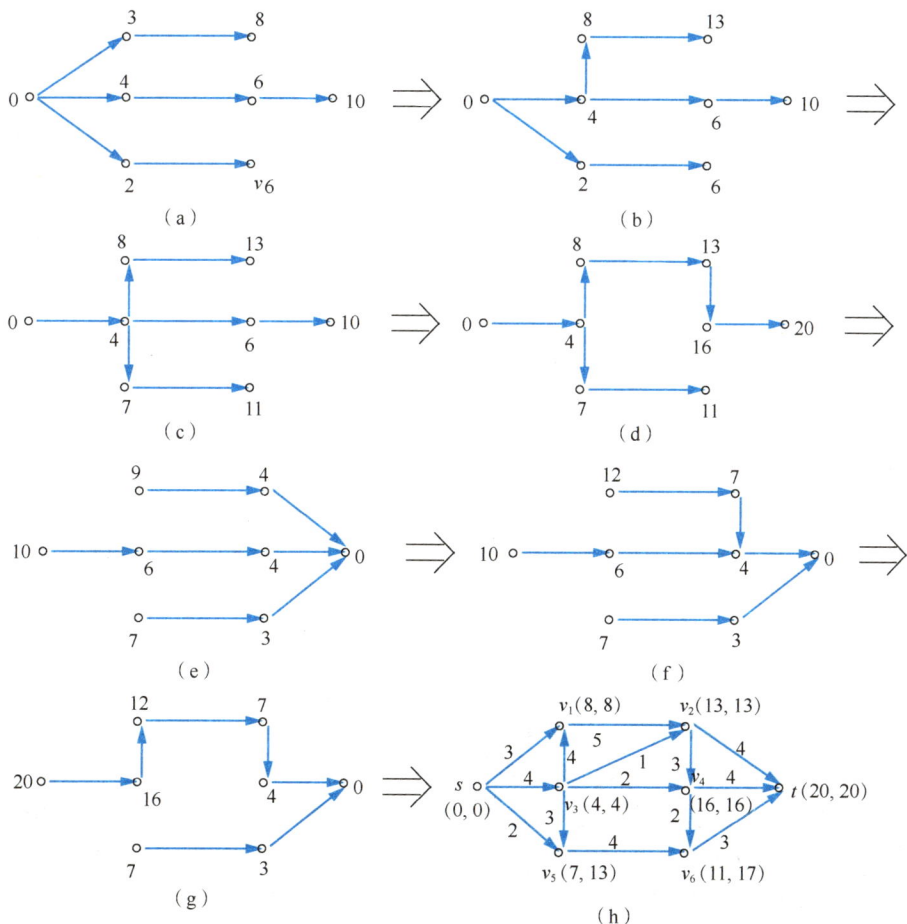

图 7.46

示，再构造各结点到汇 t 的生成内向树，如图 7.46(e) ~ 图 7.46(g) 所示，然后在原图各结点 v 处标以一个有序对 (a, b)，其中 a 是图 7.46(d) 中结点 v 的值，b 是最长道路的权减去图 7.46(g) 中结点 v 的值后的结果，如图 7.46(h) 所示。

从图 7.46 中知道，$P = sv_3 v_1 v_2 v_4 t$ 是关键道路，P 上的作业是关键作业，重视这些作业的完成将有助于保证整个工程按时完成。不在 P 上的作业都有缓冲期，例如，$\langle s, v_1 \rangle$ 只需 3 个单位时间，在整个工程中它的动工时间为 0，最晚完工时间为 8，有 5 个单位的多余机动时间。又如，作业 $\langle v_5, v_6 \rangle$ 的最早动工时间为 7，最晚完工时间为 17，作业所需的时间为 4，因而有 6 个单位的多余机动时间，即使从时间 13 开始也能按期完成。利用这种全盘规划可以集中人力物力于关键项目，做到有条不紊。

7.6.3　欧拉图的应用

1. 一笔画问题

所谓"一笔画问题"就是画一个图形，笔不离纸，每条边只画一次而不允许重复，画完该图。

"一笔画问题"本质上就是一个无向图是否存在欧拉通路（回路）的问题。如果该图为欧拉图，则能够一笔画完该图，并且笔又回到出发点；如果该图只存在欧拉通路，则能够一笔画完该图，但笔回不到出发点；如果该图中不存在欧拉通路，则不能一笔画完该图。

例 7.38　图 7.47 所示的 3 个图能否一笔画？为什么？

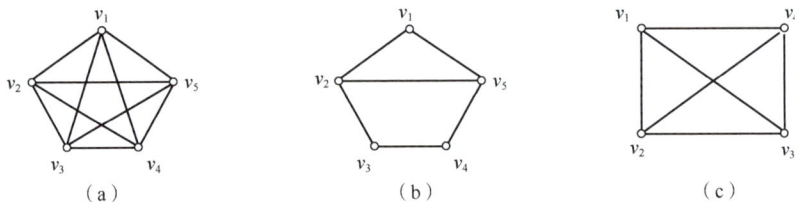

图 7.47

分析　利用定理 7.5 判定这些图中是否存在欧拉通路（回路）即可。

解　因为图 7.47(a) 和图 7.47(b) 中分别有 0 个和 2 个奇度数结点，所以它们分别是欧拉图和存在欧拉通路，因此能够一笔画，并且在图 7.47(a) 中笔能回到出发点，而图 7.47(b) 中笔不能回到出发点。图 7.47(c) 中有 4 个度数为 3 的结点，所以不存在欧拉通路，从而不能一笔画。

2. 蚂蚁比赛问题

例 7.39　甲、乙两只蚂蚁分别位于图 7.48 的结点 A 和结点 B 处，设图中的边长度相等。甲、乙进行比赛：从它们所在的结点出发，走过图中所有边最后到达结点 C 处。如果它们的速度相同，问：谁先到达目的地？

分析　由于两只蚂蚁速度相同，图 7.48 中边长度相等，因此谁走的边数少谁先到达目的地。图 7.48 中只有两个奇度数结点 B 和 C，因此存在欧拉通路。由于欧拉通路是经过图中所有边的通路

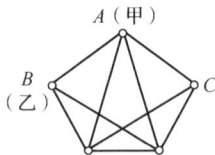

图 7.48

中边数最少的通路，因此能够走欧拉通路的必定获胜。蚂蚁乙所处的结点 B 和目的地 C 正好是欧拉通路的两个端点，所以乙获胜。

解 在图 7.48 中，仅有两个度数为奇数的结点 B 和 C，因而存在从 B 到 C 的欧拉通路。蚂蚁乙走到 C 只要走一条欧拉通路，边数为 9，而蚂蚁甲要想到达 C，至少要先走一条边到达 B，再走一条欧拉通路，因而它至少要走 10 条边才能到达 C，故乙必胜。

3. 计算机鼓轮设计

假设一个鼓轮的表面被等分为 16 个部分，如图 7.49 所示，其中每一部分由导体或绝缘体构成，图中阴影部分表示导体，空白部分表示绝缘体，导体部分给出信号 1，绝缘体部分给出信号 0。根据鼓轮转动时所处的位置，4 个触头 A，B，C，D 将获得一定的信息。因此，鼓轮的位置可用二进制信号表示。问：如何选取鼓轮 16 个部分的材料才能使鼓轮每转过一个部分得到一个不同的二进制信号，即每转一周，能得到 0000 到 1111 的 16 个数？

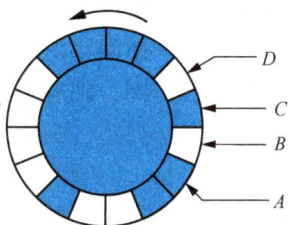
图 7.49

这个问题也可以这样表示：把 16 个二进制数排成一个圆圈，使 16 个由 4 个依次相连的数字所组成的二进制数互不相同。

这个问题的解决思路是这样的。设 $a_i \in \{0,1\}$（$i=1,2,3,\cdots,16$），鼓轮每转一个部分，信号就从 $a_1a_2a_3a_4$ 变为 $a_2a_3a_4a_5$，前者的右三位决定了后者的左三位。因此，我们可把所有三位二进制数作为结点，从每个 $a_1a_2a_3$ 到 $a_2a_3a_4$ 连一条有向边表示 $a_1a_2a_3a_4$ 这个四位二进制数，画出图 7.50 所示包含所有可能的码变换的有向图。于是问题就转化为在这个有向图中找一条欧拉回路。这个有向图中 8 个结点的出度和入度都是 2，因此存在欧拉回路。例如（仅写出边的序列），$e_0e_1e_2e_4e_9e_3e_6e_{13}e_{10}e_5e_{11}e_7e_{15}e_{14}e_{12}e_8$ 就是一条欧拉回路。根据邻接边的标号记法，这 16 个二进制数可写成对应的二进制序列 0000100110101111，把这个序列排成一个圆圈，与所求的鼓轮相对应，就得到图 7.49 所示的鼓轮设计。

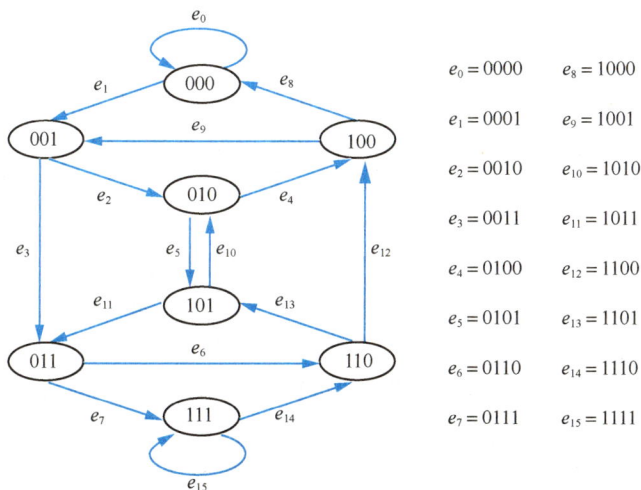
图 7.50

用类似的论证，我们可以证明：存在一个 2^n 个二进制数的循环序列，其中 2^n 个由 n 位二进制数组成的子序列全不相同。

我们将上述 2^n 个二进制数的循环序列称为**布鲁因**（Bruijn）**序列**。

4. 中国邮路问题

一个邮递员送信，他要走完他负责投递的全部街道，完成任务后回到邮局。问：应按怎样的路线走，他所走的路程才会最短呢？如果将这个问题抽象成图论的语言，就是给定一个连通图，连通图的每条边的权值为对应的街道的长度（距离），要在图中求一回路，使回路的总权值最小。显然，若图为欧拉图，只要求出图中的一条欧拉回路即可。否则，邮递员要完成任务就得在某些街道上重复走若干次。如果重复走一次，就加一条平行边，则原来对应的图就变成了多重图，只是要求加进的平行边的总权值最小。于是，问题就转化为：在一个有奇度数结点的赋权连通图中，增加一些平行边，使新图不含奇度数结点，并且增加的边的总权值最小。

要解决上述问题，应采取两个步骤：第一，增加一些边，使新图无奇度数结点，我们称这一步为**可行方案**（Feasible Scheme）；第二，调整可行方案，使其达到增加的边的总权值最小，我们称这个最后的方案为**最佳方案**（Optimal Scheme）。

下面以一例来说明最佳方案的确定过程。

例 7.40 在图 7.51(a)中，确定一条从 v_1 到 v_1 的回路，使它的权值最小（事实上，所确定的回路从任何一个结点出发都可以）。

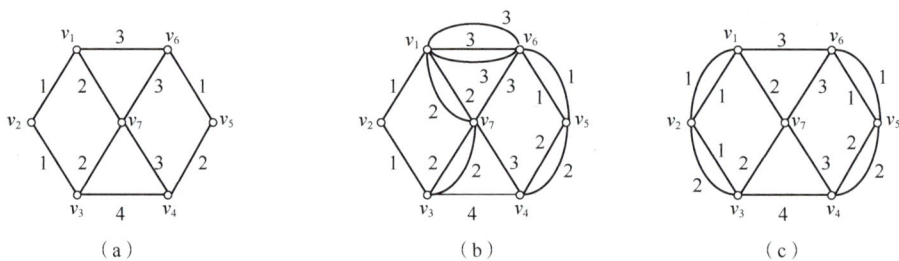

图 7.51

解 （1）第一个可行方案的确定。

由于图中奇度数结点为偶数个，所以图中奇度数结点可以配对。又由于图的连通性，每对奇度数结点之间均存在基本通路，在配好对的奇度数结点之间各确定一条基本通路，然后将通路中的所有边均加一条平行边，这样产生的新图中无奇度数结点，因而存在欧拉回路。在图 7.51(a)中，奇度数结点有 4 个，即 v_1, v_3, v_4, v_6。任意将它们配 2 对：v_1 与 v_4 配对；v_3 与 v_6 配对。选 v_1 与 v_4 之间的基本通路 $v_1v_6v_5v_4$，v_3 与 v_6 之间的基本通路 $v_3v_7v_1v_6$。每条通路中所含的边均加一条平行边。增加平行边的图如图 7.51(b)所示，它无奇度数结点，因而是欧拉图。增加的边的总权值为

$$W(v_3, v_7) + W(v_7, v_1) + 2W(v_1, v_6) + W(v_6, v_5) + W(v_5, v_4) = 13。$$

（2）调整可行方案，使增加的边的总数减少。

图 7.51(b)中，边 (v_1, v_6) 的重数为 3，若去掉两条平行边，既不影响 v_1 和 v_6 度数的奇偶性，也不影响图的连通性，因而可去掉两条平行边。一般情况下，若边的重数大于等于 3，就去掉偶数条平行边。于是，有下面的结论。

（Ⅰ）在最优方案中，图中每条边的重数小于等于 **2**。

我们发现，如果将某条基本回路中的平行边均去掉，而给原来没有平行边的边加上平行边，不影响图中结点度数的奇偶性。因而，如果在某条基本回路中，平行边的总权值大于该回路的权值的一半，就做上述调整。在图 7.51（b）中，回路 $v_1v_2v_3v_7v_1$ 的权值为 6，而平行边的总权值为 4，大于 3，因而应给予调整，调整后的图如图 7.51（c）所示。于是，我们又有下面的结论。

（Ⅱ）在最优方案中，图中每个基本回路上平行边的总权值不大于该回路的权值的一半。

经过以上调整，得图 7.51（c），平行边的总权值为
$$W(v_1,v_2)+W(v_2,v_3)+W(v_4,v_5)+W(v_5,v_6)=5。$$

（3）判断最佳方案的标准。

从上面的分析可知，一个最佳方案是满足（Ⅰ）（Ⅱ）的可行方案，反之，一个可行方案若满足（Ⅰ）（Ⅱ），它也一定是最佳方案（证明略）。因而，（Ⅰ）（Ⅱ）是最佳方案的充分必要条件。

图 7.51（c）满足（Ⅰ）（Ⅱ），从而是最佳方案，即图 7.51（c）中的任意一条欧拉回路均为正确答案。

检查是否满足（Ⅱ），就要检查所有的基本回路，因而工作量较大，但这个问题已有了较好的算法，在本书中就不介绍了。

上述问题是由我国数学家管梅谷在 1962 年首先解决的，因此，该问题在国际上被称为"中国邮路问题"。

7.6.4 哈密顿图的应用

巡回售货员问题

巡回售货员问题也称为货郎担问题。有一个售货员从他所在城市出发去访问 $n-1$ 个城市，要求经过每个城市恰好一次，最后返回原地，问：他的旅行路线怎样安排才最经济（即线路最短）？

这个问题用图论术语叙述就是，$G=\langle V,E,W\rangle$ 是 n 个结点的赋权完全图，这里 $V=\{v_1,v_2,\cdots,v_n\}$ 是城市的集合，E 是连接城市的道路的集合，W 是从 E 到正实数集合的一个函数（即 $W(v_i,v_j)$ 是城市 v_i 与 v_j 之间的距离），显然对于 V 中任意 3 个城市 v_i,v_j,v_k，它们之间的距离应满足三角不等式
$$W(v_i,v_j)+W(v_j,v_k)\geq W(v_i,v_k)，$$
请求出该赋权图上的最短哈密顿回路。

显然，研究这个问题是十分有趣且有实用价值的。但是很可惜，至今尚未找到一个很有效的算法。当然，从理论上说，我们可以用枚举法来求解，但是当完全图的结点较多时，枚举法的运算量是十分惊人的，即便使用计算机也很难实现。

我们知道，从第一个城市到第二个城市有 $n-1$ 种走法，从第二个城市到第三个城市有 $n-2$ 种走法……共有 $(n-1)!$ 种走法。若考虑 $v_1v_2\cdots v_nv_1$ 和 $v_1v_nv_{n-1}\cdots v_2v_1$ 是同一条回路，则共有 $\frac{1}{2}(n-1)!$ 条不同的哈密顿回路。为了比较权的大小，对每条哈密顿回路

要做 $n-1$ 次加法，故加法的总数为 $\dfrac{n-1}{2}(n-1)!$。例如，当有 40 个城市时，$\dfrac{n-1}{2}(n-1)!$ 的近似值为 3.77×10^{47}，假设一台计算机每秒完成 10^{13}（一万亿）次加法运算，将需要超过 1.19×10^{27} 年的时间才能完成所需的加法运算，这显然是不现实的。

实际中常采用以下的最邻近算法和抄近路算法，它们为该问题提供了一个近似解。

算法 7.14　最邻近算法

（1）以 v_i 为始点，在其余 $n-1$ 个结点中，找出与始点最邻近的结点 v_j（如果与 v_i 最邻近的结点不唯一，则任选其中的一个作为 v_j），形成具有一条边的通路 $v_i v_j$。

（2）假设 x 是最新加入这条通路的结点，从不在通路上的结点中选取一个与 x 最邻近的结点，把连接 x 与此结点的边加到这条通路中。重复这一步，直到 G 中所有结点都包含在通路中。

（3）把始点和最后加入的结点之间的边放入，就得到一条回路。

例 7.41　用最邻近算法计算图 7.52(a)中以 a 为始点的一条近似最短哈密顿回路。

分析　利用算法 7.14，每次选择与最新加入通路的结点最邻近的结点来构成更长的通路。

解　从结点 a 开始，根据最邻近算法构造一条哈密顿回路，具体过程如图 7.52(b)~图 7.52(f)所示，所得回路的总距离为 47。

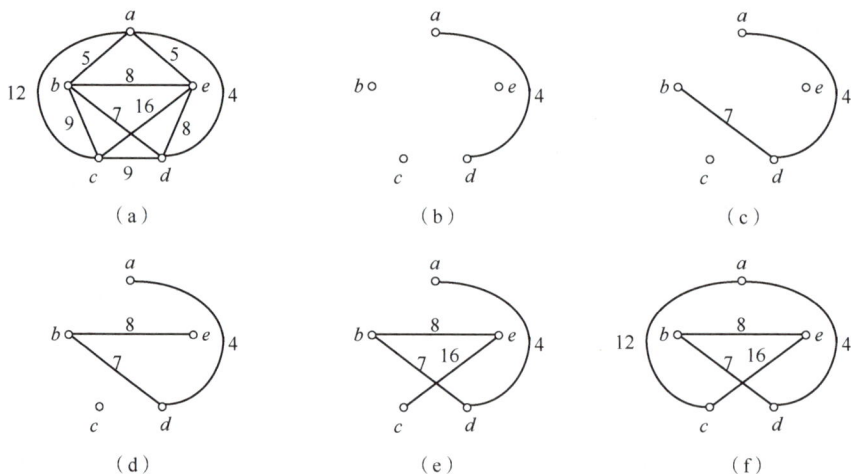

图 7.52

用最邻近算法求得的以其他结点为始点的哈密顿回路及总距离如下。

以 b 为始点的哈密顿回路为 $badecb$，总距离为 42。

以 c 为始点的哈密顿回路为 $cbadec$，总距离为 42；或 $cdaebc$，总距离为 35；或 $cdabec$，总距离为 42。

以 d 为始点的哈密顿回路为 $dabecd$，总距离为 42；或 $daebcd$，总距离为 35。

以 e 为始点的哈密顿回路为 $eadbce$，总距离为 41。

图 7.52(a)中最短哈密顿回路的长度为 35，最长哈密顿回路的长度为 48。若以 a 为始点，用最邻近算法求得的哈密顿回路的长度为 47，几乎达到了最长哈密顿回路的

长度，因而最邻近算法不是好的算法。另外，这个算法的误差可以很大。

算法 7.15　抄近路算法

（1）求 G 中的一棵最小生成树 T。

（2）将 T 中各边均加一条与原边权值相同的平行边，设所得图为 G'，显然 G' 是欧拉图。

（3）求 G' 中的一条欧拉回路 E。

（4）在 E 中按以下方法求从结点 v 出发的一条哈密顿回路 H：从 v 出发，沿 E 访问 G' 中各个结点，在访问完所有结点之前，一旦出现重复的结点，就跳过它走到下一个结点。这种走法称为抄近路走法。$W(H)$ 作为最短哈密顿回路的长度（设为 d_0）的近似值。

例 7.42　用抄近路算法计算图 7.53（a）中以 a 为始点的一条近似最短哈密顿回路。

分析　利用算法 7.15，先求欧拉回路，再抄近路找到哈密顿回路。

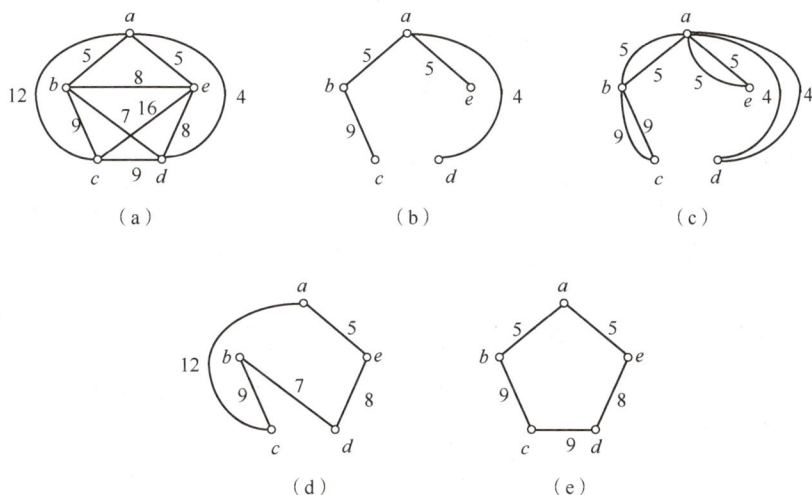

图 7.53

解　按以下步骤求从结点 a 出发的哈密顿回路。

（1）求图 7.53（a）中的一棵最小生成树 T，如图 7.53（b）所示。

（2）将 T 中各边均加平行边，得 G'，如图 7.53（c）所示。

（3）求从结点 a 出发的欧拉回路 $E_a = aeadabcba$。

（4）求从结点 a 出发按抄近路走法的哈密顿回路 $H_a = aedbca$，如图 7.53（d）所示，$W(H_a) = 41$。

下面求从结点 c 出发的哈密顿回路。

（1）同上。

（2）同上。

（3）从结点 c 出发的欧拉回路为 $E_c = cbaeadabc$。

（4）从结点 c 出发按抄近路走法的哈密顿回路为 $H_c = cbaedc$，如图 7.53（e）所示，$W(H_c) = 36$。

用抄近路算法求得的最短哈密顿回路的近似值比用最邻近算法好得多。在这个算法中能给出 $W(H)$ 的较好估计。

定理 7.16 设赋权完全图 $K_n(n \geq 3)$ 满足三角不等式，d_0 是 K_n 中最短哈密顿回路的长度，H 是用抄近路算法求出的 K_n 中的哈密顿回路，则

$$W(H) < 2d_0。$$

分析 利用抄近路算法中的最小生成树、欧拉回路、哈密顿回路的长度关系证明。

证明 设 T 是 K_n 中的最小生成树，E 是将 T 中每边加平行边后的图中的欧拉回路，则 $W(E) = 2W(T)$。由欧拉回路 E 产生哈密顿回路 H 时，因为 K_n 满足三角不等式，所以 H 的权不会比 E 的权大，即

$$W(H) \leq W(E) = 2W(T)。$$

K_n 中的最短哈密顿回路 H_0 去掉任意一条边就产生一棵生成树 T'，从而有

$$W(T) \leq W(T') < d_0，$$

因此

$$2W(T) < 2d_0，$$

故

$$W(H) < 2d_0。$$

7.6.5 偶图的应用

例 7.43 有 n 台计算机和 n 个磁盘驱动器。每台计算机与 $m(m>0)$ 个磁盘驱动器兼容，每个磁盘驱动器与 m 台计算机兼容。能否为每台计算机配置一台与它兼容的磁盘驱动器？

分析 先将问题转化为偶图求匹配的问题，然后利用 t 条件或相异性条件判断。

解 用 V_1 表示 n 台计算机的集合，用 V_2 表示 n 台磁盘驱动器的集合。以 V_1 和 V_2 为互补结点子集，以 $E = \{(v_i, v_j) \mid v_i \in V_1, v_j \in V_2$ 且 v_i 与 v_j 兼容$\}$ 为边集，构造偶图。它显然满足 t 条件$(t=m)$，所以存在匹配，故能够为每台计算机配置一台与它兼容的磁盘驱动器。

7.6.6 平面图的应用

假设有 3 幢房子，利用地下管道连接 3 种服务——供水、供电和供气。连接这些服务的条件是管子不能相互交叉。该问题称为 3 个公共事业问题。

分别用 3 个结点表示 3 幢房子，3 个结点表示水源、电源和气源连接点，再在 3 幢房子结点和 3 个连接点结点间加上表示管子的边，得到图 G。这样问题就转化为判断 G 是否是平面图的问题。显然，G 为 $K_{3,3}$，由平面图的知识知，G 不是平面图，即 3 个公共事业问题的管子连接是不可能实现的。

7.7 习题

1. 一棵树有 n_i 个度数为 i 的结点，$i = 2, 3, 4, \cdots, k$，问：它有多少个度数为 1 的结点？

2. 证明：若无向图 G 是森林，则 G 中无回路并且 $m = n - p$。这里 n, m, p 分别是 G 中的结点数、边数和连通分支数。

3. 证明：正整数序列 $(d_1, d_2, \cdots, d_n)$ 是一棵树中结点的度数序列的充分必要条件是
$$\sum_{i=1}^{n} d_i = 2(n-1)。$$

4. 画出具有 7 个结点的所有非同构的树。

5. 图 7.54(a)、图 7.54(b) 所示的连通图 G_1 和 G_2 中各有几棵非同构的生成树？

6. 对任意一个图 $G = \langle V, E \rangle$，设 $|V| = n$，$|E| = m$，$p(G) = p$，证明 G 中至少包含 $m-n+p$ 条不同的回路。

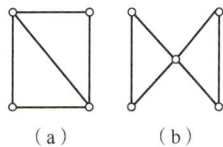

图 7.54

7. 设 T_1 和 T_2 是连通图 G 的两棵生成树，边 a 在 T_1 中但不在 T_2 中，证明存在只在 T_2 中而不在 T_1 中的边 b，使 $(T_1-\{a\}) \cup \{b\}$ 和 $(T_2-\{b\}) \cup \{a\}$ 都是 G 的生成树。

8. 证明：简单连通无向图 G 的任何一条边，都是 G 的某一棵生成树的边。

9. 证明或否定断言：简单连通无向图 G 的任何一条边，都是 G 的某一棵生成树的弦。

10. 用 Kruskal 算法求图 7.55 所示图的一棵最小生成树。

11. 用 Prim 算法求图 7.56 所示图的一棵最小生成树。

12. 一个有向图 G 仅有一个结点的入度为 0，其余所有结点的入度均为 1，G 一定是根树吗？

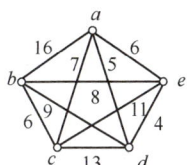

图 7.55

13. 证明：2 元树的第 i 层上至多有 2^i 个结点；高为 k 的 2 元树至多含 $2^{k+1}-1$ 个结点。

14. 若完全 2 元树 T 有 k 个分支点，且各分支点的层数之和为 I，各叶的层数之和为 L，证明：$L = I + 2k$。

15. 设完全 2 元树 T 的结点数为 n，证明：n 必为奇数，且该完全 2 元树的叶结点数 $t = \dfrac{n+1}{2}$。

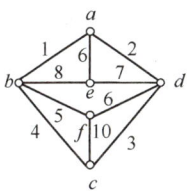

图 7.56

16. 甲、乙两人进行乒乓球比赛，三局两胜。用一棵 2 元树表示比赛可能进行的各种情况。

17. 用有序树表示代数表达式 $\dfrac{(3x-5y^2)^5}{a(b^3-4c)}$，其中加、减、乘、除、乘方运算分别用符号 "+" "−" "×" "÷" "↑" 表示。

18. 分别写出按先根次序遍历法、中根次序遍历法、后根次序遍历法对图 7.57 所示有序 2 元树中结点进行访问的顺序。

19. 用一棵有序 2 元树表示图 7.58 所示的有序树。

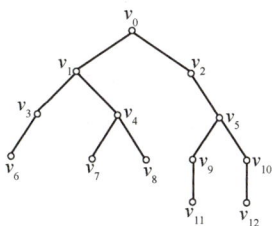

图 7.57

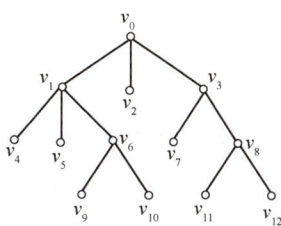

图 7.58

20. 求带权 2,3,5,7,8,11 的最优树。

21. 判断图 7.59 所示的 4 个图是否能一笔画出。

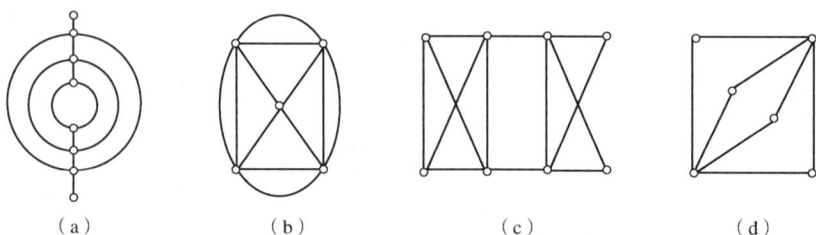

（a）　　　　　（b）　　　　　（c）　　　　　（d）

图 7.59

22. n 为何值时，无向完全图 K_n 是欧拉图？n 为何值时，无向完全图 K_n 中仅存在欧拉通路而不存在欧拉回路？

23. 设 G 是具有 k 个奇度数结点的无向连通图，那么，最少要在 G 中添加多少条边才能使 G 具有欧拉回路？

24. $n(n \geqslant 2)$ 个结点的有向完全图中，哪些是欧拉图？为什么？

25. 在 8×8 黑白相间的棋盘上跳动一只马，不论跳动方向如何，要使这只马完成每一种可能的跳动恰好一次，问：这样的跳动是否可能？（一只马跳动一次是指从 2×3 黑白方格组成的长方形的一个对角跳到另一个对角上。）

26. 如图 7.60 所示，4 个村庄下面各有一个防空洞甲、乙、丙、丁，相邻的两个防空洞之间有地道相通，并且每个防空洞各有一条地道与地面相通，能否每条地道恰好走过一次，既无重复也无遗漏？

27. （1）画一个有欧拉回路和哈密顿回路的图。

（2）画一个有欧拉回路，但没有哈密顿回路的图。

（3）画一个没有欧拉回路，但有哈密顿回路的图。

（4）画一个既没有欧拉回路，也没有哈密顿回路的图。

28. 证明图 7.61 所示的图不是哈密顿图。

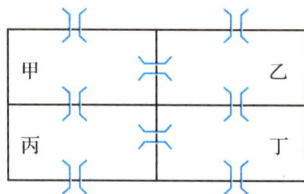

图 7.60

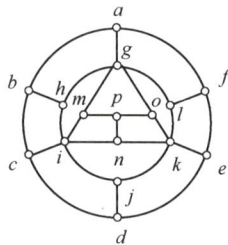

图 7.61

29. 在图 7.62 所示的图中，哪些有哈密顿回路？哪些有哈密顿通路？

30. （1）设 G 是具有 n 个结点的无向简单图，其边数 $m = \frac{1}{2}(n-1)(n-2)+2$，证明 G 是哈密顿图。

（2）再给出一个图 G，它具有 n 个结点和 $\frac{1}{2}(n-1)(n-2)+1$ 条边，证明 G 不是哈密顿图。

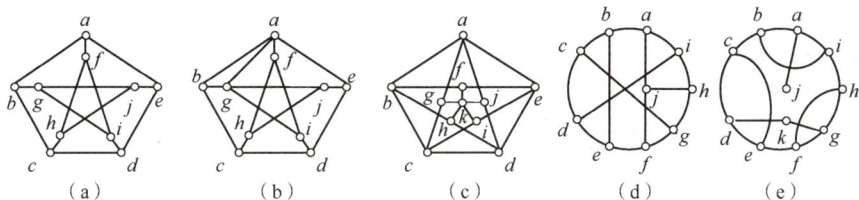

图 7.62

31. 无向完全图 K_n 中有多少条没有公共边的哈密顿回路？

32. 11 个学生打算几天都在一张圆桌上共进午餐，并且希望每次午餐时每个学生两旁所坐的人都不相同，问：这 11 个学生共进午餐最多能有多少天？

33. 现有 $n(n \geqslant 3)$ 个人，已知他们中的任何两个人合起来认识其余 $n-2$ 个人。证明：这 n 个人可以排成一行，使除排头和排尾外，其余每个人均认识他两旁的人；当 $n \geqslant 4$ 时，这 n 个人可以排成一个圆圈，使每个人都认识他两旁的人。

34. 设有 a,b,c,d,e,f,g 7 个人，它们分别会讲以下各种语言：a 会讲英语；b 会讲汉语和英语；c 会讲英语、西班牙语和俄语；d 会讲日语和汉语；e 会讲德语和西班牙语；f 会讲法语、日语和俄语；g 会讲法语和德语。能否将这 7 个人的座位安排在圆桌旁，使每个人均能与他身边的人交谈？

35. 在图 7.63 所示的 4 个图中，哪几个是偶图？哪几个不是偶图？是偶图的请给出互补结点子集，不是的，请说明理由。

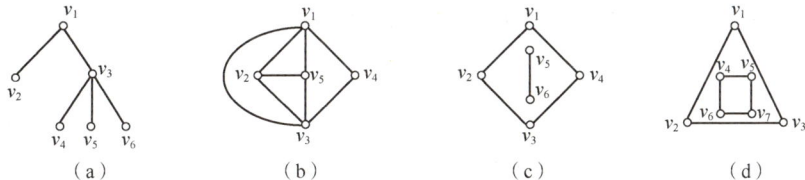

图 7.63

36. 证明：如果简单图 G 是偶图，它有 n 个结点和 m 条边，则 $m \leqslant \dfrac{n^2}{4}$。

37. 证明：树是一个偶图。

38. 一次舞会，共有 n 位男士和 n 位女士参加，已知每位男士至少认识两位女士，而每位女士至多认识两位男士。问：能否将男士和女士分配为 n 对，使每对中的男士和女士彼此相识？

39. 现有赵、钱、孙、李、周 5 位教师，他们要承担语文、数学、物理、化学、英语 5 门课程。已知赵熟悉数学、物理、化学 3 门课程，钱熟悉语文、数学、物理、英语 4 门课程，孙、李、周 3 人都只熟悉数学和物理两门课程。问：能否安排他们 5 人每人只教一门自己所熟悉的课程，使每门课都有人教？请说明理由。

40. 证明图 7.64 所示的 4 个图均为平面图。

41. 指出图 7.65 所示的两个图各有几个面，写出每个面的边界及次数。

42. 证明：在有 6 个结点、12 条边的连通简单平面图中，每个面均由 3 条边围成。

43. 设 G 是具有 $k(k \geqslant 2)$ 个连通分支的简单平面图，证明：

$$n-m+r=k+1,$$

其中 n,m,r 分别是 G 的结点数、边数和面数。（本题所证的结论是欧拉公式的推广）

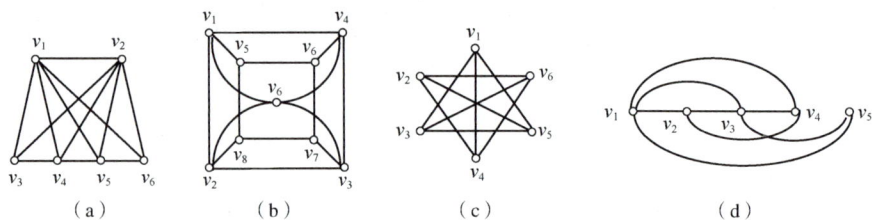

图 7.64

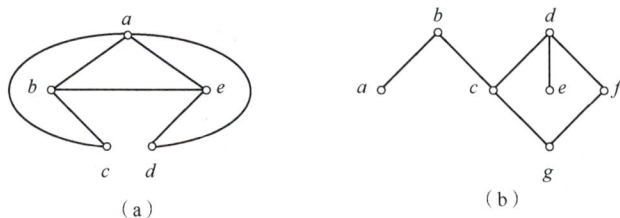

图 7.65

44. 设 G 是具有 n 个结点、m 条边、$p(p \geq 2)$ 个连通分支的简单平面图，G 的每个面均至少由 $k(k \geq 3)$ 条边围成，证明：$m \leq \dfrac{k(n-p-1)}{k-2}$。

45. 证明图 7.66 所示的两个图均为非平面图。

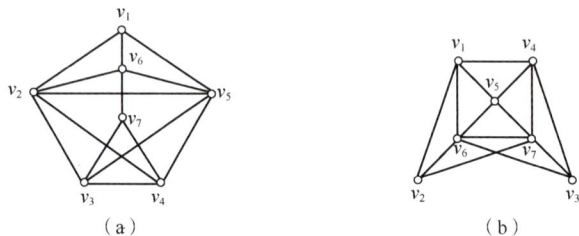

图 7.66

46. 证明在简单平面图 G 中，至少有一个度数小于等于 5 的结点。

47. 证明小于 30 条边的简单平面图 G 中至少有一个度数小于等于 4 的结点。

48. 证明在简单平面图中，有 $r \leq 2n-4$。这里 r 和 n 分别为该图的面数与结点数 $(n \geq 3)$。

49. 设 G 是一个简单图，证明：若结点数 $n<8$，则 G 与 G^c 中至少有一个是平面图。

50. 设 G 是一个简单图，证明：若结点数 $n \geq 11$，则 G 与 G^c 中至少有一个是非平面图。

51. "AI+"实践：请尝试用 3 个以上不同的大模型工具，使用离散数学的方法来解决第 38 题，并比较和评价大模型工具给出的答案。对于不正确的答案，请指出哪些地方存在错误；对于正确的答案，请选出解法最简洁、思路最明确的那个。

第8章
代数系统

第8章导读

代数系统(Algebraic System)是建立在集合上的一种运算系统，是抽象代数学的研究对象。它运用抽象的方法，研究集合上的关系或运算。代数系统是一种数学结构，是初等代数和高等代数的一种扩展与抽象，由集合、关系、运算、公理、定理、定义和算法组成。

著名的代数系统有群、环、域以及格与布尔代数，后面的章节将对这些代数系统进行一一介绍。

本章思维导图

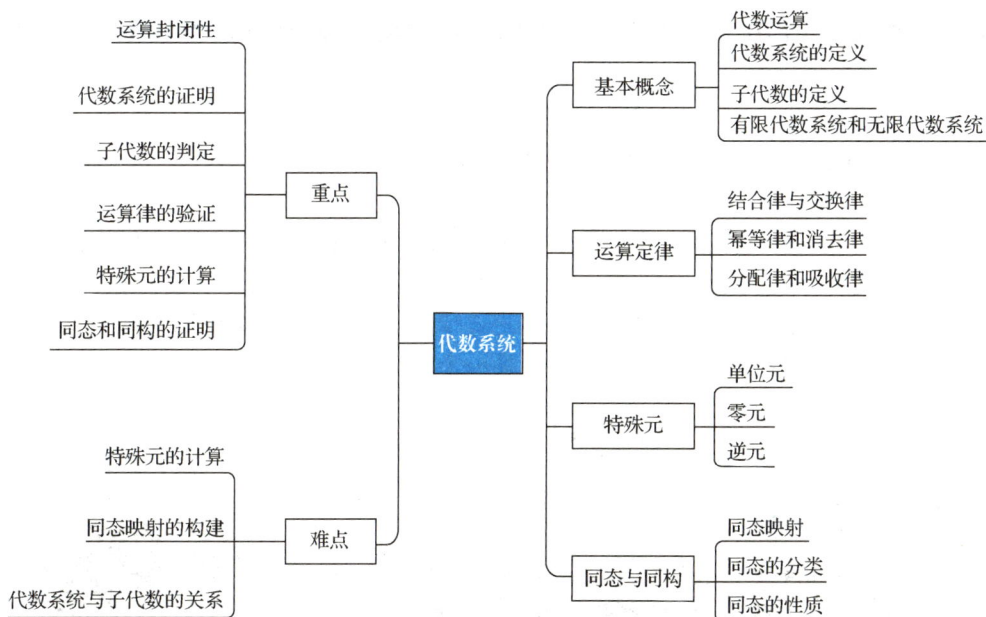

历史人物

诺 特

个人成就

德国数学家，被称为"现代数学之母"和"当代数学文章的合著者"，最主要的贡献是提出了"诺特定理"。诺特的工作成果被用在了黑洞的研究上。她发表的一篇论文为爱因斯坦的广义相对论给出了一种纯数学的严格方法，另一篇论文《环中的理想论》给出了抽象代数的本质。

人物介绍

曾 炯

个人成就

中国数学家，我国最早从事抽象代数研究的学者。他用德文发表了 3 篇在世界数坛有重要影响的论文：《论函数域上的可除代数》《函数域上的代数》《论交换域的拟代数闭性的层次理论》。这 3 篇论文皆为函数域上的代数方面的研究成果，被写入相关的教科书。

人物介绍

8.1 代数系统

初等代数和算术涉及各类数集的运算，如加、减、乘、除等；本书前面的章节也已经介绍了集合的并、交、补、差运算，命题的否定、合取、析取、蕴涵和等价运算，关系的复合和逆运算。这些都可以称作代数运算，可以使用函数的形式来表达。

例如，自然数集合 $\mathbf{N}$ 上的加法运算就是一个 $\mathbf{N} \times \mathbf{N} \to \mathbf{N}$ 的函数；而任意集合 A 的幂集 $P(A)$ 上的并运算和交运算都是 $P(A) \times P(A) \to P(A)$ 的函数。

本节将介绍一般意义上的代数运算，并将重点放在二元运算和一元运算上。

8.1.1 代数运算

最简单和最常见的代数运算是二元运算。

定义 8.1 设 A 是一个非空集合，函数 $f: A \times A \to A$ 称为 A 上的一个二元代数运算（Binary Algebraic Operation），简称二元运算（Binary Operation）。这时也称 A 对 f 封闭（Closed），或运算 f 具有封闭性。

微课视频

为与一般的函数进行区别，二元运算通常使用运算符"∗""·""。""+""－""∧""∨""∩""∪""⊕""⊗""Δ"等表示。需要注意的是，由于可能存在复用，因此运算符的具体含义需要根据上下文环境来确定。

为便于后续运算性质的表达，二元运算通常使用中缀表示法。例如，考虑自然数集合 $\mathbf{N}$ 上的加法运算，$\forall a, b, c \in \mathbf{N}$，如果 a 与 b 的和是 c，则通常记为 $a+b=c$，而不是 $+(a, b)=c$。

例如，设"+""·"是普通加法和乘法，"－""÷"是普通减法和除法，则有以下结论。

（1）自然数集合 $\mathbf{N}$ 上的"+""·"是二元运算，但"－""÷"不是。

（2）整数集合 $\mathbf{Z}$、有理数集合 $\mathbf{Q}$、实数集合 $\mathbf{R}$ 上的"+""－""·"是二元运算，但"÷"不是。

（3）非零实数集合 $\mathbf{R}^* = \mathbf{R} - \{0\}$ 上的"·""÷"是二元运算，但"+""－"不是。

进一步，考虑在集合论和数理逻辑中学到的知识，又有以下例子。

（1）若 A 是任意一个集合，则在 A 的幂集 $P(A)$ 上定义的并运算和交运算都是二元运算。

（2）若 S 是所有命题公式的集合，则 S 上定义的合取运算和析取运算都是二元运算。

矩阵的使用非常广泛，考虑矩阵上的运算，有以下结论。

（1）设 $M_n(\mathbf{R})$ 是全体 n 阶实数矩阵的集合，则 $M_n(\mathbf{R})$ 上的矩阵加法和矩阵乘法都是二元运算，但矩阵除法不是。

（2）设 $GL_n(\mathbf{R})$ 表示全体 n 阶实数可逆方阵的集合，则 $GL_n(\mathbf{R})$ 上的矩阵乘法是二元运算，但矩阵加法不是，因为两个可逆矩阵的和未必可逆。

定义二元运算时，可以给出表达式来表示其运算规则。例如，定义实数集 $\mathbf{R}$ 上的某二元运算"。"为 $\forall x, y \in \mathbf{R}$，$x \circ y = \max(x, y)$，即有 $3 \circ 4 = 4$，$(-3.5) \circ (-2.4) = -2.4$。

有限非空集合 $A = \{a_1, a_2, \cdots, a_n\}$ 上的二元运算"∗"也可使用运算表(或乘法表)来定义，如表 8.1 所示。

例如，设 $\mathbf{Z}_n = \{0, 1, 2, \cdots, n-1\}$，⊕和⊗分别表示模 n 加法和模 n 乘法，即 $x \oplus y = (x+y) \bmod n, x \otimes y = (x \cdot y) \bmod n$。那么 $n=5$ 时，这两个运算的运算表如表 8.2 和表 8.3 所示。

表 8.1

∗	a_1	a_2	$\cdots$	a_n
a_1	$a_1 * a_1$	$a_1 * a_2$	$\cdots$	$a_1 * a_n$
a_2	$a_2 * a_1$	$a_2 * a_2$	$\cdots$	$a_2 * a_n$
$\vdots$	$\vdots$	$\vdots$	$\vdots$	$\vdots$
a_n	$a_n * a_1$	$a_n * a_2$	$\cdots$	$a_n * a_n$

表 8.2

⊕	0	1	2	3	4
0	0	1	2	3	4
1	1	2	3	4	0
2	2	3	4	0	1
3	3	4	0	1	2
4	4	0	1	2	3

表 8.3

⊗	0	1	2	3	4
0	0	0	0	0	0
1	0	1	2	3	4
2	0	2	4	1	3
3	0	3	1	4	2
4	0	4	3	2	1

下面定义一元运算。

定义 8.2 设 A 是一个非空集合，函数 $f: A \rightarrow A$ 称为 A 上的一个一元代数运算(Unary Algebraic Operation)，简称一元运算(Unary Operation)。

例如，整数集 $\mathbf{Z}$、有理数集 $\mathbf{Q}$ 和实数集 $\mathbf{R}$ 上的求相反数运算，复数集 $\mathbf{C}$ 上的求共轭运算，集合 A 的幂集 $P(A)$ 上的求补运算，所有命题集合上的求否定运算等，均为一元运算。

理论上，代数运算还可以扩展到非空集合 A 上的 n 元运算以及 n 个不同集合的 n 元运算。

定义 8.3 设 $A_1, A_2, \cdots, A_n, A$ 是非空集合，如果 $*: A_1 \times A_2 \times \cdots \times A_n \to A$ 是一个 $A_1 \times A_2 \times \cdots \times A_n$ 到 A 的函数，则 " $*$ " 称为一个 $A_1 \times A_2 \times \cdots \times A_n$ 到 A 的 n 元代数运算（n-ary Algebraic Operation），简称 n 元运算（n-ary Operation）。当 $A_1 = A_2 = \cdots = A_n = A$ 时，称运算 " $*$ " 对集合 A 是封闭的，或者称 " $*$ " 是 A 上的 n 元运算。

例如，表 8.4 所示的某学生的课表就是 $J \times W$ 到 C 的二元运算，其中集合 $J = \{1, 2, 3, 4\}$，$W = \{$星期一，星期二，星期三，星期四，星期五$\}$，$C = \{$微积分，军事理论，大学英语，离散数学，大学体育$\}$。

表 8.4

$*$	星期一	星期二	星期三	星期四	星期五
1	微积分	离散数学	微积分	大学英语	微积分
2	微积分	离散数学	微积分	大学英语	微积分
3	军事理论	大学英语	大学体育	离散数学	大学体育
4	军事理论	大学英语	大学体育	离散数学	大学体育

又如，三维空间上的某一点到坐标轴或某平面上的投影可构成一个三元运算。

在代数系统中，很少使用不同集合的 n 元运算，常用的是非空集合 A 上的二元运算和一元运算。在这些二元运算和一元运算中，由运算封闭性定义可以知道，运算的封闭性与其依赖的集合是密不可分的。例如，普通的数的减法对自然数集 $\mathbf{N}$ 是不封闭的，但对实数集 $\mathbf{R}$ 却是封闭的；普通的数的除法对实数集 $\mathbf{R}$ 是不封闭的，但对非零实数集 $\mathbf{R}^*$ 却是封闭的。因此，对运算的研究实际上是对给定集合上的运算的研究。为此，把运算及其对应的集合看成一个整体，就形成了代数系统。下面介绍代数系统的定义及性质。

8.1.2 代数系统与子代数

定义 8.4 设 A 是非空集合，$*_1, *_2, \cdots, *_m$ 分别是定义在 A 上的 $k_1, k_2, \cdots, k_m (k_i \in \mathbf{Z}^+, i = 1, 2, \cdots, m)$ 元运算，则集合 A 和 $*_1, *_2, \cdots, *_m$ 所组成的系统称为代数系统（Algebraic System），简称代数（Algebra），记为 $\langle A, *_1, *_2, \cdots, *_m \rangle$。

微课视频

当 A 是有限集合时，该代数系统称为有限代数系统，否则称为无限代数系统。

解题小贴士

代数系统的判定方法

若要证明 $\langle A, *_1, *_2, \cdots, *_m \rangle$ 是代数系统，就是要证明以下两点。

（1）集合 A 非空：通常做法是找到某一个元素 $a \in A$。

（2）各运算 $*_i (i = 1, 2, \cdots, m)$ 关于 A 是封闭的：以二元运算为例，即证明 $\forall x, y \in A$，$x *_i y \in A$。

例如，前面提到的 $\langle \mathbf{Z},+\rangle$、$\langle \mathbf{Z},\cdot\rangle$、$\langle \mathbf{Z},+,\cdot\rangle$、$\langle \mathbf{R}^*,\cdot,\div\rangle$、$\langle M_n(\mathbf{R}),+,\times\rangle$、$\langle GL_n(\mathbf{R}),$ $\times\rangle$、$\langle \mathbf{Z}_n,\oplus\rangle$、$\langle \mathbf{Z}_n,\oplus,\otimes\rangle$ 等都是代数系统。代数系统中也可同时包含二元运算和一元运算，例如，非空集合 A 的幂集 $P(A)$ 及其上定义的交运算、并运算和补运算可构成代数系统，记为 $\langle P(A),\cap,\cup,\sim\rangle$，通常称为集合代数(Set Algebra)。又如，S 是所有命题公式的集合，S 及其上的合取运算、析取运算和否定运算构成代数系统，记为 $\langle S,$ $\wedge,\vee,\neg\rangle$，通常称为命题代数(Proposition Algebra)。

例 8.1 判断下列给定系统是否为代数系统。

(1)设 $A=\{1,2,3,\cdots,10\}$，定义运算 $*:x*y=n$，其中 n 为 x 和 y 之间(含)素数的个数。

(2)在整数集合 $\mathbf{Z}$ 上定义两个运算"$\circ_1$"和"$\circ_2$"，其中

$$x\circ_1 y=x+y-xy, \quad x\circ_2 y=|x-y|_\circ$$

分析 判断给定系统是否为代数系统的关键：(1)确定给定集合是非空的；(2)确定每个运算对给定的集合都是封闭的。

解 (1)显然 A 是非空集合，但 $8*10=0$，"$*$"对集合 A 是不封闭的，所以 $\langle A,*\rangle$ 不是代数系统。

(2)显然 $\mathbf{Z}$ 是非空集合，$\forall x,y\in \mathbf{Z}$，$x\circ_1 y=x+y-xy$ 和 $x\circ_2 y=|x-y|$ 的结果依然是整数，所以"$\circ_1$"和"$\circ_2$"对 $\mathbf{Z}$ 是封闭的，故 $\langle \mathbf{Z},\circ_1,\circ_2\rangle$ 是代数系统。

根据代数系统中运算的个数和元数特征，可定义同类型的代数系统。

定义 8.5 设 $\langle A,*_1,*_2,\cdots,*_m\rangle$ 和 $\langle B,\circ_1,\circ_2,\cdots,\circ_m\rangle$ 是两个代数系统，若"$\circ_i$"和"$*_i$"都是 k_i 元运算($i=1,2,\cdots,m$)，则称这两个代数同类型(Same Species)。

例如，前面提到的代数系统 $\langle \mathbf{N},+,\cdot\rangle$ 和 $\langle \mathbf{R},+,\cdot\rangle$ 是同类型的；集合代数 $\langle P(A),\cap,$ $\cup,\sim\rangle$ 和命题代数 $\langle S,\wedge,\vee,\neg\rangle$ 也是同类型的。

有了同类型代数系统的概念，就可以对现实世界中大量的代数系统进行分类研究，从而使研究结果更具一般性。本书后续章节将介绍各分类中一些典型的代数系统，如群、环、域、格、布尔代数等。

对于代数系统 $\langle \mathbf{N},+,\times\rangle$ 和 $\langle \mathbf{R},+,\times\rangle$，它们的运算完全相同，同时，$\mathbf{N}$ 还是 $\mathbf{R}$ 的子集，此时称 $\langle \mathbf{N},+,\times\rangle$ 是 $\langle \mathbf{R},+,\times\rangle$ 的子代数。子代数的具体定义如下。

定义 8.6 设 $\langle A,*_1,*_2,\cdots,*_m\rangle$ 是代数系统，如果

(1)$B\subseteq A$ 且 $B\neq\varnothing$；

(2)$*_1,*_2,\cdots,*_m$ 都是 B 上的封闭运算，

则称 $\langle B,*_1,*_2,\cdots,*_m\rangle$ 是 $\langle A,*_1,*_2,\cdots,*_m\rangle$ 的子代数系统(Subalgebraic System)，简称子代数(Subalgebra)。若 $B\subset A$，则称 $\langle B,*_1,*_2,\cdots,*_m\rangle$ 是 $\langle A,*_1,*_2,\cdots,*_m\rangle$ 的真子代数(Proper Subalgebra)。

注意

(1)$\langle B,*_1,*_2,\cdots,*_m\rangle$ 是 $\langle A,*_1,*_2,\cdots,*_m\rangle$ 的子代数系统当且仅当 B 是 A 的非空子集且 $\langle B,*_1,*_2,\cdots,*_m\rangle$ 是代数系统。

(2)任何代数系统的子代数系统一定存在。因为任何一个代数系统都是它自身的子代数。

子代数是抽象代数学中一个非常重要的概念，通过研究子代数的结构和性质，可以得到原代数系统的某些重要性质。例如，在群论中，通过对子群的研究，可解决一些典型的计数问题，且至今人们尚未发现其他更为简单和有效的方法。

例 8.2 在代数系统 $\langle \mathbf{Z}, + \rangle$ 中，令 $M = \{5z \mid z \in \mathbf{Z}\}$，证明 $\langle M, + \rangle$ 是 $\langle \mathbf{Z}, + \rangle$ 的子代数。

分析 根据定义 8.6，需要证明两点：（1）M 是 $\mathbf{Z}$ 的非空子集；（2）普通加法对集合 M 封闭。

证明 （1）显然 M 是 $\mathbf{Z}$ 的子集，又因为 $5 = 5 \times 1$，$1 \in \mathbf{Z}$，所以 $5 \in M$，即集合 M 是 $\mathbf{Z}$ 的非空子集。

（2）对任意的 $5z_1, 5z_2 \in M$，其中 $z_1 \in \mathbf{Z}$，$z_2 \in \mathbf{Z}$，有 $5z_1 + 5z_2 = 5(z_1 + z_2)$，且 $z_1 + z_2 \in \mathbf{Z}$，从而 $5z_1 + 5z_2 \in M$，即运算"+"对集合 M 封闭。

由以上两点可知，$\langle M, + \rangle$ 是 $\langle \mathbf{Z}, + \rangle$ 的子代数。

解题小贴士

子代数的判定方法

若要证明 $\langle B, *_1, *_2, \cdots, *_m \rangle$ 是代数系统 $\langle A, *_1, *_2, \cdots, *_m \rangle$ 的子代数，则要证明以下两点。

（1）集合 B 是 A 的非空子集：通常做法是找到 A 中某个元素一定属于 B，而子集关系一般用子集的定义来证明。

（2）各运算 $*_i (i = 1, 2, \cdots, m)$ 关于 B 是封闭的：若 $*_i$ 是二元运算，就是要证明 $\forall x$，$y \in B$，$x *_i y \in B$。

8.2 运算律和特殊元

大家知道，代数系统包含一个集合以及一个或多个运算符。当集合或运算符改变时，就可以得到不同的代数系统。但不管代数系统的形式发生怎样的改变，本质上还是研究给定集合上的运算及其性质。不同的代数系统，可能在很多性质上是相同的。例如，集合代数上的并运算和交运算，以及命题代数上的合取运算和析取运算，尽管运算的定义和应用领域各不相同，但均同时满足交换律、结合律、分配律、吸收律等。而整数集上的加法和乘法运算，也会满足交换律和结合律以及乘法对加法的分配律。接下来，将基于一般意义上的二元运算来定义这些运算定律以及集合中关于运算存在的某些特殊元。

8.2.1 二元运算律

定义 8.7 设 $\langle A, * \rangle$ 是二元代数系统。

（1）如果 $\forall x, y, z \in A$，都有 $(x * y) * z = x * (y * z)$，则称" $*$ "在 A 上是**可结合的**（Associative），或称" $*$ "在 A 上满足**结合律**（Associative Law）。

（2）如果 $\forall x, y \in A$，都有 $x * y = y * x$，则称" $*$ "在 A 上是**可交换的**（Commutative），或称" $*$ "满足**交换律**（Commutative Law）。

（3）如果 $\forall x \in A$，都有 $x * x = x$，则" $*$ "在 A 中是**幂等的**（Idempotent），或称" $*$ "满

微课视频

足 幂等律(Idempotent Law)。若某元素 $a \in A$ 满足 $a*a=a$，则称 a 是 A 中关于" $*$ "的一个 幂等元(Idempotent Element)。

（4）如果 $\forall x,y,z \in A$，都有

$$x*y=x*z \Rightarrow y=z, \tag{8-1}$$

$$y*x=z*x \Rightarrow y=z, \tag{8-2}$$

则称" $*$ "在 A 上是可消去的，或称" $*$ "满足 消去律(Cancellation Law)，x 是 A 中关于 " $*$ "的 可消去元(Cancellative Element)。其中，满足式(8-1)称为满足 左消去律，满足式(8-2)称为满足 右消去律，对应的 x 分别称为 左可消去元 和 右可消去元。

例 8.3 设" $*$ "是实数集 $\mathbf{R}$ 上的二元运算，$\forall x,y \in \mathbf{R}$，有 $x*y=x+y-2xy$。问：运算" $*$ "是否满足交换律、结合律、幂等律和消去律？

分析 按照交换律、结合律、幂等律和消去律的定义直接判断。注意，x 和 y 是从 $\mathbf{R}$ 中任意选取的。

解 （1）验证结合律是否成立。

$\forall x,y,z \in \mathbf{R}$，因为

$(x*y)*z=(x+y-2xy)*z=(x+y-2xy)+z-2(x+y-2xy)z=x+y+z-2xy-2xz-2yz+4xyz,$

$x*(y*z)=x*(y+z-2yz)=x+(y+z-2yz)-2x(y+z-2yz)=x+y+z-2xy-2xz-2yz+4xyz,$

即 $(x*y)*z=x*(y*z)$，所以" $*$ "在 $\mathbf{R}$ 上满足结合律。

（2）验证交换律是否成立。

$\forall x,y \in \mathbf{R}$，因为

$$x*y=x+y-2xy, \quad y*x=y+x-2yx=x+y-2xy,$$

即 $x*y=y*x$，所以" $*$ "在 $\mathbf{R}$ 上满足交换律。

（3）验证幂等律是否成立。

$\forall x \in \mathbf{R}$，因为

$$x*x=x+x-2x^2=2x-2x^2,$$

而 $2x-2x^2=x$ 仅在 $x=0$ 或 $x=\dfrac{1}{2}$ 时成立，即 0 和 $\dfrac{1}{2}$ 是两个幂等元，但在实数范围内，显然 $x*x \neq x$，所以" $*$ "在 $\mathbf{R}$ 上不满足幂等律。

（4）验证消去律是否成立。

$\forall x,y,z \in \mathbf{R}$，假设 $x*y=x*z$，则有 $x+y-2xy=x+z-2xz$，即 $x+y(1-2x)=x+z(1-2x)$，进一步有 $y(1-2x)=z(1-2x)$，可见要得到 $y=z$，必须有 $x \neq \dfrac{1}{2}$；同理，若想由 $y*x=z*x$ 得到 $y=z$，同样需要 $x \neq \dfrac{1}{2}$。从而" $*$ "在 $\mathbf{R}$ 上不满足消去律，但除 $\dfrac{1}{2}$ 外的所有元素均为可消去元。

例 8.4 设" $*$ "是集合 $A=\{a_1,a_2,a_3,a_4\}$ 上的二元运算，其运算表如表 8.5 所示。问：运算" $*$ "满足结合律、交换律、消去律、幂等律吗？为什么？

分析 同样按照交换律、结合律、幂等律和消去律的定义直接判断，并注意所有

表 8.5

$*$	a_1	a_2	a_3	a_4
a_1	a_4	a_2	a_3	a_4
a_2	a_2	a_2	a_1	a_2
a_3	a_3	a_1	a_3	a_4
a_4	a_4	a_3	a_4	a_4

元素均应满足定律的条件。

解 （1）验证结合律是否成立。

存在元素 $a_1, a_2, a_3 \in A$，$(a_1 * a_2) * a_3 = a_2 * a_3 = a_1$，$a_1 * (a_2 * a_3) = a_1 * a_1 = a_4$，即

$$(a_1 * a_2) * a_3 \neq a_1 * (a_2 * a_3),$$

因此，结合律不成立。

（2）验证交换律是否成立。

假设"$*$"满足交换律，则对任意 $a_i, a_j \in A$，有

$$a_i * a_j = a_j * a_i,$$

即该运算表应该对称。但表 8.5 并不对称，例如，$a_4 * a_2 = a_3$，但 $a_2 * a_4 = a_2$，因此，运算"$*$"不满足交换律。

（3）验证消去律是否成立。

假设"$*$"满足消去律，则对任意 $a_k, a_i, a_j \in A$，如果 $a_k * a_i = a_k * a_j$，则 $a_i = a_j$，即该运算表中第 k 行的元素应互不相同，由 k 的任意性，即是同一行中的元素互不相同。同理，同一列中的元素也应互不相同。但在表 8.5 中，第 1 行中 a_4 出现两次，所以消去律不成立。

（4）验证幂等律是否成立。

根据幂等元定义，存在元素 $a_1 \in A$，有 $a_1 * a_1 = a_4 \neq a_1$，所以 a_1 不是幂等元。而其他 3 个元素 a_2, a_3, a_4 均是幂等元。所以幂等律不成立。

结论 （1）二元运算"$*$"满足交换律当且仅当其运算表对称。

（2）二元运算"$*$"满足消去律当且仅当其运算表中同一行（列）中的元素互不相同。

（3）二元运算"$*$"满足幂等律当且仅当其运算表中主对角线上的元素与行/列表头相同。

上面介绍的结合律、交换律、幂等律和消去律仅揭示了单个运算的性质，而下面要介绍的分配律和吸收律则反映了两个运算之间的联系。

定义 8.8 设 $\langle A, *, \circ \rangle$ 是一个含有两个二元运算的代数系统。

（1）如果 $\forall x, y, z \in A$，都有

$$x * (y \circ z) = (x * y) \circ (x * z), \tag{8-3}$$

$$(y \circ z) * x = (y * x) \circ (z * x), \tag{8-4}$$

则称"$*$"对"$\circ$"在 A 上满足**分配律**（Distributive Law）。其中，满足式（8-3）时称"$*$"对"$\circ$"在 A 上是**左可分配的**（Left Distributive）（又称**第一分配律**），满足式（8-4）时称"$*$"对"$\circ$"在 A 上是**右可分配的**（Right Distributive）（又称**第二分配律**）。

（2）如果 $\forall x, y \in A$，都有

$$x * (x \circ y) = x, \tag{8-5}$$

$$x \circ (x * y) = x, \tag{8-6}$$

则称"$*$"和"$\circ$"满足**吸收律**（Absorption Law）。

显然，集合代数 $\langle P(A), \cap, \cup, \sim \rangle$ 中，运算"$\cup$"对"$\cap$"以及"$\cap$"对"$\cup$"在 $P(A)$ 上均满足分配律和吸收律；命题代数 $\langle S, \wedge, \vee, \neg \rangle$ 中，运算"$\wedge$"对"$\vee$"以及"$\vee$"对"$\wedge$"在 S 上均满足分配律和吸收律。但在代数系统 $\langle \mathbf{R}, +, \cdot \rangle$ 中，只有"$\cdot$"对"$+$"满足分配律，"$+$"对"$\cdot$"不满足分配律，并且，"$+$"和"$\cdot$"也不满足吸收律。

例 8.5 设运算"$\vee$""$\wedge$"分别是实数集 $\mathbf{R}$ 上的最大值和最小值运算，即 $\forall a,b\in\mathbf{R}$，$a\vee b=\max\{a,b\}$，$a\wedge b=\min\{a,b\}$，请说明运算"$\vee$"与"$\wedge$"是否满足分配律和吸收律。

分析 直接按照分配律和吸收律的定义进行验证。

解 $\forall a,b,c\in\mathbf{R}$，有

$$a\vee(b\wedge c)=\max\{a,\min\{b,c\}\},$$
$$(a\vee b)\wedge(a\vee c)=\min\{\max\{a,b\},\max\{a,c\}\}。$$

此时，分两种情况讨论：若 a 是 3 个元素中最小的，即 $a\leqslant b,a\leqslant c$，则上面两式均等于 $\min\{b,c\}$；否则，若 a 不是 3 个元素中最小的，则上面两式均等于 a。可见 $a\vee(b\wedge c)=(a\vee b)\wedge(a\vee c)$。

同理可知 $a\wedge(b\vee c)=(a\wedge b)\vee(a\wedge c)$，又"$\vee$"和"$\wedge$"满足交换律，因此，"$\vee$"与"$\wedge$"之间相互满足分配律。

又因为有 $a\vee(a\wedge c)=\max\{a,\min\{a,c\}\}=a$ 和 $a\wedge(a\vee c)=\min\{a,\max\{a,c\}\}=a$，所以"$\vee$"与"$\wedge$"满足吸收律。

例 8.6 考虑任意集合 A 的幂集 $P(A)$ 上定义的交运算和对称差运算，说明这两个运算是否满足分配律和吸收律。

分析 同样按照分配律和吸收律的定义进行验证。

解 首先考虑分配律，$\forall X,Y,Z\in P(A)$，则 $\forall s$，有

$$s\in X\cap(Y\oplus Z)\Leftrightarrow s\in X\wedge((s\in Y\wedge s\notin Z)\vee(s\in Z\wedge s\notin Y))$$
$$\Leftrightarrow(s\in X\wedge s\in Y\wedge s\notin Z)\vee(s\in X\wedge s\in Z\wedge s\notin Y)$$
$$\Leftrightarrow(s\in X\cap Y\wedge s\notin Z)\vee(s\in X\cap Z\wedge s\notin Y)$$
$$\Leftrightarrow(s\in X\cap Y\wedge s\notin X\cap Z)\vee(s\in X\cap Z\wedge s\notin X\cap Y)$$
$$\Leftrightarrow s\in(X\cap Y)\oplus(X\cap Z),$$

从而 $X\cap(Y\oplus Z)=(X\cap Y)\oplus(X\cap Z)$。同理可证 $(Y\oplus Z)\cap X=(Y\cap X)\oplus(Z\cap X)$。

可见，"$\cap$"对"$\oplus$"满足分配律。

但"$\oplus$"对"$\cap$"不满足分配律。例如，令 $A=\{1,2,3,4,5,6,7,8\}$，$X=\{1,2,3,4\}$，$Y=\{2,3,5,6\}$，$Z=\{3,4,5,7\}$，则 $X\oplus(Y\cap Z)=\{1,2,4,5\}$，而 $(X\oplus Y)\cap(X\oplus Z)=\{1,5\}$，二者不相等，从而"$\oplus$"对"$\cap$"不满足分配律。

再考虑吸收律，由于 $X\cap(X\oplus Y)=X\oplus(X\cap Y)=X-Y$，此时可分为两种情况：

（1）当 $A=\varnothing$ 时，$P(A)=\{\varnothing\}$，此时 $X-Y=X$，所以"$\cap$"与"$\oplus$"满足吸收律；

（2）当 $A\neq\varnothing$ 时，$X-Y$ 不一定等于 X，所以"$\cap$"与"$\oplus$"不满足吸收律。

可见，"$\cap$"与"$\oplus$"不满足吸收律。

8.2.2 二元运算的特殊元

前面我们考察了代数系统满足的基本运算律。这些运算律已经涉及一些特殊元，包括幂等元和可消去元。除此之外，代数系统中还有一些非常特殊的元素，例如，在代数系统 $\langle\mathbf{R},+\rangle$ 中，$\forall x\in\mathbf{R}$，$x+0=0+x=x$；在代数系统 $\langle\mathbf{R},\cdot\rangle$ 中，$\forall x\in\mathbf{R}$，$1\cdot x=x\cdot 1=x$，$0\cdot x=x\cdot 0=0$。这些 0 和 1 就是特殊元，它们的存在反映了代数系统的一些重要性质。下面分别对这些特殊元进行研究。

微课视频

定义 8.9 设 $\langle A,*\rangle$ 是一个二元代数系统。若存在 $e \in A$，$\forall x \in A$，都有

$$e * x = x, \tag{8-7}$$

$$x * e = x, \tag{8-8}$$

则称 e 是 A 中关于运算"$*$"的一个单位元或幺元（Unit Element/Identity Element）。其中，满足式(8-7)时称 e 是 A 中关于运算"$*$"的一个左单位元或左幺元（Left Unit Element/Left Identity Element），记为 e_l；满足式(8-8)时称 e 是 A 中关于运算"$*$"的一个右单位元或右幺元（Right Unit Element/Right Identity Element），记为 e_r。

我们容易知道，代数系统 $\langle \mathbf{N},+\rangle$，$\langle \mathbf{Z},+\rangle$，$\langle \mathbf{R},+\rangle$ 中的单位元为 0，代数系统 $\langle \mathbf{N},\cdot\rangle$，$\langle \mathbf{Z},\cdot\rangle$，$\langle \mathbf{R},\cdot\rangle$ 中的单位元为 1。

显然，单位元也是幂等元和可消去元。

根据定义，若存在单位元 e，则 e 同时是左单位元和右单位元。那么，反过来呢？

定理 8.1 设 $\langle A,*\rangle$ 是一个二元代数系统，如果 $\langle A,*\rangle$ 存在左、右单位元，则该左、右单位元相等，且是唯一的单位元。

分析 要证明左、右单位元相等，只需充分利用左、右单位元的定义；要证明唯一性，通常采用反证法，即假设存在两个不同的单位元，再证明它们相等。

证明 (1)证左、右单位元相等。设 e_l 和 e_r 分别是 $\langle A,*\rangle$ 中的左单位元和右单位元，考虑 $e_l * e_r$。由于 e_l 是左单位元，则有

$$e_l * e_r = e_r;$$

又由于 e_r 是右单位元，则有

$$e_l * e_r = e_l。$$

从而 $e_l = e_r = e$ 是单位元。

(2)证单位元的唯一性。假设 $\langle A,*\rangle$ 存在两个单位元 e_1 和 e_2，考虑 $e_1 * e_2$。由于 e_1 是单位元，则有

$$e_1 * e_2 = e_2;$$

又由于 e_2 也是单位元，则有

$$e_1 * e_2 = e_1。$$

从而

$$e_2 = e_1,$$

即 $\langle A,*\rangle$ 中的单位元是唯一的。

定义 8.10 设 $\langle A,*\rangle$ 是一个二元代数系统。若存在 $\theta \in A$，使对任意 $x \in A$，都有

$$\theta * x = \theta, \tag{8-9}$$

$$x * \theta = \theta, \tag{8-10}$$

则称 θ 是 A 中关于运算"$*$"的一个零元（Zero Element）。其中，满足式(8-9)时称 θ 是 A 中关于运算"$*$"的一个左零元（Left Zero Element），记为 θ_l；满足式(8-10)时称 θ 是 A 中关于运算"$*$"的一个右零元（Right Zero Element），记为 θ_r。

我们容易知道，代数系统 $\langle \mathbf{N},+\rangle$，$\langle \mathbf{Z},+\rangle$，$\langle \mathbf{R},+\rangle$ 中无零元，代数系统 $\langle \mathbf{N},\cdot\rangle$，$\langle \mathbf{Z},\cdot\rangle$，$\langle \mathbf{R},\cdot\rangle$ 中的零元为 0。

显然，零元也是幂等元，但除非是只含一个元素的代数系统，否则其不是可消去元。

根据定义，若存在零元 θ，则 θ 同时是左零元和右零元。那么，反过来呢？

定理 8.2 设 $\langle A, * \rangle$ 是一个二元代数系统，如果 $\langle A, * \rangle$ 存在左、右零元，则该左、右零元相等，且是唯一的零元。

定理 8.2 的证明类似于定理 8.1，请读者自证。

例 8.7 判定下列代数系统是否有单位元或零元，如果有，则找出来。

（1）$\langle P(A), \cap, \cup \rangle$：$P(A)$ 是任意集合 A 的幂集，$\cap$ 和 $\cup$ 分别是集合的交运算与并运算。

（2）$\langle M_n(\mathbf{R}), +, \times \rangle$：$M_n(\mathbf{R})$ 是全体 n 阶实数方阵，$+$ 和 $\times$ 分别是矩阵加法与乘法。

分析 这些运算都是基本运算，直接根据单位元和零元的定义来寻找即可。

解 （1）因为 $P(A)$ 中的元素都是 A 的子集，$\varnothing \in P(A)$，$A \in P(A)$，所以交运算的单位元是 A，零元是 $\varnothing$；并运算的单位元是 $\varnothing$，零元是 A。

（2）根据矩阵的加法和乘法运算规则，矩阵加法的单位元是 n 阶零矩阵，无零元；矩阵乘法的单位元是 n 阶单位矩阵，零元是 n 阶零矩阵。

例 8.8 已知代数系统 $\langle \mathbf{Z} \times \mathbf{Z}, \cdot \rangle$，其中 $\mathbf{Z}$ 是整数集，$\forall \langle a, b \rangle, \langle c, d \rangle \in \mathbf{Z} \times \mathbf{Z}$，运算 "$\cdot$" 为

$$\langle a, b \rangle \cdot \langle c, d \rangle = \langle ac + 2bd, ad + bc \rangle,$$

问：$\mathbf{Z} \times \mathbf{Z}$ 中关于运算 "$\cdot$" 是否有单位元或零元？如果有，请找出来。

分析 这个运算并非基本运算。可首先假设单位元、零元存在，然后代入表达式进行计算，推出可能的结果，最后验证其是否是单位元、零元。

解 （1）假设 $\langle a, b \rangle$ 是单位元，则 $\forall \langle x, y \rangle \in \mathbf{Z} \times \mathbf{Z}$，$\langle a, b \rangle \cdot \langle x, y \rangle = \langle ax + 2by, ay + bx \rangle = \langle x, y \rangle$，即 $ax + 2by = x$，$ay + bx = y$。从而只有 $a = 1$ 和 $b = 0$ 可使等式成立，因而 $\langle 1, 0 \rangle$ 是可能的单位元。进一步验证，$\forall \langle x, y \rangle \in \mathbf{Z} \times \mathbf{Z}$，有 $\langle 1, 0 \rangle \cdot \langle x, y \rangle = \langle x, y \rangle \cdot \langle 1, 0 \rangle = \langle x, y \rangle$。从而可得 $\langle 1, 0 \rangle$ 是 $\langle \mathbf{Z} \times \mathbf{Z}, \cdot \rangle$ 的单位元。

（2）假设 $\langle c, d \rangle$ 是零元，则 $\forall \langle x, y \rangle \in \mathbf{Z} \times \mathbf{Z}$，$\langle c, d \rangle \cdot \langle x, y \rangle = \langle cx + 2dy, cy + dx \rangle = \langle c, d \rangle$，即 $cx + 2dy = c$，$cy + dx = d$。从而只有 $c = 0$ 和 $d = 0$ 可使等式成立，因而 $\langle 0, 0 \rangle$ 是可能的零元。进一步验证，$\forall \langle x, y \rangle \in \mathbf{Z} \times \mathbf{Z}$，有 $\langle 0, 0 \rangle \cdot \langle x, y \rangle = \langle x, y \rangle \cdot \langle 0, 0 \rangle = \langle 0, 0 \rangle$。从而可得 $\langle 0, 0 \rangle$ 是 $\langle \mathbf{Z} \times \mathbf{Z}, \cdot \rangle$ 的零元。

定义 8.11 设 $\langle A, * \rangle$ 是一个二元代数系统。若 e 是 A 中关于运算 "$*$" 的单位元，$\forall a \in A$，如果存在一个元素 $b \in A$，使

$$b * a = e, \tag{8-11}$$

$$a * b = e, \tag{8-12}$$

则称 a 是可逆的（Invertible），并称 b 是 a 的一个逆元（Inverse Element），记为 a^{-1}。其中，满足式（8-11）时称 a 左可逆（Left Invertible），并称 b 是 a 的一个左逆元（Left Inverse Element），记为 a_l^{-1}；满足式（8-12）时称 a 右可逆（Right Invertible），并称 b 是 a 的一个右逆元（Right Inverse Element），记为 a_r^{-1}。

我们容易知道，代数系统 $\langle \mathbf{N}, + \rangle$，$\langle \mathbf{Z}, + \rangle$，$\langle \mathbf{R}, + \rangle$ 中任意元素 x 的逆元是 $-x$；代数系统 $\langle \mathbf{N}, \cdot \rangle$ 中 1 的逆元是 1，此外没有别的可逆元；代数系统 $\langle \mathbf{Z}, \cdot \rangle$ 中 1 的逆元是 1，-1 的逆元是 -1，此外没有别的可逆元；代数系统 $\langle \mathbf{R}, \cdot \rangle$ 中除 0 外均可逆，$\forall x (x \neq 0)$ 的逆元为 $\dfrac{1}{x}$。

例 8.7 中，$P(A)$ 中并运算只有 $\varnothing$ 的逆元为 $\varnothing$，交运算只有 A 的逆元为 A，其余元素不可逆；$M_n(\mathbf{R})$ 中任意一个矩阵 $\boldsymbol{X}$，关于矩阵加法均可逆，其逆元为 $-\boldsymbol{X}$，但关于矩阵乘法不一定可逆，只有可逆矩阵才会有逆矩阵。

显然，单位元 e 的逆元是 e；若元素 a 存在逆元 a^{-1}，则 a^{-1} 同时是 a 的左逆元和右逆元。同时，逆元有以下性质。

定理 8.3 设 $\langle A, * \rangle$ 是一个二元代数系统，运算 "$*$" 满足结合律且存在单位元 e。

（1）$\forall a \in A$，如果 a 存在左、右逆元，则该左、右逆元相等，且是唯一的逆元。

（2）如果 $a, b \in A$，且分别有逆元 a^{-1} 和 b^{-1}，则 $(a * b)^{-1} = b^{-1} * a^{-1}$。

（3）如果 a 是可逆元（左（右）可逆元），则 a 是可消去元（左（右）可消去元）。

分析 定理 8.3 的证明与定理 8.1 的证明类似，但在证明过程中，要充分利用结合律。

证明 （1）①设 $a \in A$ 的左逆元、右逆元分别是 a_{l}^{-1} 和 a_{r}^{-1}，根据左、右逆元的定义以及结合律，有

$$a_{\mathrm{r}}^{-1} = e * a_{\mathrm{r}}^{-1} = (a_{\mathrm{l}}^{-1} * a) * a_{\mathrm{r}}^{-1} = a_{\mathrm{l}}^{-1} * (a * a_{\mathrm{r}}^{-1}) = a_{\mathrm{l}}^{-1} * e = a_{\mathrm{l}}^{-1},$$

所以

$$a^{-1} = a_{\mathrm{r}}^{-1} = a_{\mathrm{l}}^{-1}。$$

②假设 $a \in A$ 存在 a_1 和 a_2 两个逆元，根据逆元的定义和结合律，有

$$a_1 = a_1 * e = a_1 * (a * a_2) = (a_1 * a) * a_2 = e * a_2 = a_2,$$

即 a 的逆元唯一。

（2）因为 a^{-1} 和 b^{-1} 分别是 a 与 b 的逆元，所以有

$$a * a^{-1} = a^{-1} * a = e, \quad b * b^{-1} = b^{-1} * b = e。$$

又由于 "$*$" 满足结合律，所以有

$$(a * b) * (b^{-1} * a^{-1}) = a * (b * b^{-1}) * a^{-1} = a * e * a^{-1} = a * a^{-1} = e,$$

$$(b^{-1} * a^{-1}) * (a * b) = b^{-1} * (a^{-1} * a) * b = b^{-1} * e * b = b^{-1} * b = e,$$

即

$$(a * b)^{-1} = b^{-1} * a^{-1}。$$

（3）设 a 是左可逆元，其左逆元为 a_{l}^{-1}，则有 $a_{\mathrm{l}}^{-1} * a = e$。

$\forall x, y \in A$，有

$$a * x = a * y \Rightarrow a_{\mathrm{l}}^{-1} * (a * x) = a_{\mathrm{l}}^{-1} * (a * y)$$

$$\Rightarrow (a_{\mathrm{l}}^{-1} * a) * x = (a_{\mathrm{l}}^{-1} * a) * y$$

$$\Rightarrow e * x = e * y$$

$$\Rightarrow x = y,$$

即 a 是左可消去元。

同理可证，若 a 是右可逆元，则 a 是右可消去元。

从而，若 a 是可逆元，则 a 是可消去元。

例 8.9 以下代数系统是否存在单位元（左单位元或右单位元）和可逆元（左可逆元或右可逆元）？如果存在，请找出来。

（1）$\langle \mathbf{Q}, - \rangle$，其中 $\mathbf{Q}$ 是有理数集合，"$-$" 是普通减法运算。

（2）$\langle P(A \times A), \circ \rangle$，其中 $P(A \times A)$ 表示集合 A 上的所有二元关系的集合，"$\circ$" 表示关系的复合运算。

（3）$\langle \mathbf{Z}, * \rangle$，其中 $\mathbf{Z}$ 是整数集，$\forall a, b \in \mathbf{Z}$，$a * b = a + b - 2$。

分析　根据二元运算及单位元和逆元的定义来计算。其中（3）并非基本运算，需要先通过假设方式找出可能的单位元和逆元，然后进行验证。

解　（1）由于 $\forall x \in \mathbf{Q}$，$x - 0 = x$，但 $0 - x \neq x$，所以 0 是减法运算的右单位元，但不是左单位元，从而没有单位元，当然也就没有逆元。

（2）由于 $\forall R \in P(A \times A)$，$I_A \circ R = R \circ I_A = R$，所以 I_A 是单位元。若 X 是 R 的逆元，则需要满足 $X \circ R = R \circ X = I_A$，这个等式只有在 R 为双射，并取 X 为 R 的逆函数 R^{-1} 时才能成立。因而，设 $S \subseteq P(A \times A)$ 为 A 上的所有双射的集合，则 S 中任一元素 f 可逆，其逆元为 f 的逆函数 f^{-1}。除此之外，$\forall R \notin S$ 均无逆元。

（3）假设 $a \in \mathbf{Z}$ 是"$*$"运算的单位元，则 $\forall x \in \mathbf{Z}$，有

$$a * x = x, \quad 即 \quad a + x - 2 = x,$$

可推出 $a = 2$。经验证，$2 * x = 2 + x - 2 = x$，$x * 2 = x + 2 - 2 = x$，符合单位元的定义，从而 2 是单位元。

再来考虑逆元。$\forall x \in \mathbf{Z}$，假设 y 是 x 的逆元，则有 $x * y = 2$，即

$$x + y - 2 = 2, \quad 从而 \quad y = 4 - x。$$

经验证，$\forall x \in \mathbf{Z}$，存在 $4 - x \in \mathbf{Z}$，满足 $x * (4 - x) = x + (4 - x) - 2 = 2$，$(4 - x) * x = (4 - x) + x - 2 = 2$，从而 $4 - x$ 是 x 的逆元，即 $\forall x \in \mathbf{Z}$，$x^{-1} = 4 - x$。

下面讨论利用运算表来判断特殊元的方法。

例 8.10　已知代数系统 $\langle A, *, \circ, \wedge \rangle$，其中 $A = \{a, b, c\}$，二元运算"$*$""$\circ$""$\wedge$"分别如表 8.6、表 8.7、表 8.8 所示。判断该代数系统中是否存在单位元（左单位元或右单位元）、零元（左零元或右零元）和可逆元（左可逆元或右可逆元），如果存在，请找出来。

表 8.6

$*$	a	b	c
a	a	b	c
b	a	b	c
c	c	b	c

表 8.7

$\circ$	a	b	c
a	b	a	a
b	b	b	b
c	a	c	c

表 8.8

$\wedge$	a	b	c
a	a	b	c
b	b	a	c
c	c	a	c

分析　观察运算表，并根据定义去寻找。注意，没有单位元就没有逆元，寻找某元素 x 的逆元就是找到与 x 运算结果为单位元的元素。

解　各运算对应的特殊元如表 8.9 所示。

表 8.9

运算	单位元	零元	逆元
$*$	左单位元：a 和 b 右单位元：无 单位元：无	左零元：无 右零元：b 和 c 零元：无	无单位元，所以无可逆元

续表

运算	单位元	零元	逆元
∘	左单位元：无 右单位元：b 和 c 单位元：无	左零元：b 右零元：无 零元：无	无单位元，所以无可逆元
∧	左单位元：a 右单位元：a 单位元：a	左零元：无 右零元：c 零元：无	由于 $a \wedge a = a$，$b \wedge b = a$，$c \wedge b = a$，所以 $a^{-1} = a$，$b^{-1} = b$，$b_l^{-1} = c$，$c_r^{-1} = b$，即 a 有逆元 a，b 有逆元 b 和一个左逆元 c，c 有一个右逆元 b

结论　表8.10给出了利用运算表进行特殊元判定的方法。设表头元素为 $\{a_1, a_2, \cdots, a_n\}$。

表8.10

特殊元		判定方法
单位元 e	左单位元 e_l	查看 a_i 对应行的运算结果，若与表头元素对应相同，则 a_i 是左单位元 e_l
	右单位元 e_r	查看 a_i 对应列的运算结果，若与表头元素对应相同，则 a_i 是右单位元 e_r
零元 θ	左零元 θ_l	查看 a_i 对应行的运算结果，若均为 a_i，则 a_i 是左零元 θ_l
	右零元 θ_r	查看 a_i 对应列的运算结果，若均为 a_i，则 a_i 是右零元 θ_r
逆元 a^{-1}	左逆元 a_l^{-1}	查看 a 对应的列，若运算结果为单位元 e，则其对应行表头元素 a_j 为 a 的左逆元 a_l^{-1}
	右逆元 a_r^{-1}	查看 a 对应的行，若运算结果为单位元 e，则其对应列表头元素 a_j 为 a 的右逆元 a_r^{-1}
幂等元	幂等元	查看对角线元素，运算结果与行列表头相同的为幂等元
可消去元	左可消去元	查看 a_i 对应行的运算结果，若无相同元素，则 a_i 是左可消去元
	右可消去元	查看 a_i 对应列的运算结果，若无相同元素，则 a_i 是右可消去元

例8.11　设 $G = \{f_{a,b}(x) = ax+b \mid a \neq 0; \ a, b \in \mathbf{R}\}$，其中 $\mathbf{R}$ 是实数集，考虑在 G 上定义关于函数的复合运算"∘"。

（1）验证 $\langle G, \circ \rangle$ 是代数系统。

（2）找出 $\langle G, \circ \rangle$ 中的所有特殊元（单位元、零元、幂等元、逆元和可消去元）。

分析　对于（1），G 显然非空，只需说明"∘"对 G 是封闭的；对于（2），可以先假设某元素是单位元、零元、可逆元等，然后根据定义进行计算，最后验证。

解　（1）根据 G 的定义，显然其非空，$\forall f_{a,b}, f_{c,d} \in G$，有

$$f_{a,b}(x) = ax+b, \ f_{c,d}(x) = cx+d, \ \text{其中} \ a, c \neq 0, \ a, b, c, d \in \mathbf{R}.$$

根据复合运算"∘"的定义，有

$$f_{a,b} \circ f_{c,d}(x) = f_{c,d}(f_{a,b}(x)) = f_{c,d}(ax+b)$$
$$= c(ax+b)+d = cax+bc+d = f_{ca, bc+d}(x),$$

可见 $ac \neq 0$，$ac, bc+d \in \mathbf{R}$，从而 $f_{ca, bc+d} \in G$，即 $f_{a,b} \circ f_{c,d} \in G$，所以"∘"对 G 是封闭的，即 $\langle G, \circ \rangle$ 是代数系统。

（2）① 单位元。

假设 $f_{c,d}$ 是 $\langle G, \circ \rangle$ 的单位元。根据单位元的定义，$\forall f_{a,b} \in G$，有 $f_{a,b} \circ f_{c,d} = f_{a,b}$。而 $f_{a,b}$

$\circ f_{c,d}=f_{ca,bc+d}$，于是有 $f_{a,b}=f_{ca,bc+d}$，即 $\forall x\in\mathbf{R}$，$ax+b=cax+bc+d$。

由 $f_{a,b}$ 的任意性，若要上式成立，必须 $c=1,d=0$，即 $f_{1,0}$ 是可能的单位元。

下面根据单位元的定义进行验证。$\forall f_{a,b}\in G$，有

$$f_{a,b}\circ f_{1,0}=f_{1,0}\circ f_{a,b}=f_{a,b}，$$

从而可得 $f_{1,0}$ 是单位元。

②零元。

假设 $f_{c,d}$ 是 $\langle G,\circ\rangle$ 的零元。根据零元的定义，$\forall f_{a,b}\in G$，有 $f_{a,b}\circ f_{c,d}=f_{c,d}$。又由于 $f_{a,b}$ $\circ f_{c,d}=f_{ca,bc+d}$，于是有 $f_{ca,bc+d}=f_{c,d}$，即对 $x\in\mathbf{R}$，有 $cax+bc+d=cx+d$。

由 $f_{a,b}$ 的任意性，若要上式成立，必须 $c=0$，这与 $c\neq0$ 矛盾，故代数系统 $\langle G,\circ\rangle$ 没有零元。

③幂等元。

假设 $f_{c,d}$ 是 $\langle G,\circ\rangle$ 的一个幂等元。根据幂等元的定义，有 $f_{c,d}\circ f_{c,d}=f_{c,d}$，即有

$$f_{c,d}\circ f_{c,d}(x)=c^2x+cd+d=cx+d=f_{c,d}(x)，$$

若要此等式成立，必然有 $c^2=c$，$cd+d=d$。又因为 $c\neq0$，所以有 $c=1,d=0$。

前面已求出 $f_{1,0}$ 是单位元，所以它也是唯一的幂等元。

④逆元。

$\forall f_{a,b}\in G$，假设 $f_{c,d}$ 是它的逆元。由逆元的定义，有 $f_{a,b}\circ f_{c,d}=f_{1,0}$，由（1）知，$f_{a,b}\circ f_{c,d}$ $=f_{ca,bc+d}$，即有 $cax+bc+d=x$。因为 $a\neq0$，若要此等式成立，则 $c=\dfrac{1}{a},d=-\dfrac{b}{a}$，所以

$$f_{c,d}=f_{\frac{1}{a},-\frac{b}{a}}。$$

下面根据逆元的定义进行验证，即 $f_{a,b}\circ f_{\frac{1}{a},-\frac{b}{a}}=f_{\frac{1}{a},-\frac{b}{a}}\circ f_{a,b}=f_{1,0}$，显然此等式成立，所以 $f_{\frac{1}{a},-\frac{b}{a}}$ 是 $f_{a,b}$ 的逆元。由 $f_{a,b}$ 的任意性，可知 G 中的任何一个元素都有逆元。

⑤可消去元。

因为所有元素都可逆，所以所有元素都是可消去元。

解题小贴士

特殊元的计算方法

先直接假设某元素是单位元、零元、可逆元、幂等元、可消去元等，然后根据定义进行计算，最后验证。同时可利用特殊元之间的关系：可逆元均为可消去元；单位元和零元也是幂等元。

8.3　同态与同构

对于一个代数系统内在的性质和结构，可以使用运算定律和特殊元进行描述。那么，对于两个不同的代数系统，如何描述它们之间的联系呢？前面已定义了同类型的代数系统，但这仅仅反映了运算的个数和对应运算元数的相似，并未反映出两个不同的代数系统之间内在的性质与结构的关系。本节将介绍一种更有效的方法，即利用同态和同构来研究两个代数系统的相似性。

8.3.1　同态与同构的定义

我们先观察表 8.11 和表 8.12 所示的两个二元运算。

微课视频

表 8.11

*	奇	偶
奇	奇	偶
偶	偶	偶

表 8.12

∘	1	0
1	1	0
0	0	0

这两个代数系统从表面上看是不同的，一个是集合{奇,偶}上的"*"运算，另一个是集合{1,0}上的"∘"运算。但实际上，如果把表 8.11 中的"奇"换成"1"，"偶"换成"0"，就会得到表 8.12。所以，它们的运算实质上是相同的，此时我们可称这两个代数系统是同构的。这种关系可以使用函数来表示。我们定义一个函数 $f:\{奇,偶\}\to\{1,0\}$，使 $f(奇)=1$，$f(偶)=0$，对任意 $x,y\in\{奇,偶\}$，都有 $f(x*y)=f(x)\circ f(y)$。可见，这个函数 f 不仅为两个代数系统所对应的集合建立了函数关系，而且为其对应的运算建立了关系。这个函数被称为同构函数。同构的代数系统，其代数性质完全相同。

比同构关系弱一点的是同态关系，其同样可使用函数来表示。

下面引入同态和同构的定义。由于二元运算是最常用的，为简单起见，本节仅以二元代数系统为例进行讨论（相关结论很容易推广到一般的 k 元运算及包含多个运算的代数系统）。

定义 8.12　设 $\langle A,*\rangle$ 和 $\langle B,\circ\rangle$ 为两个二元代数系统，f 是 A 到 B 的映射。若对任意 $x,y\in A$，都有

$$f(x*y)=f(x)\circ f(y),\qquad (同态等式)(8\text{-}13)$$

则称 f 是从 $\langle A,*\rangle$ 到 $\langle B,\circ\rangle$ 的同态映射，简称同态（Homomorphism），称 $f(A)$ 为同态像（Homomorphic Image），其中 $f(A)=\{f(x)\mid x\in A\}$。如果存在一个从 $\langle A,*\rangle$ 到 $\langle B,\circ\rangle$ 的同态映射，则称 $\langle A,*\rangle$ 与 $\langle B,\circ\rangle$ 是同态的，记为 $\langle A,*\rangle\sim\langle B,\circ\rangle$。当 $A=B$ 时，称其同态为自同态。

当同态映射 f 分别是单射、满射、双射时，分别称 f 是单同态（Monomorphism）、满同态（Epimorphism）、同构（Isomorphism）。如果存在一个从 $\langle A,*\rangle$ 到 $\langle B,\circ\rangle$ 的同构（单同态、满同态），则称代数系统 $\langle A,*\rangle$ 与 $\langle B,\circ\rangle$ 同构（单同态、满同态）。我们用 $\langle A,*\rangle\cong\langle B,\circ\rangle$ 表示 $\langle A,*\rangle$ 与 $\langle B,\circ\rangle$ 同构。

同态等式的基本原理如图 8.1 所示。

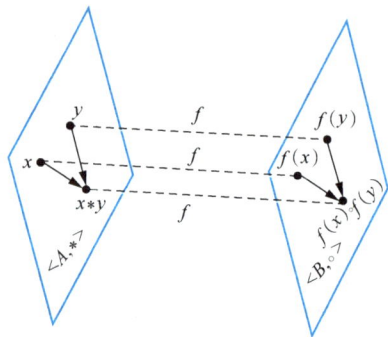

图 8.1

例 8.12　说明下列代数系统之间是同态的，并判断其是单同态、满同态还是同构。

（1）$\langle \mathbf{N},+\rangle\sim\langle \mathbf{E},+\rangle$：其中 $\mathbf{N}$ 和 $\mathbf{E}$ 分别是自然数集与非负偶数集（含 0 和正偶数），"+"表示普通加法运算。

（2）$\langle \mathbf{Q},+\rangle\sim\langle \mathbf{Q}^*,\cdot\rangle$：其中 $\mathbf{Q}$ 是有理数集，$\mathbf{Q}^*=\mathbf{Q}-\{0\}$，"+"和"·"表示普通加法和乘法运算。

（3）$\langle \mathbf{Z},+\rangle \backsim \langle \mathbf{Z}_n,\oplus\rangle$：其中 $\mathbf{Z}$ 是整数集，$\mathbf{Z}_n=\{0,1,2,\cdots,n-1\}$，"$+$"表示普通加法运算，"$\oplus$"表示模 n 加法运算。

分析　找到一个符合同态等式的映射就可以了。

解　（1）设 $f:\mathbf{N}\to\mathbf{E}$，$\forall x\in\mathbf{N}$，$f(x)=2x$，此时 $\forall x,y\in\mathbf{N}$，$f(x+y)=2(x+y)=2x+2y=f(x)+f(y)$，显然 f 是双射，因而 $\langle \mathbf{N},+\rangle \cong \langle \mathbf{E},+\rangle$。

（2）设 $f:\mathbf{Q}\to\mathbf{Q}^*$，$\forall x\in\mathbf{Q}$，$f(x)=\mathrm{e}^x$，此时 $\forall x,y\in\mathbf{Q}$，$f(x+y)=\mathrm{e}^{x+y}=\mathrm{e}^x\cdot\mathrm{e}^y=f(x)\cdot f(y)$，由于 f 是单射，所以这是一个单同态。

（3）设 $f:\mathbf{Z}\to\mathbf{Z}_n$，$\forall x\in\mathbf{N}$，$f(x)=x\bmod n$，此时 $\forall x,y\in\mathbf{Z}$，$f(x+y)=(x+y)\bmod n=((x\bmod n)+(y\bmod n))\bmod n=f(x)\oplus f(y)$，显然 f 是满射，从而构成一个满同态。

注意

符合同态等式的映射可能有多个，例如，例 8.12 中的（1），我们可以指定 $f(x)=4x$，此时同样满足同态等式，但只是一个单同态。

例 8.13　说明代数系统 $\langle \mathbf{R},+\rangle$ 与 $\langle \mathbf{C},\times\rangle$ 是同态的，其中 $\mathbf{R}$ 和 $\mathbf{C}$ 分别是实数集与复数集，"$+$"和"$\times$"表示数的加法与乘法运算。

分析　根据同态定义，只要在代数系统 $\langle \mathbf{R},+\rangle$ 与 $\langle \mathbf{C},\times\rangle$ 之间找到一个映射且满足同态等式，就可以说明这两个代数系统是同态的。由复数的代数表示和三角表示关系可知，给定一个复数 $z=a+bi$，一定存在其三角形式 $z=r(\cos x+\mathrm{i}\sin x)$，其中 $x\in\mathbf{R}$，因此映射 $f:\mathbf{R}\to\mathbf{C}$ 可以假设为 $\forall x\in\mathbf{R}$，$f(x)=\cos x+\mathrm{i}\sin x$，其中 $\mathrm{i}^2=-1$，然后只需证明 f 是映射，且满足同态等式。

解　定义 $f:\mathbf{R}\to\mathbf{C}$ 为
$$\forall x\in\mathbf{R},\ f(x)=\cos x+\mathrm{i}\sin x,\ 其中\ \mathrm{i}^2=-1。$$

显然 f 是 $\mathbf{R}$ 到 $\mathbf{C}$ 的映射，且 $\forall x,y\in\mathbf{R}$，有
$f(x+y)=\cos(x+y)+\mathrm{i}\sin(x+y)=\cos x\cos y-\sin x\sin y+\mathrm{i}(\sin x\cos y+\cos x\sin y)$，
$f(x)\times f(y)=(\cos x+\mathrm{i}\sin x)\times(\cos y+\mathrm{i}\sin y)=\cos x\cos y-\sin x\sin y+\mathrm{i}(\sin x\cos y+\cos x\sin y)$，
即有 $f(x+y)=f(x)\times f(y)$。从而得到 f 是从 $\langle \mathbf{R},+\rangle$ 到 $\langle \mathbf{C},\times\rangle$ 的同态映射，即 $\langle \mathbf{R},+\rangle$ 和 $\langle \mathbf{C},\times\rangle$ 是同态的。

结论　判断两个代数系统是否同态的关键是找到一个满足同态等式的映射 f。但此类映射的构建并没有一个通用的方法。一般可利用两个集合的元素和同态等式来推导出 f 的某些特征和性质。

定理 8.4　设 f 是从 $\langle A,*\rangle$ 到 $\langle B,\circ\rangle$ 的同态映射，那么 $\langle f(A),\circ\rangle$ 是 $\langle B,\circ\rangle$ 的子代数。

分析　根据子代数的定义，只需证明 $f(A)$ 是 B 的非空子集，且运算"$\circ$"对 $f(A)$ 封闭的。

证明　（1）证明 $f(A)$ 是 B 的非空子集。

由于 A 是非空集合，且 f 是从 $\langle A,*\rangle$ 到 $\langle B,\circ\rangle$ 的同态映射，因此 $f(A)\neq\varnothing$ 且 $f(A)\subseteq B$，即 $f(A)$ 是 B 的非空子集。

（2）证明"$\circ$"对 $f(A)$ 封闭。

$\forall x,y\in f(A)$，存在 $a,b\in A$，使 $f(a)=x$，$f(b)=y$，由于 f 是同态映射，所以有

$$x \circ y = f(a) \circ f(b) = f(a * b) \text{。}$$

因为 $a * b \in A$，所以 $f(a * b) \in f(A)$，即 $x \circ y \in f(A)$，故运算"$\circ$"对 $f(A)$ 封闭。

由（1）和（2）得，$\langle f(A), \circ \rangle$ 是 $\langle B, \circ \rangle$ 的子代数。

由同态、同构的定义可知，同态映射在两个代数系统 $\langle A, * \rangle$ 与 $\langle B, \circ \rangle$ 的运算之间建立了一种联系，这种联系必然使它们的性质存在某种关系。因此，下面重点研究同态的性质。

8.3.2 同态的性质

定理 8.5 设 f 是二元代数系统 $\langle A, * \rangle$ 到 $\langle B, \circ \rangle$ 的满同态，则

（1）若运算"$*$"可交换，则运算"$\circ$"也可交换；

（2）若运算"$*$"可结合，则运算"$\circ$"也可结合；

（3）若 e 是 $\langle A, * \rangle$ 的单位元，则 $f(e)$ 是 $\langle B, \circ \rangle$ 的单位元；

（4）若 θ 是 $\langle A, * \rangle$ 的零元，则 $f(\theta)$ 是 $\langle B, \circ \rangle$ 的零元；

（5）若 a 是 $\langle A, * \rangle$ 的幂等元，则 $f(a)$ 是 $\langle B, \circ \rangle$ 的幂等元；

（6）若 x^{-1} 是 x 在 $\langle A, * \rangle$ 中的逆元，则 $f(x^{-1})$ 是 $f(x)$ 在 $\langle B, \circ \rangle$ 中的逆元；

（7）若 a 是 $\langle A, * \rangle$ 的（左、右）可消去元，则 $f(a)$ 是 $\langle B, \circ \rangle$ 的（左、右）可消去元。

微课视频

分析 此定理中的（1）～（7）均为"如果 $\langle A, * \rangle$ 中有某种命题成立，则对应的命题在 $\langle B, \circ \rangle$ 中也成立"的形式，我们只需根据对应运算律和特殊元的定义以及同态等式进行证明即可。基本思想都是通过满同态映射 f 把代数系统 $\langle B, \circ \rangle$ 的问题转换为代数系统 $\langle A, * \rangle$ 的问题而获得证明，因此，这里仅以（2）、（4）、（6）为例进行证明，其余的留给读者自行完成。

证明 （2）$\forall x, y, z \in B$，因为 f 是满射，所以存在 $a, b, c \in A$，使

$$f(a) = x, \quad f(b) = y, \quad f(c) = z \text{。}$$

因为运算"$*$"在 A 中可结合，则有 $(a * b) * c = a * (b * c)$，于是

$$(x \circ y) \circ z = (f(a) \circ f(b)) \circ f(c) = f(a * b) \circ f(c) = f((a * b) * c)$$
$$= f(a * (b * c)) = f(a) \circ f(b * c) = f(a) \circ (f(b) \circ f(c)) = x \circ (y \circ z) \text{,}$$

所以运算"$\circ$"在 B 中是可结合的。

（4）$\forall x \in B$，因为 f 是满射，所以存在 $a \in B$，使 $f(a) = x$。又 θ 是 $\langle A, * \rangle$ 的零元，则有

$$a * \theta = \theta * a = \theta \text{,}$$

于是

$$x \circ f(\theta) = f(a) \circ f(\theta) = f(a * \theta) = f(\theta) \text{,}$$
$$f(\theta) \circ x = f(\theta) \circ f(a) = f(\theta * a) = f(\theta) \text{,}$$

所以有

$$x \circ f(\theta) = f(\theta) \circ x = f(\theta) \text{。}$$

由 x 的任意性，可知 $f(\theta)$ 是 $\langle B, \circ \rangle$ 的零元。

（6）设 e 是 $\langle A, * \rangle$ 的单位元，根据（3）的结论，$f(e)$ 是 $\langle B, \circ \rangle$ 的单位元，于是

$$f(x^{-1}) \circ f(x) = f(x^{-1} * x) = f(e) \text{,}$$
$$f(x) \circ f(x^{-1}) = f(x * x^{-1}) = f(e) \text{。}$$

根据逆元的定义，知 $f(x^{-1})$ 是 $f(x)$ 的逆元。

定理 8.6 设 f 是代数系统 $\langle A, *_1, *_2 \rangle$ 到 $\langle B, \circ_1, \circ_2 \rangle$ 的满同态，这里 $*_i$ 和 $\circ_i (i = 1, 2)$ 均为二元运算，那么有

（1）若运算"$*_1$"对"$*_2$"在 A 中满足分配律，则"$\circ_1$"对"$\circ_2$"在 B 中也满足分配律；

（2）若运算"$*_1$"和"$*_2$"在 A 中满足吸收律，则"$\circ_1$"和"$\circ_2$"在 B 中也满足吸收律。

此定理的证明与定理 8.5 类似，读者可以自己证明。

定理 8.5 和定理 8.6 说明，如果两个代数系统之间是满同态的，则这两个代数系统在许多方面相似，包括运算定律和特殊元。而如果两个代数系统是同构的，则它们具有完全相同的代数性质。因此，在同构的意义下，两个同构的代数系统可以看作相同的代数系统。于是，在同构的代数系统之间，可以只讨论其中一个，它所具有的代数性质可以直接推广到其他与其同构的代数系统，从而大大减少了工作量。

同态与同构是代数系统中非常重要的概念，体现了两个代数系统之间的某种联系，和子代数一样，这两个概念会沿用到后续关于群、环、域以及格与布尔代数的学习。

8.4 代数系统的应用

8.4.1 代数系统的计算机表示

由于代数系统主要包含一个集合 A 及 A 上的一些运算，因此在计算机中定义一个代数系统可以使用面向对象程序设计语言很容易地实现。

例如，使用面向对象程序设计语言来定义代数系统 $\langle \mathbf{Z}, \circ_1, \circ_2 \rangle$，其中

$$x \circ_1 y = x + y - xy, \quad x \circ_2 y = |x - y|。$$

其 Python 实现代码如下。

```python
class DemoAlgebra:
    def __init__(self,value):
        self.value=value
    def op1(self,other1,other2):
        self.value=other1.value+other2.value-other1.value*other2.value
    def op2(self,other1,other2):
        self.value=abs(other1.value-other2.value)
    def printval(self):
        print(self.value)
```

测试代码如下。

```python
A1=DemoAlgebra(11);
A2=DemoAlgebra(19);
A3=DemoAlgebra(0);
A3.printval()
A3.op1(A1,A2)
A3.printval()
A3.op2(A1,A2)
A3.printval()
```

运行结果如下。

```
0
-179
8
```

8.4.2 数据库与关系代数

关系数据库的理论基础是关系代数。设 $\mathscr{R}$ 是所讨论的所有 n 元关系的集合（$n=2,3,4,\cdots$），则在 $\mathscr{R}$ 上可以定义关系运算。除了已经在关系理论中学习过的并、交、差、复合、求逆等运算，根据关系数据库的查询和操作需要，还有以下一些特殊运算。

（1）广义笛卡儿积运算"×"：设 $R,S\in\mathscr{R}$，广义笛卡儿积运算"×"定义为

$$R\times S=\{\widehat{xy}\mid x\in R\wedge y\in S\},$$

其中 $\widehat{xy}$ 是 x 和 y 的连接（即 x 和 y 的各分量连接在一起）。称 $R\times S$ 为 R 与 S 的广义笛卡儿积，$R\times S\in\mathscr{R}$。

（2）选择运算"σ"：设 $R\in\mathscr{R}$，$F(x)$ 是谓词，其中论域为 R，$x\in R$，选择运算"σ"定义为

$$\sigma_F(R)=\{x\mid x\in R\wedge F(x)\text{为真}\},$$

即 $\sigma_F(R)$ 就是从 R 中选择的使 $F(x)$ 为真的所有元素 x 组成的集合。称 $\sigma_F(R)$ 为 R 关于 F 的选择，$\sigma_F(R)\in\mathscr{R}$。

（3）投影运算"π"：设 $R\in\mathscr{R}$，$R\subseteq A_1\times A_2\times\cdots\times A_n$，$B\subseteq\{A_1,A_2,\cdots,A_n\}$，$\forall x\in R$，$x[B]$ 表示 x 在 B 上的分量，投影运算"π"定义为

$$\pi_B(R)=\{x[B]\mid x\in R\},$$

即 $\pi_B(R)$ 就是 R 中的元素在 B 上的分量组成的集合。称 $\pi_B(R)$ 为 R 在 B 上的投影，$\pi_B(R)\in\mathscr{R}$。

可见，"×"是二元运算，"σ"和"π"为一元运算。广义笛卡儿积运算"×"满足结合律；选择运算"σ"与投影运算"π"满足交换律，即

$$\sigma_F(\pi_B(R))=\pi_B(\sigma_F(R))。$$

选择运算"σ"与广义笛卡儿积运算"×"满足交换律，即如果 F 仅是关于 R 的谓词，则

$$\sigma_F(R\times S)=\sigma_F(R)\times S。$$

此外，选择运算"σ"与投影运算"π"还满足串接定律，即

$$\sigma_F(\sigma_H(R))=\sigma_{F\wedge H}(R)，\quad \pi_A(\pi_B(R))=\pi_{A\cup B}(R)。$$

关系数据库系统通过关系数据库语言（如 SQL）进行数据查询和操作，SQL 是一种非过程化语言，用户在查询时只用说明需要的数据，而不用说明通过何种存取路径去存取数据，即用户只需指出"干什么"，不必指出"怎么干"。"怎么干"由关系数据库系统自行解决，它会选择一个高效的方法来完成用户的查询，这个过程称为查询优化。关系数据库系统首先将用户的 SQL 语句转换为等价的关系代数表达式，然后利用系统信息和上面介绍的运算律进行优化，如选择运算与广义笛卡儿积运算满足交换律，则选择运算应该尽可能优先执行，因为选择运算减少了数据量；而广义笛卡儿积运算应尽可能后执行，因为广义笛卡儿积运算会产生大量的组合数据。

8.5 习题

1. 设集合 $A=\{a,b,c\}$，即 $|A|=3$，请回答下列问题。

（1）A 上可定义多少个不同的二元运算？

(2) A 上可定义多少个不同的一元运算？

(3) A 上有多少个二元运算是可交换的？

(4) A 上有多少个二元运算满足幂等律？

(5) A 上有多少个二元运算既满足交换律，又满足幂等律？

(6) 若推广到具有 n 个元素的集合，以上问题的结果是什么？

2. 以下集合和运算是否可构成代数系统？为什么？

(1) 集合 $A=\{x \mid 0<x<20$ 且 x 是素数$\}$，运算" $*$ "定义为$\forall x,y \in A$，$x*y=\min\{x,y\}$。

(2) 在自然数集 $\mathbf{N}$ 上定义运算" $*$ "为$\forall x,y \in \mathbf{N}$，$x*y=x-2y$。

(3) 在整数集 $\mathbf{Z}$ 上定义运算" $*$ "为$\forall x,y \in \mathbf{Z}$，$x*y=x^y$。

(4) $A=\{a,b,c,d,\cdots,x,y,z\}$，$S=\{s_1 s_2 \cdots s_n \mid n$ 是正整数，$s_i \in A$，$i=1,2,\cdots,n\}$，即 S 是由 26 个小写英文字母构成的所有字符串的集合，$\forall x,y \in S$，运算" $+$ "定义为两个字符串的连接（如 $x=$ " abc "，$y=$ " def "，则 $x+y=$ " $abcdef$ "），运算" $-$ "定义为从字符串 x 中去除包含 y 的所有子串（如 $x=$ " $cababefagab$ "，$y=$ " ab "，则 $x-y=$ " $cefag$ "）。

(5) 集合 $H=\{a\sqrt{3}+b \mid a,b \in \mathbf{Z}\}$ 上定义的普通的加法和乘法运算。

3. 设$\langle \mathbf{Z},+,\cdot \rangle$是整数集上关于普通加法和乘法运算的代数系统，若 $T=\{2n+1 \mid n \in \mathbf{Z}\}$，则$\langle T,+,\cdot \rangle$是否是$\langle \mathbf{Z},+,\cdot \rangle$的子代数？为什么？

4. 设$\langle A,* \rangle$是一个代数系统且满足结合律，$a \in A$，集合 $B=\{a*x \mid x \in A\}$，证明：$\langle B,* \rangle$是$\langle A,* \rangle$的子代数。

5. 设 $B=\{a,b,c,d\}$，B 上的二元运算" $*$ "和" $\circ$ "如表 8.13 和表 8.14 所示，问：

(1) 两个运算是否满足交换律、结合律、幂等律、消去律？为什么？

(2) 找出两个运算对应的单位元、零元、可逆元。

表 8.13

$*$	a	b	c	d
a	a	b	c	d
b	b	b	d	d
c	c	d	c	d
d	d	d	d	d

表 8.14

$\circ$	a	b	c	d
a	a	a	b	a
b	a	b	a	b
c	a	a	c	c
d	a	b	c	d

6. 根据下面定义的实数集 $\mathbf{R}$ 上的二元运算" $*$ "，判断" $*$ "是否是可交换的、可结合的。$\mathbf{R}$ 中关于" $*$ "是否有单位元？为什么？如果有单位元，$\mathbf{R}$ 中哪些元素有逆元？逆元是什么？

(1) $x*y=|x+y|$。　　　　　(2) $x*y=x$。

(3) $x*y=x+3y$。　　　　　(4) $x*y=\dfrac{1}{2}(x+y)$。

7. 设 $p,q,r \in \mathbf{R}$，" $*$ "为 $\mathbf{R}$ 上的二元运算，$\forall a,b \in \mathbf{R}$，$a*b=pa+qb+r$，问：当 p，q,r 满足什么条件时，此运算在 $\mathbf{R}$ 上：

(1) 满足交换律？

(2) 满足结合律？

(3) 具有单位元？此时，哪些元素可逆？

（4）具有零元？

8. 正整数集合 $\mathbf{Z}^+$ 上的两个二元运算"∘"和"∗"定义为：$\forall x,y \in \mathbf{Z}^+$，有

$$x \circ y = x^y, \quad x * y = xy。$$

证明：

（1）"∘"对"∗"不是可分配的，"∗"对"∘"也不是可分配的；

（2）"∘"和"∗"不满足吸收律。

9. 设 $\langle A, * \rangle$ 和 $\langle B, \circ \rangle$ 是两个代数系统，其运算表分别如表 8.15 和表 8.16 所示。其中，$A = \{1,2,3\}$，$B = \{4,5,6\}$。

（1）若定义映射 $f:A \to B$ 为 $f(1)=4, f(2)=5, f(3)=6$，那么 f 是同构映射吗？为什么？

（2）若定义映射 $f:A \to B$ 为 $f(1)=6, f(2)=4, f(3)=5$，那么 f 是同构映射吗？为什么？

表 8.15

∗	1	2	3
1	3	3	3
2	3	3	3
3	3	3	3

表 8.16

∘	4	5	6
4	6	6	6
5	6	6	6
6	6	6	6

10. 在实数集 $\mathbf{R}$ 上定义二元运算"∗"为普通的乘法，下列映射是否是 $\mathbf{R}$ 到 $\mathbf{R}$ 的同态映射？

（1）$f(x) = |x|$。

（2）$f(x) = 3x$。

（3）$f(x) = -x$。

（4）$f(x) = x^2$。

11. 设 $\langle \mathbf{R}, + \rangle$ 与 $\langle \mathbf{R}, \times \rangle$ 是代数系统，其中 $\mathbf{R}$ 为实数集合，"+""·"分别是数的加法和乘法运算。$h:\mathbf{R} \to \mathbf{R}$ 为 $h(x) = 5^x$，$x \in \mathbf{R}$。证明 h 是 $\langle \mathbf{R}, + \rangle$ 到 $\langle \mathbf{R}, \cdot \rangle$ 的单一同态，但不是同构。

12. 设 V_1 是全体复数集合 $\mathbf{C}$ 关于数的加法和乘法构成的代数系统，即 $V_1 = \langle \mathbf{C}, +, \cdot \rangle$。另有 $V_2 = \langle M, *, \times \rangle$，其中

$$M = \left\{ \begin{pmatrix} a & b \\ -b & a \end{pmatrix} \middle| a,b \in \mathbf{R} \right\},$$

"∗"和"×"分别为矩阵的加法与乘法。证明：V_1 与 V_2 同构。

13. 设有代数系统 $\langle A, *_1 \rangle, \langle B, *_2 \rangle, \langle C, *_3 \rangle$。证明：如果 $\langle A, *_1 \rangle \smile \langle B, *_2 \rangle$，$\langle B, *_2 \rangle \smile \langle C, *_3 \rangle$，则有 $\langle A, *_1 \rangle \smile \langle C, *_3 \rangle$。

14. 设 f 和 g 都是从代数 $\langle A, * \rangle$ 到 $\langle B, \circ \rangle$ 的同态映射，"∗"和"∘"分别为 A 与 B 上的二元运算，且"∘"是可交换和可结合的，定义 $h:A \to B$，$x \in A$，有

$$h(x) = f(x) \circ g(x)。$$

证明：h 是 $\langle A, * \rangle$ 到 $\langle B, \circ \rangle$ 的同态映射。

15. 设 g 是从代数系统 $\langle A, * \rangle$ 到 $\langle B, \circ \rangle$ 的同态映射，$\langle S, \circ \rangle$ 是 $\langle B, \circ \rangle$ 的子代数，且 $g^{-1}(S) \neq \varnothing$。证明：$\langle g^{-1}(S), * \rangle$ 是 $\langle A, * \rangle$ 的子代数。这里 $g^{-1}(S)$ 表示集合 S 的原像。

16. 证明代数系统 $\langle \mathbf{N}, + \rangle$ 和 $\langle E, \cdot \rangle$ 不同构，其中 $\mathbf{N}$ 是自然数集合，E 是大于 0 的偶数集合，运算"+"和"·"分别是数的普通加法与乘法。

17. 设 $\mathbf{Q}$ 是有理数集合，$\mathbf{Q}^*$ 是非零有理数集合，"+"和"·"分别是数的普通加法与乘法。证明：代数系统 $\langle \mathbf{Q}, + \rangle$ 和 $\langle \mathbf{Q}^*, \cdot \rangle$ 不存在同构映射。

18. "AI+"实践：请尝试用 3 个以上不同的大模型工具，使用离散数学的方法来完成第 16 题，并比较和评价大模型工具给出的答案。对于不正确的答案，请指出哪些地方存在错误；对于正确的答案，请选出解法最简洁、思路最明确的那个。

第9章
群、环、域

第 9 章导读

利用前面讨论的运算律和特殊元，可对为数众多的代数系统进行分类研究，从而形成各式各样具有不同特征和性质的代数系统。其中，最简单、最具代表性的一类代数系统就是群，由群可进一步研究环和域。群、环和域是应用广泛且实用的代数系统。

本章思维导图

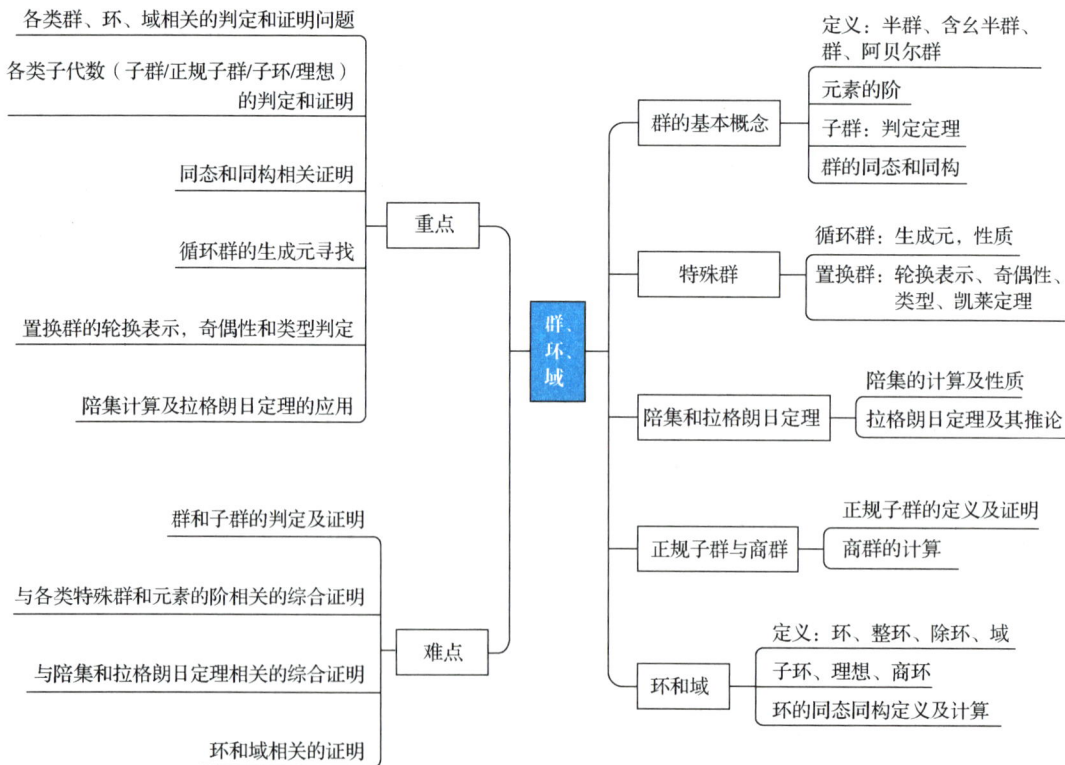

历史人物

伽罗瓦

个人成就

法国数学家，群论的创立者。他提出了群的概念，并用群论彻底解决了根式求解代数方程的问题，并且由此发展了一整套关于群和域的理论。正是这套理论开创了抽象代数学，为数学研究工作提供了新的数学工具，标志着数学发展现代阶段的开始。

人物介绍

阿贝尔

个人成就

挪威数学家，最著名的成就是首次完整给出了高于四次的一般代数方程没有一般形式代数解的证明。他是椭圆函数领域的开拓者，阿贝尔函数的发现者。他和卡尔·雅可比曾共同获得法国科学院大奖。

人物介绍

9.1 群的基本概念

群论限于讨论只含一个二元运算的代数系统 $\langle S, * \rangle$，这种代数系统一般称为二元代数或广群。群论是抽象代数中的一个重要分支，并已得到了充分的发展，在数学、物理、通信和计算机等许多领域都有广泛的应用。例如，在自动机理论、编码理论、快速加法器的设计等方面，群的应用已日趋完善。

下面具体介绍群的定义及基本性质。

9.1.1 群的定义

微课视频

定义 9.1 设 $\langle G, * \rangle$ 是二元代数。

（1）若"$*$"运算满足结合律，则称 $\langle G, * \rangle$ 为半群（Semigroup）。

（2）若 $\langle G, * \rangle$ 是半群，且 G 关于"$*$"运算存在单位元 e，则称 $\langle G, * \rangle$ 为含幺半群或独异点（Monoid），记为 $\langle G, *, e \rangle$。

（3）若 $\langle G, * \rangle$ 为含幺半群，且 G 中每个元素 a 都存在逆元 a^{-1}，则称 $\langle G, * \rangle$ 为群（Group）。为简便起见，常用 G 来表示群 $\langle G, * \rangle$。

（4）若运算" * "满足交换律，即 $\forall a, b \in G$，都有 $a * b = b * a$，则称 $\langle G, * \rangle$ 为 可换群 （Commutative Group）或 阿贝尔（Abel）群。

（5）集合 G 的基数称为群 $\langle G, * \rangle$ 的 阶（Order），记为 $|G|$。若群 $\langle G, * \rangle$ 的阶有限，则称之为 有限群；否则称为 无限群。

解题小贴士

群的判定和证明方法

对任意非空集合 G 及其上的运算" * "，要说明 G 关于" * "是群，需要证明以下 4 点。

（1）运算" * "对集合 G 是封闭的。

（2）运算" * "在 G 上满足结合律。

（3）G 中关于运算" * "存在单位元 e。

（4）G 中每个元素 a 都有逆元 $a^{-1} \in G$。

若要证明 G 是可换群，则还需要证明：

（5）运算" * "满足交换律。

例如，设 $\mathbf{Z}, \mathbf{Q}, \mathbf{R}, \mathbf{C}$ 分别为整数集、有理数集、实数集和复数集，" + "" · "分别是普通数的加法和乘法，则有以下结论。

（1）$\langle \mathbf{Z}, + \rangle$ 满足封闭性、结合律、有单位元 0、任意一个元素 x 有逆元 $-x$，所以 $\langle \mathbf{Z}, + \rangle$ 是群。与之类似，$\langle \mathbf{Q}, + \rangle$，$\langle \mathbf{R}, + \rangle$，$\langle \mathbf{C}, + \rangle$ 也是群。

（2）$\langle \mathbf{Z}, \cdot \rangle$ 满足封闭性、结合律、有单位元 1，但除 1 和 -1 外均无逆元，所以 $\langle \mathbf{Z}, \cdot \rangle$ 仅是含幺半群。$\langle \mathbf{Q}, \cdot \rangle$，$\langle \mathbf{R}, \cdot \rangle$，$\langle \mathbf{C}, \cdot \rangle$ 也不是群，仅为含幺半群，因为 0 无逆元。但若令 $\mathbf{R}^* = \mathbf{R} - \{0\}$，$\mathbf{Q}^* = \mathbf{Q} - \{0\}$，$\mathbf{C}^* = \mathbf{C} - \{0\}$，则 $\langle \mathbf{Q}^*, \cdot \rangle$，$\langle \mathbf{R}^*, \cdot \rangle$，$\langle \mathbf{C}^*, \cdot \rangle$ 均为群。

以上这些基于数集运算的群统称为 数群。

例 9.1 设 $K_4 = \{e, a, b, c\}$，K_4 上的运算表如表 9.1 所示。验证 K_4 关于运算" * "构成群。

分析 根据群的定义判断 4 个要素：封闭性、结合律、有单位元、所有元素有逆元。

表 9.1

*	e	a	b	c
e	e	a	b	c
a	a	e	c	b
b	b	c	e	a
c	c	b	a	e

解 （1）因为运算表中的运算结果都是 K_4 中的元素，所以封闭性成立。

（2）由于运算表是对称的，所以该运算满足交换律，并且有 $a * b = c$，$b * c = a$，$c * a = b$，$e^2 = a^2 = b^2 = c^2 = e$，容易验证，对任意 $x, y, z \in K_4$，$(x * y) * z = x * (y * z)$，即结合律成立。

（3）因为运算表的第一行和第一列都与表头元素完全相同，所以 e 是单位元。

（4）在运算表中，对任意 $x \in K_4$，有 $x^2 = e$，即 K_4 中每个元素都是自己的逆元。

可见，$\langle K_4, * \rangle$ 是群。此群称为 Klein 四元群，也是一个可换群。

一个群的运算表称为 群表 或 乘法表。

例 9.2 证明 $\langle \mathbf{Z}_n, \oplus \rangle$ 是可换群，其中 n 是正整数，$\mathbf{Z}_n = \{0, 1, 2, \cdots, n-1\}$，" $\oplus$ "是模 n 加法运算。

分析 根据可换群定义，我们需要依次证明 5 点：封闭性、结合律、有单位元、每个元素有逆元、交换律。

证明 （1）封闭性：$\forall x,y \in \mathbf{Z}_n$，令 $k=(x+y)\bmod n$，则
$$0 \leqslant k \leqslant n-1,$$
即 $k \in \mathbf{Z}_n$，所以封闭性成立。

（2）结合律：$\forall x,y,z \in \mathbf{Z}_n$，有
$$(x \oplus y) \oplus z = (x+y+z)\bmod n = x \oplus (y \oplus z),$$
所以结合律成立。

（3）单位元：$\forall x \in \mathbf{Z}_n$，显然有 $0 \oplus x = x \oplus 0 = x$，因而 0 是单位元。

（4）逆元：$\forall x \in \mathbf{Z}_n$，如果 $x=0$，显然 $0^{-1}=0$，如果 $x \neq 0$，则有 $n-x \in \mathbf{Z}_n$，显然
$$x \oplus (n-x) = (n-x) \oplus x = 0,$$
所以 $x^{-1}=n-x$。因此，$\forall x \in \mathbf{Z}_n$，$x$ 有逆元。

（5）交换律：运算"$\oplus$"显然满足交换律。

因此，$\langle \mathbf{Z}_n, \oplus \rangle$ 是可换群。群 $\langle \mathbf{Z}_n, \oplus \rangle$ 也常被称为**整数模 n 同余类加法群**[①]。

那么，$\langle \mathbf{Z}_n, \otimes \rangle$ 是不是可换群呢（注："$\otimes$"是模 n 乘法）？显然运算"$\otimes$"满足交换律和结合律，因而 $\langle \mathbf{Z}_n, \otimes \rangle$ 是半群。$\langle \mathbf{Z}_n, \otimes \rangle$ 也有单位元 1，但不是每个元素都有逆元，如 0 就没有逆元。在 $\langle \mathbf{Z}_6, \otimes \rangle$ 中，2，3，4 也没有逆元。但如果把没有逆元的元素去掉，就可以构成群。

例 9.3 证明 $\langle \mathbf{Z}_n^*, \otimes \rangle$ 是可换群，其中 n 是正整数，$\mathbf{Z}_n^* = \{k \mid k \in \mathbf{Z}_n, (k,n)=1$[②]$\}$。

分析 根据可换群定义，我们需要证明 5 点：封闭性、结合律、有单位元、每个元素有逆元、交换律。

证明 （1）封闭性：$\forall x,y \in \mathbf{Z}_n^*$，有 $(x,n)=1$，$(y,n)=1$，令 $k=(xy)\bmod n$，则
$$0 \leqslant k \leqslant n-1, \quad (k,n)=1,$$
即 $k \in \mathbf{Z}_n^*$，所以封闭性成立。

（2）结合律：$\forall x,y,z \in \mathbf{Z}_n^*$，有
$$(x \otimes y) \otimes z = (xyz)\bmod n = x \otimes (y \otimes z),$$
所以结合律成立。

（3）单位元：$\forall x \in \mathbf{Z}_n^*$，显然有 $1 \otimes x = x \otimes 1 = x$，因而 1 是单位元。

（4）逆元：$\forall x \in \mathbf{Z}_n^*$，有 $(x,n)=1$，根据最大公因子定理[③]，存在 $p,q \in \mathbf{Z}$，使
$$px+qn=1,$$
因而有 $px \equiv 1(\bmod n)$，即 $p \otimes x = 1$。同时可知 $(p,n)=1$[④]，所以 $p \in \mathbf{Z}_n^*$，$x^{-1}=p$，故 $\mathbf{Z}_n^*$ 中每个元素有逆元。

（5）交换律：运算"$\otimes$"显然满足交换律。

因此，$\langle \mathbf{Z}_n^*, \otimes \rangle$ 是可换群。群 $\langle \mathbf{Z}_n^*, \otimes \rangle$ 也常被称为**整数模 n 同余类乘法群**。

[①] 实际上，整数模 n 同余类加法群 $\mathbf{Z}_n$ 的严格定义应为 $\mathbf{Z}_n = \{\overline{0}, \overline{1}, \overline{2}, \cdots, \overline{n-1}\}$，其中 $\overline{k} = \{nm+k \mid m \in \mathbf{Z}\}$，$k=0$，$1,2,\cdots,n-1$。但由于并不影响运算，有时可直接写为 $\mathbf{Z}_n = \{0,1,2,\cdots,n-1\}$。

[②] 设 $a,b \in \mathbf{Z}$，a 和 b 不全为 0，(a,b) 表示 a 和 b 的最大公因子，$[a,b]$ 表示 a 和 b 的最小公倍数。

[③] 最大公因子定理：设 $a,b \in \mathbf{Z}$，a 和 b 不全为 0，$d=(a,b)$，则存在 $p,q \in \mathbf{Z}$，使 $pa+qb=d$。

[④] $(a,b)=1 \Leftrightarrow \exists p,q \in \mathbf{Z}$，使 $pa+qb=1$。

注意 💡

这里的 $\mathbf{Z}_n^* \neq \mathbf{Z}_n - \{0\}$，$\langle \mathbf{Z}_n^*, \otimes \rangle$ 是可换群，$\langle \mathbf{Z}_n, \otimes \rangle$ 仅为含幺半群。$\mathbf{Z}_n^*$ 中的元素个数为欧拉函数 $\varphi(n)$[①]。

例 9.4 设 A 是任意集合，$S_A = \{f \mid f$ 是 A 上的变换$\}$，即 S_A 是 A 上所有变换（双射）的集合，运算"∘"是函数的复合运算，证明 $\langle S_A, \circ \rangle$ 是群。

分析 按照群需要满足的 4 要素来考察。

证明 （1）封闭性：$\forall f, g \in S_A$，变换的复合依然是变换，所以 $f \circ g \in S_A$，故封闭性成立。

（2）结合律：函数复合运算满足结合律。

（3）单位元：恒等函数 $I_A \in S_A$，$\forall f \in S_A$，$f \circ I_A = I_A \circ f = f$，所以恒等函数 I_A 是单位元。

（4）逆元：$\forall f \in S_A$，f 是变换，也就是双射，则 f 的逆函数 f^{-1} 存在，f^{-1} 也是双射，即 $f^{-1} \in S_A$，且有

$$f^{-1} \circ f = f \circ f^{-1} = I_A。$$

因此，f 的逆函数 f^{-1} 就是 f 关于"∘"的逆元，即 S_A 每个元素的逆元都存在。从而，$\langle S_A, \circ \rangle$ 是群。

由于函数的复合运算不满足交换律，所以 $\langle S_A, \circ \rangle$ 不是可换群。S_A 也称为 A 上的**对称群**（Symmetric Group）。

例 9.5 设 $GL_n(\mathbf{R})$ 是实数集合 $\mathbf{R}$ 上的全体 n 阶可逆矩阵的集合，运算"×"是矩阵的乘法运算，证明 $\langle GL_n(\mathbf{R}), \times \rangle$ 是群。

分析 仍然按照群需要满足的 4 要素来考察。

证明 （1）封闭性：任意两个可逆实矩阵相乘，结果仍然是可逆实矩阵，故封闭性成立。

（2）结合律：矩阵的乘法运算满足结合律。

（3）单位元：存在 n 阶单位矩阵 $\boldsymbol{I}$，$\forall \boldsymbol{M} \in GL_n(\mathbf{R})$，$\boldsymbol{I} \times \boldsymbol{M} = \boldsymbol{M} \times \boldsymbol{I} = \boldsymbol{M}$，所以 n 阶单位矩阵 $\boldsymbol{I}$ 是单位元。

（4）逆元：因 $GL_n(\mathbf{R})$ 中每个矩阵均为可逆矩阵，所以 $\forall \boldsymbol{M} \in GL_n(\mathbf{R})$，均存在其逆矩阵 $\boldsymbol{M}^{-1}$，$\boldsymbol{M}^{-1} \times \boldsymbol{M} = \boldsymbol{M} \times \boldsymbol{M}^{-1} = \boldsymbol{I}$。

因此，$\langle GL_n(\mathbf{R}), \times \rangle$ 是群。此群称为实数集 $\mathbf{R}$ 上的 n **次全线性群**。

定理 9.1 在群 $\langle G, * \rangle$ 中，有：

（1）群 G 中每个元素都是可消去的，即运算满足消去律；

（2）群 G 中除单位元 e 外无其他幂等元；

（3）阶大于 1 的群 G 不可能有零元；

（4）群表中任意一行（列）都没有两个相同的元素。

分析 由于可逆元就是可消去元，因此（1）显然可证。（2）、（3）、（4）是证明唯一

---

① 欧拉函数 $\varphi(n)$：n 为正整数，$\varphi(n)$ 为小于 n 并与 n 互素的正整数的个数。若 n 可以分解为 s 个互不相同的素数的幂之积，即 $n = p_1^{e_1} p_2^{e_2} \cdots p_s^{e_s}$，则 $\varphi(n) = n\left(1 - \dfrac{1}{p_1}\right)\left(1 - \dfrac{1}{p_2}\right) \cdots \left(1 - \dfrac{1}{p_s}\right)$。

性和存在性问题，通常采用反证法证明。

证明 （1）由于可逆元就是可消去元，而群 G 中每个元素都是可逆元，因此 G 中的任何元素都是可消去的，从而运算满足消去律。

（2）对于单位元 e，由于 $e*e=e$，所以 e 是幂等元。现假设 a 是群 G 中的幂等元，即

$$a*a=a,$$

则 $a*a=a*e$，使用消去律，有 $a=e$。因此，单位元 e 是 G 的唯一幂等元。

（3）假设群 G 的阶大于 1 且有零元 θ。取 G 中一个非零元 x，即 $x\neq\theta$，根据零元的定义，$x*\theta=\theta$，$\theta*\theta=\theta$，从而 $x*\theta=\theta*\theta$。使用消去律，得到 $\theta=x$，这与 $x\neq\theta$ 矛盾。因此，G 中无零元。

注意

如果 $|G|=1$，则此时有 $G=\{e\}$，e 既是单位元又是零元。

（4）假设群表中某一行（列）有两个相同的元素，设为 a，并设它们所在的行（列）表头元素为 b，所在列（行）表头元素分别为 c_1 和 c_2，这时显然有 $c_1\neq c_2$。而 $a=b*c_1=b*c_2$（$a=c_1*b=c_2*b$），由消去律可得 $c_1=c_2$，矛盾。因此，群表中任意一行（列）都没有两个相同的元素。

为方便起见，在群 $\langle G,*\rangle$ 中，$\forall a,b\in G$，在不引起混淆的情况下，常用"ab"表示"$a*b$"，称"ab"是 a 和 b 的**乘积**。

由于群满足封闭性和结合律，同时也有单位元和逆元，设 n 为任意非负整数 n，我们可以定义群中**元素 a 的幂**如下。

（1）当 $n>0$ 时，规定 $a^n=\underbrace{a\cdots a}_{n\text{个}}$（因满足封闭性和结合律）。

（2）当 $n=0$ 时，规定 $a^0=e$（因有单位元）。

（3）由于群 G 中 a 有逆元 a^{-1}，我们可以定义 a 的负整数次幂 $a^{-n}=(a^{-1})^n=\underbrace{a^{-1}\cdots a^{-1}}_{n\text{个}}$，

显然，在群 G 中，对任意的整数 n 和 m，元素 a 的幂满足

$$a^na^m=a^{n+m},\quad (a^n)^m=a^{nm}。$$

进一步，若 $ab=ba$，则有 $(ab)^n=a^nb^n$。

9.1.2　元素的阶

前面已经证明，$\langle \mathbf{Z}_n,\oplus\rangle$ 是群，$n=6$ 时，$\mathbf{Z}_6=\{0,1,2,3,4,5\}$。表 9.2 给出了 $\mathbf{Z}_6$ 中每个元素的整数次幂的情况。

表 9.2

a	$\cdots$	a^{-6}	a^{-5}	a^{-4}	a^{-3}	a^{-2}	a^{-1}	a^0	a^1	a^2	a^3	a^4	a^5	a^6	$\cdots$
0	$\cdots$	0	0	0	0	0	0	0	0	0	0	0	0	$\cdots$
1	$\cdots$	0	1	2	3	4	5	0	1	2	3	4	5	0	$\cdots$
2	$\cdots$	0	2	4	0	2	4	0	2	4	0	2	4	0	$\cdots$
3	$\cdots$	0	3	0	3	0	3	0	3	0	3	0	3	0	$\cdots$
4	$\cdots$	0	4	2	0	4	2	0	4	2	0	4	2	0	$\cdots$
5	$\cdots$	0	5	4	3	2	1	0	5	4	3	2	1	0	$\cdots$

观察表9.2，可知每个元素的幂呈现周期性变化。这里的变化周期就是元素的阶。所有元素的0次幂都是单位元0，它们均满足：若元素 a 的阶为 m，则 $a^m = e$。由此可得到元素的阶的定义。

定义9.2 设 e 是群 $\langle G, * \rangle$ 的单位元，$a \in G$。

（1）使 $a^n = e$ 成立的最小正整数 n 称为元素 a 的**阶**（Order）或**周期**（Period），记为 $|a|$。

（2）若不存在这样的正整数 n，使 $a^n = e$（即 $\forall n \in \mathbf{Z}^+$，都有 $a^n \neq e$），则称 a 的阶无限。

由此可知，$\langle \mathbf{Z}_6, \oplus \rangle$ 中，0 的阶是 1，1 和 5 的阶为 6，2 和 4 的阶为 3，3 的阶是 2。

显然，群 $\langle G, * \rangle$ 中单位元 e 的阶为 1。

> **注意**
>
> 群的阶和群中元素的阶是不同的概念。

例9.6 计算实数加法群 $\langle \mathbf{R}, + \rangle$ 中元素的阶。

解 在实数加法群 $\langle \mathbf{R}, + \rangle$ 中，单位元为 0，所以有 $0^1 = 0$，即 0 的阶为 1。

$\forall a \in \mathbf{R}$，且 $a \neq 0$，以及 $\forall n \in \mathbf{Z}^+$，有

$$a^n = a^{n-1} + a = a + a^{n-1} = a + a + \cdots + a = na \neq 0,$$

因此，$\langle \mathbf{R}, + \rangle$ 中仅有单位元 0 的阶为 1，而其余元素的阶无限。

结论 （1）在实数加法群 $\langle \mathbf{R}, + \rangle$ 中，0 的阶为 1，而其余实数的阶无限。

（2）对于群 $\langle \mathbf{Z}_n, \oplus \rangle$，除单位元 0 的阶为 1 外，其余元素 x 的阶等于 $n/(x, n)$。

下面讨论与群中元素的阶相关的一些性质定理。

定理9.2 设 $\langle G, * \rangle$ 是群，则有以下结论。

（1）$\forall a \in G$，a 的阶为 m，则 $a^n = e$ 当且仅当 $m \mid n$。

（2）若 G 是有限群，则每个元素的阶都是有限的，且不大于群 G 的阶。

（3）$\forall a \in G$，$|a| = |a^{-1}|$，即元素 a 和其逆元 a^{-1} 的阶相同。

（4）$\forall a, b \in G$，$|a| = m$，$|b| = n$，若 $(m, n) = 1$，$ab = ba$，则 $|ab| = mn$。

分析 （1）证明整除关系可使用反证法；（2）只需说明在有限群 $\langle G, * \rangle$ 中，$\forall a \in G$，一定存在 $n \in \mathbf{Z}^+$，有 $a^n = e$ 即可；（3）和（4）可利用（1）来得出。

证明 （1）"$\Rightarrow$"：设 $a^n = e$，使用反证法，若 m 不整除 n，则 $\exists q \in \mathbf{Z}$，使

$$n = mq + r \, (1 \leqslant r \leqslant m-1)。$$

由 a 的阶为 m，且 $a^n = e$，有

$$a^n = a^{mq+r} = a^{mq} a^r = (a^m)^q a^r = e^q a^r = a^r = e,$$

由于 $1 \leqslant r \leqslant m-1$，这就与 a 的阶为 m 矛盾，所以有 $m \mid n$。

"$\Leftarrow$"：设 $m \mid n$，则 $\exists k \in \mathbf{Z}$，使 $n = mk$，于是有

$$a^n = a^{mk} = (a^m)^k = e^k = e,$$

所以有 $a^n = e$。

（2）$\forall a \in G$，构造 $a, a^2, a^3, \cdots$，由运算 "$*$" 满足封闭性知

$$a, a^2, a^3, \cdots \in G,$$

因为 $|G|$ 是有限的，所以这无限个元素 $a, a^2, a^3, \cdots, a^n, \cdots$ 中必有相同的元素，不妨假设

$$a^x = a^y (x < y),$$

左右两端同时乘 a^{-x}，有

$$a^x a^{-x} = a^y a^{-x} = e,$$

即有

$$a^{y-x} = e (y - x > 0),$$

由元素的阶的定义可知，元素 a 的阶一定小于或等于 $y - x$，故 a 的阶有限。
又根据 $a, a^2, a^3, \cdots$ 最多有 $|G|$ 个不同元素，有 $|a| \le |G|$。

(3) 设 $|a| = m$，$|a^{-1}| = n$。由于 $(a^{-1})^m = (a^m)^{-1} = e^{-1} = e$，由 (1) 可知 $n \mid m$。
同理，由于 $a^n = (a^{-n})^{-1} = e^{-1} = e$，由 (1) 可知 $m \mid n$，所以 $m = n$。

(4) 设 $|ab| = k$，由于 $(ab)^{mn} = a^{mn} b^{mn} = e$，由 (1) 可知 $k \mid (mn)$。
又由于 $(ab)^{km} = a^{km} b^{km} = b^{km} = e$，所以 $n \mid (km)$，而 $(m, n) = 1$，从而得到 $n \mid k$。同理可得到 $m \mid k$，因而 $(mn) \mid k$。

综上，$k = mn$。

9.1.3 子群

将子代数的定义具体应用于群，就得到子群的概念。

定义 9.3 设 $\langle G, * \rangle$ 是群，如果

(1) S 是 G 的非空子集；

(2) S 在运算 " $*$ " 下也是一个群，即 $\langle S, * \rangle$ 是群，

则称 $\langle S, * \rangle$ 是 $\langle G, * \rangle$ 的 **子群**（Subgroup），或简称 S 是 G 的子群，记为 $S \le G$。

从定义可知，对任意的群 G，$\{e\}$ 和 G 自身均是群 G 的子群。由于任何群 G 都有这两个子群，故称之为 **平凡子群**（Trivial Subgroup），而 G 的非平凡子群则称为 **真子群**（Proper Subgroup），记为 $S < G$。

例如，在群 $\langle Z_6, \oplus \rangle$ 中，有 4 个子群 $\{0\}$，$\{0,3\}$，$\{0,2,4\}$，$\{0,1,2,3,4,5\}$，其中 $\{0\}$ 和 $\{0,1,2,3,4,5\}$ 是平凡子群，$\{0,3\}$ 和 $\{0,2,4\}$ 是真子群。

易知，子群 S 的单位元就是 G 的单位元 e，S 中元素 a 的逆元也是其在 G 中的逆元。

根据群的定义，群需要满足 4 个要素：封闭性、结合律、有单位元、每个元素都有逆元。对于一个群 G 中的非空子集 S，结合律不必再验证了，因为运算 " $*$ " 在 G 中满足结合律，则在 S 中必然满足。只需要验证封闭性、单位元和逆元即可。这些条件仍可进行简化，下面给出子群判定定理。

定理 9.3 设 S 是群 G 的非空子集，则以下 3 个命题等价。

(1) S 是 G 的子群。

(2)（**子群判定定理一**）$\forall a, b \in S$，都有 $ab \in S$ 和 $a^{-1} \in S$。

(3)（**子群判定定理二**）$\forall a, b \in S$，都有 $ab^{-1} \in S$。

分析 可利用循环验证的方式证明，$(1) \Rightarrow (2) \Rightarrow (3) \Rightarrow (1)$。

证明 $(1) \Rightarrow (2)$：显然成立。

$(2) \Rightarrow (3)$：$\forall a, b \in S$，由 (2) 有 $b^{-1} \in S$，再次 (2) 得到 $ab^{-1} \in S$。

$(3) \Rightarrow (1)$：$\forall a, b \in S$，由 (3) 有 $e = aa^{-1} \in S$，e 是单位元。再由 (3) 可得 $ea^{-1} = a^{-1} \in$

微课视频

S，最后利用(3)将 $a,b^{-1}\in S$ 代入，得到 $a(b^{-1})^{-1}=ab\in S$。结合律显然成立。所以 $S\leqslant G$。

例 9.7 设 G 是一个群，对任意的 $a\in G$，令 $S_a=\{a^n\mid n\in \mathbf{Z}\}$，证明 S_a 是 G 的子群。

分析 可以利用子群定义或两个子群判定定理来证明，下面使用子群判定定理二来证明。

证明 显然 $S_a\subseteq G$，又因为 $a\in S_a$，所以 S_a 是 G 的非空子集。$\forall x,y\in S_a$，存在 $n,m\in \mathbf{Z}$，有

$$x=a^n,\quad y=a^m,$$

则

$$xy^{-1}=a^n(a^m)^{-1}=a^{n-m}。$$

由 $n,m\in \mathbf{Z}$，有 $n-m\in \mathbf{Z}$，所以 $a^{n-m}\in S_a$，故由子群判定定理二可知，S_a 是 G 的子群。

结论 群 G 中的任意元素 a 的整数幂组成的子集是子群，即 $\forall a\in G$，$S_a=\{a^n\mid n\in \mathbf{Z}\}$ 是 G 的子群。

如果 S 是群 $\langle G,*\rangle$ 的有限非空子集，则对于 S 是不是 G 的子群，还可以从更弱的条件来判断，如下面定理所述。

定理 9.4（有限子群判定定理） 设 S 是群 G 的有限非空子集，则 S 是群 G 的子群的充分必要条件是

$$\forall a,b\in S,\ 有\ ab\in S。$$

分析 可以利用子群定义或两个子群判定定理来证明。必要性显然成立；对于充分性，根据定理9.3，只需证明 $\forall a\in S$，有 $a^{-1}\in S$ 即可。

证明 必要性：显然成立。

充分性：根据子群判定定理一，已有封闭性条件，只需证明 $\forall a\in S$，有 $a^{-1}\in S$。

由例9.7的结论，$S_a=\{a^n\mid n\in \mathbf{Z}\}$ 是 G 的子群，因而 $a^{-1}\in S_a$。又由于 S 是有限集合，根据定理9.2，a 的阶有限，设 $|a|=n$，于是 S_a 可记作 $\{a^1,a^2,\cdots,a^n\}$。显然，根据已知的封闭性条件，S_a 是 S 的子集，从而 $a^{-1}\in S$。所以 S 是 G 的子群。

解题小贴士

子群的判定和证明方法

在具体应用中，一般使用子群判定定理一和子群判定定理二来证明一个非空子集是子群。如果是有限子群，则使用有限子群判定定理。

设 S 是群 G 的非空子集，可采用以下方法来证明 S 是 G 的子群。

(1)(子群判定定理一)$\forall a,b\in S$，都有 $ab\in S$ 和 $a^{-1}\in S$。

(2)(子群判定定理二)$\forall a,b\in S$，都有 $ab^{-1}\in S$。

(3)(有限子群判定定理)若 S 是 G 的有限非空子集，$\forall a,b\in S$，有 $ab\in S$。

例 9.8 设 $\langle \mathbf{Z},+\rangle$ 是整数加法群，令 $S=\{5k\mid k\in \mathbf{Z}\}$，证明 S 是 $\mathbf{Z}$ 的子群。

分析 用子群判定定理二来证明，即只需证明两点：(1)S 是 $\mathbf{Z}$ 的非空子集；(2)$\forall a,b\in S$，有 $a+b^{-1}\in S$，即证明 $a+b^{-1}=a-b\in S$。

证明 (1)显然 $0\in S$，故 S 是非空子集。

(2)$\forall a,b \in S$，存在 $k_1,k_2 \in \mathbf{Z}$，有 $a=5k_1,b=5k_2$，则

$$a+b^{-1}=5k_1-5k_2=5(k_1-k_2) \in S \quad (k_1-k_2 \in \mathbf{Z})。$$

由(1)、(2)知，$\langle S,+\rangle$ 是 $\langle \mathbf{Z},+\rangle$ 的子群。

例 9.9 设 G 是一个可换群，令

$$S=\{a \mid a \in G \text{ 且 } a=a^{-1}\}，$$

证明 S 是 G 的一个子群。

分析 用子群判定定理二来证明，即只需证明两点：(1)S 是 G 的非空子集；(2)$\forall a,b \in S$，有 $ab^{-1} \in S$。只要找到一个 S 中的元素，即可说明 S 非空。而要说明 $ab^{-1} \in S$，也就是要证明 $ab^{-1}=(ab^{-1})^{-1}$，注意充分使用 S 给定的条件和交换律。

证明 (1)对于群 G 的单位元 e，有 $e=e^{-1}$，因此，$e \in S$，从而 S 是非空子集。

(2)$\forall a,b \in S$，有

$$a=a^{-1},b=b^{-1}。$$

又由于满足交换律，有

$$ab^{-1}=ab=ba=ba^{-1}=(ab^{-1})^{-1}，$$

故有 $ab^{-1} \in S$。

根据子群判定定理二，由(1)和(2)可知，S 是 G 的一个子群。

例 9.10 $\langle GL_n(\mathbf{R}),\times\rangle$ 是群，其中 $GL_n(\mathbf{R})$ 是全体 n 阶可逆实矩阵集合，运算"$\times$"是矩阵乘法运算，设 $S=\{\boldsymbol{A} \mid \boldsymbol{A} \in GL_n(\mathbf{R}) \text{ 且 } |\boldsymbol{A}|=1\}$，即 S 是行列式为 1 的可逆实矩阵，证明 $\langle S,\times\rangle$ 是群 $\langle GL_n(\mathbf{R}),\times\rangle$ 的一个子群。

分析 由例 9.5 知，群 $\langle GL_n(\mathbf{R}),\times\rangle$ 中的单位元是 n 阶单位矩阵 $\boldsymbol{I}$，任意 $\boldsymbol{A} \in GL_n(\mathbf{R})$ 关于"$\times$"的逆元就是 $\boldsymbol{A}$ 的逆矩阵 $\boldsymbol{A}^{-1}$。再利用子群判定定理一来证明。

证明 (1)非空性：单位矩阵 $\boldsymbol{I} \in GL_n(\mathbf{R})$，且 $|\boldsymbol{I}|=1$，所以 $\boldsymbol{I} \in S$，即 S 是 $GL_n(\mathbf{R})$ 的非空子集。

(2)封闭性：$\forall \boldsymbol{A},\boldsymbol{B} \in S$，$|\boldsymbol{A}|=1$，$|\boldsymbol{B}|=1$，有

$$|\boldsymbol{A}\times\boldsymbol{B}|=|\boldsymbol{A}|\times|\boldsymbol{B}|=1\times1=1，$$

且 $\boldsymbol{A}\times\boldsymbol{B}$ 是可逆矩阵，因此有 $\boldsymbol{A}\times\boldsymbol{B} \in S$。

(3)逆元存在：$\forall \boldsymbol{A} \in S$，$|\boldsymbol{A}|=1$，则 $\boldsymbol{A}$ 的逆矩阵 $\boldsymbol{A}^{-1}$ 满足

$$|\boldsymbol{A}^{-1}|=1/|\boldsymbol{A}|=1，$$

且 $\boldsymbol{A}^{-1}$ 也是可逆矩阵，故 $\boldsymbol{A}^{-1} \in S$。

根据子群判定定理一，由(1)、(2)、(3)知，$\langle S,\times\rangle$ 是 $\langle GL_n(\mathbf{R}),\times\rangle$ 的子群。

定理 9.5 设 G 是一个群，H_1 和 H_2 是 G 的两个子群(即 $H_1 \leqslant G$，$H_2 \leqslant G$)，则

(1)$H_1 \cap H_2 \leqslant G$；

(2)$H_1 \cup H_2 \leqslant G \Leftrightarrow H_1 \subseteq H_2$ 或 $H_2 \subseteq H_1$。

分析 (1)利用子群判定定理一进行证明即可。(2)$\Leftarrow$：显然成立。$\Rightarrow$：可考虑使用反证法。

证明 (1)非空性：由于 $H_1 \leqslant G$，$H_2 \leqslant G$，所以有

$$e \in H_1，\quad e \in H_2，\text{ 即有 } e \in H_1 \cap H_2，\text{ 故 } H_1 \cap H_2 \text{ 非空。}$$

封闭性：$\forall a,b \in H$，有 $a,b \in H_1 \cap H_2$，即

$$a,b \in H_1，\quad a,b \in H_2。$$

由于 H_1 和 H_2 都是 G 的子群，所以有

$$ab \in H_1, \ ab \in H_2, \ 即有 \ ab \in H_1 \cap H_2。$$

逆元存在：$\forall a \in H$，有 $a \in H_1 \cap H_2$，即 $a \in H_1$，$a \in H_2$。

由于 H_1 和 H_2 都是 G 的子群，所以有

$$a^{-1} \in H_1, \ a^{-1} \in H_2, \ 即有 \ a^{-1} \in H_1 \cap H_2。$$

根据子群判定定理一，$H_1 \cap H_2$ 是 G 的一个子群。

（2）$\Leftarrow$：显然成立。

$\Rightarrow$：假设结论不成立，则 $\exists x_1, x_2$，使 $x_1 \in H_1$ 但 $x_1 \notin H_2$，$x_2 \in H_2$ 但 $x_2 \notin H_1$。

由于 $x_1 \in H_1 \subseteq H_1 \cup H_2$，$x_2 \in H_2 \subseteq H_1 \cup H_2$，已知 $H_1 \cup H_2 \leqslant G$，所以封闭性成立，即

$$x_1 x_2 \in H_1 \cup H_2,$$

从而

$$x_1 x_2 \in H_1 \ 或 \ x_1 x_2 \in H_2。$$

由于 $H_1 \leqslant G$，$H_2 \leqslant G$，所以 $x_1^{-1} \in H_1$，$x_2^{-1} \in H_2$，从而有 $x_1^{-1} x_1 x_2 \in H_1$ 或 $x_1 x_2 x_2^{-1} \in H_2$，即有 $x_2 \in H_1$ 或 $x_1 \in H_2$，这与 $x_1 \notin H_2$ 和 $x_2 \notin H_1$ 矛盾。从而命题得证。

9.1.4 群的同态和同构

应用代数系统的同态与同构的概念，可以得到群的同态和同构的定义。

定义 9.4 设 $\langle G, * \rangle$ 和 $\langle H, \circ \rangle$ 是两个群，映射 $f: G \to H$，且

$$\forall a, b \in G, \ 有 \ f(a * b) = f(a) \circ f(b),$$

微课视频

则 f 就是从 $\langle G, * \rangle$ 到 $\langle H, \circ \rangle$ 的**群同态映射**（Group Homomorphism）。同样，当 f 是单射、满射和双射时，群同态分别称为**单群同态**（Group Monomorphism）、**满群同态**（Group Epimorphism）和**群同构**（Group Isomorphism）。

下面这个例子是例 8.12 的群同态版本。

例 9.11 判断下列代数系统之间是不是群同态，若是，则进一步判断是单群同态、满群同态还是群同构。

（1）$\langle \mathbf{N}, + \rangle \backsim \langle \mathbf{E}, + \rangle$：其中 $\mathbf{N}$ 和 $\mathbf{E}$ 分别是自然数集与非负偶数集，"$+$"表示普通加法运算。

（2）$\langle \mathbf{Q}, + \rangle \backsim \langle \mathbf{Q}^*, \cdot \rangle$：其中 $\mathbf{Q}$ 是有理数集，$\mathbf{Q}^* = \mathbf{Q} - \{0\}$，"$+$"和"$\cdot$"分别表示普通加法与乘法运算。

（3）$\langle \mathbf{Z}, + \rangle \backsim \langle \mathbf{Z}_n, \oplus \rangle$：其中 $\mathbf{Z}$ 是整数集，$\mathbf{Z}_n = \{0, 1, 2, \cdots, n-1\}$，"$+$"表示普通加法运算，"$\oplus$"表示模 n 加法运算。

分析 不仅要找到一个符合同态等式的映射，还要判断二者是不是群。

解（1）$\mathbf{N}$ 和 $\mathbf{E}$ 上的普通加法都不构成群，因而不存在任何群同态。

（2）设 $f: \mathbf{Q} \to \mathbf{Q}^*$，$\forall x \in \mathbf{Q}$，$f(x) = \mathrm{e}^x$，此时 $\forall x, y \in \mathbf{Q}$，$f(x+y) = \mathrm{e}^{x+y} = \mathrm{e}^x \cdot \mathrm{e}^y = f(x) \cdot f(y)$，显然 f 是单同态。又由于 $\langle \mathbf{Q}, + \rangle$ 和 $\langle \mathbf{Q}^*, \cdot \rangle$ 都是群，所以 f 是单群同态。

（3）设 $f: \mathbf{Z} \to \mathbf{Z}_n$，$\forall x \in \mathbf{Z}$，$f(x) = x \bmod n$，此时 $\forall x, y \in \mathbf{Z}$，$f(x+y) = (x+y) \bmod n = ((x \bmod n) + (y \bmod n)) \bmod n = f(x) \oplus f(y)$，显然 f 是满同态。又由于 $\langle \mathbf{Z}, + \rangle$ 和 $\langle \mathbf{Z}_n, \oplus \rangle$ 都是群，所以 f 是满群同态。

关于群同态，易得到以下结论。

定理9.6 设 f 是 $\langle G,*\rangle$ 到 $\langle H,\circ\rangle$ 的群同态，则

(1)若 e 是群 G 的单位元，则 $f(e)$ 是群 H 的单位元；

(2) $\forall a\in G$，有 $f(a^{-1})=(f(a))^{-1}$。

(3) G 的同态像 $f(G)$ 是 H 的子群，即 $f(G)\leqslant H$。

证明 （1）由于 $e*e=e$，f 是同态映射，则

$$f(e)=f(e*e)=f(e)\circ f(e),$$

可知 $f(e)$ 是群 H 中的幂等元，而群中只有单位元是唯一幂等元，所以 $f(e)$ 是群 H 的单位元。

（2）由 f 是同态映射，可得

$$f(a)\circ f(a^{-1})=f(a*a^{-1})=f(e),\ f(a^{-1})\circ f(a)=f(a^{-1}*a)=f(e),$$

而 $f(e)$ 是群 H 的单位元，因此，由逆元的定义，有

$$f(a^{-1})=(f(a))^{-1}。$$

（3）由定理8.4可知 $f(G)$ 为 H 的子代数，因而满足非空性和封闭性，根据子群判定定理一，只需证明逆元存在即可。由（2）可知，$f(G)$ 中任一元素 $f(a)$ 的逆元为 $f(a^{-1})\in f(G)$。所以，$f(G)\leqslant H$。

定义9.5 设 $\langle G,*\rangle$ 和 $\langle H,\circ\rangle$ 是群，$f:G\to H$ 是一个群同态，令

$$K=\{a\mid a\in G\text{ 且 }f(a)=e'\},$$

其中 e' 是 H 的单位元，则称 K 为 $f:G\to H$ 的**同态核**(Kernel)，记作 $\mathrm{Ker}f$。

显然，同态核 $\mathrm{Ker}f$ 就是 H 中单位元 e' 的全原像，且是 G 的一个子群。

同态的代数系统之间存在相似性，如果两个群同构，则这两个群在同构的意义下可以看作相同的群。对有限群 $\langle G,*\rangle$ 而言，其运算" $*$ "可以通过运算表给出，设 $G=\{x_1,x_2,\cdots,x_n\}$，在建立该群所对应的运算表时，根据定理9.1，运算表中每行的元素应互不相同，每列的元素也应互不相同，因此当 $n=3$ 时，运算表如表9.3所示。

表9.3

*	x_1	x_2	x_3
x_1	x_1	x_2	x_3
x_2	x_2	x_3	x_1
x_3	x_3	x_1	x_2

故当 $n=3$ 时，在同构的意义下只有一个群。同样，当 $n=4$ 时，在同构的意义下只有两个群，此时运算表如表9.4和表9.5所示。

表9.4

*	x_1	x_2	x_3	x_4
x_1	x_1	x_2	x_3	x_4
x_2	x_2	x_1	x_4	x_3
x_3	x_3	x_4	x_1	x_2
x_4	x_4	x_3	x_2	x_1

表9.5

*	x_1	x_2	x_3	x_4
x_1	x_1	x_2	x_3	x_4
x_2	x_2	x_1	x_4	x_3
x_3	x_3	x_4	x_2	x_1
x_4	x_4	x_3	x_1	x_2

结论 （1）若 $|G|\leqslant 3$，则群 G 在同构的意义下只有一个。

（2）若 $|G|=4$，则群 G 在同构的意义下只有两个。

9.2 特殊群

本节研究两类特殊群：循环群和置换群。循环群是最简单的群，已经被研究得比较透彻，它的结构是完全确定的。置换群在现实中有较广泛且非常重要的应用，任何有限群都可以用置换群来表示。

9.2.1 循环群

微课视频

前面介绍了群 G 中元素的幂，根据群的封闭性，$\forall a \in G$，$i \in \mathbf{Z}$，有 $a^i \in G$。若令 $b = a^i$，则此时相当于用群中元素 a 表示了元素 b。若群中所有元素都可以用某元素的整数次幂来表示，则此群就是循环群。

定义 9.6 在群 $\langle G,* \rangle$ 中，若存在一个元素 $a \in G$，使 $\forall x \in G$，都存在 $i \in \mathbf{Z}$，使

$$x = a^i,$$

则称 $\langle G,* \rangle$ 为**循环群**（Cyclic Group），记为 $G = \langle a \rangle$，并称 a 为该循环群的一个**生成元**（Generator）。G 的所有生成元的集合称为 G 的生成集。

回顾例 9.7，群 G 中任意元素 a 的整数次幂组成的子集 $S_a = \{a^n \mid n \in \mathbf{Z}\}$ 是 G 的子群，此子群称为由 a 生成的**循环子群**（Cyclic Subgroup），a 称为该**循环子群的生成元**。显然，循环群可看作循环子群的一种特殊情况，即当 $G = \langle a \rangle$ 是一个循环群时，$G = \{a^n \mid n \in \mathbf{Z}\}$。

从循环群的定义可以看出，能否找出群的生成元是判定一个群是否是循环群的关键。

例 9.12 证明整数加法群 $\langle \mathbf{Z},+ \rangle$ 是个循环群，并求其所有的生成元。

分析 要证明一个群是循环群，就必须说明生成元存在。

证明 假设 $a \in \mathbf{Z}$ 是生成元，则由生成元的定义，$\forall n \in \mathbf{Z}$，存在 $k \in \mathbf{Z}$，使

$$n = a^k = ka。$$

特别地，取 $n = 1$，则有

$$1 = ka,$$

又 k,a 都是整数，所以必然有

$$a = 1 \text{ 或 } a = -1。$$

以上说明，如果 a 是生成元，则 a 必须是 1 或 -1。因此，我们还需要进一步验证 ± 1 是否是 $\langle \mathbf{Z},+ \rangle$ 的生成元。

因为 $\forall n \in \mathbf{Z}$，有

$$n = 1 + 1 + \cdots + 1 = 1^n,$$

$$n = 1 + 1 + \cdots + 1 = (-1)^{-1} + (-1)^{-1} + \cdots + (-1)^{-1} = ((-1)^{-1})^n = (-1)^{(-n)},$$

所以 ± 1 是生成元。故 $\langle \mathbf{Z},+ \rangle$ 是循环群，其生成集为 $\{-1,1\}$。

解题小贴士

循环群的判定和证明方法

要说明群 G 是循环群，则需要找出生成元，而找出生成元有以下两步：

(1) 假设生成元存在，并根据生成元的定义计算它；

(2) 验证计算出来的元素是否是生成元，如果是，则该群是循环群。

例 9.13 证明整数模 n 同余类加法群 $\langle \mathbf{Z}_n, \oplus \rangle (n \in \mathbf{Z}^+)$ 是一个循环群，并求出生成集。

分析 关键是计算 $\langle \mathbf{Z}_n, \oplus \rangle$ 的生成元。

证明 要证明 $\langle \mathbf{Z}_n, \oplus \rangle$ 是循环群，就必须说明生成元存在。不妨设 a 是 $\langle \mathbf{Z}_n, \oplus \rangle$ 的生成元，则 $\forall m \in \mathbf{Z}_n$，存在 $k \in \mathbf{Z}$，使

$$m = a^k = ka \pmod{n}。$$

特别地，取 $m = 1$，则有

$$1 = ka \pmod{n}，$$

即存在 $s \in \mathbf{Z}$，使

$$ns + ka = 1，$$

所以有 $(a, n) = 1$。

反之，如果 $(a, n) = 1$，则

$$\exists s, t \in \mathbf{Z}，\text{有 } ns + ta = 1，$$

即

$$1 = ta \pmod{n}，$$

所以有

$$1 = a^t (t \in \mathbf{Z})。$$

于是，$\forall m \in \mathbf{Z}_n$，有

$$m = 1^m = (a^t)^m = a^{tm} (t, m \in \mathbf{Z})，$$

故 a 是生成元。因此，a 是生成元的充分必要条件是 $(a, n) = 1$。因而 $\langle \mathbf{Z}_n, \oplus \rangle$ 是循环群，且其生成集为

$$M = \{ a \mid a \in \mathbf{Z}_n, (a, n) = 1 \}。$$

例如，在群 $\langle \mathbf{Z}_4, \oplus \rangle$ 中，只有 1 和 3 与 4 互质，所以 $\langle \mathbf{Z}_4, \oplus \rangle$ 的生成集是 $\{1, 3\}$。

结论 (1) 整数加法群是无限阶循环群，其生成集为 $\{1, -1\}$。

(2) 整数模 n 同余类加法群 $\langle \mathbf{Z}_n, \oplus \rangle$ 是一个 n 阶循环群，其生成集为 $M = \{ a \mid a \in \mathbf{Z}_n, (a, n) = 1 \}$，且生成元的个数为 $\varphi(n)$；若 n 为素数，则除单位元 0 以外的一切元素都是生成元。

(3) 若 n 为素数，则整数模 n 同余类乘法群 $\langle \mathbf{Z}_n^*, \otimes \rangle$ 是一个 $n - 1$ 阶循环群。

定理 9.7 设 $\langle G, * \rangle$ 是循环群，则 $\langle G, * \rangle$ 是阿贝尔群。

分析 阿贝尔群就是可换群。循环群中的任意元素都可以用生成元的整数次幂来表示，可用于证明交换律成立。

证明 设 $a \in G$ 是循环群 $\langle G, * \rangle$ 的生成元，$\forall x, y \in G$，存在 $n, m \in \mathbf{Z}$，有

$$x = a^n, \quad y = a^m，$$

则

$$x * y = a^n * a^m = a^{n+m} = a^{m+n} = a^m * a^n = y * x，$$

所以，循环群 $\langle G, * \rangle$ 是阿贝尔群。

观察例 9.13 中生成元的阶，可知其刚好等于群的阶。

定理 9.8 有限群 $\langle G, * \rangle$ 是循环群当且仅当 G 中至少存在一个元素 a，$|a| = |G|$。

分析 利用元素 a 的阶与其生成的循环子群与群 G 的相等关系来证明。

证明 （1）必要性：由于$\langle G, * \rangle$是循环群，设a为其生成元，则由a生成的循环子群$S_a = \{ a^n \mid n \in \mathbf{Z} \}$包含$G$的所有元素（$G \subseteq S_a$），并且$|S_a| = |a|$。又根据" $*$ "运算的封闭性，S_a必然是G的子集，即$S_a \subseteq G$。从而$S_a = G$，即$|S_a| = |G|$。故$|a| = |G|$。

（2）充分性：设$a \in G$且$|a| = |G| = m$，则由a生成的循环子群$S_a = \{ a^n \mid n \in \mathbf{Z} \} = \{ a^1, a^2, a^3, \cdots, a^m \} \subseteq G$，且$S_a$中的$m$个元素必然两两各不相等（否则与$a$的阶为$m$矛盾），从而$|S_a| = m = |G|$，因此$S_a = G$，故$G$是循环群。

有时也可利用定理 9.8 来证明某个有限群是循环群。与之类似，可知无限阶循环群的生成元的阶必然是无限的。

循环群是一类最简单的群，从同构的观点来看，循环群的结构可以完全确定，从而可归结为两个类别。

定理 9.9 设$\langle G, * \rangle = \langle a \rangle$是由$a$生成的循环群，则

（1）若G是无限集，则G与整数加法群$\langle \mathbf{Z}, + \rangle$同构；

（2）若$|G| = n$，则G与整数模n同余类加法群$\langle \mathbf{Z}_n, \oplus \rangle$同构。

分析 证明群同构的关键是构造同构映射。由于循环群中的元素均可表示为生成元的整数次幂，从而可利用生成元的幂建立同构映射。

证明 （1）设$f : G \to \mathbf{Z}$，$\forall a^k \in G$，$f(a^k) = k$。显然f是G到$\mathbf{Z}$的映射。因为G是无限阶循环群，所以a的周期无限。从而$\forall a^k, a^h \in G$，若$a^k \neq a^h$，则$k \neq h$，即f是G到$\mathbf{Z}$的单射。

$\forall k \in \mathbf{Z}$，$\exists a^k \in G$，且$f(a^k) = k$，即f是G到$\mathbf{Z}$的满射。

所以，f是G到$\mathbf{Z}$的双射。

又$\forall a^k, a^h \in G$，有

$$f(a^k * a^h) = f(a^{k+h}) = k + h = f(a^k) + f(a^h)，$$

故f是$\langle G, * \rangle$到$\langle \mathbf{Z}, + \rangle$的同构映射。

（2）因为$|G| = n$，所以

$$G = \{ a^0, a^1, a^2, a^3, \cdots, a^{n-1} \}。$$

设映射$f : G \to \mathbf{Z}_n$，$\forall a^k \in G$，$f(a^k) = k$。显然f是G到$\mathbf{Z}_n$的双射，并且

$$\forall a^k, a^h \in G, \ f(a^k * a^h) = f(a^{k+h}) = f(a^{k \oplus h}) = k \oplus h = f(a^k) \oplus f(a^h)，$$

故f是G到$\langle \mathbf{Z}_n, \oplus \rangle$的同构映射。

由定理 9.9 和例 9.12、例 9.13 可得到以下结论。

结论 （1）无限循环群$G = \langle a \rangle$有且仅有两个生成元a和a^{-1}。

（2）阶为素数p的循环群$G = \langle a \rangle$，除单位元以外的一切元素都是G的生成元。

（3）阶为正整数n的循环群$G = \langle a \rangle$，$\forall y = a^x \in G$，只要$(n, x) = 1$，则y一定是G的生成元。

根据定理 9.9，循环群的子群的构成也很容易得到。

定理 9.10 循环群的子群一定是循环群，且

（1）$\langle \mathbf{Z}, + \rangle$的全部子群为$H_m = \langle m \rangle$，$m = 0, 1, 2, \cdots$；

（2）$\langle \mathbf{Z}_n, \oplus \rangle$的全部子群为$\langle 0 \rangle$和$\langle d \rangle$，$d \mid n (0 < d < n)$。

证明略。

例 9.14 求 $\langle \mathbf{Z}_{12}, \oplus \rangle$ 的所有子群。

分析 直接利用定理 9.10 的结论即可。

解 $\langle \mathbf{Z}_{12}, \oplus \rangle$ 的全部子群为 $\langle 0 \rangle$ 和 $\langle d \rangle$，$d \mid 12$，所以 $d = 1, 2, 3, 4, 6$。从而得到全部子群：

$\langle 0 \rangle = \{0\}$，$\langle 1 \rangle = \{0, 1, 2, 3, 4, 5, 6, 7, 8, 9, 10, 11\}$，

$\langle 2 \rangle = \{0, 2, 4, 6, 8, 10\}$，$\langle 3 \rangle = \{0, 3, 6, 9\}$，

$\langle 4 \rangle = \{0, 4, 8\}$，$\langle 6 \rangle = \{0, 6\}$。

从定理 9.9 和定理 9.10 可以得到以下结论。

(1) 若 $G = \langle a \rangle$ 是一个无限阶循环群，则 G 的所有子群 $H_m = \langle a^m \rangle$，$m = 0, 1, 2, \cdots$。

(2) 若 $G = \langle a \rangle$ 是一个 n 阶的循环群，则 G 的所有子群为 $\langle a^0 \rangle$ 和 $\langle a^d \rangle$，$d \mid n$。

(3) 阶为素数 p 的循环群 $G = \langle a \rangle$ 不含有非平凡的真子群。

解题小贴士

已知循环群的一个生成元 a，计算其所有生成元和子群的方法

(1) 无限循环群：共两个生成元，a 和 a^{-1}；所有子群 $H_m = \langle a^m \rangle$，$m = 0, 1, 2, \cdots$。

(2) 阶为 n 的有限循环群：所有生成元为 a^x，其中 $(n, x) = 1$；所有子群为 $\langle a^0 \rangle$ 和 $\langle a^d \rangle$，其中 $d \mid n (0 < d < n)$。

9.2.2 置换群

在例 9.4 中介绍过，设 A 是任意集合，$S_A = \{f \mid f$ 是 A 上的变换$\}$，则 S_A 关于函数的复合运算构成的群称为 A 上的对称群。为什么称为对称群呢？这是由于此类群可描述事物的对称性。自然界和现实生活中，许多事物都有对称性，如图形中的等腰三角形、正方形、正多面体等。这类图形的对称性可描述为在平面或空间的一个变换下，图形的像与其自身重合。图 9.1 给出了等腰三角形和正方形的对称性示意图，表 9.6 给出了对应的变换。

微课视频

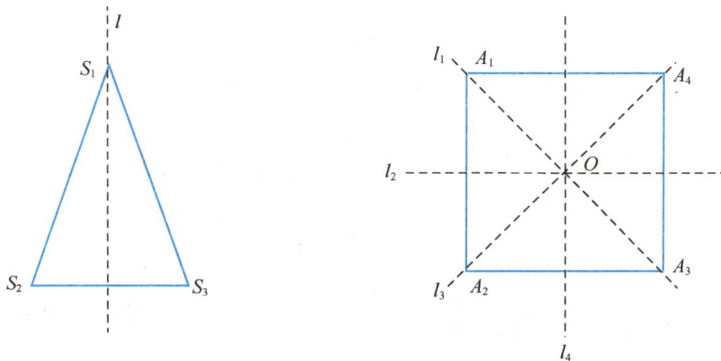

图 9.1

表 9.6

图形	变换
等腰三角形	恒等变换：$I(S_1)=S_1, I(S_2)=S_2, I(S_3)=S_3$
	反射变换：$\tau(S_1)=S_1, \tau(S_2)=S_3, \tau(S_3)=S_2$
正方形	恒等变换：$I(A_1)=A_1, I(A_2)=A_2, I(A_3)=A_3, I(A_4)=A_4$
	旋转变换：$\sigma_1(A_1)=A_2, \sigma_1(A_2)=A_3, \sigma_1(A_3)=A_4, \sigma_1(A_4)=A_1$
	旋转变换：$\sigma_2(A_1)=A_3, \sigma_2(A_2)=A_4, \sigma_2(A_3)=A_1, \sigma_2(A_4)=A_2$
	旋转变换：$\sigma_3(A_1)=A_4, \sigma_3(A_2)=A_1, \sigma_3(A_3)=A_2, \sigma_3(A_4)=A_3$
	反射变换：$\tau_1(A_1)=A_1, \tau_1(A_2)=A_4, \tau_1(A_3)=A_3, \tau_1(A_4)=A_2$
	反射变换：$\tau_2(A_1)=A_2, \tau_2(A_2)=A_1, \tau_2(A_3)=A_4, \tau_2(A_4)=A_3$
	反射变换：$\tau_3(A_1)=A_3, \tau_3(A_2)=A_2, \tau_3(A_3)=A_1, \tau_3(A_4)=A_4$
	反射变换：$\tau_4(A_1)=A_4, \tau_4(A_2)=A_3, \tau_4(A_3)=A_2, \tau_4(A_4)=A_1$

此外，方程的复根也具有对称性。例如，一元二次方程 $x^2+bx+c=0$ 的两个复根 x_1 和 x_2 满足

$$x_1+x_2=-b,\ x_1x_2=c, \tag{9-1}$$

哪里体现了对称性呢？建立 $A=\{x_1,x_2\}$ 上的一个变换 σ：$\sigma(x_1)=x_2, \sigma(x_2)=x_1$。将这个变换代入式(9-1)，可得到

$$x_2+x_1=-b,\ x_2x_1=c, \tag{9-2}$$

可见式(9-1)和式(9-2)是相同的。这就是方程复根的对称性。法国数学家伽罗瓦正是利用这一原理，最终建立群论，解决了高次代数方程的求解问题。

对称群的任何子群都叫作 A 上的变换群（Transformation Group）。当 $|A|=n$ 时，A 上的对称群称为 n 次对称群，可记作 S_n。S_n 的任何一个子群称为 n 次置换群（Permutation Group）。变换群和置换群在群论中有非常重要的作用。任何群都可以用它们表示出来。例如，置换群可用于解决任意 n 次方程有没有根式解的问题，以及一些较难的计数问题。下面主要介绍置换群。

前面的章节已经指出，当 S 为有限集合时，$|S|=n$，S 上的任何变换称为一个 n 次置换（Permutation）。为方便起见，可以令 $S=\{1,2,\cdots,n\}$，从而一个 n 次置换 σ 可记为

$$\sigma=\begin{pmatrix} 1 & 2 & \cdots & n \\ \sigma(1) & \sigma(2) & \cdots & \sigma(n) \end{pmatrix}。$$

因为 σ 是 S 上的双射，所以 $\sigma(1)\sigma(2)\cdots\sigma(n)$ 是 $1,2,\cdots,n$ 的一个 n 元排列，可见 n 次对称群 S_n 的阶为 $n!$。

在 S_n 中任意两个置换的复合运算可称为置换的乘积。例如，在 S_4 中，有

$$\sigma=\begin{pmatrix} 1 & 2 & 3 & 4 \\ 2 & 3 & 4 & 1 \end{pmatrix},\ \tau=\begin{pmatrix} 1 & 2 & 3 & 4 \\ 4 & 3 & 2 & 1 \end{pmatrix},$$

从而 $\sigma\tau=\begin{pmatrix} 1 & 2 & 3 & 4 \\ 3 & 2 & 1 & 4 \end{pmatrix}$，$\tau\sigma=\begin{pmatrix} 1 & 2 & 3 & 4 \\ 1 & 4 & 3 & 2 \end{pmatrix}$。注意这里的运算顺序是从左往右（右复合），有些教材是从右往左的（左复合）。

以上置换的表示方法可进一步简化，即将一个置换表示为一些轮换或对换的乘积。什么是轮换和对换呢？

定义 9.7　设 r 是一个 n 次置换，若其满足

（1）$r(a_1)=a_2, r(a_2)=a_3, \cdots, r(a_l)=a_1$；

（2）$r(a)=a, a \neq a_i (i=1,2,\cdots,l)$，

则称 r 是一个长度为 l 的**轮换**（Cycle），记作 $r=(a_1,a_2,\cdots,a_l)$。长度为 2 的轮换称为**对换**（Transposition）。

例如，在 S_6 中，有

$$\sigma = \begin{pmatrix} 1 & 2 & 3 & 4 & 5 & 6 \\ 3 & 2 & 4 & 5 & 1 & 6 \end{pmatrix} = (1 \quad 3 \quad 4 \quad 5), \tau = \begin{pmatrix} 1 & 2 & 3 & 4 & 5 & 6 \\ 1 & 5 & 3 & 4 & 2 & 6 \end{pmatrix} = (2 \quad 5),$$

所以 σ 是一个长度为 4 的轮换，而 τ 是一个对换。

定理 9.11　设 σ 是任何一个 n 次置换，则有以下结论。

（1）σ 可分解为 k 个不相交的轮换的乘积：$\sigma = r_1 r_2 \cdots r_k$。且除排列次序外，分解式是唯一的。这里的不相交是指任何两个轮换中没有相同元素。σ 的阶是所有轮换长度的最小公倍数。其中 1-轮换对应的元素称为 σ 的**不动点**，可略去不写。

（2）σ 可分解为 s 个对换的乘积——$\sigma = \tau_1 \tau_2 \cdots \tau_s$，且分解形式不唯一。但 s 的奇偶性是唯一确定的。

证明略。

例 9.15　求以下置换的轮换分解式和一个对换分解式：

$$(1)\sigma = \begin{pmatrix} 1 & 2 & 3 & 4 & 5 & 6 & 7 \\ 3 & 7 & 5 & 2 & 1 & 6 & 4 \end{pmatrix}; \qquad (2)\tau = \begin{pmatrix} 1 & 2 & 3 & 4 & 5 & 6 & 7 & 8 \\ 5 & 3 & 6 & 4 & 2 & 1 & 8 & 7 \end{pmatrix}.$$

分析　求轮换分解式可从任何一个元素开始，逐个写出轮换，只包含一个元素的轮换可省略。再利用 $(i_1,i_2,\cdots,i_l)=(i_1,i_2)(i_1,i_3)\cdots(i_1,i_l)$，将轮换写成对换的形式，可得到对换分解式。

解　$(1)\sigma = \begin{pmatrix} 1 & 2 & 3 & 4 & 5 & 6 & 7 \\ 3 & 7 & 5 & 2 & 1 & 6 & 4 \end{pmatrix} = (1 \quad 3 \quad 5)(2 \quad 7 \quad 4)(6)$

$\qquad = (1 \quad 3 \quad 5)(2 \quad 7 \quad 4) = (1 \quad 3)(1 \quad 5)(2 \quad 7)(2 \quad 4)$。

$(2)\tau = \begin{pmatrix} 1 & 2 & 3 & 4 & 5 & 6 & 7 & 8 \\ 5 & 3 & 6 & 4 & 2 & 1 & 8 & 7 \end{pmatrix} = (1 \quad 5 \quad 2 \quad 3 \quad 6)(4)(7 \quad 8)$

$\qquad = (1 \quad 5 \quad 2 \quad 3 \quad 6)(7 \quad 8) = (1 \quad 5)(1 \quad 2)(1 \quad 3)(1 \quad 6)(7 \quad 8)$。

注意，对换分解式可能不是唯一的。例如，例 9.15(1) 中的轮换 $(1 \quad 3 \quad 5)$ 还可分解为 $(3 \quad 5)(3 \quad 1)$。尽管如此，分解式中包含的对换个数的奇偶性是不变的。从而可得到以下定义。

定义 9.8（置换的奇偶性）　设 σ 是任何一个 n 次置换，若 σ 可以分解为偶数个对换的乘积，则称 σ 是**偶置换**；否则称 σ 为**奇置换**。

由此可知，两个偶置换的乘积仍为偶置换，两个奇置换的乘积也是偶置换，而一个偶置换和一个奇置换的乘积则为奇置换。由于任何一个偶置换与对换的乘积为奇置换，而任何一个奇置换与对换的乘积为偶置换，所以 n 次对称群 S_n 中奇偶置换的个数各占一半，均为 $n!/2$。

S_n 中所有偶置换可构成一个子群，称为 n **次交错群**（Alternating Group），记为 A_n。注意，S_n 的单位元（就是恒等变换 I，可记作 (1)）也是一个偶置换。

例 9.16　求 3 次对称群 S_3 的所有元素，指出哪些是奇置换，哪些是偶置换，并给

出 S_3 的运算表。

分析 S_3 就是集合 $\{1,2,3\}$ 上的所有变换，需要使用轮换表示出来。运算表即使用函数复合的方式进行计算。

解 $S_3=\{(1),(1\ 2),(1\ 3),(2\ 3),(1\ 2\ 3),(1\ 3\ 2)\}$，其中 $(1),(1\ 2\ 3)$，$(1\ 3\ 2)$ 为偶置换，$(1\ 2),(1\ 3),(2\ 3)$ 为奇置换。其运算表如表 9.7 所示。

表 9.7

	(1)	(1 2)	(1 3)	(2 3)	(1 2 3)	(1 3 2)
(1)	(1)	(1 2)	(1 3)	(2 3)	(1 2 3)	(1 3 2)
(1 2)	(1 2)	(1)	(1 2 3)	(1 3 2)	(1 3)	(2 3)
(1 3)	(1 3)	(1 3 2)	(1)	(1 2 3)	(2 3)	(1 2)
(2 3)	(2 3)	(1 2 3)	(1 3 2)	(1)	(1 2)	(1 3)
(1 2 3)	(1 2 3)	(2 3)	(1 2)	(1 3)	(1 3 2)	(1)
(1 3 2)	(1 3 2)	(1 3)	(2 3)	(1 2)	(1)	(1 2 3)

定义 9.9（置换的类型） 设 σ 是任何一个 n 次置换，如果 σ 的轮换分解式是由 λ_1 个 1-轮换、λ_2 个 2-轮换……λ_n 个 n-轮换组成，则称 σ 是一个 $1^{\lambda_1}2^{\lambda_2}\cdots n^{\lambda_n}$ 型置换，其中 $1\cdot\lambda_1+2\cdot\lambda_2+\cdots+n\cdot\lambda_n=n$。

例如，S_5 中 $(1\ 2\ 3)$ 是一个 $1^2 3^1$ 型置换，$(1\ 2\ 3\ 4\ 5)$ 是一个 5^1 型置换，$(1\ 2)(3\ 4)$ 是一个 $1^1 2^2$ 型置换。

可以证明，在 S_n 中，$1^{\lambda_1}2^{\lambda_2}\cdots n^{\lambda_n}$ 型置换的个数为

$$\frac{n!}{1^{\lambda_1}2^{\lambda_2}\cdots n^{\lambda_n}\lambda_1!\cdot\lambda_2!\cdots\lambda_n!}。$$

下面考虑正 n 边形在三维空间中保持各顶点相对位置不变的旋转或翻转变换，每个旋转或翻转对应其顶点集合的一个置换，两个置换的乘积就是一个旋转或翻转接着另一个旋转或翻转，一个旋转或翻转的逆就是其反向旋转或翻转，因此，所有旋转和翻转构成一个群，这个群是 n 次对称群 S_n 的子群，也就是一个置换群，称为**二面体群**，记为 D_n。

例 9.17 求二面体群 D_4 中的所有置换，指出这些置换的类型，找出群中的单位元和逆元。

分析 参考图 9.1，正四边形有两种旋转方式：一种是绕其中心 O 沿逆时针方向旋转；另一种是关于一条对称轴进行翻转（即反射）。

解 如图 9.1 和表 9.6 所示，正四边形绕中心 O 旋转 $\dfrac{\pi}{2}$、π、$\dfrac{3\pi}{2}$、2π 分别得到置换 $\sigma_1=(1\ 2\ 3\ 4)$，$\sigma_2=(1\ 3)$ $(2\ 4)$，$\sigma_3=(1\ 4\ 3\ 2)$ 和恒等变换 $I=(1)$，通过关于对边中心的轴翻转可得到置换 $\tau_1=(2\ 4)$，$\tau_2=(1\ 2)$ $(3\ 4)$，$\tau_3=(1\ 3)$，$\tau_4=(1\ 4)(2\ 3)$。表 9.8 给出了这

表 9.8

置换	类型
$I=(1)$	1^4
$\sigma_1=(1\ 2\ 3\ 4)$	4^1
$\sigma_2=(1\ 3)(2\ 4)$	2^2
$\sigma_3=(1\ 4\ 3\ 2)$	4^1
$\tau_1=(2\ 4)$	$1^2 2^1$
$\tau_2=(1\ 2)(3\ 4)$	2^2
$\tau_3=(1\ 3)$	$1^2 2^1$
$\tau_4=(1\ 4)(2\ 3)$	2^2

些置换的类型。

D_4 的运算表如表 9.9 所示。由表 9.9 可知，单位元是 I，σ_1 和 σ_3 互为逆元，σ_2，$\tau_1, \tau_2, \tau_3, \tau_4$ 的逆元都是自身。

表 9.9

	I	σ_1	σ_2	σ_3	τ_1	τ_2	τ_3	τ_4
I	I	σ_1	σ_2	σ_3	τ_1	τ_2	τ_3	τ_4
σ_1	σ_1	σ_2	σ_3	I	τ_4	τ_1	τ_2	τ_3
σ_2	σ_2	σ_3	I	σ_1	τ_3	τ_4	τ_1	τ_2
σ_3	σ_3	I	σ_1	σ_2	τ_2	τ_3	τ_4	τ_1
τ_1	τ_1	τ_2	τ_3	τ_4	I	σ_1	σ_2	σ_3
τ_2	τ_2	τ_3	τ_4	τ_1	σ_3	I	σ_1	σ_2
τ_3	τ_3	τ_4	τ_1	τ_2	σ_2	σ_3	I	σ_1
τ_4	τ_4	τ_1	τ_2	τ_3	σ_1	σ_2	σ_3	I

定理 9.12（凯莱定理） 设 G 是任意一个群，则

(1) G 同构于一个变换群；

(2) 若 G 是有限群，则 G 同构于一个置换群。

分析 (1) 需要先构造一个变换群 G'，然后证明 $G \cong G'$。(2) 是 (1) 的特殊情况。

证明 ① 构造一个变换群 G'。

任取 $a \in G$，定义 G 上的一个映射 $f_a : \forall x \in G$，$f_a(x) = ax$。由于

$$f_a(x_1) = f_a(x_2) \Rightarrow ax_1 = ax_2 \Rightarrow x_1 = x_2,$$

可知 f_a 是单射。

又 $\forall b \in G$，取 $x_0 = a^{-1}b \in G$，则 $f_a(x_0) = ax_0 = b$，所以 f_a 也是满射。f_a 是 G 上的一个变换。

令

$$G' = \{f_a \mid a \in G, \forall x \in G, f_a(x) = ax\},$$

G' 对复合运算可构成群：$\forall f_a, f_b \in G'$，$f_a f_b(x) = abx = f_{ab}(x) \in G'$，满足封闭性。若 e 为群 G 的单位元，则 f_e 为 G' 的单位元，同时 $f_a^{-1} = f_{a^{-1}}$。

所以 G' 是一个变换群。

② 证明 $G \cong G'$。

构造映射 $\varphi : G \to G'$，$\forall a \in G$，$\varphi(a) = f_a$。

显然 φ 是满射，又

$\varphi(a) = \varphi(b) \Rightarrow f_a = f_b \Rightarrow ax = bx \Rightarrow a = b$，即 φ 是单射，

所以 φ 是双射。

又 $\forall a, b \in G$，$\varphi(ab) = f_{ab} = f_a f_b = \varphi(a)\varphi(b)$，所以 φ 是 G 到 G' 的同构，$G \cong G'$。当 G 有限时，G' 为一个置换群，定理自然成立。

这是群论中一个非常重要的定理。利用这个定理，可对任何一个群 G，找出与它同构的变换群或置换群 G'，只要取 G' 为 G 上的所有线性函数 $f_a(x) = ax$ 所构成的变换群即可。

例 9.18 求与 Klein 四元群同构的置换群。

分析 利用凯莱定理中给出的变换 $f_a(x)=ax$ 即可。参考例 9.1 的运算表。

解 已知 Klein 四元群 $K=\{e,a,b,c\}$，根据凯莱定理，可知

$$G'=\{f_g \mid g \in K, \forall x \in K, f_g(x)=gx\},$$

从而

$$f_e=\begin{pmatrix} e & a & b & c \\ e & a & b & c \end{pmatrix}=(1),$$

$$f_a=\begin{pmatrix} e & a & b & c \\ a & e & c & b \end{pmatrix}=(e \quad a)(b \quad c),$$

$$f_b=\begin{pmatrix} e & a & b & c \\ b & c & e & a \end{pmatrix}=(e \quad b)(a \quad c),$$

$$f_c=\begin{pmatrix} e & a & b & c \\ c & b & a & e \end{pmatrix}=(e \quad c)(a \quad b)。$$

可用 $\{1,2,3,4\}$ 来代替 $\{e,a,b,c\}$，则

$$K\cong\{(1),(1 \quad 2)(3 \quad 4),(1 \quad 3)(2 \quad 4),(1 \quad 4)(2 \quad 3)\}。$$

用这种方法，可求出与任何一个群同构的变换群或置换群。

9.3 陪集与拉格朗日定理

群的子群反映了群的结构和性质，因此，我们需要研究群与子群的关系及子群的性质。本节将用子群对群做一个划分，从而得到关于群和子群的一个重要的定理——拉格朗日定理。

9.3.1 陪集

我们可以利用群 G 的子群 H 来研究群 G 的结构，这是因为利用子群 H 可对 G 中的元素进行划分，由关系理论可知，集合的划分对应一个等价关系。该如何定义这个等价关系呢？

我们先看一个立体几何中的例子，设 π_0 是过原点 O 的一个平面，如图 9.2 所示。

微课视频

设 A 和 B 是空间的任意两个点，则 A 和 B 属于同一个与 π_0 平行（或重合的）的平面当且仅当向量 $\overrightarrow{OA}$ 与 $\overrightarrow{OB}$ 满足 $\overrightarrow{OA}-\overrightarrow{OB}\in\pi_0$。由此可建立一个二元关系 $R=\{\langle\overrightarrow{OA},\overrightarrow{OB}\rangle \mid \overrightarrow{OA}-\overrightarrow{OB}\in\pi_0\}$，此二元关系满足自反性、对称性和传递性，从而 R 是等价关系。每一个等价类都是与 π_0 平行（或重合的）的一个平面。从而，π_0 以及与 π_0 平行的所有平面构成了该几何空间的一个划分。

从代数系统的角度来看，关于空间所有点的向量加法运算可构成群。$\overrightarrow{OA}-\overrightarrow{OB}$ 相当于 $\overrightarrow{OA}+\overrightarrow{OB}^{-1}$，这可引申到一般的群。

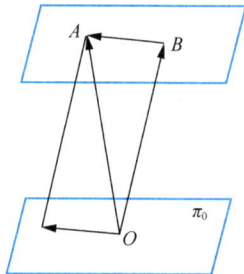

图 9.2

例 9.19 设 H 是群 G 的一个子群，定义 G 上的一个二元关系 ~ 为

$$a \sim b \Leftrightarrow ab^{-1}\in H,$$

证明 ~ 是一个等价关系。

分析 根据等价关系的定义，我们需要证明该关系满足自反性、对称性和传递性。

证明 （1）自反性：$\forall a \in G$，由 G 是一个群，有 $a^{-1} \in G$，所以
$$aa^{-1} = e \in H (因 H 是一个子群，所以有 e \in H)，$$
即 $a \sim a$，故关系 $\sim$ 是自反的。

（2）对称性：$\forall a, b \in G$，如有 $a \sim b$，即 $ab^{-1} \in H$，因 H 是一个群，所以有
$$ba^{-1} = (b^{-1})^{-1}a^{-1} = (ab^{-1})^{-1} \in H，$$
即
$$b \sim a，$$
故关系 $\sim$ 是对称的。

（3）传递性：$\forall a, b, c \in G$，如有 $a \sim b$，$b \sim c$，则
$$ab^{-1} \in H, \quad bc^{-1} \in H，$$
因 H 是一个群，所以有
$$ac^{-1} = (ab^{-1})(bc^{-1}) \in H，$$
即
$$a \sim c，$$
故关系 $\sim$ 是传递的。

由（1）、（2）、（3）知，关系 $\sim$ 是一个等价关系。

由此可求得任意元素 a 的等价类。

$\forall a \in G$，$[a] = \{x \mid x \in G, x \sim a\} = \{x \mid x \in G, xa^{-1} \in H\} = \{ha \mid \forall h \in H\}$，此时 $[a]$ 可记为 Ha，称 Ha 为 H 在 $\langle G, * \rangle$ 中的一个右陪集。

与之类似，如果将关系 $\sim$ 定义为 $a \sim b \Leftrightarrow b^{-1}a \in H$，$\sim$ 也是等价关系，$\forall a \in G$，$[a] = \{ah \mid h \in H\} = aH$，称集合 aH 为左陪集。

由此得到陪集的定义。

定义 9.10 设 $\langle H, * \rangle$ 是群 $\langle G, * \rangle$ 的子群，a 是 G 中任意元素，则

（1）$aH = \{ah \mid h \in H\}$ 为子群 H 在群 G 中的一个左陪集（Left Coset）；

（2）$Ha = \{ha \mid h \in H\}$ 为子群 H 在群 G 中的一个右陪集（Right Coset），

a 称为左陪集 aH（或右陪集 Ha）的代表元（Representative Element）。

显然，当 G 是可换群时，子群 H 的左、右陪集相等。

例 9.20 计算群 $\langle \mathbf{Z}_6, \oplus \rangle$ 的子群 $\langle \{0, 2, 4\}, \oplus \rangle$ 的一切左、右陪集。

分析 根据左、右陪集的定义直接计算。

解 令 $H = \{0, 2, 4\}$，则所有的右陪集为
$$H0 = \{0, 2, 4\}0 = \{0, 2, 4\}, \quad H1 = \{0, 2, 4\}1 = \{1, 3, 5\},$$
$$H2 = \{0, 2, 4\}2 = \{2, 4, 0\}, \quad H3 = \{0, 2, 4\}3 = \{3, 5, 1\},$$
$$H4 = \{0, 2, 4\}4 = \{4, 0, 2\}, \quad H5 = \{0, 2, 4\}5 = \{5, 1, 3\},$$
即有
$$H0 = H2 = H4, \quad H1 = H3 = H5, \quad H0 \cup H1 = \mathbf{Z}_6。$$
同理，所有的左陪集为
$$0H = 0\{0, 2, 4\} = \{0, 2, 4\}, \quad 1H = 1\{0, 2, 4\} = \{1, 3, 5\},$$
$$2H = 2\{0, 2, 4\} = \{2, 4, 0\}, \quad 3H = 3\{0, 2, 4\} = \{3, 5, 1\},$$
$$4H = 4\{0, 2, 4\} = \{4, 0, 2\}, \quad 5H = 5\{0, 2, 4\} = \{5, 1, 3\},$$

即有

$$0H = 2H = 4H, \quad 1H = 3H = 5H, \quad 0H \cup 1H = \mathbf{Z}_6。$$

例 9.21 设 $G = \langle \mathbf{Z}, + \rangle$，$H = \{km \mid k \in \mathbf{Z}\}$，则 H 是 G 的子群，计算 H 的左、右陪集。

分析 因为 G 是阿贝尔群，所以 H 的左、右陪集相等，我们只需计算所有的右陪集就可以得到对应的左陪集。

解 根据定义，所有的左、右陪集为

$$0H = H0 = H = \{km \mid k \in \mathbf{Z}\},$$

$$1H = H1 = \{km+1 \mid k \in \mathbf{Z}\},$$

$$\cdots\cdots$$

$$(m-1)H = H(m-1) = \{km+m-1 \mid k \in \mathbf{Z}\}。$$

由于左（右）陪集是等价类，所以它们具有等价类的一切性质，即有下面的性质。

定理 9.13 设 $\langle H, * \rangle$ 是群 $\langle G, * \rangle$ 的子群，e 是单位元，$a, b \in G$，则

（1）$eH = H = He$；

（2）$Ha = H \Leftrightarrow a \in H (aH = H \Leftrightarrow a \in H)$；

（3）$a \in Hb \Leftrightarrow Ha = Hb \Leftrightarrow ab^{-1} \in H (a \in bH \Leftrightarrow aH = bH \Leftrightarrow a^{-1}b \in H)$；

（4）H 的所有左陪集（或右陪集）的集合构成 G 的一个划分。

证明略。

解题小贴士

求所有左、右陪集的方法

设 H 是有限群 G 的一个子群，我们可按以下步骤求 H 的左（右）陪集。

（1）H 本身是 G 的一个左（右）陪集。

（2）任取 $a \in G$，但 $a \notin H$，求 $aH(Ha)$，此时有

$$H \cap aH = \varnothing (H \cap Ha = \varnothing)，$$

又得一个左（右）陪集。

（3）任取 $b \in G$，但 $b \notin H \cup aH (b \notin H \cup Ha)$，求 $bH(Hb)$，此时有

$$H \cap aH \cap bH = \varnothing (H \cap Ha \cap Hb = \varnothing)，$$

又得一个左（右）陪集。

（4）反复上述过程，直到无代表元可选。

例 9.22 求 S_3 中子群 $H = \{(1), (1\ 2)\}$ 的左、右陪集。

分析 S_3 包含 6 个置换，且对应的是复合运算，不满足交换律，所以 H 的左、右陪集不一定相等。

解 $S_3 = \{(1), (1\ 2), (1\ 3), (2\ 3), (1\ 2\ 3), (1\ 3\ 2)\}$。

H 的左陪集有：$(1)H = (1\ 2)H = H$；

$$(1\ 3)H = \{(1\ 3), (1\ 3\ 2)\} = (1\ 3\ 2)H;$$

$$(2\ 3)H = \{(2\ 3), (1\ 2\ 3)\} = (1\ 2\ 3)H。$$

H 的右陪集有：$H(1) = H(1\ 2) = H$；

$$H(1\ 3) = \{(1\ 3), (1\ 2\ 3)\} = H(1\ 2\ 3);$$

$$H(2\ 3) = \{(2\ 3), (1\ 3\ 2)\} = H(1\ 3\ 2)。$$

可以看出，子群 H 的左、右陪集不一定相等，但它们的基数相同。

定理 9.14 设 H 是群 G 的子群，则 $\forall a \in G$，有

$$|aH| = |Ha| = |H|。$$

分析 证明两个集合的基数相等，通常做法是在这两个集合之间建立一个双射。

证明 定义映射 $f:H \to Ha$，$\forall h \in H$，$f(h) = ha$。下面证明 f 是双射。

$\forall h_1, h_2 \in H$，$h_1 \neq h_2$，则 $h_1 a \neq h_2 a$（否则由消去律可知 $h_1 = h_2$，矛盾），即

$$f(h_1) \neq f(h_2)，$$

所以 f 是单射。

由于 $Ha = \{ha \mid h \in H\}$，$\forall ha \in Ha$，有 $f(h) = ha$，所以 f 是满射。

因此，f 是双射。从而有 $|H| = |Ha|$。同理可证

$$|H| = |aH|，$$

即有

$$|Ha| = |H| = |aH|。$$

可见子群 H 的每个左、右陪集的基数均等于 H 的基数，在有限群情况下，可得到著名的拉格朗日定理。

9.3.2 拉格朗日定理

定义 9.11 设 G 是群，H 是 G 的任意一个子群，则 H 在 G 中的左(右)陪集的个数称为 H 在 G 中的**指数**(index)，记作 $[G:H]$。

当 G 为有限群时，可得到以下重要结论。

定理 9.15（拉格朗日定理） $\langle G, * \rangle$ 是有限群，H 是 G 的任意一个子群，则有

$$|G| = [G:H]\,|H|。$$

微课视频

分析 根据定理 9.14 及指数定义可得。

证明 设 $[G:H] = k$，则 H 所有不同的左陪集有 k 个，设为 $S = \{a_1 H, a_2 H, \cdots, a_k H\}$，则 S 就是 G 的一个划分，此时有

$$|G| = \left| \bigcup_{i=1}^{k} a_i H \right| = \sum_{i=1}^{k} |a_i H| = k|H| = [G:H]\,|H|。$$

同样，如果使用右陪集，会得到同样的结果。

由拉格朗日定理，可得到以下推论。

推论 9.1 设 G 是一个有限群，$|G| = n$，则

(1) 若 H 是 G 的任何一个子群，$|H| = m$，则 $m \mid n$；

(2) $\forall a \in G$，若 a 的阶为 k，则有 $k \mid n$，从而 $a^n = e$；

(3) 若 n 为素数，则 G 的子群 H 必然是平凡子群，而非真子群；

(4) 若 n 为素数，则 G 是循环群（即素数阶有限群必然是循环群）。

分析 (1) 和 (3) 可由拉格朗日定理直接得到。由于元素 a 的阶与其生成的循环子群的阶相同，因此 (2) 和 (4) 可利用 a 生成的循环子群来证明。

证明 (1) 直接由拉格朗日定理可得。

(2) a 的阶为 k，从而 $a^k = e$，e 是单位元，并且集合 $H = \{a, a^2, \cdots, a^k\}$ 是 G 的循环子

群。由(1)可知，有 $k \mid n$，若 $n=km$，则有 $a^n=(a^k)^m=e$。

(3)设 $|H|=m$，由(1)知，$m \mid n$，若 n 是素数，则 $m=1$ 或 $m=n$，所以 H 只能是 G 的平凡子群，即 G 没有真子群。

(4)$\forall a \in G$，且 $a \neq e$，a 的阶 $k>1$，由(2)知，$k \mid n$。n 是素数，所以 $k=n$，根据定理 9.8，知 G 是循环群。

例 9.23 确定所有可能的 4 阶群。

分析 根据元素的阶能够整除有限群的阶来证明。

解 根据拉格朗日定理的推论(推论 9.1)，可知元素的阶能够整除 4，从而元素的阶可能为 1,2,4。

(1)若某元素 a 的阶为 4，则根据定理 9.8，这个群必然是循环群，$G=\langle a \rangle$。

(2)若不存在阶为 4 的元素，则除单位元外，其他 3 个元素必然是 2 阶的。设 $G=\{e,a,b,c\}$，e 是单位元，$|a|=|b|=|c|=2$，从而 G 是可换群(否则 $\exists x,y$，有 $xy \neq yx$，进而 $xxyy \neq xyxy$，但 $xxyy=x^2y^2=e$，$xyxy=(xy)^2=e$，从而 $xxyy=xyxy$，矛盾)。由于 $ab \neq e$ 或 a 或 b(否则 $a=b$ 或 e，或 $b=e$)，所以 $ab=ba=c$。与之类似，$bc=cb=a$，$ac=ca=b$，可见这刚好是 Klein 四元群。

这个例子证明了四元群在同构的意义下只有两个：4 阶循环群或 Klein 四元群。

9.4 正规子群与商群

正规子群与商群在群论中是十分重要的概念。由正规子群可以导出商群，而群的任意商群都与该群同态，反之，与该群满同态的群必然与其商群同构。

9.4.1 正规子群

通常而言，群 G 的子群 H 的左陪集 aH 不一定等于右陪集 Ha，但满足 $aH=Ha$ 时，就形成了一类十分重要的子群，下面给出它的定义。

定义 9.12 设 H 是群 G 的子群(即 $H \leqslant G$)，如果 $\forall a \in G$，都有

$$aH=Ha,$$

则称 H 是 G 的正规子群(Normal Subgroup)或不变子群(Invariant Subgroup)，记作 $H \trianglelefteq G$。此时左陪集和右陪集简称为陪集。

显然，群 G 的两个平凡子群 $\{e\}$ 和 G 本身均为正规子群。若 H 是 G 的非平凡正规子群，即真正规子群，则可记为 $H \triangleleft G$。

容易证明，如果 G 是可换群，则 G 的任意子群均为正规子群。所以群 $\langle \mathbf{Z},+\rangle$ 和 $\langle \mathbf{Z}_n,\oplus \rangle$ 以及 $\langle \mathbf{Z}_n^*,\otimes \rangle$ 的所有子群均为正规子群。

例 9.24 设 $G=\left\{\begin{pmatrix} r & s \\ 0 & 1 \end{pmatrix} \middle| r,s \in \mathbf{Q}, r \neq 0\right\}$，$H=\left\{\begin{pmatrix} 1 & s \\ 0 & 1 \end{pmatrix} \middle| s \in \mathbf{Q}\right\}$，则 G 对矩阵乘法构成群，H 是 G 的子群。证明 H 是 G 的正规子群。

分析 根据正规子群的定义，我们需要证明对任意的 $a \in G$，有 $aH=Ha$。

证明 $\forall a=\begin{pmatrix} r & t \\ 0 & 1 \end{pmatrix} \in G$，其中 $r,t \in \mathbf{Q}$，$r \neq 0$，有

微课视频

$$aH = \left\{ \begin{pmatrix} r & rs_1+t \\ 0 & 1 \end{pmatrix} \middle| s_1 \in \mathbf{Q} \right\}, \quad Ha = \left\{ \begin{pmatrix} r & s_2+t \\ 0 & 1 \end{pmatrix} \middle| s_2 \in \mathbf{Q} \right\}.$$

由于 $rs_1 \in \mathbf{Q}$，显然有 $aH \subseteq Ha$。

反之，对 s_2+t，由 $r \neq 0$，取 $s_1 = \dfrac{s_2}{r}$，得

$$rs_1+t = s_2+t,$$

故 $Ha \subseteq aH$。所以 $aH = Ha$，$H \trianglelefteq G$。

定理 9.16 设 H 是群 G 的一个子群，则 H 是 G 的正规子群的充分必要条件是

$$\forall a \in G, \ h \in H, \ \text{都有} \ aha^{-1} \in H.$$

分析 直接根据正规子群的定义进行证明。

证明 必要性：若 H 是 G 的正规子群，则 $\forall a \in G$，$\forall h \in H$，有 $ah \in aH = Ha$，即存在 $h_1 \in H$，使 $ah = h_1a$，于是 $aha^{-1} = h_1 \in H$，故 $aha^{-1} \in H$。

充分性：$\forall ah \in aH$，其中 $a \in G$，$h \in H$，因为 $aha^{-1} \in H$，所以存在 $h_1 \in H$，使

$$aha^{-1} = h_1.$$

于是 $ah = h_1a$，从而 $aH \subseteq Ha$。

又 $\forall ha \in Ha$，其中 $a \in G$，$h \in H$，$a^{-1} \in G$，则

$$a^{-1}h(a^{-1})^{-1} = a^{-1}ha \in H,$$

所以存在 $h_2 \in H$，使

$$a^{-1}ha = h_2.$$

于是 $ha = ah_2$，从而 $Ha \subseteq aH$。

故 $\forall a \in G$，都有 $aH = Ha$，即 H 是 G 的正规子群。

例 9.25 设 H_1 和 H_2 是群 G 的正规子群，证明 $H_1 \cap H_2$ 也是正规子群。

分析 根据定理 9.16 来证明。

证明 由定理 9.5 知 $H_1 \cap H_2$ 也是 G 的子群，下面证明 $H_1 \cap H_2$ 是正规子群。根据定理 9.16，$\forall a \in G$，$h \in H_1 \cap H_2$，有 $h \in H_1$，$h \in H_2$。

由于 H_1 和 H_2 是 G 的正规子群，则

$$aha^{-1} \in H_1, \quad aha^{-1} \in H_2,$$

所以

$$aha^{-1} \in H_1 \cap H_2,$$

即 $H_1 \cap H_2$ 是 G 的正规子群。

定理 9.17 设 $\langle G, * \rangle$ 和 $\langle G_1, \circ \rangle$ 是群，e 和 e' 分别是 G 与 G_1 的单位元，$f: G \to G_1$ 是一个群同态，则同态核 $\mathrm{Ker}f$ 是 G 的正规子群。

分析 显然 $\mathrm{Ker}f$ 是子群（可通过子群判定定理二进行证明），我们只需证明其是正规子群，可利用定理 9.16 来证明。

证明 （1）证明 $\mathrm{Ker}f$ 是子群。

因为 f 是同态映射，所以有 $f(e) = e'$。故 $e \in \mathrm{Ker}f$，$\mathrm{Ker}f$ 是 G 的非空子集。

$\forall a, b \in \mathrm{Ker}f$，由同态核定义有

$$f(a) = e', \ f(b) = e'.$$

又因为 f 是同态映射，所以有

$$f(a*b^{-1})=f(a)\circ f(b^{-1})=f(a)\circ (f(b))^{-1}=e'\circ e'^{-1}=e',$$

即 $a*b^{-1}\in \mathrm{Ker}f$，从而 $\langle \mathrm{Ker}f,*\rangle$ 是 $\langle G,*\rangle$ 的子群。

（2）证明 $\mathrm{Ker}f$ 是正规子群。

$\forall n\in \mathrm{Ker}f$，$\forall a\in G$，有

$$f(a*n*a^{-1})=f(a)\circ f(n)\circ f(a^{-1})=f(a)\circ e'\circ (f(a))^{-1}=f(a)\circ (f(a))^{-1}=e',$$

从而有

$$a*n*a^{-1}\in \mathrm{Ker}f。$$

综上可知，$\mathrm{Ker}f$ 是 G 的正规子群。

9.4.2 商群

正规子群的左、右陪集相等，而所有陪集的集合构成了群的划分，我们使用与等价关系所构成的商集类似的符号，将其记为 G/H。我们可以在 G/H 上定义一个群，这个群称为商群。

定理 9.18 设 H 是群 G 的一个正规子群，令集合 $G/H=\{aH\mid a\in G\}$（或 $G/H=\{Ha\mid a\in G\}$），即 G/H 是所有 H 的陪集组成的集合。在 G/H 上定义运算"·"为

$$\forall aH,bH\in G/H，aH\cdot bH=(ab)H，$$

则 G/H 关于运算"·"构成群。

分析 除根据群的定义来证明（封闭性、结合律、单位元和逆元）外，还需要验证唯一性，即运算"·"与陪集的代表元的选择无关，也即证明

$$如果 aH=cH，bH=dH，则(ab)H=(cd)H，$$

否则"·"就不是 G/H 上的运算。

证明 （1）封闭性：$\forall aH,bH\in G/H$，$aH\cdot bH=(ab)H\in G/H$，显然成立。

（2）唯一性：若 $aH=cH$，$bH=dH$，则由陪集的性质（定理 9.13），有 $c^{-1}a\in H$，$d^{-1}b\in H$，从而

$$(cd)^{-1}(ab)=d^{-1}c^{-1}ab\in d^{-1}Hb。$$

又因为 H 是正规子群，所以 $Hb=bH$，即

$$(cd)^{-1}(ab)\in d^{-1}bH=H。$$

再由陪集的性质（定理 9.13），可知 $(ab)H=(cd)H$。

（3）结合律：$\forall aH,bH,cH\in G/H$，$(aH\cdot bH)\cdot cH=((ab)c)H=(a(bc))H=aH\cdot (bH\cdot cH)$。

（4）单位元：$\forall aH\in G/H$，$eH\cdot aH=(ea)H=aH=(ae)H=aH\cdot eH$，所以 $eH=H$ 是单位元。

（5）逆元：$\forall aH\in G/H$，$aH\cdot a^{-1}H=(aa^{-1})H=eH=(a^{-1}a)H=a^{-1}H\cdot aH$。

可见，$\langle G/H,\cdot \rangle$ 是一个群，这个群称为 G 的商群。

定义 9.13 设 H 是群 G 的一个正规子群，G/H 表示 G 的所有陪集的集合，则 $\langle G/H,\cdot \rangle$ 是一个群，称为 G 关于 H 的**商群**（Quotient Group），其中"·"定义为

微课视频

$$\forall aH, bH \in G/H, \ aH \cdot bH = (ab)H。$$

例如，群 $\langle \mathbf{Z}, + \rangle$ 中，$H_m = \langle m \rangle$ 是正规子群，则 $\mathbf{Z}$ 关于 H_m 的商群 $\mathbf{Z}/H_m = \{k + \langle m \rangle \mid k \in \mathbf{Z}\} = \{\bar{0}, \bar{1}, \bar{2}, \cdots, \overline{m-1}\} = Z_m$，其中 $\bar{x} = x + H_m = \{nm + x \mid n \in \mathbf{Z}\}$。在不引起误解时，可简写为 $\{0, 1, 2, \cdots, m-1\}$，即为整数模 m 的同余类加法群 $\langle \mathbf{Z}_m, \oplus \rangle$。

一般来说，G/H 也称为 **G 模 H 的同余类群**。从而 G/H 又可表示为 $G/H = \{\bar{a} \mid a \in G\}$，其中 $\bar{a} = aH$。

显然，商群 G/H 的阶等于 H 在 G 中的指数。当 G 是有限群时，有

$$|G/H| = |G| / |H|。$$

群 G 和它的商群之间存在以下自然映射。

定理 9.19 设 H 是群 G 的正规子群，G/H 是 G 关于 H 的商群，构造映射

$$g : G \rightarrow G/H, \ \forall a \in G, \ g(a) = aH,$$

则 g 是群 G 到商群 G/H 的满同态映射。称 g 为**自然映射**。

分析 根据满同态的定义直接证明。

证明 显然 g 是满射，因此只需证明 g 是同态映射。

$\forall a, b \in G$，有

$$g(ab) = (ab)H = aH \cdot bH = g(a) \cdot g(b),$$

所以 g 是同态映射。

定理 9.19 说明群和它的任意商群满同态，而下面这个同态基本定理是群论中重要的定理之一，由群同态可得到一个同构关系。

定理 9.20（同态基本定理） 设 G 和 G_1 是两个群，e 和 e' 分别是 G 与 G_1 的单位元，$f : G \rightarrow G_1$ 是一个满同态，同态核 $K = \mathrm{Ker} f$ 是 G 的正规子群，则商群 $\langle G/K, \cdot \rangle$ 与群 G_1 同构。

分析 证明两个群同构的关键是构造一个同构映射。

证明 构造一个映射 $g : G/K \rightarrow G_1$，$\forall aK \in G/K$，$g(aK) = f(a)$。下面说明 g 是一个同构映射。

（1）证明 g 是一个 G/K 到 G_1 的映射，即证明

$\forall aK, bK \in G/K$，如果 $aK = bK$，则 $g(aK) = g(bK)$，即 $f(a) = f(b)$。

如果 $aK = bK$，则 $a^{-1}b \in K$，所以 $f(a^{-1}b) = e'$，即有

$$f(a^{-1}b) = f(a^{-1})f(b) = (f(a))^{-1}f(b) = e'。$$

两端左侧同乘 $f(a)$，即可得到 $f(a) = f(b)$。

所以 $g(aK) = g(bK)$，故 g 是一个从 G/K 到 G_1 的映射。

（2）证明 g 是双射。

$\forall aK, bK \in G/K$，如果 $g(aK) = g(bK)$，即 $f(a) = f(b)$，则

$$f(a)f(b)^{-1} = e',$$

从而

$$f(a)f(b)^{-1} = f(a)f(b^{-1}) = f(ab^{-1}) = e',$$

即有 $ab^{-1} \in K$，则 $aK = bK$，所以 g 是单射。

$\forall c \in G_1$，因为 f 是满同态，所以存在 $a \in G$，使 $f(a) = c$。取 $aK \in G/K$，有

$$g(aK) = f(a) = c,$$

所以 g 是满射，进而 g 是双射。

（3）证明 g 是同态映射。

$\forall aK, bK \in G/K$，有

$$g(aK \cdot bK) = g((ab)K) = f(ab) = f(a)f(b) = g(aK)g(bK),$$

所以 g 是同态映射。

综上，g 是一个同构映射，即商群 G/K 与群 G_1 同构。

这个定理指出了由商群得到的同构关系。我们还可根据此定理推导出两个群同态的子群和商群之间的对应关系，这对分析群的结构和性质有十分关键的意义。

9.5 环和域

群论研究的是只具有一个二元运算的代数系统，其无法描述多个运算之间的关联。本节将研究具有两个二元运算的代数系统：环和域。环和域建立在群的基础上，所以它们的很多基本概念和理论是群论相应内容的推广。同时，环和域也有自己的应用领域，如因子分解问题、计算机密码学等。

9.5.1 环和域的定义

定义 9.14 设 $\langle A, +, \cdot \rangle$ 是代数系统，加法"$+$"和乘法"$\cdot$"是二元运算，若满足

（1）$\langle A, + \rangle$ 是可换群；

（2）$\langle A, \cdot \rangle$ 是半群；

（3）左右分配律成立，即乘法"$\cdot$"对加法"$+$"可分配，对任意 $a, b, c \in A$，有

$$a \cdot (b+c) = a \cdot b + a \cdot c, \quad (b+c) \cdot a = b \cdot a + c \cdot a,$$

则称 $\langle A, +, \cdot \rangle$ 是一个**环**（Ring）。如果 $\langle A, +, \cdot \rangle$ 中对乘法也是可交换的，则称 A 是**可换环**（Commutative Ring）。在不引起误解的情况下，可按照普通加法和乘法的习惯来书写。例如，$a \cdot b$ 可写作 ab，从而分配律也可记为 $a(b+c) = ab + ac$，$(b+c)a = ba + ca$。

可见环的定义是：环有两种运算，对加法是可换群，对乘法是半群，并且代数系统中乘法对加法满足分配律。

显然，整数、有理数、实数、复数集合上的普通加法和乘法运算均可构成环，即 $\langle \mathbf{Z}, +, \cdot \rangle$，$\langle \mathbf{Q}, +, \cdot \rangle$，$\langle \mathbf{R}, +, \cdot \rangle$，$\langle \mathbf{C}, +, \cdot \rangle$ 都是环。代数系统 $\langle M_n(\mathbf{R}), +, \times \rangle$ 是环，其中 $M_n(\mathbf{R})$ 表示 n 阶实矩阵集合，运算"$+$"和"$\times$"分别表示矩阵的加法与乘法。

例 9.26 证明 $\langle \mathbf{Z}_n, \oplus, \otimes \rangle$ 是一个环。其中，"$\oplus$""$\otimes$"分别是模 n 的加法和乘法运算。

分析 根据环的定义来证明。在群论中我们已经知道 $\langle \mathbf{Z}_n, \oplus \rangle$ 是可换群，$\langle \mathbf{Z}_n, \otimes \rangle$ 是半群，因而只需要证明分配律。

证明 显然 $\langle \mathbf{Z}_n, \oplus \rangle$ 是可换群，$\langle \mathbf{Z}_n, \otimes \rangle$ 是半群，下面证明分配律成立：

$$\forall a, b, c \in \mathbf{Z}_n, \quad a \otimes (b \oplus c) = a(b \oplus c) \pmod{n} = (a(b+c)) \pmod{n} = (ab+ac) \pmod{n}$$
$$= (a \otimes b) \oplus (a \otimes c),$$

微课视频

类似有 $(b\oplus c)\otimes a=(b\otimes a)\oplus(c\otimes a)$。所以，$\langle\mathbf{Z}_n,\oplus,\otimes\rangle$ 是一个环，称为**整数模 n 的同余类环**，有时也直接记为 $\langle\mathbf{Z}_n,+,\cdot\rangle$。

例 9.27 设 $\mathbf{Z}[x]=\{a_0+a_1x+a_2x^2+\cdots+a_nx^n\mid a_i\in\mathbf{Z},n\geq0\}$ 是整数环上的全体多项式集合，证明 $\mathbf{Z}[x]$ 对多项式加法和多项式乘法构成环。

分析 根据环的定义来证明。

证明 (1) $\langle\mathbf{Z}[x],+\rangle$ 是可换群：整数系数多项式的加法显然满足封闭性和结合律、交换律，其加法单位元为 0；任意多项式 $f(x)=a_0+a_1x+a_2x^2+\cdots+a_nx^n\in\mathbf{Z}[x]$，其逆元为 $-f(x)$。所以，$\langle\mathbf{Z}[x],+\rangle$ 是可换群。

(2) $\langle\mathbf{Z}[x],\cdot\rangle$ 是半群：整数系数多项式的乘法显然满足封闭性和结合律，因而它是半群。

(3) 分配律：对于任意多项式 $f(x),g(x),h(x)\in\mathbf{Z}[x]$，有
$$f(x)(g(x)+h(x))=f(x)g(x)+f(x)h(x),$$
$$(f(x)+g(x))h(x)=f(x)h(x)+g(x)h(x),$$
所以乘法对加法满足分配律。

综上，$\langle\mathbf{Z}[x],+,\cdot\rangle$ 是一个环，称为**整数环上的多项式环**。

与之类似，$\langle\mathbf{Q}[x],+,\cdot\rangle$，$\langle\mathbf{R}[x],+,\cdot\rangle$，$\langle\mathbf{C}[x],+,\cdot\rangle$ 也是多项式环。

环内有两个运算，每个运算都可能有单位元、逆元等特殊元素。为方便起见，做以下约定。

设 $\langle A,+,\cdot\rangle$ 是一个环，加群 $\langle A,+\rangle$ 中的单位元通常记作 0，称为**零元**（这个叫法是针对乘法的）。元素 a 在加群中的逆元记作 $-a$，称为 a 的**负元**。如果乘法半群 $\langle A,\cdot\rangle$ 中有单位元，则称其为环 A 的**单位元**，记作 1。如果乘法半群 $\langle A,\cdot\rangle$ 中某元素 a 有逆元，则称其为环 A 中元素 a 的**逆元，**记作 a^{-1}。可见，环中的单位元和逆元是针对乘法运算的，而加法运算中的单位元和逆元则分别称为零元和负元。

元素的倍数和幂定义为
$$na=\underbrace{a+a+\cdots+a}_{n\uparrow a},$$
$$a^n=\underbrace{aa\cdots a}_{n\uparrow a},$$
且有
$$(na)b=a(nb)=nab,$$
$$a^na^m=a^{n+m},\quad(a^n)^m=a^{nm}。$$

因为有了负元，所以可在 A 中定义减法：
$$a-b=a+(-b)。$$
对零元有性质：
$$0a=a0=0,\quad a\in A。$$
对负元有性质：
$$(-a)b=a(-b)=-ab,\quad(-a)(-b)=ab,\quad a,b\in A。$$
减法分配律亦成立：
$$a(b-c)=ab-ac,\quad(a-b)c=ac-bc。$$

从以上定义可以看出，0 在加法中作为单位元，但对乘法来讲是零元。

除以上特殊元素外，环中还有一类特别重要的元素，称为"零因子"。

定义 9.15　设 A 为一个环，对 $a,b \in A$，且 $a \neq 0$，$b \neq 0$，当 $ab=0$ 时，称 a 为左零因子（Left Zero Divisor），b 为右零因子（Right Zero Divisor）。若一个元素既是左零因子又是右零因子，则称它为零因子。

例如，在 $\langle \mathbf{Z}_6, +, \cdot \rangle$ 中，$\bar{2} \cdot \bar{3} = 0$（这里的 0 是指乘法零元，实际就是 $\bar{0}$），所以 $\bar{2}$ 和 $\bar{3}$ 都是零因子。

环中是否有零因子与乘法消去律是否成立有关，这对方程求解问题意义重大。

定理 9.21　环中无左（右）零因子的充分必要条件是乘法消去律成立：
$$a \neq 0, \ ab = ac \Rightarrow b = c,$$
$$a \neq 0, \ ba = ca \Rightarrow b = c_{\circ}$$

证明　必要性：设 $a \neq 0, ab = ac$，则有 $a(b-c) = 0$。因 $a \neq 0$ 且环中无左零因子，故必有 $(b-c) = 0$，即 $b = c$。类似可证右消去律亦成立。

充分性：设 $ab = 0$，若 $a \neq 0$，则对 $ab = a0$ 施行消去律，得 $b = 0$。因而不存在 $a \neq 0$ 和 $b \neq 0$ 使 $ab = 0$，即环中无左（右）零因子。

定义 9.16　设 $\langle A, +, \cdot \rangle$ 是环。

(1) 若 $A \neq \{0\}$，可交换，有单位元 1 且无零因子，则称 A 是整环（Domain）。

(2) 若 A 中至少有两个元素 0 和 1，且 $A^* = A - \{0\}$ 构成乘法群，则称 A 是一个除环（Division Ring）。

(3) 若 A 是一个可换的除环，则称 A 是域（Field）。

由以上定义可知，$\mathbf{Z}, \mathbf{Q}, \mathbf{R}, \mathbf{C}$ 都是整环，并且 $\mathbf{Q}, \mathbf{R}, \mathbf{C}$ 是域，统称为数域。多项式环 $\mathbf{Z}[x], \mathbf{Q}[x], \mathbf{R}[x], \mathbf{C}[x]$ 也都是整环。$\mathbf{Z}_n$ 当 n 不是素数时，存在零因子，因而不是整环。但当 n 是素数时，$\mathbf{Z}_n$ 是域。

定理 9.22　$\langle \mathbf{Z}_n, +, \cdot \rangle$ 是域的充分必要条件是 n 是素数（这里的"+""·"分别表示模 n 的加法和乘法运算）。

证明　必要性：采用反证法，若 n 不是素数，设 $n = n_1 n_2$，$n_1 \neq 1$，$n_2 \neq 1$，则有 $\overline{n_1} \cdot \overline{n_2} = \overline{0}$，且 $\overline{n_1} \neq \overline{0}$，$\overline{n_2} \neq \overline{0}$。所以 $\overline{n_1}$ 和 $\overline{n_2}$ 是零因子，这与 $\mathbf{Z}_n$ 是域矛盾。

充分性：设 $n = p$ 为素数，则 $\mathbf{Z}_n \neq \{0\}$，对任意 $\bar{k} \in \mathbf{Z}_p^*$，由于 $(k, p) = 1$，存在 $a, b \in \mathbf{Z}$ 使 $ak + bp = 1$，得 $\overline{ak} = \bar{1}$，所以 $(\bar{k})^{-1} = \bar{a}$，即对任何 $\bar{k} \in \mathbf{Z}_p^*$，$\bar{k}$ 都有逆元，故 $\mathbf{Z}_n^*$ 是群，从而 $\mathbf{Z}_n$ 是域。

具有有限个元素的域，称为有限域。$\mathbf{Z}_p$ 是最简单的有限域。有限域在近代密码学中有非常重要的应用。

9.5.2　子环、理想和商环

和群论中子群、正规子群和商群等概念类似，环中也有子环、理想和商环的概念。

定义 9.17　设 $\langle A, +, \cdot \rangle$ 是一个环，S 是 A 的一个非空子集，若 S 对"+"和"·"也构成一个环，则称 S 是 A 的一个子环（Subring），A 是 S 的一个扩环（Extension Ring）。

微课视频

由定义可知，$\{0\}$ 和 A 本身也是 A 的子环，这两个子环称为平凡子环。

定理 9.23（子环判定定理） 设 S 是环 A 的一个非空子集，则 S 是 A 的子环的充分必要条件是对任何 $a,b \in S$，有 $a-b \in S$ 和 $ab \in S$。

分析 必要性显然成立，主要证明充分性。环中的结合律、交换律、分配律自然满足，证明 S 上加法构成群可利用子群的判定定理。

证明 必要性显然成立，下面证明充分性。

（1）$\langle S,+\rangle$ 是可换群：$\forall a,b \in S$，有 $a-b \in S$，满足子群判定定理二，从而 $\langle S,+\rangle$ 是群，交换律自然满足，故 $\langle S,+\rangle$ 是可换群。

（2）$\langle S,\cdot\rangle$ 是半群：$\forall a,b \in S$，有 $ab \in S$，封闭性满足。又结合律自然成立，所以 $\langle S,\cdot\rangle$ 是半群。

（3）乘法对加法的分配律自然成立。

所以 $\langle S,+,\cdot\rangle$ 构成环，S 是 A 的子环。

定义 9.18 设 A 是一个环，I 是它的一个子环，对任意的 $a \in I$ 和任意 $x \in A$，有以下结论。

（1）若满足 $xa \in I$，则称 I 是 A 的一个左理想（Left Ideal）。

（2）若满足 $ax \in I$，则称 I 是 A 的一个右理想（Right Ideal）。

（3）若同时满足（1）和（2），则称 I 是 A 的一个理想（Ideal）。

条件"$\forall x \in A$，$xa,ax \in I$"称为 I 对 A 是可吸收的。所以，理想就是对环吸收的子环。

定理 9.24（理想判定定理） 环 A 中非空子集 H 是理想的充分必要条件是：①$\forall a,b \in H$，有 $a-b \in H$；②$\forall a \in H$ 和 $\forall x \in A$，有 $ax,xa \in H$。

分析 必要性显然成立，主要证明充分性。根据条件②，只要证明 H 是子环即可。子环的证明可使用定理 9.23。

证明 必要性显然成立，下面证明充分性。

（1）H 是子环：根据子环判定定理，只需要证明 $\forall a,b \in H$，有 $a-b \in H$ 和 $ab \in H$。由条件①，$\forall a,b \in H$，有 $a-b \in H$，只要证明 $ab \in H$ 即可。

因为 H 是 A 的子集，所以 $b \in A$。代入条件②，可知 $ab,ba \in H$，从而 H 是子环。

（2）H 对 A 是可吸收的：条件②已给出。

所以 H 是理想。

例 9.28 设 $H=\{4k \mid k \in \mathbf{Z}\}$，证明 H 是 $\langle \mathbf{Z},+,\cdot\rangle$ 的理想。

分析 根据理想判定定理来证明。

证明 （1）$\forall 4k_1,4k_2 \in H$，有 $4k_1-4k_2=4(k_1-k_2) \in H$。

（2）$\forall 4k \in H,\forall x \in \mathbf{Z}$，有 $(4k)x=x(4k)=4kx \in H$。根据理想判定定理，H 是 $\mathbf{Z}$ 的理想。

实际上，对任意的非负实数 m，$H_m=\{mk \mid k \in \mathbf{Z}\}$ 均是 $\mathbf{Z}$ 的理想。

例 9.29 设 $F[x]$ 是数域 F 上的多项式环，且有
$$S=\{a_1x+a_2x^2+\cdots+a_nx^n \mid a_i \in F,\ n \in \mathbf{Z}^+\},$$
证明 S 是 $F[x]$ 的一个理想。

分析 根据理想判定定理来证明。

证明 设

$$f(x) = a_1 x + a_2 x^2 + \cdots + a_r x^r, \quad g(x) = b_1 x + b_2 x^2 + \cdots + a_t x^t$$

是 S 中任意两个多项式，则

$$f(x) - g(x) = (a_1 - b_1) x + (a_2 - b_2) x^2 + \cdots \in S,$$

且显然对任意 $u(x) \in F[x]$，有 $f(x)u(x), u(x)f(x) \in S$，故由理想判定定理，S 是 $F[x]$ 的一个理想。

有了理想，就可以定义商环了。

设 A 是环，I 是 A 的一个理想，则 I 是加群 $\langle A, + \rangle$ 的正规子群，A 对 I 的加法商群为

$$A/I = \{a + I \mid a \in A\}。$$

记 $\bar{a} = a + I$，在 A/I 上定义"模 I 的加法"为

$$\bar{a} + \bar{b} = \overline{a+b},$$

再定义"模 I 的乘法"为

$$\bar{a} \cdot \bar{b} = \overline{ab},$$

则 A/I 关于模 I 的加法和乘法可构成环，这就是商环。

定义 9.19 设 A 是环，I 是 A 的一个理想，A 作为加群关于 I 的商群 A/I 对模 I 的加法与乘法所构成的环，称为 A 关于 I 的 商环（Quotient Ring），或称为 A 模 I 的同余类环，仍记作 A/I。

例 9.30 $H = \{4k \mid k \in \mathbf{Z}\}$ 是 $\mathbf{Z}$ 的一个理想，求 $\mathbf{Z}$ 关于 H 的商环。

分析 根据商环定义求解。

解 $\mathbf{Z}/H = \{m + H \mid m \in \mathbf{Z}\} = \{\bar{0}, \bar{1}, \bar{2}, \bar{3}\} = \mathbf{Z}_4$。

9.5.3 环的同态和同构

与群的同态和同构类似，两个环之间也有同态和同构的概念，只是需要保持两种运算，而同态核和同态基本定理有类似的形式。

定义 9.20 设 A 和 A' 是两个环，若有一个 A 到 A' 的映射 f 满足对任何 $a, b \in A$ 保持环中的运算，即满足

$$f(a+b) = f(a) + f(b),$$
$$f(ab) = f(a)f(b),$$

则称 f 是一个 A 到 A' 的 同态，记作 $A \sim A'$。如果 f 是单射，则称 f 是一个 单同态。如果 f 是满射，则称 f 是一个 满同态。如果 f 是双射，则称 f 是 A 到 A' 的一个 同构，记作 $A \cong A'$。当 f 是单同态时，$A \cong f(A)$，称 f 将 A 同构嵌入 A'。

一个 A 到 A 本身的同态，称为 A 上的 自同态。一个 A 到 A 本身的同构，称为 A 上的 自同构。环 A 上的全体自同构关于映射的复合成群，称为环 A 上的 自同构群，记作 $\mathrm{Aut}A$。

设 A 和 A' 是两个环（其零元分别为 0 和 $0'$），定义映射 $f: A \to A'$，$\forall x \in A$，$f(x) = 0'$，则 f 是 A 到 A' 的一个同态，且同态像为 $f(A) = \{0'\}$，此同态称为 零同态，是任何两个环之间都存在的一个同态。

定义 9.21 设 f 是环 A 到环 A' 的一个同态，则 A' 的零元 $0'$ 的全原像 $f^{-1}(0')$ 称为 f

微课视频

的同态核，记作 Kerf，即
$$\text{Ker}f = f^{-1}(0') = \{x \in A \mid f(x) = 0'\}。$$

与群同态的同态核是群的一个正规子群类似，环同态的同态核是环 A 的一个理想。

定理 9.25（同态基本定理） 设 f 是环 A 到环 A' 的一个满同态，$K = \text{Ker}f$，则
$$A/K \cong A'。$$

此定理的证明与群的同态基本定理类似，这里不再赘述。

例 9.31 找出 $\mathbf{Z}_{12}$ 到 $\mathbf{Z}_6$ 的所有同态。

分析 可首先假设 f 是 $\mathbf{Z}_{12}$ 到 $\mathbf{Z}_6$ 的同态映射，再根据此映射应该满足的条件来判定。

解 设 $\mathbf{Z}_{12} = \{0, 1, 2, \cdots, 11\}$，$\mathbf{Z}_6 = \{\bar{0}, \bar{1}, \bar{2}, \cdots, \bar{5}\}$，$f$ 是 $\mathbf{Z}_{12}$ 到 $\mathbf{Z}_6$ 的一个映射。

因为 $\mathbf{Z}_{12}$ 的加法生成元是 1，所以可设 $f(1) = \bar{k}$，则 $f(x) = \overline{kx}$。

由于 x 的表示形式不唯一，所以需要核验 f 是否是映射。因 $x_1 = x_2 \Rightarrow 12 \mid (x_1 - x_2) \Rightarrow 6 \mid (x_1 - x_2) \Rightarrow \overline{x_1} = \overline{x_2} \Rightarrow \overline{kx_1} = \overline{kx_2}$，故 f 是 $\mathbf{Z}_{12}$ 到 $\mathbf{Z}_6$ 的映射。

又由 $f(1) = f(1 \cdot 1) = \bar{k} \cdot \bar{k} = \bar{k}$ 得 $\bar{k}(\bar{k}-1) = 0$。在 $\mathbf{Z}_6$ 中依次查找，可得到 $k = \bar{0}, \bar{1}, \bar{3}, \bar{4}$。故共有以下 4 个同态：

$$f_0(x) = \bar{0}，\ 即\ f_0 = \begin{bmatrix} 0 & 1 & 2 & \cdots & 11 \\ \bar{0} & \bar{0} & \bar{0} & \cdots & \bar{0} \end{bmatrix};$$

$$f_1(x) = \bar{x}，\ 即\ f_1 = \begin{bmatrix} 0 & 1 & 2 & \cdots & 6 & \cdots & 11 \\ \bar{0} & \bar{1} & \bar{2} & \cdots & \bar{0} & \cdots & \bar{5} \end{bmatrix};$$

$$f_2(x) = \overline{3x}，\ 即\ f_2 = \begin{bmatrix} 0 & 1 & 2 & 3 & \cdots & 10 & 11 \\ \bar{0} & \bar{3} & \bar{0} & \bar{3} & \cdots & \bar{0} & \bar{3} \end{bmatrix};$$

$$f_3(x) = \overline{4x}，\ 即\ f_3 = \begin{bmatrix} 0 & 1 & 2 & 3 & \cdots & 11 \\ \bar{0} & \bar{4} & \bar{2} & \bar{0} & \cdots & \bar{2} \end{bmatrix}。$$

一般情况下，$\mathbf{Z}_m$ 和 $\mathbf{Z}_n$ 之间所有同态映射的确定均可按此步骤来做。

例 9.32 确定 $\langle \mathbf{Z}, +, \cdot \rangle$ 中所有自同态与自同构。

分析 同样利用生成元来确定。

解 1 是 $\langle \mathbf{Z}, +, \cdot \rangle$ 的加法生成元，设 f 是 $\langle \mathbf{Z}, +, \cdot \rangle$ 上的任一自同态，令 $f(1) = m$，则 $f(x) = mx$（加法），但还需满足乘法运算 $f(1) = f(1 \cdot 1) = f(1) \cdot f(1)$，从而得 $m = m^2$，所以 $m = 0, 1$。因此，全体自同态只有两个：

$$f_0(x) = 0, \ \forall x \in \mathbf{Z}（零同态）;$$
$$f_1(x) = x, \ \forall x \in \mathbf{Z}（单位同态）。$$

由此，自同构只有 f_1。

9.6 群、环、域的应用

9.6.1 计数问题*

利用群论方法，可以解决一般情况下难以求解的计数问题，包括项链问题、正多面体着色问题、图和开关电路的同构计数问题等。下面以项链问题为例进行介绍。

项链问题：用 n 种颜色的珠子做成有 m 颗珠子的项链，可做成多少种本质上不同的项链？

这个问题的数学描述是，用 m 颗珠子做成一条项链，可用一个正 m 边形来表示，每个顶点代表一颗珠子。从任意一个顶点开始，沿逆时针方向，每个顶点用 $1,2,\cdots,m$ 来标号。这样的一个有标号项链中，每一颗珠子有 n 种选择，所以总共有 n^m 种可能。但是，其中一些本质上是一样的，旋转一个角度或翻转后就会重合。若只考虑本质上不同的项链，当 n 和 m 数值较大时，则很难用简单的枚举方法来解决。群论方法是当前解决这一类问题最为简单和有效的方法。

下面先讨论二面体群 D_n 的一般表示形式。

设 $X=\{0,1,2,\cdots,n-1\}$ 为正 $n(n\geqslant 3)$ 边形的顶点集合，且按逆时针方向排列，如图 9.3 所示。

将正多边形绕中心 O 沿逆时针方向旋转 $2\pi/n$ 角度，则顶点 i 变到原顶点 $i+1(\bmod\, n)$ 的位置，故这个旋转是 X 上的一个变换，记作 ρ_1，ρ_1 可表示为

$$\rho_1=\begin{pmatrix} 0 & 1 & 2 & \cdots & n-1 \\ 1 & 2 & 3 & \cdots & 0 \end{pmatrix}.$$

旋转 $2k\pi/n$ 角度的变换记作 ρ_k，ρ_k 可表示为

$$\rho_k=\begin{pmatrix} 0 & 1 & 2 & \cdots & n-1 \\ k & k+1 & k+2 & \cdots & k+n-1 \end{pmatrix},\ k=0,1,2,\cdots,n-1,$$

即 $\rho_k(i)=k+i$，$i=0,1,2,\cdots,n-1$（这里的加法为模 n 的加法）。其中，ρ_0 没有做任何旋转，可称为单位变换。

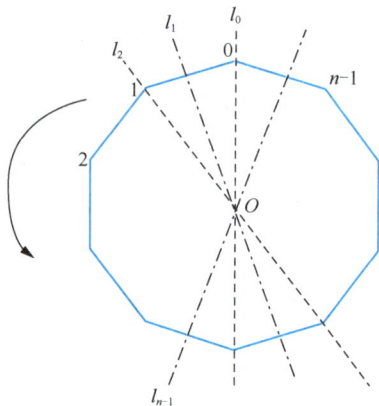

图 9.3

另一类变换为绕对称轴翻转角度 π，这类变换称为反射或翻转。由于这样的对称轴共有 n 个，记过顶点 0 的轴为 l_0，过边 $(0,1)$ 中点的轴为 l_1 ……直到 l_{n-1}。相应的反射变换记作 $\pi_0,\pi_1,\cdots,\pi_{n-1}$。例如，有

$$\pi_0=\begin{pmatrix} 0 & 1 & \cdots & n-1 \\ 0 & n-1 & \cdots & 1 \end{pmatrix},$$

则 π_k 可表示为

$$\pi_k=\begin{pmatrix} 0 & 1 & 2 & 3 & \cdots & n-1 \\ k+n & k+n-1 & k+n-2 & k+1 & \cdots & n+1 \end{pmatrix},\ k=0,1,2,\cdots,n-1,$$

即 π_k 为 $\pi_k(i)=k+n-i$（其中加减法为模 n 的加减法）。

令 $D_n=\{\rho_k,\pi_k\mid k=0,1,2,\cdots,n-1\}$，则 D_n 对变换的复合是封闭的，有单位元 ρ_0，每个元素有逆元 $\rho_k^{-1}=\rho_{n-k}$，$\pi_k^{-1}=\pi_k$。所以 D_n 是群，此群就是二面体群（Dihedron Group）。

二面体群 D_n 是一个 n 次置换群，为便于置换的表示，我们将正 n 边形的顶点改为用 $1,2,\cdots,n$ 表示，则 D_n 的元素可用轮换表示为

$$\rho_1=(1\ 2\ 3\ \cdots\ n),$$
$$\rho_k=(1\ 2\ 3\ \cdots\ n)^k,\ k=0,1,\cdots,n-1,$$
$$\pi_0=(2,n)(3,n-1)\cdots,$$
$$\pi_k=\pi_0\rho_k,\ k=0,1,\cdots,n-1.$$

ρ_k 的类型为 $\left(\dfrac{n}{d}\right)^d$ 型，其中 $d=(k,n)$。π_k 的类型与 n 的奇偶性有关。当 n 为奇数时，

π_k 是 $1^1 2^{\frac{n-1}{2}}$ 型的；当 n 为偶数时，π_k 有两种类型，即 $1^2 2^{\frac{n}{2}-1}$ 型和 $2^{\frac{n}{2}}$ 型。

以上给出了二面体群的一般形式及其置换类型。

限于篇幅，下面省略推导过程直接给出项链问题的解法。

设 $X=\{1,2,\cdots,m\}$ 代表 m 颗珠子的集合，它们顺序排列组成一条项链，由于每颗珠子标有号码，所以我们称这样的项链为有标号的项链。$A=\{a_1,a_2,\cdots,a_n\}$ 为 n 种颜色的集合，则实质上不同的项链种类数为

$$N=\frac{1}{2m}\sum_{1^{\lambda_1}2^{\lambda_2}\cdots m^{\lambda_m}}\left\{c(\lambda_1,\lambda_2,\cdots,\lambda_m)\,n^{\lambda_1+\lambda_2+\cdots+\lambda_m}\right\},$$

其中 $c(\lambda_1,\lambda_2,\cdots,\lambda_m)$ 为 D_m 中同一类型的群元素个数，和式是对所有可能的不同转换类型求和。

例 9.33 用 3 种颜色做成有 6 颗珠子的项链，可做多少种不同的项链？

解 这里 $m=6$，群为 D_6，$n=3$。D_6 中有 12 个元素，ρ_0 是 1^6 型，ρ_1 和 ρ_5 是 6^1 型，ρ_2 和 ρ_4 是 3^2 型，ρ_3 是 2^3 型，$\pi_k(k=0,1,\cdots,5)$ 则有 3 个 $1^2 2^2$ 型，也有 3 个 2^3 型，所以总共有 1 个 1^6 型置换，3 个 $1^2 2^2$ 型置换，4 个 2^3 型置换，2 个 3^2 型置换，2 个 6^1 型置换。故

$$N=\frac{1}{12}(1\times3^6+3\times3^4+4\times3^3+2\times3^2+2\times3)=92。$$

9.6.2 多项式编码

各类计算机终端设备普遍采用数字信号进行通信，但通信过程中有时会出现差错，如受到电磁干扰或受到温度、灰尘等的影响。

这类问题的解决有两个步骤：一是检错，即判断所接收到的数据是否有错；二是纠错，在出错的时候改正错误而不必重传。

下面引进一些基本概念。

设用一个 k 位的二进制数表示一个信息，称为一个 k 位信息码，对每个信息码附加 $n-k$ 位用于检错的二进制数，构成的 n 位二进制数称为一个码词。这种编码称为 (n,k) 码。由信息码得到码词的过程称为编码（Encoding）。接收者收到码词并经过检错后取出信息，此过程称为译码（Decoding）。

最常用也最简单的是奇偶校验码。其原理是在 k 位信息码后增加一位，使码字中 1 的个数成奇数（奇校验）或偶数（偶校验）。但这种方式只能检测一位错误，例如，要传输的信息是 101，采用奇校验时，校验位为 1，组成的码词为 1011。当传输受到干扰使码词变成 0011 时，接收方发现 1 的个数是偶数，说明数据传输过程中出错，但无法判断是哪一位出错，因而无法纠正。奇偶校验码通常用于 1 个字符型数据的检错，在传输速率不高的串行通信中应用较多。

下面介绍计算机通信中常用的一种基于多项式环的循环码：循环冗余校验（Cyclic Redundancy Check，CRC）码。

在 CRC 码中，信息码和码词需要转换为多项式的形式。

设信息码的长度为 k，码词长度为 n，要传送的信息码为

$$b_{k-1}b_{k-2}\cdots b_2 b_1 b_0，$$

令

$$m(x)=b_{k-1}x^{k-1}+b_{k-2}x^{k-2}+\cdots+b_2 x^2+b_1 x+b_0 \in \mathbf{Z}_2[x]，$$

$m(x)$ 称为信息码多项式。

设码词为

$$a_{n-1}a_{n-2}\cdots a_2 a_1 a_0，$$

令

$$v(x)=a_{n-1}x^{n-1}+a_{n-2}x^{n-2}+\cdots+a_2 x^2+a_1 x+a_0 \in \mathbf{Z}_2[x]，$$

$v(x)$ 称为码词多项式。

CRC 码的基本思想：约定一个生成多项式 $p(x)$，发送信息时，在 k 位信息码之后附加 $n-k$ 位的校验码，使这 n 位码词对应的多项式能够被 $p(x)$ 整除。接收方收到数据帧之后，使用同样的生成多项式 $p(x)$ 去除，如果得到的余数为 0，则认为无差错；否则认为传输出错。

下面介绍 CRC 码具体的生成和校验方法。选定一个 $n-k$ 次多项式 $p(x) \in \mathbf{Z}_2[x]$ 作为生成多项式。

（1）发送方生成：先在 k 位信息码后附加 $n-k$ 个 0，相当于信息码多项式 $m(x)$ 乘以 x^{n-k}；然后用生成多项式 $p(x)$ 去除 $x^{n-k}m(x)$，得到余数多项式 $r(x)$，$r(x)$ 对应的就是 $n-k$ 位校验码。k 位信息码加上 $n-k$ 位校验码就构成了要传输的数据帧。

（2）接收方校验：用生成多项式 $p(x)$ 去除接收到的数据帧，如果余数为 0，通过校验，去除 $n-k$ 位校验位，接收 k 位信息码；如果余数不为 0，校验不通过，报告错误。

目前国际上通用的 CRC 码生成多项式如表 9.10 所示。

表 9.10

名称	生成多项式
CRC-8	x^8+x^2+x+1
CRC-10	$x^{10}+x^9+x^5+x^4+x+1$
CRC-12	$x^{12}+x^{11}+x^3+x^2+1$
CRC-16	$x^{16}+x^{15}+x^2+1$
CRC-CCITT	$x^{16}+x^{12}+x^5+1$
CRC-32	$x^{32}+x^{26}+x^{23}+x^{22}+x^{16}+x^{12}+x^{11}+x^{10}+x^8+x^7+x^5+x^4+x^2+x+1$

需要强调的是，CRC 码中的信息码多项式运算均为模 2 运算。模 2 的加法和减法都是不带进位与借位的，相当于逻辑上的按位异或运算。模 2 乘法与普通多项式乘法类似。下面给出一个示例。

例 9.34 设要传输的信息码为 11001011，使用的生成多项式 $p(x)=x^5+x^2+1$，求其对应的 CRC 码词。

分析 使用信息码多项式乘 x^5，再除以 $p(x)$，就可以得到校验码。

解 信息码多项式为 $x^7+x^6+x^3+x+1$，乘 x^5 得到 $x^{12}+x^{11}+x^8+x^6+x^5$，使用多项式除法除以 $p(x)$，如下所示。

$$
\begin{array}{r}
x^7+x^6+x^4+x^2+x+1 \\
x^5+x^2+1\,\overline{\big)\ x^{12}+x^{11}\quad\ +x^8\quad\ +x^6+x^5} \\
\underline{x^{12}\qquad\ +x^9\quad\ +x^7} \\
x^{11}+x^9+x^8+x^7+x^6 \\
\underline{x^{11}\qquad\ +x^8\qquad\ +x^6} \\
x^9\quad\ +x^7\qquad\ +x^5 \\
\underline{x^9\qquad\qquad\ +x^6\quad\ +x^4} \\
x^7+x^6+x^5+x^4 \\
\underline{x^7\qquad\qquad\ +x^4\qquad\ +x^2} \\
x^6+x^5\qquad\qquad+x^2 \\
\underline{x^6\qquad\qquad+x^3\qquad+x} \\
x^5\qquad\ +x^3+x^2+x \\
\underline{x^5\qquad\qquad\ +x^2\qquad+1} \\
x^3\qquad\ +x+1
\end{array}
$$

由于生成多项式是 5 次，所以校验码有 5 位，对应上面算式的余数多项式，即 01011，所以生成后的码词为 1100101101011。

利用多项式环的性质，我们可以得出 CRC 码的检错能力。由于涉及更多环的深层理论，这里就略过了。可以证明，CRC 码可以检测全部的 1 位错误、2 位随机错误、奇数个错误，以及全部长度小于 k 位的突发错误，还能以概率 $1-(1/2)^{k-1}$ 检测出长度为 $k+1$ 位的突发性错误。可见，CRC 码是很有效的差错校验算法，准确率非常接近于 1。而且 CRC 码的接收电路加上适当的硬件电路还可以纠错，特别适合检测和纠正突发性错误。

CRC 码在数据通信中应用特别广泛，如常用的 USB 设备使用的就是 CRC−5 和 CRC−16。

9.7 习题

1. 判断下列代数系统是否为群，并说明理由。

(1) $A=\{1,2,3,4\}$，$\forall x,y\in A$，$x*y=\mathrm{GCD}(x,y)$（x 和 y 的最大公因数）。

(2) S 是集合 $\{1,2\}$ 上所有等价关系的集合，在 S 上定义集合的交运算"∩"。

(3) $M_n(\mathbf{R})$ 为所有 n 阶实数方阵的集合，"+"为矩阵的加法运算。

(4) $M_n(\mathbf{R})$ 为所有 n 阶实数方阵的集合，"×"为矩阵的乘法运算。

(5) $R[x]$ 表示所有实系数的关于 x 的多项式的集合，"+"为多项式加法运算。

(6) $R[x]$ 表示所有实系数的关于 x 的多项式的集合，"·"为多项式乘法运算。

2. 设 $\mathbf{Q}$ 为有理数集，$S=\mathbf{Q}-\{1\}$，"$*$"定义为：对任意 $a,b\in S$，$a*b=a+b-ab$。证明：$\langle S,*\rangle$ 是一个群。

3. 设 $G=\{\langle x,y\rangle\mid x,y\in\mathbf{R}，x\neq0\}$，定义运算"$*$"为：$\forall\langle a,b\rangle,\langle c,d\rangle\in G$，$\langle a,b\rangle*\langle c,d\rangle=\langle ac,b+d\rangle$。证明：$G$ 关于运算"$*$"可以构成群。

4. 证明：如果群 G 的每一个元素 a 都满足 $a^2=e$，则 G 是交换群，其中 e 是群 G 的单位元。

5. 证明：群 G 是交换群，当且仅当对任意 $a,b\in G$，有 $(ab)^2=a^2b^2$。

6. 设 $\langle S,*\rangle$ 是半群，若 S 是有限集且"$*$"满足消去律，则 $\langle S,*\rangle$ 是群。

7. 求整数模 12 同余类加法群 $\langle\mathbf{Z}_{12},\oplus\rangle$ 中各元素的阶。

8. 设 G 是一个群，e 是单位元，$a,b,c \in G$。证明：

（1）a 和 $b^{-1}ab$ 的阶相同；　　　　　　（2）ab 和 ba 的阶相同；

（3）abc,bca,cab 的阶相同。

9. 已知 $\langle M_2(\mathbf{R}),+\rangle$ 是群，其中 $M_2(\mathbf{R})$ 为所有 2 阶实数方阵的集合，"$+$" 为矩阵加法运算。令 $H=\{A \mid A \in M_2(\mathbf{R}),A=A'\}$，其中 A' 表示 A 的转置。证明：H 是 G 的子群。

10. 设 G 是交换群，证明：G 中一切有限阶元素构成的集合 H 是 G 的一个子群。

11. H 是群 G 的子群，$N=\{x \mid x \in G,xHx^{-1}=H\}$，证明：$N$ 是 G 的一个子群。

12. 设 G 是一个群，R 是集合 G 上的等价关系，并且对任意 $a,x,y \in G$，$\langle ax,ay\rangle \in R \Rightarrow \langle x,y\rangle \in R$。令 $H=\{x \mid x \in G$ 且 $\langle x,e\rangle \in R\}$，其中 e 为 G 的单位元。证明：H 是 G 的子群。

13. 设 G 为群，$a \in G$，$f:G \to G$ 为 $\forall x \in G$，$f(x)=axa^{-1}$。证明：f 是 G 的自同构。

14. 设 G 是一个群，映射 $f:G \to G$ 为 $\forall x \in G$，$f(x)=x^{-1}$。证明：f 是 G 的自同构当且仅当 G 是交换群。

15. 判断下列群是否为循环群：

（1）Klein 四元群；　　　　　　（2）实数加法群 $\langle \mathbf{R},+\rangle$；

（3）表 9.11 规定的四阶群。

表 9.11

*	e	a	b	c
e	e	a	b	c
a	a	e	c	b
b	b	c	a	e
c	c	b	e	a

16. 求下列循环群的所有生成元及所有子群：

（1）$\langle \mathbf{Z}_8,\oplus\rangle$；　　（2）$\langle \mathbf{Z}_7,\oplus\rangle$；　　（3）生成元为 a 的 15 阶循环群。

17. 设 $A=\{1,2,3,4,5\}$，$\langle P(A),\oplus\rangle$，其中 "$\oplus$" 为集合的对称差运算。求下列 A 的子集生成的循环子群：

（1）$B=\{1,4,5\}$；　　（2）$\varnothing$；　　（3）A。

18. 以下两个置换是 6 次对称群 S_6 中的置换：

$$\sigma=\begin{pmatrix}1 & 2 & 3 & 4 & 5 & 6\\2 & 4 & 6 & 1 & 3 & 5\end{pmatrix},\quad \tau=\begin{pmatrix}1 & 2 & 3 & 4 & 5 & 6\\6 & 5 & 4 & 1 & 2 & 3\end{pmatrix}。$$

（1）求 $\sigma\tau,\tau\sigma,\sigma\tau\sigma^{-1}$。

（2）求 σ 和 τ 的轮换分解式及一个对换分解式。

（3）判定 σ 和 τ 的奇偶性。

（4）指出 σ 和 τ 的置换类型。

19. 求下列子群 H 在群 G 中的所有左陪集和右陪集。

（1）12 阶循环群 $G=\{e,c,c^2,c^3,c^4,c^5,\cdots,c^{11}\}$，子群 $H=\{e,c^4,c^8\}$。

（2）$G=S_4$，$H=\{(1),(1\ 2),(3\ 4),(1\ 2)(3\ 4)\}$。

20. 设 G 和 H 分别是 m 阶与 n 阶群，若 G 到 H 存在单一同态，证明 $m \mid n$。

21. 设 H 和 K 是群 G 的子群，$|H|=m$，$|K|=n$，且 m 和 n 互素，证明：$H\cap K=\{e\}$，e 是群 G 的单位元。

22. 设 H 是群 G 的子群，令集合 $K=\{a\mid a\in G,\ aH=Ha\}$。证明：$K$ 是 G 的子群，$H\subseteq K$，并且 H 是 K 的正规子群。

23. 设 G 是一个循环群，N 是 G 的一个子群，证明：商群 G/N 也是循环群。

24. 判断下列代数系统 $\langle A,+,\cdot\rangle$ 是否是环？如果是环，判断其是否为交换环、整环、除环或域。其中"$+$""$\cdot$"分别表示普通加法和乘法。

(1) $A=\{x\mid x=2n,\ n\in \mathbf{Z}\}$。 (2) $A=\{x\mid x=2n+1,\ n\in \mathbf{Z}\}$。

(3) $A=\{x\mid x\geqslant 0,\ x\in \mathbf{Z}\}$。 (4) $A=\{x\mid x=a+b\sqrt{3},\ a,\ b\in \mathbf{Q}\}$。

25. 找出下列环的所有零因子(包括左、右零因子)。

(1) $\langle \mathbf{Z}_{12},\oplus,\otimes\rangle$。

(2) $\langle P(X),\oplus,\cap\rangle$(集合 X 的幂集上的对称差运算和交运算)。

26. R 为环，$a\in R$，令集合 $R'=\{x\mid x\in R,\ xa=0\}$，证明：$R'$ 是 R 的子环。

27. 设 A 和 B 是环 R 的子环，证明：$A\cap B$ 也是 R 的子环。

28. 设 A 是一个环，令 $B=\mathbf{Z}\times A$，对 B 规定加法和乘法为 $\forall\langle m,a\rangle,\langle n,b\rangle\in B$，$\langle m,a\rangle+\langle n,b\rangle=\langle m+n,a+b\rangle$，$\langle m,a\rangle\cdot\langle n,b\rangle=\langle mn,na+mb+ab\rangle$。证明：$B$ 是一个具有单位元的环，且 B 具有一个子环与 A 同构。

29. "AI+"实践：请尝试用 3 个以上不同的大模型工具，使用离散数学的方法来解决第 23 题，并比较和评价大模型工具给出的答案。对于不正确的答案，请指出哪些地方存在错误；对于正确的答案，请选出解法最简洁、思路最明确的那个。

第 10 章
格与布尔代数

第10章导读

本章讨论另外两个重要的代数系统——格与布尔代数。它们都是具有两个二元运算的代数系统，这两个代数系统与群、环、域之间有很多联系，但也存在一个重要区别：在格与布尔代数中，偏序关系具有重要意义。

从数学的观点看，数学有序结构、代数结构、拓扑结构 3 个基本的结构，格是一种兼有序和代数的重要结构，它在抽象代数、射影几何、点集论、拓扑学、泛函分析、逻辑和概率论、模糊数学等许多领域都有广泛应用。布尔代数是一种特殊的格，在计算机科学中有非常重要的应用，包括密码学、计算机语义学、开关理论、计算机理论和逻辑设计等方面，以及一些科学和工程领域。

本章思维导图

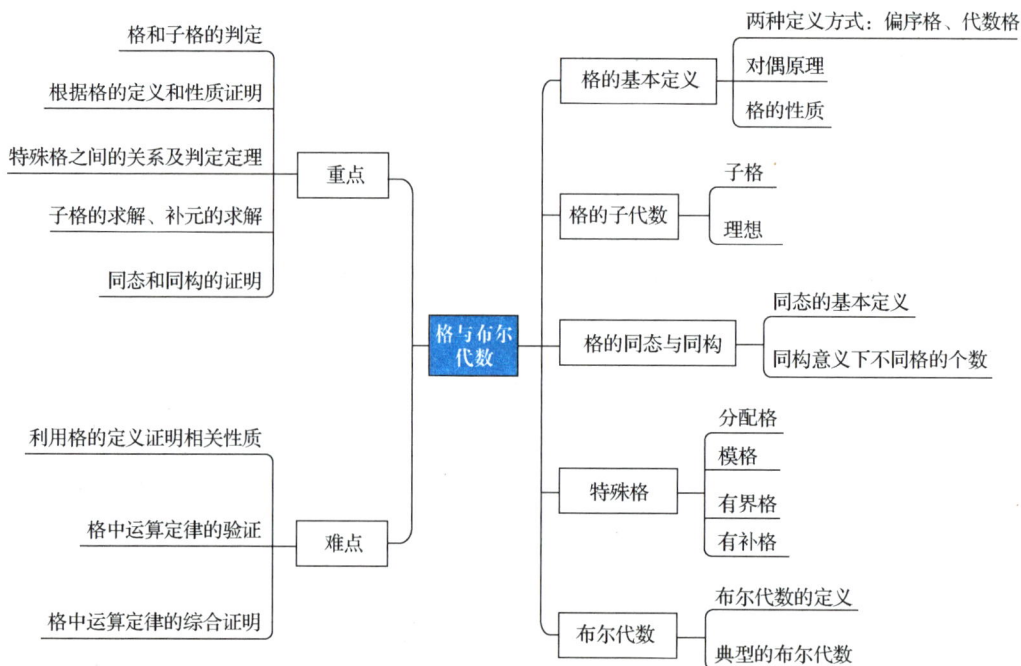

历史人物

布 尔

个人成就

英国数学家，布尔代数的创始人。布尔完成了逻辑的数学化，使用一套符号来进行逻辑演算，创造了逻辑代数系统，1847 年出版《逻辑的数学分析，论演绎推理的演算法》一书，1854 年出版《思维规律的研究，作为逻辑与概率的数学理论的基础》一书，奠定了现在的数理逻辑和布尔代数的基础。

人物介绍

戴德金

个人成就

伟大的德国数学家、理论家和教育家，近代抽象数学的先驱。他提出"戴德金分割"，给出了无理数及连续性的纯算术的定义，是现代实数理论的奠基人之一。他建立了现代代数数和代数数域的理论，引入了现代的"理想"概念，并得出了代数整数环上理想的唯一分解定理，也针对对偶群给出了非常重要的一些结论。

人物介绍

10.1 格的定义和性质

微课视频

格有多种等价定义，但主要分为两类：一类是从偏序集的角度给出的，这种定义可以借助哈斯图表示，因而比较直观，易于理解，这样定义的格称为偏序格；另一类是从代数系统的角度给出的，可以借助代数系统的子代数、同态与同构等工具来讨论其性质，这样定义的格称为代数格，代数格的定义又可分为八条件、六条件、四条件、三条件、二条件甚至一条件等几种。

10.1.1 格的定义

前面章节已经介绍了偏序关系和偏序集的概念。对一个偏序集 $\langle L, \leqslant \rangle$ 的任意两个元素 x 和 y 来说，未必有最大下界（下确界）或最小上界（上确界）存在，例如，在图 10.1(a) 中，$\{e, f\}$ 没有最小上界，$\{a, b\}$ 没有最大下界。然而，在图 10.1(b) 中，任意两个元素都存在最大下界和最小上界。我们把类似图 10.1(b) 的偏序集称为格，于是有下面格的定义。

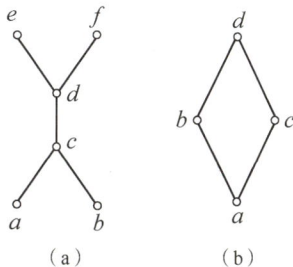

图 10.1

定义 10.1 设 $\langle L, \leqslant \rangle$ 是一个偏序集，如果对任意 $x, y \in L$，子集 $\{x, y\}$ 都有最大下界（记作 $\inf\{x, y\}$）和最小上界（记作 $\sup\{x, y\}$）存在，则称 $\langle L, \leqslant \rangle$ 是**格**（Lattice），简称 L 是格。若 L 为有限集，则称格 L 为有限格。

为方便说明，我们把由偏序集定义的格称为**偏序格**。

由格和全序集的定义可知，在全序集 $\langle L, \leqslant \rangle$ 中，对任意 $a, b \in L$，都有 $a \leqslant b$ 或 $b \leqslant a$ 成立。若 $a \leqslant b$ 成立，则 $\inf\{a, b\} = a$，$\sup\{a, b\} = b$；反之，若 $b \leqslant a$ 成立，则 $\inf\{a, b\} = b$，$\sup\{a, b\} = a$。从而所有的全序集（或链）都是格。

例 10.1 判断以下偏序集是不是格。

(1) $\langle \mathbf{Z}^+, | \rangle$，即正整数集合上的整除关系。

(2) $\langle P(A), \subseteq \rangle$，即集合 A 的幂集 $P(A)$ 上的包含关系。

(3) $\langle F_n, | \rangle$，n 为正整数，F_n 是 n 的所有正因子的集合。

分析 按照格的定义，只需要判断是否任意两个元素都有最大下界和最小上界。

解 (1) $\forall a, b \in \mathbf{Z}^+$，有

$$\inf\{a, b\} = (a, b) \in \mathbf{Z}^+, \quad \sup\{a, b\} = [a, b] \in \mathbf{Z}^+。$$

所以，$\langle \mathbf{Z}^+, | \rangle$ 是一个格。

(2) $\forall S_1, S_2 \in P(A)$，有

$$\inf\{S_1, S_2\} = S_1 \cap S_2 \in P(A), \quad \sup\{S_1, S_2\} = S_1 \cup S_2 \in P(A)。$$

所以，$\langle P(A), \subseteq \rangle$ 是一个格。

(3) 同样是整除关系，与(1)类似，$\forall a, b \in F_n$，即 $a \mid n$，$b \mid n$，只需说明 $(a, b), [a, b] \in F_n$ 即可。

由于 $(a, b) \mid a$，$(a, b) \mid b$，所以 $(a, b) \mid n$，即 $(a, b) \in F_n$。

又由于 n 是 a 和 b 的公倍数，而 $[a, b]$ 是最小公倍数，所以 $[a, b] \mid n$，即 $[a, b] \in F_n$。故 $\langle F_n, | \rangle$ 是格。图 10.2 所示为 $n = 6$ 和 $n = 24$ 时对应的哈斯图。

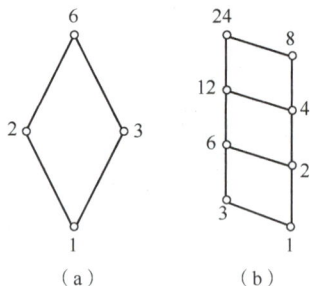

图 10.2

例 10.2 判断图 10.3 所示哈斯图对应的偏序集是不是格。

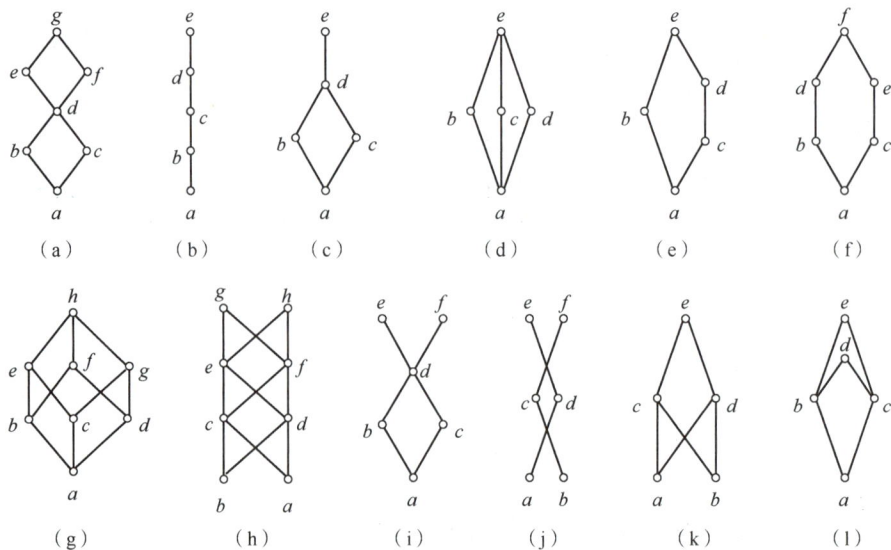

图 10.3

分析 对于本例，实质上仍然是判断任意两个元素是否都有最大下界和最小上界。只要找到一对元素不存在最大下界或最小上界，就可以判定相应的偏序集不是格。

解 图 10.3(a)~图 10.3(g)对应偏序集的任意两个元素都存在最大下界和最小上界，所以它们都是格。图 10.3(h)~图 10.3(l)对应的偏序集都不是格。这是由于图 10.3(h)中 $\{g,h\}$ 不存在最小上界，图 10.3(i)中 $\{e,f\}$ 不存在最小上界，图 10.3(j)中 $\{e,f\}$ 不存在最小上界，图 10.3(k)中 $\{a,b\}$ 不存在最大下界，图 10.3(l)中 $\{d,e\}$ 不存在最大下界。

解题小贴士

通过哈斯图判断偏序集是不是格的方法

哈斯图中，同一条链上的元素一定存在最大下界和最小上界。因此，判断一个哈斯图对应的偏序集是不是格，只需考虑不在同一条链上的元素（即不可比的元素）是否有最大下界和最小上界。

由于最大下界和最小上界都是唯一存在的，我们可以将求任意两个元素的最大下界和最小上界看作两个二元运算，分别使用 $\wedge$ 和 $\vee$ 来表示，它们称为格 $\langle L,\leqslant\rangle$ 的**自然运算**（也可分别称为保交和保联运算），即

$$\forall x,y\in L,\ x\wedge y=\inf\{x,y\},\ x\vee y=\sup\{x,y\}。$$

注意

本章中的 $\wedge$ 和 $\vee$ 代表格中的两个运算，而不一定是其本来常用的合取和析取的含义。有时候也可能用 $\cap$ 和 $\cup$、$\cdot$ 和 $+$、$*$ 和 $\oplus$ 等符号来表示这两个运算。

可以证明，格的两个运算 $\wedge$ 和 $\vee$ 满足交换律、结合律、幂等律和吸收律。

定理 10.1 设 $\langle L,\leqslant\rangle$ 是格，则 $\forall a,b\in L$，两个自然运算 $\wedge$ 和 $\vee$ 满足以下定律。

（1）交换律：$a\wedge b=b\wedge a$；$a\vee b=b\vee a$。

（2）结合律：$(a\wedge b)\wedge c=a\wedge(b\wedge c)$；$(a\vee b)\vee c=a\vee(b\vee c)$。

（3）幂等律：$a\wedge a=a$；$a\vee a=a$。

（4）吸收律：$a\wedge(a\vee b)=a$；$a\vee(a\wedge b)=a$。

分析 根据两个自然运算的定义和偏序集的性质（自反性、反对称性、传递性）来证明。

证明 （1）根据两个自然运算的定义，$a\wedge b=\inf\{a,b\}$，$b\wedge a=\inf\{b,a\}$，$a\vee b=\sup\{a,b\}$，$b\vee a=\sup\{b,a\}$，由于集合中元素是无序的，$\{a,b\}=\{b,a\}$，显然交换律成立。

（2）$\wedge$ 运算对应求两个元素的最大下界，所以 $(a\wedge b)\wedge c\leqslant a\wedge b$，$(a\wedge b)\wedge c\leqslant c$。又 $a\wedge b\leqslant a$，$a\wedge b\leqslant b$，从而得到 $(a\wedge b)\wedge c\leqslant a$，$(a\wedge b)\wedge c\leqslant b$。根据 $(a\wedge b)\wedge c\leqslant b$，$(a\wedge b)\wedge c\leqslant c$，可推出 $(a\wedge b)\wedge c\leqslant b\wedge c$。再根据 $(a\wedge b)\wedge c\leqslant a$，$(a\wedge b)\wedge c\leqslant b\wedge c$，即可推出 $(a\wedge b)\wedge c\leqslant a\wedge(b\wedge c)$。同理可证 $a\wedge(b\wedge c)\leqslant(a\wedge b)\wedge c$，因而 $(a\wedge b)\wedge c=a\wedge(b\wedge c)$。

$\vee$ 运算对应求两个元素的最小上界，所以 $a\vee b\leqslant(a\vee b)\vee c$，$c\leqslant(a\vee b)\vee c$。又 $a\leqslant a\vee b$，$b\leqslant a\vee b$，从而得到 $a\leqslant(a\vee b)\vee c$，$b\leqslant(a\vee b)\vee c$。根据 $b\leqslant(a\vee b)\vee c$，$c\leqslant(a\vee b)\vee c$，可推出 $b\vee c\leqslant(a\vee b)\vee c$。再根据 $a\leqslant(a\vee b)\vee c$，$b\vee c\leqslant(a\vee b)\vee c$，

即可推出 $a \vee (b \vee c) \leqslant (a \vee b) \vee c$。同理可证 $(a \vee b) \vee c \leqslant a \vee (b \vee c)$，因而 $(a \vee b) \vee c = a \vee (b \vee c)$。

（3）根据两个自然运算的定义，显然有 $a \wedge a = \inf\{a, a\} = a$，$a \vee a = \sup\{a, a\} = a$。

（4）根据 $\vee$ 运算的定义，必然有 $a \leqslant a \vee b$，从而 $a \wedge (a \vee b) = \inf\{a, a \vee b\} = a$；同理，根据 $\wedge$ 运算的定义，必然有 $a \wedge b \leqslant a$，从而 $a \vee (a \wedge b) = \sup\{a, a \wedge b\} = a$。

实际上，幂等律可由吸收律推出：$a \wedge a = a \wedge (a \vee (a \wedge b)) = a$，$a \vee a = a \vee (a \wedge (a \vee b)) = a$。

既然格中有两个自然运算，而代数系统就是在某个集合上定义运算来构成的，那么是否可以用代数系统的方法来定义运算呢？格具有两个运算，且满足交换律、结合律、吸收律。是否所有满足了这些定律的代数系统都是格呢？答案是肯定的。

定义 10.2 设 $\langle L, \wedge, \vee \rangle$ 是具有两个二元运算的代数系统，如果运算 $\wedge$ 和 $\vee$ 满足交换律、结合律和吸收律，则称 $\langle L, \wedge, \vee \rangle$ 为**格**。

为了和偏序格有所区别，我们把由代数系统定义的格称为**代数格**。

根据代数格的定义，可知任意集合 A 的幂集 $P(A)$ 及 $P(A)$ 上定义的交和并两个运算可构成一个格 $\langle P(A), \cap, \cup \rangle$，称为**幂集格**。又设 S 是所有命题公式的集合，则 S 上定义的合取和析取两个运算也可构成一个格 $\langle S, \wedge, \vee \rangle$，称为**命题格**。

偏序格与代数格是等价的。由定理 10.1，一个偏序格 L 上的两个自然运算 $\wedge$ 和 $\vee$ 显然可构成一个代数格 $\langle L, \wedge, \vee \rangle$。下面将证明一个代数格也可反过来确定一个偏序格。

定理 10.2 设 $\langle L, \wedge, \vee \rangle$ 是格，在 L 上定义一种关系"$\leqslant$"为
$$\forall a, b \in L, \quad a \leqslant b \Leftrightarrow a \wedge b = a,$$
则有：（1）$a \wedge b = a \Leftrightarrow a \vee b = b$；（2）$\langle L, \leqslant \rangle$ 是一个格。

分析 （1）根据运算 $\wedge$、$\vee$ 满足的 3 个定律来证明；（2）需要证明 $\langle L, \leqslant \rangle$ 是偏序集且任意两个元素有最大下界和最小上界。

证明 （1）若有 $a \wedge b = a$，则由吸收律有
$$a \vee b = (a \wedge b) \vee b = b。$$

反之，若 $a \vee b = b$，则由吸收律有
$$a \wedge b = a \wedge (a \vee b) = a。$$

因此，$a \leqslant b \Leftrightarrow a \wedge b = a \Leftrightarrow a \vee b = b$。

（2）先证明 $\leqslant$ 是偏序关系。

对任意 $a \in L$，由吸收律有 $a \wedge a = a \wedge (a \vee (a \wedge a)) = a$，故 $a \leqslant a$，即关系 $\leqslant$ 是自反的。

对任意 $a, b \in L$，若 $a \leqslant b$，$b \leqslant a$，根据 $\leqslant$ 的定义有
$$a \wedge b = a, \quad a \wedge b = b,$$
所以 $a = b$，即关系 $\leqslant$ 是反对称的。

对任意 $a, b, c \in L$，若 $a \leqslant b$，$b \leqslant c$，根据 $\leqslant$ 的定义有
$$a \wedge b = a, \quad b \wedge c = b,$$
由结合律知
$$a \wedge c = (a \wedge b) \wedge c = a \wedge (b \wedge c) = a \wedge b = a,$$

所以 $a \leqslant c$，即关系 $\leqslant$ 是传递的。

故 $\leqslant$ 是一个偏序关系，即 $\langle L, \leqslant \rangle$ 是一个偏序集。

再证明对任意 $a,b \in L$，$\{a,b\}$ 存在最大下界和最小上界。

由吸收律有

$$a \wedge (a \vee b) = a \Rightarrow a \leqslant a \vee b,$$
$$b \wedge (a \vee b) = b \Rightarrow b \leqslant a \vee b,$$

因此，$a \vee b$ 是 $\{a,b\}$ 的一个上界。

设 $c \in L$ 是 $\{a,b\}$ 的任意一个上界，即 $a \leqslant c$，$b \leqslant c$，于是有

$$a \vee c = c, \quad b \vee c = c。$$

由结合律知

$$(a \vee b) \vee c = a \vee (b \vee c) = a \vee c = c,$$

故有 $a \vee b \leqslant c$，即 $a \vee b$ 是 $\{a,b\}$ 的最小上界。

同理可证，$a \wedge b$ 是 $\{a,b\}$ 的最大下界。

故 $\langle L, \leqslant \rangle$ 是一个格。

定理 10.2 给出了从代数格 $\langle L, \wedge, \vee \rangle$ 确定偏序格 $\langle L, \leqslant \rangle$ 的方法，这个偏序关系 $\leqslant$ 称为格 $\langle L, \wedge, \vee \rangle$ 的**自然偏序**（Natural Partial Order）。可见，代数格和偏序格是一一对应的，只是一个概念的两种不同表达方式而已。后面我们不再区分这两种方式，直接使用 $\leqslant$ 代表格对应的偏序关系，$\wedge$ 和 $\vee$ 对应格的两种自然运算。

定义 10.2 用了 2 个运算、3 个定律，共 6 个条件，确定了格的定义。六条件还可进一步缩减成四条件、三条件、二条件甚至一条件的等价定义。但这些等价定义因不适合常规使用，这里就不再介绍了。

10.1.2　格的性质

在第 5 章中我们已经知道，对集合 L 上的任何偏序关系"$\leqslant$"而言，其逆关系"$\geqslant$"也是集合 L 上的偏序关系，并且偏序集 $\langle L, \leqslant \rangle$ 与偏序集 $\langle L, \geqslant \rangle$ 的哈斯图仅仅是上下颠倒。而 L 的任意 2 个元素在偏序集 $\langle L, \leqslant \rangle$ 中的最大下界和最小上界分别是 $\langle L, \geqslant \rangle$ 中的最小上界与最大下界。因此，偏序集 $\langle L, \leqslant \rangle$ 是格当且仅当 $\langle L, \geqslant \rangle$ 是格，我们称这两个格为**对偶格**（Dual Lattice）。

微课视频

若考虑代数格的形式，格的两个运算满足交换律、结合律和吸收律，在格中具有对等的意义，因而 $\langle L, \wedge, \vee \rangle$ 与 $\langle L, \vee, \wedge \rangle$ 也是**对偶格**。

对偶格之间既然是等价的，则关于格的命题也存在对偶关系。

定义 10.3　设 P 是含有格中元素以及符号 $\leqslant$、$\geqslant$、$\wedge$、$\vee$ 的命题，把 P 中所有"$\leqslant$"和"$\geqslant$"互换，"$\wedge$"和"$\vee$"互换，得到的命题 P' 称为 P 的**对偶命题**。

关于对偶的命题存在以下对偶原理。

格的对偶原理：关于格的任何真命题的对偶命题也是真命题。

格的很多性质都是对偶的。

定理 10.3　设 $\langle L, \leqslant \rangle$ 是格，对应的两个自然运算是"$\wedge$"和"$\vee$"，"$\geqslant$"是"$\leqslant$"的逆关系，则对任意 $a,b,c,d \in L$，有以下结论。

（1）保序性：$a \leqslant b$，$c \leqslant d \Rightarrow a \wedge c \leqslant b \wedge d$，$a \vee c \leqslant b \vee d$。

（2）分配不等式：$a \vee (b \wedge c) \leqslant (a \vee b) \wedge (a \vee c)$；$a \wedge (b \vee c) \geqslant (a \wedge b) \vee (a \wedge c)$。

（3）模不等式：$a \leqslant c \Leftrightarrow a \vee (b \wedge c) \leqslant (a \vee b) \wedge c$。

分析 （1）利用任何下界 $\leqslant$ 最大下界以及最小上界 $\leqslant$ 任何上界来证明。（2）可以利用保序性来证明。（3）可以利用分配不等式来证明。

证明 （1）由于 $a \wedge c \leqslant a$，$a \wedge c \leqslant c$，由假设 $a \leqslant b$，$c \leqslant d$，利用传递性得 $a \wedge c \leqslant b$，$a \wedge c \leqslant d$，可知 $a \wedge c$ 是 $\{b, d\}$ 的一个下界，而 $b \wedge d$ 是 $\{b, d\}$ 的最大下界，从而 $a \wedge c \leqslant b \wedge d$；同理可证 $a \vee c \leqslant b \vee d$。

（2）可利用（1）的保序性证明：由于 $a \leqslant a$，$b \wedge c \leqslant b$，所以 $a \vee (b \wedge c) \leqslant a \vee b$。同样，由于 $a \leqslant a$，$b \wedge c \leqslant c$，所以 $a \vee (b \wedge c) \leqslant a \vee c$。从而 $a \vee (b \wedge c)$ 是 $a \vee b$ 和 $a \vee c$ 的一个下界。又 $(a \vee b) \wedge (a \vee c)$ 是 $a \vee b$ 和 $a \vee c$ 的最大下界，因此 $a \vee (b \wedge c) \leqslant (a \vee b) \wedge (a \vee c)$。

由对偶原理得，$a \wedge (b \vee c) \geqslant (a \wedge b) \vee (a \wedge c)$。

（3）必要性：若 $a \leqslant c$，则 $a \vee c = c$，由分配不等式可得

$$a \vee (b \wedge c) \leqslant (a \vee b) \wedge (a \vee c) = (a \vee b) \wedge c。$$

充分性：若 $a \vee (b \wedge c) \leqslant (a \vee b) \wedge c$，因

$$a \leqslant a \vee (b \wedge c)，\quad (a \vee b) \wedge c \leqslant c，$$

故由传递性得 $a \leqslant c$。

解题小贴士

格中运算性质（等式或不等式）的证明方法

（1）由两个自然运算的定义，有以下可能的推导形式：

$$a \leqslant b，a \leqslant c \Leftrightarrow a \leqslant b \wedge c；a \leqslant c，b \leqslant c \Leftrightarrow a \vee b \leqslant c。$$

（2）格的代数运算定律：交换律、结合律、吸收律、幂等律。

（3）偏序集性质：自反性、反对称性、传递性。

（4）对偶原理：两个对偶命题只需证明其中之一。

（5）格的保序性、分配不等式和模不等式。

10.2 子格与格同态

格是一种具有两个运算的代数系统，因而可自然地引入子格和格同态。

10.2.1 子格和理想

若 L 是一个格，则其满足交换律、结合律、吸收律，这些运算律在 L 的任何子集上也能自然满足。因此，在考虑格的子格时，只需考虑子集的非空性和运算关于子集的封闭性，从而得到以下关于子格的定义。

定义 10.4 设 L 是一个格，$S \subseteq L$，若 S 满足

（1）$S \neq \varnothing$；

（2）格的两个运算 $\wedge$ 和 $\vee$ 对子集 S 是封闭的，即

$$\forall x, y \in S，x \wedge y \in S \text{ 和 } x \vee y \in S，$$

则称⟨$S, \wedge, \vee$⟩是⟨$L, \wedge, \vee$⟩的**子格**(Sublattice)，简称 S 是 L 的子格。L 的所有子格及空集 ∅ 在集合包含关系下构成的格，称为格 L 的**子格格**(Sublattice Lattice)，记为 $\mathrm{Sub}(L)$。

例 10.3 在图 10.4 所示的偏序格⟨$L, \leqslant$⟩中，考虑以下子集：$B_1 = \{a, b, g, h\}$，$B_2 = \{a, b, c, d\}$，$B_3 = \{a, b, d, h\}$。问：B_1, B_2, B_3 中哪些是⟨$L, \leqslant$⟩的子格？

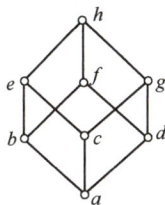

分析 只需要考虑 $B_i (i = 1, 2, 3)$ 中任意两个元素对应的子集 $\{x, y\}$，是否其最大下界和最小上界都在 B_i 中。

图 10.4

解 (1) B_1 的任意两个元素对应的子集的最大下界和最小上界都在 B_1 中，因此，B_1 是 L 的子格。

(2) B_2 中，$\{b, c\}$ 的最小上界 e 不在 B_2 中，因此，B_2 不是 L 的子格。

(3) B_3 中，$\{b, d\}$ 的最小上界 f 不在 B_3 中，因此，B_3 不是 L 的子格。

例 10.4 设 L 是一个格，$a \in L$，令 $S = \{x \mid x \in L, x \leqslant a\}$，则 S 是 L 的子格。

分析 只需要验证 S 非空，并且运算 $\wedge$ 和 $\vee$ 对 S 都封闭即可。

证明 因为 $a \leqslant a$，所以 $a \in S$，即 S 是 L 的非空子集。

对任意 $x, y \in S$，由 $x \leqslant a$，$y \leqslant a$，可知 $x \wedge y = \inf\{x, y\} \leqslant a$，$x \vee y = \sup\{x, y\} \leqslant a$，即 $x \wedge y \in S$ 并且 $x \vee y \in S$，故 S 是 L 的子格。

与环类似，格中也有理想。

定义 10.5 设 L 是一个格，I 是 L 的一个子格，若 $\forall a \in I$，$x \in L$，有

$$x \leqslant a \Rightarrow x \in I,$$

则称 I 是 L 的**理想**(Ideal)。格 L 的所有理想在集合包含关系下构成的格，称为格 L 的**理想格**(Ideal Lattice)。

根据理想的定义，例 10.3 中，B_1 是 L 的子格但不是 L 的理想，而子集 $\{a, b, c, e\}$ 和 $\{a, c, d, g\}$ 是 L 的子格也是 L 的理想。

与子群和正规子群在群论中的地位以及子环和理想在环论中的地位类似，子格和理想对于研究格的结构和性质也十分重要。

10.2.2 格同态

格有两个运算，将代数系统的同态与同构应用于格，就得到格的同态与同构定义。

微课视频

定义 10.6 设⟨$L, \wedge, \vee$⟩和⟨$S, *, \oplus$⟩是两个格，f 是 L 到 S 的映射。如果对任意 $x, y \in L$，都有

$$f(x \wedge y) = f(x) * f(y), \quad f(x \vee y) = f(x) \oplus f(y),$$

则称 f 为从格⟨$L, \wedge, \vee$⟩到格⟨$S, *, \oplus$⟩的**格同态映射**(Lattice Homomorphic Mapping)，简称**格同态**(Lattice Homomorphism)。如果 f 是格同态，当 f 分别是单射、满射和双射时，f 分别称为**单一格同态**(Lattice Monomorphism)、**满格同态**(Lattice Surjective Homomorphism)和**格同构**(Lattice Isomorphism)。

利用格同构，可有以下结论。

具有 1, 2, 3 个元素的格分别同构于具有 1, 2, 3 个元素的链。4 个元素的格必同构于图 10.5(a) 和图 10.5(b) 之一，5 个元素的格必同构于图 10.5(c)、图 10.5(d)、图

10.5(e)、图 10.5(f) 和图 10.5(g) 之一。

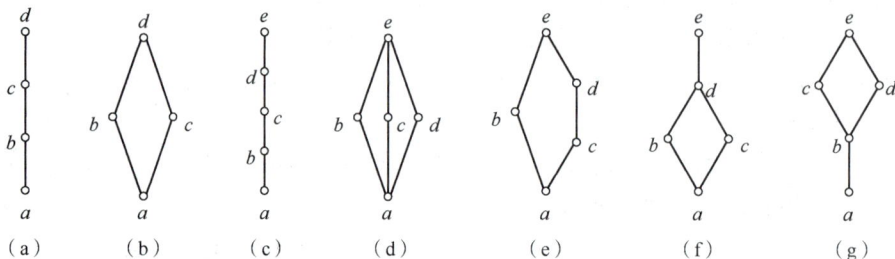

图 10.5

10.3　特殊格

10.3.1　分配格与模格

在格的性质中，格的两个二元运算是互相不可分配的，仅仅满足分配不等式。分配格就是满足分配律的格。由于格满足对偶原理，所以有下面的分配格定义。

定义 10.7　设 $\langle L, \wedge, \vee \rangle$ 是一个格，如果对任意 $a, b, c \in L$，都有

$$a \wedge (b \vee c) = (a \wedge b) \vee (a \wedge c) \text{ 或 } a \vee (b \wedge c) = (a \vee b) \wedge (a \vee c),$$

即运算满足分配律，则称 $\langle L, \wedge, \vee \rangle$ 是一个**分配格**（Distributive Lattice）。

易知，因为集合的交运算与并运算、命题公式的合取和析取运算均满足分配律，所以幂集格和命题格均是分配格。

定理 10.4　所有全序集（或链）都是分配格。

分析　全序集一定是格，因此只需检验是否满足分配律等式。

证明　设 $\langle L, \leqslant \rangle$ 是全序集，则 $\langle L, \leqslant \rangle$ 是格，任取 $a, b, c \in L$，只有以下两种情况：

（1）a 是三者中最大的，即 $b \leqslant a$，$c \leqslant a$；

（2）a 不是三者中最大的，即 $a \leqslant b$ 或 $a \leqslant c$。

在情况（1）中，$b \vee c \leqslant a$，故 $a \wedge (b \vee c) = b \vee c$。由于 $b \leqslant a$，$c \leqslant a$，所以 $a \wedge b = b$，$a \wedge c = c$。从而 $(a \wedge b) \vee (a \wedge c) = b \vee c$，即有

$$a \wedge (b \vee c) = (a \wedge b) \vee (a \wedge c)。$$

在情况（2）中，由于 $b \leqslant b \vee c$，$c \leqslant b \vee c$，根据传递性，无论 $a \leqslant b$ 或 $a \leqslant c$，均有 $a \leqslant b \vee c$，即

$$a \wedge (b \vee c) = a。$$

又由 $a \leqslant b$ 或 $a \leqslant c$ 可得到 $a \wedge b = a$ 或 $a \wedge c = a$，从而 $(a \wedge b) \vee (a \wedge c) = a$，即有

$$a \wedge (b \vee c) = (a \wedge b) \vee (a \wedge c)。$$

所以，$\langle L, \leqslant \rangle$ 是分配格。

例 10.5　证明图 10.6 所示的两个格都不是分配格。

分析　由于链是分配格，因此在同一条链上的元素都满足分配律等式，最有可能

不满足分配律等式的元素不在同一条链上。选取 b,c,d 来验证即可。

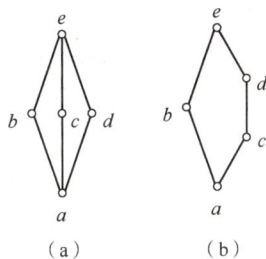

图 10.6

证明 在图 10.6(a) 和图 10.6(b) 中都取 b,c,d 3 个元素来验证。对于图 10.6(a)，有

$$d \wedge (b \vee c) = d \wedge e = d，而 (d \wedge b) \vee (d \wedge c) = a \vee a = a。$$

对于图 10.6(b)，有

$$d \wedge (b \vee c) = d \wedge e = d，而 (d \wedge b) \vee (d \wedge c) = a \vee c = c。$$

对于图 10.6(a) 和图 10.6(b) 所示的格，均有 $d \wedge (b \vee c) \neq (d \wedge b) \vee (d \wedge c)$，不满足分配律，因此，它们都不是分配格。

例 10.5 中的两个格是典型的非分配格，分别称为**钻石格**和**五角格**。这两个格非常重要，原因在于下面的定理。

定理 10.5（伯克霍夫判定定理） 一个格是分配格的充分必要条件是该格中没有任何子格与**钻石格**或**五角格**同构。

从而，利用同构的性质，我们有下面的结论。

结论 (1)4 个元素以下的格都是分配格。

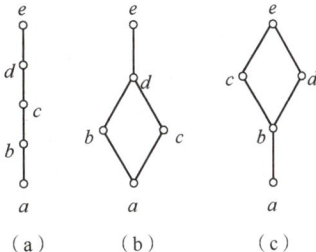

图 10.7

(2)5 个元素的格仅有两个格是非分配格（钻石格和五角格），其余 3 个格都是分配格，如图 10.7 所示。

除定理 10.5 外，下面的定理也可用于判定分配格。

定理 10.6 一个格 L 是分配格当且仅当对任意 $a,b,c \in L$，有

$$a \wedge b = a \wedge c 且 a \vee b = a \vee c \Rightarrow b = c（即满足格的消去律）。$$

分析 利用格满足的性质定律和伯克霍夫判定定理来证明。

证明 (1)必要性：如果 L 是分配格，则其必满足吸收律、交换律、分配律。$\forall a,b,c \in L$，$a \wedge b = a \wedge c 且 a \vee b = a \vee c$，则

$$b = b \wedge (b \vee a) = b \wedge (a \vee b) = b \wedge (a \vee c) = (b \wedge a) \vee (b \wedge c)$$
$$= (a \wedge b) \vee (b \wedge c) = (a \wedge c) \vee (b \wedge c) = (a \vee b) \wedge c = (a \vee c) \wedge c = c。$$

(2)充分性：使用反证法，假设 L 不是分配格，即 L 包含一个与钻石格或五角格同构的子格，如图 10.6 所示。在这样的子格中，取元素 b,c,d，则有 $b \wedge c = b \wedge d 且 b \vee c = b \vee d$，但 $c \neq d$。与假设矛盾，因而 L 必然是一个分配格。

在格的性质中，有模不等式，下面讨论将模不等式变为等式的格。

定义 10.8 设 $\langle L, \wedge, \vee \rangle$ 是一个格，如果对任意 $a,b,c \in L$，有

$$a \leqslant b \Rightarrow a \vee (b \wedge c) = b \wedge (a \vee c)$$

或

$$a \geqslant b \Rightarrow a \wedge (b \vee c) = b \vee (a \wedge c) \quad （模律），$$

则称 $\langle L, \wedge, \vee \rangle$ 为**模格**(Modular Lattice)，也称为**戴德金格**。

定理 10.7 所有分配格是模格。

证明 设 $\langle L, \wedge, \vee \rangle$ 是一个分配格，对任意 $a,b,c \in L$，如果 $a \leqslant b$，那么 $a \vee b = b$，由分配律得

$$a \vee (b \wedge c) = (a \vee b) \wedge (a \vee c) = b \wedge (a \vee c)，$$

故$\langle L, \wedge, \vee \rangle$是模格。

由定理 10.7，可知每一个全序集（或链）是模格，4 个元素以下的格都是模格；而对于 5 个元素的格，仅有一个格不是模格（即五角格），其余 4 个格（即钻石格及图 10.7 所示的 3 个格）都是模格。

五角格也是模格判定的重要依据。

定理 10.8（戴德金判定定理） 一个格是模格的充分必要条件是该格中没有任何子格与**五角格**同构。

模格有很多重要的性质，其中比较有名的就是戴德金转置定理（也就是菱形同构定理），它形象地描述了模格的哈斯图可以看作由若干个菱形堆积构成。

例 10.6 判断图 10.8 所示的格是否为分配格或模格。

分析 可利用分配格和模格的定义或判定定理。

图 10.8

解 L_1 含有与钻石格同构的子格$\{d, e, f, g, h\}$，没有与五角格同构的子格，所以它是模格，但不是分配格。

L_2 含有与五角格同构的子格$\{a, b, d, e, g\}$，所以它既不是分配格，也不是模格。

L_3 含有与五角格同构的子格$\{a, b, c, e, f\}$，所以它既不是分配格，也不是模格。

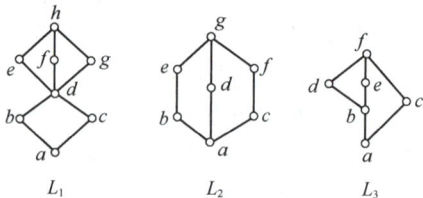

10.3.2 有界格与有补格

前面讨论的分配格和模格是按照格所满足的运算定律来划分的，接下来考虑根据格具有的特殊元素（包括全上界和全下界以及补元）来进行分类。

定义 10.9 设$\langle L, \leqslant \rangle$是一个格。

（1）若存在$a \in L$，使$\forall x \in L$，都有$a \leqslant x$，则称a为格$\langle L, \leqslant \rangle$的**全下界**，记为**0**。

（2）若存在$b \in L$，使$\forall x \in L$，都有$x \leqslant b$，则称b为格$\langle L, \leqslant \rangle$的**全上界**，记为**1**。

（3）具有全上界和全下界的格称为**有界格**（Boundary Lattice）。

显然，图 10.8 所示的格均为有界格。其中，L_1 的全上界为 h，全下界为 a；L_2 的全上界为 g，全下界为 a；L_3 的全上界为 f，全下界为 a。

由定义 10.9 可知：

（1）全下界和全上界如果存在，则必然是唯一的；

（2）对运算"$\wedge$"而言，1 是单位元，0 是零元，而对运算"$\vee$"而言，1 是零元，0 是单位元；

（3）若 L 是有限格，则 L 一定是有界格，此时，$a_1 \wedge a_2 \wedge \cdots \wedge a_n$ 和 $a_1 \vee a_2 \vee \cdots \vee a_n$ 分别是格 L 的全下界与全上界，即有

$$a_1 \wedge a_2 \wedge \cdots \wedge a_n = 0,$$
$$a_1 \vee a_2 \vee \cdots \vee a_n = 1;$$

（4）一个有界格不一定是有限格，例如，$\langle [0, 1], \leqslant \rangle$是有界格，但不是有限格。

正如集合中可以求补集，对于有界格中的元素，也可求其补元。

考虑集合 $A = \{1, 2, 3, 4, 5\}$上的幂集格$\langle P(A), \cap, \cup \rangle$，其全下界 $0 = \varnothing$，全上界 $1 =$

$A=\{1,2,3,4,5\}$，设 $X\in P(A)$，有时我们需要知道集合 A 中有哪些元素不在 X 中，即求 X 相对 A 的补集。例如，当 $X=\{1,3,5\}$ 时，$Y=A-X=\{2,4\}$。X 和 Y 满足以下特点：

$$X\cup Y=A=1,\ X\cap Y=\varnothing=0。$$

下面将这个过程抽象到一般格上。

定义 10.10 设 $\langle L,\wedge,\vee\rangle$ 为有界格，1 和 0 分别为它的全上界与全下界，$a\in L$，若

$$\exists b\in L,\ \text{使}\ a\wedge b=0,\ a\vee b=1，$$

则称 a 为**有补元**（Complemented Element），b 为 a 的**补元**（Complement Element），记为 a'。若有界格 L 中的所有元素都有补元，则称 L 为**有补格**（Complemented Lattice）。

显然，在有界格中，0 与 1 必然互为补元，我们称这两个为**平凡有补元**。

由交换律知，如果 b 是 a 的补元，那么 a 也是 b 的补元，即 a 与 b 互为补元。

例 10.7 有界格 L_1 和 L_2 如图 10.9 所示，求其所有元素的补元（如果有的话），并指出它们是不是有补格。

分析 0 和 1 互为补元。除此以外，应按照补元定义去验证。但可以利用一个技巧，除 0 和 1 外，元素 x 的补元应存在于与 x 不在同一条链上的元素中。例如，L_1 中，a 的补元不可能是与 a 在同一条链上的 d，这是由于 $a\leqslant d$，从而 $a\wedge d=a$，$a\vee d=d$，d 不可能是 a 的补元；同理，a 的补元也不可能是 c。所以只要验证与 a 不在同一条链上的元素就可以了，即 b 和 e。

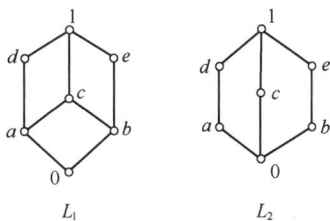

图 10.9

解 L_1 和 L_2 中各元素的补元如表 10.1 所示。

表 10.1

x	0	1	a	b	c	d	e
x 在 L_1 中的补元	1	0	e	d	无	b,e	a,d
x 在 L_2 中的补元	1	0	b,c,e	a,c,d	a,b,d,e	b,c,e	a,c,d

可见，L_1 不是有补格，而 L_2 是有补格。

解题小贴士

通过哈斯图计算补元的方法

（1）0 和 1 互为补元。

（2）除 0 和 1 外，可比的两个元素不可能存在补元关系，即互为补元的元素不在同一条链上。所以只要验证与所求元素不在同一条链上的元素就可以了（即不可比的元素才有可能是补元）。

由例 10.7 可知，不是所有元素都有补元。如果存在补元，则不一定是唯一的。那么，在什么条件下可以保证补元是唯一的呢？我们有下面的定理。

定理 10.9 设 L 是一个有界分配格，则 L 的任意一个有补元的补元必是唯一的。

分析 分配格满足消去律。

证明 利用反证法，设 $a\in L$ 是有补元且有两个补元 b 和 c，由补元的定义知

$$a\wedge b=0=a\wedge c,\ a\vee b=1=a\vee c。$$

由于分配格满足消去律，因此有 $b=c$。可知 a 的补元必然是唯一的。

    推论 10.1   设 L 是一个有补分配格，则 L 中每个元素都存在唯一的补元。

    定理 10.10   设 L 是有补分配格，则对任意 $a,b\in L$，都有

（1）$(a')'=a$；   （对合律/双重否定律）

（2）$(a\wedge b)'=a'\vee b'$，$(a\vee b)'=a'\wedge b'$。   （德·摩根律）

    分析   （1）显然成立。（2）主要根据补元的定义及格的运算性质定律来证明。

    证明 （1）a' 是 a 的补元，反过来，a 也是 a' 的补元，显然有 $(a')'=a$。

（2）因为

$$(a\wedge b)\wedge(a'\vee b')=((a\wedge b)\wedge a')\vee((a\wedge b)\wedge b')$$
$$=((a\wedge a')\wedge b)\vee(a\wedge(b\wedge b'))=(0\wedge b)\vee(a\wedge 0)=0\vee 0=0,$$

且

$$(a\wedge b)\vee(a'\vee b')=(a\vee(a'\vee b'))\wedge(b\vee(a'\vee b'))$$
$$=((a\vee a')\vee b')\wedge(a'\vee(b\vee b'))=(1\vee b')\wedge(a'\vee 1)=1\wedge 1=1,$$

所以，根据补元的定义，$(a\wedge b)'=a'\vee b'$。

    同理可证 $(a\vee b)'=a'\wedge b'$。

10.4 布尔代数

    有补分配格又称为布尔格（Boolean Lattice）。由于布尔格中每个元素都有补元而且补元唯一，因此我们可以将求元素的补元作为一种一元运算，此时就涉及布尔代数。

    定义 10.11   一个赋予了求补运算的布尔格称为**布尔代数**（Boolean Algebra），记为 $\langle L,\wedge,\vee,'\rangle$，有时也将全下界 0 和全上界 1 标记出来，记为 $\langle L,\wedge,\vee,',0,1\rangle$。若一个布尔代数的元素个数是有限的，则称此布尔代数为**有限布尔代数**；否则称为**无限布尔代数**。

    布尔代数中，全上界 1 和全下界 0 可以用下面的同一律来描述。

    同一律：在 L 中存在两个元素 0 和 1，使对任意 $a\in L$，有 $a\wedge 1=a$，$a\vee 0=a$。

    补元的存在可以用下面的互补律来描述。

    互补律：对任意 $a\in L$，存在 $a'\in L$，使 $a\wedge a'=0$，$a\vee a'=1$。

    因而，布尔代数是满足交换律、结合律、吸收律、分配律、同一律、互补律的代数系统。而交换律、分配律、同一律、互补律可以推导出结合律、吸收律。所以布尔代数有下面的等价定义。

    定义 10.12   设 $\langle B,\wedge,\vee\rangle$ 是一个代数系统，其中 $\wedge$ 和 $\vee$ 是 B 中的二元运算，如果对任意 $a,b,c\in B$，满足以下条件。

（1）交换律：$a\wedge b=b\wedge a$，$a\vee b=b\vee a$。

（2）分配律：$a\vee(b\wedge c)=(a\vee b)\wedge(a\vee c)$，$a\wedge(b\vee c)=(a\wedge b)\vee(a\wedge c)$。

（3）同一律：在 B 中存在两个元素 0 和 1，使 $\forall a\in B$，有 $a\wedge 1=a$，$a\vee 0=a$。

（4）互补律：$\forall a\in B$，$\exists a'\in B$，使 $a\wedge a'=0$，$a\vee a'=1$。

此时就称 $\langle B,\wedge,\vee\rangle$ 为**布尔代数**，记为 $\langle B,\wedge,\vee,',0,1\rangle$，简称 B 是布尔代数。

可见，最简单的一个布尔代数是 $\{0,1\}$，其仅包含两个平凡互补元。其运算如表 10.2、表 10.3、表 10.4 所示。

表 10.2		
$\wedge$	0	1
0	0	0
1	0	1

表 10.3		
$\vee$	0	1
0	0	1
1	1	1

表 10.4	
x	x'
0	1
1	0

下面介绍两种典型的布尔代数。

（1）设 A 为任意集合，$P(A)$ 是 A 的幂集，$\cap,\cup,\sim$ 分别是集合的交、并和补运算，容易证明 $\langle P(A),\cap,\cup,\sim,\varnothing,A\rangle$ 是布尔代数，称之为集合代数。如果 A 为 n 个元素的有限集，则 $P(A)$ 有 2^n 个元素，该布尔代数的哈斯图为 n 维立方体图。

（2）设 S 为含有 n 个命题变元的命题公式集合，$\wedge,\vee,\neg$ 分别表示命题公式的合取、析取和否定运算，F 和 T 分别表示永假公式与永真公式，显然 $\langle S,\wedge,\vee,\neg,F,T\rangle$ 是布尔代数，称之为 n 元逻辑代数或命题代数。

10.5　格与布尔代数的应用

10.5.1　格与树形图结构

由前面的介绍我们已经知道，树是计算机科学中应用非常广泛的一种图结构。下面我们尝试将树形图结构用格来表示。这里选用的材料来源于内蒙古大学马占新教授的研究成果。

定理 10.11　设 T 是一棵有 n 个结点的根树，V 是 T 的结点集合，设 $0\notin V$，令 $L=V\cup\{0\}$，定义 L 上的一个二元关系 $\leqslant$ 为

（1）规定 $0\leqslant 0$，且 $\forall a\in V$，$0\leqslant a$；

（2）$\forall a,b\in V$，$a\leqslant b$ 当且仅当 b 到 a 存在一条通路或 $a=b$，则 $\langle L,\leqslant\rangle$ 是一个格。

分析　首先证明 $\langle L,\leqslant\rangle$ 是偏序集，再证明其是格。

证明　先证明 $\langle L,\leqslant\rangle$ 是偏序集，即证明自反性、反对称性和传递性。

① 由已知条件，显然有 $\forall a\in L$，$a\leqslant a$，满足自反性。

② 由于 $\forall a\in L$，$0\leqslant a$，所以 0 对反对称性没有影响。下面考虑 $\forall a,b\neq 0$ 的情况。

若有 $a\leqslant b$ 并且 $b\leqslant a$，就意味着 b 到 a 有一条通路，a 到 b 有一条通路，这仅在 $a=b$ 时才可能成立。因此，$\leqslant$ 关系满足反对称性。

③ 若有 $a\leqslant b$ 并且 $b\leqslant c$，只需考虑 a,b,c 互不相同的情况。

如果 $a=0$，则 $0\leqslant c$，传递性一定成立。

如果 $a\neq 0$，则 a 到 b 有一条通路，b 到 c 有一条通路，a 到 c 一定有一条通路，从而 $a\leqslant c$。

由以上证明，可知 $\langle L,\leqslant\rangle$ 是偏序集。

再证明 $\langle L,\leqslant\rangle$ 中任意两个元素有最大下界和最小上界。

$\forall a,b\in L$，若 a 和 b 可比，则 $\inf\{a,b\}$ 和 $\sup\{a,b\}$ 一定存在。下面主要考虑 a 和 b 不可比的情况。首先，此时一定有 $a,b\neq 0$ 且 a 和 b 均不可能为树根。那么 $\inf\{a,b\}=0$，

否则若 $c=\inf\{a,b\}\neq0$，则 a 到 c、b 到 c 均有通路，这会导致存在一个入度为 2 的结点，不符合根树的定义。其次，由于 a 和 b 均不是树根，设树根为 r，则 r 到 a、r 到 b 均有一条通路，所以 r 是 a 和 b 的一个上界。设 r 到 a 的通路为 $ra_1a_2\cdots a_na$，r 到 b 的通路为 $rb_1b_2\cdots b_mb$：要么 $a_1a_2\cdots a_n$ 和 $b_1b_2\cdots b_m$ 中的结点各不相同，此时 r 就是 a 和 b 的最小上界；要么 $\exists k$，使 $a_i=b_i(i=1,2,\cdots,k)$，$a_{k+1}\neq b_{k+1}$，此时 a_k 就是 a 和 b 的最小上界。

因此，$\langle L,\leqslant\rangle$ 是格。

我们称此格 $\langle L,\leqslant\rangle$ 为根树 T 的伴随格。

例 10.8　图 10.10(a) 所示为一个刹车系统的故障分解树形图，求其伴随格。

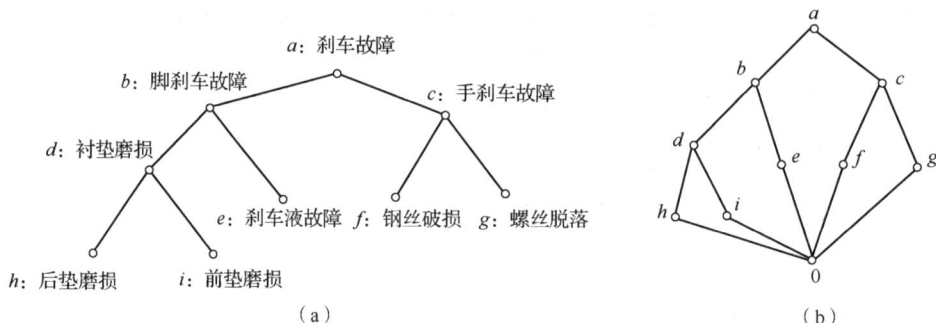

图 10.10

分析　根据定理 10.11，只要增加一个 0 结点，且此结点 $\leqslant$ 所有树中的结点即可。

解　增加 0 结点作为所有树叶的下界即可，如图 10.10(b) 所示。

基于伴随格，我们可利用格中的特殊元素对树的结构进行表达，也可利用代数运算的方式解决与树相关的逻辑分析和运算。

10.5.2　布尔函数及其表示

互联网正在给人类社会带来重大变化，海量的信息在互联网上存储和传递，包括一些隐私信息。为了保证这些信息的安全，人们使用密码学理论和方法来对重要信息进行加密。布尔函数在密码算法的设计和分析中占有极其重要的地位。例如，在流密码中最常用的密钥流生成器是非线性滤波生成器和非线性组合生成器，对它们的研究可归结于对布尔函数的各种性质的研究。布尔函数的平衡性、对称性、高非线性、相关免疫性、扩散性等，都是研究的热点。

下面简要介绍布尔函数的定义及其表示方法。

定义 10.13　令 $B=\{0,1\}$ 是布尔代数，则称函数 $f:B^n\to B$ 为 **n 元布尔函数**，记为 $f(x_1,x_2,\cdots,x_n)$。

可见，这样的 n 元布尔函数有 2^{2^n} 个。

布尔函数有多种表示方法，包括真值表、小项表示、多项式表示、Walsh 谱表示、迹函数表示和矩阵表示等方法。下面主要讨论真值表、小项表示和多项式表示 3 种方法。

例如，一个二元布尔函数 f 满足 $f(0,0)=f(1,0)=1$，$f(0,1)=f(1,1)=0$，表 10.5 就是 f 的真值表。

显然，这和数理逻辑中公式的真值表是类似的。

我们还可以使用小项表示方法来表示一个布尔函数。我们先引入一个记号，对 $x_i, c_i \in B$，定义

$$x_i^{c_i} = \begin{cases} 1, & x_i = c_i, \\ 0, & x_i \neq c_i, \end{cases}$$

从而对 $x, c \in B^n$，$x^c = x_1^{c_1} x_2^{c_2} \cdots x_n^{c_n}$，所以 n 元布尔函数 $f(x)$ 可表示为

$$f(x) = \sum_{c \in B^n} f(c) x^c。$$

例如，表 10.5 所示的布尔函数 $f(x)$ 可记为

$$f(x) = 1 \cdot x_1^0 x_2^0 + 0 \cdot x_1^0 x_2^1 + 1 \cdot x_1^1 x_2^0 + 0 \cdot x_1^1 x_2^1 = x_1^0 x_2^0 + x_1^1 x_2^0。$$

下面考虑布尔函数的多项式表示法。由于 $x_i^{c_i} = x_i + c_i + 1$，所以

$$x^c = \prod_{i=1}^{n} (x_i + c_i + 1)，$$

我们可把小项表示中的每一项替换成多项式形式，这样就得到布尔函数 $f(x)$ 的多项式表示。

例如，表 10.5 所示的布尔函数的小项表示是 $f(x) = x_1^0 x_2^0 + x_1^1 x_2^0$，其多项式表示为

$$f(x) = (x_1 + 0 + 1)(x_2 + 0 + 1) + (x_1 + 1 + 1)(x_2 + 0 + 1)，$$

这个多项式可进一步化简为

$$f(x) = (x_1 + 1)(x_2 + 1) + x_1(x_2 + 1) = x_1 x_2 + x_1 + x_2 + 1 + x_1 x_2 + x_1 = 1 + x_2。$$

表 10.5

x_1	x_2	$f(x_1, x_2)$
0	0	1
0	1	0
1	0	1
1	1	0

> **注意**
>
> 布尔多项式化简过程中使用的加法和乘法都是模 2 的加法和乘法。

布尔函数的多项式表示具有形式：

$$f(x) = a_0 + \sum_{i=1}^{n} a_i x_i + \sum_{i<j} a_{ij} x_i x_j + \cdots + a_{12\cdots n} x_1 x_2 \cdots x_n$$

$$= \sum_{r=0}^{n} \sum_{1 \leqslant i_1 < i_2 < \cdots < i_r \leqslant n} c_{i_1 i_2 \cdots i_r} x_{i_1} x_{i_2} \cdots x_{i_r}。$$

这就是布尔函数的**代数标准型**。

在布尔函数 $f(x)$ 的代数标准型中，非零单项包含的最大变元个数称为 $f(x)$ 的**次数**，记为 $\deg f(x)$。当 $\deg f(x) = 1$ 时，称 $f(x)$ 为**线性布尔函数**；当 $\deg f(x) \geqslant 2$ 时，称 $f(x)$ 为**非线性布尔函数**。布尔函数的非线性度是分析流密码和分组密码安全性的重要密码学准则。

10.6 习题

1. 以下定义的是否为格？为什么？

(1) 整数集 **Z** 上的整除关系。

（2）集合 $\{1,2,3,4\}$ 上的小于或等于关系。

（3）$S = \{0,1,2\}$，运算"$*$"是模 3 加法，运算"$\circ$"是模 3 乘法。

（4）$S = \{0,1,2,\cdots,n\}$，$n \geqslant 2$，$\forall x,y \in S$，$x * y = \max(x,y)$，$x \circ y = \min(x,y)$。

2. 图 10.11 所示的各偏序集中，哪些是格？为什么？

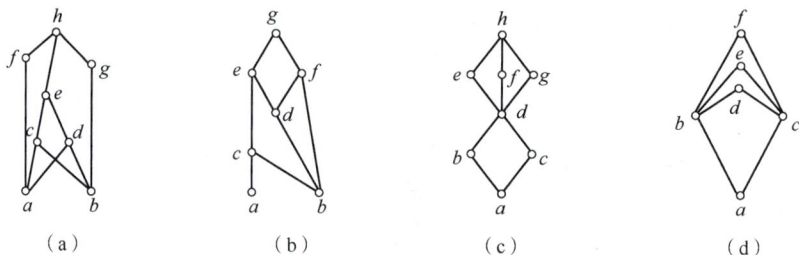

图 10.11

3. 设 $\langle L, \leqslant \rangle$ 是格，$a,b,c,d \in L$，证明以下结论。

（1）$((a \wedge b) \vee (a \wedge c)) \wedge ((a \wedge b) \vee (b \wedge c)) = a \wedge b$。

（2）如果 $a \leqslant b \leqslant c$，则 $a \vee b = b \wedge c$，并且 $(a \wedge b) \vee (b \wedge c) = (a \vee b) \wedge (a \vee c)$。

（3）$(a \wedge b) \vee (c \wedge d) \leqslant (a \vee c) \wedge (b \vee d)$。

（4）$(a \wedge b) \vee (b \wedge c) \vee (c \wedge a) \leqslant (a \vee b) \wedge (b \vee c) \wedge (c \vee a)$。

4. 设 $\langle A, \leqslant \rangle$ 是一个格，任取 $a,b \in A$，且 $a \leqslant b, a \neq b$，令集合 $B = \{x \mid x \in A, a \leqslant x \leqslant b\}$。证明 $\langle B, \leqslant \rangle$ 是 A 的子格。

5. 设 $\langle L, \leqslant \rangle$ 是一个格，其哈斯图如图 10.12 所示，取 $S_1 = \{a,b,c,d\}$，$S_2 = \{a,b,d,f\}$，$S_3 = \{c,d,e,f\}$，$S_4 = \{a,b,f,g\}$，问：S_1, S_2, S_3, S_4 中哪些是 L 的子格？

6. 找出图 10.12 中所有的 5 元子格和 6 元子格。

7. 判断从图 10.13（a）所示 5 个元素的格到图 10.13（b）是否存在一个格同态映射。

8. 设 $\langle L, \wedge, \vee \rangle$ 是格，证明：L 是分配格当且仅当对任意 $a,b,c \in L$，都有 $(a \vee b) \wedge c \leqslant a \vee (b \wedge c)$。

9. 证明：$\langle L, \wedge, \vee \rangle$ 是模格当且仅当对任意 $a,b,c \in L$，都有 $a \vee (b \wedge (a \vee c)) = (a \vee b) \wedge (a \vee c)$。

10. 求图 10.14 所示有界格中各元素的补元（如果有的话），并指出它们是不是有补格。

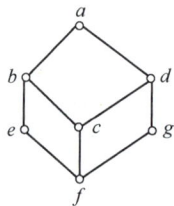

图 10.12

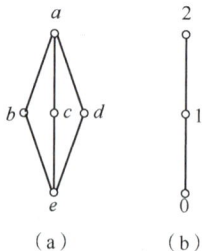

图 10.13

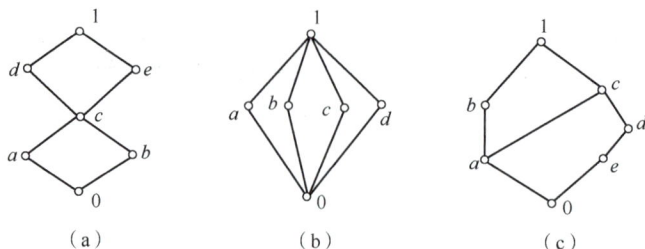

图 10.14

11. 证明：在有界分配格 L 中，所有有补元构成的集合可构成一个子格。

12. 设 $\langle B, \wedge, \vee, ', 0, 1 \rangle$ 是布尔代数，$\forall a, b \in B$，证明：

(1) $a \vee (a' \wedge b) = a \vee b$；

(2) $a \wedge (a' \vee b) = a \wedge b$。

13. "AI+"实践：请尝试用 3 个以上不同的大模型工具，使用离散数学的方法来解决第 9 题，并比较和评价大模型工具给出的答案。对于不正确的答案，请指出哪些地方存在错误；对于正确的答案，请选出解法最简洁、思路最明确的那个。

参考文献

[1] 屈婉玲，耿素云，张立昂. 离散数学[M]. 2版. 北京：高等教育出版社，2015.

[2] 屈婉玲，耿素云，张立昂. 离散数学习题解答与学习指导[M]. 3版. 北京：清华大学出版社，2014.

[3] 李盘林，李丽双，赵铭伟，等. 离散数学[M]. 3版. 北京：高等教育出版社，2016.

[4] 傅彦，顾小丰，王庆先，等. 离散数学及其应用[M]. 北京：高等教育出版社，2019.

[5] 左孝凌，李为鑑，刘永才. 离散数学[M]. 上海：上海科学技术文献出版社，2020.

[6] 科尔曼. 离散数学结构[M]. 6版. 北京：高等教育出版社，2020.

[7] 罗森. 离散数学及其应用[M]. 8版. 北京：机械工业出版社，2020.

[8] 徐洁磐. 离散数学导论[M]. 北京：高等教育出版社，2016.

[9] 房元霞，赵汝木，盛秀艳. 数理逻辑与集合论[M]. 北京：科学出版社，2020.

[10] 郝兆宽，杨睿之，杨跃. 数理逻辑——证明及其限度[M]. 2版. 上海：复旦大学出版社，2020.

[11] 冯琦. 数理逻辑导引[M]. 北京：科学出版社，2021.

[12] 宋方敏，吴骏. 数理逻辑十二讲[M]. 北京：机械工业出版社，2017.

[13] 周红军，王国俊. 数理逻辑引论与归结原理[M]. 北京：科学出版社，2017.

[14] 方捷. 格论导引[M]. 北京：高等教育出版社，2014.

[15] 丘维声. 近世代数[M]. 北京：北京大学出版社，2015.

[16] 胡冠章，王殿军. 应用近世代数[M]. 3版. 北京：清华大学出版社，2006.

[17] 刘培杰数学工作室. Boole 代数与格论[M]. 哈尔滨：哈尔滨工业大学出版社，2017.

[18] 马占新. 偏序集与数据包络分析[M]. 北京：科学出版社，2013.

[19] 阮传概，孙伟. 近世代数及其应用[M]. 2版. 北京：北京邮电大学出版社，2001.

[20] 刘任任. 离散数学题解与分析[M]. 2版. 北京：中国铁道出版社，2015.

[21] 王忠义. 离散数学学习指导典型题解[M]. 西安：西安交通大学出版社，2008.

[22] 耿素云，屈婉玲，张立昂. 离散数学题解[M]. 5版. 北京：清华大学出版社，2013.

[23] 邓辉文. 离散数学习题解答[M]. 3版. 北京：清华大学出版社，2014.